GAOZHIGAOZHUAN
YUANYI ZHUANYE XILIE GUIHUA JIAOCAI

高职高专园艺专业系列规划教材
编委会
（排名不分先后，以姓氏拼音为序）

安福全	曹宗波	陈光蓉	程双红
何志华	胡月华	康克功	李淑芬
李卫琼	李自强	罗先湖	秦　涛
尚晓峰	于红茹	于龙凤	张　琰
张瑞华	张馨月	张永福	张志轩
章承林	赵维峰	邹秀华	

GAOZHIGAOZHUAN
YUANYI ZHUANYE XILIE GUIHUA JIAOCAI

高职高专园艺专业系列规划教材

参加编写单位

（排名不分先后，以拼音为序）

安徽林业职业技术学院	湖北生态工程职业技术学院
安徽滁州职业技术学院	湖北生物科技职业技术学院
安徽芜湖职业技术学院	湖南生物机电职业技术学院
北京农业职业学院	江西生物科技职业学院
重庆三峡职业学院	江苏畜牧兽医职业技术学院
甘肃林业职业技术学院	辽宁农业职业技术学院
甘肃农业职业技术学院	山东菏泽学院
贵州毕节职业技术学院	山东潍坊职业学院
贵州黔东南民族职业技术学院	山西省晋中职业技术学院
贵州遵义职业技术学院	山西运城农业职业技术学院
河南农业大学	陕西杨凌职业技术学院
河南农业职业学院	新疆农业职业技术学院
河南濮阳职业技术学院	云南临沧师范高等专科学校
河南商丘学院	云南昆明学院
河南商丘职业技术学院	云南农业职业技术学院
河南信阳农林学院	云南热带作物职业学院
河南周口职业技术学院	云南西双版纳职业技术学院
华中农业大学	

GAOZHI GAOZHUAN

YUANYI ZHUANYE XILIE GUIHUA JIAOCAI　高职高专园艺专业系列规划教材

园艺植物保护技术

YUANYI ZHIWU BAOHU JISHU

主　编　康克功

副主编　石和琴　王承香　丁春梅

重庆大学出版社

内容提要

本书共分 3 个模块，分别介绍了园艺植物病虫草害形态识别技术、园艺植物病虫草害综合防治技术和园艺植物病虫害防治技能训练。每个模块按不同的项目内容分别制订了知识目标和能力目标，为了达到能力目标的要求，在各项目中按照工作任务驱动的方式明确了学习目标、学习材料，重点及难点及学习内容等要求。

本书收集了园艺植物保护技术的最新成果，结合安全、绿色食品的生产实践，在病虫害防治中加大了农业防治和生物防治的比例，采用高效低毒的化学农药，在园艺植物保护技术上突出了安全、环保、绿色，在教材内容安排上突出先进性和实用性，注重了技能的培养。

本书适合于高职高专园艺技术、绿色食品生产与检验、生物技术等专业使用，也可作为园艺和植物保护科技人员等的参考用书。

图书在版编目(CIP)数据

园艺植物保护技术/康克功主编. —重庆:重庆
大学出版社,2013.8
高职高专园艺专业系列规划教材
ISBN 978-7-5624-7593-4

Ⅰ.①园…　Ⅱ.①康…　Ⅲ.①园林植物—植物保护—
高等职业教育—教材　Ⅳ.①S436.8

中国版本图书馆 CIP 数据核字(2013)第 160451 号

高职高专园艺专业系列规划教材
园艺植物保护技术
主　编　康克功
副主编　石和琴　王承香　丁春梅
策划编辑　梁　涛
责任编辑:李定群　高鸿宽　　版式设计:梁　涛
责任校对:刘雯娜　　　　　　责任印制:赵　晟
*
重庆大学出版社出版发行
出版人:邓晓益
社址:重庆市沙坪坝区大学城西路 21 号
邮编:401331
电话:(023) 88617190　88617185(中小学)
传真:(023) 88617186　88617166
网址:http://www.cqup.com.cn
邮箱:fxk@ cqup.com.cn(营销中心)
全国新华书店经销
重庆市国丰印务有限公司印刷
*
开本:787×1092　1/16　印张:25.25　字数:630 千
2013 年 8 月第 1 版　　2013 年 8 月第 1 次印刷
印数:1—3 000
ISBN 978-7-5624-7593-4　定价:49.00 元

　　随着社会对应用型、技能型人才需求的不断提高,对高职高专院校园艺类专业的课程教学,特别是园艺植物保护技术课程的教学和教材提出了更高的要求。为了适应高等职业教育教学改革的需要,根据高职高专人才培养的指导思想、培养目标、培养模式和培养途径,在重庆大学出版社的组织下,编写了这本《园艺植物保护技术》教材。

　　本书在广泛搜集国内外有关园艺植物保护技术文献、资料的基础上,本着加强针对性和实用性的原则,按照工学结合、任务驱动的模式介绍了园艺植物病虫草害基础知识和基本技能;防治原理与方法;果树、蔬菜、花卉主要害虫的形态特征、发生规律、测报和最新防治方法,主要病害的侵染循环、发病规律和防治新技术;园田杂草的综合防除技术。本书图文并茂,通俗易懂,突出了基础理论知识的应用性和实践能力的培养;体现了分析技能、操作技能、设计技能和综合技能的特色;符合高职、高专人才培养的指导思想、培养目标、培养模式和培养途径。本书内容照顾到不同地区特点,适合高职高专园艺、植保和生物技术专业使用,也可作为农业广播电视学校、农村职业高中、园艺技术人员培训教材和农村青年自学选用。

　　本书由杨凌职业技术学院康克功担任主编,江西生物科技职业学院石和琴、潍坊职业学院王承香、河南农业职业学院丁春梅担任副主编,编写分工如下:前言、绪论、项目1、任务6.2—任务6.3由康克功编写;项目2、任务5.7—任务5.9、任务6.1、任务6.7—任务6.9、任务7.5—任务7.8由王承香编写;项目3、任务5.10、任务5.11、任务5.13由石和芹编写;项目4、任务5.12、任务7.1—任务7.2由信阳农林学院尹娟编写;任务5.1—任务5.6、任务7.3—任务7.4由杨凌职业技术学院亢菊侠编写;任务6.4—任务6.6由成都农业科技职业学院吴庆丽编写;任务6.10—任务6.12、任务7.9、任务7.10由丁春梅编写;任务5.14由云南热带作物职业学院丁玉芬编写;全书最后由康克功统稿。

　　教材编写过程参阅、引用了有关专家、学者们的专著和论文,在此一并表示谢意。

　　由于编者水平有限,时间仓促,错漏之处在所难免,恳请各位专家同行不吝赐教。

编　者

2013 年 3 月

绪　论

经过 30 多年的改革开放,我国的经济发展已经进入了比较繁荣的时期。随着农业和农村经济结构战略性调整的推进,城乡人民整体生活水平全面走向小康型,农业生产也逐渐向适应小康生活的方向发展。人们生活质量的提高,对食物的要求越来越高,对采用有害生物综合治理技术所生产出来的无农药污染、安全卫生的有害生物综合治理食品的需要越来越迫切。绿色食品正好满足了城乡人民生活水平的要求。特别是在我国加入 WTO 以后,IPM 的农业产品出现了更新更高的要求,按照国际惯例和准则,从我国实际出发,实施农产品的标准化技术规程,广泛开展农业标准化工作,开发绿色果品从改善农业的生态环境入手,对农业实现产前、产中、产后的全程控制和一体化质量管理,具有十分重要的意义。

随着我国人民生活水平的不断提高,蔬菜、水果和花卉等园艺作物的生产受到各级政府主管部门、生产者和广大消费者的高度重视,特别是随着农村经济管理体制的变革和市场经济的建立,产业结构大幅度调整,园艺植物种植面积不断增加,已成为目前发展最快的种植业,不少地区果树、蔬菜、花卉已成为当地的支柱产业。就陕西来说,2011 年全省水果面积 68 万 hm², 蔬菜种植面积 43 万 hm², 特种经济作物 14 万 hm², 对区域经济发展起着不可低估的作用。随着种植面积不断增加,耕作制度和栽培技术不断变化,设施园艺的兴起,作物品种和农药品种不断更新,加上气候的差异、土壤性质的殊同以及植被类型的多样性,对病虫害的滋生繁衍造成了极为有利的条件,不仅病虫种类繁多,为害普遍而严重,而且发生发展规律和为害特点,表现出了明显多样性,如温室白粉虱、梨木虱、灰霉病等病虫害在我国许多地区呈猖獗发生的趋势,给控制为害带来了种种困难。特别是 20 世纪 90 年代以来,国内种苗调动频繁,有些危险性害虫如美洲斑潜蝇、南美斑潜蝇、苹果棉蚜等检疫性害虫不断传入我国并蔓延,对园艺植物生产造成严重的经济损失。据不完全统计,陕西省农作物常见病、虫害、草害在 500 种以上,其中病害 200 多种。虫害 300 多种,各种农作物病虫害常年发生面积累计 667~1 000 hm² 次以上,其中果树病虫各有 200 余种,一般年发生 80 万~110 万 hm² 次,病害主要有苹果树腐烂病、早期落叶病、白粉病、炭疽病、圆斑根腐病、锈病、梨黑星病、黑斑病、轮纹病、根腐病、灰霉病等。害虫主要有各种叶螨、蚜虫、卷叶蛾、潜叶蛾、食心虫、介壳虫、椿象、叶蜂、金龟子、天牛等。蔬菜病虫由于栽培模式多,病虫种类更是多样:大宗常见病虫主要有各种蔬菜的灰霉病、疫病、白粉病、病毒病、炭疽病、叶斑病、菌核病、根腐病、瓜类和十字花科蔬菜霜霉病、细菌性角斑病、茄科蔬菜黄萎病,豆类蔬菜锈病、十字花科蔬菜软腐病等。主要害虫有蚜虫、潜叶蝇、温室白粉虱、叶甲、蓟马、叶螨、地下害虫(蛴螬、金针虫、地老虎等)、豆类螟虫、食心虫、茄二十八星瓢虫、烟青虫、棉铃虫、十字花科菜青虫、甘蓝夜蛾、小菜蛾等。常年各类蔬菜主要病虫发生面积 11 万~15 万 hm² 次。纵观病虫害治理的历史进程,人们深切地领会到病虫害斗争的长期性、复杂性和艰巨性,亟须现代的植保理念和高新的技术手段加以综合治理。

　　园艺植物保护技术是一门与园艺植物病虫草害作斗争的实践性科学,它是应用植物学、昆虫学、病理学的一个分支,它以园艺植物病虫草害发生发展与生态系统进化规律为基础,研究病菌、害虫、杂草的生物学特性,病虫草害的发生规律,综合防治的理论和技术措施,以避免消除或减少病虫对园艺植物的为害,将病虫控制在不致造成为害的程度,是可持续农业技术体系中的重要组成部分。园艺植物保护技术学科的产生和发展,是由于生产实践的需要和发展所决定的,是广大劳动人民长期同病虫害作斗争的经验概括和总结。

　　园艺植物大体上可分为两大类群:一是城镇露地栽培的各种果树、观赏树木、花卉、草坪等;二是主要以保护地(日光温室或各种塑料拱棚)形式栽培的各种蔬菜、盆花及鲜切花。城镇园艺植物病虫害的特点是:人的活动多,植物品种丰富,生长周期长,立地条件复杂,小环境、小气候多样化,生态系统中一些生物种群关系常被打乱;蔬菜、盆花及鲜切花(含切叶、切枝植物等)病虫害的特点是:品种单一,种植密集,且大都位于保护地内栽培,环境湿度大,病虫害重且易流行,防治难度大。花卉业是新兴起的一种产业,广大花农普遍缺乏花卉栽培的一般常识,管理上常常不到位,导致花卉植物生长不良,各种生理性病害(如黄叶、干尖等)时有发生,同时也加重了侵染性病害及虫害的发生。

　　我国园艺植物病虫害实践与研究历史悠久,自古以来我国劳动人民和病虫害进行了不懈的斗争,取得了许多宝贵的经验。远在2 600多年前就有治蝗、治螟的科学记载;2 200多年前已经应用砷剂、汞剂和藜芦杀虫;1 600多年前晋朝《南方草木状》一书中,对利用黄惊蚁防治柑桔害虫作了详细记载;1 400多年前的《齐民要术》中就有许多关于轮作和种子处理方法的记载等。但是,在长期的封建制度统治下,生产力发展受到极大的限制,因而使这些已有的成绩不能发扬光大,病虫连年发生,果树受到严重为害。特别是由于帝国主义的侵略,使许多我国原本没有的病虫害,如苹果棉蚜、梨园蚧、桃小食心虫、苹果腐烂病等,随着侵略而传入我国,给果树生产带来极大的威胁,1948年辽宁南部地区由于腐烂病枯死150多万株,年产量减少2.5亿kg左右。

　　新中国成立后,在党和人民政府的领导下,果树病虫害的防治和研究水平得到迅速的发展,取得了巨大的成就,从中央到地方建立了一套完整的植保机构,对植保工作实行了统一领导,植保机械和农药的合成从无到有,大大提高了防治效率。在实践中积累了丰富的防治经验,提高了防治水平,对果树主要病虫的种类、发生规律已逐步摸清,政府还根据农业生产的发展和现有科学技术水平,在不同时期提出病虫害防治的正确方针,指导植保工作顺利开展。1959年全国植保工作会议提出了"全面防治,土洋结合,全面消灭,重点肃清"的方针和"治早、治小、治了"的原则,在其指导下,对一些为害严重的病虫,如苹果食心虫、梨黑星病、葡萄白腐病、柑橘大实蝇等进行了有效的防治,使这些病虫的为害得到了控制。1975年,全国植保工作会议总结了大量使用农药来杀伤病虫灭敌,引起病虫再猖獗和次要病虫上升为主要病虫及农药对环境的污染,破坏生态平衡甚至威胁到人类的生命安全等方面的经验教训,提出了"预防为主,综合防治"的植保工作方针。这个方针从生态系的整体观念出发,又引入系统科学的分析方法,把要防治的病虫对象看成是这个系统整体中的组成部分,要在尽量发挥天敌自然控制作用的前提下,运用所有的、适当的、互不矛盾又能综合增益的防治技术,将病虫的种群数量控制在可以允许的经济水平以下,从而达到提高经济效益、生态效益和社会效益的目的。党的十一届三中全会后,我国的植保科技工作得到了前所未有的蓬勃发展,从植保防治的科学理论到植保新研究成果的推广应用;从植保教学、科研机构的建设到群众性植保科技队伍的壮大;从学术创新到国际交流和技术引进等方面都取得了举世瞩目的成就。高新科技成果不断涌现,如植物DNA图谱的破译、高新技术的抗病良种的培育及推广都充分地展示了我国植保科技水平已经进入了国际先进行列,并为全球业内人士视为引人注目的最新成果。

尽管如此,迄今贯彻病虫害综合治理的工作中,仍然不同程度地存在着许多不可回避的问题,灾害损失仍然严重超标;控制技术治标不治本,治理对策方面多单一、少综合;传统的植保技术的辐射形式,远不适应农业现代产业化的发展等。因此更新和拓展IPM的基本内容已成为十分必要的现实问题。要把病虫害的综合治理,进步到病虫害的可持续控制,并将其与环境质量、资源利用、人口、物种多样化,有机密切地联系起来整体研究,才能创造人类生活、生存的美好环境,因此持续植保,应该是IPM在21世纪成功发展的必然趋势。

21世纪的农业科技发展,要求农业科技工作者要推进新的农业科技革命,实现技术跨越,加速农业由主要追求数量向注重质量效益的根本转变,最终建立新型的农业科技体系,大幅度地揭高农业科技水平,促进我国由农业科技大国向农业强国转变,这是摆在我们每个农业科技工作者面前的任务。因此,努力学好园艺植物保护科学,发展持续植保事业,对推动我国农业现代化建设具有十分重要的意义。

需要指出的是,持续植保技术的贯彻实施,要求广谱、持久抗性的品种、无公害农药的推广应用和生源农药的研究开发以及生态协调技术、信息技术与其他技术配套组装和一套与其相适应的管理政策、技术政策、培训政策。这些都涉及抗性或药理的机制、生态学的互动作用和进化规律等。由此可见,学习可持续性的园艺植物保护技术,必须加强相关学科知识的学习,并进行大量的调查试验研究,才能成为具有真才实学的农业科技人才,为新世纪我国农业高新产业化作出贡献。

园艺植物病虫草害形态识别技术

项目1 园艺植物昆虫识别技术

学习目标

通过对昆虫外部形态、内部器官、生物学特性、分类知识、昆虫与环境等相关内容的学习,为园艺植物害虫综合防治等后续内容奠定基础。

知识目标

1. 能正确识别昆虫体躯外部形态特征及内部器官构造。
2. 能熟练识别完全变态和不完全变态昆虫不同发育阶段各种主要类型的形态特征。
3. 能正确识别园艺植物害虫主要类群的形态特征。
4. 能正确理解昆虫与环境的关系。

能力目标

1. 能正确识别昆虫的外部形态特征;会绘制昆虫器官的形态图。
2. 能区分完全变态和不完全变态的昆虫,能识别不同变态类型昆虫各虫态主要形态特征,会熟练操作双目实体显微镜。
3. 能熟练制作昆虫标本。

果树、蔬菜、花卉以及自然界所有的作物在整个生育期中都会受到各种有害生物的为害。在这些动物中,除有少数鸟、兽及螨类外,绝大多数是昆虫。

昆虫是动物界中最大的类群,目前全世界已知的昆虫在1 000万种以上,占动物界种类总量的70%以上。而且每年还有不少新的种类被发现。昆虫分布广泛,适应性强,不同生态环境下均有分布。

昆虫与人类的关系十分密切。许多昆虫为害农林作物,传播或导致人畜病害,对人类的生产、生活造成严重威胁,人们总称其为害虫,如蚜虫、菜青虫、天牛等都是园艺植物生产的主要害虫。有些昆虫能帮助人类消灭害虫或对人们生产生活有利,如瓢虫、寄生蜂、蜜蜂、家蚕、紫胶虫等,人们统称其为益虫。对于害虫我们要掌握其为害规律,进行防治;对于益虫,我们要充分保护,研究开发并加以利用。

任务 1.1　昆虫的外部形态识别

学习目标

熟悉昆虫的形态结构,掌握昆虫的基本特征,了解昆虫不同类型口器与害虫防治的关系。

学习材料

蝗虫、蟋蟀、蝼蛄、蝽象、蝶、蛾、天牛、瓢虫、蝉、蚊、蝇、虻、蓟马、螳螂、蜜蜂、蜘蛛、蜈蚣、马陆、虾等干制标本、浸渍标本或部分器官的玻片标本,昆虫形态挂图,手持放大镜等。

重点及难点

昆虫头部的附器有触角、口器等,触角类型很多,长短差异很大,对细小的触角应注意其构造特点,如刚毛状、鳃片状、具芒状、念珠状及环毛状触角等,注意区别念珠状与线状触角、鳃片状与锤状触角、刚毛状与具芒状触角。昆虫口器的学习注重了解咀嚼式口器的基本构造,刺吸式口器、虹吸式口器是由咀嚼式口器演化而来的,特别要注意刺吸式口器的口针是从头的下后方伸出,不易发现,虹吸式口器的虹吸管常卷曲在头下方,也不易观察,可用针或镊子挑拨出来后再观察,锉吸式口器的观察要注意上颚口针的退化情况。

昆虫胸部主要有足和翅。注意观察足的构造及各部分的差异,对各种昆虫的足进行对比观察,一些昆虫的后翅被前翅覆盖,要借助解剖针或镊子挑拨观察,重点观察蚊、蝇的后翅(平衡棒)、蓟马的前后翅(缨翅)、蝽象的前翅(半鞘翅)等。

昆虫腹部的识别,特别要注意雌雄外生殖器的区别,雌性产卵器着生位置、组成、变化及昆虫腹部的构造。

学习内容

昆虫属于动物界节肢动物门昆虫纲。昆虫因为种类、虫期、性别、地域分布及季节差异,其外部形态变化很大,但其基本结构是一致的。昆虫个体发育到成虫阶段,其体躯由许多环节组成,两个相邻的体节之间有节间膜相接,虫体可借此自由活动。身体分为头、胸、腹 3 个体段。头部有口器和一对触角,通常还有一对复眼和 3 个单眼;胸部由 3 个体节组成,具有 3 对分节的足和两对翅;腹部一般由 9~11 个体节组成,腹部末端有外生殖器和一对尾须。整个身体被一层坚韧的体壁所包围,称为"外骨骼",在中、后胸及腹部 1~8 节的两侧具有气门(见图 1.1)。掌握以上特征是识别昆虫的基础。

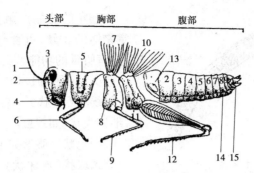

图 1.1　蝗虫体躯的构造

1—触角;2—复眼;3—单眼;4—口器;5—前胸;6—前足;7—前翅;8—中胸;
9—中足;10—后翅;11—后胸;12—后足;13—听器;14—气门;15—生殖器

1.1.1　昆虫的头部

1)头部的构造

头部是昆虫体躯最前面的一个体段,是由几个环节愈合而成,形成一个坚硬的头壳。昆虫的头部一般呈圆形或椭圆形,头部生有口器、触角和眼,头部是昆虫感觉和取食的中心。

在头壳的形成过程中,表面形成许多沟缝,将头壳分成许多小区。位于头壳上面称头顶,后面称后头,前面的称额,两侧称颊。额的下面是唇基,唇基下面悬挂着上唇(见图1.2)。有些昆虫,特别是鳞翅目昆虫的幼虫,额的上方有一条明显的倒"Y"字形的缝,称为蜕裂线或头盖缝,幼虫蜕皮时就沿着这条缝裂开。

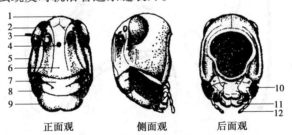

正面观　　　　　侧面观　　　　　后面观

图 1.2　蝗虫头部构造及分区

1—头顶;2—复眼;3—触角;4—单眼;5—颊;6—额;7—唇基;
8—上颚;9—上唇;10—下颚;11—下唇;12—下唇须

2)昆虫头部的附器

(1)触角

触角是一对活动自如的分节附肢,着生在额区两复眼之间或复眼前端的触角窝上。

①触角的基本构造　包括3部分:

a.柄节　触角的基节,只有一节,一般粗而短,以膜质连在触角窝的边缘上;

b.梗节　触角第二节较柄节短小,上具有许多感觉器;

c.鞭节　梗节之后的部分统称为鞭节,由许多亚节组成(见图1.3),触角的类型主要是鞭节的变化。

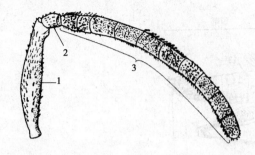

图1.3 触角的基本构造
1—柄节；2—梗节；3—鞭节

②触角的功能 触角具有触觉的功能（可感觉物体的软硬，可食与否等），具有嗅觉的功能；具有听觉的功能。

③类型（见图1.4）

a.线状（丝状） 各鞭节形状大小均匀相似，形如线状，如蝗虫。

b.刚毛状 鞭节如毛（如蝉），也称鬃状。

c.念珠状（连珠状） 各节为圆球形大小相似如白蚁。

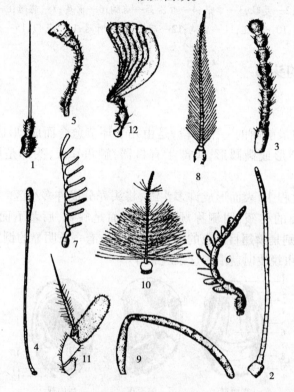

图1.4 触角的类型

1—刚毛状；2—丝状；3—串珠状；4—棒状；5—锤状；6—锯齿状；

7—栉齿状；8—羽毛状；9—曲肱状；10—环毛状；11—具芒状；12—鳃叶状

d.锯齿状 各节的上角向一边伸出似锯齿如叩头甲。

e.栉齿状（梳状） 各节的一边向外突出成细枝状形如梳齿如芜菁雄虫。

f.球杆状（棍棒状） 触角端部数节逐渐彭大，状如棒球杆，如蝶类。

g.环毛状 除基部两节外，大部分触角节各具一圈细毛，愈近基部的细毛愈长，如瘿蚊。

h.曲肱状（膝状） 柄节特长，梗节较小鞭节与柄节弯成膝状如蜜蜂。

i.锤状 与球杆状相似但触角较短，末端数节突然膨大如小蠹虫。

j.鳃片状（鳃叶状） 触角末端数节延展成片状，常重叠在一起，如金龟子。

k.颖毛状（芒状） 触角很短，鞭节仅一节，较柄节和梗节粗大，其上有一刚毛状或芒状构造称触角芒,为蝇类所特有。

l. 羽毛状(双栉齿状) 各节的两边向外伸出成细枝状,形似鸟羽,如部分蛾类。

m. 鞭状 各节呈圆筒形,且自基部向端逐渐变细,如天牛。

④了解触角的现实意义

a. 借以鉴别昆虫种类,金龟子鳃叶状,天牛、鞭状。

b. 借以鉴别昆雌雄,一般雄的触角较发达。

c. 进行害虫防治。

昆虫触角的感觉和味觉器管,能敏锐地感受气味,昆虫借此远距离寻找食物,产卵场所或配偶,如菜白蝶趋向于芥子油的气味能找到挥发芥子油的十字花科植物产卵和取食,地老虎对酒有较强的趋性。多种雌虫活动性很小或不甚活动,性成熟后能分泌性引诱招引雄虫交配,如雌沟金针虫和蓑蛾杨尺蠖、枣尺蠖雌蛾均无翅不能飞翔,棕色金龟子雌体笨重不善飞翔,雌蚧无翅且固定在寄主植物上,这些昆虫则依靠分泌物招引雄虫。按照这些特点可诱杀害虫。这就是利用昆虫一定的趋性和性引诱防治害虫的根据,我国在林业上利用性引诱剂防治松毛虫、杉梢小卷蛾等正在试验和研究中。

了解昆虫触角的构造及类型,可帮助我们识别昆虫,而且能够借此辨认部分种类的雌雄性,对准确开展预测预报有着十分重要的意义。

(2)眼

眼是昆虫的视觉器官。在栖息、觅食、繁殖、避敌和决定行动方向等各种活动中起着很重要的作用。

昆虫的眼有复眼和单眼两种。一对复眼位于头部两侧颊区的上方,是昆虫的主要视觉器官。单眼一般为3个,着生在额区的上方,排列成倒三角形。有些昆虫为1~2个或者没有。单眼只能分辨光线的强弱和方向,不能看清物体的形状。

昆虫复眼对光的强度、波长、颜色等很敏感,它能看到波长在330~400 nm 的紫外线光,所以黑光灯具有强大的诱虫作用。很多昆虫表现出趋色反应,多数是由复眼接收不同的光波而决定的。例如,蚜虫在飞翔活动中,往往选择在黄色的物体上降落,对黄色具有趋性,就是这个道理。

(3)口器

口器是昆虫的取食器官。昆虫口器的类型很多,基本上可分为咀嚼式和吸收式两个基本类型。吸收式口器又因吸收方式不同,分为刺吸式、虹吸式、舐吸式及锉吸式等。

①咀嚼式口器 是一种原始的类型。构造简单,由上唇、上颚、下颚、下唇和舌五个部分组成(见图1.5)上唇是悬在头壳上方的一个薄片,内壁有密毛和感觉器官;上颚位于上唇之后,为两个坚硬的齿状物,具有切磨食物和御敌的功能;下颚着生在上颚的下面,由轴节、基节、外颚叶、内颚叶、下颚须5部分组成,具有感触、抱持和推进食物的功能;下唇位于口器的底部,与下颚的构造相似,但左右合并为一整体,由后颏、前颏、中唇叶、侧唇叶和下唇须构成,用以感觉和盛托食物;舌位于口腔中央,是一块柔软的袋状物,用来帮助搅拌和吞咽食物,并有味觉作用。像蝗虫、蟋蟀、甲虫、蝶、蛾类幼虫等都是咀嚼式口器。

咀嚼式口器的害虫主要嚼碎固体食物,能将植物咬成缺刻、孔洞和啃食叶肉,仅留叶脉、表皮,甚至全部吃光,如许多鳞翅目的幼虫;有些钻蛀潜道如梨潜皮蛾的幼虫;有的吐丝卷叶、匿藏为害,如茶蓑蛾、梨星毛虫、核桃缀叶螟等。

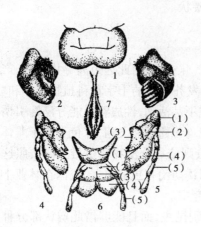 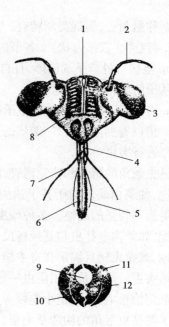

图 1.5　蝗虫的咀嚼式口器　　　　　　　图 1.6　蝉的刺吸式口器

1—上唇;2,3—上颚;　　　　　　　1—单眼;2—触角;3—复眼;4—上颚;5—下颚;

4,5—下颚:(1)轴节(2)茎节(3)内颚叶(4)外颚叶(5)下唇须;　　6—下唇;7—上颚;8—唇基;9—食物道;

6—下唇:(1)后颏(2)前颏(3)中唇叶(4)侧唇叶(5)下唇须　　10—唾液道;11—上颚;12—下颚

②刺吸式口器　刺吸式口器是由咀嚼式口器演化而成的。这类口器能刺入动植物的组织内吸取汁液,如蚜虫、介壳虫、螨类、蚊虫等的口器。其特点是:上唇短小,呈三角形的小片;下唇延长成圆柱状分节或不分节的喙;上、下颚的一部分特化成细长的口针,包藏在喙内。4 根口针相互嵌合,内面的下颚口针内侧的两个沟槽,镶合成食物道和唾液道;下唇须、下颚须、舌均退化。在取食时,靠肌肉的作用使口针插入组织内,随即分泌唾液,把食物进行初步消化,再由食物道抽吸入体内(见图 1.6)具有刺吸式口器的害虫,常造成农作物褪色、斑点、卷叶、枯焦、虫瘿、肿瘤及僵缩等害状,并能传播多种病毒病。

③虹吸式口器　是鳞翅目,(蛾蝶)成虫特有的口器类型。上唇和上颚均退化,下唇呈片状,下唇须发达。由下颚的外颚叶延伸成喙管,内颚叶和下颚须不发达,喙管通常是发条状卷曲在头下面,当取食时可展伸吸吮花蜜(见图 1.7)。

不同种类的昆虫,取食不同的食物,其口器也发生了相应的变化。如苍蝇形成舔吸式口器用于舔吸半流体或固体微粒;蜜蜂的口器兼有咀嚼和吸食两种功能,称为咀吸式口器。此外,还有锉吸式口器,如蓟马。

了解昆虫口器的类型及其为害特点,对识别害虫和防治害虫具有重要意义。可根据作物的被害状来判断害虫的类别。同时,也为选用药剂,用药方式及用药时间提供依据。咀嚼式口器害虫必须将固体食物切磨后吞入肠胃中,因此,应用胃毒作用的杀虫剂喷洒到植物表面或做成毒饵,通过进食致死害虫。刺吸式口器的昆虫以口针刺入植物体内吸食汁液,胃毒剂不能进入它们的消化道而发生致毒作用,只有内吸性药剂才能达到较好的防治效果。而触杀和熏蒸作用的药剂无论对咀嚼式还是刺吸式口器的害虫都具有致毒作用。

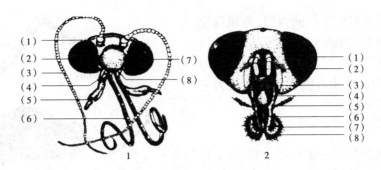

图 1.7 虹吸式口器和舐吸式口器

1—虹吸式口器:(1)单眼(2)复眼(3)触角(4)唇基(5)下唇须(6)喙管(7)额(8)上唇;
2—舐吸式口器:(1)复眼(2)额(3)唇基(4)基喙(5)下颚须(6)上唇(7)喙(8)唇瓣

(4)昆虫的头式

由于昆虫头部结构的变化以及与取食适应的结果,口器在头部着生的位置和方向也相应地发生了改变。根据口器在头部着生的位置,将昆虫的头式分为下列 3 种类型(见图 1.8):

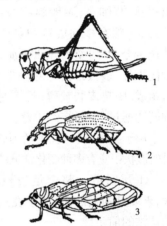

①下口式 口器着生在头部的下方,与身体的纵轴垂直,这种头式适于取食植物的茎叶,是比较原始的头式,如蝗虫和一些鳞翅目昆虫的幼虫等。

②前口式 口器向前伸出,和身体的纵轴平行,有钻蛀习性、捕食性或地下钻道活动的昆虫头式属于此类,如蝼蛄、步甲、虎甲等。

③后口式 口器向后伸出,和身体纵轴成锐角,不用时紧贴腹面。刺吸植物汁液的昆虫多属此类,如蚜虫、椿象类等。

图 1.8 昆虫的头式

1—下口式;2—前口式;3—后口式

1.1.2 昆虫的胸部

1)昆虫胸部的构造

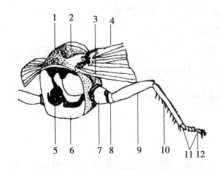

图 1.9 胸部的构造

1—背板;2—小盾片;3—侧板;4—翅;
5—基节窝;6—腹板;7—基节;8—转节;
9—腿节;10—胫节;11—跗节;12—爪(前跗节)

胸部是昆虫体躯的第二体段,由前胸、中胸和后胸 3 个体节组成。每一胸节着生一对分节的足,依次称为前足、中足和后足。大多数昆虫的中胸和后胸各着生一对翅,分别称为前翅和后翅。足和翅是昆虫的行动器官,胸部是昆虫的运动中心。

胸部的每个胸节可分为四面,背面称背板,左右两面称侧板,底面称腹板,各在其所在胸节部位而命名,如前胸背板,中胸侧板,后胸腹板等,各胸板由若干块骨片构成,这些骨片也各有名称如盾片,小盾片等(见图 1.9)。

胸部具有适应于运动的构造特点,如骨化程度高肌肉特别发达各胸节的发达程度与足,翅强大与否成正相关,如蝇类前翅飞行能力强,后翅退化成平衡棒,蝇类的中胸比后胸发达的多,用后翅飞翔的甲虫类,后胸就比中胸发达,螳螂和蝼蛄的前足分别有捕捉和开掘能力它们的前胸比中后胸发达。

2)昆虫的足

昆虫的成虫阶段一般有足3对,分别称为前足、中足、后足(见图1.10)。由基节、转节、腿节、胫节、跗节和前跗节组成。基节是与身体相连的一节,着生在基节窝内,一般粗短;转节细小,一般为一节;腿节粗大;胫节细长,常有排列成行的刺或末端有距;跗节通常分为2~5个亚节;前跗节除少数原始昆虫外,多数是由一对侧爪和一个中爪垫所组成,中垫皮肤较薄,且多感觉器,易为多种药物通过,引起神经中毒。

由于昆虫的种类、生活习性和环境不同,足的形状相应有多种变化常见的类型如下:

①开掘足 整个足较短而宽,胫节彭大,末端具强大的齿,适于在地下挖掘隧道,如蝼蛄的前足。

②跳跃足 腿节发达胫节细长,适于跳跃如蝗虫后足。

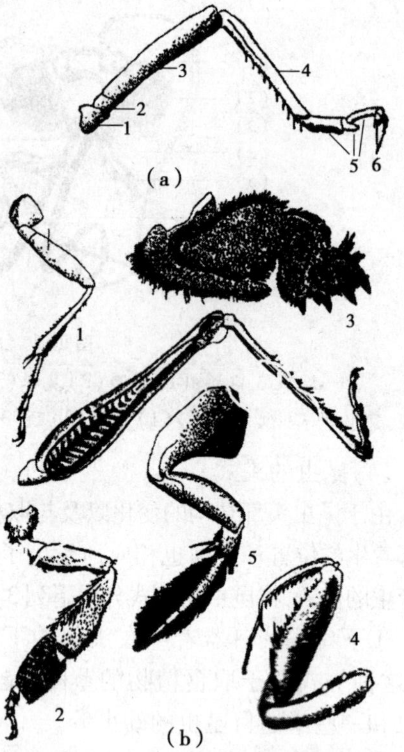

③采粉足 胫节端部扁而宽,外侧凹陷,凹陷的边缘密生长毛,可携带花粉称花粉篮,第一跗节膨大生有横毛可收集花粉,如蜜蜂后足。

图1.10 昆虫足的构造及类型

(a)足的构造

1—基节;2—转节;3—腿节;4—胫节;
5—跗节;6—前跗节

(b)足的类型

1—步行足;2—跳跃足;3—开掘足;4—捕捉足;
5—游泳足;6—携粉足

④步行足 各节发育均匀细而长,适于疾走奔驰,如步行虫的3对足。

⑤游泳足 足的各节扁平,胫节跗节的边缘有许多长毛,如龙虱。

⑥捕捉足 由前足特化而成,特点各节显著增长,腿节腹面有槽,槽边有两排硬刺,胫节也有槽和刺与腿节相嵌合时,可紧紧地把持住猎获物如螳螂的前足。

了解昆虫足的构造及类型,对于识别昆虫、推断栖息场所,研究它们的生活习性和为害方式,以及防治害虫和利用益虫都有一定的意义。

3)昆虫的翅

翅是昆虫飞行器官,昆虫一般具有两对翅,少数昆虫如蝇、蚊及介壳虫雄虫等只有一对前翅,后翅退化成平衡棒。有些昆虫的翅完全退化或消失,如蚂蚁、白蚁的工蚁和兵蚁等;有些昆虫雄虫具翅,而雌虫无翅,如枣尺蠖、蓑蛾、介壳虫;有些昆虫则在不同季节或某个世代无翅和有翅交替出现,如蚜虫。

昆虫的翅多为膜质,多呈三角形,有3个边、3个角。前面的边称为前缘,外侧的边称为外缘,后面的边称为后缘。前后缘在胸部相连处所成的角称为肩角;前缘与外缘所夹的角称为顶角;外缘与后缘所夹的角称为臀角。翅上的基褶线、轭褶线、臀褶线分别把翅分成臀前区、臀区、轭区和腋区。有的昆虫翅的前缘有色深加厚的区域,称为翅痣(见图1.11)。翅一般为膜质的双层薄片,中间分布着许多起支撑作用的翅脉。翅脉的分布形式称为翅序(或脉相)。不同种类昆虫的脉序不同,因此脉序是鉴别昆虫的重要依据。昆虫的脉序分为横脉与纵脉。横脉是横列在纵脉间的短脉,纵脉则由翅基部伸达翅缘。各种昆虫翅脉的数目及排列不尽相同,为了便于比较研究,人们对现代昆虫和古代化石昆虫的脉序加以分析、比较,提出了"标准脉序(或模式脉序)",作为对现代昆虫脉序研究的科学标准(见图1.12)。脉序的名称与缩写代号如表1.1。

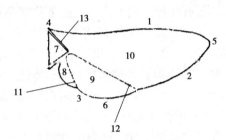

图1.11 翅的分区及名称

1—前缘;2—外缘;3—内缘;4—肩角;5—顶角;6—臀角;7—腋区;
8—轭区;9—臀区;10—臀前区;11—轭褶;12—臀褶;13—基褶

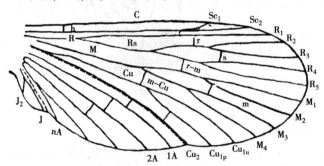

图1.12 昆虫翅的标准脉序

表1.1 脉序的名称与缩写代号

纵脉名称	简写代号	横脉名称	简写代号
前缘脉	C	肩横脉	h
亚前缘脉	Sc	径横脉	r
径脉	R	分横脉	s
径分脉	Rs	径中横脉	r-m
中脉	M	中横脉	m
肘脉	Cu	中肘脉	m-Cu
臀脉	A		
轭脉	J		

昆虫为了适应特殊的环境,其翅的质地、形状、发达程度都发生了相应的变化,归纳起来有膜翅、复翅、半翅、鳞翅等多种类型。

翅的类型是昆虫分目的主要依据。

昆虫在飞翔时,前后翅必须以一定的方式连接在一起,方能取得一致的动作,增加飞翔能力。前后翅连接的连锁器主要有翅轭、翅缰、翅钩等类型。

1.1.3 昆虫的腹部

昆虫的腹部是昆虫的第三体段,前端与胸部连接,后端有外生殖器、肛门等器官,里面包藏着大部分内脏和生殖系统,腹部是昆虫新陈代谢和生殖的中心。

腹部通常由9~11节组成,有些种类腹节愈合。腹部除末端数节外,一般无附肢,各节只有背板、腹板和连接两者的侧膜组成。腹部1~8节两侧各有一对气门,用于呼吸。某些低等昆虫腹部末端还有一对尾须。鳞翅目幼虫和膜翅目叶蜂类幼虫腹部还具有腹足。

昆虫的雄性外生殖器称为交尾器,雌性外生殖器称为产卵器。交尾器位于第九腹节,构造比较复杂(见图1.13)。不同种类的昆虫其交尾器构造不同,因此,雄性外生殖器是昆虫形态分类学中鉴定种的重要依据。昆虫的雌性外生殖器称为产卵器,位于腹部第八节、第九节的腹面,由腹产卵瓣、背产卵瓣和内产卵瓣、第一载瓣片、第二载瓣片、生殖孔、中输卵管等组成(见图1.14)。

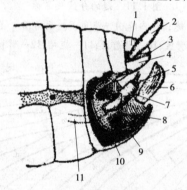

图 1.13 雄性昆虫外生殖器的基本构造

1—肛上板;2—尾须;3—肛门;4—肛侧板;5—射精孔;6—抱握器;

7—阳茎;8—阳茎基;9—阳茎侧叶;10—下生殖板;11—射精管

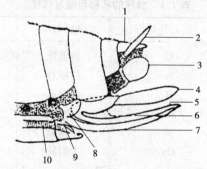

图 1.14 雌性昆虫外生殖器的基本构造

1—肛上板;2—尾须;3—肛侧板;4—背产卵瓣;5—内产卵瓣;

6—第二载瓣片;7—腹产卵瓣;8—第一载瓣片;9—生殖孔;10—中输卵管

1.1.4 昆虫的体壁

体壁是昆虫骨化了的皮肤,包在昆虫体躯的外围,称其为昆虫的"外骨骼"。

1)体壁的构造

体壁由里向外分为底膜、皮细胞层和表皮层。底膜是紧贴在皮细胞层下的薄膜,是体壁与内脏的分界;皮细胞层由单层细胞所组成,部分细胞在发育的过程中特化成各种不同的腺体及刚毛、鳞片、刺、距等外长物。表皮层是皮层细胞向外分泌的非细胞结构层。由内向外,它又分为内表皮、外表皮和上表皮3层(见图1.15)。

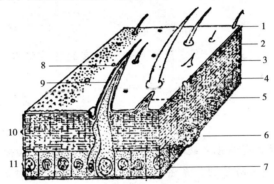

图 1.15 昆虫体壁的构造(体壁纵切面)

1—上表皮;2—外表皮;3—内表皮;4—皮细胞层;5—非细胞表皮突起;
6—腺体突起;7—底膜;8—皮细胞腺孔;9—刚毛;10—表皮层;11—膜原细胞

2)体壁与防治的关系

体壁坚硬的程度、上表皮护蜡层、蜡层的厚度及体壁上被覆物(刚毛、鳞片、蜡粉)的有无等与害虫防治有密切关系。凡体壁硬厚的,如甲虫,或蜡质层厚的,如蚜虫、介壳虫等,杀虫剂就不容易透过,而象翅、节间膜、中垫等体壁薄弱的部分则是药剂侵入体内的主要途径。同一种昆虫幼虫刚蜕皮后幼龄期体壁较薄,外表皮尚未完全形成,药剂也容易透过,因此,早期用药防治,可提高杀虫效果。由于上表皮的亲脂性特点,油乳剂容易渗入体内,比同类药剂的粉剂和可湿性粉剂能发挥更大的杀虫作用。同样道理,药剂中加入一些矿物油和有机溶剂,也可提高杀虫效果。此外,应用质地坚硬、多棱、对蜡质层有破坏作用、无毒的惰性粉如硅粉、蚌粉等掺入贮粮中来防治仓库害虫,或在粉剂中加入对蜡质层有破坏作用的惰性粉作为填充剂,都能破坏体壁的不透性,从而提高杀虫效力。现代科学利用电离辐射,破坏虫体的蜡层,造成脱水死亡,或使用灭幼脲药剂,使虫体几丁质的合成受阻,不产生新皮,最终导致幼虫蜕皮受阻而死。

任务 1.2　昆虫的内部器官

学习目标

熟悉昆虫内部器官的构造,了解昆虫内部器官各系统基本功能,掌握内部器官各系统与害虫防治的关系。

学习材料

家蚕、蝗虫、蟋蟀、螳螂天蛾等浸渍标本或部分器官的玻片标本,昆虫内部各器官的挂图等。

重点及难点

昆虫头部的内部器官有消化系统、呼吸系统、循环系统、排泄和分泌系统、神经系统、生殖系统等,消化系统与害虫防治的关系密切,应注意其构造特点,特别应注意中肠 pH 值与害虫防治的关系。呼吸系统主要应注意昆虫的呼吸类型及熏蒸杀虫的原理,神经系统的构造、神经元与反射弧,神经系统与害虫防治的关系。

学习内容

昆虫的所有内部器官都包藏在体腔内。昆虫的血液充满整个体腔,因此,昆虫的体腔又称血腔。一切内部器官都浸浴在血液中。整个体腔都被背膈和腹膈分成背血窦、腹血窦、围脏窦 3 个部分。还有专司排泄的马氏管。昆虫内部器官的相互位置如图 1.16 所示。

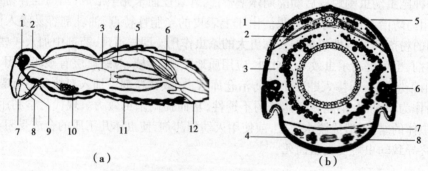

（a）　　　　　　　　　　　（b）

图 1.16　昆虫内部器官位置图

（a）横切面

1—脑;2—头部;3—消化道;4—马氏管;5—背血管;6—卵巢;7—口;8—舌;9—下唇;

10—唾腺;11—腹神经索;12—生殖孔;13—肛门

（b）纵切面

1—背血窦;2—背隔;3—围脏窦;4—腹血窦;5—背血管;6—气门;7—腹隔;8—腹神经索

1.2.1 消化系统

1)消化系统的基本构造和功能

昆虫的消化道是一条由口腔到肛门纵贯体腔中央的管道,包括前肠、中肠和后肠3部分。前肠具有接收食物、暂时贮存食物和部分消化食物的作用。中肠又称胃,主要功能是消化食物和吸收养料。有许多昆虫中肠的前端肠壁向外突出,形成许多盲管状的附属物,称为胃盲囊,其功能是增加中肠的分泌和吸收面积。后肠主要功能是回收代谢物残渣中的水分和无机盐,调节血液的渗透压和离子平衡,同时形成粪便,经肛门送出体外。在中肠和后肠的交界处,还有马氏管,马氏管是昆虫的排泄器官。其内有突出肠腔的幽门瓣,幽门瓣可阻止已进入后肠的消化残质倒流(见图1.17)。

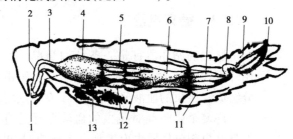

图1.17 昆虫消化系统模式图

1—口腔;2—咽喉;3—食道;4—嗉囊;5—前胃;6—中肠;7—回肠;
8—结肠;9—直肠 10—肛门;11—马氏管;12—胃盲肠;13—唾液

2)消化作用与药剂防治的关系

胃毒杀虫剂是被昆虫食入消化道,进入中肠后使昆虫中毒死亡的药剂,其毒效的高低与昆虫中肠消化液的酸碱度有密切关系,如敌百虫对鳞翅目幼虫有很好的防效,就是由于鳞翅目幼虫的中肠液偏碱性,而敌百虫在碱性消化液中可形成毒性更强的敌敌畏。因此,了解昆虫消化液的性质对胃毒类杀虫剂的选用有指导意义。

1.2.2 呼吸系统

昆虫的呼吸作用是靠气管来进行的。气管的主干有两条,纵贯体内,分布于体躯两侧,主干间有横气管相连接。许多善飞的昆虫,气管局部膨大成气囊,以增加浮力,减轻体重,利于飞行(见图1.18)。气门是气管在体壁上的开口。

昆虫呼吸作用的进行主要靠空气的扩散作用和虫体运动的鼓风作用。

当空气中混有一定的毒气时,随着昆虫的呼吸,毒气通过气门进入虫体内,这就是熏蒸剂杀虫的原理。在一定的范围内,温度与昆虫气门的开张频率成正相关,因此,在高温条件下进行熏蒸杀虫,效果快而用药量少。昆虫的气门是疏水性、亲脂性的,油剂、油乳剂可大量通过气门进入虫体或堵塞气门。肥皂水、面糊水等的杀虫作用,主要在于机械的堵塞气门,使昆虫窒息而死。

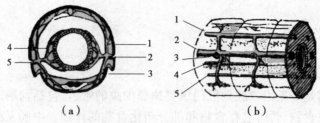

图1.18 昆虫的气管和气门的构造

（a）横切面

1—背气管;2—气门气管;3—腹气管;4—内脏气管;5—气门

（b）纵切面

1—背纵干;2—侧纵干;3—气门;4—内脏纵干;5—腹纵干

1.2.3 循环系统

昆虫的循环器官是一条结构简单的背血管（见图1.19）。循环方式为开放式循环。昆虫的背血管由大动脉和心脏两部分组成。昆虫的血液又称体液，没有红细胞，不能输送氧气。

许多杀虫药剂对昆虫的血液循环是有影响的。某些无机盐类杀虫剂可使昆虫血细胞发生病变;烟碱类药剂能扰乱血液的正常运行;除虫菊素、氢氰酸等药剂可降低昆虫血液循环的速率;有机磷杀虫剂的低浓度能加速心脏搏动的速度,高浓度时,则抑制心脏搏动致使昆虫死亡。

1.2.4 神经系统

昆虫的生命活动受神经的支配。昆虫通过神经的感觉作用,接受外界的刺激,又通过神经的调节和支配,作出与外界条件相适应的反映活动。

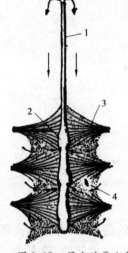

图1.19 昆虫的背血管

背血管及心翼肌

1—大动脉;2—心室;

3—心翼肌;4—背隔

1）神经系统的基本构造

昆虫的神经系统包括中枢神经,交感神经和外周神经3部分。构成神经系统的基本单位是神经元,神经元按其功能分为运动神经元、感觉神经元和联络神经元（见图1.20）。

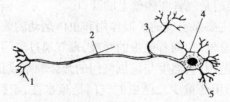

图1.20 昆虫的神经原模式构造

1—端丛;2—轴状突;3—侧枝;4—神经细胞;5—树状突

2)神经系统的功能

神经系统支配着昆虫的一切生命活动。神经活动最基本的过程是反射弧,反射弧是经过以下路线完成的(见图1.21):

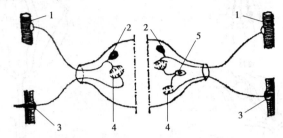

图1.21　昆虫神经反射弧模式图

1—肌肉;2—运动神经元;3—感觉神经元;4—触突;5—联络神元

①感受器接受刺激而发生兴奋。

②感觉神经纤维传导兴奋到中枢神经。

③中枢神经调节动作,并由运动神经传到反应器上。

④反应器产生有效的动作。

昆虫对刺激作出的反应称为反射。

由于联络神经的存在,对感觉神经所传出的冲动,可经联络神经同时传到数个运动神经元,作出复杂的反应。神经元与神经元的触突相互接近,但不接触。冲动通过乙酰胆碱传导。乙酰胆碱传导冲动有一定的方向而不逆行。当传导冲动完成,触突间的乙酰胆碱即被神经系统所分泌的乙酰胆碱酯酶水解为胆碱和乙酸而消失,新生的乙酰胆碱和乙酰胆碱酯酶是协调神经触突间传导冲动的重要物质。乙酰胆碱和胆碱酯酶是传导神经冲动的重要物质,缺少任何一种,反射弧就不能完成,昆虫的生命活动也就停止。

3)杀虫药剂对神经系统的影响

有机磷杀虫剂和氨基甲酸酯类的杀虫剂都是神经毒剂,可多方面地影响神经系统冲动的正常传导。例如,有机磷杀虫剂及氨基甲酸酯类杀虫剂,抑制胆碱酯酶的活性,引起乙酰胆碱在触突间聚集,害虫就会因无休止的神经冲动而死亡。此外,杀虫药剂可直接阻止或促进神经末梢释放化学传递物,从而产生兴奋抑制和兴奋过度的反常现象。

1.2.5　生殖系统

雌性昆虫内部生殖器管由一对卵巢、两根侧输卵管、一条中输卵管、一个生殖腔、生殖附腺、受精囊和受精囊腺等部分组成(见图1.22)。雄性生殖器官由一对睾丸、输精管、贮精囊、射精管、附腺等部分组成(见图1.23)。了解昆虫生殖系统的构造及其功能,可在害虫测报及其防治上进行应用。

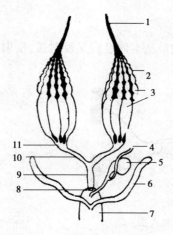

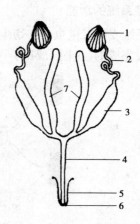

图 1.22　昆虫雌性生殖器构造
1—悬带;2—卵巢;3—卵巢管;4—受精囊腺;
5—受精囊;6—附腺;7—生殖腔;8—生殖孔;
9—中输卵管;10—侧输卵管;11—卵巢管

图 1.23　昆虫雄性生殖器构造
1—睾丸;2—输精管;3—储精囊;4—射精管;
5—阳茎;6—生殖孔;7—附腺

1.2.6　分泌系统

昆虫的分泌系统可分为内分泌器官和外激素腺体两大类。它们分泌活性物质,能支配和协调昆虫个体的各种生理功能,故称为激素。由内分泌器官的化学活性物质称内分泌激素,由外激素腺体分泌的活性物质称外激素或信息素。

内激素主要包括蜕皮激素和保幼激素。外激素是由昆虫个体的特殊腺体分泌到体外,能影响同种和其他种昆虫个体行为、发育和生殖的一种化学物质。由于外激素是昆虫个体之间化学通信的信使,故又称为信息素。目前已发现的昆虫信息素有性抑制激素、性外激素、集结外激素、示踪外激素及告警外激素等。

性激素经人工合成后,称为性诱剂,在生产实践中开始使用。保幼激素具有较高的渗透性,有杀卵、致畸、和不育的作用,但要掌握在害虫的敏感期施用才能取得理想的效果。施用蜕皮激素可使昆虫体内激素平衡显著失调,产生生理障碍或发育不全而死亡。示踪外激素、告警外激素也分别在白蚁、蚜虫防治上应用。除此之外,激素及其类似物用于害虫预测预报,指导释放天敌和绝育的雌、雄昆虫;及时发现检疫害虫及其扩散区域等。

任务1.3　昆虫的繁殖、发育与变态

学习目标

熟悉昆虫变态类型,掌握昆虫不同类型的卵、幼虫、蛹的特点以及昆虫的性二型和多型现象,了解昆虫的个体发育史、年生活史以及行为习性及与防治的关系。

学习材料

生活史标本(蝗虫和菜粉蝶等),浸渍标本(昆虫不同类型的卵、幼虫、蛹),昆虫性二型的雌雄针插标本(锹甲、尺蛾、蓑蛾、介壳虫、小地老虎、蝉等),昆虫多型现象标本(白蚁的蚁后、蚁王、工蚁、兵蚁),蚜虫的有翅型、无翅型等的干制针插标本或浸渍标本,昆虫形态挂图等。

重点及难点

昆虫的繁殖特点、繁殖方式,昆虫变态类型,特别要注意完全变态和不完全变态类型的区别,昆虫各发育阶段要注意区别不同类型卵的特点、卵的大小、形状以及表面的花纹等,多足型、寡足型、无足型幼虫的区别,离蛹(裸蛹)、被蛹、围蛹的区别,性二型的观察,锹甲、小地老虎性二型的表现等,多型现象各个类型的形态比较。

学习内容

1.3.1　昆虫的生殖方式

昆虫生殖方式多种多样。归纳起来,有两性生殖、孤雌生殖、多胚生殖和卵胎生等。

①两性生殖　通过雌雄交配、受精、产生受精卵,再发育成新的个体。

②孤雌生殖　雌虫不经过交配,或卵未受精而产生新的个体,这种生殖方式称为孤雌生殖,又称单性生殖。孤雌生殖可在短时间内形成庞大的种群,对昆虫的广泛分布、种群的繁衍起到十分重要的作用。这种生殖方式可以看作昆虫对环境的适应。

③多胚生殖　一个卵产生两个或更多胚胎的生殖方式称为多胚生殖。例如,小蜂、茧蜂等内寄生蜂多以这种生殖方式进行繁殖。多胚生殖是昆虫对活物寄生的一种适应。

④卵胎生　卵在母体内孵化,直接从母体产出的是幼虫或若虫的生殖方式称卵胎生,最常见的如蚜虫。另有少数昆虫,在母体尚未达到成虫阶段,就进行生殖,称为幼体生殖。因为这种生殖方式产生的不是卵,而是幼虫,故幼体生殖可认为是卵胎生的一种形式。又因为幼体生殖的母体都没有发育到成虫阶段,也不可能进行两性生殖,因此幼体生殖又可看作是孤雌生殖。

昆虫多种多样的生殖方式和强大的生殖力是昆虫赖以生存的适应手段。例如,小地虎一头雌蛾一生可产卵800~1 000粒,最多可达2 000粒;白蚁可产几万甚至几百万粒这种高产的生物学特性,对昆虫的种群繁衍具有重要的作用。

1.3.2　昆虫发育和变态

昆虫的发育可分为两个阶段:第一个阶段是胚胎发育,第二阶段是胚后发育。

昆虫在胚后发育的过程中,经过不断的新陈代谢,不仅体积增大,而且外部形态和内部构造等方面也发生一系列的变化,从幼期状态改变为成虫状态,这种现象称为变态。昆虫在长期演化过程中,对生活环境产生了特殊适应,形成了不同的变态类型。

①不全变态(见图1.24)　昆虫一生中只经卵、若虫、成虫3个虫期。若虫与成虫的外

部形态和生活习性很相似,仅个体的大小、翅及生殖器官发育程度不同,这种若虫实际上相当于幼虫,如蝗虫、蜡类、蚜虫等。蜻蜓也是不全变态类型,因其幼期营水生生活,在体形、呼吸、取食等官方面均有不同程度的特化,成、幼期外形上截然不同,这是不完全变态中的半变态类型,它的幼虫称为"稚虫"。不全变态类中,有一些昆虫,在幼期转变为成虫期前,有一个不食不动,类似蛹态的虫期,而真正的若虫阶段仅有 2~3 龄,这类变态称为过渐变态,如蓟马、粉虱和介壳虫的雄虫。

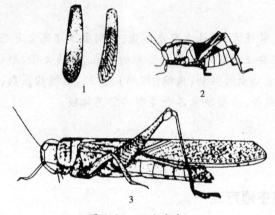

图 1.24 不全变态
1—卵;2—若虫;3—成虫

②全变态(见图 1.25) 具有卵、幼虫、蛹、成虫 4 个虫期,其成虫和幼虫在形态和生活习性上完全不同,如蛾、蝶、蜂、蝇及大多数甲虫属全变态。

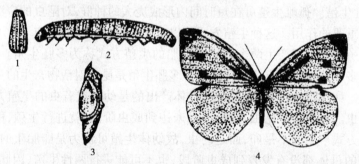

图 1.25 全变态
1—卵;2—幼虫;3—蛹;4—成虫

在全变态类中,有一些昆虫的幼虫各龄之间生活方式迥然不同,相应的在形态、结构也有极大的差别,这种比全变态更为复杂的变态类型称为复变态,如芫菁等。

1.3.3 昆虫各虫期生命活动的特点

1)卵期

卵从母体产下到孵化所经过的时间称卵期。卵是个体发育的第一个阶段,从表面上看,卵是一个不活动的虫态,其内部去进行着剧烈的生命活动。

不同的昆虫,其卵的大小、形状、颜色各不相同,产卵的方式和场所也不一样。常见的卵如图 1.26 所示。卵分为单产和聚产。有的卵块上覆有绒毛或鳞片,有的包在特殊的卵囊、卵鞘中,其产卵的场所一般在植物的表面,也有产在植物的组织中,或产在地面、地下、水中等。

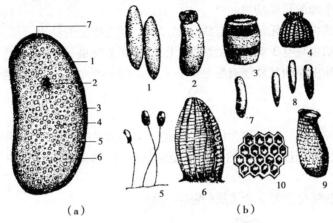

图 1.26　昆虫卵的构造及类型

(a)卵的构造

1—卵壳;2—细胞核;3—卵黄膜;4—原生质;5—边缘原生质;6—卵黄;7—精孔

(b)卵的类型

1—长椭圆形;2—袋形;3—鼓桶形;4—鱼篓形;5—有柄形;6—瓶形;7—黄瓜形;

8—弹形;9—茄形;10—卵壳的一部分(示刻纹)

2) 幼虫期

昆虫从卵孵化到出现成虫特征之前的整个发育阶段,称为幼虫期或若虫期。

幼虫或若虫取食生长到一定阶段,受体壁限制,必须脱去旧皮,才能继续生长。这种现象,称为蜕皮,脱去的旧皮,称为蜕。昆虫每蜕一次皮,就增加一龄。两次蜕皮间的时期为龄期。幼虫刚蜕皮后,新皮尚未形成前,抵抗力差,是药剂触杀的好时期。此外,害虫的食量和抗药力是随着虫龄增加而加大的,并逐渐分散为害,故抓住低龄阶段,开展防治,可收到较为理想的效果。

全变态类的昆虫,幼虫在形态上的变化极大。根据胚胎发育程度和胚后发育中的适应,将其分为原足型、多足型、寡足型及无足型4类(见图1.27)。

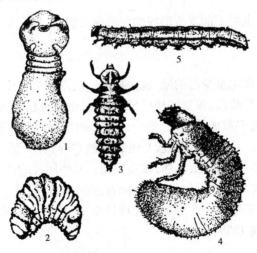

图 1.27　全变态幼虫的类型

1—原足型;2—无足型;3,4—寡足型;5—多足型

①原足型　外形像一个未发育的胚胎,腹部分节或不分节,胸足和附肢只是简单的突起。多见于卵寄生蜂的早期幼虫。

②无足型　幼虫完全无足,如蚊、蝇、部分蜂类、部分甲虫的幼虫。

③寡足型　幼虫只有 3 对发达的胸足,无腹足,如金针虫、草蛉和一些瓢甲的幼虫。

④多足型　幼虫除胸足外还有腹足。腹足数目随种类而异,如蝶蛾类有 2~5 对,叶蜂类有 6~8 对。

3)蛹期

末龄幼虫在脱去最后的皮称为化蛹。蛹是一个不活动的虫期,缺少防御和逃避敌害的能力,易受敌害侵袭,而且对外界的不良环境抵抗力差,因此蛹期是昆虫生命活动的薄弱环节。

全变态昆虫的蛹可分为 3 个类型(见图1.28):

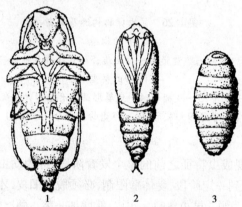

图 1.28　全变态昆虫蛹的类型
1—离蛹;2—被蛹;3—围蛹

①离蛹(裸蛹)　触角、足、翅等与蛹体分离,有的可活动,如金龟甲、蜂类、天牛等的蛹。

②被蛹　触角、足、翅等紧紧地贴在蛹体上,不能活动,腹节多数或全部不能扭动,如蝶、蛾类的蛹。

③围蛹　蛹体被幼虫脱下的皮所形成的桶形硬壳包住,里面是裸蛹,如蝇、虻类以及蚧类的雄虫的蛹。

4)成虫期

不完全变态的若虫和完全变态的蛹,脱去最后一次皮变为成虫的过程称为羽化。成虫期是昆虫个体发育的最后阶段,体型结构已经固定,种的特征已经显示,因此成虫的形态是昆虫分类的主要依据,大多数成虫的雌、雄个体外形相似,外观上仅外生殖器不同,称为第一性征。有些昆虫除第一性征外在形态上还有其他差异,称为第二性征。这种现象称为雌、雄二型,如介壳虫、枣尺蠖,雄虫有翅,雌虫无翅。有些同种的昆虫具有两种以上的不同类型的个体,称为多型现象。它不仅仅雌、雄间有差别,而且同性个体间也不同,如雌性的玉带凤蝶有黄斑型和赤斑型。在高等的社会性昆虫中,特别是蜜蜂、白蚁等社会性昆虫中多型现象更为突出(见图1.29)。

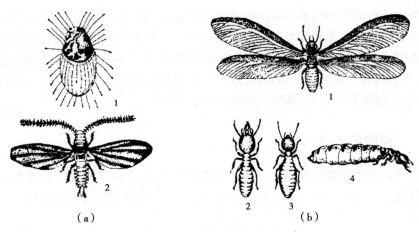

图 1.29 昆虫的性二型和多型现象

(a)吹绵蚧的雌雄二型现象

1—无翅雌虫;2—有翅雄虫

(b)黑翅土白蚁的多型性

1—有翅成虫;2—兵蚁;3—工蚁;4—蚁后

1.3.4 世代和生活年史

1)昆虫的世代

昆虫自卵或幼体离开母体到成虫性成熟为止的个体发育周期,称为世代。各种昆虫完成一个世代所需的时间,以及一年内所发生的世代数不尽相同。对于一年发生多代的昆虫来讲,由于成虫发生期长和产卵先后不一,同一时期内,前后世代经常混合发生,造成上、下世代重叠的现象称为世代重叠。

昆虫世代是以卵期为起点,一年发生多代的昆虫按照其出现的先后次序依次称为第一代、第二代,凡是头一年没有完成生活周期而第二年继续发育为成虫的,不能算作是第二年的第一代,一般称其为越冬代。

2)昆虫的生活年史

昆虫由当年越冬虫态开始活动,到第二年越冬结束为止的这一段发育过程称为昆虫的生活年史。昆虫生活年史的基本内容包括越冬、越夏虫态和栖息场所、一年中发生的世代、各世代各虫态的历期及生活习性等。了解害虫的生活年史,就能掌握昆虫活动的规律和生活周期中的薄弱环节,采取有效防治措施,进行防治。

3)休眠和滞育

昆虫在生活周期中,常常出现生长发育或生殖暂时停止的现象,这种现象多发生在严冬和盛暑来临之前。故称为越冬或越夏。越冬和越夏是昆虫度过不良环境的一种适应。从生理上可分为两种不同情况,即休眠与滞育。

①休眠 是由不良的环境条件引起的生长发育暂时停止的现象。不良环境消除后即可恢复生长发育。假如把休眠的昆虫放在适宜其生长发育的条件下,饲以食料则一年四季都能生长和繁殖。引起昆虫休眠的环境因子主要是温度和湿度。

②滞育 由于外界环境条件和昆虫的遗传稳定性支配,造成昆虫的发育暂时停止的现象称为滞育。滞育并非不利环境引起。一旦昆虫进入滞育,即使给予适宜的外界条件,也不能马上恢复生长发育,而必须通过一定的刺激因素,经过一定的时间,才能解除滞育状态。因此,滞育具有一定的遗传稳定性,这一点是与休眠根本上的不同。引起昆虫滞育的因子有光周期、温度和食料等,其中以光周期的作用最大。

1.3.5 昆虫的主要习性

由于外界环境的刺激与生理状态的复杂联系,使昆虫获得了赖以生存的生物学特性,特性包括昆虫的活动和行为。昆虫的重要习性有食性、趋性、假死性、群集性、迁飞性及自卫性等方面。

1)食性

昆虫在长期演化过程中,形成了对食物的一定要求。根据食物的来源不同,昆虫的食性可分为植食性、肉食性(按照其取食方式又可分为捕食性和寄生性)、粪食性、腐食性及杂食性。

昆虫在上述食性分化的基础上又根据其取食范围的广窄,可分为单食性、寡食性和多食性等。

了解害虫的食性及其食性专化性,可有效地实行轮作倒茬,利用合理的作物布局等农业措施防治害虫,同时对害虫天敌的选择与利用也很有意义。

2)趋性

趋性是昆虫对外界刺激所产生的定向反应。凡是向着刺激物定向运动的为正趋性,背避刺激物运动的为负趋性。按照刺激物的性质,趋性主要有趋光性、趋化性、趋温性、趋湿性及趋色性等。其中,预测预报和防治中经常利用的趋性有以下两种:

①趋光性 不同的昆虫对光照强度和波长反应不同,多数夜出性的蛾类具有正趋光性,昆虫的趋光性在害虫的测报和防治工作中广泛的应用。

②趋化性 昆虫对化学物质的刺激所产生的定向反应,称为趋化性。利用昆虫的趋化性也是害虫预测预报的主要手段之一。例如,利用糖醋液诱杀小地老虎、梨小食心虫、苹小卷叶蛾;应用马粪诱杀蝼蛄,等等。

3)假死性

假死性是昆虫受到外部刺激产生的一种简单反应,受到触及或震动立即产生麻痹晕厥状并坠地假死,如金龟甲、梨象虫等。从生物适应学的观点来讲,假死性是昆虫对外来袭击的防御性反射。另一方面,人们可利用其假死性,人为地进行震落捕杀,集中消灭。

4)群集性

群集性是同种昆虫的个体高密度地聚集在一起的习性。这种习性是昆虫在有限的空间内个体大量繁殖或聚集的结果。群集性分为永久群集和临时群集。

5)迁飞性与扩散性

不少害虫在成虫羽化到翅骨化变硬后,有成群从一个发生地长距离迁飞到另一个发生地的习性,如黏虫等。这些昆虫成虫开始迁飞时,雌成虫的卵巢还没有发育完全,大多数还没有产卵,交尾和产卵常在迁飞过程中和迁入地完成。这是昆虫的一种适应性,有利于种的延续生存和地理分布的扩大。在自然界中,大多数昆虫在环境不适应或食料不足时可发生扩散转移。

任务1.4　园艺植物昆虫主要目、科识别

学习目标

熟悉昆虫分类的基本知识,掌握昆虫主要目科的基本特征,了解各个类群的生物学特性及其与人类的关系。

学习材料

等翅目、直翅目、半翅目、同翅目、鞘翅目、脉翅目、缨翅目、鳞翅目、膜翅目、双翅目等各目主要科的针插标本或浸渍标本,昆虫形态挂图。

重点及难点

直翅目、半翅目、同翅目、鞘翅目、鳞翅目是与园艺植物关系密切的重要目,重点是比较目下主要科的特征,特别要注意口器的类型、翅的类型、触角的类型以及足的类型,从形态上比较各个科之间的差异,掌握其主要特征。

学习内容

1.4.1　昆虫分类的意义

昆虫分类是昆虫学研究的基础,是认识昆虫的一种基本方法。在生产、生活中,对于形形色色,数百万种的昆虫,要进行科学的区分,就必须依据昆虫的特征、特性以及生理、生态等的特殊性,通过分析、对比、归纳等手段,正确地反映出昆虫历史演化进程、类群的亲缘关系、种间的形态、习性等方面的差异及联系,从而建立起符合客观规律的科学分类系统。借助这个系统,充分有效地控制害虫和有目的的发挥益虫的作用。

1)分类的依据和单位

根据昆虫的形态、生理、生态等特征把昆虫分成许多大小不同的分类单位,并以"种"为分类的基本单位。昆虫分类系统是由界、门、纲、目、科、属、种7个基本单位所组成。为了更精确起见,还在纲、目、科、属下设"亚"级,如亚纲、亚目、亚科、亚属;在目、科上加"总"级,如总目、总科;亚科和亚属之间还可加"族"级;在种下增加"亚种"和"生态型"。

以蝗虫为例说明昆虫分类阶梯顺序:

界………动物界(Animal kingdom)
　门………节肢动物门(Arthropoda)
　　纲………昆虫纲(Insecta)
　　　亚纲………有翅亚纲(Pterygota)
　　　　总目………直翅总目(Orthopteroides)
　　　　　目………直翅目(Orthoptera)
　　　　　　亚目………蝗亚目(Locustodea)
　　　　　　　总科………蝗总科(Locustoidea)
　　　　　　　　科………蝗科(Locustidae)
　　　　　　　　　亚科………飞蝗亚科(Locustinae)
　　　　　　　　　　属………飞蝗属(*Locusta*)
　　　　　　　　　　　种………飞蝗(*Locusta mingratoria* L.)
　　　　　　　　　　　　亚种………东亚飞蝗(*Locusta mingratoria manilensis* Meyen.)

2)昆虫的命名

昆虫学名是采用国际上统一规定的双名法,并采用拉丁文书写成的。每一学名包括前面的属名和后面的种名,学名在印刷和书写时为斜体。种名后是定名人的姓氏。属名的第一个字母必须大写,种名全部小写,后面姓氏的第一个字母大写。对一些比较熟悉的定名人的姓氏可以缩写。有些昆虫在种名后面还有小写的亚种名。这就成了三命名法。例如:

菜粉蝶:*Pieris rapae* Linnaeus(缩写 Linn.)

桑 蝗:*Rondotia meneiana* Moore

1.4.2 园艺昆虫类群概述

昆虫纲共分为33个目,其中与园艺生产关系密切的主要目科特征介绍如下:

1)等翅目(Isoptera)

本目昆虫通称"白蚁",为中小型昆虫,体柔软,乳白色,少数种类色暗。咀嚼式口器,前口式,触角串珠状,分为大翅型、短翅型的生殖蚁和无翅型的非生殖蚁。翅窄长,前后翅膜质,形状、大小、脉序均相似。故称等翅目。本目昆虫通常营集生活,不全变态。多数为房屋、家具、建筑物害虫,少数种类为害林木,如黑翅白蚁(见图1.30)。

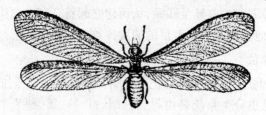

图1.30　等翅目代表(黑翅土白蚁)

2)直翅目(Orthoptera)

体中至大型,咀嚼口器,下口式,触角丝状,短或长于身体。前胸背板发达,呈马鞍状,前翅革质,后翅膜质,成覆翅,且前翅的翅脉多是直的,故此得名。后足跳跃足或前足开掘足。雌虫腹末多有明显的产卵器(蝼蛄例外);具有听器。植食性,多为害虫。不全变态(见图1.31)。

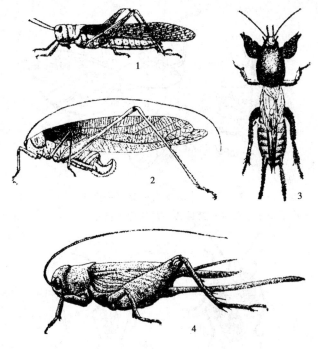

图1.31　直翅目常见科代表

1—蝗科;2—螽斯科;3—蝼蛄科;4—蟋蟀科

①蝗科　体粗壮,触角短于身体,丝状,前胸背板呈马鞍形,听器位于腹部第一节两侧,产卵器粗短,凿状,后足腿节发达,为跳跃足,具有羽状隆起,跗节3节,如飞蝗、土蝗、竹蝗等。

②螽斯科　体扁阔,触角线状,长过身体。产卵器刀状或剑状,听器位于前足胫节基部,跗节4节,如为害柑橘、茶树枝梢的绿露螽。

③蟋蟀科　体粗壮,色暗,触角长过身体,产卵器细长,呈剑状,尾须长,听器位于前足胫节内侧,后足发达,善跳跃。多数为植食性,少数为肉食性。常见的害虫种类有大蟋蟀、油葫芦、棺头蟋等。

④蝼蛄科　触角线形,短于身体,前足粗壮,开掘式,前胸背板坚硬发达,适于土中活动,前翅短,后翅长,伸出腹末如尾。前足胫节上的听器退化,状如裂缝。尾须长,产卵器不外露。常见的种类有华北蝼蛄、东方蝼蛄。

3)半翅目(Hemiptera)

体小至中型,体壁坚硬扁平,刺吸式口器,具有分节的喙,喙着生在头的前方,触角线状或棒状,复眼发达,单眼两个或没有。前胸背板发达,中胸有三角形小盾片,前翅基半部坚硬,少数种类还有楔片,端半部柔软,故称半鞘翅。目的名称就是这样来的。半鞘翅可分为基半部的革区、爪区和端半部的膜区3部分(见图1.32),有的种类还有楔区,膜区上有不同的脉纹图案,可作为分科的依据。身体腹面有臭腺开口,能分泌挥发性油,散发出类似臭椿的味道,因此被称为"椿象"或"臭板虫"。绝大多数为植食性,为害果树、林木等,刺吸茎叶或果实的汁液;少数为肉食性,捕食其他昆虫(见图1.33)。

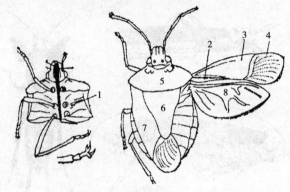

图1.32　半翅目昆虫身体的构造
1—臭腺;2—爪区;3—革区;4—膜区;5—前胸背板;6—小盾片;7—前翅;8—后翅

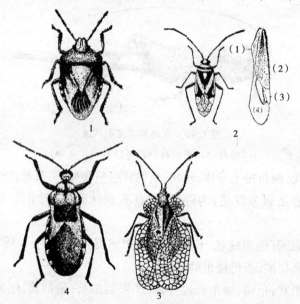

图1.33　半翅目主要科代表
1—蝽科;2—盲蝽科:(1)爪区(2)革区(3)楔区(4)膜区;3—网蝽科;4—猎蝽科

①蝽科　体躯小到大型,触角5节,通常有2个单眼,喙4节。前翅无楔片,膜区上有多数纵脉,多从一基横脉上伸出。中胸小盾片很大,至少超过前翅爪区的长度,如茶翅蝽、菜蝽、豆圆蝽等。

②盲蝽科　小型或中型,触角4节,第2节特长,无单眼。前胸背板前缘常有横沟划分出一个狭的区域,称为领片,其后并有两个低的突起,称为胝。前翅有楔片,膜区基部翅脉围成两个翅室,从这一特征容易与所有蝽类相区别。常见的有绿盲蝽、牧草盲蝽等。

③网蝽科　系小型种类,体扁,无单眼,触角4节,第3节最长,第4节膨大,前胸背板向后延伸盖住小盾片,前胸背板及前翅呈网状花纹,前翅分为无革区和膜区。重要的种类有梨网蝽、茶网蝽、香蕉网蝽等。

④猎蝽科 体中型,有单眼,触角4节,喙短,3节,基部弯曲,不能平贴在身体的腹面,前翅没有缘片和楔片,膜区基部有2个翅室,从它们上面伸出2条纵脉。本科昆虫均为肉食种类,吸食昆虫血液,如黑猎蝽、黄足猎蝽等。

除以上常见的主要科外,还有花蝽科、姬猎蝽科等。

4)同翅目(Homoptera)

本目昆虫体小型至大型。刺吸式口器,构造和半翅目相似,但从头的后方伸出,喙通常为3节,少数为1~2节,触角短,鬃状,或稍长而呈线状,前翅质地均匀,膜质或革质,静息时呈屋脊状;多数种类有蜡腺,无臭腺。不完全变态(见图1.34);植食性,刺吸植物汁液,是多种植物病毒的传播介体,其排泄物多糖份,可导致植物发生煤污病。

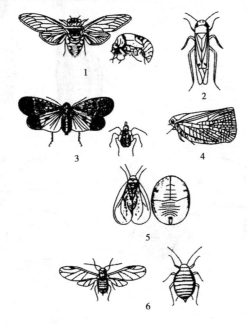

图1.34 同翅目部分科代表

1—蝉科;2—叶蝉科;3—蜡蝉科;4—蛾蜡蝉科;5—粉虱科;6—蚜科

①蝉科 体中至大型。头部单眼3个,触角刚毛状,翅膜质透明,翅脉粗大。前足腿节近似开掘式。雄虫腹部第一节有鸣器。常见有炸蝉、黄蟪蛄等。

②蜡蝉科 体大型至中型,颜色鲜艳美丽,前翅端区脉纹多分叉,多横脉,呈网状,前翅基部有肩板(翅基片)。

③叶蝉科 体小型,触角刚毛状,前翅革质,后足发达,善跳跃,胫节下方有2列刺状毛。常见的种类有桑星叶蝉、桃一点叶蝉、小绿叶蝉等。

④粉虱科 体小型,雌雄均具4翅,表面被有白色蜡粉,前翅短圆,有2条翅脉,后翅有一条脉纹,触角线状,7节,跗节2节,末端具爪和爪间鬃,如桔刺粉虱、温室白粉虱等。

⑤蚜科 体小型,柔软。触角6节,少数5节,细丝状,腹部第六节或第七节前面生有一对圆柱形的管状突起,称为"腹管",腹部末端的突起,称为尾片。腹管和尾片是蚜科的

基本特征。翅膜质,前翅前缘具翅痣。常见的有桃蚜、豌豆蚜、桔二叉蚜、茶二叉蚜等。

⑥木虱科 体小型,外形似蝉,触角长,10节,有3个单眼,前翅革质,翅痣明显。后足基节有疣状突起,胫节端部有刺,善跳跃;若虫体扁,全体被覆蜡质。常见的有梨木虱、柑橘木虱、桑木虱等(见图1.35)。

⑦蚧科 雌虫形态奇特,体型呈圆形、卵圆形或长型,体上被覆有蜡质,腹面有发达的口器,触角及足已完全退化或短小,无翅,雄虫只有一对前翅,后翅退化成平衡棒。常见的有红蜡蚧、褐软蚧、苹果球蚧等(见图1.36)。

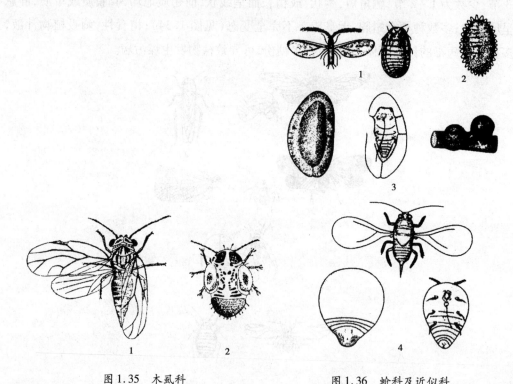

图1.35 木虱科　　　　　　　　图1.36 蚧科及近似科
1—成虫;2—若虫　　　　　1—绵蚧科;2—粉蚧科;3—蚧科;4—质蚧科

本目常见还有蛾蜡蝉科、绵蚧科、粉蚧科、绵蚜科、瘤蚜科等。

5)鞘翅目(Coleoptera)

本目为昆虫纲中最大的目。体小至大型,体壁坚硬,前翅加厚,合起来盖住胸腹部的后面和折叠的后翅,二翅在背中线上相遇,称为鞘翅。后翅为膜质,少数种类退化。咀嚼式口器,触角10~11节,形态多样,无单眼,复眼发达。跗节5节或4节,很少3节。多数为全变态,少数为复变态;幼虫为寡足型或无足型;蛹为离蛹。根据食性分为肉食亚目和多食亚目(见图1.37)。

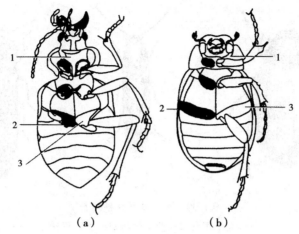

图 1.37　肉食亚目和多食亚目腹面特征

（a）肉食亚目　（b）多食亚目

1—前胸腹板；2—后足基节窝；3—后足基节

（1）肉食亚目

后足基节固定在后胸腹板上，不能活动，基节窝将腹部第 1 节腹板完全划分开。前胸背板与侧板之间有明显的分界线，触角多数种类为线状。跗节通常 5 节。常见的有步甲科、虎甲科（图 1.38）。

①步行甲科　中小型甲虫，颜色较暗，有的鞘翅上有点刻、条纹或斑点。体扁平；头前口式，比前胸狭；复眼小。后翅通常退化，不能飞翔。步行足，行动迅速。本科昆虫大多数成、幼虫捕食有害动物，如金星步甲、黄缘步甲等；也有少数为害植物，如黑谷步甲。

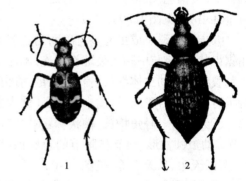

图 1.38　肉食亚目重要科代表

1—虎甲科（中华丽虎甲）；2—步甲科（皱鞘步甲）

②虎甲科　中型甲虫，具有鲜艳的色斑和金属光泽；体长形，头下口式，比胸部略宽；与步行甲科相比复眼大而外突；触角丝状，11 节，着生于上颚基部上方，上颚发达，呈弯曲的锐齿。后翅发达，能飞。成、幼虫均捕食小型昆虫，幼虫生活在地下。常见的有杂色虎甲、中华虎甲等。

（2）多食亚目

后足基节不固定在后胸腹板上，腹部第 1 节腹板不被后足基节所分割，前胸背板与侧板间无明显的背侧缝分割。触角和跗节呈各种不同的形式。常见科如下：

①鳃金龟科　触角鳃叶状，通常 10 节，端部 3~7 节形成可张合的鳃片状，前足开掘式，跗节 5 节，鞘翅常常不完全覆盖腹部。幼虫通称蛴螬，身体柔软，生活在土中或腐物中，属寡足型，体壁皱，多细毛，身体呈"C"形弯曲，包括很多重要的地下害虫，常见的有棕色鳃金龟、大黑鳃金龟、暗黑鳃金龟等（见图 1.39）。

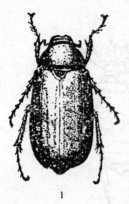  

图 1.39　鞘翅目部分科代表

1—金龟甲科；2—叩头甲科；3—吉丁甲科

②叩头甲科　统称叩头虫。成虫多数为暗色种类，体狭长，末端尖削，略扁。触角锯齿状或丝状，头小，紧镶在前胸上，前胸背板后侧角突出成锐刺，前胸腹板中间有一尖锐的刺，嵌在中胸腹板的凹陷内，前胸和中胸间有一关键物，能上下活动；幼虫体细长，圆柱形或扁圆柱形，黄褐色，统称金针虫。寡足型，生活于土中，常见的有细胸金针虫、褐纹金针虫、宽背金针虫等（见图 1.39）。

③吉丁虫科　成虫大多有美丽的金属光泽，体长形，末端尖，外形与叩头甲相似，但触角锯齿状，前胸与中胸无关键物相连，不能活动，后侧角没有刺，腹板有一扁平的突起嵌在中胸腹板上。幼虫体细长，扁平，无足，前胸扁阔，状如大头，腹部 9 节，体软，乳白色。主要种类有苹果小吉丁虫、柑橘小吉丁虫（爆皮虫）等（见图 1.39）。

④天牛科　触角特长，鞭状。复眼肾形，一般围在触角基部。足跗节外观 4 节，实为隐5 节。幼虫圆柱形，胸节和腹节的背腹面都有骨化区或突起，足退化，常见的有桃红颈天牛、梨眼天牛、瓜天牛等（见图 1.40）。

⑤叶甲科　又称金花虫。成虫长形或卵圆形，具金属光泽。触角丝状，末端膨大。跗节隐 5 节，外形很容易与天牛混淆，但复眼圆形，接近前胸，且不围在复眼基部。幼虫多足型，但腹足无趾钩，额不成"人"字形，此点是与鳞翅目幼虫区分的重要标志。常见的有甜菜龟叶甲、葡萄十星叶甲、大猿叶虫等（见图 1.40）。

⑥瓢甲科　小型或中型昆虫，体背隆起呈半球形。头小，一部分隐藏在前胸背板下。触角棒状。足的跗节隐 4 节。幼虫寡足型，体多枝刺和毛瘤，行动活泼。有肉食性和植食性两类（见图 1.40）。

肉食性瓢虫如澳洲瓢虫、七星瓢虫、异色瓢虫等。

植食性瓢虫有二十八星瓢虫等。

⑦芫菁科　体长形，体壁柔软，有微毛。头大而活动，触角 11 节，线状。前胸缢缩成颈状。跗节 5-5-4 式，爪呈梳状。成虫植食性。常见的有豆白条芫菁、金绿芫菁、斑芫菁（见图 1.40）。

⑧象甲科　本科的特点是成虫头部延伸成象鼻状或鸟喙状，咀嚼式口器位于喙的前方，触角呈膝状弯曲，端部数节膨大，足跗节 5 节。幼虫体软，弯曲成"C"形，无足型。如梨虎、菜茎象甲和苹果花象甲等（见图 1.40）。

其他还有小蠹科、豆象科等。

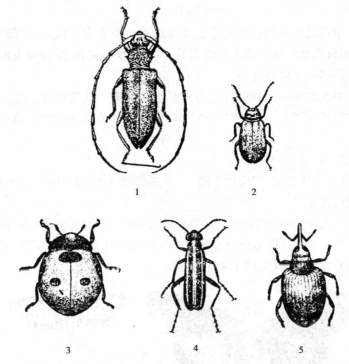

图1.40　鞘翅目主要科

1—天牛科;2—叶甲科;3—瓢甲科;4—芫菁科;5—象甲科

6)鳞翅目(Lepidotera)

鳞翅目是昆虫纲中的第二大目,包括所有的蝶类和蛾类。本目昆虫成虫的体翅均被鳞片,并组成各种颜色和斑纹。触角为丝状、羽毛状、棒状等。复眼发达,单眼2个或无,口器虹吸式或退化。前翅一般比后翅大,翅的基部中央翅脉围成一大型翅室,少数种类的雌虫无翅。幼虫体呈圆柱形、柔软。头部坚硬,两侧各有6个单眼,咀嚼口器,唇基三角形,额很狭,呈"人"字形;前胸背板坚硬,腹足2~5对,有趾钩。胸部和腹部区分不显著,统称为胴部,蛹大部分为被蛹。

鳞翅目昆虫按其触角类型和活动习性分为蝶类和蛾类两大类群,分别属于锤角亚目和异角亚目。

(1)锤角亚目

通称蝴蝶,触角端部膨大成棒状,大多白天活动。翅色鲜艳,休息时竖立在背面,前后翅无特殊连接构造,飞翔时以后翅肩区接托在前翅下。常见的有粉蝶科、凤蝶科、蛱蝶科等(见图1.41)。

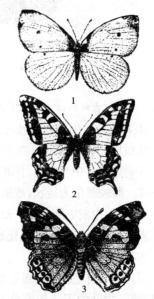

图1.41　锤角亚目部分科代表

1—粉蝶科;2—凤蝶科;3—蛱蝶科

①粉蝶科　中型蝴蝶。前翅为三角形,后翅为卵圆形。前翅臀脉一条,后翅臀脉2条。幼虫圆柱形,体表多突起及次生毛,每一体节分为数枚小环。常见的有菜粉蝶和山楂粉

蝶等。

②凤蝶科　中型或大型美丽的蝴蝶。飞翔迅速。前翅为三角形,后翅外缘波状,后角常有一尾突,前翅有钩状肩脉。幼虫光滑无毛,前胸前缘有臭腺,受惊时发散臭气。常见的有柑橘凤蝶、玉带凤蝶、金凤蝶等。

③蛱蝶科　中或大型,美丽蝴蝶,有各种鲜艳的色斑。飞翔迅速。前足退化,短小,常缩起。触角锤状部特别膨大。翅的臀脉和粉蝶一样,中室在前翅闭室。重要种类有大红蛱蝶、苎麻黄蛱蝶。

(2)异角亚目

通称蛾类,触角形状各异,端部均不膨大,大多夜间活动,静息时翅多平展或背覆;前后翅以翅轭或翅缰相连接。

①木蠹蛾科　大中型蛾,体粗壮。触角呈双栉齿状,口器退化。前后翅的主干与分叉在中室内完全发达。前翅径脉造成一小翅室。幼龄幼虫在根部蛀食皮层,老熟幼虫则蛀食木质部。常见如芳香木蠹蛾(见图1.42)。

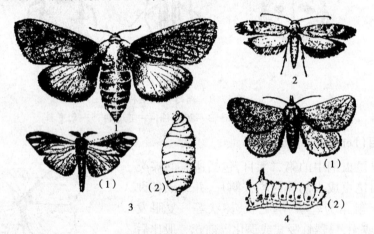

图1.42　鳞翅目蛾类(一)

1—木蠹蛾科;2—菜蛾科;3—蓑蛾科:(1)雄蛾(2)雌成虫;4—刺蛾科:(1)成虫(2)幼虫

②菜蛾科　小型或极小型蛾。成虫静息时触角前伸,翅窄长,前翅披针形,后翅菜刀形。幼虫体小,腹足细长,趾钩单序环式,常见有菜蛾、葱小蛾等(见图1.42)。

③刺蛾科　中型蛾类,体粗壮,被鳞毛,翅色鲜艳,一般为黄褐色或鲜绿色,有红色或暗色的线纹。雌蛾触角为线状,雄蛾触角为双栉齿状,喙退化,前后翅中室内有中脉主干存在。后翅 $Sc + R_1$ 从中室中部分出。幼虫短肥,蛞蝓形,体表生有瘤、刺和毒毛,体色鲜艳,头小能缩入前胸内。常做石灰质茧壳化蛹。常见的有黄刺蛾、青刺蛾、扁刺蛾等(见图1.42)。

④卷蛾科　中小型蛾。前翅略呈长方形,肩区发达,前缘弯曲,有的种类前缘有一部分向反面折叠。休息时,两翅合成钟罩状,基斑、中带、端纹明显。后翅中室下缘无栉状毛。幼虫卷叶、缀叶为害。如苹黄卷叶蛾、龙眼卷叶蛾等(见图1.42)。

⑤小卷蛾科　与卷蛾科相似。前翅肩区不发达,前缘有一列白色的钩状纹;后翅中室下缘有栉状毛。幼虫蛀果为害,常见的有梨小食心虫、苹小食心虫、大豆食心虫和荔枝小卷蛾等(见图1.43)。

⑥螟蛾科　中小型蛾,体纤细,腹部末端尖细。颜色暗淡,鳞片细密而紧贴,身体看起

来相当光滑。足细长。触角线形。下唇须前伸或上弯。翅近三角形,后翅有发达的臀区,臀脉3条。常见的有菜螟、桃蛀螟等(见图1.43)。

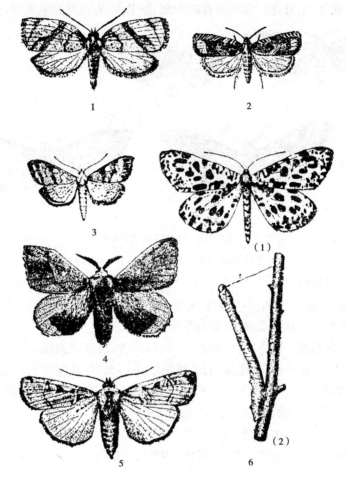

图1.43　鳞翅目蛾类(二)

1—卷蛾科;2—小卷蛾科;3—螟蛾科;4—枯叶蛾科;5—夜蛾科;6—尺蛾科;(1)成虫(2)幼虫

⑦尺蛾科　体细弱,鳞毛稀少,翅大而质地薄,静息时四翅平展,后翅 Sc + R₁ 脉在基部弯曲,臀脉只有一条。有的种类雌虫翅退化。幼虫除有 3 对胸足外,第6节和末节各有一对腹足,行动时一屈一伸,状似尺度,幼虫休息时常拟态如植物枝条,常见有枣尺蠖、茶尺蠖等(见图1.43)。

⑧枯叶蛾科　大中型蛾类,体粗壮被密毛,喙及单眼退化,触角栉齿状,后翅肩区发达,有肩脉,无翅缰。幼虫体粗,多长毛。腹足趾钩2序中列式。常见的有天幕毛虫、杏枯叶蛾、粟黄枯叶蛾等(见图1.43)。

⑨夜蛾科　大中型蛾。色深暗,体粗壮多毛。一般具单眼,有喙,触角线状,部分种类雄蛾触角为栉齿状。前翅三角形,密被鳞毛,形成色斑,后翅较宽,后翅 Sc + R₁ 在近翅基部处与中室有一点接触又复分开,造成一小型的翅室,色淡灰。幼虫体粗壮,光滑,少毛,色深暗,常具5对腹足,有些种类第一对、第二对腹足退化;成虫夜间活动,少数种类日夜取食。常见的有黏虫、斜纹夜蛾、小地老虎及大地老虎等(见图1.43)。

⑩毒蛾科　本科成虫与夜蛾科极其相似。但喙及单眼退化。雄蛾触角呈双栉齿状,雌虫有翅或退化,腹部末端有成簇的毛,产卵时用以遮盖卵块。静息时多毛的足前伸。幼虫体被长毛,着生成簇,毛有毒。常见的有舞毒蛾、茶毛虫、青海草原毛虫等(见图1.44)。

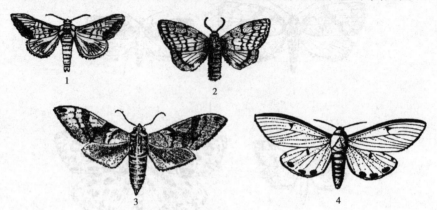

图1.44　鳞翅目蛾类(三)

1—舟蛾科;2—毒蛾科;3—天蛾科;4—灯蛾科

⑪舟蛾科　本科成虫与夜蛾科的主要区别是口器不发达或退化,成虫前翅 M_3 从中室横脉的中部分出,后翅 $Sc+R_1$ 不与中室接触。幼虫体表多毛,静息时头尾举起似舟,多为害林木。常见的有苹果舟形毛虫、龙眼舟蛾等(见图1.44)。

⑫天蛾科　大型蛾。体粗壮,呈纺锤形,行动活泼,飞翔能力强。触角中部加粗,端部弯曲成钩,喙发达,前翅窄长,外缘倾斜,后翅短小,$Sc+R_1$ 与中室平行。幼虫体大而粗壮,没有显著的毛,第8腹节背面有1个尾角,有的种类体侧有斜纹或眼状斑。成虫在傍晚或夜间活动,常见的有桃天蛾、葡萄天蛾等(见图1.44)。

⑬灯蛾科　与夜蛾科相近,但色彩鲜艳,多有单眼,喙退化。后翅 $Sc+R_1$ 与 Rs 愈合至中室中央或中央以外。幼虫毛虫型,有长次生刚毛,幼龄有群集性。常见的有美国白蛾、红缘灯蛾等(见图1.44)。

常见的还有蓑蛾科、豹蠹蛾科等。另外还有细蛾科、潜蛾科、叶潜蛾科、和蚕蛾科等。

7)膜翅目(Hymenoptera)

本目昆虫包括蜂类和蚂蚁。其口器为咀嚼式或咀吸式;头可活动,复眼大,有3个单眼,触角线状、锤状或弯曲成膝状;腹部第1节并入胸部,称并胸腹节,第2节缢缩成腰,称腹柄;雌虫有发达的产卵器,多数成针状,或有刺蛰能力。翅膜质,不被鳞片。前翅大而后翅小。全变态。幼虫通常无足,食叶性幼虫有足;蛹为离蛹。许多种类结茧化蛹。本目昆虫根据腹部与并胸腹节相连处的宽窄分为细腰亚目和广腰亚目两个类群。

(1)广腰亚目

昆虫的胸部与腹部连接处宽阔,后翅至少有3个基室。产卵器锯齿状或管状,常不外露。幼虫有3对胸足,腹足有或无。植食性,主要有叶蜂科和茎蜂科(见图1.45)。

①叶蜂科　成虫身体粗短,触角线状。前胸背板后缘深凹。前翅有粗短的翅痣,前足胫节有两个端距。产卵器扁锯状。幼虫体光滑,但多皱纹,胸足3对,腹足6~8对,腹足无趾钩。本科重要种类有梨实蜂、黄翅菜叶蜂等。

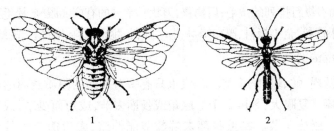

图 1.45　广腰亚目主要科代表
1—叶蜂科;2—茎蜂科

②茎蜂科　中、小型的种类。成虫体细长,腰部没有明显的缢缩。触角线状,前胸略呈长方形,背板后缘平直,前翅翅痣狭长,前足胫节只有一个端距。产卵管短,能收缩。幼虫白色,无足,表皮有皱纹;腹部末端有尾状突起。幼虫蛀干为害。常见的有梨茎蜂等。

(2)细腰亚目

胸部与腹部连接处缢缩成细腰状,腹部最后一节腹板纵裂(细蜂总科例外),后翅少于3个基室,产卵器多数外露,少数种类缩在体内。常见的有姬蜂科、茧蜂科、小蜂科、赤眼蜂科等(见图1.46)。

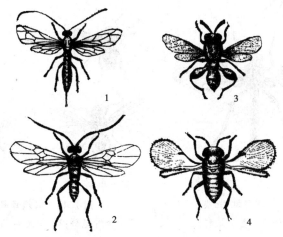

图 1.46　细腰亚目主要科代表
1—姬蜂科;2—茧蜂科;3—小蜂科;4—赤眼蜂科

①姬蜂科　成虫小型至大型。触角线状多节。前翅翅痣明显,翅端部第二列翅室的中间有一个特别小的四边形或五边形的小室,小室下连有一条横脉,称第二回脉。小室和第二回脉是姬蜂科的一个重要特征。并胸腹节常有刻纹。腹部细长,雌虫腹部末节腹面纵裂。常见的有黑点瘤姬蜂、褐腹瘦姬蜂、螟蛉瘦姬蜂等。

②茧蜂科　体型与姬蜂相似,但前翅小室缺或不明显,无第2回脉,翅面常有斑纹。产卵于寄主体内,幼虫内寄生,在寄主体内或体外附近结黄色或白色小茧化蛹。常见的有食心虫白茧蜂、茶毛虫绒茧蜂、螟蛉绒茧蜂、桃赤蚜茧蜂等。

③小蜂科　小型或极小型蜂类。触角膝状,柄节长,端部有时有锤。有3个单眼,常位于同一线上,或在头顶排成三角形。翅膜质透明,翅脉极其退化,外观仅有1~2条。多数种类为寄生性天敌。如有广大腿小蜂等。

④赤眼蜂科　体型微小,黑色、淡褐色或黄色。复眼红色,触角膝状,3~8节。前翅很阔,或

狭而有缘毛。翅面有纵行排列的微毛;后翅狭,刀状。常见的有广赤眼蜂、松毛虫赤眼蜂等。

其他还有蚜小蜂科、金小蜂科、黑卵蜂科、姬小蜂科、跳小蜂科、瘿蜂科、胡蜂科及蚁科等。

8)双翅目(Diptera)

本目昆虫包括蝇、虻、蚊、蚋4类。其成虫只有一对发达的膜质透明的前翅,脉序简单,后翅退化成平衡棒。复眼大,单眼3个。触角或长而多节,或短而少节,或只有3节。口器舐吸式或刺吸式。跗节5节。雌虫腹部末端数节能伸缩,成为伪产卵器。全变态幼虫蛆式,无足型。蛹为围蛹。本目昆虫按其触角的长短和触角芒的有无又可分为长角亚目、短角亚目和芒角亚目三大类群(见图1.47、图1.48)。

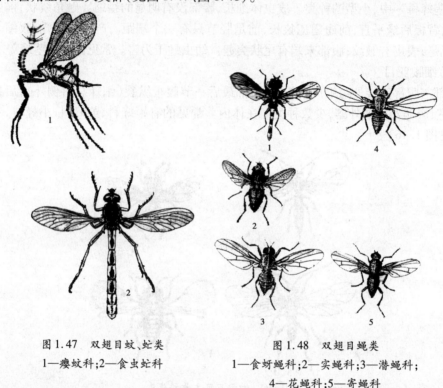

图1.47　双翅目蚊、虻类　　　　图1.48　双翅目蝇类
1—瘿蚊科;2—食虫虻科　　1—食蚜蝇科;2—实蝇科;3—潜蝇科;
　　　　　　　　　　　　　　4—花蝇科;5—寄蝇科

(1)长角亚目

昆虫触角至少在6节以上,长度超过头、胸部,无触角芒,下颚须4~5节。幼虫具有硬化的头壳。常见的有瘿蚊科、蕈蚊科、大蚊科等。

(2)短角亚目

昆虫触角一般3节,第3节短于胸部,无触角芒。幼虫头壳背面略骨化。常见的有食虫虻科、虻科和盗虻科等。

(3)芒角亚目

昆虫触角3节,第3节膨大,有触角芒位于第3节的背面。幼虫头部不骨化,多缩入前胸内。常见的有食蚜蝇科、实蝇科、潜蝇科、黄潜蝇科和花蝇科(见图1.48)等。

①食蚜蝇科　体型中等,头大,复眼大,具单眼。翅大,翅外缘有与边缘平行的横脉,使R脉和M脉的缘室成为闭室,R脉与M脉之间有一条两端游离的伪脉。幼虫蛆式,前端尖,后端截形,表皮粗糙,体侧有突起。成虫行动活泼,飞翔时能在空中静止或突进。幼虫

捕食蚜虫、介壳虫、粉虱、叶蝉等,常见的有黑带食蚜蝇、大灰食蚜蝇等。

②实蝇科 体小型至中型。头大颈细,复眼突出,常具绿色闪光,触角短,触角芒光滑无毛。翅宽广,通常有暗色斑纹,Sc脉端部弯曲向前。产卵器长而突出。幼虫蛆式,植食性,有的造成虫瘿,有的潜入叶内。常见的有柑橘大实蝇、瓜实蝇、茶狭腹实蝇等。

③潜蝇科 体小或微小,黑色或黄色。前翅C脉在近基部1/3处有一个折断处,Sc脉退化或与R脉合并,M脉常有2个闭室。腹部扁平,雌虫第7腹节长而骨化,不能伸缩。幼虫蛆式,在叶组织内潜食为害,取食叶肉而留下上下表皮,造成各种形状的隧道。常见的有豌豆潜叶蝇、大豆潜根蝇等。

④花蝇科 又称种蝇科,体小型,细长多毛,黑灰色或黄色。复眼大。中胸背板被一横沟分为前后两块。翅脉匀直,直达翅缘,翅后缘基部连接身体处有一质地较厚的腋瓣。幼虫蛆式,圆柱形,后端平截,有6~7对突起,包围在平的气门板上。绝大多数为腐食性,常见的有种蝇、葱蝇、萝卜蝇等。

⑤寄蝇科 体小至中型,粗壮多毛。触角芒光滑或有短毛。头大,能动。雄眼合眼式。中胸背板被一横沟一分为二,后盾片露于小盾片外,明显可见。中足基部的后上方有一鬃毛列。翅有腋瓣,M脉第一分支强度向前弯曲。幼虫蛆式,头尖,后端平截。为鳞翅目幼虫的重要天敌,常见的有地老虎寄蝇等。

9)缨翅目(Thysanoptera)

本目昆虫通称"蓟马"。微小种类,虫体细长略扁,黑褐色,锉吸式口器,复眼发达,有翅型具2~3个单眼,无翅型则无单眼,翅狭长,翅脉退化,翅缘具密而长的缨状缘毛,缨翅目的名称就是这样来的。足短小,跗节1~2节,末端有明显中垫,爪退化。过渐变态。本目依据腹部末端的特征,可分为锥尾亚目和管尾亚目(见图1.49)。

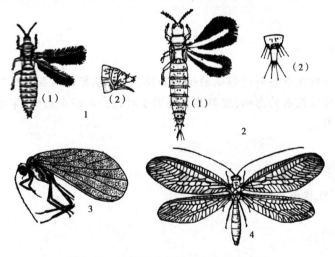

图1.49 缨翅目及脉翅目的主要代表科

缨翅目

1—蓟马科:(1)成虫 (2)腹部末端

2—管蓟马科:(1)雌成虫(2)腹部末端

脉翅目

3—粉蛉科;4—草蛉科

①蓟马科　体略扁平。触角6~8节。翅狭长,有翅种类前翅有两条接近平行的纵脉。雌虫腹部末端圆锥形,锯状产卵器侧面观,尖端向下弯曲。对园艺生产为害较大的有温室蓟马、葱蓟马。

②皮蓟马科　又称管蓟马科。黑色或暗褐色。触角8节,少数种类7节,有锥状感觉器。腹部末节管状,后端狭,生有较长的刺毛,无产卵器。翅表面光滑无毛,前翅没有翅脉。重要种类有中华蓟马、百合蓟马等。

10）脉翅目（Neuroptera）

本目昆虫多为全变态,体中型,咀嚼式口器,下口式。触角细长、线状、串珠状或棒状。单眼3个或无。前后翅均匀膜质,大小和形状相似,翅脉复杂,呈网状,边缘处多分叉,少数种类翅脉少而简单。足跗节5节,爪2个。成、幼虫均为肉食性,常见的有草蛉科、粉蛉科（见图1.49）。

①草蛉科　体中型,细弱,黄绿色或灰白色。复眼大,具金属闪光。触角长,细丝状。前后翅的形状和脉序相似,前缘区有30条不分叉的横脉,翅多数无色透明。幼虫通称"蚜狮",体长形,两端小,胸腹两侧均有毛瘤。口器钳状,伸于头前方。成幼虫均捕食蚜虫,介壳虫、木虱、叶蝉等。应用于生防上的有大草蛉、叶色草蛉和中华草蛉等。

②粉蛉科　体小型。体翅均被有白色蜡粉。触角念珠状,16~43节。前后翅相似,但后翅较小,翅脉很少,到边缘不分叉。幼虫捕食粉虱、蚜虫、介壳虫、螨等小虫和卵。常见种类如中华啮粉蛉。

任务1.5　昆虫与环境的关系

学习目标

了解环境条件对昆虫种群的影响的性质和特性,掌握有效积温法则及其应用,了解环境各如湿度、光、风对昆虫的影响,理解各生态因子对昆虫的综合影响,掌握土壤因子、生物因子对昆虫的作用。

学习材料

昆虫温区图、气候图等挂图。

重点及难点

昆虫对温度的一般反应、环境各因子对昆虫的作用,有效积温法则及其应用,环境因子对昆虫的综合影响。

学习内容

昆虫的发生发展,除受其遗传因子的影响外,环境条件对其生长发育、繁殖扩展、数量变动也有重要影响。研究昆虫与周围环境关系的科学称为昆虫生态学。

研究昆虫生态学,是预测预报和害虫防治的理论基础。了解环境条件对昆虫种群的影响,昆虫在特定环境条件下的消长规律,就能人为地改造环境使其不利于害虫而有利于农业生产和保护益虫,为消灭和控制害虫创造条件。

1.5.1　气候因素

气候因素包括温度、湿度、光照、风、雨、气压等,气象因子综合作用,影响昆虫种群的兴衰。其中以温度影响最为明显。

1)温度

昆虫是变温动物,体温决定于周围环境的温度。因此,它的新陈代谢和行为在很大程度上受环境温度的支配。

(1)昆虫对温度的反映

任何一种昆虫的生长发育要求一定的温度范围,称为有效温区。在温带地区一般为8~40 ℃。在有效温区范围内,最适合昆虫生长发育的温度称为最适温区。一般为22~30 ℃,有效温区的下限是昆虫开始生长发育的起点,称为发育起点温度。一般为8~15 ℃。在此点以下有一段使昆虫生长发育停止的低温,称作停育低温,一般在 -10 ℃以上, -10 ℃以下的温度,昆虫因过冷而死亡,为致死低温区或称为停育低温,其温度下限常不低于 -40 ℃。在有效温度的上限,昆虫因高温而生长发育开始被抑制,称为临界高温,一般为35~45 ℃。再往上,昆虫也会因高温而死亡,称致死高温区,一般为45~60 ℃。

(2)有效积温定律(法则)

温度对昆虫的新陈代谢和发育速度影响很大。在有效温区范围内,昆虫的发育速度与温度成正相关,即温度越高,发育速度越快。这样昆虫完成一个虫期或世代所需的天数与该天数内的温度乘积,理论上应为一个常数。用公式表示为

$$K = NT$$

其中,K 为积温常数,N 为发育所需天数,T 为温度。

但是,昆虫必须在发育起点温度以上才能开始发育,因此式中的温度 T 应该减去发育起点温度 C,故公式应为

$$K = N(T - C)$$

因此,将这种反映昆虫发育速度与温度关系的法则,称为有效积温法则。积温的单位以日度表示。

为了测定某中昆虫的一个世代或某个虫期的发育起点和有效积温,可在不同恒温或变温下饲养昆虫,获得环境温度 T 和发育天数 N 两个变量,进而即可求得 C 值和 K 值。

有效积温法则在害虫的预测预报上经常应用,主要有以下3个方面的应用价值:

①预测害虫的发生代数

$$世代数 = \frac{某地全年有效积温总和}{某虫完成一代的有效积温}$$

例如,黏虫完成一带的有效积温为685.2日度,发育起点温度为9.6 ℃,在西安地区一年高于9.6 ℃的有效积温总和为2 464.4日度,则黏虫在西安地区一年可能发生的世代数

为 3 ~ 4 代。

②预测害虫发生期　知道了昆虫某一虫态或虫期的发育起点和有效积温,利用环境温度预测发生期,即

$$N = \frac{K}{T - C}$$

例如,已知槐尺蠖卵的发育起点温度为 8.5 ℃,卵期有效积温为 84 日度,卵产下时的日平均温度为 20 ℃,若天气无异常变化,根据 $N = \frac{84}{20 - 8.5}$ d = 7.3 d,预测 7 d 后槐尺蠖的卵就会孵出幼虫。

③控制昆虫发育进度　可通过调节环境温度来控制昆虫的发育进度,获得最佳虫期。室内饲养益虫,如赤眼蜂等。当确定了释放日期后,根据公式 $T = \frac{K}{N} + C$ 计算和调控室内饲养温度,以便适时获得所需的虫态或虫期。

例如,赤眼蜂要在 20 d 后释放成蜂。已知赤眼蜂的发育起点温度为 10.34 ℃。发育一代的有效积温为 161.36 日度。

根据 $K = (T - C)$ 及 $T = K/N + C$,则

$$T = \frac{161.36}{20 \text{ ℃}} + 10.34 \text{ ℃} = 18.4 \text{ ℃}$$

故放入 18.4 ℃的恒温箱中正好。

必须指出,积温法则在推算不同地区害虫的发生世代、预测发生期等方面有一定的应用价值。但是也有一定的局限性,因此,应用有效积温法则来计算昆虫发育速度,应该考虑诸多因子的综合作用。

2) 湿度和降水

①水对昆虫的意义　水分是昆虫进行一切生理活动的介质。假如获水和失水平衡,则昆虫的生长、发育、繁殖、蜕皮、羽化等生命活动就会受到影响,一般在温度适应范围内,相对湿度高,对昆虫活动、繁殖及为害有利。相反,有些刺吸式口器的昆虫,如蚜虫、红蜘蛛等,一般在天气干旱时发生量大。

降水是通过改变空气中的温度和相对湿度,来影响昆虫的生长发育的。通常在同一地区不同年份,降雨日期、雨次及雨量的变化,常常成为影响农业害虫发生迟早、发生数量和为害程度的重要因素。因此,湿度和降水是影响昆虫种群变动的重要生态因素。

②温、湿度的综合作用　在自然界中,温度和湿度总是同时存在、相互影响、综合作用于昆虫的。在一定的温湿度范围内,不同的温湿度组合,可产生相似的生物效应。为了更好地说明温湿度对昆虫的综合作用,通常采用温湿系数来表示。温湿系数是相对湿度(或降雨量)与温度的比值。温湿系数公式可应用于各日、旬、月、年不同的时间范围。但温湿系数的应用必须限制在一定温度和湿度的范围内,因为不同温湿度的组合,可得出相同的系数,而它们对昆虫的作用可能很不相同。

3) 光

光的性质、光的强度、光照周期对昆虫的生命活动都有一定的影响。

光的性质常用波长表示,不同的波长,显示出不同的颜色。昆虫的可见光区,偏于短光

波,可见光区范围是 7 000 ~ 2 530 Å,与人的视觉(可见光区 4 000 ~ 7 000 Å)不同。许多害虫对紫外光有正趋性,利用黑光灯能提高诱虫效果,就是这个道理。

光的强度影响昆虫的昼夜节律,有的昆虫白天活动,有的昆虫夜间活动。白天活动的昆虫,光弱时活动,光强时可隐蔽。夜出活动的昆虫,傍晚、深夜、黎明出现数量也不一致,有的甚至还与月圆月缺有关。

光周期是指昼夜交替的时间在一年中周期性的变化。光周期在一年中有规律的变动,对昆虫生理活动有明显的影响,并具有不同程度的遗传稳定性。光周期是决定昆虫是否滞育的主导因子。

4)风

风除直接影响昆虫的迁飞扩散外,还影响环境的湿度及温度,间接影响昆虫。

必须指出,研究昆虫与气象因素的关系时还应考虑小气候的影响。因为许多昆虫活动范围小,比较稳定的栖息在一个小环境中,其生长发育和生活习性与小气候的关系更为密切。

1.5.2　土壤因素

土壤的温度、湿度、物理结构和化学特性等,对终生生活在土壤中的昆虫或一个和几个虫态生活在土壤中的昆虫的生长、发育、活动分布都有密切的联系。

土壤温湿度对昆虫的影响与大气温湿度作用基本相同。由于太阳的直接辐射和人类的农事操作,对土壤温湿度的影响很大,其变幅随土层深度而递减,生活在土壤中的昆虫,也因土层温湿度的变化,其活动和栖息深度发生垂直变动。

另外,土壤质地、酸碱度、有机质含量等因素也影响害虫的活动和分布。蝼蛄喜欢沙质而湿润的土壤。华北大黑鳃金龟主要发生在富含有机质的黑土中。金针虫主要发生在酸性土壤中。

此外,土壤因子还可通过影响作物生长、地表植被组成等,对昆虫发生作用。

1.5.3　生物因素

生物因素主要指害虫的寄主植物和害虫的天敌。它们对害虫的作用与非生物因素有明显的不同。非生物因素对生活在同一环境中的害虫个体均发生作用,而生物因素仅作用于某些个体;非生物因素对害虫的作用大小,一般与害虫本身密度无关,而生物因素却与害虫种群密度有密切关系。因此,生物因素又称密度制约因素。非生物因素作用于害虫一般是单方面的,而生物因素和害虫的作用是相互的,不仅生物因素作用于害虫,反过来害虫也影响着寄主和天敌。

1)食物

食物是昆虫的重要生存因子,昆虫在自然界长期历史演化中,是依附于食物而发生变化的。

（1）食物对昆虫的影响

各种昆虫都有自己的取食范围，在取食适宜的食物时，生长发育快，死亡率低，繁殖力强。取食不适宜食物时，死亡率高，发育期延长。即使是同种植物的不同发育阶段或者同一发育阶段的不同植物器官，对昆虫的影响也不相同。蚜虫在嫩芽上取食比在老叶上取食成活率显著提高。

了解昆虫的生长发育与食物间的相互关系，在生产实践中可采取轮作倒茬、合理间作套种、科学地配置作物布局、清洁田园、调整播期等来恶化害虫的食物条件；或利用食物诱集害虫，集中歼灭；或创造益虫繁殖的有利食物条件等，达到防治害虫的目的。

（2）植物的抗虫性

昆虫可取食植物，植物对昆虫的取食必然会产生反抗；否则，植物就难以延及至今。植物对昆虫的取食为害所产生的抗性反应，称为植物的抗虫性。植物的抗虫性可表现为不选择性、抗生性和耐害性3个方面，即"抗虫三机制"。根据抗虫性的机制，抗虫性分为以下3种：

①不选择性　是由于物候期不吻合，或者植物体内存在着某些化学物质，或者植物多毛质硬、叶小等原因，使昆虫不趋向产卵取食，即由于植物的形态结构、生理生化反应等原因造成的抗性。

②抗生性　是指植物不能全面地满足昆虫营养上的需要，或含有对昆虫有毒的物质、或缺乏一些对昆虫特殊需要的物质，致使昆虫取食后发育不良、寿命缩短、生殖力减弱、甚至死亡；或者由于昆虫的取食刺激而在伤害部位产生化学反应或组织变化，从而抗拒害虫继续取食。

③耐害性　植物受到害虫为害后，对于为害造成的损失有较强的补偿能力，这种抗虫性称为耐害性。

了解植物抗虫机制，对于选育、种植、推广抗虫品种有着重要的意义。

2）天敌

天敌主要包括有使害虫得病的致病微生物、捕食害虫的动物和寄生于害虫的动物。

①致病微生物　使昆虫得病的微生物有细菌、真菌、病毒和其他病原生物，如一些原生动物、线虫等。这些微生物统称为致病微生物。例如，苏云金杆菌、杀螟杆菌、金龟子芽孢杆菌、青虫杆菌等；核型多角体病毒、质型多角体病毒、颗粒体病毒；白僵菌、虫霉菌等都是生物防治中常用的种类。

②寄生性天敌昆虫　寄生性的天敌昆虫种类繁多，主要是膜翅目的寄生蜂和双翅目的寄生蝇作用最大。

根据寄生昆虫在寄主上取食部位的不同，寄生现象可分为外寄生和内寄生两大类。凡是寄生昆虫的卵、幼虫、蛹，都生活在寄主体外的称外寄生；有一个或几个虫期，特别是幼虫期的生长发育时期是在寄主体内度过的称为内寄生。按被寄生的寄主虫态分，可分为卵寄生、幼虫寄生、蛹寄生和成虫寄生。按其被寄生的形式来说，又可分为单寄生、多寄生、共寄生及重寄生等。

③捕食性天敌　捕食性天敌的范围很广，其中以昆虫为最多，如瓢虫、草蛉、食蚜蝇、猎蝽、螳螂、步行甲、蜻蜓等。这些昆虫称为食虫昆虫。蜘蛛是另一类捕食性天敌，它们在田间取食多种害虫。螨类中有些种类具有捕食性，通称捕食螨，对叶螨的为害有明显抑制作

用。此外,捕食性天敌还包括其他一些动物,如鸟类、蟾蜍、青蛙等。

1.5.4 人类活动

人类的生产活动对农业生态系统产生巨大的影响,从而引起害虫发生数量的变化。这种变化和影响具有两重性。人们在掌握害虫发生发展规律的基础上,通过有目的的劳动,促进生态系统向有利人类而不利害虫的方向发展。相反地,则破坏生态平衡,助长害虫传播蔓延,促使害虫种群数量上升,甚至可造成猖獗为害。人类的活动对害虫的影响是错综复杂的,在以后还将介绍。

项目2 植物病害的识别技术

学习目标

通过对植物病害的症状、病原物特性、植物病害的发生和发展、植物病害的诊断等相关内容的学习,为园艺植物病害综合防治等后续内容奠定基础。

知识目标

1. 掌握园艺植物病害的概念、植物病害的症状类型、病原物的特征知识,植物病害病原物的寄生性与致病性、植物的抗病性、植物病害的病程、植物病害的侵染循环。

2. 了解病原真菌主要类群的形态特点及其所致病害症状特征、病原原核生物、病毒、线虫等形态特征及其所致病害症状类型。

能力目标

1. 能准确识别园艺植物病害的主要症状类型。

2. 识别病原真菌主要类群及其病害症状特征。

3. 识别植物病原原核生物、病毒、线虫的特点及病害症状特征。

4. 能准确诊断常见的园艺植物病害。

任务 2.1　园艺植物病害症状识别

学习目标

　　熟悉植物病害的概念,掌握植物病害主要病状与病征类型,明确病状与病症的关系,学会通过症状观察识别主要园艺植物病害。

学习材料

　　葡萄霜霉病、黄瓜霜霉病、白菜软腐病、苗木立枯病、猝倒病、苹果褐斑病、苹果锈病、番茄灰霉病、苹果白粉病、花木白绢病、桃缩叶病、葡萄毛毡病、樱桃根癌病、枣疯病、苹果花叶病、苹果小叶病等干制标本或浸渍标本,植物病害症状、病征挂图。

重点及难点

　　植物病害的概念、侵染性病害和非侵染性病害的区别,植物病害主要病状与病征类型,病状与病征的区别。

学习内容

2.1.1　植物病害的概念

　　植物在生长过程中,由于遭受到其他生物的侵染或不适宜的环境条件的影响,使植物的正常生长和发育受到干扰和破坏,从生理机能到组织结构上发生了一系列的变化,以致在外部形态上有异常表现,最后导致产量降低,品质变劣,观赏价值、药用价值降低或丧失,甚至局部或全植株死亡,这种现象称为植物病害(plant diseases)。

　　植物病害的发生必须具有病理变化的过程(简称病变)。植物遭受病原生物的侵染或不适宜的环境条件的影响后,往往先引起生理机能的改变,然后造成植物组织形态的改变。这些病变均有一个逐渐加深,持续发展的过程。例如,月季受黑斑病菌侵染后,首先是叶片的呼吸作用降低,色素及氨基酸含量下降,病部组织遭受到破坏,发生变色、坏死,最后叶片上出现黑色坏死斑,病叶早落。植物病害的性质和一般机械创伤是不同的,如雹害、风害、器械损伤、动物咬伤等,这是植物在短时间内受外界因素的作用而突然形成的,没有病理变化过程,这些都不当作植物病害。但是机械创伤会削弱树势,而且伤口的存在往往成为病原物侵入植物的门户,会诱发病害的严重发生。因此,许多病害常在暴风雨后容易流行,就是由于它造成大量的伤口,有利于病原物侵入的缘故。

　　此外,从生产和经济的观点出发,有些植物由于生物或非生物因素的影响,尽管发生了某些变态,但是却增加了它们的经济价值,不称它为植物病害。例如,被黑粉菌寄生的茭

白,由于受病菌刺激而使幼茎肿大形成肥嫩可食的组织,食用的花椰菜是一种病态的花序,花叶状郁金香是感染病毒后成为一种观赏植物,菊花的绿色花朵是病毒感染所致。

2.1.2 植物病害的症状

植物遭受病原的侵害后,引起一系列的病理变化。病变先从内部生理变化,如同化、呼吸、蒸腾作用被扰乱等引起新陈代谢作用的改变。生理病变引起发病部位细胞和组织的相应变化,如细胞数目和体积的增减,细胞壁的消解和损坏等。由于内部组织病变使植物器官和形态发生改变,组织及形态的病变,进一步加深和扰乱植物正常的生理程序,造成植物根、茎、叶、花、果实、种子等表现各种异常状态(病状),病部表面往往呈现病原物的物征(病征),总称病害症状。植物病害都有病状,而病征只有在由真菌、细菌和寄生性种子植物所引起的病害上表现明显;病毒、类病毒和类菌原体,它们寄生在植物细胞,在植物体外无表现,故它们所致的病害无病征;植物病原线虫多数在植物体内寄生,在一般情况下植物体外也无病征;而非传染性病害是由于不适宜的非生物因素所引起的,因此,也无病征。各种植物病害的症状均有一定的特点,有相对的稳定性,它是诊断病害的重要依据。

1)病状类型

①变色　植物生病后,病部细胞内的叶绿素被破坏或形成受到抑制,以及其他色素形成过多而出现不正常的颜色,称为变色。变色以叶片变色最为明显,其中叶片全叶变为淡绿色或黄绿色的称为褪绿;叶片全叶发黄的称为黄化;叶片变为深绿色和浅绿色浓淡相间的称为花叶。例如,栀子花黄化病、美人蕉花叶病等。

②坏死　坏死是植物生病后细胞组织死亡所引起的。根、茎、叶、花、果等都能发生坏死,多肉而幼嫩的组织发病后容易腐烂。坏死在叶片上的表现有叶斑和叶枯两种,叶斑根据其形状的不同,有圆斑、角斑、条斑、轮纹斑等。叶斑的形状、大小和颜色虽不相同,但轮廓都比较清楚,有的叶斑坏死组织还脱落而形成穿孔;叶枯是指叶片上较大面积的枯死,枯死部分的轮廓有时不像叶斑这么明显;发生在叶尖、叶缘的则称叶烧。茎部的坏死也形成病斑,在树木枝干上则形成干癌和溃疡。

③腐烂　在寄主各部分均可发生,腐烂是植物组织的崩解变质,由于组织被分解的程度不同,性质不同,腐烂分为软腐和干腐。一般瓜果、蔬菜、块根、块茎等多肉、含水分较多的柔软组织,其细胞间的中胶层被病原物分泌的酶所分解。致死细胞分离、组织崩溃而形成软腐,如白菜软腐病,组织较坚硬,含水分较少或病组织腐烂后很快大量失水的,则引起干腐,如马铃薯干腐病。

④萎蔫　植物的萎蔫可以由各种原因引起。茎部的坏死和根部腐烂都能引起萎蔫、但是典型的萎蔫是指植物根部或茎部的维管束组织受到感染而发生的萎蔫现象(根茎的皮层组织一般还是正常的)。这种萎蔫一般是不能恢复的。根据受害的部位不同,萎蔫可以是全株性的或者是局部的,根部或主茎的维管束组织受到破坏,引起全株的萎蔫,侧枝或叶柄的维管束组织受到侵染则使单个枝条或叶片发生萎蔫。例如,翠菊枯萎病。

⑤畸形　植物细胞组织生长过度或不足而成为畸形。有的植株生长得特别快,发生徒长;有的生长得特别矮化;有时由于节间的缩短而变为丛生的状态。个别器官也可以发生畸形,如叶片呈现卷叶,缩叶和皱叶等病状;果实则可形成袋果或缩果;有的枝梢卷缩成为

缩顶;有的组织膨大形成肿瘤。例如,枣疯病、桃缩叶病、果树根癌病等。

2)病征类型

①霉状物　病原真菌在病部产生各种颜色的霉层,如霜霉、青霉、灰霉、黑霉、赤霉、烟霉等。霉层是由病原真菌的菌丝体,孢子梗所组成,如柑橘青霉病,花卉霉污病。

②粉状物　病原真菌在病部产生各种颜色粉状物,如凤仙花白粉病和月季白粉病所表现的白粉状物。

③锈粉　病原真菌在病部所表现的黄褐色锈粉状物,如苹果锈病、向日葵锈病等。

④粒状物　病原真菌在病部产生的黑色、褐色小点,多为真菌的繁殖体。例如,腐烂病、炭疽病病部的黑色粒点状物等。

⑤菌核与菌索　病部先产生白色绒毛状物,后期聚结成大小、形状不一的菌核,颜色逐渐变深,质地变硬。菌索是由菌丝形成的,呈绳索状。如要腐病、禾本科杂草白绢病等。

⑥溢脓　病部出现的脓状黏液,干燥后成为胶质的颗粒,这是细菌性病害特有的病征,如白菜软腐病等。

⑦蕈体　植物的枝杆或杆部腐烂后,其外表上常具有帽状或蹄状的蕈体,如各种树木朽腐后的子实体。

症状是林木病害较为稳定的外部特征,是诊断植物病害的主要依据,但症状并非固定不变,同一病原物在植物发育的不同时期或环境条件的变化症状也可能变化,而不同病原物因环境条件的变化而表现出相同的症状。因此,据症状作出诊断有时不一定完全可靠,必须进一步通过对病原物的鉴定才能作出正确的诊断结论。

任务 2.2　植物病害的病原识别

学习目标

熟悉植物病害的病原的主要类群、真菌营养体、繁殖体的一般特性及其类群的特性,掌握真菌各类群的特点及其所致病害的特点,学会通过症状观察识别真菌性病害。

学习材料

猝倒病、疫病、白锈病、霜霉病、软腐病、腐烂病、炭疽病、白粉病、黑穗病、锈病、白粉病、灰霉病、叶枯病、褐斑病、黑星病、炭疽病、枯萎病、软腐病、果树根癌病病害标本及病原玻片,花叶病、丛枝病等。

重点及难点

植物病害的概念、侵染性病害和非侵染性病害的区别,植物病害主要病状与病征类型,病状与病征的区别。

园艺植物保护技术
YUANYI ZHIWU BAOHU JISHU

学习内容

植物发病是多种因素综合作用的结果。其中起直接作用的主导因素称为病原,其他对病害发生和发展起促进作用的因素称诱因或发病条件。

植物病害的病原种类很多,按其不同的性质,可分为以下两大类:

2.2.1　非侵染性病原

非侵染性病原是指不适宜于植物生长发育的环境因素。环境因素很多,最主要的是植物生长发育所必需的土壤营养和气候条件。例如,土壤营养条件不足引起的各种缺素症,气候条件不适宜引起的日灼霜冻、旱涝害等,但自然界气候因素是有相互联系的,有时日灼症并不单纯是日照太强,很大程度上与干旱和高温有关。

环境中存在有害物质引起的中毒,如空气中有害气体的为害是工矿绿化区严重的问题。此外,化肥、农药使用不当,植株会发生肥、药害。

这一类病害在植物群体中不能相互传染,没有侵染过程,故称为非传染性病害(非侵染性病害),又称生理病害。

2.2.2　侵染性病原

侵染性病原是指植物病害的生物病原,病原物属于菌类称病原菌。引起植物生病的生物病原统称病原物。病原物有真菌、细菌、病毒、线虫和寄生性种子植物五大类。所致病害能在群体中相互传染,称为侵染性病害。

侵染性病害和非侵染性病害的关系密切,在一定条件下可互为影响。不适宜的非生物因素,不仅其本身可引起植物发病,同时也为病原物开辟侵入途径或降低植物对侵染性病害的抵抗性,如温室花卉受到低温的影响而发生冻害后,容易诱发真菌性灰霉病;植物发生缺素症后,也易诱发真菌性叶斑病。相反,植物得了侵染性病害又可诱发非侵染性病害,如植物由于某种真菌性叶斑病的为害导致早期落叶,更易遭受冻害和霜害等。

1)植物病原真菌

真菌是一种真核生物,一般个体很小,属于微生物范畴。真菌不具叶绿素及其他进行光合作用的色素,是异养生物,需要依靠有机物来生存,因此,真菌营腐生、兼性腐生或寄生生活。真菌在自然界广泛存在于土壤、水、大气和生物体内外,对于自然界中有机物质的转化、循环起着重要作用,不少真菌可供食用和药用,但也有不少种类诱发动植物的病害。

(1)真菌的营养体

典型的真菌营养体为菌丝体,菌丝管状,直径 $1 \sim 15 \ \mu m$,傍侧分枝,顶端伸长,形成疏松的菌丝体。菌丝多数无色透明,少数表现不同颜色。菌丝细胞内充满原生质,有细胞核、油滴和液胞等内含物。低等真菌的菌丝无隔膜,称为无隔菌丝。高等真菌的菌丝有隔膜,称为有隔菌丝。

菌丝体一般在植物细胞间扩展,形成各种形态的吸器,伸入寄主细胞内吸取营养(见图2.1)。因此,病菌入侵之后,利用保护性杀菌剂,就很难收到杀菌防病的效果。有很多病原菌能够以菌丝在寄主体内度过严冬和酷暑,成为下一个生长季节发病的主要来源。

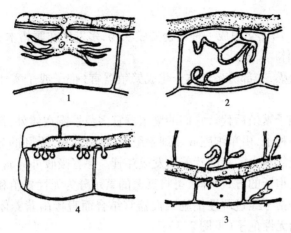

图 2.1　真菌的吸器类型

1—白粉菌;2—霜霉菌;3—锈菌;4—白锈菌

　　菌丝体在不适宜的条件下,或生长的后期可构成一些特殊组织,如菌核、菌索、子座等(见图 2.2)。

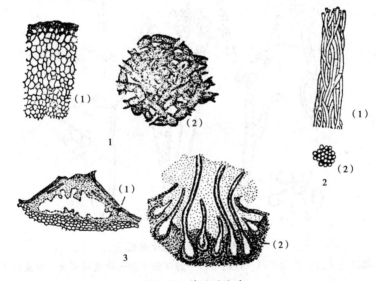

图 2.2　菌丝的变态

1—菌核:(1)菌核剖面(2)内部结构;2—菌索:(1)纵面观(2)横面观;3—子座:(1)无性(2)有性

　　①菌核　菌核是真菌为度过不良环境由菌丝交织形成的一种形状、大小不一,质地坚硬,外有皮层,内为髓质的休眠体。小的如菜籽状、鼠粪状、角状,大的如拳头状。初为白色或浅色,成熟后呈褐色或黑色。当环境条件适宜时,菌核可萌发产生菌丝体或长出产生孢子的组织,但一般不直接产生孢子。

　　②子座　子座是产生繁殖器官的菌丝组织。子座形状多样,一般为垫状,也有柱状、棒状、头状等,通常紧密地附着在基物上。子座成熟后,在其表面或内部形成产生孢子的结构,子座也有度过不良环境的作用。

　　③菌索　菌索是由菌丝平行排列所组成的绳索状物,形似高等植物的根系,也称根状菌索。菌索在不良环境条件下呈休眠状,当环境条件适宜时顶部恢复生长,起蔓延和侵入

的作用。

④菌膜（菌毡）　菌丝交织成一种紧密的膜状物，多发生在腐朽木材的裂片中。

（2）真菌的繁殖体

菌丝体发育到成熟，一部分菌丝体分化成繁殖器官（孢子或子实体），其余部分仍然保持营养状态。

真菌通常产生孢子繁殖后代。它们的繁殖器官多数暴露在体外，便于传播。真菌的孢子相当于高等植物的种子，由单细胞或多细胞组成，构造简单，无胚的分化。孢子脱离母体后，遇到适宜条件，能靠本身贮存的营养萌发成芽管。芽管吸收外界营养后，就可以长成新个体。根据真菌产生孢子的方式不同，可将真菌的繁殖分为无性繁殖和有性繁殖两大类。

①无性繁殖　是指不经过两性细胞或性器官结合而直接由营养体分化形成无性细胞的繁殖方式。常见的无性孢子（见图2.3）：

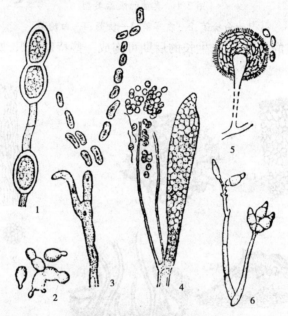

图2.3　真菌无性孢子类型

1—厚垣孢子;2—芽孢子;3—粉孢子;4—游动孢子;5—孢囊孢子;6—分生孢子

a.芽孢子　由细胞产生小突起逐渐膨大，在与母细胞相连处细胞壁收缩，最后脱离母细胞而形成独立的孢子，称芽孢子。是酵母菌等单细胞真菌芽殖的无性孢子。

b.粉孢子　由菌丝顶端自行断裂形成大致相等的短柱状或筒状的菌丝段形成的孢子。

c.孢囊孢子和游动孢子　低等真菌的菌丝分化而成孢囊梗，其顶端膨大呈囊状的孢子囊。囊内的原生质分割成若干小块，每块又形成有细胞壁，不能在水中游动的孢子，称为孢囊孢子，若不形成细胞壁，而直接形成具有1～2根鞭毛，能在水中游动的孢子，称为游动孢子。

d.厚垣孢子　菌丝顶端或中间细胞的原生质浓缩，胞壁增厚，形成圆形或椭圆形孢子，形成厚膜孢子，具休眠作用，能渡过不良环境。

e.分生孢子　菌丝分化形成各种形状的分生孢子梗，梗上顶生或侧生形状、颜色、大小不同的孢子，称分生孢子。成熟后从分生孢子梗上脱落传播。分生孢子是最常见的无性孢子,也是真菌最高级的无性繁殖形式的产物。

②有性繁殖　是指经过两性细胞或两性器官结合,产生有性孢子的繁殖方式。多数真菌生长发育到一定时期(一般到后期),会由菌丝分化形成性器官(配子囊)和性细胞(配子),然后通过它们的结合产生有性孢子。真菌的有性繁殖一般包括质配、核配和减数分裂3个阶段。首先经过两个性细胞的结合,使两细胞融合为1个双核细胞,此即为质配,然后,融合细胞内的两个单倍体核结合成1个双倍体核,完成核配,最后,经1次减数分裂和1次有丝分裂,使双倍体核分裂形成4个单倍体核。常见的有下列5种(见图2.4):

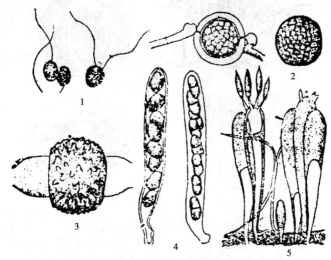

图2.4　真菌的有性孢子

1—接合子;2—卵孢子;3—接合孢子;4—子囊孢子;5—担孢子

a.接合子　由两个形状相同,性别相异的配子囊结合而成为双倍体的休眠孢子,如十字花科蔬菜根肿病菌。

b.卵孢子　两个异形配子囊,大而圆的称为藏卵器,小棍棒形的称为雄器。两者相触后,雄器内的细胞质和细胞核经受精卵进入藏卵器,与卵球结合发育成厚壁的双倍体孢子,称卵孢子,如粟白发病菌。

c.接合孢子　由两个同性配子囊结合,接触处的细胞壁溶解,两个细胞的内含物融合,形成厚壁、球形、双倍体的休配孢子,称接合孢子,如根霉菌的接合孢子。

d.子囊孢子　由雄器和产囊体两个异体配子囊相结合,质配后两性细胞核暂不结合。由产囊体产生许多棒形囊状物,称为子囊。两性核在子囊内发生核配和减数分裂,形成8个单倍的子囊孢子,如白粉病菌。

e.担孢子　担子菌的两性器官退化,由"+""-"菌丝进行结合,产生双核菌丝,其顶细胞增大成棒状担子,担子上形成4个小突起,每个突起上产生1个外生担孢子。有些真菌在产生担子前,双核菌丝先形成厚垣孢子或冬孢子,再由这两种孢子萌发产生担子和担孢子,如黑粉病菌和锈菌。

③真菌的子实体　子实体是产生孢子的特殊器官。在高等真菌中,由菌丝构成分生孢子盘、分生孢子器、子囊果和担子果等,都是子实体。产生无性孢子的为无性子实体,产生有性孢子的为有性子实体。真菌的子实体形态各异,可作为鉴别真菌种类的主要依据(见图2.5)。

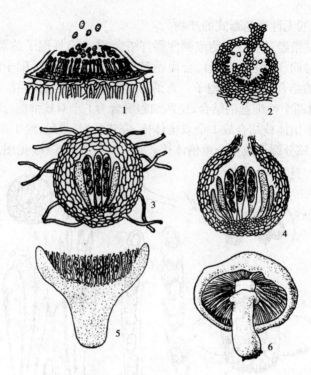

图 2.5　真菌的子实体类型
1—分生孢子盘;2—分生孢子器;3—闭囊壳;
4—子囊壳;5—子囊盘;6—担子果

（3）真菌的生活史

真菌从一种孢子开始,经过生长和发育阶段,最后又产生同一种孢子为止的过程,称为真菌的生活史。典型的生活史一般包括无性阶段和有性阶段。

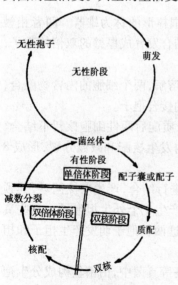

图 2.6　真菌的生活史

真菌的营养菌丝体在适宜条件下产生无性孢子,无性孢子萌发形成芽管,芽管继续生长形成新的菌丝体,这是无性阶段。如环境条件适宜,上述无性循环可连续进行。在生长季节病原真菌往往可在无性阶段连续多次产生大量的无性孢子,这对病害的传播起着重要的作用。有性阶段多发生在植物生长或病菌侵染的后期,从单倍体的菌丝体上产生配子囊或配子,经过质配、核配和减数分裂形成有性孢子。有性孢子往往厚壁或具有保护组织,其作用主要是渡过不良环境,并作为病害的初侵染来源(见图 2.6)。

真菌的种类较多,其生活史类型也较多样化。有的真菌,如半知菌其生活史中只有无性阶段而缺乏有性阶段或有性阶段未知。有的真菌,在其生活史中可产生多种类型的孢子,如典型的锈菌,在其整个生活史中可产生 5 种不同类型的孢子。还有的真菌,整个生活史中根本不形成任何孢子,其生活史过程全由菌丝来完成。

(4)真菌的主要类群及所致病害

真菌属于菌物界真菌门。它和其他生物一样也按界、门、纲、目、科、属、种的阶梯进行分类。现将安斯沃思(Ainsworth)的真菌分门介绍于下：

真菌界分门亚门检索表

1. 养阶段有原质团或假质团 ·············· 黏菌门
2. 营养阶段无原质团或假质团,为菌丝体 ·············· 真菌门
3. 无性阶段产生游动孢子;有性阶段产生卵孢子 ·············· 鞭毛菌亚门
4. 无性阶段无游动孢子 ·············· 3
5. 具有有性阶段 ·············· 4
6. 缺乏有性阶段 ·············· 半知菌亚门
7. 有性阶段产生接合孢子 ·············· 接合菌亚门
8. 无接合孢子 ·············· 5
9. 有性阶段产生子囊及子囊孢子 ·············· 子囊菌亚门
10. 性阶段产生担子及担孢子 ·············· 担子菌亚门

①鞭毛菌亚门(Mastigomycotina)　营养体单细胞或无隔膜的菌丝体。无性繁殖在孢子囊内产生游动孢子。孢子囊着生在孢囊梗或菌丝的顶端,少数在菌丝中间,有球形、棒形、洋梨形等,有的形状与营养体无显著区别。低等鞭毛菌的有性繁殖产生接合子;较高等类型产生卵孢子。根据游动孢子鞭毛的类型、数目和位置分为4个纲,与园艺植物病害有关的是卵菌纲。

卵菌纲真菌的营养体多为发达的无隔菌丝体,细胞壁主要成分为纤维素。无性繁殖形成游动孢子囊,内生异形双鞭毛游动孢子。有性繁殖产生卵孢子,故称为卵菌。卵菌可以水生、两栖到陆生,也可以腐生、兼性寄生至专性寄生。重要的有以下4个属：

a. 腐霉属(Pythium)　菌丝发达。孢囊梗生于菌丝的顶端或中间,与菌丝区别不大。孢子囊棒状、姜瓣状或球状,不脱落。萌发时先形成泡囊,在泡囊中产生游动孢子。藏卵器内仅产生一卵孢子。这类菌在富于有机质的潮湿的菜园和苗床温室土壤中特别丰富,它在雨季中常引起各类植物的根腐、绵腐,以及蔬菜、林木等幼苗的猝倒病等(见图2.7)。

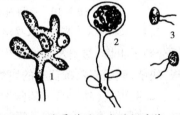

图2.7　腐霉菌的瓜类猝倒病菌
1—孢子囊;2—泡囊;3—游动孢子

b. 疫霉属(Phytophthora)　有分化的孢囊梗,孢囊梗无限生长,把孢子囊推向一旁,生长成为假轴。一个孢囊梗便可产生许多孢子囊,孢子囊柠檬形,有乳头状突起,在低温下孢子囊萌发生成游动孢子,在高温时萌发生芽管。孢子囊一般不形成泡囊,这是与腐霉属的主要区别。为害花木的根、茎基部,少数为害地上部分,引起芽腐、叶枯等病害,如马铃薯晚疫病、山楂根腐病等(见图2.8)。

c. 单轴霉霉属(Plasmopara)　孢囊梗交互分枝,分枝与主干成直角,小枝末端平钝。孢子囊卵圆形,顶端有乳头状突起,卵孢子黄褐色,表面有皱折状突起,如葡萄霜霉病和月季霜霉病等(见图2.9)。

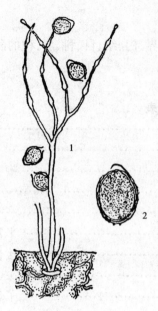

图2.8　马铃薯晚疫病菌
1—孢囊梗自气孔中伸出；2—放大的孢子囊

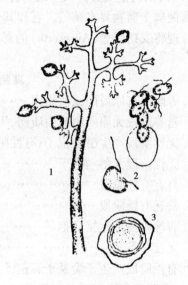

图2.9　单轴霜霉属
1—孢囊梗；2—游动孢子；3—卵孢子

d. 白锈菌属（*Albugo*）　孢囊梗短粗，棒状不分枝，成排地生长在寄主的表皮下呈栅栏状，孢子囊圆形或椭圆形，顶生，串珠状，自上而下连续成熟，成熟时突破寄主表皮，借风传播，如萝卜白锈菌、二月菊白锈菌等（见图2.10）。

②接合菌亚门（Zygomycotina）　菌丝发达，多为无隔多核。无性繁殖在孢子囊内产生孢子，有性繁殖由同型孢子囊交配产生接合孢子。此类菌多数为腐生菌，广

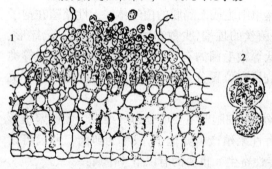

图2.10　白锈属菌
1—突破寄主表皮的孢囊堆；2—卵孢子萌发

泛分布于土壤、粪肥及其他无生命的有机物上，少数为弱寄生菌，侵染高等植物的果实、块根、块茎，能引起贮藏器官的腐烂。主要有：

a. 毛霉属（*Mucor*）　菌丝发达，无假根和葡萄枝。孢囊梗直接由菌丝体发出，单生或分枝，分枝顶端着生球形孢子囊。孢囊孢子球形、椭圆形或其他形状。为腐生菌，可引起植物种子腐烂。

b. 根霉属（*Rhizopus*）　营养体为发达的无隔菌丝，具匍匐丝和假根，孢囊梗2～3根从匍匐丝上与假根相对应处长出。一般不分枝，直立或上部弯曲，顶端形成球形孢子囊。孢子囊内有由孢囊梗顶端膨大形成的囊轴。孢子囊成熟后为黑色，破裂散出球形、卵形或多角形的孢囊孢子（见图2.11）。瓜果蔬菜等在运输和贮藏中的腐烂，多由根霉菌引起。

③子囊菌亚门（Ascomycotina）　为真菌中形态复杂，种类较多的一个亚门。除酵母菌外，营养体均为有隔菌丝，而且可产生菌核、子座等组织。无性繁殖发达，可产生多种类型的分生孢子。有性繁殖产生子囊和子囊孢子。子囊棍棒形或圆桶形，少数呈圆形或椭圆形。每个子囊内通常有8个子囊孢子，但也有少于8个的。有些子囊是裸生的。大多数子

囊菌在产生子囊的同时,下面的菌丝将子囊包围起来,形成一个包被,对子囊起保护作用,统称子囊果。有的子囊果无孔口,称为闭囊壳。一般产生在寄生表面,成熟后裂开散出孢子,由气流传播。有的子囊果呈瓶状,顶端有开口,称为子囊壳。通常单个或多个聚生在子座中,孢子由孔口涌出,借风、雨、昆虫传播。有的子囊果呈盘状,子囊排列在盘状结构的上层,称为子囊盘,其子囊孢子多数通过气流传播。很多子囊菌,在秋季开始性结合形成子囊果,在春季才形成子囊孢子。因此,它们的有性时期一部分是在腐生状态下进行的。大部分种类为陆生,能引起很多园艺植物病害。

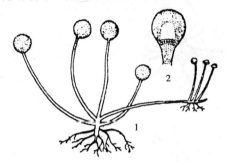

图 2.11　根霉属
1—具有假根和匍匐枝的丛生孢囊梗和孢子囊;
2—放大的孢子囊

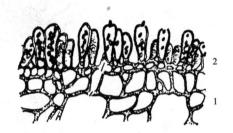

图 2.12　外囊菌属
1—寄主组织;2—子囊及子囊孢子

A. 半子囊菌纲(Hemiascomycetes)　本纲真菌没有子囊果,子囊裸生,并排着生在寄主组织表面,菌体由菌丝或酵母状细胞构成。重要的有:

外囊菌属(*Tqphrina*)　该属为专性寄生菌。菌丝体粗状,分枝多,寄生于寄主细胞之间,刺激植物组织产生肿胀、皱缩等畸形症状。无性繁殖不发达,但子囊孢子能进行芽殖,产生芽孢子。有性繁殖可由蔓延于表皮或角质层下的菌丝直接形成子囊,突破角质层,外露成为灰白色霉层。所致病类如桃缩叶病和樱桃丛枝病(见图 2.12)。

B. 核菌纲(Pyrenomycetes)　本纲是一类很庞大的真菌,分布广泛,习性多样。主要在木材、树皮、枯枝、落叶和粪便等基物上腐生,也可寄生植物,引起许多重要的病害。本纲营养体发达,为有隔菌丝体。无性繁殖产生各种类型的分生孢子。有性繁殖形成典型的子囊壳和闭囊壳,内含单臂子囊。与园艺植物有关的主要有白粉菌目、小煤炱目和球壳菌目。

a. 白粉菌目　菌丝体、分生孢子和子囊果大都在植物体表面,而以吸器伸入寄主细胞内,子囊果也是闭囊壳型,但子囊成束着生在闭囊壳的基部,子囊壁也不易消解,子囊孢子成熟后可从子囊中弹出。分生孢子单孢,椭圆形,无色,在寄主体表形成典型的白粉病征。有性繁殖产生闭囊壳,为球形、黑色,在寄主体表呈黑粒状。常见的有白粉菌属、单丝壳属、球针壳属叉丝壳属等。能引起葡萄、梨、月季、丁香等白粉病(见图 2.13),主要有 6 个属,列表如下:

白粉菌目分属检索表

1.闭囊壳内有几个至几十个子囊 ······························· 2

1.闭囊壳内只有一个子囊 ···································· 3

2.附属丝柔软,菌丝状 ······························· 白粉菌属

2.附属丝坚硬,顶端卷曲成钩状 ·· 钩丝壳属

2.附属丝坚硬,顶部双分叉 ··· 叉丝壳属

2.附属丝坚硬,基部膨大,顶端尖锐 ·· 球针壳属

3.附属丝似白粉菌属 ··· 单丝壳属

3.附属丝似叉丝壳属 ··· 叉丝单囊壳属

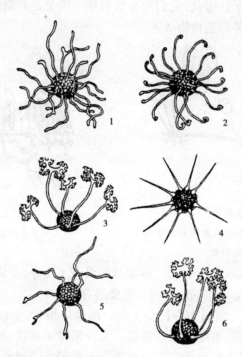

图 2.13　白粉菌主要属的特征

1—白粉菌属;2—钩丝壳属;3—叉丝壳属;

4—球针壳属;5—单丝壳属;6—叉丝单囊壳属

b.小煤炱目(Meliolaoes)　本目真菌的有些性状与白粉菌相似,所不同的是表生菌丝呈暗色或黑色,以附着枝附着在寄主表面,子囊果也是黑色闭囊壳,有的上面也有刚毛或附属丝。这类真菌引起许多植物的"烟霉症",如小煤炱属(Meliola)是山茶、柑橘上常见的煤污病菌。

c.球壳菌目(Sphaeriales)　无性繁殖产生各种类型分生孢子。分生孢子单胞或多胞,圆形至长形。分生孢子自分生孢子梗、分生孢子盘、分生孢子器上产生。有性繁殖产生子囊壳。子囊壳球形、半球形或瓶形,单独或成群生在基物上,埋生或表生,子囊壳有一乳头状孔口。其中主要的有黑腐皮壳属(Valsa)、赤霉属(Gibberella)等,常见的有苹果枯腐病和山茶、兰花等的炭疽病。

黑腐皮壳属(Valsa)　子囊壳埋生在子座内,有长颈伸出子座。子囊孢子单细胞,无色,香蕉形。此属真菌大多是腐生或弱寄生物(见图 2.14)。

囊孢菌属(Physalospora)　子囊平行排列于子囊腔内,子囊腔无明显子座,子囊孢子长卵圆形,单胞,无色或淡黄色,少数为寄生种,引起干癌和果腐。如柑橘蒂黑腐病、苹果黑腐病及梨、苹果轮纹病(见图 2.15)。

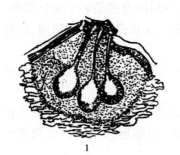

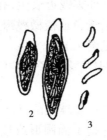

图2.14　黑腐皮壳属
1—子囊壳;2—子囊;3—子囊孢子

图2.15　囊孢菌属
（示子囊腔:子囊及子囊孢子）

C. 腔菌纲(Loculoascomycetes)　子囊具有双层壁。子囊果是子囊座,子囊直接产生在子座组织溶解形成的子囊腔内。无性繁殖十分旺盛,许多种类很少进行有性繁殖。重要的目有多腔菌目、格孢腔菌目和座囊菌目。

多腔菌目(Myriangiales)　每个子座中可有许多子囊腔,并且分布在不同的层次中。子囊孢子为多隔或砖隔。

痂囊腔菌属(*Elsinoe*)　子囊不规则地散生在子座内,每个子囊腔内只有一个球形的子囊。此属真菌大都侵染寄主的表皮组织,往往引起细胞增生和形成木栓化组织,使病斑表面糙或突起,因此常称作疮痂病。如葡萄黑豆病(见图2.16)。

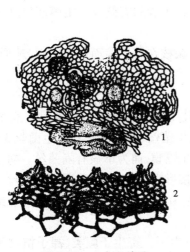

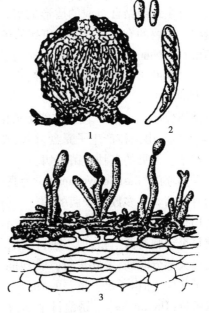

图2.16　痂囊腔菌属
1—子囊果剖面;2—他生孢子盘

图2.17　黑星菌属
1—子囊壳;2—子囊及子囊孢子;
3—分生孢子及分生孢子梗

格孢腔菌目(Plcosporales)　子囊成束,呈扇形排列在子囊腔内,子囊之间有拟侧丝;子囊圆柱状;子囊孢子一般是多隔的或砖隔的。假囊壳一般是单生的,也有聚生的,有的聚生在半埋的子座内,但是很少形成多囊腔的子囊座。

黑星菌属(*Venturia*) 子座初埋生,后外露或近表生,孔口周围有刚毛。子囊长卵形。子囊孢子圆筒至椭圆形,中部常有一隔膜,无色或淡橄榄绿色。无性孢子卵形、单胞、淡橄榄绿色。如梨黑星病病、苹果黑星病等(见图2.17)。

座囊菌目(Dothideales) 子囊束生在具有多个子囊腔的子囊座内或假囊壳内;子囊倒棍棒形或短圆筒形,双层壁,没有拟侧丝。

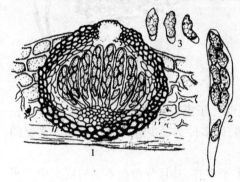

图2.18 球座菌属
1—假囊壳;2—子囊;3—子囊孢子

球座菌属(*Guignardia*) 子囊顶壁厚;子囊孢子椭圆形或梭形,单细胞,无色,如葡萄黑腐病(见图2.18)。

盘菌纲(Discomycetes) 子囊果是子囊盘,呈盘状、杯状或近球形。在成熟时像杯或盘一样张开,故称为子囊盘。子囊盘有的生长在地上或地下,有的生长在动物粪便上,有的生在埋没的树干、腐烂的木材和越冬的落叶及果实上。绝大多数为腐生菌。多数不产生分生孢子。核菌纲分为7个目,与植物病害有关的是星裂菌目(Phacidiales)和柔膜菌目(Helotiales)。

星裂菌目(Phacidiales) 子囊果开始形成时是一个黑色的子座,圆形、盘形或裂缝形,着生在基质的表面,也有部分或整个埋在寄生组织内。子实层上有一个由子座组织组成或子座组织与寄主组织结合组成的盾形的盖,子囊果成熟后,盖破裂而露出子实层。子囊果呈子囊盘状。主要的有引起核果叶斑病的冬齿裂菌。

柔膜菌目(Helotiales) 有柄或无柄的子囊盘着生在基质的表面或半埋在基质内,有的是从菌核上产生的。子囊棍棒形或圆筒形,无囊盖,子囊间有侧丝。柔膜菌目真菌大多是植物组织上的腐生物。重要的有:

核盘菌属(*Sclerotinia*) 菌丝体能形成菌核。菌核在寄主表面或组织内,球形、鼠粪状或规则形,黑色。由菌核产生子囊盘,杯状或盘状,褐色。子囊孢子单孢、无色、椭圆形。不产生分生孢子。常见的有甘蓝菌核病。

④担子菌亚门(Basidiomycotina) 为真菌中最高的一个类群,全部陆生。营养体为发育良好的有隔菌丝。多数担子菌的菌丝体分为初生菌丝、次生菌丝和三生菌丝3种类型。初生菌由担孢子萌发产生,初期无隔无核,不久产生隔膜,而为单核有隔菌丝。初生菌丝联合质配使每个细胞有两个核,但不进行交配,常直接形成双核菌丝,称谓次生菌丝。次生菌丝占生活史大部分时期,主要进行营养功能。三生菌丝是组织化的双核菌丝,常集结成特殊形状的子实体,称担子果。重要的有:

a.锈菌目(Uredinales) 锈菌目全部为专性寄生菌。寄生于蕨类、裸子植物和被子植物上,引起植物锈病。菌丝体发达,寄生于寄主细胞间,以吸器穿入细胞内吸收营养。不形成担子果。生活史较复杂,典型的锈菌生活可分为5个阶段,顺序产生5种类型的孢子:性孢子、锈孢子、夏孢子、冬孢子及担孢子(见图2.19)。

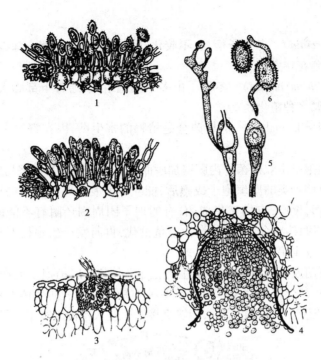

图2.19 锈菌的各种孢子类型
1—夏孢子堆和夏孢子;2—冬孢子堆和冬孢子;
3—性孢子器和性孢子;4—锈孢子腔和锈孢子;
5—冬孢子及萌发;6—夏孢子及萌发

锈菌种类很多并非所有锈菌都产生5种类型的孢子。因此,各种锈菌的生活史是不同的,一般可分3类:5个发育阶段(5种孢子)都有的为全型锈菌,如松芍柱锈菌。无夏孢子阶段的为半型锈菌,如梨胶锈菌、报春花单孢锈菌。缺少锈孢子和夏孢子阶段,冬孢子是唯一的双核孢子为短型锈菌,如锦葵柄锈菌。此外,有些锈菌在生活史中,为发现或缺少冬孢子,这类锈菌一般称为不完全锈菌,如女贞锈孢锈菌。除不完全锈菌外,所有的锈菌都产生冬孢子。

锈菌对寄生有高度的专化性。有的锈菌全部生活史可在同一寄主上完成,也有不少锈菌必须在两种亲缘关系很远的寄主上完成全部生活史。前者称同主寄生或单生寄生,后者称转主寄生。转主寄生是锈菌特有的一种现象。玫瑰多孢锈菌为单主寄生锈菌。松芍柱锈菌为转主寄生锈菌,性孢子和锈孢子在松树枝干上为害,夏孢子和冬孢子在芍药叶片上为害。

锈菌寄生在植物的叶、果、枝干等部位,在受害部位表现出鲜黄色或锈色粉堆、疱状物、毛状物等显著的病症。引起叶片枯斑,甚至落叶,枝干形成肿瘤、丛枝、曲枝等畸形现象。因锈菌引起的病害病症多呈锈黄色粉堆,故称锈病。

锈菌目主要根据冬孢子柄的有无和着生情况等性状进行分类。园艺植物中重要的有:

栅锈菌属(*Melampsora*) 冬孢子侧面紧结成壳状,如亚麻锈病菌等。

柱锈菌属(*Cronartium*) 冬孢子无柄,单孢,冬孢子堆圆柱形突出寄主体外,如板栗毛锈病、松栎锈病菌等。

胶锈菌属(*Gymnosporangium*) 冬孢子柄长,遇水胶化,壁薄,如苹果锈病菌,转主寄主为桧柏。

柄锈菌属(*Puccinia*)　冬孢子柄短,不胶化,壁厚,隔膜处缢缩不深,不能分离,如草坪禾本科杂草锈病、菊花锈病菌等。

多孢锈菌属(*Phragmidium*)　冬孢子由多个细胞组成,通常下部膨大,有长柄,如玫瑰锈病菌,引起蔷薇属多种植物锈病。

b.黑粉菌目(Ustilaginales)　黑粉菌全是植物的寄生菌,因在寄主上形成大量的黑粉而得名。

黑粉菌的厚垣孢子由双核菌丝内膜壁加厚而成。它们多数是休眠器官,要经过一段时间才能萌发。但有些种类的厚垣孢子成熟后,能立即萌发。厚垣孢子的形态变化也很大。它们有的单孢、圆形、壁厚,有的聚集成团,有的孢子团周围还附有不能萌发的不孕细胞。孢子中的"+""-"两核结合,完成其有性繁殖世代,再萌发产生圆柱形有隔膜的担子,在担子的顶端或侧面着生单核的担孢子。

很多担孢子可萌发牙管形成大量次生担孢子(小孢子),担孢子或次生担孢子萌发牙管相结合,形成双核菌丝侵入寄主。但也有些种类是以单核的初生菌丝侵入,在寄主体内结合为次生菌丝。还有少数黑粉病菌,能够直接产生侵入丝侵入寄主(见图2.20)。

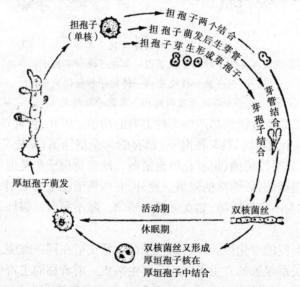

图2.20　黑粉菌发育循环图

黑粉菌对寄主有多种不同的侵染类型。系统侵染的黑粉菌,只侵染1次,菌丝由花器或种苗的牙鞘侵入,在寄主细胞间扩展,初期多不产生症状,直到最后才破坏寄主的茎、叶或仅破坏穗粒,产生大量黑粉。少数局部侵染的黑粉菌,常引起侵染部位的显著膨胀,然后破坏其组织,使其中充满黑粉,它们在1年中可引起多次再侵染。重要的有:黑粉菌属(*Ustilago*)、条黑粉菌属(*Urocystis*)等,如石竹科的花药黑粉病,草坪禾本科杂草秆黑粉病都是较常见的。

⑤半知菌亚门(Deuteromycotina)　是一类没有一定系统发育关系的真菌,人们对这类真菌只知无性阶段,有性阶段尚未了解或根本不存在,故称为半知菌或不完全菌。但现已发现其有性阶段的,大多数属于子囊菌,极少数属于担子菌,因此半知菌和子囊菌关系密切。

半知菌菌丝体发达,有隔膜,有的能形成厚垣孢子、菌核和子座等子实体。无性繁殖产生分生孢子。分生孢子着生在由菌丝体分化形成的分生孢子梗上。分生孢子梗及分生孢子的形状、颜色和组成细胞数变化极大。有些半知菌的分生孢子梗和分生孢子直接生在寄主表面;有的生在盘状或球状有孔口的子实体内。前者称分生孢子盘,后者称分生孢子器。此外,还有少数关知菌不产生分生孢子,菌丝体可形成菌核或厚垣孢子。半知菌约占已知真菌的30%,多是腐生菌。它们为害植物的花、叶、果、茎干和根部,引起局部坏死和腐烂,畸形及萎蔫等症状。主要有:丝孢纲、腔孢纲。

A. 丝孢纲(Hyphomycetes)　分生孢子梗散生、束生或着生在分生孢子座上,梗上着生分生孢子,但分生孢子不产生在分生孢子盘或分生孢子器内。此外,有些种类除产生厚垣孢子外,不产生分生孢子。主要有无孢菌目、丝孢目和瘤座孢目。

无孢菌目(Agonormycetales)　不产生任何其他孢子,有的可以形成厚垣孢子,菌核可根状菌索,其中最重要的有丝核菌属(*Rhizoctonia*)和小核菌属(*Sclerotium*)。前者菌丝形成组织比较疏松的褐色菌核,菌核之间有菌丝相连,常引起植物的立枯、根腐病等,后者则是产生多呈圆球形的菌核,外层褐色,内部白色,菌核间没有菌丝相连,为害多种寄主,引起兰花等多种花木的白绢病(见图2.21)。

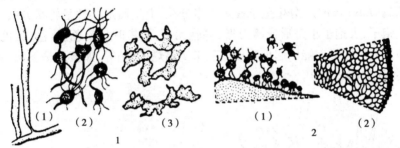

图 2.21　丝核菌属和小菌核属

1—丝核菌属:(1)菌丝分枝基部缢缩(2)菌核(3)菌核组织的细胞;

2—小菌核属:(1)菌核(2)菌核部分切面

丝孢目(Hyphomycetales)　菌丝体发达,呈疏松棉絮状,有色或无色。分生孢子直接从菌丝上或分生孢子梗上产生,分生孢子梗散生或簇生,不分枝或上部分枝。分生孢子与分生孢子梗无色或有色,重要的有(见图2.22):

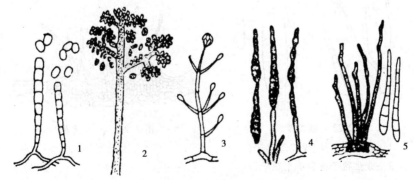

图 2.22　丝孢目主要属

1—粉孢属;2—丝梗孢属;3—轮枝孢属;4—交链孢属;5—尾孢属

a. 粉孢属(*Oidium*)　菌丝表面生分生孢子,单胞,椭圆形,串生。分生孢子梗丛生与菌丝区别不显著,如植物的白粉病等。

b.葡萄孢属(*Botrytis*)　分生孢子梗细长,分枝略垂直,对生或不规则。分生孢子圆形或椭圆形,聚生于分枝顶端成葡萄穗状,如葡萄、苹果、菊花等灰霉病。

c.轮枝孢属(*Verticillium*)　分生孢子梗轮状分枝,孢子卵圆形、单生,如茄黄萎病、大丽菊黄萎病等。

d.枝孢属(*Cladosporium*)　分生孢子梗树状分枝,黑褐色,单生或丛生。分生孢子褐色,单胞或双胞,形状和大小变化很大,卵圆形,寄生或腐生在植物残体上,病斑上产生烟煤状霉层,如植物的叶霉病等。

e.链格孢属(*Alternaria*)　分生孢子梗暗褐色不分枝或稀疏分枝,散生或丛生。分生孢子单生或串生,倒棒状,顶端细胞呈喙状,具纵、横隔膜成砖格状,如马铃薯早疫病、葱紫斑病和香石竹叶斑病等。

f.尾孢属(*Cercospora*)　分生孢子梗黑褐色,不分枝,顶端着生分生孢子。分生孢子线形,多胞,有多个横隔膜,如杜鹃叶斑病、丁香褐斑病等。

瘤座孢目(*Tuberculariales*)　分生孢子梗集生在菌丝体纠结而成的分生孢子座上。分生孢子座呈球形、碟形或瘤形,鲜色或暗色。重要的有:

镰刀菌属(*Fusarium*)　分生孢子梗短粗多分枝,上生瓶形小梗呈轮状分枝。一般有两种类型分生孢子,大孢子小舟形或镰刀形,多胞无色,聚集时呈粉色、紫色、黄色等霉层,小孢子多单胞无色椭圆形。能引起植物根、茎、果实腐烂,立枯等,如黄瓜枯萎病、香石竹等多种花木枯萎病(见图2.23)。

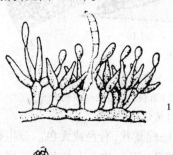

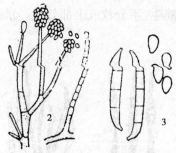

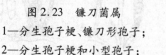

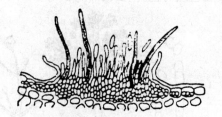

图2.23　镰刀菌属
1—分生孢子梗、镰刀形孢子;
2—分生孢子梗和小型孢子;
3—镰刀形及小型分生孢子

图2.24　炭疽菌属

B.腔孢纲(*Coelomycetes*)　分生孢子着生在分生孢子盘或分生孢子器内。分生孢子梗短小,着生在分生孢子盘上或分生孢子器的内壁上,产孢细胞产生分生孢子的方式了解的

较少。主要有:

黑盘孢目(Melanconiales)。分生孢子产生在分生孢子盘内。重要的有:

a. 痂圆孢属(*Sphaceloma*) 分生孢子盘半埋于寄主组织内,分生孢子较小,单胞,无色椭圆形,稍弯曲,如葡萄黑痘病、柑橘疮痂病等。

b. 炭疽菌属(*Colletotrichum*) 分生孢子盘生在寄主表皮,有时生有褐色、具分隔的刚毛;分生孢子梗无色至褐色,产生内生芽殖型的分生孢子;分生孢子无色,单胞,长椭圆形或新月形(见图 2.24)。

c. 盘圆孢属(*Gloeosporium*) 分生孢子盘无刚毛,孢子单胞,无色,圆形或圆柱形,如橡皮树、仙人掌炭疽病等。

d. 盘多毛孢属(*Pestalotia*) 分生孢子多胞,两端细胞无色,中部细胞褐色,顶端有刺毛,如山楂灰斑病菌等。

球壳孢目(Sphaeropsidales) 分生孢子产生在分生孢子器内。分生孢子器具有一定大小,通常为球形,顶端有孔口。孢子器成熟后吸水把孢子和胶质从孔口排出,形成孢子角,靠雨水、昆虫传播。重要的有(见图 2.25):

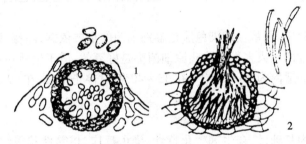

图 2.25 球壳孢目
1—叶点霉属;2—壳针孢属

a. 叶点霉属 分生孢子器暗色球形埋生,孔口外露。分生孢子无色单胞椭圆形,如苹果圆斑病、荷花斑枯病等。

b. 壳针孢属 分生孢子器暗色,散生,近球形,生于病斑内,孔口露出。分生孢子梗短,分生孢子无色多胞细长至线形,如芹菜斑枯、菊花褐斑等。

2)病原细菌

植物细菌病害是由细菌侵染引起的。细菌作为植物病害的病原,其重要性次于真菌和病毒,居于第三位。在园艺植物上发生的细菌病害是很普遍的,有的是生产上的重要问题,如侵害多种植物的细菌性软腐病、青枯病及观赏植物的细菌性叶斑病等。

(1)细菌的性状

细菌属原核生物。单细胞,具细胞壁,无完善的细胞核,仅有分散的核质,在高倍显微镜下放大1 000 倍以上才能看见。有些细菌外有一层胶状的黏液层,称荚膜,其厚度因菌而异。细菌的形状有球状、杆状和螺旋状,植物病原细菌都是杆状,一般大小为$(1 \sim 3)$ μm × $(0.5 \sim 0.8)$ μm,一般无荚膜,也不形成芽孢。绝大多数植物病原细菌细胞壁外长有鞭毛,一般3 ~ 7 根,最少1 根,可在水中游动,也是细菌分类的依据(见图 2.26)。

细菌个体发育很简单,没有营养体和繁殖体的分化,以裂殖方式繁殖。细菌繁殖速度很快,一般1 h分裂一次,在适宜条件下,有的只需20 min就能分裂一次。

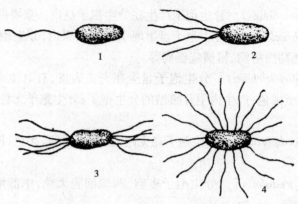

图 2.26　植物病原细菌的形态
1,2—单极生;3—双极生;4—周生

植物病原细菌不含叶绿素,进行异养生活,寄生或腐生。所有的植物病原细菌都可在人工培养基上生长繁殖。在固定培养基上形成的菌落多为白色、黄色或灰色。在液体培养基上可形成菌膜。

在植物病原细菌中,用革兰氏染色法是鉴别细菌的重要依据,除棒状杆菌属外,其余均为革兰氏染色阴性细菌。大多数植物病原细菌都是好氧的,适于生活在略带碱性的培养基中。一般生长发育的适温为 26~30 ℃,在 33~40 ℃时停止生长,在 50 ℃ 10 min 时,多数细菌死亡。

(2)细菌的分类

分类是以形态为基础,结合生理生化特性、染色反应、培养性状等综合鉴定。目前,较普遍采用柏杰(Bergey)提出的分类系统,分为 5 个属:

①假单胞杆菌属(Pseudomonas)　菌体单生,杆状,鞭毛数根,极生。革兰氏染色阴性。菌落白色,有的有绿色荧光色素。腐生及寄生。寄生类型引起植物叶斑病或叶枯病,少数种类引起萎蔫、腐烂和肿瘤等症状。如茄科植物的青枯病、天竺葵的叶斑病和丁香疫病等。

②黄单胞杆菌属(Xanthomonas)　菌体单生,杆状,具极生鞭毛 1 根,革兰氏染色阴性。菌落黄色。绝大多数是植物病原细菌,引起植物叶斑和叶枯症状,少数种类引起萎蔫、腐烂,如桃细菌性穿孔病、柑橘溃疡病。

③野杆菌属(Agrobacterium)　菌体单生、杆状,周生鞭毛 1~4 根,仅有一鞭毛侧生,有黏液膜。革兰氏染色阴性。多为植物病原细菌,引起植物组织膨大,形成瘤肿,如果树、花卉的根瘤病等。

④欧氏杆菌属(Erwinia)　菌体单生,杆状,周生鞭毛多根,革兰氏染色阴性。引起植物组织腐烂或萎蔫,如菠萝心腐病、白菜软腐病等。

⑤棒杆菌属(Corynebacterium)　菌体单生、杆状,直或稍弯曲,有时呈棒状,一般无鞭毛,革兰氏染色阳性。主要引起萎蔫症,如菊花青枯病、马铃薯环腐病等。

(3)细菌病害的症状

细菌性病害多数是急性坏死型,有以下 5 种症状:

①斑点型　主要发生在叶片、果实和嫩枝上。由于细菌侵染,引起植物局部组织坏死

而形成斑点或叶枯。有的叶斑病后期,病斑中部坏死组织脱落而形成穿孔,如桃、梅穿孔病、柑橘溃疡病等。

②腐烂　细菌从伤口侵入寄主的幼嫩多汁和肥厚的器官,分泌果胶酶分解细胞的中胶层,使寄主组织腐烂崩溃,发出臭味,如白菜软腐病及花卉的球根和块茎软腐病等。

③枯萎　有些细菌侵入寄主植物的维管束组织,在导管内扩展破坏了输导组织,引起植株萎蔫。如番茄的青枯病。棒状杆菌属还能引起枯萎症,如梨火疫病等。

④畸形　有些细菌侵入植物后,引起根或枝杆局部组织过度生长形成肿瘤,或使新枝、须根丛生等多种症状,如果树的根癌病等。

(4)细菌病害发生规律和防治特点

植物细胞病害发生规律及防治方法与一般侵染性病害(尤其是真菌引起的病害)没有基本的差别,这里只指出它的若干特点。

①植物细菌病害侵染来源与种苗关系最大,如百日菊细菌性叶斑病种子带菌,引起幼苗的感染,然后使成株发病。在木本植物上,细菌可在受害的枝十内越冬。细菌随着带菌种苗传播到各地,菊花细菌性枯萎病就是通过插枝无症状带菌种苗,扩展蔓延到新地区的。植物病残体中的细菌也是初侵染来源,但当组织分解后,其中细菌大部分死去,一般不能单独长期存活在土壤中。

②细菌没有直接侵入寄主的能力,侵入的途径是自然孔口和伤口,各种植物病原细菌都可从伤口侵入寄主,黄单胞杆菌和假单胞杆菌,还能通过自然孔口(以气孔侵入最重要)侵入引起叶斑病。病原细菌的传播大多是靠水滴的飞溅作用,很少随空气流动作远距离传播,同时细菌的侵入也必须有水滴的存在,因此,植物细菌病害在生长期蔓延同空气湿度的高低和雨露的多少有密切的关系。少数细菌病害可以由昆虫传染。

③细菌病害防治特点应着重于消灭侵染来源,所以选用清洁的种苗、种子消毒、消灭枝干中的越冬菌,清除植物病残体等都是防治细菌病害的重要措施。目前的药剂对细菌病害的防治效果一般不理想,但是抗生素用来防治细菌病害可达到较好的效果。由于伤口有利于细菌的侵入,因此,在栽培管理上应注意避免植物遭受损伤和选择易形成木栓愈伤层的品种。

3)植物病原病毒

在高等植物中,目前发现的病毒病已有700多种,其数量和为害性仅次于真菌性病害。几乎每种植物都有1至数种病毒。它和其他侵染性病原物一样,由于它的寄生性及致病性,破坏了植物的正常生长发育,使栽培植物不能达到预期目标,产量下降,品质变劣,药用、食用价值降低,甚至整株死亡或毁灭一种植物的生产。

(1)病毒的主要性状

病毒是一类不具备细胞结构的专性寄生物(见图2.27)。病毒个体极小,烟草花叶病毒大小为15 nm×280 nm,是最小杆状细菌宽度的1/20倍,用电子显微镜放大数万到十多万倍才能观察到。病毒能通过细菌不能通过的过滤器微孔,故称过滤性病毒。病毒粒体是由核酸和蛋白质组成的分子量很高的核蛋白颗粒。核酸在中间,形成中轴,蛋白质包围在核酸外面,形成一层衣壳,对核酸起保护作用。形状有球状、杆状、纤维状3种类型(见图2.28)。

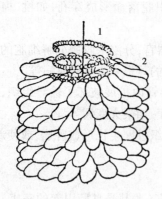

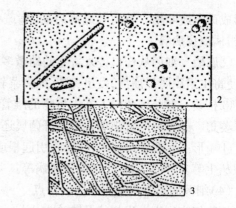

图 2.27　烟草花叶病毒结构示意图　　　　图 2.28　植物病毒形态
　1—核酸链;2—蛋白质　　　　　　1—杆状病毒;2—球状病毒;3—纤维状病毒

（2）病毒的生物性状

①具有传染性　病毒具有增殖能力和传染性。若把烟草花叶病株汁液接种到无病烟草植株上,会发生同样的花叶病。病毒的增殖不同与细胞的繁殖。它没有酶系统和独立的代谢功能,不能像其他细胞生物那样繁殖,它采用核酸样板复制方式,病毒的这种独特的"繁殖"称为增殖。当病毒侵入寄主体内后,提供遗传信息的核酸,改变了细胞的代谢作用,按照病毒的分子结构复制,产生大量的病毒核酸和蛋白质,一定量的核酸聚缩在一起,外面加上蛋白质外壳,最后形成新的病毒粒体。病毒的这种增殖方式称为复制。病毒在增殖的同时,也破坏了寄主正常的生理程序,从而使植物表现症状。

②寄生性和致病性　病毒是一种专性寄生物,只能在寄主植物的活细胞内寄生生活,若寄主死亡,病毒就停止生命活动。不能在人工培养基上培养,但它们的寄主范围一般比较广泛,可包括许多不同科属的植物。如烟草花叶病毒能侵染 36 科 236 种植物。有的不仅能寄生在植物上还能寄生在昆虫上。也有专性化较强的,如玉米条斑病毒,只能寄生玉米和高粱。植物病毒的致病性和寄生性可表现为不一致。现已发现有不少植物感染了某种病毒,但不表现任何症状,其生长发育和产量均未受到影响。这种情况表明有的病毒在有些寄主上只具有寄生性,而不具致病性。作为专性寄生的病毒,其致病性强是显然不利于它生存的。

③病毒在活体外的稳定性　病毒与其他微生物比较,它对外界因子的稳定性较大,因此病毒这些性状可作为分类的依据。植物病毒的稳定性主要表现在以下 3 个方面:

a.失毒温度　也称致死温度,指病毒病株组织的榨出液在 10 min 内保持其侵染能力的最高温度,即能使病毒病株汁液失去致病力的最低温度称为失毒温度。例如,烟草花叶病毒的失毒温度为 93 ℃。

b.稀释限点　病毒病株组织的榨出液还保持其侵染能力的最大稀释倍数。例如,烟草花叶病毒的稀释限点为 10^6。

c.体外保毒期　病毒病株组织的榨出液在 20 ~ 22 ℃室温条件下能保持其侵染能力的最长时间。有的病毒体外保毒期长,如烟草花叶病毒可达 1 年以上。

④病毒的遗传和变异　植物病毒和其他微生物一样具有遗传和变异特性。因为它具有遗传保守性,如烟草花叶病毒通过数十科数百种寄主后仍保持它原有的生物学、化学和

物理学特性。由于病毒粒体小,增殖率高,很易受环境条件影响,发生变异的可能性也特别大。因此,一种病毒可分出很多株系来。

(3)病毒的传播与侵染

病毒生活在寄主细胞内,无主动侵染的能力,多借外部动力和通过微细伤口入侵,因此病毒的传播与侵染是同时完成的。传播途径有:

①介体传播 传播植物病毒的介体最重要的是昆虫。目前已知昆虫介体约397种,其中133种属于叶蝉类(包括飞虱),170种属于蚜虫。除此以外,还有粉虱、鞘翅目的昆虫、蝽、蜡蝉、螽斯等也可作为传毒介体。此外,线虫、螨类、真菌、菟丝子也是病毒传播的介体。昆虫介体传播病毒,并不全是一种简单的机械传播作用,而是存在着一定程度的有机联系,依据联系程度的不同,昆虫介体与病毒的生物学关系可分为非持久性的、半持久性的和持久性3类。非持久性传毒是简单的口针带毒传毒,获得病毒后可立刻被介体传染,但病毒在虫体内不能增殖,因此,介体很快丧失传染作用。半持久性传毒是比较复杂的非口针带毒传毒,病毒被吸入虫体后,要经过一定时间后才能被传染,但经过一定时间后或蜕皮后又失去了这种作用,因此,病毒虽进入虫体内,但仍不增殖。持久性传毒是病毒被吸入后,需在昆虫体内经过一定时间的循回期才能传染,一旦传染后,便终身保持这种作用,而且有一部分还能经卵传染给后代,因此,这类病毒在昆虫体内的增殖是无疑的。

植物病毒对介体的专化性很强,通常由一种介体传染的病毒,另外一种介体就不能传染。如蚜虫传染的病毒不能由叶蝉或线虫传染。一种叶蝉传染的病毒另一种叶蝉也不能传染。

②非介体传染 指的是那些不是由其他生物媒体来扩大蔓延的传染方式,或越出本寄主体外传染的,有汁液擦伤、嫁接、花粉和土壤传染等;病毒不越出寄主体外而通过繁殖器官进行传播的有种子及无性繁殖材料。

a.汁液传染 病株榨出的病毒汁液,可保持一定时间的侵染力。加金刚砂或硅藻土作摩擦剂,以造成适于病毒侵入的微小伤口,用手或棉球蘸取汁液在健株上摩擦接种从而使植株发病,花叶型和环斑型的病毒大都是可通过汁液传染的,这种方法在研究中最常用。与此类似的自然传播方式有病健叶片接触摩擦而发病的接触传染,但并不是所有的汁液传染的病毒都能接触传染,接触病株的手和工具,在移苗、打杈、摘花、切取无性繁殖材料时也能传染。

b.嫁接传染 利用寄主接穗和砧木之间细胞的有机结合,使病毒从一个部分进入另一个部分,一切园艺上采用的嫁接方法都可以传染病毒。有些病毒只能通过嫁接传染。

c.种子、花粉及繁殖材料的传播 种子传毒只有在系统侵染的条件下才能实现。在高等植物中,种子传毒的较少,以豆科、葫芦科和菊科种子传毒较普遍。

凡是花粉能传毒的,种子一定能传毒。无性繁殖材料包括块茎、球茎、鳞茎、块根、压条、插条、接穗、接芽等。这些是病毒极为重要的传染方式,特别是在果树和观赏植物上,如柑橘黄龙病、水仙花叶病等。

(4)病毒病的症状

植物病毒病大部分属于系统侵染的病害,植物感染病毒后,往往全株表现病状而无病征。常见的有:

①变色 主要表现为花叶和黄化两种,即叶片表现均匀或不均匀失绿现象。例如,桃

环斑病和月季花叶病,伴随花叶常发生凹凸不平的皱缩和变形。

②坏死与变质　坏死是指植物组织和细胞坏死,变质指植物组织的质地变软、变硬或木栓化等。最常见的坏死症状是枯斑,主要是寄主对病毒侵染后的过敏性坏死反应引起的,如建兰花叶病毒病。有的表现为条斑坏死、同心坏死环或坏死环及顶尖坏死等。果实或木本植物表皮木栓化后,中央呈星状开裂即为变质,如苹果锈果病。

③畸形　植物感染病毒后,表现的各种反常的生长现象,如卷叶、曲叶、蕨叶、矮化、丛枝、癌肿等。例如,番茄病毒病、仙客来病毒病等。

有些植物感染病毒后,不表现症状,生长发育和产量也未受到显著影响,称"带毒现象",被寄生的植物称为"带毒者"。有些病毒在条件不适时症状消失,直到环境适宜时,病状才重新表现出来,这种现象称为"隐症现象"。

(5)病毒的防治

病毒是细胞内寄生物,化学防治效果不佳。目前,生产上尚无对病毒有效的药剂,但发现有些药剂可减轻症状。例如,金属盐类、磺胺及有机酸、嘌呤及嘧啶、维生素、抗生素等,对一些植物病毒有钝化作用。随着科学技术的发展,化学防治将会有很大的发展。

物理治疗包括热力、辐射能及超声波等。热处理治疗是根据病毒的致死温度,对块根、块茎、插条等带毒材料进行热处理,杀死病毒,使带毒材料脱毒。

采用人工脱毒方法,可获得无毒苗木。

4)类菌原体

类菌原体是介于病毒与细菌之间的微生物,属原核生物,为细菌门软球菌纲。具有多型性,通常见到的有椭圆形大小为 200 nm×300 nm、球形、卵形、纺锤形、丝状体等形态。类菌原体无细胞壁,外包一层膜,称为限界膜或单位膜,内含核质、DNA、可溶性 DNA 及代谢物。植物类菌原体可在人工培养基上生长,在液体培养基中形成丝状,在固体培养基上形成典型的"荷包蛋"状菌落,边缘明显、菌体很小,类菌原体对青霉素不敏感,对四环素族抗生素敏感,即使低浓度也使其发育受到抑制。

传播类菌原体的介体主要是叶蝉和飞虱,嫁接和菟丝子也可传染。类菌原体引起的病害都属于黄化型,症状有叶片褪绿黄化、矮化丛枝、花器叶片化,花变绿、果实畸形等。

5)类病毒

类病毒是1960年以后发现的比病毒结构还简单,粒体更微小的一类新病原物。类病毒粒体是核糖核酸碎片,无蛋白质外壳,分子量约为 $1×10^5$ 道尔顿。类病毒进入寄主细胞内对寄主细胞的破坏和自行复制的特点与病毒基本相似。不同之处是:大多数类病毒比病毒对热的稳定性高,对辐射不敏感;有的对氯仿和酚等有机溶剂也不敏感;在细胞核内同染色体结合在一起,故通常呈全株带毒,不能用生长点切除法脱毒;种子带病率很高,无性繁殖材料、汁液接触、蚜虫或其他昆虫都能传播。

类病毒的致病性表现为植株严重的矮化、直立性及叶片的粗缩。但寄主感染类病毒多为隐症带毒,如马铃薯纺锤块茎病、柑橘裂皮病、菊花矮缩病等。

6)类立克次氏体

类立克次氏体是局限在植物木质部的病原物,所致病害症状同维管束萎蔫病很相似。类立克次氏体是具有细胞壁的原核生物,通常为杆状,寄生在寄主细胞内,这点与细菌不同。它除对四环素族药物敏感外,还对抑制细胞壁合成的表霉素敏感,这是与类菌原体的区别。类立克次氏体极难人工培养,菌体可制备相应的抗血清。

自然情况下,主要靠叶蝉、木虱等昆虫介体传播,汁液不能传播。引起的病害有柑橘黄龙病、桃树矮化病、葡萄皮尔斯病、苹果锈果病等。

7)植物病原线虫

线虫又名蠕虫,属于无脊椎动物中的线形门线虫纲,它在自然界分布很广,种类很多,有的可以在土壤和水中生活,有的则在动植物体内营寄生生活。寄生在植物体内的引起植物线虫病害。几乎每种果树、花卉上都发现有线虫寄生,此外,在土壤中腐生的和半腐生的一些线虫,在一定条件下也能为害花木的根部。线虫的寄生除直接引起线虫病害外,还能成为传播其他病原物的媒介或为其打开侵染的门户,如烟草脆裂病毒是由土壤切根线虫传播的。根结线虫和根腐线虫的侵害,常常加重了枯萎病的发生和为害,这种复合作用,近年来已被人们所重视。

(1)线虫的一般性状

植物病原线虫多数为不分节的乳白色透明线形体,少数雌雄异形的雌成虫呈球形或梨形,线虫体长通常不超过 1 mm,宽为 0.05 ~ 0.1 mm(见图2.29)。

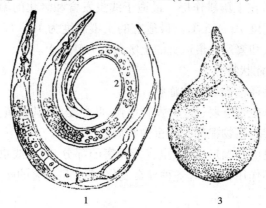

图 2.29　植物病原线虫的形态

1—雌虫;2—雄虫;3—根结线虫雌虫

线虫虫体分头、颈、腹和尾四部分。头部位于虫体前端,包括唇、口腔、吻针和侧器等,唇和侧器是一种感觉器官,吻针在口腔的中央,是线虫借以穿刺寄主组织并吸取养分的器官,颈部是从吻针的基部球到肠管的前端的一段体躯,包括食道、神经环和排泄孔等,腹部是从后食道球到肛门的一段体躯,包括肠和生殖器官,尾部是从肛门以下到尾尖的一部分,其中主要有侧尾腺和尾腺。还有少数雌雄虫具有交合伞,有的线虫还有尾尖突。侧尾腺也是重要的感觉器官,它的有无是分类上的依据。

线虫体壁是由不透水的角质膜和肌肉所组成。在肌肉层的内侧为体腔,体腔内充满无色液体,内有消化、生殖、神经、排泄等器官,而以消化和生殖系统最显著。线虫消化器官通常为一直通的圆管,开口于头顶的口和口腔,通连食道、食道腺体,后方与肠子相连结,肠子末端为直肠和肛门,线虫生殖系统是虫体内最发达的器官。雌性成虫通常包括 2 条细的卵巢、输卵管、受精囊和子宫,通过阴道开口于腹部末端的阴门,雄性成虫则由睾丸、输精管和交合刺组成线虫的神经系统和排泄系统,神经中枢是围绕在食道峡部四周的神经环;排泄

系统只有一个排泄孔,它没有循环系统和呼吸系统。

(2)线虫的生活史

植物寄生线虫的生活史一般很简单,除少数可孤雌生殖外,绝大多数线虫是经过两性交尾后,雌虫才能排出成熟的卵。线虫的卵一般产在土壤中,也有的产在卵囊中或在植物体内,还有少数则留在雌虫母体内;一个成熟雌虫可产卵 500~3 000 粒,卵孵化以后即为幼虫,幼虫经 3~4 次蜕皮后,即发育为成虫。形态和性的分化只有到幼虫老龄时才能区别开来。从卵的孵化到雌成虫发育成熟产卵为一代生活史,线虫完成一代生活史所需时间,随各种线虫而长短不一。

植物病原线虫绝大多数是专性寄生,只能在活组织上取食,少数可兼营腐生生活。不同种类的线虫寄主范围也不同,有的很专化,只能寄生在少数几种植物上,有的寄主范围较广,可寄生在许多不同的植物上。根据线虫寄生的部位,可分为地上部寄生和地下部寄生两类。由于线虫多在土壤中存活,因此,在地下部寄生于寄主植物根及地下茎的是多数。以根据线虫的寄生方式可分为内寄生和外寄生两类,虫体全部钻入植物组织内的称为内寄生,如根结线虫就是典型的内寄生;虫体大部分在植物体外,只是头部穿刺入植物组织吸食的称为外寄生,如柑橘根线虫,还有些线虫开始为外寄生,后期进入植物体内寄生。

线虫绝大多数生活在土壤耕作层。最适于线虫发育和孵化的温度为 20~30 ℃,最高温度 40~55 ℃,最低温度 10~15 ℃。最适宜的土壤温度为 10~17 ℃。在适宜的温度条件下有利于线虫的生长和繁殖。最适宜的土壤条件为砂壤土。

(3)植物线虫病的症状特点

植物受线虫为害后通常表现两种症状:

①全株症状　植株生长衰弱、矮小、发育缓慢、叶色变淡,甚至黄萎,类似缺肥营养不良的现象。这种症状主要是植物根部受线虫为害后的反应。

②局部症状　常见的是畸形,被线虫直接为害的部分,由于线虫取食时寄主细胞受到线虫唾液的刺激和破坏作用,常引起各种异常变化,其中最显著的是肿瘤、丛根及茎叶扭曲等症状。

当线虫移行到寄主组织以后,即以唇吸着在表面,以吻针穿刺组织,分泌唾液(消化酶)使寄主内含物被消解而吸收。各种线虫唾液中的消化酶有着不同的作用。寄主植物受到线虫破坏作用后,就表现出名种症状,植物地上部受害后表现的症状有幼芽的枯死、茎叶的卷曲、枯死斑和叶瘿等;植物地下部受害,根部的下常机能遭到破坏,根系生长受损,或使寄主细胞变为肿瘤畸形,从而使地上部生长也受到相应的影响,表现为变色、褪绿、黄化、矮缩和萎蔫等症状,常与缺肥症相似;肉质鳞茎、球茎等受到线虫侵害后细胞破坏,组织坏死,常引起其他微生物的侵染而发生腐烂。

植物受到线虫为害后,除表现各种症状外,通常可在病变部位找到病原线虫。但要注意和腐生线虫的区别,寄生线虫一般都有发达的吻针,尾部较短尖削或钝圆,而腐生线虫脾口腔内没有吻针,尾部很长,多为丝状。

(4)植物线虫病害发生规律和防治

线虫绝大多数存在于土壤耕作层,自身移动距离、活动范围不是很大,主要靠种苗调运、灌溉水和耕作过程中土壤的携带进行传播。合适的温湿度是线虫生存活动侵染的必要条件。一般线虫都是喜湿的,本身应有一层水膜才能够移动。发生在茎叶上的线虫如遇到干旱则为害受到抑制,在温度较高而潮湿的情况下,线虫活动性强,活动范围大,但过于潮湿或浸水土壤,由于缺氧也不利线虫的生存。多数线虫在砂壤土易于侵染繁殖。

线虫病的防治主要是选用无线虫种苗和用药剂杀死土壤中的线虫。农业防治实行的田间卫生、轮作和淹水等也有一定的效果。

8)寄生性种子植物

寄生性种子植物指寄生在其他植物枝、干和根上的植物,主要有桑寄生、槲寄生、菟丝子等。寄生性种子植物从寄主体内夺取营养物质引起寄主植物局部肿大或细缢,风吹雪压易折,由于养分被夺,致使寄主生长衰弱,或引起枝枯,甚至全株死亡。

任务2.3 植物侵染性病害的发生和发展

学习目标

熟悉植物病害病原的寄生性、致病性的概念,掌握植物抗病性的机制,掌握植物病害的侵染程序、植物侵染性病害的侵染循环。

学习材料

植物抗病性的机制挂图,主要植物病害的侵染程序图标、植物侵染性病害侵染循环挂图。

重点及难点

植物病害病原的寄生性、致病性的概念、寄生性与致病性的区别,植物病害的侵染程序及其内容、植物侵染性病害侵染循环。

2.3.1 病原物的寄生性与致病性

1)病原物的寄生性

生物的营养方式可分为自养和异养两大类。绿色植物是典型的自养生物。它们利用光能将无机物合成自身需要的有机物。绝大多数的微生物、少数种子植物及整个动物界都属异养生物。它们自身不能合成所需要的养料,必须从其他生物体上获得有机化合物作为养分。所有病原物都是异养生物,它们必须从寄主植物体中掠取营养物质才能生存。病原物依赖于寄主植物获得营养物质而生存的能力,称寄生性。被获取养分的植物,称为该病原物的寄主。不同病原物的寄生性有很大的差异,可区分为三大类:

(1)专性寄生物

专性寄生物又称严格寄生物。这类病原物只能在活的寄主体上生活,不能在人工培养基上生长,如病毒、霜霉菌、白粉菌等。

（2）非专性寄生物

这类病原物既能在寄主活组织上寄生，又能在死亡的病组织和人工培养基上生长。依据寄生能力的强弱，又可分为两种情况：

①兼性寄生物　一般以寄生生活为主，但在某一个发育时期，或在寄主死后，可在寄主残体上或在土壤中继续腐生，多数病原物属于这一类，如苹果褐斑菌等。

②兼性腐生物　一般以腐生方式生活，在一定条件下也可进行寄生生活，但寄生性很弱，如腐烂病菌、花木白绢病菌等，只有在不良条件下寄主受到一定损害后才能发病，否则无能为力。

（3）专性腐生物

这类病原物以各种无生命的有机质作为营养来源，称为专性腐生物。专性腐生物一般不能引起植物病害。

任何寄生物只能寄生在一定范围的寄主上。不同的寄生物，寄主范围大小不同。寄生物对寄主的选择称为专化性。在不同寄主上，分离出来的病原个体，在形态上虽然相同，但对寄主的要求却有明显的分化。同一种的病原根据它对寄主不同属、种的选择，可分成若干品系或变种；同一种真菌对寄主不同品种的选择，可分为若干生理小种。同一种细菌对寄主不同品种的选择，可分为若干菌系。同种病毒，由于对不同品种的选择，分为若干株系。一般来说，寄生性越强，寄主范围越窄，寄生专化性也越强。

2）病原物的致病性

病原物在寄生过程中，对受害植物的破坏能力称为致病性。一般寄生性很强的病原物，只具有较弱的致病力，它可在生活中的寄主体内大量繁殖；寄生性弱的种类，往往致病力很强，常引起植物组织器官的急剧崩溃和死亡，而且是先毒死寄主细胞，然后在死亡组织里生长蔓延。

致病力仅仅是决定病害是否严重的一个因素，病原物在植物体内的持久性、发育速度等都能影响到它对寄主造成的损失大小。因此，致病力较低的病原物，同样也可引起严重的病害。

2.3.2　植物的抗病性

植物的抗病性是指植物避免、中止或阻滞病原物的侵入与扩展，减轻发病和损失程度的一类特性。抗病性是植物与其病原生物在长期的协同进化中相互适应、相互选择的结果，病原物发展出不同类别、不同程度的寄生性和致病性，植物也相应地形成了不同类别、不同程度的抗病性。

1）植物对病原侵染的反应

一般寄主对病原物侵染反应有4种类型：

①免疫　寄主把病原物排除在外，使病原物和寄主不能建立寄生关系，或已建立了寄生关系，由于寄主的抵抗作用，使侵入的病原物不能扩展或者死亡，在寄主上不表现任何症状，称为免疫。

②抗病　病原物能侵染寄主，并能建立寄生关系。由于寄主的抗逆反应，病原被局限在很小的范围内，使寄主仅表现轻微症状。在这种情况下，病原繁殖受到抑制，对寄主的为

害不大,称为抗病。抗病可分为高抗、中抗。

③耐病　寄主植物遭受病原物侵染后,虽能发生较重的症状,由于寄主自身的补偿作用,对其生长发育,特别是对植物的产量和品质影响较小,称为耐病。

④感病　寄主植物发病严重,对其生长发育、产量、品质影响很大,甚至局部或全株死亡,表现了病原物的极大破坏作用,称为感病。感病也可分为中感、高感。

2)植物的抗病性机制

①抗接触　指植物感病期与病原物盛发期不一致的状况。实际上是植物避开了与病原物接触的机会,而不是真正的抗病。

②抗侵入　病原物能与寄主植物接触,但由于植物外部组织结构和性能上的机械特性,或是由于植物外渗物质的影响,使病原物不能完成侵入过程,称为抗侵入。例如,植物表面角质层、蜡质层的厚度,气孔的多少、大小、结构、开张时间长短等,直接影响病原物的侵入。植物表皮外渗物质影响:一类是可刺激病菌孢子萌发,这类物质分泌多,利于病菌侵入;另一类为抗菌物质,可抑制其萌发,甚至有杀菌作用,这类物质多,有利于增强寄主抗侵入特性。

③抗扩展　病原物侵入植物后,植物抵抗病原物繁殖,阻止病原物进一步扩展的特性称为抗扩展。植物抗扩展的原因:一是由于寄主植物结构引起的,寄主植物细胞壁的厚度、茎秆和叶片中厚壁组织与薄壁组织的比例,导管中孔径的大小和凝胶物质的形成,维管束中侵填体的产生等,都影响病原物的扩展。有的寄主植物在病原物侵入后产生离层,形成穿孔,使病部脱落,阻止病害扩展。二是由于寄主植物的生理生化引起的抗扩展特性,寄主植物细胞组织中的酸度、渗透压、营养物质及含特殊的抗生物质或有毒物质,不论是自身存在的或后天获得的,都能抑制病菌扩展。草酸、大蒜素、烟草碱、几丁质酶和 β(1,3)菊聚糖酶等是植物体内原已存在的物质,可使侵入寄主植物组织的菌丝体离解。有些植物中的蛋白酶能钝化多种病毒。另外,寄主植物受病原物刺激后代谢作用加强,产生对病原有抑制的物质,称为植物抗毒素或植物保卫素,如叶绿原酸等。此外,寄主植物受病原物侵染时,受侵细胞及其邻近细胞高度敏感,迅速坏死,病原物被封死于枯死的组织中,形成过敏性反应。

3)植物抗病性的分类

①垂直抗病性和水平抗病性　垂直抗病性是指寄主的某个品种能高度抵抗病原物的某个或某几个生理小种的情况,这种抗病性的机制对生理小种是专化的,一旦遇到致病力不同的新小种时,就会丧失抗病性而变成高度感病。故这类抗病性虽然容易选择,但一般不能持久;水平抗病性是指寄主的某个品种能抵抗病原物的多数生理小种,一般表现为中度抗病。由于水平抗病性不存在生理小种对寄主的专化性,因此不会因小种致病性的变化丧失抗病性。这种抗病性的机制,主要包括过敏反应以外的多种抗侵入、抗扩展的特性。因为寄主的抗性是非专化性的,不会由于小种致病性的变化而丧失抗病性。因此,水平抗性相当稳定、持久,但在育种过程中不易选择而被丢掉。

②个体抗病性和群体抗病性　个体抗病性是指植物个体遭受病原物侵染所表现出来的抗病性。群体抗病性是指植物群体在病害流行过程中所显示的抗病性,即在田间发病后,能有效地推迟流行时间或降低流行速度,以减轻病害的严重程度。在自然界中,个体抗

病性间虽仅有细微差别,但作为群体,在生产中却有很大的实用价值。群体抗病性是以个体抗病性为基础的,却又包括更多的内容。

③阶段抗病性和生理年龄抗病性 植物在个体发育中,常因发育阶段的生理年龄不同,抗病性有很大差异。一般植物在幼苗期由于根部吸收和光合作用能力差,细胞组织柔嫩,抗侵染能力弱,极易发生各种苗病。进入成株期,植物细胞组织及各部分器官日趋完善。同时,生活力旺盛,代谢作用活跃,抗病性显著增强。到繁殖阶段,营养物质大量向繁殖器官输送,植株趋于衰老,抗病性下降。也有许多植物在阶段抗病性和生理年龄抗病性上具有自己的规律性,依病害种类不同而异。针对植物不同阶段的抗病性差异,掌握病害发生规律,便有可能通过改变耕作制度和完善栽培措施等途径,以达到控制病害的目的。

2.3.3 侵染性病害的发生和发展

植物侵染性病害的发生,是寄主植物和病原物在一定环境条件的影响下相互斗争,最后导致植物生病的过程,并且经过进一步的发展而使病害蔓延和流行。因此,认识病害的发生发展规律,必须了解病害发生发展的各个环节,并深入分析病原物、寄主和环境条件3个因素在各个环节中的相互作用,才能认识病害的发生发展的实质。

1)侵染性病害的侵染过程

病原物接触和侵入寄主植物后,在寄主体内扩展致病,使寄主组织破坏或死亡,最后植物表现症状的全过程,称为侵染过程,简称病程。病程大体可分为接触期、侵入期、潜育期、发病期4个阶段。

①接触期 病原物在侵入以前与寄主植物相互影响的时期称为侵入前期。侵入前期病原物处于寄主体外的复杂环境,包括各种生物竞争因素的影响,病原物必须克服各种不利因素才能进一步侵染,一般是从病原物与寄主植物接触或达到能够受到寄主外渗物质影响的根围或叶围后,开始向侵入的部位生长或运动,并形成某种侵入机构为止。病毒、类菌质体和类病毒的接触和侵入是同时完成的。细菌从接触到侵入几乎是同时完成。真菌接触期的长短不一,一般来说,从孢子接触到萌发侵入,在适宜的环境条件下,几小时就可完成。

②侵入期 通常病原物的繁殖单位,如真菌的孢子,细菌的个体细胞,病毒的粒体,必须首先接触到一定的植物感病部位(感病点),并在适当的条件下,才有可能进行侵染。从病原物侵入寄主开始,到与寄主建立寄生关系为止这段时期称为侵入期。

病原物的种类不同其侵入途径也不同,在最重要的三大类病原中,病毒只能通过活细胞上的轻微伤口侵入;病原细菌可由自然孔口和伤口侵入;真菌大多数是以孢子萌发后形成芽管或以菌丝侵入。侵入途径除自然孔口或伤口外,有些真菌还能穿过表皮的角质层直接侵入。

③潜育期 从病原物侵入与寄主建立关系开始,直到表现明显的症状为止的一段时间称为病害的潜育期。潜育期是病原物在寄主体内吸收营养和扩展的时期,也是寄主对病原物的扩展表现不同程度抵抗性的过程。无论是专性寄生或非专性寄生的病原物,在寄主体内进行扩展时都消耗了寄主的养分和水分,并分泌酶、毒素、有机酸和生长刺激素,扰乱寄主正常的生理活动,使寄主组织遭受破坏,生长受抑制或促使增殖膨大,最后导致了症状现

象。症状的出现,就是潜育期的结束。病原物在植物体内的扩展,有的局限在侵入点附近,称为局部性侵染,有的则从侵入点向各个部位扩展,甚至扩展到全株,称为系统性侵染。

各种病害潜育期长短不一,一般 10 d 左右,但也有较长和较短的。潜育期的长短也受环境条件影响,特别是温度的影响最大,湿度对潜育期并不像侵入期那么重要。潜育期是植物病害侵染过程中的重要环节。通过改进栽培技术,创造对植物有利的生长条件,以控制潜育期中病原物和寄主的相互关系,对有些病害的防治有着重要的作用。

④发病期 植物受到侵染后,经过潜育期即出现症状,进入发病期。此后,症状的严重性不断地增加,在发病期中,真菌性病害随着症状的发展,在受害部位产生大量无性孢子,引起再侵染。至于适应休眠的有性孢子,大多在寄主组织衰老和死亡后产生。细菌性病害在显现症状后,病部往往产生脓状物,含有大量的细菌个体,其作用相当于真菌孢子。病毒是细胞内的寄生物,在寄主体外没有表现。

孢子生成速度与数量和环境条件中的温度、湿度关系很大。绝大多数的真菌只有在大气湿度饱和或接近饱和时才能形成孢子,但是白粉病菌在饱和湿度下反而较难或不能形成分生孢子。

2)侵染性病害的侵染循环

侵染循环是指病害从前一生长季节开始发病,到下一生长季节再度延续发病的过程。侵染性病害的延续发生必须有侵染的来源,病原物必须经过一定途径传播到植物上,病原物还要以一定的方式越冬越夏,度过寄主的休眠期,才能引起下一季的发病。因此,一种植物病害侵染循环,主要包括 3 个内容,即病原物越冬越夏、病原物传播途径及初次侵染和再侵染。

(1)病原物的越冬、越夏

当寄主成熟收获或进入休眠期后,病原物也将越冬或越夏,度过寄主植物的中断期和休眠期,而成为下一个生长季节的初侵染源。病原物越冬或越夏的场所一般比较集中,且处于相对静止状态,因此,在防治上这是一个关键时期。病原物越冬、越夏的场所有以下3 个:

①田间病株 有些病原物能在病枝干、病根、病芽等组织内、外潜伏越冬,其中病毒以粒体,细菌以个体,真菌以孢子、休眠菌丝或休眠组织(菌核、菌索)等,在病株的内部或表面度过夏季和冬季。因此,处理病株,清除野生寄主等都是消灭病原物来源、防止发病的重要措施之一。

②种子苗木和其他繁殖材料 不少病原物可以潜伏在种子、苗木、接穗和其他繁殖材料上,如块根、块茎、鳞茎等的内部或附着在表面越冬。当使用这些繁殖材料时,不但植株本身发病,而且是田间的发病中心,可传染给邻近的健株,造成病害的蔓延。另外,还可随着繁殖材料远距离的调运,将病害传播到新的地区。

③土壤、肥料 真菌的冬孢子、卵孢子、厚膜孢子和菌核,线虫的胞囊,菟丝子的种子等,都可在土壤中存活多年。存活在土壤中的病原物分土壤习居菌和土壤寄居菌。菌核病、白绢病、立枯病、枯萎病和黄萎病等土传病害的病菌,能在土壤中存活较长时间,是土壤习居菌。有些病原物能在土壤中病残体上腐生和休眠,病残体分解腐烂后,就不能在土壤中存活,称为土壤寄居菌。土壤干燥、土温低、病原物容易保持休眠状态,存活的时间较长。因此,深耕翻土,合理轮作、间作,改变环境条件是消灭土壤中病原物的重要措施。

病原物也可随病残体混入粪肥中,因此,使用未充分腐熟的肥料,常因其含有许多活的病原物而引起发病。

(2)病原物的传播

越冬和越夏的病原物必须传播到可以侵染的植物上,才能发生初次侵染,植株间和田间的再次侵染也要通过传播。因此,病原物传播规律的研究,对于预防病害的发生有重要的指导意义。病原物的传播可分为主动传播、被动传播两大类:

①主动传播　是病原物自身活动的力量引起的传播。例如,真菌游动孢子和有鞭毛的细菌可在水中游动传播;有些真菌孢子可自动放射传播;真菌菌丝、菌索能在土壤中或寄主上生长蔓延;线虫在土壤和寄主上的蠕动传播;菟丝子通过茎蔓的生长而扩展传播等。这种传播距离和范围很有限,仅对病原物的传播为害起一定的辅助作用。

②被动传播　是通过媒介将病原从越冬和越夏场所传播到田间,又将病株上的病原扩大传播蔓延,造成病害的发生和流行。这是最重要的传播方式。主要有:

a.气流、风力传播　这是病原真菌传播的主要方式。真菌孢子数量大,体积小,质量轻,容易随气流传播。风的传播速度很快,传播的距离远,波及的面积广,几乎所有真菌孢子都由风作远距离传播,常引起病害流行。有些真菌的子实体还有特殊的功能,能将孢子弹射到空中,有利于借风传播。细菌和病毒虽不能借风力传播,但是,细菌的菌痂和病残体可随风飘扬;病毒的媒介昆虫有些借气流作远距离迁移;风力对这些病害起间接的传播作用。

气流、风力虽是唯一能作远距离传播的自然因素,但传播的距离并不等于有效距离。因为病原物的繁殖体在传播的过程中可以死亡,而活着的必须遇到感病寄主和适宜的环境条件才能引起侵染。因此,气流、风力的有效传播距离主要由病原体的耐久力、寄主的抗病性、风向、风速、温湿度及光照等决定。例如,梨桧锈病孢子传播的有效距离是5 km左右,而红松疱锈病孢子传播的有效距离只有数十米。风力传播的病害在防治上较复杂。除了要消灭本地菌源外,还要防止外地菌源的传入,有时还需要组织大面积联防,才能收到较好的防治效果。利用抗病品种能发挥更好的作用。

b.雨水传播　雨水传播是普遍存在的,但一般的传播距离较近。植物病原细菌和部分具有胶性孢子的真菌必须经过雨水溶解后,才能散出或随水滴的飞溅而传播,因此,雨露是这类病原物传播必不可少的条件。特别是暴风雨更使病原物在田间大范围地传播。雨水还可将病株上的病原物冲洗到下部或土壤,借雨滴的飞溅,把土壤表面的病原物传播到距地面较近的寄主组织上侵染。

对于水传播的病害,只要注意消灭当地病原物或防止病原物传播与侵染,就能取得较好的防治效果。

c.昆虫及其他动物的传播　昆虫是传播病毒的主要媒介,与细菌的传播也有一定的关系。昆虫不仅造成寄主有伤口,还携带病原物,如美人蕉花叶病的发生常与害虫发生有密切关系。病毒、类病毒、类菌质体和类立克次氏体的传播,与蚜虫、叶蝉、飞虱和木虱等刺吸式口器昆虫有密切关系。这些媒介昆虫吸食病株汁液,将病毒吸入体内,有的病毒还能在昆虫体内生活一段时期,甚至繁殖,再随昆虫传播到其他植株上去。有些线虫、真菌和菟丝子也能传播病毒。

d.人为传播　人为传播是通过园艺操作和种苗、接穗及其他繁殖材料的交换调拨等方式,帮助病害传播。这种传播方式数量大,距离远,常为某些病害开辟了新区,使植物受到严重的损失。因此,严格实施植物检疫制度,防止远距离人为传播,避免将危险性病害带入无病区,是非常重要的。此外,施肥、灌溉、播种、移栽、修剪、嫁接、整枝等日常农事操作均能传播病害。

(3)病害的初侵染和再侵染

不同病害的侵染循环是不同的。有的一年只有一次侵染,如桃缩叶病、梨桧锈病等。有的一年发生多次侵染循环,如各种白粉病等。植物生长季节,由越冬病原物进行的侵染,称为初侵染;由初侵染产生的病原物引起以后各次侵染,称为再侵染。再侵染的次数与潜育期的长短紧密相关。例如,月季黑斑病的潜育期7～10 d,因此一个生长季节有多次侵染;而芍药红斑病潜育期30 d,再侵染次数就少(见图2.30)。如果只有初侵染,在防治上应强调消灭越冬(或越夏)的病原物。对于有再侵染的病害,除消灭越冬(或越夏)的病原物外,还要根据再侵染的次数多少,相应地增加防治次数,才能达到防治的目的。

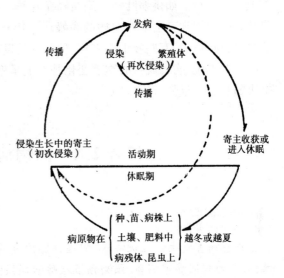

图2.30 植物病害侵染循环示意图

2.3.4 植物病害的流行

植物病害在一定地区一定时间内普遍发生且严重为害的现象称为病害流行。植物病害的流行的条件包括以下3个方面:

①病原物 要有大量侵染力强的病原物,才能造成广泛的侵染。感病植物长年连作,转主寄主的存在,病株及病株残体的处理不当,都有利于病原物的逐年积累。对于那些只有初侵染而无再侵染的病害,每年病害流行程度主要决定于病原物群体的最初数量。借气流传播的病原物比较容造成病害的流行。从外地传入的新的病原物,由于栽培地区的寄主植物对它缺乏适应能力,从而表现出极强的侵染力,往往造成病害的流行。

②寄主植物 病害流行必须有大量的感病寄主存在。感病品种大面积连年种植可造成病害流行。因此,感病寄主的数量和分布是病害能否迅速流行的决定性因素之一。转主寄生的病害,转主寄主的存在是病害流行的必要条件。有些流行性病害采取改种较抗病的品种而得到解决。

③环境条件 环境条件同时作用于寄主植物和病原物。当环境条件有利于病原物而不利于寄主植物的生长时,可导致病害的流行。在环境条件方面,最为重要的是气象因素,如温度、湿度、降水、光照等。这些因素不仅对病原物的繁殖、侵入、扩展造成直接的影响,而且也影响到寄主植物的抗病性。此外,栽培条件,诸如轮作或连作、种植密度、水肥管理等,土壤的理化性和土壤的微生物群落等,与局部地区病害的流行,也有密切关系。

以上3个方面的条件,只有在有机配合的情况下,才能造成病害的流行。但对某一种

具体病害来说,也许某一个因素起着主导的作用。常见的梨桧锈病,只有作为互为转主的梨和桧柏同时存在时,病害才会流行,寄主因素起着主要的作用。苹果树腐烂病在连年干旱或冻害后,导致树势衰弱,常使病害大发生,环境因素就起着主导作用。

在一年之内,植物病害的流行随着季节的推移而发生变化。只有初侵染的病害常在春季或夏季流行。如桃缩叶病发病高峰在春季。有些叶部病害有多次再侵染,在生长季节里只要有降雨出现就会形成发病的高峰。一年有多个发病高峰,称为多峰式流行,如月季黑斑病、玫瑰锈病。有些枝干病害春、秋两季是发病高峰,称为双峰式流行。

一般来说,病害流行的季节变化基本上是稳定的。但因每年的气候条件在变化,因此,病害的发生有早晚、轻重之分。

任务 2.4　植物病害的诊断技术

学习目标

熟悉病害发生的症状特点,掌握病害诊断的要点,了解各种病原物的形态和生物学特性,从而为田间病害调查、预测预报及防治提供依据。

学习材料

典型症状植株,植物各类病害的挂图及参考资料等。

重点及难点

植物病害病原的寄生性、致病性的概念、寄生性与致病性的区别,植物病害的侵染程序及其内容、植物侵染性病害侵染循环。

学习内容

植物病害诊断是指根据发病植物的特征、所处场所和环境条件,经过调查与分析,对植物病害的发生原因、流行条件和为害性等做出准确的判断。植物病害的种类很多,各种不同病害的发生规律和防治方法都不同,只有对病害做出肯定、正确的诊断,找出病害发生的原因,才有可能制订出切实可行的防治措施。因此,为了研究和防治植物病害,首先要正确诊断,才能对症治疗,有效地开展防治工作。

一些常见的植物病害,一般以症状称为诊断依据,可确定是什么病,病原是什么,但对一些少见的病害或新病害则必须采用一系列的诊断方法来鉴定。

2.4.1　植物病害的诊断步骤

植物病害的诊断,应根据发病植株的症状和病害的田间分布等进行全面的检查和仔细

分析。对病害进行确诊,一般可按下列步骤进行:

1) 田间观察

田间观察即进行现场观察,观察病害田间分布规律。病害是零星的随机分布,还是普遍发病,有无发病中心等,这些信息常为分析病原提供必要的线索。进行田间观察,还需注意调查询问病史,了解病害的发生特点、种植的品种和生态环境。

2) 症状识别

诊断植物病害,首先要进行症状观察,根据症状的特点,区别是伤害还是病害,再区别是侵染性病害还是非侵染性病害。

非侵染性病害没有病征,在田间多半是成片发生,而且发生地点常常与地形、土质和特殊的环境条件有关,如因干旱引起的病害,表现为组织枯萎,从叶尖、叶缘开始变色、焦枯,因高温引起的日灼常发生在枝杆根须、果实等部位的向阳面,受灼部分日久则干枯下陷。

侵染性病害有明显的病征,在田间的分布一般是分散的,常可以在病株周围找到健株,或在同株树上。不是所有的叶片都同样严重地发病,真菌病害在病部常出现粉霉状物、小黑点等病征,细菌病害常出现水溢状、溢脓状物、类菌质体、病毒、线虫、螨类所致的病。虽无病征,但其症状较特殊,容易区别。

对植物病害观察和检查,首先对发病部位、病变部分内外的症状作详细的观测。从田间采回的病害标本要及时观察和进行症状描述,以免因标本腐烂影响描述结果。有的无病症的真菌病害标本,可进行适当的保湿后,再进行病菌观察。

3) 显微镜镜检

由于症状的变异,因此仅从症状诊断,有时并不完全可靠,必要时须用显微镜检查病原物。

经过现场和症状观察初步诊断为真菌病害的可挑取、刮取或切取表面或少量藏在组织中的菌丝、孢子梗、孢子或子实体进行检验,根据病菌的子实体、孢子梗、孢子的形状、颜色、大小等来决定该病原菌在分类上的地位,如症状不够明显,可放在保湿器中保湿润 1~2 d 后再镜检;如是细菌则有大量细菌从病组织边缘向外游出,线虫、螨类均可看清其形态,唯有类菌质体、病毒等在普通显微镜下看不见,一般须经汁液接种、嫁接试验、昆虫传毒等试验确定,所检查到的病原菌常常混杂有许多腐生菌,为了确定其是否是真正的致病菌,还需进行分离培养和人工接种试验。

4) 病原物的分离培养和接种

对某些新的或少见的真菌和细菌性病害,为了排除腐生生物的混淆,还需进行病原菌的分离、培养和人工接种试验,才能确定真正的致病菌。这一病害诊断步骤,按柯赫氏定律进行。

①从病组织上分离获得病原物的纯培养物。

②将这种纯培养物人工接种到健康的植株上,观察表现的症状是否与原症状相同。

③从接种后发病的植株上能再分离到用来接种的相同病原物。

这种病原物就可以确定为该病的病原菌。

5) 非侵染性病原鉴定

通常采用化学诊断法、人工诱发检验、排因试验、指示植物鉴定等。

①化学诊断法常用来诊断植物缺素症,通过分析植物组织和土壤矿物元素(氮、磷、钾、铁等)的含量,确定缺哪种元素。然后用所缺元素的盐类,采用喷洒、注射、灌注等方法进行治疗,观察植物是否恢复健康状态。

②人工诱发检验对非侵染性病害,初步诊断可疑的病因,人为地提供类似发病条件来验证。例如,药害、肥害等,对植株进行相应处理,观察发病的症状与被鉴定的病害是否一致。

③排因试验对于栽培管理措施不当所致的生理性病害,要确定是哪个主导因子起作用,就应该用排因试验。例如,诊断苗木颈部灼伤是否是气温过高导致,可采取降温试验来证明。

④指示植物鉴定。对缺素症,用指示植物栽培在缺素植物附近,观察它们的症状是否相同,就可以确认。

6)提出诊断结论

最后应根据上述各步骤得出的结果进行综合分析,提出准确的诊断结论,并根据诊断结果制订综合防治方案。

2.4.2 植物病害的诊断要点

植物病害按照病因可分为两大类:一类是物理和化学因素引起的非侵染性病害;另一类是由病原生物因素引起的侵染性病害。两类病害有本质区别,防治方法也不相同,在诊断中要首先分清。

1)非侵染性病害的诊断

对非侵染性病害的诊断应根据病害的症状表现、田间分布、环境条件,进行对比调查,结合生理学和病理学知识推测可能的病因。应从以下6个方面着手:

①现场观察病害在田间的分布类型,非侵染性病害没有明显的发病中心,发生分布普遍而均匀,面积较大。

②检查病株地上和地下病部有无症状,但要区别腐生菌、侵染性病害的初期症状、病毒病害和类菌质体病害。

③治疗诊断根据植株症状表现,采取相应的治疗措施,观察症状是否减轻或消失。

④化学诊断采取土壤或植株化学分析的方法,测定营养成分含量是否达到要求标准。

⑤人工诱发排除病因,根据怀疑的病因,设置相似的条件,栽植相同的植物,观察发病后的症状表现。

⑥指示植物根据怀疑的病因,栽植有特定症状表现的指示植物,确定病因。

2)侵染性病害的诊断

侵染性病害的发生具有发病中心,病害总是有由少到多、由点到片、由轻到重的发展过程。但由于病原的种类不同,病害的症状也不完全相同。大多数病害的病斑上,到发病后期有症状的出现。根据典型的症状表现,对许多病害可以做出初步诊断。

①真菌病害的诊断。真菌病害的症状以腐烂和坏死居多,并有明显的症状。对这些症状可直接采用做临时玻片,在显微镜下观察病菌的形态结构,并根据典型的症状表现,确定

具体的病害种类。对一些病症不明显的标本,可放在适温(20～28 ℃)高湿(100% RH)条件下培养 24～72 h,病原真菌通常会长出菌丝或孢子,然后再镜检观察,确定具体的病害种类,如果保湿培养结果不理想,可以选择合适的培养基进行分离培养。

②细菌病害的诊断,细菌病害的典型症状是:初期病斑水渍状或油渍状边缘、半透明,有黄色晕圈。在潮湿条件下,会出现黄白色或黄色的菌脓,但无菌丝。萎蔫型细菌性病害,横切病茎基部,可见污白色菌脓溢出,并且维管束变褐。根据症状不能准确诊断细菌病害时,可将病组织制成临时玻片,进行镜检观察,观察细菌从伤口溢出情况,或进行分离培养和接种试验。

③病毒病害的诊断,病毒病害在田间诊断时很容易和非侵染性病害混淆,在诊断时应注意以下问题:病毒病具有传染性,在新叶、新梢症状最明显,而且有独特的症状表现,如花叶、脉带、环斑、斑驳、蚀纹、矮缩等。经初步确诊的病毒病,还可在实验室进一步确诊,如通过传播方式的测定,通过病毒物理和化学特性的测定,还可从病组织中挤出汁液,经复染后在透射电镜下观察病毒粒体的形态与结构来准确地诊断病毒病。

2.4.3　植物病害诊断注意事项

1)病情调查

病情调查内容不仅包括病株的分布情况、植株不同部位病害发生的特点、为害程度上的差异,还包括周围环境及病害发生的历史等。由非生物性病原引起的黄化、枯萎、斑点、落花及落果等症状,有些与生物性病原引起的病害症状相似,这就需要对发病现场进行认真的调查和观察,对发病原因进行分析并做出正确的判断。

2)症状观察

每种植物病害都有其特异的症状,观察时要注意症状的复杂性。病害的症状并不是固定不变的,同一种病原物在不同的寄主上,或在同一寄主的不同发育阶段,或处在不同的环境条件下,都可能表现出不同的症状。如梨胶锈菌为害梨和海棠叶片产生病斑,在松柏上形成大小不同的瘤状物即菌瘿。立枯丝核菌为害针叶树幼苗时,若侵染发生在幼苗木质化以前表现为猝倒,侵染如发生在幼苗木质化后则表现为立枯。相反,不同的病原物也可能引起相同的症状,如真菌和细菌,甚至霜害,都能引起李属植物穿孔病。同样,类菌质体、真菌和细菌都能引起园艺植物的丛枝症。而类菌质体、病毒及营养缺乏等都能引起园艺植物的黄化症。因此,单纯根据症状做出诊断,有时并不完全可靠,在许多具体的病例中常常需要做系统的综合比较观察,进一步分析发病的原因或鉴定病原物。

3)病原物显微观察

在侵染性病害中,一般由真菌、细菌、寄生性种子植物和寄生藻引起的病害,后期都会产生明显的病症,这些病症通常是病原物的营养体或繁殖体。借用显微镜或肉眼观察它们的形态,便可鉴别它们的类别和种。同时,在病死组织上出现的真菌,也并非都是真正的病原菌。因此,还必须进行组织分离培养和人工接种试验,或借助电子显微镜、血清反应和酶联免疫反应等先进技术和方法,对病原进行分析和鉴定,才能做出正确的诊断。

总之,植物病害的诊断步骤不是呆板的,更不是一成不变的。对于具有实践经验的专

业技术人员,往往可以根据病害的某些典型特征,即可鉴别病害,而不需要完全按上述复杂的诊断步骤进行诊断。当然,对于某些新发生的或不熟悉的病害,严格按上述步骤进行诊断是必要的。同时,随着科学技术的不断发展,血清学诊断、分子杂交和 PCR 技术等许多崭新的分子诊断技术已广泛应用于植物病害的诊断,尤其是植物病毒病害的诊断。这些分子生物学方法具有简便、迅速、灵敏及准确性高等特点。

项目3　园田杂草防除技术

学习目标

通过园田杂草对园艺生产的影响、园田杂草的一般性状、园田杂草的主要种类、园田杂草的综合防除方法等相关内容的学习,为园田杂草的调查及防除奠定基础。

知识目标

1. 能正确识别杂草对园艺生产的影响、杂草的一般性状。
2. 能熟练识别园田杂草的主要种类。
3. 能正确理解园田杂草的综合防除方法。
4. 能正确理解果园杂草的防除技术。

能力目标

1. 能正确识别园田杂草的主要种类。
2. 能正确理解园田杂草的综合防除方法。
3. 能独立进行园田杂草的调查及防除工作。

任务3.1　园田杂草识别技术

学习目标

熟悉杂草对园艺生产的影响,掌握杂草的一般性状,了解园田杂草的主要种类,从而为园田杂草调查及防除提供依据。

学习材料

典型杂草植株,园田各类杂草的挂图及参考资料等。

重点及难点

园田杂草的性状、常见园田杂草识别特征。

3.1.1 杂草对园艺生产的影响

凡是生长在人工种植的土地上,除目的栽培植物以外的所有植物都是杂草,即长错了地方的植物。园田杂草是园田(包括果园、菜园、花圃等)上栽培的除目的园艺植物以外的其他植物。

杂草在园田内大量滋生,不仅严重影响园艺植物的生长发育,降低产量和品质,而且还可传播病虫害,有时甚至会引起人、畜中毒。其为害性主要表现在以下4个方面:

1)降低园艺植物的产量

园田杂草种类多,根系分布广,生长迅速,常与园艺植物争夺养分、水分、光照与空间,不仅导致土壤中氮、磷、钾比例失调,水分大量减少,而且能遮光蔽风导致园艺植物生长不良,降低产量。如在洋葱、胡萝卜生长初期保留15%的杂草达6周,然后再去除杂草,使洋葱减产86%、胡萝卜减产78%;保留50%的杂草,则会使二者的减产达90%以上。

2)影响园艺产品品质

园田内杂草丛生,不仅使园艺植物生长瘦弱,而且品质、风味变劣。例如,草莓田草害严重时,果实变小、变酸,着色不良;菊花、康乃馨等草荒明显时,花头变小,花色不鲜;一些杂草的绿色植株(如小蓟、旋花、牛筋草等)混入收获的蔬菜(如茼蒿、韭菜等),会影响正常的分级、销售及食用等。

3)传播病虫害

许多杂草是病虫害的越冬寄主或中间寄主。例如,荠菜、紫花地丁、夏至草是棉蚜的越冬寄主,夏秋季节则大量为害1,2年生花卉、蔬菜;藜是桃蚜的中间寄主与媒介;小旋花、马唐等杂草是温室白粉虱的中间寄主;荠菜是十字花科蔬菜霜霉病的中间寄主;大花蕙兰、树桩盆景等花卉植物的盆面上酢浆草丛生时,会导致叶螨的大量发生。

4)造成人、畜中毒

有些杂草的体内含有有毒物质,这些杂草被人、畜误食后,会引起不同程度的中毒,甚至死亡。例如,剧毒杂草莨菪(又称仙子)是菜地里的常见杂草,混入菠菜、小白菜等蔬菜中时,不论人吃还是喂养家畜,都易发生中毒事故。

3.1.2 杂草的一般性状

杂草在与园艺植物的相互竞争过程中,形成了许多园艺植物所不具备的特殊的生物学特性和生长发育规律。因此,了解杂草的一般性状,就可掌握杂草的发生与为害规律,从而采取有效的防除措施,减少杂草对园艺植物的为害。

1)强大的生命力

许多杂草种子埋藏于土壤中,多年后仍能保持生活力。如荠菜种子在土壤中可存活6年,马齿苋种子在土壤中可存活40年,繁缕种子为600年,藜种子可达1 700年。有些杂草种子的生命力极强,经腐熟及动物消化后仍有很强的发芽能力,如荠菜、车前、繁缕、藜等杂草的种子被动物采食消化后随粪便排出,当粪便用于施肥时,种子仍具有发芽力。有些杂草的种子在不具备发芽条件时,可长期休眠,遇合适的发芽条件,便会解除休眠萌发生长。另外,当土壤中杂草种子含量很高时,杂草会降低发芽率,其余种子在条件适宜时再萌发。

许多多年生杂草根茎和块茎的再生能力很强。白茅的根茎挖出风干后,再埋入土中仍然能发芽生长。10 cm 的蒲公英直根,埋在 5~20 cm 的土层中,成活率高达 80%。人工拔除的稗草,只要有一定的水分,节上不定根能继续生长。茎叶肥厚的马齿苋拔起后,即使晾至干瘪,在适宜的条件下仍能死而复生。

2)惊人的结实性

杂草与园艺植物相比,往往具有惊人的多实性,一株杂草常能结出成千上万甚至数十万粒细小的种子。例如,1 株牛筋草 1 年可结 40 000 多粒种子,稗草平均每株能产生 7 160 粒种子,皱叶酸模每株产生的种子数为 29 500 粒,马齿苋为 52 300 粒,反枝苋为 117 400 粒,荠菜为 38 500 粒,马唐为 5 000 粒。这种大量结实的能力,是杂草在长期竞争中处于优势的重要原因。

另外,1 年生早熟禾、稗等杂草,在生长季节随时都能结实,并且从发芽到结实的时间很短;独行菜等杂草春季萌发早,春末夏初时已成熟结实;灰藜等在拔去顶部茎秆后从茎基部生长点立即长出短的生殖枝,并很快开花结实。在极度恶劣的条件下,蒿、藜、锦葵、独行菜等杂草仍能开花结实。大多数杂草的种子随结随落,随时发芽生长,随时成熟繁殖。

3)种子成熟与出苗期参差不齐

杂草种子的成熟期往往比园艺植物早,且成熟时期也差异较大。通常是边开花、边结实、边成熟,随成熟随散落田间,增加了杂草对土壤的感染机会,造成 1 年可繁殖数代的现象。例如,小藜在黄淮海流域每年 4 月下旬至 5 月初开花,5 月下旬果实成熟,一直到 10 月仍能开花结实。杂草种子大多有后熟特性,一些正在开花的杂草被拔除后,受精胚就可发育成为种子,这些特性都给除草带来很大困难。

同时,大部分杂草的出苗期也不整齐,如荠菜、藜、繁缕等杂草除了在 1 月最冷和 7—8 月最热时不发生外,一年四季都能出苗开花。马唐、狗尾草、牛筋草、画眉草、铁苋菜和龙葵等在 4—8 月均能出苗生长,这是园田杂草容易形成草荒和不易清除的主要原因。

4)繁殖方式多种多样

杂草的繁殖方式一般有种子繁殖、根茎繁殖、匍匐茎繁殖和块根、块茎繁殖。种子繁殖是杂草繁殖的主要方式。很多 1 年生杂草在一个生长季节内产生种子,如稗草;一些 2 年生杂草如荠菜,也可在一个生长季节内产生种子;还有一些杂草需经几个生长季节产生种子。一些多年生杂草,不但可产生大量的种子,还具有强大的地下根茎系统,可进行根茎繁殖。根茎在距母株一定距离便向上弯曲穿出地面形成地上植株,然后又以同样的方式产生自己的根茎,如此进行下去,即可形成一个庞大的根茎网。这类杂草繁殖力很强,难以防除,锄去地上部分,几天后地下部分又可长出新枝,如芦苇、白茅等。一些以匍匐茎繁殖的杂草,茎匍匐地面并延伸很长,在茎节上可以发芽长出枝叶,还可发出不定根,使茎节固定于地面形成新植株,如眼子菜、狗牙根等。一些以块根、块茎繁殖的杂草,利用其地下营养

器官——块根、块茎储藏的大量营养物质发育新的枝叶,如香附子的地下部分,既有块茎又有根茎。块茎储藏养料,根茎蔓延迅速,当幼芽出土形成新的植株后,下部逐渐积累养分,膨大形成新的块茎。

5)传播途径广泛

杂草种子的特殊结构和多样的传播方式是杂草广泛分布的根本原因。很多杂草种子小而轻,风和水都可以传播。常见的如蒲公英、苦荬菜的种子,其顶端有降落伞状的冠与绒毛,可借风力飘移很远的距离;野燕麦、稗草的种子则生有一层不能被水湿润的蜡质,故很易漂浮在水面或悬浮在水中随水传播蔓延。苍耳、猪殃殃和野胡萝卜等种子上有特殊的钩刺,能借人、畜活动而传播;槲寄生的种子有黏性,能黏在鸟的脚上,通过鸟类的活动进行传播。杂草的传播方式多种多样,其中人的活动对杂草的远距离传播起主要作用。人类的引种、播种、灌溉、施肥、耕作、整地、搬运等活动,均可直接或间接将杂草从一地传到另一地,如在我国泛滥成灾的豚草就是从美洲传播来的。

6)抗逆性强

杂草不仅有广泛的抗盐碱、抗旱涝、抗高低温、抗贫瘠等特性,而且对除草剂也有较强的适应性。在极度干旱、高热时,园艺植物生长受阻,而刺儿菜、车前、独行菜等却生长良好;过分积水潮湿会影响园艺植物生长,而稗、空心莲子草等杂草却生长茂盛。在土壤 pH 大于 8.5 时,园艺植物生长受阻,而碱蓬、灰藜、猪毛菜等却生机勃勃。2 年生杂草如雪见草,在初雪融化时叶片仍有生机。早春土地尚未解冻,背风向阳处的杂草便开始返青。需要高温生长的 1 年生杂草,遇到低温可提前结实或产生厚皮种子。园艺植物在不施肥的条件下生长明显减弱,而杂草在荒瘠野地仍可自然形成茂盛的群落。许多杂草的叶片表面具有较厚的蜡质层、角质层、硅质层等特殊物质,对除草剂具有较强的抗性及适应能力;除草剂用量少时,起不到杀灭作用;用量大时,又易对园艺植物造成药害,给防除工作增加了难度。

3.1.3 杂草的分类

了解园田杂草的分类方法,对杂草的有效防除是十分必要的。杂草在长期适应外界环境的过程中,形成了一套自身特有的适应性和生存方式,了解这些生活方式,对正确地识别杂草种类意义重大。

园田杂草种类多、分布广,其形态特征与生活习性差异很大。通常有以下分类方法:

1)按亲缘关系分类

在植物学上也称自然分类法。该分类法的优点是同一等级亲缘关系相近,形态相似,便于识别和比较。其分类阶梯大致有界、门、纲、目、科、属、种,在实际应用过程中通常以科作为重要的分类识别阶梯,如十字花科的荠菜、独行菜、小花糖芥;菊科的蒲公英、苦荬菜、小蓟;禾本科的马唐、牛筋草、狗尾草、画眉草、稗等。

2)按生物学特性分类

①1 年生杂草 该杂草在当年发芽、开花、结实并死亡,以种子繁殖为主。它们是田间的主要杂草类群,是防除的主要对象。一般来说,这类杂草易防除。但是,它们有大量的休

眠种子,而且生长快,通常防除费用要比防除多年生杂草的费用高。常见的种类有藜、反枝苋、马齿苋、马唐、狗尾草等。

②2 年生杂草　该类杂草一般在夏、秋季发芽,以幼苗或根芽越冬,次年春、夏开花结实后死亡。整个生命周期需跨越两个年度,以种子繁殖为主,是为害秋播蔬菜和果园的杂草,如荠菜、看麦娘、黄花蒿、繁缕、益母草、泥胡菜、一年蓬、附地菜、苦苣菜等。

③多年生杂草　可连续生存 3 年以上的杂草,一生能多次开花结实。每年地上部分于冬季死亡,依靠地下器官越冬,次年长出新的植株,继续开花结实。如打碗花、刺儿菜、香附子、芦苇、白茅、狗牙根等。这类杂草既能利用种子繁殖,也能利用地下营养器官进行繁殖。

3)按生态类型分类

（1）水生杂草

水生杂草是适应于水生生活的杂草。这类杂草对莲藕、茭白、慈姑等作物为害严重。根据杂草在水中的生长状况又可分为:

①沼生杂草(挺水杂草)　根及植物体下部浸泡在水层下,大部分露在水面以上,如鸭舌草、泽泻、野慈姑等。

②浮水杂草　植物体全部或大部分叶片漂浮于水面,如眼子菜、槐叶蘋等。此类杂草常常布满水面,除吸收营养外,还会降低水温和地温,影响作物生长和降低产量。

③沉水杂草　植物体全部或大部分沉没于水中,如黑藻等。

（2）湿生杂草

湿生杂草能生长在土壤湿度较大的地区和田块内,但不能在浸水的条件下生长。它们既能为害水生蔬菜,又能为害旱地蔬菜、果树,如千金子、旱莲草、碎米莎草、灯芯草、异型莎草等。在水中时则生长不良,甚至死亡。对低湿地园艺植物为害严重。

（3）中生杂草

中生杂草是适于在水分适中的土壤中生活的杂草。在过湿或过干的土壤中生长不良,甚至死亡。例如,牛筋草、狗牙根、马齿苋、萹蓄、朝天委陵菜等很多旱田杂草都属于该类,对旱地园艺植物为害严重。

（4）旱生杂草

旱生杂草是能在水分较为缺乏的环境中生活的杂草。这类杂草有极强的抗旱能力,如狗尾草、蒺藜、猪毛蒿等,是旱地作物田的主要杂草,对沙地和干旱山坡的园艺植物为害严重。

3.1.4　常见园田杂草识别特征

1)1 年生早熟禾　*Poa annua* L.

禾本科 1 年生或 2 年生杂草。秆丛生,直立,基部稍向外倾斜;叶片光滑柔软,顶端呈船形,边缘微粗糙。叶舌圆形,膜质。圆锥花序开展,塔形,小穗绿色有柄,有花 3 ~ 5 朵,外稃卵圆形,先端钝,边缘膜质,5 脉明显,脉下部均有柔毛,内稃等长或稍短于外稃,颖果纺锤形(见图 3.1)。

图 3.1　1 年生早熟禾

图 3.2　牛筋草

2）牛筋草　*Eleusine indica* (L.) Gaertn.

牛筋草又名蟋蟀草。禾本科 1 年生晚春杂草,茎扁平直立,高 10～60 cm,韧性大。叶光滑,叶脉明显,根须状发达,入土深,很难拔除。穗状花序 2～7 个,呈指状排列于秆顶,有时 1～2 枚生于花序之下。小穗无柄,外稃无芒。颖果三角状卵形,有明显的波状皱纹(见图 3.2)。

3）马唐　*Digitaria sanguinalis* (L.) Scop.

马唐别名抓根草、万根草、鸡爪草,禾本科 1 年生晚春杂草,株高 40～60 cm,茎多分枝,秆基部倾斜或横卧,着土后节易生不定根。叶片条状披针形,叶鞘无毛或疏毛,叶舌膜质。花序由 2～8 个细长的穗集成指状,小穗披针形或两行互生排列(见图 3.3)。

4）狗尾草　*Setaria viridis* (L.) Beauv.

狗尾草别名谷莠子、青狗尾草、狗毛草。禾本科 1 年生晚春性杂草。出苗深度 2～6 cm,适宜发芽温度 15～30 ℃。植株直立,茎高 20～120 cm,叶鞘圆筒状,边缘有细毛,叶淡绿色,有绒毛状叶舌、叶耳,叶鞘与叶片交界处有一圆紫色带。秆直立或基部曲膝状,上升,有分枝。穗状花序排列成狗尾状,穗圆锥形,稍向一方弯垂。小穗基部刚毛粗糙,绿色或略带紫色,颖果长圆形,扁平(见图 3.4)。

图 3.3　马唐

图 3.4　狗尾草

5）稗　*Echinochloa crusgalli* (L.) Beauv.

稗别名稗子、稗草、野稗、水稗子,属禾本科 1 年生杂草,水、旱、园田都有生长,也生于路旁田边、荒地、隙地,适应性极强,既耐干旱,又耐盐碱,喜温湿,能抗寒,繁殖力惊人,一株稗有种子数千粒,最多可结一万多粒。种子边成熟、边脱落,体轻有芒,借风或水流传播。种子发芽深度为 2 ~ 5 cm,深层不发芽的种子,能保持发芽力 10 年以上(见图3.5)。

图3.5 稗　　　　　　　　　　图3.6 香附子

6)香附子　*Cyperus rotundus* L.

香附子别名回头青。莎草科多年生杂草。匍匐根状茎较长,有椭圆形的块茎。有香味,坚硬,褐色。秆锐三棱形,平滑。叶较多而短于秆,鞘棕色。叶状苞片 2 ~ 3 枚,比花序长。聚伞花序,有 3 ~ 10 个辐射枝。小穗条形,小穗轴有白色透明的翅;鳞片覆瓦状排列;花药暗红色,花柱长,柱头 3 个,伸出鳞片之外。小坚果矩圆倒卵形,有三棱。夏、秋间开花,茎处叶丛中抽出。种子细小(见图3.6)。

7)藜　*Chenopdium album* L.

藜别名灰菜,灰条菜。藜科 1 年生早春杂草。茎光滑,直立,有棱,带绿色或紫红色条纹。株高 70 ~ 80 cm。叶互生,有细长柄,叶形有卵形、菱形或三角形,先端尖,基部宽楔形,边缘具有波状齿。幼时全体被白粉。花顶生或腋生,多花聚成团伞花簇。胞果扁圆形,花被宿存。种子黑色,肾形,无光泽(见图3.7)。

图3.7 藜　　　　　　　　　　图3.8 马齿苋

8)马齿苋　*Portulaca oleracea* L.

马齿苋别名马齿菜、马杓菜、长寿菜、马须菜。马齿苋科 1 年生杂草。肉质匍匐,较光滑,

无毛;茎带紫红色,由基部四散分枝;叶呈倒卵形,光滑,上表面深绿色,下表面淡绿色。花黄色,花腋簇生,无梗;蒴果圆锥形,盖裂;种子极多,肾状卵形,黑色,直径不到 1 mm(见图 3.8)。

9)**反枝苋** *Amaranthus retroflexus* L.

反枝苋别名苋菜、野苋菜、西风谷、红枝苋。苋科 1 年生杂草。株高 80~100 cm,茎直立,稍有钝棱,密生短柔毛。叶互生,有柄,叶片倒卵或卵状披针形,先端钝尖,叶脉明显隆起。花簇多刺毛,集成稠密的顶生和腋生的圆锥花序,苞片干膜质。胞果扁小球形,淡绿色。种子倒卵圆形,表面光滑黑色有光泽(见图 3.9)。

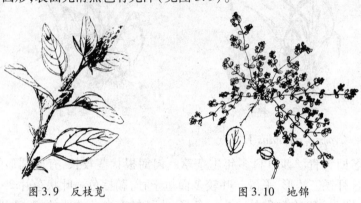

图 3.9 反枝苋   图 3.10 地锦

10)**地锦** *Euphorbia humifusa* Wild.

地锦别名红丝草、奶疳草、血见愁。大戟科 1 年生夏季杂草。匍匐伏卧,茎细,红色,多叉状分枝,全草有白汁。叶通常对生,无柄或稍具短柄,叶片卵形或长卵形,全缘或微具细齿,叶背紫色,下具小托叶。杯状聚伞花序,单生于枝腋和叶腋,花淡紫色。蒴果扁圆形,三棱状(见图 3.10)。

11)**繁缕** *Stellaria media* (L.) Cyr.

繁缕别名鹅肠草、乱眼子草。石竹科 1 年生杂草。直立或平卧,株高 10~30 cm。茎细,绿色或紫色,基部多分枝,下部节上生根,茎上有一行短柔毛,其余部分无毛。叶对生,叶片长卵形,顶端锐尖,茎上部的叶无柄,下部叶有长柄。花具细长梗,往往下垂,花瓣微带紫色。蒴果卵形。种子黑色,表面有钝瘤(见图 3.11)。

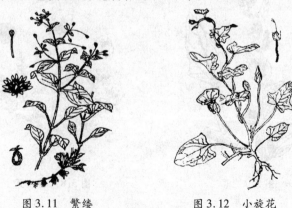

图 3.11 繁缕   图 3.12 小旋花

12) **小旋花**　*Calystegia hederacea* Wall.

小旋花别名打碗花、常春藤打碗花、兔耳草。旋花科1年生杂草。茎蔓生、缠绕或匍匐分枝,茎具白色乳汁,叶互生,有柄;叶片戟形,先端钝尖,基部常具4个对生叉状的侧裂片。花腋生,具长梗,有2片卵圆形的苞片,紧包在花萼的外面,宿生;花冠淡粉红色,漏斗状。蒴果卵形,黄褐色。种子光滑,卵圆形,黑褐色(见图3.12)。

13) **独行菜**　*Lepidium apetalum* Willd.

独行菜别名辣辣根、辣根菜、芝麻盐。十字花科1年生或2年生杂草。株高10～30 cm。主根白色,幼时有辣味。茎直立,上部多分枝。基生叶狭匙形,羽状浅裂或深裂,茎生叶条形,有疏齿或全缘。总状花序顶生,花瓣白色。角果椭圆形,扁平,先端凹缺。种子椭圆形,棕红色(见图3.13)。

图3.13　独行菜

图3.14　空心莲子草

14) **空心莲子草**　*Alternanthera philoxeroides*

空心莲子草又名革命草、水花生,1年生杂草。茎基部匍匐,上部上升,中空,有分枝。叶对生,矩圆形或倒卵状披针形,长2.5～5 cm,宽7～20 mm,顶端圆钝,有芒尖,基部渐狭,上面有贴生毛,边缘有睫毛。头状花序,单生于叶腋。总梗长1～4 cm(见图3.14)。

15) **刺儿菜**　*Cephalanoplos segetum*(Bunge)Kitam.

刺儿菜别名小蓟、刺蓟。菊科多年生根蘖杂草。茎直立,上部疏具分枝,株高30～50 cm。叶互生,无柄,叶缘有硬刺,正反两面具有丝状毛,叶片披针形。头状花序,鲜紫色,单生于顶端,苞片数层,由内向外渐短,花两性或雌性,两种花不生于同一株上。生两性花的花序短,生雄花的花序长。果期冠毛与花冠近等长;瘦果长卵形,褐色,具白色或褐色冠毛(见图3.15)。

16) **苣荬菜**　*Sonchus brachyotus* DC.

苣荬菜别名曲麻菜、苦麻菜。菊科多年生根蘖杂草。全草有白色乳汁。茎直立,高40～90 cm。具横走根。叶长圆状披针形,有稀疏的缺刻或浅羽裂,基部渐狭成柄,茎生叶无柄,基部呈耳状,抱茎。头状花序全为舌状花,黄色,冠毛白色(见图3.16)。

图 3.15 刺儿菜

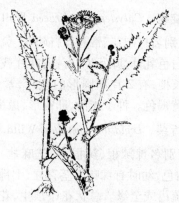
图 3.16 苣荬菜

17) **苦菜** *Lxeris chinesis* (Thunb.) Nakai

苦菜别名山苦荬、苦荬菜、苦麻子、奶浆草。菊科多年生杂草。株高20~40 cm,直立或下部稍斜,茎自基部多分枝,全株具白色乳汁,叶片狭长披针形,羽裂或具浅齿,裂片线状,幼时常带紫色;茎叶互生,无柄,全缘或疏具齿牙。头状花序排列成稀疏的伞房状的圆锥花丛,花黄色或白色,瘦果棕色,有条棱,冠毛白色(见图3.17)。

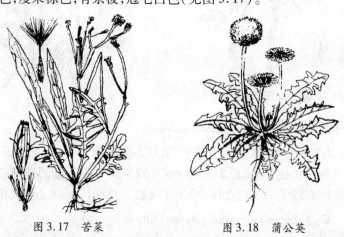
图 3.17 苦菜

图 3.18 蒲公英

18) **蒲公英** *Toraxacum mongolicum* Hand. Mazz.

蒲公英别名婆婆丁。菊科多年生直根杂草。株高20~40 cm,全草有白色乳汁,根肥厚,圆锥形,叶莲座状平展,长圆状倒披针形或倒披针形,倒向羽状深裂、浅裂或只有波状齿。头状花序总苞片上部有鸡冠状突起,全为舌状花组成,黄色。瘦果有长6~8 mm 的喙,冠毛白色(见图3.18)。

19) **荠菜** *Capsella bursa-pastoris* (L.) Medic.

荠菜别名荠、吉吉菜。十字花科越年生杂草。全株梢被白色的分枝或单毛。株高50~60 cm,茎直立,有分枝;基生叶丛生,平铺地面,大羽状分裂,裂片有锯齿,有柄;茎生叶不分裂,狭披针形,基部抱茎,边缘有缺刻或锯齿。总状花序多生于枝顶,少数生于叶腋。花白色,有长梗。短角果呈倒三角形,扁平,先端微凹,种子2室,每室种子多数。种子椭圆形,表面有微细的疣状突起(见图3.19)。

图 3.19 荠菜

图 3.20 车前

20）车前 *Plantago asiatica* L.

车前别名车前子。车前科须根杂草。株高 10~40 cm，具粗壮根颈和大量须根。根叶簇生，有长柄，伏地呈莲座状；叶片广椭圆形，肉质肥厚，先端钝圆或微尖，基部微心形，全缘或疏具粗钝齿。花茎数条，小花多数，密集于花穗上部呈长穗状；花冠白色或微带紫色，子房卵形。蒴果卵形，果盖帽状，成熟时横裂。种子长卵形，黑褐色（见图 3.20）。

3.1.5　中国主要杂草

我国幅员辽阔，地跨热带、亚热带、暖温带、温带、寒温带，南北地区气候差别较大，杂草的主要种类不同。

北方地区杂草有 32 科 90 种，主要种类有：一年生早熟禾 *Poa annua* L.、马唐 *Digitaria sanguinalis* (L.) Scop、稗草 *Echinochloa crusgalli* (L.) Beauv、金色狗尾草 *Setaria glauca* (L.) Beauv、异型莎草 *Cyperus difformis* L.、藜 *Chenopdium album* L.、反枝苋 *Amaranthus retroflexus* L.、马齿苋 *Portulaca oleracea* L.、蒲公英 *Toraxacum mongolicum* Hand. Mazz.、苦荬菜 *Lxeris chinesis*（Thunb）Nakai、车前 *Plantago asiatica* L.、刺儿菜 *Cephalanoplos segetum*（Bunge）Kitam、委陵菜 *Potentilla* Spp.、堇菜 *Viola* spp.、野菊花 *Dendranchema boreale* Makino Ling、荠菜 *Capsella bursa-pastoris* (L.) Medic. 等。

南方地区杂草有 33 科 136 种，主要种类有：升马唐 *Digitaria adscendens*（H. B. K.）Henrard、雀稗 *Paspalun* Spp.、皱叶狗尾草 *Setaria plicata*（Lam.）T. Cooke、香附子 *Cyperus rotundus* L.、土荆芥 *Chenopodium ambrosioides* L.、刺苋 *Amanthus spinosus* L.、马齿苋 *Portulaca oleracea* L.、蒲公英 *Toraxacum monglicum* Hand. Mazz.、多头苦菜 *Ixeris polycephala* Cass、阔叶车前 *Plantago major* L.、繁缕 *Stellaria media*（L.）Cyr、阔叶锦葵 *Malva negleta* Vallr、苍耳 *Xanthium strumarium* L.、酢酱草 *Oxalis stricta* L.、野牛蓬草 *Alchemilla arvensis* (L.) Scop 等。

任务 3.2　寄生性植物识别

学习目标

熟悉寄生性植物对园艺生产的影响,掌握寄生性植物的一般性状,了解园田寄生性植物的主要种类,从而为园田寄生性植物调查及防除提供依据。

学习材料

典型杂草植株,园田各类寄生性植物的挂图及参考资料等。

重点及难点

园田寄生性植物的性状、常见园田寄生性植物识别特征。

学习内容

3.2.1　寄生性种子植物的一般形状

在种子植物中,有少数种类由于缺少叶绿素或某种器官发生退化而成为异养生物,在其他植物上营寄生生活,被称为寄生性种子植物。寄生性种子植物都是双子叶植物,全世界有2 500种以上,分属于12个科。其中最常见和为害最大的有桑寄生科(Loranthaceae)、菟丝子科(Cuscutaceae)和列当科(Orobanchaceae)等。根据其寄生特点,可分为以下不同的类型:

①茎寄生和根寄生　有些寄生性种子植物寄生于寄主的地上部,称为茎寄主,如菟丝子、桑寄生、槲寄生等。另一些种类则寄生植物的根部,称为根寄生,如列当等。

②全寄生和半寄生　很多寄生性种子植物的叶片退化为鳞片,无叶绿素存在,完全丧失了自制营养的能力,称为全寄生,如菟丝子和列当。这类寄生性种子植物可借吸器与寄主的导管和筛管相连,从寄主体内获得全部营养物质。但桑寄生和槲寄生种子植物具有叶片和叶绿素,可以制造养料,只需通过吸根或吸器与寄主植物的导管连接,靠寄主提供水分与无机盐,称为半寄生,俗称"水寄生"。

3.2.2　寄生性种子植物的为害

寄主植物被寄生后,除在受害部位着生寄生性种子植物外,一般在形态上无重大改变,仅有局部肿大现象。例如,桑寄生为害多种林木和果树,在桑寄生茎基上长出匍匐茎,沿寄主枝干蔓延,使被害树生势衰弱。由于消耗大量养分,致使寄主植物的生长发育受到抑制,并表现为生长迟缓、植株矮小、叶片凋萎黄化、花而不实、落花、落果等情况,严重时即可引起枝芽枯死或全株死亡。

3.2.3 寄生性种子植物的主要类群

1) 菟丝子属

菟丝子为旋花科、菟丝子属的一年攀绕寄生草本植物,无根及叶绿素。茎藤细长、丝状。无叶片或已退化成细小鳞片状。花小,淡黄色或粉红色。果实为球状蒴果,内有种子2~4枚。菟丝子茎叶黄色,缠绕在寄主植物上,以吸器刺入寄主茎的维管束中吸取水分和养料。菟丝子能开花结果。种子成熟后落入土中,或混在园艺植物种子中,次年播种后,菟丝子也发芽,生出黄白色细丝在空中旋转,碰到寄主就缠绕其上,长出吸盘侵入寄主维管束,建立寄生关系,下部的茎逐渐萎缩,与土壤脱离。

在我国已发现的菟丝子大约有10种。其中,为害最重的为中国菟丝子和日本菟丝子两种。中国菟丝子茎细、花少、种子小。主要寄生豆科、藜科、菊科、茄科等多种草本植物,可为害油菜、辣椒、马铃薯、茄子、番茄、辣椒、大葱、一串红、翠菊、美女樱、长春花、菊花、地肤、石竹、彩叶草、三叶草、金露花、白蝴蝶、红背桂、勒杜鹃等植物。日本菟丝子茎较粗、花多、种子大。主要寄生于木本植物,可为害柚、柑、橘、橙、柠檬、龙眼、荔枝、桃、梨、杧果、杜鹃、六月雪、山茶花、木槿、紫丁香、榆叶梅等。

菟丝子以种子繁殖。成熟的种子落入土壤或混入作物种子中传播。断茎也有生长能力,可进行营养繁殖。茎的每个片段,只要和寄主接触,就可以继续生长分枝,以扩大蔓延为害。

2) 列当属

列当为列当科、列当属的1年生草本植物,属根寄生类型。茎肉质,单生或少数分枝,黄白色渐变成褐色,直立。叶片退化为鳞片,根退化形成吸器。花两性,穗状花序,花冠筒状,蓝紫色。果为蒴果,种子很小,形状如葵花籽,表面有网状花纹。

列当属靠种子传播。落在土壤中可保持数年的发芽力。种子萌发时形成线形幼芽,随即侵入寄主根部吸取营养。

列当科植物共有14个属130余种。在我国发生的主要有埃及列当和向日葵列当两种,主要分布于西北、东北、华北等地区。为害瓜类、向日葵、马铃薯等多种作物,造成极大的损失。

3) 桑寄生属和槲寄生属

桑寄生属及槲寄生属皆属于桑寄生科,主要分布在热带与亚热带,其中最重要的是桑寄生属。桑寄生属多为常绿灌木,少数为落叶性的。桑寄生属的茎成圆筒状,褐色,为匍匐茎。叶全缘,对生或互生。花两性,紫红色,花被4~6枚,浆果。常发生在平原或低丘的疏林中。寄生于柑、橙、柚、柠檬、龙眼、梨、桃、李、梅、枣、板栗、木棉等树木上,已发现的寄主植物达70余种。槲寄生属为常绿灌木,叶革质,对生或互生,小茎作叉状分枝,不产生匍匐茎。花极小,单性花,雌雄异株。果实为浆果。通常寄生于柑、柚、龙眼、黄檀、石榴、柿子、梨树、山楂等树上。

桑寄生属和槲寄生属种子一般借鸟类传播。鸟啄果实后,吐出或经过消化道排出种子黏附树皮上,在适宜的环境条件下萌发。先长吸器,后产生吸根,侵入寄主枝条,与寄主导管相通,建立起吸收寄主水分和无机盐的寄主关系,并发育成绿色丛状枝叶,极易与寄主植物相区别。

任务3.3 园田杂草的防除方法

学习目标

了解园田杂草的发生与为害情况,熟悉园田杂草的综合防除方法,掌握园田杂草的防除技术,从而为园田杂草防除提供依据。

学习材料

园田杂草防除的典型田块,主要农药标本、挂图及参考资料等。

重点及难点

园田杂草的综合防除方法、果园杂草的防除技术。

学习内容

3.3.1 园田杂草的综合防除方法

园田杂草的治理必须贯彻"预防为主,综合防治"的植保方针,遵循"安全、高效、经济"的原则,在了解杂草的生物学特性的基础上,因地制宜地运用一切可利用的园艺、生物、物理、化学等防除措施,将杂草的为害控制在其生态经济为害水平之下。

1)严格杂草检疫制度

对国外或外地引进的种子、输入的农产品必须进行严格的杂草检疫,凡是国内或当地没有或尚未广为传播的而具有潜在为害的杂草必须严格禁止或者限制输入。

2)园艺技术措施防除

以优化园艺植物生态环境为中心,实行减少杂草种子的来源、合理轮作、优化水肥、合理密植、覆盖地面等园艺技术措施,达到除草的目的。

(1)减少杂草种子的来源

①精选种子 许多杂草种子随园艺植物种子传播,如稗草、异型莎草、牛繁缕、菟丝子、看麦娘、狗尾草等,可通过筛选、水选等剔除杂草种子。

②施用充分腐熟的有机肥 有机肥来源复杂,常含有大量的杂草种子,必须经过50 ~ 70 ℃高温堆沤处理2 ~ 3 周,才能杀死有活力的杂草种子。

③清洁园田环境 田边、路旁、田埂、沟渠、荒地、防护林等处都是杂草极易生长繁殖的地方,也是园田杂草的来源地之一,如果任其成熟结籽,它们能以每年1 ~ 3 m 的速度向耕地扩散,因此要随时清除这些杂草。可喷洒灭生性除草剂或有计划地种植草皮、牧草等覆盖植物,以减少杂草种子的来源。

杂草种子还可随灌溉水进入园田,应有针对性地设置收集网或收集地,清除杂草种子。水田中及时拔除稗草等,并带出田外处理。

(2)合理轮作

通过水旱轮作,改变生态条件,抑制多种杂草的发生。水生杂草难以在旱田存活,旱生杂草也不能在水田里发生,即使已出苗的幼苗和地下根茎也难以生存。同时,该措施还可加速土壤中某些杂草种子的死亡。例如,水田杂草眼子菜与牛毛草在进行旱田轮作时,其生长发育就大受抑制。冬菜田中的越冬性杂草荠菜、播娘蒿可通过与春作物轮作进行防除。

(3)合理密植

以密控草,即适当增加果树、花木等植物的栽植密度,减少树下的光照量,"饿死"杂草。例如,许多果树及花木苗圃的高密度栽植,能明显地减轻草荒。

(4)覆盖地面

如在果园、花圃的地面上覆盖麦秸、稻草,不仅可抑制杂草的发生,而且能够明显地减轻某些土传病害,如苹果早期落叶病、葡萄白腐病、牡丹叶斑病等病害的发生。另外,在果园中套种蔬菜,也可明显影响杂草群落的组成,减少杂草的生长机会。

此外,培育壮秧,以苗压草(与杂草竞争);"养草灭草"(诱发浅土层中休眠短、易萌发的杂草生长,然后翻耕或用除草剂提前灭杀);淹水灭草(可在休闲田进行);深耕翻晒(灭除多年生杂草);适时烤田等技术措施都可抑制杂草的发生。

3)人工或机械防除

采取人工或各种除草机械等手段,在园艺植物播前、苗前或各生育期进行耕翻、耙土、中耕等措施进行除草。该措施能杀除已出土的杂草或将草籽深埋,也可将地下根茎翻出地面使之干死或冻死,这是我国北方旱区目前使用最为普遍的措施。例如,在果园、菜田、花圃进行人工或机械中耕,既可灭草,又可松土保墒,促进园艺植物的生长;果园深耕可防除多年生杂草,如香附子、田旋花、芦苇等。人工除草虽然费工、费时,但从环保及无公害生产角度考虑,仍值得推广。

4)物理除草

通过覆盖各种有色塑料薄膜,防止光的照射,抑制杂草的光合作用,造成杂草幼苗死亡或阻碍种子萌发的方法是目前应用较为普遍的物理除草方法之一。例如,利用黑色地膜等覆盖菜田、果园及花圃,不仅可控制杂草为害,并且能够增温、保水,促进园艺植物生长。

随着科技的不断发展,研究利用火、电、激光、微波等物理新技术达到除草的目的,已为时不远。目前,日本正试验利用小容量高压脉冲电火花放电以及利用液化石油气燃烧时产生红外辐射来控制杂草。

5)生物除草

生物除草是利用病菌、昆虫、动物、植物等方法防除某些杂草。生物除草主要体现在以下4个方面:

①以菌除草 在自然界中,各种杂草在一定环境条件下都能感染一定的病害。利用病原微生物来防除杂草,前景广阔。微生物的繁殖速度快,工业化大规模生产比较容易,且有高度的专一性,因而它的出现,就显示出了在杂草生物防除中强大的生命力。利用真菌来

防除杂草是整个以菌治草中最有前途的一类。例如,我国利用禾长蠕孢稗草专化型(HGE)真菌防除稗草以及利用生防剂"F98"(真菌制剂)控制西瓜田的瓜列当已取得实用性成果;澳大利亚利用一种锈菌防除菊科杂草——粉苞菊非常成功;苏联利用一种链格孢菌防除三叶草菟丝子也非常理想。利用鲁保1号菌防除菟丝子是我国早期杂草生物防除最典型、最突出的一例。

②以虫治草其原理　是在该类植物的原产地筛选以该植物为食的一些昆虫,引入后用于控制该植物的生长。例如,我国从国外引进紫茎泽兰实蝇,使得恶性杂草——紫茎泽兰得到了较好的控制;国外如墨西哥引进了马缨丹籽潜蝇用于防除马缨丹,澳大利亚利用昆虫防除克拉马斯草、紫茎泽兰以及苏联利用昆虫防除豚草、列当等都非常成功。

③动物除草　如在莲藕等水田中养草鱼以及在果园内放养鹅来消灭清除杂草,都取得了明显的效果。

④植物治草　自然界中,许多植物可通过其强大的竞争作用或通过向环境中释放某些有杀草作用的化感作用物来遏制杂草的生长。例如,豇豆种子中含有大量的牡荆碱和异牡荆碱等黄酮类化感物,可抑制多种杂草的萌发及根系的生长。

随着生物科技的不断发展,利用生物技术防除杂草,其应用将会越来越广泛。

6)化学除草

该法是根据园田内作物及杂草的具体情况,在园艺植物田间施用化学除草剂,控制杂草生长、蔓延、为害的方法。化学除草省工、省时、快速、方便、高效,是当前大面积除草的主要方法。但该法的除草技术要求较高,所采用的化学除草剂品种特性、施用时期与施用剂量必须准确无误,否则容易产生药害。

总之,各种防除田园杂草的方法均可收到一定的效果,但也不可避免地存在着一定的缺陷。因此,控制园田杂草的为害,必须坚持"预防为主,综合防除"的方针,充分发挥各种除草方法的优点,扬长避短,达到经济、安全、高效、方便地控制杂草为害的目的。

3.3.2　果园杂草的防除技术

1)果园杂草的发生与为害情况

果园中果树大多为多年生乔木或灌木,株行间距较大,利于杂草的生长。杂草种类主要有藜科的灰绿藜,蓼科的齿果酸模,醡浆草科的醡浆草,菊科的野艾蒿、刺儿菜、苍耳;玄参科的婆婆纳;石竹科的繁缕、米瓦罐;十字花科的播娘蒿、荠菜、野油菜;茄科的龙葵、曼陀罗;豆科的大巢菜;大戟科的猫儿眼;马齿苋科的马齿苋;苋科的刺苋、反枝苋;桑科的葎草;锦葵科的苘麻;唇形科的宝盖草;茜草科的茜草、猪殃殃;禾本科的稗草、马唐、牛筋草、千金子、狗尾草、野燕麦、香麦娘、芦苇;莎草科的香附子、水莎草、牛毛毡;旋花科的菟丝子、牵牛花等20个科60多种。从以上这些杂草的发生情况看:禾本科、菊科、十字花科和莎草科的杂草发生量最大,是果园杂草的防范重点。其中,禾本科杂草占60%~70%,是果园杂草的优势草种,莎草科杂草生长繁殖快、生命力强是为害性较大的恶性杂草。

2)果园杂草的为害性

果园杂草的为害性主要表现在以下几个方面:一是杂草能与果树争夺土壤中的水分、

养分、二氧化碳和阳光。特别是在干旱年份,杂草能消耗大量的水分、养分,对果树的威胁更大,导致幼龄果树因严重缺水、缺肥、缺光而枯死;二是杂草能诱发多种病虫害。例如,桃蚜、红蜘蛛是以禾本科杂草为越冬寄主,刺儿菜、小藜是地老虎成虫的产卵场所。一些核果类果树如杏等的萎蔫病,是多种杂草上寄主的真菌引起的;三是杂草丛生常加大水果生产成本和增加果园农事操作难度,特别是一些多年生的恶性杂草,如茅草、莎草,人工难以防除,用机械防除难度大、成本高。这都说明了果园杂草为害的严重性。例如:葡萄受杂草为害后,不能迅速抽出新的枝条,生长严重不良,使产量显著下降;果树苗圃受草害后,幼树生长缓慢,苗木品质下降;新果园株间空地较多,杂草发生较重,不仅影响产量,还影响其他作物的生长;成年果园,杂草种类相对稳定,有的杂草丛生,有的多年生杂草猖獗,不仅影响果树的产量和质量,还会妨碍果树的生产管理和收获。此外,果园的杂草还是多种病虫害的中间媒介或寄主。例如,为害杏和其他核果类果树的萎蔫病,系由一种轮枝孢属真菌所致的病害,这种真菌可在多种杂草的根部寄生。葡萄单轴霉菌可在野老鹳草上越冬。在酸模属和锦葵属杂草上可寄生为害苹果和梨的天泽盲蝽。田旋花是苹果啃皮卷蛾的寄主。为害果树的害虫,如黄刺蛾、桃蠹螟、苹果红蜘蛛、桃蚜等均可在多种杂草上寄生。已感染环斑病毒的蒲公英种子可借风力散布到果树上,使果树感病。

3)果园杂草的综合防除方法

(1)园艺技术

①深翻土地　深翻土地可消灭多种杂草。在不伤及果树根系的情况下,深翻能把土表的杂草种子埋入深层土壤中,使之不能正常萌发,从而减少2年生或多年生杂草的发生数量。特别是对于有些多年生宿根性杂草,如刺儿菜、芦苇、莎草等,通过深翻土地,可破坏它们的根系,部分地下根状茎被翻至地表,因得不到足够的水分而导致其干枯。例如,能翻后再耙,人工捡拾,将会消灭更多的地下繁殖体。

②充分腐熟有机肥料　由于自积自产的有机肥料来源复杂,一般都混有杂草种子,有的甚至带有大量草籽,施入果园后,势必会增加杂草的发生数量。因此,在生产上要采取高温堆肥,充分腐熟有机肥料,消灭杂草种子。

③中耕除草　中耕除草是常用的基本除草方法,是及时消除果园杂草,保证果树正常生长发育的重要手段。中耕时,应掌握除早、除小、除彻底的原则,根据杂草发生情况及时进行,以达到控制杂草发生与为害的目的。中耕除草通常在下午耕除草少和高岗平川地果园,午前耕锄草多和低洼地果园,以便有充足的时间晒死杂草和晒干地皮,防止杂草再生。进入雨季,要及早铲完草荒地和低洼地杂草,防止杂草遇雨复活。每铲完一次,必须有2~3 d的暴晒期。

(2)化学除草

果园杂草与其他园田杂草相比较,其发生特点及在除草剂品种的选择上有以下几个特点:

①杂草种类多而杂,要求除草剂杀草谱广。

②杂草生长环境优越,要求除草剂持效期长。

③果树根系深,要求除草剂用量较大田作物高。

④灭生性除草剂可安全使用,要求定向喷雾。

果园化学除草可采用封(对以1年生杂草为主的果园采用土壤处理)、灭杀(对以多年生杂草为主的果园,采用灭生性除草剂进行茎叶处理)、封灭(前期土壤封闭,后期进行灭生性处理)、灭封(进行灭生性处理的同时,进行土壤封闭处理)。

①柑橘园化学除草技术 除草剂对柑橘的安全程度与柑橘的品种有关。温州蜜柑是柑橘中较为耐药的品种。用做土壤处理的除草剂除与柑橘品种有关外,还与土壤质地、有机质含量有关。柑橘园化学除草一般全年使用两次:一次防除春草,另一次防除夏草,均可采用土壤处理与茎叶处理两种方法。

a. 土壤处理 可以选用除草剂品种及每 $667 m^2$ 的用量为 50% 西马津可湿性粉剂 200 g 或 38% 莠去津悬浮液 200 mL、25% 敌草隆可湿性粉剂 500~900 g、50% 扑草净可湿性粉剂 500~700 g,兑水 40~50 L,于春、夏季杂草出苗前或刚出苗时定向喷于土壤表面。

b. 茎叶处理 可以选用除草剂品种及每 $667 m^2$ 的用量为 10% 草甘膦水剂 800~1 000 mL 或 41% 农达水剂 200~300 mL、20% 百草枯水剂 200~300 mL,兑水 40~50 L,在杂草 10~15 cm 高时,定向喷雾于杂草植株。

当柑橘园内的杂草以禾草为主时,可用专杀禾草而对柑橘安全的选择性除草剂进行茎叶喷雾处理,即每 $667 m^2$ 用 15% 精稳杀得乳油 50 mL 或 10.8% 的高效盖草能乳油 25~50 mL、5% 精禾草克乳油 50~100 mL,兑水 30~40 L,于禾本科杂草 3~5 叶时进行茎叶处理。

荔枝、龙眼、杧果、枇杷、杨梅等果树的生物学特性与柑橘相似,杂草所发生的生态环境也基本相同,因而可参照柑橘园的化学除草方案。

②苹果园、梨园、桃园化学除草技术 苹果树、梨树、桃树植株高大,栽植成行,株行距较宽,且植株茎基部树皮非绿色,下部枝条距地面较高,可通过茎叶定向喷雾及土壤地面处理来控制杂草的为害。

a. 土壤处理 可选用除草剂品种及每 $667 m^2$ 的用量为 38% 莠去津悬浮液,50~250 mL 或 50% 西马津可湿性粉剂 150~250 g、50% 扑草净可湿性粉 250~300 g、23.5% 果尔乳油 50~75 mL、25% 敌草隆可湿性粉剂 200~300 g、25% 恶草灵乳油 250~300 mL,兑水 40~50 L,于杂草出苗前或刚出苗时定向喷于土壤表面。

b. 茎叶处理 可以选用除草剂品种及每 $667 m^2$ 的用量为 10% 草甘膦水剂 500~1 200 mL 或 41% 农达水剂 150~300 mL、20% 克芜踪水剂 200~300 mL、65% 莎草枯钠盐 500~1 000 mL,兑水 40~50 L,在杂草 10~15 cm 高时,定向喷雾于杂草植株。

当果园内的杂草以禾草为主时,可采用专杀禾草而对苹果、梨、桃等双子叶植物安全的选择性除草剂进行茎叶喷雾处理,即每 $667 m^2$ 用 15% 精稳杀得乳油 50 mL 或 10.8% 的高效盖草能乳油 25~50 mL、5% 精禾草克乳油 50~100 mL,兑水 30~40 L,于禾本科杂草 3~5 叶时进行茎叶处理。

杏、李、梅、枣、山楂、核桃、板栗、柿子、石榴等果树的生物学特性与苹果、梨、桃相似,杂草所发生的生态环境也基本相同,因而可参照苹果园的化学除草方案。

③葡萄园化学除草技术 葡萄多为架植栽培,成排成行,可通过定向喷雾来进行土壤处理及茎叶处理。

a. 土壤处理 可选用除草剂品种及每 $667 m^2$ 的用量为 23.5% 果尔乳油 50~75 mL 或 25% 恶草灵乳油 250~300 mL、50% 大惠利可湿性粉剂 250~400 g、33% 施田补乳油 200~300 mL,兑水 40~50 L,于杂草出土前定向喷于土壤表面。

b. 茎叶处理　可选用除草剂品种及每 667 m² 的用量为 10% 草甘膦水剂 500 ~ 1 200 mL或41% 农达水剂 200 ~ 300 mL、20% 克芜踪水剂 200 ~ 300 mL,兑水 40 ~ 50 L,在杂草 10 ~ 15 cm高时,定向喷雾于杂草茎叶上。

当葡萄园内的杂草以禾草为主时,可用专杀禾草而对葡萄安全的选择性除草剂进行茎叶喷雾处理,即每 667 m² 用 15% 精稳杀得乳油 50 mL 或 10.8% 的高效盖草能乳油 25 ~ 50 mL、5% 精禾草克乳油 50 ~ 100 mL,兑水 30 ~ 40 L,于禾本科杂草 3 ~ 5 叶时进行茎叶处理。

④草莓田化学除草技术　草莓植株低矮,种植密度大,且植株高度及其他生物学习性与杂草相似,因而在进行化学除草时,一定要慎重选择。

a. 土壤处理　可供选择的药剂有每 667 m² 用 48% 氟乐灵乳油 150 mL 或 33% 施田补乳油 150 mL,兑水 50 L,在草莓移栽后次日(杂草未萌发前)喷雾处理土壤,施药后立即混土以防光解;或选用 98% 金都尔乳油 50 mL,在草莓定植的前一天喷药。

b. 茎叶处理　用专杀禾草而对草莓安全的选择性除草剂进行茎叶喷雾处理,即每 667 m² 用 15% 精稳杀得乳油 50 mL 或 10.8% 的高效盖草能乳油 25 ~ 50 mL、5% 精禾草克乳油 50 ~ 100 mL,兑水 30 ~ 40 L,于禾本科杂草 3 ~ 5 叶时进行茎叶处理。

（3）物理除草

①推行果园覆盖法　山东省各地的果园近年来采用作物秸秆、杂草等进行覆盖,厚度在 20 cm 左右。覆盖法不但能提高土壤有机质,改善土壤物理性状,保护土壤,增强树势,提高果树越冬抗冻能力,还有良好的除草效果。例如,我国南方柑橘园割芒其草覆盖树盘,也有用草皮(木)灰、塘泥、褥草等培土覆盖,山东等地采用秸秆、杂草等覆盖治草。地膜(药膜、深色膜)覆盖不仅抑草效果明显,而且能使幼树成活率高、萌发早,促进树体发育,早成形、早结果,生产上已广泛应用。

②提倡果园生草法　国外在果园普遍采用生草法,即在果树行间种植草带(或自然生草),株间和树冠下施用除草剂,全年多次用割草机除草,保持一年的草层厚度,割下的草让其就地腐烂,人工种植的草以在果树株行间种植草本地被植物,如草莓、大蒜、洋葱、番瓜、三叶草、鸭茅等,任其占领多余空间,抑制其他草本植物(杂草)的生长,待其生长一定量后,割草铺地,培肥地力。利用自然生草必须除去恶性杂草。生草法能培肥地力,保护土壤,提高产量和品质。除草剂的使用,仅限于树冠下和株间,可大量节省使用量。生草法在国内苹果园中已有一定的面积使用。

③种植绿肥,以草抑草　或种植豆科绿肥,或豇豆、蚕豆、光叶苕子、紫穗槐等,占领果园行间或园边零星隙地,能固土、压草、肥地,一举多得。果园杂草治理应以生态治草为基础,适时适度使用化学药物除草。保留果树林下一定的地被植物,不仅有利成年果树的生长发育,抵御果树病虫草害的侵袭,还能培肥地力,减少土壤侵蚀,保护物种的多样性。豆科绿肥如箭舌豌豆、毛叶苕子、草木樨等在果园行间或园边零星隙地种植,有固土、压草、肥地之功效,绿肥刈割后集中翻压,有很高的肥效。

④新栽幼树覆盖地膜压草　幼树覆盖地膜后成活率高,萌芽早,能促进树体发育,提早成形和结果。同时,覆盖地膜压草的效果十分显著,特别是杀草膜、黑膜在覆盖期不需除草。药剂防治是作为辅助措施,即对地膜外生长的杂草,采用草甘膦、百草枯等定向点喷,喷药时要注意人体防护,切勿洒后喷施,确保安全。

（4）生物防治杂草

成年果园杂草的生物防治，除了采用杂草的自然微生物和昆虫天敌外，还可因地制宜地放养家兔、家禽，或放养生猪等，可有效地控制杂草的生长。在果园中套种其他经济作物如大葱、大蒜、南瓜和冬瓜等。

（5）加强植物检疫工作

加强植物检疫工作，以防止危险性杂草随着引进苗木或砧木种植时带入果园。

（6）果园杂草防除应注意的问题

①在果园化学除草之前，首先要了解杂草的群落种类，然后再确定除草剂的用药品种和用量，除草剂的作用方式有触杀和内吸两种，前者只能杀死杂草接触药剂的局部组织，不能在体内传导，一般只能杀死1年生杂草；后者可以被杂草吸收，并在体内传导，能杀死多年生深根性杂草。避免盲目喷洒，以便达到经济、有效、安全的目的。

②施药前要注意收听天气预报，一定要在无风、无雨（或在雨后天晴）时喷药。施药应实行定向喷雾，避免在乱风及中午的高温期喷药；除草剂的使用量不得随意地增减；喷雾要均匀，不重喷不漏喷；喷药后，及时清洗喷雾器具，以免对其他作物产生药害。

③在使用茎叶喷雾剂如克无踪或草甘磷时，应该定向喷雾，禁止药剂喷洒到果树叶片或飘洒到其他作物上，以防止产生药害。由于果园的裸露面积大，杂草多，提倡两次用药的方法来防治果园的杂草。在冀中南地区，第1次用药，一般是在3月下旬至4月下旬。结合土地的春耕，对土壤进行全面的封闭用药，施药后，一般不翻动土层。具体措施：667 m^2（亩）用50%的乙草胺100～150 mL + 40%阿特拉津150～200 mL兑水50 kg均匀喷雾。第2次用药在夏季，一般在6月底、7月初，可选择一些灭生性除草剂。彻底铲除果树行间的杂草。具体措施是：667 kg（亩）用10%草甘膦500 g加水50 kg均匀喷雾，或20%克无踪100～300 mL加水50 kg均匀喷雾。

④喷洒时应力求均匀周到，对宿根性杂草茎叶处理时，一定要喷至湿润滴水为止，以免影响防治效果。要看草选药。应用除草剂时，首先要根据杂草的类型、喷施的季节，选择合适的除草剂。例如，用百草枯时，在藜、马唐生长15 cm以下时效果很好；在长到成株时，只能杀死嫩茎和叶片，不能杀死全株。选择除草剂时要注意果树的品种。葡萄、桃树对阿特拉津敏感，会造成叶子发黄和落果，严重减产，不宜使用。

园艺植物病虫草害综合防治技术

项目4 病虫害防治原理与方法

学习目标

通过对病虫害防治原理与方法的学习,获取病虫害综合防治原理与方法,掌握各种防治技术的应用,为园艺植物害虫综合管理打下基础,能根据生产实际和具体作物的病虫害,制订科学的综合防治方案。

知识目标

1. 理解园艺植物病虫害综合防治的含义,掌握园艺植物病虫害综合治理的原则。

2. 了解园艺植物病虫害控制新技术的应用及发展方向、植物病虫综合防治方案制订和优化。

3. 掌握植物检疫、栽培技术、生物防治、物理机械防治、化学防治基本知识和技术的应用。

4. 熟悉无公害园艺产品的农药使用准则。

5. 掌握合理、安全配制和使用农药的基本知识。

6. 熟悉植物保护药械的工作原理。

能力目标

1. 掌握园艺植物病虫害综合治理的原则与技术措施。

2. 能结合具体的植物病虫害制订合理的综合防治方案并组织实施,能准确计算、配制农药并正确施药。

3. 掌握常用农药质量简易识别技能。

4. 能熟练配制波尔多液和熬制石硫合剂并能正确进行质量检查。

5. 会针对不同病虫害特点使用不同的农药,熟练掌握常用农药的配制方法及注意事项,会正确使用及维护植保机械。

任务4.1 园艺植物病虫害综合防治

学习目标

理解综合防治含义和综合防治方案的制订原则,能结合生产实际和具体的植物病虫害,制订本地主要园艺植物病虫害的综合防治方案。

学习材料

当地的病虫害调查资料、病虫害预测预报资料、气象资料、主要的园艺植物栽培品种介绍、栽培管理措施和条件、主要病虫害发生情况和天敌种类资料。

重点及难点

园艺植物病虫害综合防治的概念,综合防治的观点,制订综合防治方案的原则,综合防治方案的设计和组织实施。

学习内容

园艺作物病虫害防治的基本原理概括起来就是"以综合治理为核心,协调地使用各种防治措施,实现对园艺作物病虫害的可持续控制"。

4.1.1 综合防治的概念

人们从事农业生产以来,就与病虫害进行着不懈的斗争,在 20 世纪 40 年代后,化学防治占据了主导地位。长期的生产实践证明,任何一种防治方法都不是万能的,单纯依靠某一种防治方法,都不能取得预期的效果,甚至可能造成不可挽回的损失。人们在不断的探索中,终于逐步建立了"综合防治"(又称"综合治理",即 IPM)的正确观点。在 1975 年的全国植物保护工作会议上,制订了"预防为主、综合防治"的植保工作方针,为我国植物保护工作的发展进一步指出了正确的方向。

在 1986 年的病虫害综合防治学术研讨会上,对"综合防治"有了一个明确的概念:综合防治是对有害生物进行科学管理的体系。其基本点是:从农业生态学的总体观念出发,以预防为主,本着安全、有效、经济、简便的原则,有机地协调使用农业、化学、生物和物理机械的防治措施以及其他有效的生态学手段,把病虫的发生数量控制在经济损失允许水平以下,达到高产、优质、低成本和少公害或无公害的目的。

4.1.2 综合防治的观点

①经济观点,讲究实际收入　防治病虫的目的是为了控制病虫的为害,减少经济损失。因此,经济允许水平(经济阈值)是综合防治中一个重要的概念。严格来说,防治任何一种病虫都应讲究经济效益和经济阈值,即防治费用必须小于或等于因防治而获得的利益。在综合治理中,人们必须研究病虫的数量发展到何种程度,如病虫为害造成的经济损失大于经济阈值,即应防治。

②协调的观点,讲究相辅相成　防治方法多种多样,但任何一种防治方法并非万能,因此必须综合应用;有些防治措施的功能常相互矛盾,有的对一种病虫有效,而对另一种病虫的防治不利。综合协调绝非是各种防治措施的机械相加,也不是越多越好,必须根据具体的农田生态系统,针对性地选择必要的防治措施,才能辩证地综合运用,取长补短,相辅相成。

③安全的观点,讲究长远生态效益　一切防治措施必须针对人、畜、作物、有益生物安全,毒害小;尤其应用化学防治,必须科学地合理使用农药,达到有效地防治病虫,保护天敌,保证当前安全毒害小,又能长期安全残毒少,符合环境保护原则,生态效益好。

④全局的观点,取得最佳综合效果　综合防治是从农业生态系的整体观点出发,制订措施首先要在了解病虫及优势天敌依存制约的动态规律基础上,明确主要防治对象的发生规律和防治关键,尽可能谋求综合协调采用防治措施和兼治,能持续降低病虫发生数量,力求达到全面控制数种病虫严重为害的目的,取得最佳的经济效益、社会效益和生态效益。

4.1.3 制订综合防治措施应考虑的问题

在制订防治措施时,应根据具体的实际情况,选择必要的防治措施有机地结合。一般地说,在制订综合防治的技术方案时,应当研究:

①要调查各地区特定的农田生态系统的各个组成部分及其功能,特别要了解病虫及其优势天敌依存制约的动态规律,这是实施综合防治的基础。

②要明确防治的主要对象及其发生规律和防治的关键时期。

③要尽可能谋求持续降低病虫发生数量的防治措施和具有兼治效能的防治措施,全面控制病虫的为害,化繁为简。

④力求避免作用相同的重复措施,力求使各措施不相克相消而能相辅相成。

任务4.2　植物检疫技术

学习目标

理解植物检疫的概念及任务,了解植物检疫对象的确定依据和疫区划分,熟悉植物检疫程序及主要措施,能结合实际对园艺植物的苗木、种子等利用检疫技术进行处理。

学习材料

当地园艺植物的主要检疫对象名录、植物检疫资料手册(包括植物办理程序中的调入、调出的检疫证书、申请等)。

重点及难点

植物检疫的概念,植物检疫的步骤,对内检疫的检验程序和方法,植物检疫检验的方法。

学习内容

4.2.1　植物检疫的概念

植物检疫是指一个国家或地方政府颁布法令,设立专门机构,禁止或限制危险性病、虫、杂草等人为地传入或传出,或者传入后为限制其继续扩展所采取的一系列措施。植物检疫也称法规防治,是防治病虫害的基本措施之一,也是实施"综合治理"措施的有力保证。

植物检疫与其他防治措施的不同之处在于:首先,植物检疫的对象与一般的防治对象不同,一般是国内和本地区没有发生或少有分布的,而且是国家或本地法规所列的危险性病、虫、草害,且一旦传入会引起重大经济损失、生态失衡;其次,植物检疫的方法、内容有别于其他防治方法。检疫是以法规为准绳,通过技术的检测和依靠各行政部门的通力合作,执行国家法令,拒有害生物于国门外或本地区之外的一种强制手段。被检生物往往具备体积小、难发现、危险性大、繁殖力强、抗逆性强、难以防除等特点。植物检疫的基本属性是强制性和预防性。

4.2.2　植物检疫的重要性

在自然情况下,病虫害、杂草等的分布虽然可以通过气流等自然动力和自身活动扩散,不断扩大其分布范围,但这种能力是有限的。再加上有高山、海洋、沙漠等天然障碍的阻隔,病虫、杂草的分布有一定的地域局限性。但是,一旦借助人为因素的传播,就可以附着在种实、苗木、接穗、插条及其他植物产品上跨越这些天然屏障,由一个地区传到另一个地

区或由一个国家传播到另一个国家,当这些病菌、害虫及杂草离开了原产地,到达一个新的地区后,原来制约病虫害发生发展的一些环境因素被打破,条件适宜时,就会迅速扩展蔓延,猖獗成灾。

历史上对植物检疫忽视和松懈的经验教训很多。在过去,由于众所周知的原因,植物检疫的主权失落,科技水平较低,致使许多危险性有害生物乘虚而入,如棉花枯萎病、甘薯黑斑病、棉花红铃虫和蚕豆象等,至今仍难以根除,每年造成的损失不可估量。现今由于对检疫工作的忽视与松懈,致使美国白蛾、松材线虫、稻水象甲等造成新的入侵为害。

有害生物在失去了原产地天敌控制后更加猖獗,往往在新地区造成巨大的经济损失。例如,马铃薯晚疫病19世纪40年代从南美传入西欧后在欧洲大流行,造成了历史上著名的爱尔兰大饥荒。葡萄根瘤蚜在1860年由美国传入法国后,经过25年,就有10万 hm² 以上的葡萄园归于毁灭,一大批葡萄酒厂倒闭。美国白蛾1922年在加拿大首次发现,随着运载工具由欧洲传播到亚洲,1979年在我国辽宁省东部地区发现,1982年发现于山东荣城县,1984年在陕西武功猖獗成灾,造成大片园艺及农作物被毁。又如,我国的菊花白锈病、樱花细菌性根癌病、松材线虫萎蔫病均由日本传入,最近几年传入我国的美洲斑潜蝇、蔗扁蛾也带来了严重灾难。为了防止危险性病虫害及杂草的传播,各国政府都制定了检疫法令,设立了检疫机构,进行植物病虫害及杂草的检疫。

4.2.3　植物检疫对象的确定

病虫害及杂草的种类很多,不可能对所有的病虫、杂草进行检疫,而是根据调查研究的结果,确定检疫对象名单。

园艺植物检疫对象的确定原则是:

①本国或本地区尚未发现的或只在局部地区发生的病、虫、草。

②危险性大,一旦传入可能会造成农林重大损失,且传入后防治困难的病虫、杂草。

③必须是借助人为活动传播的病虫及杂草,即可随同植物材料、种苗、接穗、包装物、所附泥土等运往各地,适应性强的病虫、杂草。

检疫对象名单并不是固定不变的,应根据实际情况的变化及时修订或补充。

4.2.4　植物检疫的措施和步骤

1) 植物检疫的任务

植物检疫的任务主要有以下3个方面:

①禁止危险性病虫及杂草随着植物及其产品由国外输入或国内输出。

②将国内局部地区已发生的危险性病虫和杂草封锁在一定的范围内,防止其扩散蔓延,并积极采取有效措施,逐步予以清除。

③当危险性病虫和杂草传入新地区时,应采取紧急措施,及时就地消灭。

随着我国对外贸易的发展,园艺产品的交流也日益频繁,危险性病虫及杂草的传播机会越来越大,检疫工作的任务愈加繁重。因此,必须严格执行检疫法规,高度重视植物检疫工作,切实做到"既不引祸入境,也不染灾于人",以促进对外贸易,维护国际信誉。

2）植物检疫措施

我国对植物检疫采取了以下措施：

①对外检疫和对内检疫　对外检疫（国际检疫）是国家在对外港口、国际机场及国际交通要道设立检疫机构，对进出口的植物及其产品进行检疫处理。防止国外新的或在国内还是局部发生的危险性病虫害及杂草的输入；同时也防止国内某些危险性的病虫害及杂草的输出。对内检疫（国内检疫）是国内各级检疫机关，会同交通运输、邮电、供销及其他有关部门根据检疫条例，对所调运的植物及其产品进行检验和处理，以防止仅在国内局部地区发生的危险性病虫害及杂草的传播蔓延。我国对内检疫主要以产地检疫为主，道路检疫为辅。

对内检疫是对外检疫的基础，对外检疫是对内检疫的保障，二者紧密配合，互相促进，以达到保护园艺生产的目的。

②划定疫区和保护区　有检疫对象发生的地区划为疫区，对疫区要严加控制，禁止检疫对象传出，并采取积极的防治措施，逐步消灭检疫对象。未发生检疫对象但有可能传播进检疫对象的地区划定为保护区，对保护区要严防检疫对象传入，充分做好预防工作。

③其他措施　包括建立和健全植物检疫机构、建立无检疫对象的种苗繁育基地、加强植物检疫科研工作等。

3）植物检疫的步骤

（1）对内检疫

①报检　调运和邮寄种苗及其他应受检的植物产品时，应向调出地有关检疫机构报验。

②检验　检疫机构人员对所报验的植物及其产品要进行严格的检验。到达现场后凭肉眼和放大镜对产品进行外部检查，并抽取一定数量的产品进行详细检查，必要时可进行显微镜检及诱发试验等。

③检疫处理　经检验如发现检疫对象，应按规定在检疫机构监督下进行处理。一般方法有：禁止调运、就地销毁、消毒处理、限制使用地点等。

④签发证书　经检验后，如不带有检疫对象，则检疫机构发给国内植物检疫证书放行；如发现检疫对象，经处理合格后，仍可发证放行；无法进行消毒处理的，应停止调运。

（2）对外检疫

我国进出口检疫包括：进口检疫、出口检疫、旅客携带物检疫、国际邮包检疫、过境检疫等。应严格执行《中华人民共和国进出口动植物检疫条例》及其实施细则的有关规定。

4）植物检疫检验的方法

植物检疫的检验方法分现场检验、实验室检验和栽培检验3种。具体方法多种多样，植物检疫工作一般由检疫机构进行。

①现场检验　在检疫现场，注意有无害虫的排泄物、蜕、卵、幼虫、蛹、茧和成虫诸虫态以及食痕和为害状等。以肉眼或借助手持扩大镜仔细观察种子、苗木、果实等被检植物的症状，观察有无菌核、菌瘿以及其他夹杂物，带病种子可能表现出霉烂、变色、皱缩、畸形等多种病变，种子表面产生病原菌的菌丝体、微菌核和繁殖体。

②实验室检验　对于现场检验还不能完全确定是否带有检疫对象的，可带回实验室内

进行检验,对于害虫可进行染色检查、比重检查、解剖检查、软 X 光机检查等;对于病原菌可进行洗涤检验、吸水纸培养检验及琼脂培养基检验、种子分部透明检验等。

③栽培检验　对于怀疑带有某些隐蔽性较强的或有潜伏期的检疫性病虫害,应将输入的种苗试种在隔离的温室中或苗圃内进行观察。

5)植物检疫法规和检疫机构

(1)植物检疫法规

植物检疫是为了保护本国、本地农林牧业的安全生产,免受外来病虫害和其他有害生物的为害,促进贸易的正常往来,因此植物检疫历来受到各国政府和国际贸易组织的重视。联合国粮农组织(FAO)制定了《国际植物保护公约》(IPPC),关贸总协定(GATT)中也制定了《动物植物检疫和卫生措施协定》(SPS),各大洲还有区域性的植物保护组织和有关规定,如亚洲和太平洋地区植物保护委员会(APPPC)1990 年 4 月正式批准我国为该组织成员。我国进入世贸组织(WTO)后也成为 IPPC 的合法成员。

我国自开展植物检疫以来先后颁布了许多植物检疫的法规,《中华人民共和国进出境动植物检疫法》是我国第一部由最高国家权力机构颁布的以植物检疫为主题的法律。该法于 1991 年 10 月 30 日在第七届全国人大常委会第二十次会议上通过,自 1992 年 4 月 1 日起施行。

《中华人民共和国进出境动植物检疫法实施条例》根据《中华人民共和国进出境动植物检疫法》由国务院制定并于 1997 年 1 月 1 日起施行。《植物检疫条例》是国务院 1983 年发布,1992 年 5 月 13 日修改后颁布,包括植物检疫的目的和任务、植物检疫机构及其职责范围、检疫范围、调动检疫、产地检疫、国外引种检疫审批、检疫放行与疫情处理、检疫收费、奖惩制度等,是目前我国进行国内植物检疫的依据。此外,在一些其他法规中也涉及植物检疫。例如,《中华人民共和国森林法》第二十八条规定:林业主管部门负责确定林木种苗的检疫对象,划定疫区和保护区,对林木种苗进行检疫。《中华人民共和国邮政法》第三十条规定:依法应当施行卫生检疫或者动植物检疫的邮件,由检疫部门负责拣出并进行检疫,未经检疫部门许可,邮政企业不得送递。《中华人民共和国铁路法》第五十六款规定:货物运输的检疫,按国家规定办理。农业法、种子管理条例等也包含有植物检疫的内容。

(2)植物检疫机构

我国植物检疫体系目前由国内农业检疫、林业检疫和口岸检疫 3 部分组成。国家有关植物检疫法规的立法和管理由农业部负责。《植物检疫条例》第三条第一款规定:县级以上地方各级农业主管部门、林业主管部门所属的植物检疫机构,负责执行国家的植物检疫任务。农业部所属的植物检疫机构和县级以上地方各级农业主管部门所属的植物检疫机构负责执行农业植物检疫任务,国家林业局和各级地方林业主管部门主管全国和地方森林植物检疫工作。口岸检疫由国家出入境检验检疫局管理,受海关总署领导。其主要任务是在对外开放的港口、码头、机场等场所,对进出境的植物和植物产品实施检疫,阻止国外检疫性有害生物的传入;对国内输出的植物和植物产品实施检疫,防止检疫性有害生物传出。

任务4.3　园艺技术措施

学习目标

理解并掌握园艺技术防治的措施和方法,并能根据园艺植物的地域性和季节性,因地制宜地采取各种园艺栽培技术措施进行病虫害的防治工作。

学习材料

当地的园艺植物的布局和选用的品种,以及所选用的品种是否是抗病虫品种的相关资料,当地园艺植物管护常用方法的相关资料。

重点及难点

园艺技术措施是以防治病虫为目的的贯穿于农业生产的一般性的技术措施,重点是选育抗病、虫品种、建立无病虫种苗基地、改革耕作制度和加强田间管护。

学习内容

园艺技术防治措施就是通过改进栽培技术措施,使环境条件不利于病虫害的发生,而有利于园艺植物的生长发育,直接或间接地消灭或抑制病虫的发生与为害。这种方法不需要额外投资,而且又有预防作用,可长期控制病虫害,因而是最基本的防治方法。但这种措施也有一定的局限性,病虫害大发生时必须依靠其他防治措施。

园艺技术防治措施可分为以下环节:

4.3.1　选育抗病虫品种

培育抗病虫品种是预防病虫害的重要一环,不同花木品种对于病虫害的受害程度并不一致。栽培抗病虫的植物品种比其他防治方法更经济、更易推广,尤其对于那些用其他措施难以防治的病虫害更是如此。目前,已培育出菊花、香石竹、金鱼草等花卉抗锈病的花卉新品种,抗紫菀萎蔫病的翠菊品种以及抗菊花叶枯线虫病的菊花品种等。我国园艺植物资源丰富,为抗病虫品种的选育提供了大量的种质,因而培育抗性品种前景广阔。

1) 植物的抗性特征

植物品种不仅有抗旱、抗涝、抗盐碱和抗倒伏等自然灾害的抗逆特性,而且还有抗病、虫和杂草为害的抗害特性。按植物抗害程度可将抗性品种划分为免疫、高抗、中抗、中感和高感。免疫指绝对不会受病虫侵害。对高抗至高感的描述,根据不同病虫害分别以为害症状、遭受的产量损失等,有不同的标准。

按植物对病原物生理小种的选择可分为垂直抗性和水平抗性。垂直抗性是指抗病品

种只对某些病原物生理小种具在抗性,抗性较强,鉴别寄主往往表现为过敏性反应,生理小种(或组成)变异则品种会很快丧失抗性,抗性只能保持几年。水平抗性是指抗病品种对病原物的所有生理小种都有一定抗性,但抗性不很强,鉴别寄主往往表现除过敏之外的其他抗性反应,生理小种的变异不会导致抗性丧失,抗性往往维持几十年。

2)抗病虫品种的选育及利用

①抗病品种的选育　培育植物抗病虫品种的方法很多,有常规育种、辐射育种、诱变育种、单倍体育种、新技术育种等。常规育种主要有引种、种内选育、杂交育种等。引种是指引进国外或国内其他地区的优良品种在本地驯化后推广利用;种内选育是在发生病虫害严重的时间和地区选择抗性单株;杂交育种则是应用最广泛的方法,即利用抗病虫品种与农艺性状好的品种或与新缘关系远的含抗性基因的野生种杂交,并可通过回交稳定其抗病虫特性及农艺性状。诱变育种是采用电离辐射、超声波、化学物质处理等方法使品种产生基因突变而育成抗病虫品种。单倍体育种即利用植物组织培养技术(如花药离体培养等)诱导产生单倍体植株,再通过某种手段使染色体组加倍(如用秋水仙素处理),从而使植物恢复正常染色体数。

新技术育种主要有组织培养技术、细胞工程及转基因技术育种。利用分生组织及克隆技术繁殖抗性植物比通过种子繁殖更快速有效,在分离植物细胞、原生质体、愈伤组织后经培养获得再生植株时,会出现抗性突变体。而将抗病虫基因导入园艺植物体细胞,获得大量理想化的抗性品种已逐步变为现实。

②抗病虫品种的应用　目前在美国等发达国家 50% ~ 70% 的农业种植面积采用抗单一或几种病虫害的品种,全世界每年因抗病品种获益几十亿美元,我国的主要农作物也采用了抗稻瘟病、小麦锈病、棉花枯萎病等抗病品种。抗虫品种的经济效益也十分可观,如美国报道对小麦瘿蚊、玉米螟等 4 种虫害的抗性品种选育总投资 930 万美元,而每年获益 30 800 万美元。可见,抗病虫品种的作用是无疑的。

抗性品种的利用也存在一些局限性。人们一般选育抗病虫品种多是针对一种主要病虫害,而较少考虑次要的或很少引起人们关注的病虫害,实际上也很难在一个品种上集中对多种病虫害的抗性。等到抗主要病虫害的品种大面积推广后,不要几年一些次要的病害又会发展成为主要的病虫害。另外,抗病虫害的植物往往与高产优质的性状相互矛盾。大面积单一种植抗性品种会导致品种抗性的丧失。抗病虫基因发掘较难,尤其是多抗性或综合抗性就更难。培育抗性品种的周期较长。不可能短期内解决突发性的病虫害问题等。

基于上述原因,在利用抗病虫品种时,既要充分认识到它的局限和不足,又要最大限度地发挥抗病虫品种在综合治理中的作用,如与其他防治措施相协调,如与栽培技术、化学防治、生物防治等措施有机结合,从而提高整体综合治理效果。

4.3.2　建立无病虫种苗基地,繁育健壮种苗

园艺上有许多病虫害是依靠种子、苗木及其他无性繁殖材料来传播的,因而选择无病虫害的繁殖材料,通过一定的措施,培育无病虫的健壮种苗,可有效地控制该类病虫害的发生。

①无病虫圃地育苗　选取土壤疏松、排水良好、通风透光、无病虫为害的场所为育苗圃

地。盆播育苗时应注意盆钵、基质的消毒,同时通过适时播种,合理轮作,整地施肥以及中耕除草等加强养护管理,使之苗齐、苗全、苗壮、无病虫为害。如菊花、香石竹等进行扦插育苗时,对基质及时消毒或更换新鲜基质,则可大大提高育苗的成活率。

②无病株采种(芽)　园艺植物的许多病害是通过种苗传播的,如仙客来病毒病、百日草白斑病是由种子传播,菊花白锈病是由脚芽传播等。只有从健康母株上采种(芽),才能得到无病种苗,避免或减轻该类病害的发生。

③组培脱毒育苗　园艺植物中病毒病发生普遍而且严重,许多种苗都带有病毒,利用组培技术进行脱毒处理,对于防治病毒病十分奏效。例如,脱毒香石竹苗、脱毒兰花苗等应用已非常成功。

④球茎等器官的收获及收后管理　以球茎、鳞茎等器官越冬或繁殖的花卉,为了保障这些器官的健康贮存,收获前尽量少浇水,防止含水过多造成贮藏腐烂,应在晴天收获。在挖掘过程中尽量避免伤口;挖掘后剔除有伤口、病虫、腐烂的球茎,并在日光下暴晒数日后收藏。贮窖预先清扫消毒,通风晾晒;入窖后要控制好温度和湿度,窖温一般控制在5 ℃左右,湿度控制在70%以下。有条件时,最好单个装入尼龙网袋,悬挂于窖顶贮藏。

4.3.3　改革耕作制度

1)合理轮作

轮作换茬是对土地养用结合,保证作物增产稳产的重要措施。它可均衡利用土壤养分、改善土壤理化性能及肥力,同时也可达到控制病、虫、草害的目的。例如,水旱轮作可以防除或减轻田间杂草的为害,特别对于恶性杂草是经济有效的措施,水旱轮作尤其对于一些土传病害如茄科、瓜类蔬菜枯萎病和地下害虫如地老虎、金龟子、蝼蛄等,可以取得一定效果。对于蔬菜与豆科作物的根结线虫病等,大多可通过结合非寄主的轮作得到控制。避免十字花科连茬,可减轻跳甲、小菜蛾的发生。棉花枯萎病、棉花黄萎病、小麦全蚀病和麦类根腐病、马铃薯环腐病、豆科作物的线虫病、香石竹温室镰刀菌枯萎病、地老虎、金龟子、蝼蛄等通过轮作可取得较好防效。轮作是防治土传病害和在土壤中越冬害虫的关键措施。与非寄主作物轮作,在一定时期内可以使病虫处于"饥饿"状态而削弱致病力或减少病原及害虫基数。

轮作换茬除了直接对病虫草等有抑制作用外,还可产生间接作用,如根际效应、残体效应和生防效应。根际效应表现为分泌物影响到根际微生物的组成和数量。例如,根际常见的节杆细菌(*Arthrobacter*)可夺取土壤中生长素 B_1,从而使得需要这种维生素的疫霉菌种群下降。植物残体效应表现为对土壤肥力和根际微生物两方面的作用。一般豆科作物积累肥力大于禾本科植物。有的根茬能促进喜氮微生物,从而降低土中硝酸盐含量。轮作的生防效应在于非寄主对于病虫的直接排斥或根际促使抗性微生物增加等。

轮作方式及年限因病虫害种类而异。对一些地下害虫实行水旱1～2年轮作,土传病害轮作年限再长一些,可取得较好的防治效果。对于鸡冠花褐斑病实行2年以上的轮作即有效,而对胞囊线虫病所需时间则较长,一般情况下要实行3年以上轮作。轮作是古老而有效的防治措施,轮作作物须为非寄主植物。

2) 科学配置园艺植物

建园时,为了保证园艺作物的结实效果,往往是许多种植物搭配种植,这样便忽视了病虫害之间的相互传染,人为地造成了某些病虫害的发生和流行。如海棠与柏属树种、牡丹(芍药)与松属树树近距离栽植易造成海棠锈病及牡丹(芍药)锈病的在发生。苹果、梨与柏树相距太近导致苹果、梨桧锈病发生;槐树与苜蓿为邻将为槐蚜提供转主寄主,导致槐树严重受害;桃、梅与梨相距太近,有得于梨小食心虫的大量发生;多种花卉的混栽会加重病毒病的发生。因而在园艺作物布局时,植物的配置应考虑病虫的为害问题。

3) 科学间作、套作

每种病虫对树木、花草都有一定的选择性和转移性,因而在进行花卉生产及苗圃育苗时,要考虑到寄主植物与害虫的食性及病菌的寄主范围,尽量避免相同食料及相同寄主范围的园艺植物混栽或间作。合理的间套种能明显抑制某些病虫害的发生和为害,如麦棉套种,麦收后能增加棉田的瓢虫数量,减轻棉蚜为害。

4.3.4　加强田间管护

①清洁园圃　及时收集园圃中的病虫害残体、草坪的枯草层,并加以处理,深埋或烧毁。生长季节要及时摘除病、虫枝叶,清除因病虫或其他原因致死的植株。园艺操作过程中应避免人为传染,如在切花、摘心、除草时要防止工具和人手对病菌的传带。温室中带有病虫的土壤、盆钵在未处理前不可继续使用。无土栽培时,被污染的营养液要及时清除,不得继续使用。除草要及时,许多杂草是病虫害的野生寄主,增加了病虫害的侵染来源,同时杂草丛生还提高了周围环境的湿度,有利于病害的发生。

②加强肥水管理　合理的肥水管理不仅能使植物健壮地生长,而且能增强植物的抗病虫能力。观赏植物应使用充分腐熟且无异味的有机肥,以免污染环境,影响观赏。使用无机肥时要注意氮、磷、钾等营养成分的配合,防止施肥过量或出现缺素症。浇水方式、浇水量、浇水时间等都影响着病虫害的发生。喷灌和洒水等方式往往容易引起叶部病害的发生,最好采用沟灌、滴灌或沿盆钵边缘注浇。浇水量要适宜,浇水过多易烂根,浇水过少则易使花木因缺水而生长不良,出现各种生理性病害或加重侵染性病害的发生。多雨季节要及时排水。浇水时间最好选择晴天的上午,以便及时地降低叶表湿度。

③改善环境条件　改善环境条件主要是指调节栽培地的温度和湿度,尤其是温室栽培植物,要经常通风换气、降低湿度,以减轻灰霉病、霜霉病等病害的发生。定植密度、盆花摆放密度要适宜,以利通风透光。冬季温室温度要适宜,不要忽冷忽热。否则,各种花木往往因生长环境欠佳,导致各种生理性病害及侵染性病害的发生。

④合理修剪　合理修剪、整枝不仅可增强树势、花叶并茂,还可减少病虫为害。例如,对天牛、透翅蛾等钻蛀性害虫以及袋蛾、刺蛾等食叶害虫,均可采用修剪虫枝等进行防治;对于介壳虫、粉虱等害虫,则通过修剪、整枝达到通风透光的目的,从而抑制此类害虫的为害。秋冬季节结合修枝,剪去有病枝条,从而减少来年病害的初侵染源,如月季枝枯病、白粉病以及阔叶树腐烂病等。对于园圃修剪下来的枝条,应及时清除。草坪的修剪高度、次数、时间也要合理。

⑤中耕除草　中耕除草不仅可保持地力,减少土壤水分的蒸发,促进花木健壮生长,提

高抗逆能力,还可清除许多病虫的发源地及潜伏场所。例如,杂草"苋色藜"是香石竹的中间寄主,铲除杂草可起到减轻病害的作用;褐刺蛾、绿刺蛾、扁刺蛾、黄杨尺蛾、草履蚧等害虫的幼虫、蛹或卵生活在浅土层中,通过中耕,可使其暴露于土表,便于杀死。

⑥翻土培土　结合深耕施肥,可将表土或落叶层中越冬的病菌、害虫深翻入土。公园、绿地、苗圃等场所在冬季暂无花卉生长,最好深翻一次,这样便可将其深埋于地下,翌年不再发生为害。此法对于防治花卉菌核病等效果较好。对于公园树坛翻耕时要特别注意树冠下面和根颈部附近的土层,让覆土达到一定的厚度,使得病菌无法萌动,害虫无法孵化或羽化。

⑦覆盖技术　通过地膜覆盖,达到提高地温、保持土壤水分、促进作物生长发育和提高作物抗病虫的目的。地膜覆盖栽培可控制某些地下害虫和土传病害。将高脂膜加水稀释后喷到植物体表,形成一层很薄的膜层,膜层允许氧和二氧化碳通过,真菌不能在组织内扩展,从而控制了病害。高脂膜稀释后还可喷洒在土壤表面,抑制土壤中的病原物,减少发病的概率。

任务4.4　物理机械防治

学习目标

掌握物理防治各种方法的运用,能结合实际和具体的植物病虫害,灵活运用各种物理防治方法。

学习材料

各种施药器械、药剂、修枝剪、地膜、黑光灯(直交流均可)、黄板等实物及挂图。

重点及难点

诱杀法、汰选法、隔离法及物理新技术的应用。

学习内容

利用各种简单的器械和各种物理因素来防治病虫害的方法称为物理机械防治。这种方法既包括古老、简单的人工捕杀,也包括近代物理新技术的应用。常见的方法有捕杀法、诱杀法、阻隔法、汰除法、热处理法等,这些方法具在简单方便,经济有效,不与其他防治技术发生冲突,不污染环境的优点,可作为有害生物防治的辅助措施,也可作为有害生物在发生时或其他方法难以解决时的一种应急措施。但有些方法较原始,效率低。

4.4.1　捕杀法

利用人工或各种简单的器械捕捉或直接消灭害虫的方法,称捕杀法。人工捕杀适合于具有假死性、群集性或其他目标明显易于捕捉的害虫。例如，多数金龟甲、象甲的成虫具有假死性，可在清晨或傍晚将其震落杀死；榆蓝叶甲的幼虫老熟时群集于树皮缝、树疤或枝杈下方等处化蛹，此时可人工捕杀。冬季修剪时，剪去黄刺蛾茧、蓑蛾袋囊，刮除舞毒蛾卵块等。在生长季节也可结合园圃日常管理，人工捏杀卷叶蛾虫苞、摘除虫卵、捕捉天牛成虫等。此法的优点是不污染环境，不伤害天敌，不需额外投资，便于开展群众性的防治。特别是在劳动力充足的条件下，更易实施。缺点是工效低，费工多。

4.4.2　诱杀法

利用害虫的趋性，人为设置器械或诱物来诱杀害虫的方法，称为诱杀法。利用此法还可预测害虫的发生动态。

1)灯光诱杀

利用害虫对灯光的趋性，人为设置灯光来诱杀害虫的方法，称为灯光诱杀。目前，生产上所用的光源主要是黑光灯，此外，还有高压汞灯、频振式杀虫灯、白炽灯等。

黑光灯诱杀：黑光灯是一种能辐射出 360 nm 紫外线的低气压汞气灯。而大多数害虫的视觉神经对波长 330~400 nm 的紫外线特别敏感，具有较强的趋光性，因而诱虫效果很好，能诱集 15 目，100 多科，几百种昆虫，其中多数是农林害虫。利用黑光灯诱虫，诱集面积大，成本低，能消灭大量虫源，降低下一代的虫口密度，还可用于开展预测预报和科学实验，进行害虫种类、分布和虫口密度的调查，为防治工作提供科学依据。

安置黑光灯时应以安全、经济、简便为原则，黑光灯管又分为交流黑光灯和直流晶体黑光灯两类。交流黑光灯用 220 V 的交流电源。直流晶体黑光灯用 6~12 V 蓄电池或干电池直流电源，光亮度低，但使用方便灵活，可在远离交流电源的地方设灯，使用安全。黑光灯诱虫时间一般在 5—9 月份，灯要设置在空旷处，选择闷热、无风无雨、无月光的天气开灯，诱集效果较好，晚上在华东地区以 21:00—22:00 时诱虫最多，24:00 点后可关灯。设灯时，易造成灯下或灯的附近虫口密度增加，因此，应注意杀灭灯周围的害虫，以防灯周围的植株受害加重。

2)食物诱杀

①毒饵诱杀　利用害虫的趋化性，在其所喜欢的食物中掺入适量毒剂来诱杀害虫的方法，称为毒饵诱杀。例如蝼蛄、地老虎等地下害虫，可用麦麸、谷糠等作饵料，掺入适量敌百虫、辛硫磷等药剂制成毒饵来诱杀，配方是饵料 100 份，毒剂 1~2 份，水适量。诱杀地老虎、梨小食心虫成虫时，常以糖、酒、醋作饵料，以敌百虫作毒剂来诱杀，配方是糖 6 份，酒1 份，醋 2~3 份，水 10 份，加适量敌百虫。

②植物诱杀　利用害虫对某些植物有特殊的嗜食习性，人为种植或采集此种植物诱集捕杀害虫的方法。如在苗圃周围种植蓖麻，可使金龟甲误食后麻醉，从而集中捕杀。

③潜所诱杀　利用害虫在某一时期喜欢某一特殊环境的习性，人为设置类似的环境来诱杀害虫的方法，称为潜所诱杀。如在树干基部绑扎草把或麻布片，可引诱某些蛾类幼虫前来越冬；在苗圃内堆集新鲜杂草，能诱集地老虎幼虫潜伏草下，然后集中杀灭。

④黄板诱杀　利用蚜虫对黄色的趋光性，在 30 cm×30 cm 的夹板上正反两面刷上黄漆，干后在板上刷一层机油，将黄色粘胶板设置于花卉栽培区域，可诱粘到大量有翅蚜、白粉虱、斑潜蝇等害虫，其中以在温室保护地内使用时效果较好。一般黄板要高于植株 30 cm 放置。

⑤饵木诱杀 许多蛀干害虫,如天牛、小蠹虫等喜欢在新伐倒木上产卵繁殖,因而可在这些害虫的繁殖期,人为地放置一些木段,供其产卵,待卵全部孵化后进行剥皮处理,消灭其中的害虫。如在山东泰山岱庙内,用此法可引诱大量双条杉天牛到人为设置的柏树木段上产卵,据调查,每 1 m 木段上可诱虫 100 余头。

⑥性诱杀 用 50~60 目防虫网制成一个高 10 cm、直径 3 cm 的圆柱形笼子,每个笼子里放两头未交配的雌蛾(可先采集雌蛹放在笼里,羽化后待用),把笼子吊在水盆上,水盆内盛水并加入少许煤油,在黄昏后放于田中,一个晚上可诱杀数百上千头雄蛾。

4.4.3 阻隔法

人为设置各种障碍,以切断病虫害的侵害途径,这种方法称为阻隔法,也称障碍物法。

①涂毒环、涂胶环 对有上、下树习性的幼虫可在树干上涂毒环或涂胶环,阻隔和触杀幼虫。该法多用于树木的胸高处,一般涂 2~3 个环。胶环的配方通常有以下两种:

a. 蓖麻油 10 份、松香 10 份、硬脂酸 1 份。

b. 豆油 5 份、松香 10 份、黄醋 1 份。

②挖障碍沟 对不能迁飞只能靠爬行扩散的害虫,为阻止其迁移为害,可在未受害区周围挖沟,害虫坠落沟中后予以消灭。对紫色根腐病等借助菌索蔓延传播的根部病害,在受害植株周围挖沟能阻隔病菌菌索的蔓延。挖沟规格是宽 30 cm、深 40 cm,两壁要光滑垂直。

③设障碍物 有的害虫雌成虫无翅,只能爬到树上产卵。对这类害虫,可在上树前在树干基部设置障碍物阻止其上树产卵,如在树干上绑塑料布或在干基周围培土堆,制成光滑的陡面。山东枣产区总结出人工防治枣尺蠖的经验,"五步防线治步曲",即"一涂、二挖、三绑、四撒、五堆"可有效地控制枣尺蠖上树。

④土壤覆盖薄膜或盖草也能达到防病的目的 许多叶部病害的病原物是在病残体上越冬的,花木栽培地早春覆膜或盖草(稻草、麦秸草等)可大幅度地减少叶部病害的发生。其原因是:膜或干草对病原物的传播起到了机械阻隔作用,而且覆膜后土壤温度、湿度提高,加速了病残体的腐烂,减少了侵染来源。另,干草腐烂后还可增加肥料。

⑤纱网阻隔 对于温室保护地内栽培的花卉植物,可采用 40~60 目的纱网覆罩,不仅可以隔绝蚜虫、叶蝉、粉虱、蓟马等害虫的为害,还能有效减轻病毒病的侵染。

⑥外科手术法 对于多年生的果树和林木,外科手术是治疗枝干病害的必要手段。例如治疗苹果树腐烂病,可直接用快刀将病组织刮干净并在刮净后涂药。当病斑绕树干 1 周时,还可采用桥接的办法将树救活。刮除枝干轮纹病斑可减轻果实轮纹病的发生。

此外,在目的植物周围种植高秆且害虫喜食的植物,可阻隔外来迁飞性害虫的为害;蚜虫忌避银灰色和白色膜,用银灰反光膜或白色尼龙纱覆盖土表,可使有翅蚜远远躲避,减少传毒介体蚜虫数量,从而减少病毒病害。

4.4.4 汰选法

利用健全种子与被害种子体形大小、比重上的差异进行器械或液相分离,剔除带有病虫的种子。常用的有手选、筛选、盐水选等。剔除大豆菟丝子种子,一般采用筛选法。剔除小麦线虫病的虫瘿、油菜菌核病的菌核,常用盐水选种法。

带有病虫的苗木,有的用肉眼便能识别,因而引进购买苗木时,要汰除有病虫害的苗木,尤其是带有检疫对象的材料,一定要彻底检查,将病虫拒之门外。特殊情况时,应该进行彻底消毒,并隔离种植。在此特别需要强调的是,从国外或外地大批量引进种苗时,一定要经有关部门进行检疫,有条件时最好到产地进行实地考察。

自己繁育的苗木,出售或栽植前,也应进行检查,剔除病虫植株,并及时进行处理,以防止扩展蔓延。

4.4.5　温度处理

任何生物,包括植物病原物、害虫对温度有一定的忍耐性,超过限度生物就会死亡。害虫和病菌对高温的忍受力都较差,因此通过提高温度来杀死病菌或害虫的方法称温度处理法,简称热处理。在园艺植物病虫害的防治中,热处理有干热和湿热两种。

①种苗的热处理　有病虫的苗木可用热风处理,温度为 35～40 ℃,处理时间为 1～4 周;也可用 40～50 ℃的温水处理,浸泡时间为 10 min～3 h。如唐菖蒲球茎在 55 ℃水中浸泡 30 min,可防治镰刀菌干腐病;有根结线虫病的植物在 45～65 ℃的温水中处理(先在 30～35 ℃的水中预热 30 min)可防病,处理时间为 0.5～2 h,处理后的植株用凉水淋洗;用 80 ℃热水浸刺槐种子 30 min 后捞出,可杀死种内小蜂幼虫,不影响种子发芽率。

种苗热处理的关键是温度和时间的控制,一般对休眠器官处理比较安全。对有病虫的植物作热处理时,要事先进行试验。热处理时升温要缓慢,使之有一个适应温热的锻炼过程。一般从 25 ℃开始,每 1 d 升高 2 ℃,6～7 d 后达到 37 ±1 ℃的处理温度。

②土壤的热处理　现代温室和苗床的土壤热处理是使用热蒸汽(90～100 ℃),处理时间为 30 min,可杀死绝大部分病原菌。蒸汽处理可大幅度降低香石竹镰刀菌枯萎病、菊花枯萎病及地下害虫的发生程度。在发达国家,蒸汽热处理已成为常规管理。

利用太阳能热处理土壤也是有效的措施,在 7—8 月将土壤摊平做垄,垄为南北向。浇水并覆盖塑料薄膜(25 μm 厚为宜),在覆盖期间要保证有 10～15 d 的晴天,耕层温度可高达 60～70 ℃,能基本上杀死土壤中的病原物。温室大棚中的土壤也可照此法处理,当夏季花木搬出温室后,将门窗全部关闭并在土壤表面覆膜,能较彻底地消灭温室中的病虫害。夏季高温期铺设黑色地膜,吸收日光能,使土壤升温,能杀死土壤中多种病原菌。

4.4.6　近代物理技术的应用

近几年来,随着物理学的发展,生物物理也有了相应的发展。因此,应用新的物理学成就来防治病虫,也就具有了愈加广阔的前景。原子能、超声波、紫外线、红外线、激光、高频电流等,正普遍应用于生物物理范畴,其中很多成果正在病虫害防治中得到应用。

①原子能的利用　原子能在昆虫方面的应用,除用于研究昆虫的生理效应、遗传性的改变以及示踪原子对昆虫毒理和生态方面的研究外,也可用来防治病虫害。例如,直接用 32.2 万 R(1 R = 2.58 ×10^{-4} C/kg)的 60Co γ-射线照射仓库害虫,可使害虫立即死亡。即使用 6.44 万 R 剂量,仍有杀虫效力,部分未被杀死的害虫,虽可正常生活和产卵,但生殖能力受到了损害,所产的卵粒不能孵化。

②高频、高压电流的应用　通常所使用的为 50 Hz/s 的低频电流,在无线电领域中,一

般将3 000万 Hz/s 的电流称为高频率电流,3 000万 Hz/s 以上的电流称为超高频电流。在高频率电场中,由于温度增高等原因,可使害虫迅速死亡。由于高频率电流产生在物质内部,而不是由外部传到内部,因此对消灭隐蔽为害的害虫极为方便。该法主要用于防治仓储害虫、土壤害虫等。

高压放电也可用来防治害虫:如国外设计一种机器,两电极之间可形成5 cm的火花,在火花的作用下,土壤表面的害虫在很短时间内就可死亡。

③超声波的应用 利用振动在20 000次/s以上的声波所产生的机械动力或化学反应来杀死害虫,如对水源的消毒灭菌、消灭植物体内部害虫等,也可利用超声波或微波引诱雄虫远离雌虫,从而阻止害虫的繁殖。

④光波的利用 一般黑光灯诱集的昆虫有害虫也有益虫,近年根据昆虫复眼对各种光波具有很强鉴别力的特点,采用对波长有调节作用的"激光器",将特定虫种诱入捕虫器中加以消灭。

任务4.5　生物防治技术

学习目标

理解生物防治的含义及其优缺点,掌握生物防治的具体内容和方法,能结合防治实际和具体的植物病虫害,选择恰当的生物防治方法并应用。

学习材料

当地的病虫害调查资料、病虫害预测预报资料、主要的园艺植物栽培品种介绍、栽培管理措施和条件、主要病虫害发生情况和常见天敌种类、常用生物农药品种调查资料、天敌资料及挂图等。

重点及难点

寄生性与捕食性天敌昆虫的利用途径、以菌治虫的方法、病毒的种类和应用、激素治虫的方法。

学习内容

利用有益生物及其代谢物质来控制病、虫、草害的方法称为生物防治法,是综合防治的一个重要内容。生物包括捕食性、寄生性天敌、病原性天敌,广义的还包括抗害性植物及通过生物工程改造的转基因植物、雄性不育昆虫等。生物代谢产物包括各种农用抗生素、昆虫激素、植物的次生代谢物(如烟碱、苦参碱)等。

生物防治的优点是对人、畜、植物安全,不污染环境,害虫不产生抗性,天敌来源广,且有长期抑制作用。天敌控制有害生物本来是自然现象,在农田中保护和利用天敌,可以维

持生态平衡。天敌是农田生态中潜在的自然再生资源,可充分利用这一丰富资源。但生物防治也有局限性,其杀虫作用缓慢,大多数天敌对有害生物选择范围窄,往往局限于某一虫期,对猖獗暴发性害虫及多种害虫同时并发难以迅速奏效。成本高,人工培养及使用技术要求比较严格,而释放到田间后又会受到气候等环境因素的影响。

生物防治可分为以虫治虫、以菌治虫、以鸟治虫、以蛛螨类治虫、以激素治虫、以菌治病、以虫除草、以菌除草等。

4.5.1 利用有益动物治虫除草

1)捕食性天敌昆虫

专以其他昆虫或小动物为食物的昆虫,称为捕食性昆虫。分属18个目近200个科,如瓢虫、食蚜蝇、步甲、蚂蚁、食虫虻、胡蜂、食虫蝽、螳螂、猎蝽、草蛉等。这类昆虫用它们的咀嚼式口器直接蚕食虫体的一部分或全部;有些则用刺吸式口器刺入害虫体内吸食害虫体液使其死亡,有害虫也有益虫,因此,捕食性昆虫并不都是害虫的天敌。但是螳螂、瓢虫、草蛉、猎蝽、食蚜蝇等多数情况下是有益的,是最常见的捕食性天敌昆虫。这类天敌,一般个体较被捕食者大,在自然界中抑制害虫的作用十分明显。此外,蜘蛛和其他捕食性益螨对某些害虫的控制作用也很明显,对它们的研究和利用也受到了广泛的注意。

2)寄生性天敌昆虫

一些昆虫种类,在某个时期或终身寄生在其他昆虫的体内或体外,以其体液和组织为食来维持生存,最终导致寄主昆虫死亡,这类昆虫一般称为寄生性天敌昆虫,分属5个目90个科,大多属于膜翅目的寄生蜂类和双翅目的寄生蝇类,以幼虫寄生寄主体内或体外吸取寄主营养导致寄主死亡。这类昆虫个体一般较寄主小,数量比寄主多,在1个寄主上可育出一个或多个个体。

寄生性天敌昆虫的常见类群有姬蜂、小茧蜂、蚜茧蜂、土蜂、肿腿蜂、黑卵蜂及小蜂类和寄生蝇类。

3)天敌昆虫利用的途径和方法

(1)当地自然天敌昆虫的保护和利用

自然界中天敌的种类和数量很多,在田间对害虫的种群密度起着重要的控制作用,因此,要善于保护和利用。具体措施有:

①害虫进行人工防治时,把采集到的卵、幼虫、茧蛹等放在害虫不易逃走而各种寄生性天敌昆虫能自由飞出的保护器内,待天敌昆虫羽化飞走后,再将未被寄生的害虫进行处理。如将摘除的三化螟卵块放入保护器(泡菜坛)内,可使寄生蜂飞回田间。在春灌沤田时,水面上撒稻草把,可避免蜘蛛溺死。

②化学防治时,应选择高效低毒、不杀伤天敌的微生物农药、植物性农药、酰基脲类杀虫剂,避免高毒高残留农药人为杀伤天敌。应选用选择性强或残效期短的杀虫剂,选择适当的施药时期和方法,尽量减少用药次数,喷施杀虫剂时尽量避开天敌活动盛期,以减少杀虫剂对天敌的伤害。采用种衣剂、毒土、涂茎等局部放药方法,可起到保护天敌的作用。根据天敌比例确定防治指标,如湖南水稻田当蜘蛛与飞虱数量比为1:5时,可不必用药,山东

麦田瓢虫、食蚜蝇与麦蚜比为1∶(80～120)时可不必用药。

③保护天敌过冬。瓢虫、螳螂等越冬时大多在干基枯枝落叶层、树洞、石块下等处,在寒冷地区常因低温的影响而大量死亡。因此,搜集越冬成虫在室内保护,翌春天气回暖时再放回田间,这样可保护天敌安全越冬。秋后田埂留杂草、挖沟铺草、堆垒土块等可创造蜘蛛安全越冬场所。

④改善天敌的营养条件。一些寄生蜂、寄生蝇成虫羽化后常需补充花蜜。如果成虫羽化后缺乏蜜源,常造成死亡,因此,园艺植物栽植时要适当考虑蜜源植物的配置。

(2)人工大量繁殖释放天敌昆虫

在自然条件下,天敌的发展总是以害虫的发展为前提,在害虫发生初期由于天敌数量少,对害虫的控制力低,再加上受化学防治的影响,园内天敌数量减少,因此,需采用人工大量繁殖的方法,繁殖一定数量的天敌,在害虫发生初期释放到野外,可取得较显著的防治效果。目前已繁殖利用成功的有:赤眼蜂、异色瓢虫、黑缘红瓢虫、草蛉、蜀蝽、平腹小蜂、管氏肿腿蜂等。

(3)移植、引进外地天敌

天敌移植是指天敌昆虫在本国范围内移地繁殖。天敌引进是指从一个国家移入另一个国家。我国从国外引进天敌虽有不少成功的事例,但失败的次数也很多。主要是因为对天敌及其防治对象的生物学、生态学及它们的原产地了解不足所致。1978年从英国引进的丽蚜小蜂,在北京等地试验,控制温室白粉虱的效果十分显著。1953年湖北省从浙江移植大红瓢虫防治柑橘吹绵蚧,获得成功,后来四川、福建、广西等地也引入了这种瓢虫,均获成功。在天敌昆虫的引移过程中,要特别注意引移对象的一般生物学特性,选择好引移对象的虫态、时间及方法,应特别注意两地生态条件的差异。蜘蛛和捕食螨同属于节肢动物门、蛛形纲,分别属蜘蛛目和蜱螨目,它们全部以昆虫和其他小动物为食,是城市风景区、森林公园、苗圃等场所的重要天敌类群。

4)其他有益动物治虫

①蜘蛛和螨类治虫　近十几年来,对蛛螨类的研究利用已取得较快进展。蜘蛛为肉食性,主要捕食昆虫,食料缺乏时也有相互残杀现象。常见的有草间小黑蛛、八斑球腹珠、拟水狼蛛、三突花蟹蛛等。蜘蛛主要捕食各种飞虱、叶蝉、螨类、蚜虫、蝗蝻、蝶蛾类的卵和幼虫。根据蜘蛛是否结网,通常分为游猎型和结网型两大类。游猎型蜘蛛不结网,在地面、水面及植物体表面行游猎生活。结网型蜘蛛能结各种类型的网,借网捕捉飞翔的昆虫。田间可根据网的类型识别蜘蛛。

捕食螨是指捕食叶螨和植食性害虫的螨类。重要科有植绥螨科、长须螨科。这两个科中有的种类已能人工饲养繁殖并释放于温室和田间,对防治叶螨收到良好效果。很多捕食螨类是植食性螨类的重要天敌。例如,四川利用畸鳌螨防治柑橘叶螨,广东利用植绥螨防治二斑叶螨,福建利用胡瓜钝绥螨防治叶螨。国内研究较多的是植绥螨,其种类多,分布广,可捕食许多植物上的多种害螨,并对其进行了大面积的商品化应用。

②蛙类治虫　两栖类中的青蛙、蟾蜍、雨蛙、树蛙等,主要以昆虫及其他小动物为食。所捕食的昆虫,绝大多数为农林害虫,如蝗虫、叶蝉、飞虱、蚜虫、蜻类、蝼蛄、金龟子、象甲、叩头虫、蚊、蝇、及多种鳞翅目幼虫。蛙类食量很大,如泽蛙1 d可捕食叶蝉260头。为发挥蛙类治虫的作用,除严禁捕杀蛙类外,还应加强人工繁殖和放养蛙类,保护蛙卵和蝌蚪。

③鸟类、家禽类治虫 据调查,我国现有 1 100 多种鸟,其中食虫鸟约占半数,很多鸟类一昼夜所吃的东西相当于它们本身的质量,广州地区 1980—1986 年对鸟类调查后,发现食虫鸟类达 130 多种,对抑制园艺害虫的发生起到了一定作用。目前,在城市风景区,森林公园等保护益鸟的主要做法是:严禁打鸟、人工悬挂鸟巢招引鸟类定居以及人工驯化等。家燕能捕食蚊、蝇、蝶、蛾等害虫,一对啄木鸟可控制 20 ~ 30 hm² 杨树林中的光肩星天牛。1984 年广州白云山管理处,曾从安徽省定远县引进灰喜鹊驯养,用来消灭松毛虫,获得成功。山东省林科所人工招引啄木鸟防治蛀干害虫,也收到良好的防治效果。江苏句容戴庄在桃园里放养鸡鹅,让其自由觅食害虫。

④利用有益动物除草 目前,在此方面做得较多的是利用昆虫除草,最早利用昆虫防治杂草成功的例子是对马缨丹的防治。该草是原产于中美洲的一种多年生灌木,1902 年作为观赏植物输入夏威夷,不幸很快蔓延全岛的牧场和椰林,成为放牧的严重障碍。人们从墨西哥引进了马缨丹籽潜蝇等昆虫,使问题得以解决。澳大利亚利用昆虫防治霸王树仙人掌、克拉马斯草、紫茎泽兰以及苏联利用昆虫防治豚草、列当等都非常成功。

除此之外,螨类、鱼类、贝类以及家禽中的鹅等,也可用以防除杂草。例如,保加利亚的一些农场利用放鹅能有效地防治列当,平均每公顷有一只鹅,就足以能把列当全部消灭。

4.5.2 利用有益微生物杀虫、治病、除草

1)以菌治虫(细菌、真菌、病毒、线虫、杀虫素)

人为利用病原微生物使害虫得病而死的方法,称为以菌治虫,能使昆虫得病而死的病原微生物有真菌、细菌、病毒、立克次氏体、原生动物及线虫等。目前,生产上应用较多的是前 3 类。

①细菌 昆虫病原细菌已经发现的约有 90 余种,大多为腐生菌,多属于芽孢杆菌科、假单胞杆菌科和肠杆菌科。

苏云金杆菌(bacillus thuringiensis,Bt)是世界上产量最高、生物防治面积最大的一种昆虫病原细菌,菌体为杆状,两端钝圆,周生鞭毛,能合成伴胞晶体,对鳞翅目 570 种以上的昆虫有致病性。由于伴胞晶体毒蛋白在昆虫中肠碱性条件下能水解为毒性肽,而使昆虫患败血症死亡。被细菌感染的昆虫,食欲减退,口腔和肛门具黏性排泄物,死后虫体颜色加深,并迅速腐败变形、软化、组织溃烂,有恶臭味,通称软化病。至今已发现 Bt 有 35 个变种,45 个血清型和 1 000 多种菌株。不同菌株对昆虫致病力不同,因此,即使是优良菌株,如从美国引进的 HD-1 菌株,也只对一种或几种害虫具有高毒力。目前,国产 Bt 杀虫剂主要有乳剂(效价为 2 500 IU/μL)和粉剂(效价为 16 000 IU/mg),能有效防治水稻、棉花、玉米、蔬菜、果树等的鳞翅目害虫,平均防效达 70% ~ 90% 以上。

乳状芽孢杆菌(bacillus popilliae,Bp)主要菌株为日本金龟子芽孢杆菌,是 50 多种金龟子幼虫的专性寄生菌,因蛴螬感病后体表呈乳白色,故称为乳状菌。由于该菌必须活体培养,因而限制了该菌的工厂化生产。日本金龟子芽孢杆菌防治日本金龟子幼虫有特效,该虫为害 300 多种植物。在我国,金龟子幼虫——蛴螬是农、林、园艺植物和牧草等的重要地下害虫,我国已分离到多种乳状菌新菌株。美国曾大面积应用 Bp 防治草坪上日本金龟子幼虫,防效达 95%,且持效达 9 年以上的显著效果。因此乳状菌的开发利用前景十

分可观。

形成商品化生产的还有球形芽孢杆菌(Bacillas sphaericus, Bs),因对某些蚊类幼虫有较高毒力且持效明显优于苏云金杆菌,世界卫生组织将其列为最有希望的生物防治因子之一。我国 Bs 制剂在 20 世纪 80 年代开始生产,在我国城市防蚊中发挥了重要作用。

目前,我国应用最广的细菌制剂是苏云金杆菌(包括松毛虫杆菌、青虫菌均其为变种)。这类制剂无公害,微生物繁殖量大,产品能工厂化生产,使用上与化学农药相同,且可与其他农药混用。对温度要求不严,在温度较高时发病率高,对鳞翅目幼虫防效好。

②真菌　病原真菌的类群较多,约有 750 种,但研究较多且实用价值较大的主要是接合菌中的虫霉属、半知菌中的白僵菌属、绿僵菌属及拟青霉属。病原菌以其孢子或菌丝自体壁侵入昆虫体内,以虫体各种组织和体液为营养,随后虫体上长出菌丝,产生孢子,随风和水流进行再侵染。感病昆虫常出现食欲锐减、虫体萎缩。因菌丝体及分生孢子充满体腔,吸干了水分,使昆虫僵硬而死,昆虫死后体表布满菌丝和孢子。

目前应用较为广泛的真菌制剂是白僵菌,不仅可有效地控制鳞翅目、同翅目、膜翅目、直翅目、半翅目等害虫。我国自 20 世纪 60 年代以来应用白僵菌防治农林害虫成效显著,目前防治农林害虫 40 多种,每年防治面积达 66.7 万 hm^2,居世界首位,尤其在机械化生产纯孢子粉加工成乳剂或油剂,进行超低量喷雾防治松毛虫、玉米螟方面,防效分别达 82% ~ 96% 和 79% ~87%,在世界上取得了引人注目的成就。

此外,我国在绿僵菌防治天牛、金龟子幼虫,轮枝孢菌防治温室花卉、蔬菜同翅目害虫,多毛菌防治柑橘锈壁虱,座壳孢菌、拟青霉防治温室粉虱、柑橘粉虱、介壳虫,虫霉菌防治蚜虫等的研发及应用方面均取得了不少进展。

昆虫病原真菌类制剂对人畜无害,不污染环境。其应用成败往往取决于天气及田间小气候湿度,应注意选用适宜的作物和用药时期。

③病毒　昆虫的病毒病在昆虫中很普遍,利用病毒来防治害虫,其主要特点是专化性强,在自然情况下,往往只寄生 1 种害虫,不存在污染与公害问题。

全世界已从 1 100 多种昆虫中发现 1 690 种左右的昆虫病毒,在已知的昆虫病毒中,防治应用较广的有核型多角体病毒(NPV)、颗粒体病毒(GV)和质型多角体病毒(CPV)3 类。其中发现早、分布广、数量多的是 NPV,据国外资料统计:对农林害虫具有 85% 防效的杆状病毒约有 67 种,NPV 占 50 种。NPV 的病毒粒子杆状,由套膜、核衣壳构成。多角体又称包含体,为蛋白质晶体结构,光学显微镜下呈现三边形、四边形、五边形等不规则颗粒,其内包埋几十至上百个杆状粒子,可保护病毒粒子免受外界环境影响,有利于 NPV 在环境中的活性保持及传播。昆虫经口服感染,在鳞翅目幼虫碱性中肠中多角体降解并释放出病毒粒子,先侵染中肠上皮细胞,经核内复制后,子代粒子进入血腔中而进一步感染昆虫所有细胞。感病虫体先体节肿胀,体色变浅发亮,食欲减退,行动迟缓,后体壁变薄,体内组织液化,一触即破,流出乳白色脓液,但无臭味,体表无丝状物。一般多卧于或悬挂在叶片及植株表面。

目前,NPV 病毒杀虫剂主要用半合成的人工饲料饲喂昆虫进行工厂化生产,单虫产量一般为 50 亿 ~100 亿多角体,每 667 m^2 用量 10 ~20 头虫尸,有水悬剂、可湿性粉剂和乳悬剂等剂型。我国已登记注册的 NPV 病毒杀虫剂主要有棉铃虫 NPV、苜蓿银纹夜蛾 NPV、斜纹夜蛾 NPV、黏虫 NPV、和草原毛虫 NPV 等(1998),与其他微生物杀虫剂相比,NPV 病毒杀虫剂在田间使用不受温湿度影响,在 pH 4.0 ~9.0 条件下不失活。另外,其可在土壤中长期滞留,田间

易产生流行病面后效明显,且至今未引起昆虫的抗性。缺点是因病毒宿主专一性强而杀虫范围窄,生产工艺复杂,不易规模化、产业化生产等。

这些病毒主要感染鳞翅目、双翅目、膜翅目、鞘翅目等的幼虫。例如,上海使用大蓑蛾核型多角体病毒防治大蓑蛾效果很好。

④杀虫素 某些微生物在代谢过程中能够产生杀虫的活性物质,称为杀虫素。目前取得一定成效的有杀蚜素、T21、44 号、7180、浏阳霉素等。近几年大批量生产并取得显著成效的为阿维菌素(杀虫、杀螨剂)、浏阳霉素(杀螨剂)等。

该类药剂杀虫效力高、不污染环境、对人畜无害,符合当前无公害生产的原则,因而极受欢迎。

⑤其他病原微生物 有些线虫可寄生地下害虫和钻蛀害虫,导致害虫受抑制或死亡。被线虫寄生的昆虫通常表现为褪色或膨胀、生长发育迟缓、繁殖能力降低,有的出现畸形。不同种类的线虫以不同的方式影响被寄生的昆虫,如索线虫以幼虫直接穿透昆虫表皮进入体内寄生一个时期,后期钻出虫体进入土壤,再发育为成虫并交尾产卵。索线虫穿出虫体时所造成的孔洞导致昆虫死亡。另外,新疆、内蒙古、青海利用原生动物微孢子虫防治蝗虫,均取得成功。

2) 以菌治病

通过微生物的作用减少病原物的数量,从而起到防治病害目的。

①拮抗作用 也称抗生作用,某些微生物在生长发育过程中能分泌一些抗菌物质,抑制其他微生物的生长,这种现象称拮抗作用。利用有拮抗作用的微生物来防治植物病害,有的已获得成功。例如,利用哈氏木霉菌防治茉莉花白绢病,有很好的防治效果。

②交互保护作用 植物在受到第一病原物侵染后,一般不易受第二病原物的侵染,植物病毒病害的生物防治原理就是用无毒株或弱毒株预先感染植物,使植物对强毒株的感染产生抵抗力。通过自然筛选或人工的化学、高温诱变,获得弱毒疫苗,用接种的方法(压力喷枪、摩擦和侵根)侵染植株,可达到全株免疫的目的。例如,我国的番茄花叶病毒病使用了 TmMv 弱毒株 N14 防治,防病增产效果达 30%。植物在有益微生物的作用下,其抗病性酶类及蛋白质会发生变化,如诱导合成植物保卫素和凝集素等,这是交互保护的又一机制,也值得加以利用。

目前,以菌治病多用于土壤传播的病害。

3) 以菌除草

在自然界中,各种杂草和园艺植物一样,在一定环境条件下都能感染一定的病害。利用病原微生物来防治杂草,虽然其工作较以虫治草为迟,但微生物的繁殖速度快,工业化大规模生产比较容易,且具有高度的专一性,因而它的出现,就显示出了在杂草生物防治中强大的生命力和广阔的前景。

利用真菌来防治杂草是整个以菌治草中最有前途的一类。例如,澳大利亚利用一种锈菌防治菊科杂草——粉苞菊非常成功;苏联利用一种链格孢菌防治三叶草菟丝子也非常理想。利用炭疽病菌"鲁保一号"防治大豆菟丝子是我国早期杂草生物防治最典型最突出的一例,防治效果稳定在80%以上。

4.5.3　利用昆虫激素及昆虫生长调节剂防治害虫

昆虫分泌的、具有活性、能调节和控制昆虫各种生理功能的物质称为激素,昆虫激素分外激素和内激素两大类型。由内分泌器官分泌到体内的激素称为内激素,由外激素腺体分泌到体外的激素称为外激素。昆虫的外激素是昆虫分泌到体外的挥发性物质,是昆虫对它的同伴发出的信号,便于寻找异性和食物。已经发现的有性外激素、结集外激素、追踪外激素及告警激素。目前,研究应用最多的是雌性外激素。世界上已有 2 000 种以上的昆虫性外激素化学结构被微量分析并能人工合成,在害虫的预测预报和防治方面起到了非常重要的作用。目前,我国能人工合成的雌性外激素种类有马尾松毛虫、白杨透翅蛾、桃小食心虫、梨小食心虫、苹小卷叶蛾等。

昆虫性外激素的应用有以下 3 个方面:

①诱杀法　利用性引诱剂将雄蛾诱来,配以粘胶、毒液等方法将其杀死。如利用某些性诱剂来诱杀国槐小卷蛾、桃小食心虫、白杨透翅蛾、大袋蛾等效果很好。

②迷向法　成虫发生期,在田间喷洒适量的性引诱剂,使其弥漫在大气中,使雄蛾无法辨认雌蛾,从而干扰正常的交尾活动。

③绝育法　将性诱剂与绝育剂配合,用性引诱剂把雄蛾诱来,使其接触绝育剂后仍返回原地,这种绝育后的雄蛾与雌蛾交配后就会产下不正常的卵,起到灭绝后代的作用。

除此之外,昆虫性外激素还可应用于害虫的预测预报,即通过成虫期悬挂性诱芯,掌握害虫发生初期、盛期、末期及发生量,指导施药时机和施药次数。减少环境污染和对天敌的伤害。

昆虫内激素是分泌在体内的一类激素,用以控制昆虫的生长发育和蜕皮。昆虫内激素主要有保幼激素、蜕皮激素及脑激素。在害虫防治方面,如果人为地改变内激素的含量,可阻碍害虫正常的生理功能,造成畸形,甚至死亡。天然的保幼激素和蜕皮激素性质很不稳定,而且合成困难,用来防治害虫几乎不可能。1967 年 Roller 分离鉴定了第一个保幼激素以来,迄今已发现 4 种天然保幼激素,合成了数以千计的保幼激素类似物。1988 年 Wing 报道了一种非甾族化合物的蜕皮激素抑食肼,随后又合成了其系列物虫酰肼。这些人工合成的化合物及几丁质合成抑制剂称为昆虫生长调节剂。这些杀虫剂并不快速杀死昆虫,而是通过干扰昆虫的生长发育。主要类型有保幼激素类似物烯虫酯(methoprene,可保持)、吡丙醚(pyriproxyfen,蚊蝇醚),蜕皮激素类似物抑食肼(RH-5849,虫死净)、虫酰肼(tebufenozide,米满)。几丁质合成抑制剂除虫脲(diflubenzuron,灭幼脲Ⅰ号)、氟啶脲(chlorfluazuron,定虫隆,抑太保)、氟铃脲(hexaflumuron,盖虫散)、氟虫脲(flufenoxron,卡死克)、噻嗪酮(buprofezin,优乐得,扑虱灵)等。这些昆虫生长调节剂的作用方式不同于常规杀虫剂,具有相当高的选择性,对天敌相对安全,不存在与其他杀虫剂的交互护问题。

4.5.4　其他有益生物及其代谢产物的利用

①不育昆虫　使用雄性不育个体或雌雄兼性个体释放田间,致使昆虫后代不能生育,达到控制害虫种群数量目的。

②植物农药　目前我国已有 20 余种植物农药登记注册,进入工厂化生产,如烟碱、木

烟碱、苦参碱、鱼藤、川楝素、芸薹素和苘蒿素等制剂。另据报道,世界上已发现30多科100多种植物有克草作用,种植相克的植物,通过竞争及化感作用可防除杂草。

③农用抗生素　某些微生物的代谢产物具有杀菌、杀虫、杀螨等作用,统称为抗生素。其中大多是放线菌产生的抗生素,开发成商品杀菌剂。我国已登记注册的有20余种,包括井冈霉素、农抗120、灭瘟素、浏阳霉素和阿维菌素,其中有些如井冈霉素、阿维菌素目前正广泛使用。可防治稻瘟病、纹枯病、黑穗病以及果、蔬多种病害,另外还能防治害螨、蚜虫和鳞翅目幼虫,具有内吸、高效、降解快和安全性高等优点。

4.5.5　现代生物技术应用

①转基因植物　利用基因技术,将外源基因导入体细胞,最终可得到转基因植株。1988年,美国科学家应用基因工程方法,在杨树抗虫育种方面取得了突破性进展,他们通过基因嵌合,把马铃薯中对昆虫有抵制作用的蛋白基因通过大肠杆菌转移到杨树中,培育了新型抗虫树种。近几年克隆Bt基因已转入植物,并在植物体内高效表达。

②植物组培快繁和植株脱毒　植物组织培养技术即是把植物细胞、组织、器官等培育成幼苗。其特点是使用的植物材料少,不受季节和气候限制,繁殖周期短,扩繁速度快,已广泛应用于珍稀植物和名贵花木的育苗。花卉利用茎尖组织培养,辅以化学或高温处理,可较好地起到植株脱毒作用,有利于防止畸形、品质变劣等。

任务4.6　化学防治技术

学习目标

理解化学防治概念和优缺点,了解农药的分类方法,熟悉常用农药的剂型和应用特点,掌握农药质量的简易鉴别方法及农药的使用方法;掌握农药的常用计算方法及农药的合理使用原则,掌握农药的配制和药械的使用与维修。

学习材料

常用各种剂型的农药品种、施药器械、药剂配制器及农药使用说明等实物及挂图。

重点及难点

农药的分类、农药的剂型、农药的使用方法、农药的稀释计算、农药的合理使用、常用农药的性质、剂型、作用方式、防治对象、使用方法。

学习内容

化学防治是指用各种有毒的化学药剂来防治病虫害、杂草等有害生物的一种方法。

化学防治具有快速高效,使用方法简单,不受地域限制,便于大面积机械化操作等优点。但也具有容易引起人畜中毒,污染环境,杀伤天敌,引起次要害虫再猖獗,并且长期使用同一种农药,可使某些害虫产生不同程度的抗药性等缺点。当病虫害大发生时,化学防治可能是唯一的有效方法。今后相当长时期内化学防治仍然占重要地位。至于化学防治的缺点,可通过发展选择性强、高效、低毒、低残留的农药以及通过改变施药方式、减少用药次数等措施逐步加以解决,同时还要与其他防治方法相结合,扬长避短,充分发挥化学防治的优越性,减少其毒副作用。

4.6.1　农药的基本知识

农药系指用于预防、消灭或者控制为害农业、林业的病、虫、草和其他有害生物以及有目的地调节、控制、影响植物和有害生物代谢、生长、发育、繁殖过程的化学合成或者来源于生物、其他天然产物及应用生物技术生产的一种物质或者几种物质的混合物及其制剂。

1)农药的种类

农药的种类很多,按照不同的分类方式可有不同的分法,一般可按防治对象、化学成分、作用方式进行分类。

（1）按防治对象分类

农药可分为杀虫剂、杀菌剂、杀螨剂、杀线虫剂、杀鼠剂、除草剂等。

（2）按化学成分分类

农药可分为：

①无机农药　即用矿物原料加工制成的农药,如波尔多液等。

②有机农药　即有机合成的农药,如敌敌畏、乐斯本、三唑酮、代森锰锌、骠马、克线磷等。

③植物性农药　即用天然植物制成的农药,如烟草、鱼藤、除虫菊等。

④矿物性农药　如石油乳剂。

⑤微生物农药　即用微生物或其代谢产物制成的农药,如白僵菌、苏云金杆菌等。

（3）按作用方式分类

杀虫剂可分为：

①胃毒剂　通过消化系统进入虫体内,使害虫中毒死亡的药剂,如敌百虫,适合于防治咀嚼式口器的昆虫。

②触杀剂　通过与害虫虫体接触,药剂经体壁进入虫体内使害虫中毒死亡的药剂。如大多数有机磷杀虫剂、拟除虫菊酯类杀虫剂。触杀剂对各种口器的害虫均适用,但对体被蜡质分泌物的介壳虫、木虱、粉虱等效果差。

③内吸剂　药剂易被植物组织吸收,并在植物体内运输,传导到植株的各部分,或经过植物的代谢作用而产生更毒的代谢物,当害虫取食时使其中毒死亡的药剂,如氧乐果、吡虫啉等。内吸剂对刺吸式口器的昆虫防治效果好,对咀嚼式口器的昆虫也有一定效果。

④熏蒸剂　药剂以气体分子状态充斥其作用的空间,通过害虫的呼吸系统进入虫体,而使害虫中毒死亡的药剂。如磷化铝、溴甲烷等。熏蒸剂应在密闭条件下使用,效果才好。如用磷化铝片剂防治蛀干害虫时,要用泥土封闭虫孔;用溴甲烷进行土壤消毒时,须用薄膜

覆盖等。

⑤其他杀虫剂 忌避剂：如驱蚊油、樟脑；拒食剂：如拒食胺；粘捕剂：如松脂合剂；绝育剂：如噻替派、六磷胺等；引诱剂：如糖醋液；昆虫生长调节剂：如灭幼脲Ⅲ。这类杀虫剂本身并无多大毒性，而是以其特殊的性能作用于昆虫。一般将这些药剂称为特异性杀虫剂。

实际上，杀虫剂的杀虫作用并不完全是单一的，多数杀虫剂往往兼具几种杀虫作用，如敌敌畏具有触杀、胃毒、熏蒸3种作用，但以触杀作用为主。在选择使用农药时，应注意选用其主要的杀虫作用。

杀菌剂可分为：

①保护剂 在植物感病前，把药剂喷布于植物体表面，形成一层保护膜，阻碍病原微生物的侵染，从而使植物免受其害的药剂，如波尔多液、代森锌等。

②治疗剂 在植物感病后，喷布药剂，以杀死或抑制病原物，使植物病害减轻或恢复健康的药剂，如三唑酮、甲基托布津。

2) 农药的剂型

工厂制造出的，未经加工成剂的农药称为原药，原药有液态的称为原油，固态的称为原粉，而绝大部分农药是不溶于水的，大多数农药的原药，不经过加工都不能直接使用。

原药中具有杀虫，杀菌效力的成分，称为有效成分。将原药根据不同的要求，按比例配进一定数量的辅助材料，如填料、湿润剂、溶剂或乳化剂等经过加工后制成的符合一定规格要求的成品，新表现的不同形成，称为农药的剂型。常用的农药剂型有：

①粉剂 是用原药加入一定量的惰性粉，如黏土、高岭土、滑石粉等，经机械加工成为粉末状物，粉粒直径在100 μm以下。粉剂不易被水湿润，不能兑水喷雾用，一般高浓度的粉剂用于拌种，制作毒饵或土壤处理用，低浓度的粉剂用作喷粉。

②可湿性粉剂 在原药中加入一定量的湿润剂和填充剂，经机械加工成的粉末状物，粉粒直径在70 μm以下。它不同于粉剂的是加入了一定量的湿润剂，如皂角、拉开粉等。可湿性粉剂可兑水喷雾用，一般不用作喷粉。因为它分散性能差，浓度高，易产生药害，价格也比粉剂高。

③乳油 原药加入一定量的乳化剂和溶剂制成的透明状液体。如40%氧乐果乳油。乳油适于兑水喷雾用，用乳油防治害虫的效果比同种药剂的其他剂型好，残效期长。因此，乳油是目前生产上应用最广的一种剂型。

④颗粒剂 原药加入载体（黏土、煤渣、玉米芯等）制成的颗粒状物。粒径一般为250～600 μm，如3%呋喃丹颗粒剂，主要用于土壤处理，残效长，用药量少。

⑤烟雾剂 原药加入燃料、氧化剂、消燃剂、引芯制成。点燃后燃烧均匀，成烟率高，无明火，原药受热气化，再遇冷凝结成瓢浮的微粒作用于空间，一般用于防治温室大棚、林地及仓库病虫害。

⑥超低容量制剂 原药加入油质溶剂、助剂制成。专门供超低容量喷雾，使用时不用兑水而直接喷雾，单位面积用量少，工效高，适于缺水地区。

⑦可溶性粉剂（水剂） 用水溶性固体农药制成的粉末状物。可兑水使用，成本低，但不宜久存，不易附着于植物表面。

⑧片剂 原药加入填料制成的片状物，如磷化铝片剂。

⑨其他剂型 熏蒸剂、缓释剂、胶悬剂、毒笔、毒绳、毒纸环、毒签、胶囊剂等。

随着农药加工技术的不断进步,各种新的制剂被陆续开发利用,如微乳剂、固体乳油、悬浮乳剂、可流动粉剂、漂浮颗粒剂、微胶囊剂、泡腾片剂等。

4.6.2　常用农药概述

1)杀虫剂

(1)有机磷杀虫剂

①敌敌畏(dichlorvos)　具有触杀、熏蒸和胃毒作用,残效期1~2 d。对人畜中毒。对鳞翅目、膜翅目、同翅目、双翅目、半翅目等害虫均有良好的防治效果,击倒迅速。常见加工剂型有:50%、80%乳油。用50%乳油1 000~1 500倍或80%乳油2 000~3 000倍液喷雾可防治花卉上的蚜虫、蛾蝶幼虫、介壳虫若虫及花木上的粉虱等,樱花及桃类花木忌用;温室、大棚内可用于熏蒸杀虫,具体用量为0.26~0.30 g/m³。

②久效磷(monocrotophos)　具有强烈内吸、触杀和胃毒作用。对人畜高毒。对刺吸式口器及咀嚼式口器的害虫均有良好的防治效果,药效迅速,持效期长达10~20 d。常见剂型有:40%、50%乳油,20%、50%水剂。可用于喷雾、内吸涂环等。

③辛硫磷(肟硫磷、倍腈松、phoxim)　具触杀和胃毒作用。对人畜低毒。可用于防治鳞翅目幼虫及蚜、螨、蚧等。常见剂型有:3%、5%颗粒剂,25%微胶囊剂,50%、75%乳油。一般使用浓度为50%乳油1 000~1 500倍液喷雾。5%颗粒剂每公顷30 kg防治地下害虫。

④氧乐果(omethoate)　具触杀、内吸和胃毒作用,是一种广谱性杀虫、杀螨剂。主要用于防治刺吸式口器的害虫,如蚜、蚧、螨等,也可防治咀嚼式口器的害虫。该药对人畜高毒,对蜜蜂也有较高的毒性,使用时应注意。常见剂型有:40%乳油,20%粉剂,一般使用浓度为40%乳油稀释1 000~2 000倍喷雾,也可用于内吸涂环。樱花、梅花及桃类花木忌用。

⑤乙酰甲胺磷(杀虫灵、高灭磷、杀虫磷、12420、acephate)　具胃毒、触杀和内吸作用。能防治咀嚼式口器、刺吸口器害虫和螨类。它是缓效型杀虫剂,后效作用强。对人畜低毒。常见剂型有:30%、40%、50%乳油,5%粉剂,25%、50%、70%可湿性粉剂。一般使用浓度为30%乳油稀释300~600倍或40%乳油稀释400~800倍喷雾。

⑥速扑杀(速蚧克、杀扑磷、methidathion)　具触杀、胃毒及熏蒸作用,并能渗入植物组织内。对人畜高毒。是一种广谱性杀虫剂,尤其对于介壳虫有特效。常见剂型有40%乳油。一般使用浓度为40%乳油稀释1 000~3 000倍喷雾,在若蚧期使用效果最好。

⑦乐斯本(毒死蜱、氯吡硫磷、chlorpyrifos)　具触杀、胃毒及熏蒸作用。对人畜中毒。是一种广谱性杀虫剂,对于鳞翅目幼虫、蚜虫、叶蝉及螨类效果好,也可用于防治地下害虫。常见剂型有:40.7%、40%乳油。一般使用浓度为40.7%乳油稀释1 000~2 000倍喷雾。

⑧爱卡士(喹硫磷、喹恶磷、quinalphos)　具触杀、胃毒和内渗作用。对人畜中毒。是一种广谱性杀虫剂,对于鳞翅目幼虫、蚜虫、叶蝉、蓟马及螨类效果好。常见剂型有:25%乳油,5%颗粒剂。一般使用浓度为25%乳油稀释800~1 200倍喷雾。

⑨伏杀硫磷(佐罗纳、phosalone)　为触杀性杀虫、杀螨剂,杀虫谱广,对于鳞翅目幼虫、蚜虫、叶蝉及螨类效果好。对人畜中毒。常见剂型有:30%乳油,30%可湿性粉剂。一般使用浓度为30%乳油稀释2 000~3 000倍喷雾。

⑩哒嗪硫磷(哒净松、苯达磷、pyridaphenthion) 具触杀及胃毒作用,为一高效、低毒、低残留、广谱性的杀虫剂,对多种咀嚼式及刺吸式口器有较好的防治效果。常见剂型有:20%乳油,2%粉剂。一般使用浓度为20%乳油稀释500～1 000倍喷雾;2%粉剂喷粉,每公顷用量为45 kg。

⑪甲基异柳磷(isofenphos-methyl) 为一土壤杀虫剂,对害虫有较强的触杀及胃毒作用,杀虫谱广,主要用于防治蝼蛄、蛴螬、金针虫等地下害虫。只准用于拌种或土壤处理,不可兑水喷雾。对人畜高毒。常见剂型有:20%、40%乳油。一般使用方法为:首先按种子量的千分之一(非纯药)确定40%乳油的用量,然后稀释100倍并进行拌种处理,可防治多种地下害虫;按20%乳油4.5～7.0 L/hm² 计,制成毒土300 kg,均匀进行穴施或条施后覆土,可有效地防治蛴螬。

(2)有机氮杀虫剂

①杀虫双 具较强的内吸、触杀及胃毒作用,并有一定的熏蒸作用。对于鳞翅目幼虫、蓟马等效果好。对人畜中毒。常见剂型有:25%水剂,3%颗粒剂,5%颗粒剂。一般使用浓度为25%水剂3 kg/hm²,兑水750～900 kg喷雾。

②杀虫环(thiocyclam) 具有触杀及胃毒作用,并有一定的内吸、熏蒸作用。对于鳞翅目幼虫、蚜虫、叶蝉、叶螨、蓟马等。对人畜中毒。常见剂型有50%可湿性粉剂。一般使用浓度为50%可湿性粉剂0.6～1.2 kg/hm²,兑水750～1 200 kg喷雾。

③吡虫啉(咪蚜胺、NTN-33893、imidacloprid) 属强内吸杀虫剂,对蚜虫、叶蝉、粉虱、蓟马等效果好,对鳞翅目、鞘翅目、双翅目昆虫也有效。由于其具有优良内吸性,特别适于种子处理和作颗粒剂使用。对人畜低毒。常见剂型有:10%、15%可湿性粉剂,10%乳油。使用方法:防治各类蚜虫,每1 kg种子用药1 g(有效成分)处理;叶面喷雾时,10%可湿性粉剂的用药量为150 g/hm²;毒土处理,土壤中的浓度为1.25 mg/kg时,可长时间防治蚜虫。

④抗蚜威(辟蚜雾、pirimicarb) 具触杀、熏蒸和渗透叶面作用。能防治对有机磷杀虫剂产生抗性的蚜虫。药效迅速,残效期短,对作物安全,对蚜虫天敌毒性低,是综合防治蚜虫较理想的药剂。对人畜中毒。常见剂型有:50%可湿性粉剂,10%烟剂,5%颗粒剂。一般使用浓度为50%可湿性粉剂,每公顷150～270 g,兑水450～900 L喷雾。

⑤克百威(呋喃丹、虫螨威、卡巴呋喃、carbofuran) 具强内吸、触杀和胃毒作用,是一种广谱性内吸杀虫剂、杀螨剂和杀线虫剂。对人畜剧毒。能通过根系和种子吸收而杀死刺吸式口器、咀嚼式口器害虫、螨类和线虫。残效期长,在土壤中的半衰期为30～60 d。我国主要剂型为3%颗粒剂。一般使用量为15～30 kg/hm² 用于土壤处理或根施。但结果树及食用植物应特别注意,严禁兑水喷雾使用。目前,此药已广泛用于盆栽花卉及地栽林木的枝梢害虫。

⑥甲萘威(西维因、胺甲萘、carbaryl) 具触杀、胃毒和微弱内吸作用。对咀嚼式口器及刺吸式口器的害虫均有效,但对蚧、螨类效果差。喷药2 d后才发挥作用。低温时效果差。残效期一般4～6 d。对人畜低毒。常见剂型有:5%粉剂,25%和50%可湿性粉剂等。一般使用浓度为50%可湿性粉剂稀释750倍喷雾。

⑦涕灭威(铁灭克、aldicarb) 具强内吸、触杀和胃毒作用,是一种广谱性内吸杀虫剂、杀螨剂和杀线虫剂。对人畜剧毒。能通过根系和种子吸收而杀死刺吸式口器、咀嚼式口器

害虫、螨类和线虫。速效性好,一般用药后几小时便能发挥作用。药效可持续 6~8 周。常见剂型有 15% 颗粒剂。其使用方法为沟施、穴施或追施,严禁兑水喷雾。沟施法的用量为 15% 颗粒剂 15~18 kg/hm²。

⑧灭多威(万灵、methomyl) 具触杀及胃毒作用,具有一定的杀卵效果。适于防治鳞翅目、鞘翅目、同翅目等昆虫。对人畜高毒。常见剂型有:24% 水溶性液剂,40%、90% 可溶性粉剂,2% 乳油,10% 可湿性粉剂。一般用量为 24% 的水剂 0.6~0.8 L/hm²,兑水喷雾。

⑨硫双灭多威(拉维因、硫双威 thiodicarb) 具胃毒作用,几乎无触杀作用,无熏蒸及内吸作用。对鳞翅目害虫有特效,也可用于防治鞘翅目、双翅目、膜翅目等害虫,对蚜虫、叶蝉、蓟马及螨类无效。常见剂型有 75% 可湿性粉剂。一般用量为 75% 可湿性粉剂 1.50~2.25 kg/hm²,兑水喷雾。

⑩唑蚜威(triaguron) 高效选择性内吸杀虫剂,对多种蚜虫有较好的防治效果,对抗性蚜也有较高的活性。对人畜中毒。常见剂型有:25% 可湿性粉剂,24%、48% 乳油。每公顷使用有效成分 30 g 即可。

⑪丙硫克百威(安克力、丙硫威、benfuracarb) 为克百威的低毒化品种,具有触杀、胃毒和内吸作用,持效期长。可防治多种害虫。对人畜中毒。常见剂型有:3%、5%、10% 颗粒剂,20% 乳油。使用方法为:每公顷用 5% 颗粒剂 12~18 kg 或 1% 乳油 6~9 kg 作土壤处理,即可防治蚜虫及多种地下害虫。

⑫丁硫克百威(好年冬、丁硫威、carbosulfan) 为克百威的低毒化衍生物,具有触杀、胃毒及内吸作用,杀虫谱广,也能杀螨。对人畜中毒。常见剂型有:5% 颗粒剂,15% 乳油。使用方法为:每公顷用 5% 颗粒剂 15~60 kg 作土壤处理,即可防治多种地下害虫及叶面害虫。

(3)拟除虫菊酯类杀虫剂

①灭扫利(甲氰菊酯、fenpropathrin) 具触杀、胃毒及一定的忌避作用。对人畜中毒。可用于防治鳞翅目、鞘翅目、同翅目、双翅目、半翅目等害虫及多种害螨。常见剂型有 20% 乳油。一般使用浓度有 20% 乳油稀释 2 000~3 000 倍喷雾。

②天王星(虫螨灵、联苯菊酯、bifenthrin) 具触杀、胃毒作用。对人畜中毒。可用于防治鳞翅目幼虫、蚜虫、叶蝉、粉虱、潜叶蛾、叶螨等。常见剂型有:2.5%、10% 乳油。一般使用浓度为 10% 乳油稀释 3 000~5 000 倍喷雾。

③氯菊酯(二氯苯醚菊酯、除虫精、permethrin) 具有触杀作用,兼有胃毒和杀卵作用,但无内吸性。杀虫谱广,对害虫击倒快,残效长,杀虫毒力比一般有机磷高约 10 倍。可防治 130 多种害虫,对鳞翅目幼虫有特效。对人畜低毒。常见剂型有 10% 乳油。一般使用浓度为 1 000~2 000 倍液喷雾。该药为负温度系数的药剂,即低温时效果好。但对钻蛀性害虫、螨类、蚧类效果差。

④氰戊菊酯(中西杀灭菊酯、速灭杀丁、fenvalerate) 具强触杀作用,有一定的胃毒和拒食作用。效果迅速,击倒力强。对人畜中毒。对鱼、蜜蜂高毒。可用于防治鳞翅目、半翅目、双翅目的幼虫。常见剂型有 20% 乳油,每公顷用 300~600 mL 对水喷雾。

⑤氯氰菊酯(安绿宝、灭百可、兴棉宝、赛波凯、cypermethrin) 具触杀、胃毒和一定的杀卵作用。该药对鳞翅目幼虫、同翅目及半翅目昆虫效果好。对人畜中毒。常见剂型有 10% 乳油。一般使用浓度为 10% 乳油稀释 2 000~5 000 倍喷雾。

⑥溴氰菊酯(敌杀死、凯素灵、凯安保、deltamethrin) 具强触杀作用,兼具胃毒和一定的杀卵作用。该药对植物吸附性好,耐雨水冲刷,残效期长达 7 ~ 21 d,对鳞翅目幼虫和同翅目害虫有特效。对人畜中毒。常见加工剂型有:2.5% 乳油,25% 可湿性粉剂。一般使用浓度为 2.5% 乳油稀释 4 000 ~ 6 000 倍喷雾。

⑦三氟氯氰菊酯(功夫、功夫菊酯、cyhalothrin) 具强触杀作用,并具胃毒和驱避作用,速效,杀虫谱广。对鳞翅目、半翅目、鞘翅目、膜翅目等害虫均有良好的防治效果。对人畜中毒。常见剂型有 2.5% 乳油。一般使用浓度为 2.5% 乳油稀释 3 000 ~ 5 000 倍喷雾。

⑧氟氯氰菊酯(百树菊酯、百树得、cyfluthrin) 具触杀及胃毒作用,杀虫谱广,作用迅速,药效显著。对多种鳞翅目幼虫、蚜虫、叶蝉等有良好的防效。对人畜低毒。常见剂型有 5.7% 乳油。一般使用浓度为 57% 乳油稀释 2 000 ~ 5 000 倍喷雾。

⑨贝塔氟氯氰菊酯(保得、beta-cyfluthrin) 具触杀及胃毒作用,稍有渗透性而无内吸作用,杀虫谱广,防效大约是氟氯氰菊酯的两倍,其他作用与氟氯氰菊酯相同。常见剂型有 2.5% 乳油。一般使用浓度为 2.5% 乳油稀释 2 000 ~ 5 000 倍喷雾。

⑩氟氰戊菊酯(氟氰菊酯、保好鸿、flucythrinate) 具触杀及胃毒作用,杀虫谱广,作用迅速,可防治鳞翅目、同翅目、鞘翅目、双翅目等多种害虫。对人畜中毒。常见剂型有 30% 乳油。一般使用浓度为 30% 乳油稀释 5 000 ~ 8 000 倍喷雾。

⑪四溴菊酯(tralomethrin) 具触杀及胃毒作用,杀虫谱广,可防治鳞翅目、同翅目、鞘翅目、直翅目等多种害虫。对人畜中毒。常见剂型有:3.6%、10.8% 乳油。一般使用浓度为 3.6% 乳油稀释 800 ~ 1 000 倍喷雾。

⑫醚菊酯(多来宝、MTI-500、ethofenprox) 具触杀及胃毒作用,杀虫谱广,作用迅速,持效期长。对杀虫谱广,作用迅速,对鳞翅目、同翅目、鞘翅目、直翅目、半翅目、等翅目等多种害虫有高效。对人畜低毒。常见剂型有 10%、20%、30% 乳油,10%、20%、30% 可湿性粉剂。一般使用量为 10% 乳油,每公顷 600 ~ 1 300 兑水喷雾。

(4)混合杀虫剂

①辛敌乳油(ⓐphoxim ⓑtrichlorfon) 由 25% 辛硫磷和 25% 敌百虫混配而成,具触杀及胃毒作用,可防治蚜虫及鳞翅目害虫。对人畜低毒。常见剂型有 50% 乳油。一般使用浓度为 50% 乳油稀释 1 000 ~ 2 000 倍喷雾。

②多灭灵(ⓐmethamidophos ⓑtrichlorphon) 由 20% 甲胺磷和 30% 敌百虫混配而成,具触杀、胃毒及内吸作用,可防治蚜虫、叶螨及鳞翅目害虫。对人畜高毒。常见剂型有 50% 乳油。一般使用浓度为 50% 乳油稀释 1 000 ~ 2 000 倍喷雾。

③高效磷(马甲乳油、ⓐmethamidophos ⓑmalathion) 由 10% 甲胺磷和 30% 马拉硫磷混配而成,具触杀、胃毒及一定的内吸作用,可防治蚜虫、叶螨及鳞翅目害虫。对人畜高毒。常见剂型有 40% 乳油。一般使用浓度为 40% 乳油稀释 1 500 ~ 2 000 倍喷雾。

④灭杀毙(增效氰马、ⓐfenvalerate ⓑmalathion) 由 6% 氰戊菊酯和 15% 马拉硫磷混配而成,以触杀、胃毒作用为主,兼有拒食、杀卵及杀蛹作用。可防治蚜虫、叶螨及鳞翅目害虫。对人畜中毒。常见剂型有 21% 乳油。一般使用浓度为 21% 乳油稀释 1 500 ~ 2 000 倍喷雾。

⑤速杀灵(菊乐合剂、ⓐfenvalerate ⓑdimethqate) 由氰戊菊酯和乐果 1:2 混配而成,具触杀、胃毒及一定的内吸、杀卵作用,可防治蚜虫、叶螨及鳞翅目害虫。对人畜中毒。常

见剂型有30%乳油。一般使用浓度为30%乳油稀释1 500~2 000倍喷雾。

⑥桃小灵(@fenvalerate ⑥malathion) 由氰戊菊酯和马拉硫磷混配而成,具触杀及胃毒作用,兼有拒食、杀卵及杀蛹作用。可防治蚜虫、叶螨及鳞翅目害虫。对人畜中毒。常见剂型有30%乳油。一般使用浓度为30%乳油稀释2 000~2 500倍喷雾。

⑦氰久(丰收菊酯、@fenvalerate ⑥monocrotophos) 由3.3%氰戊菊酯和16.7%久效磷混配而成,具触杀、胃毒及内吸作用,可防治蚜虫、叶螨及鳞翅目害虫。对人畜高毒。常见剂型有20%可湿性粉剂。一般使用浓度为20%可湿性粉剂稀释1 000~1 500倍喷雾。

⑧菊脒乳油(@fenvalerate ⑥chlordimeform) 由10%氰戊菊酯和10%杀虫脒混配而成,具触杀和胃毒作用,可防治蚜虫、叶螨及鳞翅目害虫。对人畜中毒。常见剂型有20%乳油。一般使用方法为每公顷需20%乳油150~600 mL兑水喷雾。

⑨增效机油乳剂(敌蚜螨) 由机油和溴氰菊酯混配而成,具强烈地触杀作用,为一广谱性的杀虫、杀螨剂。可防治蚜虫、叶螨、介壳虫以及鳞翅目幼虫等。对人畜低毒。常见剂型有85%乳油。一般使用方法为每公顷需85%乳油1 500~2 500 mL兑水喷雾;将其稀释100~300倍喷雾,可有效地防治褐软蚧等介壳虫,但须注意药害。

(5)生物源杀虫剂

①阿维菌素(灭虫灵、7051杀虫素、爱福丁、abamectin) 是新型抗生素类杀虫、杀螨剂,具触杀和胃毒作用,对于鳞翅目、鞘翅目、同翅目、斑潜蝇及螨类有高效。对人畜高毒。常见剂型有:1.0%、0.6%、1.8%乳油。一般使用浓度为1.8%乳油稀释1 000~3 000倍液喷雾。

②苏云金杆菌(bacilus thuringiensis,BT) 该药剂是一种细菌性杀虫剂,杀虫的有效成分是细菌及其产生的毒素。原药为黄褐色固体,属低毒杀虫剂,为好气性蜡状芽孢杆菌群,在芽孢囊内产生晶体,有12个血清型,17个变种。它可用于防治直翅目、鞘翅目、双翅目、膜翅目,特别是鳞翅目的多种害虫,常见剂型有:可湿性粉剂(100亿活芽/g),B.T乳剂(100亿活孢子/mL)可用于喷雾、喷粉、灌心等,也可用于飞机防治。如用100亿孢子/g的菌粉兑水稀释2 000倍喷雾,可防治多种鳞翅目幼虫。30 ℃以上施药效果最好。苏云金杆菌可与敌百虫、菊酯类等农药混合使用,效果好,速度快。但不能与杀菌剂混用。

③白僵菌(beauveria) 该药剂是一种真菌性杀虫剂,不污染环境,害虫不易产生抗性,可用于防治鳞翅目、同翅目、膜翅目、直翅目等害虫。对人、畜及环境安全,对蚕感染力很强。其常见的剂型为粉剂(每1 g菌粉含有孢子50亿~70亿个。常见剂型有:1.0%、0.6%、1.8%乳油。一般使用浓度为菌粉稀释50~60倍喷雾。

④核多角体病毒(nuclear polyhedrosis viruses) 该药剂是一种病毒杀虫剂,具有胃毒作用。对人、畜、鸟、益虫、鱼及环境安全,对植物安全,害虫不易产生抗性,不耐高湿,易被紫外线照射失活,作用较慢。适于防治鳞翅目害虫。其常见的剂型为粉剂、可湿性粉剂。一般使用方法为:每公顷用$(3~45)×10^{11}$个核多角体病毒兑水喷雾。

⑤茴蒿素 该药为一种植物性杀虫剂,主要成分为山道年及百部碱,主要杀虫作用为胃毒。可用于防治鳞翅目幼虫。对人畜低毒。其常见剂型有0.65%水剂。一般使用浓度为0.65%水剂稀释400~500倍液喷雾。

⑥印楝素(azadirachtin) 该药为一种植物性杀虫剂,具有拒食、忌避、毒杀及影响昆虫生长发育等多种作用,并具有良好的内吸传导性。能防治鳞翅目、同翅目、鞘翅目等多

种害虫。对人、畜、鸟类及天敌安全。生产上常用 0.1% ~1% 印楝素种核乙醇提取液喷雾。

⑦苦参碱(matrine) 该药是一种低毒植物性杀虫剂,也可防治红蜘蛛及某些病害。对害虫有触杀和胃毒作用,害虫一旦触及,即麻痹神经中枢,继而虫体蛋白质凝固,堵死虫体气孔,使害虫窒息而死,因而对害虫高效,但药效速度较慢,施药 3 d 后药效才能逐渐升高,7 d 后达峰值。主要用来防治菜青虫、蚜虫、韭蛆、小地老虎等。

⑧多杀菌素(spinosad,多杀霉素) 是在刺糖多胞菌(saccharopolyspora spinosa)发酵液中提取的一种大环内酯类无公害高效生物杀虫剂,是一种广谱的生物农药,杀虫活性远远超过有机磷、氨基甲酸酯、环戊二烯和其他杀虫剂,它的作用机理被认为是烟酸乙酰胆碱受体的作用体,可以持续激活靶标昆虫乙酰胆碱烟碱型受体,但是其结合位点不同于烟碱和吡虫啉。安全性高,且与目前常用杀虫剂无交互抗性为低毒、高效、低残留的生物杀虫剂,既有高效的杀虫性能,又有对有益虫和哺乳动物安全的特性,最适合无公害蔬菜、水果生产应用。是一种低毒、高效、广谱的杀虫剂。对害虫具有快速的触杀和胃毒作用,对叶片有较强的渗透作用,可杀死表皮下的害虫,残效期较长,对一些害虫具有一定的杀卵作用。使用方法:蔬菜害虫防治小菜蛾,在低龄幼虫盛发期用 2.5% 悬浮剂 1 000 ~1 500 倍液均匀喷雾,或每 667 m² 用 2.5% 悬浮剂 33 ~50 mL 兑水 20 ~50 kg 喷雾;防治甜菜夜蛾,于低龄幼虫期,每 667 m² 用 2.5% 悬浮剂 50 ~100 mL 兑水喷雾,傍晚施药效果最好;防治蓟马,于发生期,每 667 m² 用 2.5% 悬浮剂 33 ~50 mL 兑水喷雾,或用 2.5% 悬浮剂 1 000 ~1 500 倍液均匀喷雾,重点在幼嫩组织如花、幼果、顶尖及嫩梢等部位。

(6)熏蒸杀虫剂

①磷化铝(磷毒、aluminum phosphide) 多为片剂,每片约 3 g。磷化铝以分解产生的毒气杀灭害虫,对各虫态都有效。对人畜剧毒。可用于密闭熏蒸防治种实害虫、蛀干害虫等。防治效果与密闭好坏,温度及时间长短有关。山东兖州市用磷化铝堵孔防治光肩星天牛,每孔用量 1/8 ~1/4 片,效果达 90% 以上。熏蒸时用量一般为 12 ~15 片/m³。

②溴甲烷(甲基溴、methyl bromide) 该药杀虫谱广,对害虫各虫期都有强烈毒杀作用,并能杀螨。可用于温室苗木熏蒸及帐幕内枝干害虫、种实害虫熏蒸等。如温室内苗木熏蒸防治蚧类、蚜虫、红蜘蛛、潜叶蛾及钻蛀性害虫。对哺乳动物高毒见表 4.1。

表 4.1 溴甲烷熏蒸苗木害虫

气温/ ℃	用药量/(g·m⁻³)	熏蒸时间/h
4 ~10	50	2 ~3
11 ~15	42	2 ~3
16 ~20	35	2 ~3
21 ~25	28	2
26 ~30	24	2
>31	16	2

最近几年,山东的菜农、花农普遍采用从以色列进口的听装溴甲烷(似装啤酒的易拉罐,熏蒸时用尖利物将其扎破即可)进行土壤熏蒸处理,按每 1 m² 用药 50 g 计,一听 681 g 装的溴甲烷可消毒土壤 13 m²。消毒时一定要在密闭的小拱棚内进行,熏蒸 2 ~3 d 后,揭

开薄膜通风 14 d 以上。该法不仅可杀死土壤中的各种病菌,而且对于地下害虫、杂草种子也十分有效。

（7）特异性杀虫剂

①灭幼脲（灭幼脲三号、苏脲一号、pH6038、chlorbenzuron）　该品为广谱特异性杀虫剂,属几丁质合成抑制剂。具胃毒和触杀作用,迟效,一般药后 3～4 d 药效明显。对人畜低毒。对天敌安全,对鳞翅目幼虫有良好的防治效果,常见剂型有:25%、50% 胶悬剂。一般使用浓度为 50% 胶悬剂加水稀释 1 000～2 500 倍,每公顷施药量 120～150 g 有效成分。在幼虫 3 龄前用药效果最好,持效期 15～20 d。

②定虫隆（抑太保、chlorfluazuron）　是酰基脲类特异性低毒杀虫剂,主要为胃毒作用,兼有触杀作用,属几丁质合成抑制剂。杀虫速度慢,一般在施药后 5～7 d 才显高效。对人畜低毒。可用于防治鳞翅目、直翅目、鞘翅目、膜翅目、双翅目等害虫,但对叶蝉、蚜虫、飞虱等无效。常见剂型有 5% 乳油。一般使用浓度为 5% 乳油稀释 1 000～2 000 倍液喷雾。

③氟苯脲（teflubenzuron,伏虫脲、农梦特）　属几丁质合成抑制剂,对鳞翅目害虫毒性强,表现在卵的孵化、幼虫蜕皮、成虫的羽化受阻而发挥杀虫效果,特别是幼龄时效果好。对蚜虫、叶蝉等刺吸口器害虫无效。对人畜低毒。常见剂型有 5% 乳油。一般使用浓度为 5% 乳油稀释 1 000～2 000 倍液喷雾。

④扑虱灵（buprofezin,优乐得、噻嗪酮）　为一触杀性杀虫剂,无内吸作用。对于粉虱、叶蝉及介壳虫类防治效果好。对人畜低毒。常见剂型有 25% 可湿性粉剂。一般使用浓度为 25% 可湿性粉剂稀释 1 500～2 000 倍液喷雾。

⑤抑食肼（RH-5849,虫死净）　蜕皮激素类昆虫生长调节剂,对害虫作用迅速,具有胃毒作用。叶面喷雾和其他使用方法均可降低幼虫、成虫的取食能力,并能抑制产卵。适于防治鳞翅目及部分同翅目、双翅目害虫。常见剂型有 5% 乳油。一般使用浓度为 5% 乳油稀释 1 000 倍液喷雾。

⑥杀铃脲（triflumuron,杀虫隆）　具有触杀及胃毒作用,适于防治鳞翅目、鞘翅目和双翅目害虫。对人畜低毒。常见剂型有 25% 可湿性粉剂。一般使用浓度为 25% 可湿性粉剂稀释 2 000～4 000 倍液喷雾。

⑦虫酰肼（tebufenozide,米满）　蜕皮激素类昆虫生长调节剂,在中国由美国和中国台湾的两家公司分别以"米满"和"天地扫"两个商品名称进行登记。具有胃毒和触杀作用,药效高,对鳞翅目幼虫有极高的选择性。对田间有益节肢动物如捕食性蜘蛛和多种非鳞翅目的昆虫天敌有相当高的选择性。对传粉昆虫相对安全,对哺乳动物、鸟类和鱼类安全。由于其作用方式不同于常规杀虫剂,故不存在与其他杀虫剂的交互抗性问题,相反,可用于杀虫剂的抗性治理系统中。

（8）杀螨剂

①浏阳霉素（polynactin）　为抗生素类杀螨剂,对多种叶螨有良好的触杀作用,对螨卵也有一定的抑制作用。对人畜低毒,对植物及多种天敌昆虫安全。其常见的剂型为触杀和胃毒作用,对于鳞翅目、鞘翅目、同翅目、斑潜蝇及螨类有高效。对人畜高毒。常见剂型有 10% 乳油。一般使用浓度为 10% 乳油稀释 1 000～2 000 倍液喷雾。

②尼索朗（噻螨酮、hexythiazox）　具强杀卵、幼螨、若螨作用。药效迟缓,一般施药后

7d 才显高效。残效达 50 d 左右。属低毒杀螨剂。常见剂型有:5% 乳油,5% 可湿性粉剂。一般使用浓度为 5% 乳油稀释 1 500～2 000 倍液,叶均 2～3 头螨时喷药。

③扫螨净(牵牛星、哒螨酮、pyridaben) 具触杀和胃毒作用,可杀螨各个发育阶段,残效长达 30 d 以上。对人畜中毒。常见剂型有:20% 可湿性粉剂,15% 乳油。一般使用方法为 20% 可湿性粉剂稀释 2 000～4 000 倍喷雾,在害螨大发生时(6～7 月份)喷洒此药。除杀螨外,对飞虱、叶蝉、蚜虫、蓟马等害虫防效甚好。但该药也杀伤天敌,一年最好只用一次。

④三唑锡(三唑环锡、倍乐霸、azocyclotin) 为一触杀作用强的杀螨剂,可杀灭若螨、成螨及夏卵,对冬卵无效。对人畜中毒。常见剂型有 25% 可湿性粉剂。一般使用方法为 25% 可湿性粉剂稀释 1 000～2 000 倍喷雾。

⑤溴螨酯(螨代治、bromopropylate) 具有较强的触杀作用,无内吸作用,对成、若螨和卵均有一定的杀伤作用。杀螨谱广,持效期长,对天敌安全。对人畜低毒。常见剂型有 50% 乳油。一般使用浓度为 50% 乳油稀释 1 000～2 000 倍液喷雾。

⑥双甲脒(螨克、amitraz) 具有触杀、拒食及忌避作用,也有一定的胃毒、熏蒸和内吸作用,对叶螨科各个发育阶段的虫态都有效,但对越冬卵效果较差。对人畜中毒,对鸟类、天敌安全。常见剂型有 20% 乳油。一般使用浓度为 20% 乳油稀释 1 000～2 000 倍液喷雾。

⑦克螨特(丙炔螨特、propargite) 具有触杀、胃毒作用,无内吸作用。对成螨、若螨有效,杀卵效果差。对人畜低毒,对鱼类高毒。常见剂型有 73% 乳油。一般使用浓度为 73% 乳油稀释 2 000～3 000 倍液喷雾。

⑧苯丁锡(托尔克、克螨锡、fenbutatin oxide) 以触杀作用为主,对成螨、若螨杀伤力强,对卵几乎无效。对天敌影响小。对人畜低毒。该药为感温型杀螨剂,22 ℃ 以下时活性降低,15 ℃ 以下时药效差,因而冬季勿用。常见剂型有:25%、50% 可湿性粉剂,25% 悬浮剂。一般使用方法为 50% 可湿性粉剂稀释 1 500～2 000 倍喷雾。

⑨唑螨酯(霸螨灵、杀螨王、fenpyroximate) 以触杀作用为主,杀螨谱广,并兼有杀虫治病作用。除对螨类有效外,对蚜虫、鳞翅目害虫以及白粉病、霜霉病等也有良好的防效。对人畜中毒。常见剂型有 5% 悬浮剂。一般使用方法为 5% 悬浮剂稀释 1 500～3 000 倍喷雾。

⑩四螨嗪(阿波罗、clofentezine) 具有触杀作用,对螨卵活性强,对若螨也有一定的活性,对成螨效果差,有较长的持效期。对鸟类、鱼类、天敌昆虫安全。对人畜低毒。常见剂型有:10%、20% 可湿性粉剂,25%、50%、20% 悬浮剂。一般使用方法为 20% 悬浮剂稀释 2 000～2 500 倍喷雾,10% 可湿性粉剂稀释 1 000～1 500 倍喷雾。

2)杀菌剂及杀线虫剂

(1)非内吸性杀菌剂

①波尔多液(bordeaux mixture) 波尔多液是用硫酸铜、生石灰和水配成的天蓝色胶状悬液,呈碱性,有效成分是碱式硫酸铜,几乎不溶于水,应现配现用,不能贮存。波尔多液有多种配比,使用时可根据植物对铜或石灰的忍受力及防治对象选择配制(见表 4.2)。

表4.2　波尔多液的几种配比(质量)

原　料	配合量				
	1%等量式	1%半量式	0.5%倍量式	0.5%等量式	0.5%半量式
硫酸铜 生石灰水	1 1 100	1 0.5 100	0.5 1 100	0.5 0.5 100	0.5 0.25 100

波尔多液的质量与配制方法有关,最好的方法是在一容器中用80%的水溶解硫酸铜,在另一容器中用20%的水将生石灰调成浓石灰乳,然后将稀硫酸铜溶液慢慢倒入浓石灰乳中,并边倒边搅即可。另一种方法是取两个容器,分别用一半的水配成硫酸铜液和石灰水,然后同时倒入第三个容器中,边倒边搅。配制的容器最好选用陶瓷或木桶,不要用金属容器。

波尔多液是一种良好的保护剂。防治谱广,但对白粉病和锈病效果差。在使用时直接喷雾,一般药效为15 d左右,所以应在发病前喷施。对易受铜素药害的植物,如桃、李、梅、鸭梨、苹果等,可用石灰倍量式波尔多液,以减轻铜离子产生的药害。对于易受石灰药害的植物,可用石灰半量式波尔多液。如葡萄上可用1∶0.5∶(160~200)的配比。在植物上使用波尔多液后一般要间隔20 d才能使用石硫合剂,喷施石硫合剂后一般也要间隔10 d才能喷施波尔多液,以防发生药害。另外波尔多液不宜在桃、李、杏、梅上使用,以免发生铜药害。

②石硫合剂(calcium polysulphiles)　石硫合剂是用生石灰、硫黄和水煮制成的红褐色透明液体,有臭鸡蛋气味,呈强碱性,有效成分为多硫化钙,溶于水,易被空气中的氧气和二氧化碳分解,游离出硫和少量硫化氢。因此,必须贮存在密闭容器中,或在液面上加一层油,以防止氧化。

石硫合剂的理论配比是生石灰、硫黄、水按照1∶2∶10的比例,在实际熬制过程中,为了补充蒸发掉的水分,可按1∶2∶15的比例一次将水加足。熬制方法是:先将水放入铁锅中加热,待水温达60~70 ℃时,从锅中取出部分水将硫黄搅成糊状,并用另一容器盛出部分水留作冲洗用;再将优质生石灰放入铁锅中,调制成石灰乳,并检查锅底有无石块,然后补足生石灰,并继续煮沸;将硫黄糊慢慢倒入石灰乳中,边倒边搅,并用盛出的水冲洗,全部倒入锅中。继续熬煮,并不断搅拌,开锅后继续煮沸40~60 min。此过程颜色的变化是由黄→橘黄→橘红→砖红→红褐。待药液变成红褐色,渣子变成黄绿色,并有臭鸡蛋气味时,即停火冷却,滤去渣滓,即为石硫合剂母液,一般浓度可达25 °Be左右。使用时直接兑水稀释即可。质量稀释倍数可计算为

$$加水倍数 = \frac{原液浓度 - 目的浓度}{目的浓度}$$

也可查表稀释。

石硫合剂是一种良好的杀菌剂,也可杀虫杀螨。一般只用作喷雾,休眠季节可用3~5 °Be。植物生长期可用0.1~0.3 °Be。石硫合剂现已工厂化生产,常见剂型有:29%水剂,20%膏剂,30%、40%固体及45%结晶。

③白涂剂　白涂剂可减轻观赏树木因冻害和日灼而发生的损伤,并能遮盖伤口,避免

病菌侵入,减少天牛产卵机会等。白涂剂的配方很多,可根据用途加以改变,最主要的是石灰质量要好,加水消化要彻底。如果把消化不完全的硬粒石灰刷到树干上,就会烧伤树皮,特别是光皮、薄皮树木更应注意。常用的配方是:生石灰 5 kg + 石硫合剂 0.5 kg + 盐 0.5 kg + 兽油 0.1 kg + 水 20 kg。先将生石灰和盐分别用水化开,然后将两液混合并充分搅拌,再加入兽油和石硫合剂原液搅匀即成。生石灰 5 kg + 食盐 2.5 kg + 硫黄粉 1.5 kg + 兽油 0.2 kg + 大豆粉 0.1 kg + 水 36 kg。制作方法同前。

白涂剂的涂刷时期,一般在 10 月中、下旬进行或在 6 月涂刷 1 次防日灼。涂刷高度视树木大小而定,一般离地面 1～2 m。

④硫酸亚铁(绿矾、黑矾) 纯品为绿色结晶,在空气中能氧化成碱式硫酸铁,表面带白色或黄色。如含有氧化铁,则结晶呈褐色。硫酸亚铁可溶于水,水溶液中的铁容易和其他金属起作用,所以不要用金属容器配制。硫酸亚铁主要用于处理土壤,播种前每 1 m² 苗床泼浇 2%～3% 硫酸亚铁溶液 4.5 kg,或用硫酸亚铁粉 75 g,与沙土混合后拌入土中。苗期发病可用 1% 硫酸亚铁溶液泼浇,但浇后应随即用清水将苗上的药液洗去,以免发生药害。

⑤代森锌(zineb) 为一种广谱性保护剂,具较强的触杀作用,残效期约 7 d。对人、畜无毒,对植物安全。常见剂型有:65%、85% 可湿性粉剂。常用浓度分别为 500 倍液和 800 倍液。

⑥敌磺钠(敌克松、fenaminosulf) 保护性杀菌剂,也具一定的内吸渗透作用,是较好的种子和土壤处理杀菌剂,也可喷雾使用,残效长,使用时应现配现用。常见剂型有:75%、95% 可溶性粉剂。土壤消毒时常用量为每公顷用 95% 可湿性粉剂 3 000 g 对细土 45～60 kg,混匀配成药土使用;拌种每 100 kg 种子用药 500～800 g。

⑦代森锰锌(喷克、大生、大生富、新万生、山德生、速克净、mancozeb) 为一种广谱性保护剂,对于霜霉病、疫病、炭疽病及各种叶斑病有效。对人畜低毒。常见剂型有:25% 悬浮剂,70% 可湿性粉剂,70% 胶干粉。一般使用浓度为 25% 悬浮剂稀释 1 000～1 500 倍液。

⑧福美双(秋兰姆、赛欧散、阿锐生、thiram) 保护性杀菌剂,主要用于防治土传病害,对霜霉病、疫病、炭疽病等有较好的防治效果。对人畜低毒。常见剂型有:50%、75%、80% 可湿性粉剂。其使用方法为:喷雾时,将 50% 可湿性粉剂稀释 500～800 倍液;土壤处理,用 50% 可湿性粉剂 100 g,处理土壤 500 kg,做温室苗床处理。

⑨百菌清(达科宁、chlorothalonil) 为一种广谱性保护剂,对于霜霉病、疫病、炭疽病、灰霉病、锈病、白粉病及各种叶斑病有较好的防治效果。对人畜低毒。常见剂型有:50%、75% 可湿性粉剂,10% 油剂,5%、25% 颗粒剂,2.5%、10%、30% 烟剂。40% 达科宁悬浮剂。一般使用浓度为 75% 可湿性粉剂稀释 500～800 倍液喷雾。40% 达科宁悬浮剂稀释 500～1 200 倍液喷雾。

⑩烯唑醇(速保利、S-3308L、diniconazole) 为一具保护、治疗、铲除作用的广谱性杀菌剂,对白粉病、锈病、黑粉病、黑星病等有特效。对人畜中毒。常见剂型有 12.5% 超微可湿性粉剂。一般使用方法为 12.5% 超微可湿性粉剂稀释 3 000～4 000 倍喷雾。

⑪速克灵(腐霉利、杀霉利、procymidone、Sumilex) 为一新型杀菌剂,具保护、治疗双重作用。对灰霉病、菌核病等防治效果好。对人畜低毒。常见剂型有:50% 可湿性粉剂,30% 颗粒熏蒸剂,25% 流动性粉剂,25% 胶悬剂。一般使用方法为 50% 可湿性粉剂稀释

1 000~2 000倍喷雾。

⑫扑海因(异菌脲、iprodione) 为一广谱性杀菌剂,具保护、治疗双重作用。可防治灰霉病、菌核病及多种叶斑病。对人畜低毒。常见剂型有:50%可湿性粉剂,25%悬浮剂。一般使用方法为50%可湿性粉剂稀释1 000~1 500倍喷雾。

⑬加瑞农(春雷氧氯铜、ⓐkasugamycin ⓑcopper oxychloride) 为一广谱性杀菌剂,具有预防及治疗作用。对于多种病害如叶斑病、炭疽病、白粉病、早疫病、霜霉病等防治效果好。对人畜低毒。常见剂型有:47%、50%可湿性粉剂。一般使用方法为47%可湿性粉剂稀释600~800倍液喷雾。

⑭一熏灵Ⅱ号(烟熏灵Ⅱ号) 为温室内应用的一种高效烟雾杀菌剂,其有效成分为百菌清及速克灵,其余为发烟填充物。可防治灰霉病、霜霉病、白粉病等病害,尤其对灰霉病有特效。对人畜低毒。常见的剂型有:30%圆柱形块状固体。具体使用方法为:用铁丝钩套,悬挂棚内。烟剂点燃后,要吹灭明火。标准用量为0.2~0.3 g/m³,若大棚的容积长×宽×平均高度为60 m×8 m×2 m,其容积为960 m³则用200~300 g,每块一熏灵Ⅱ号25 g,则点燃8~12块已足够。每隔5~10 d熏1次。

(2)内吸性杀菌剂

①甲霜灵(瑞毒霉、灭霜灵、雷多米尔、metalaxyl) 具内吸和触杀作用,在植物体内能双向传导,耐雨水冲刷,残效为10~14 d,是一种高效、安全、低毒的杀菌剂。对霜霉病、疫霉病、腐霉病有特效,对其他真菌和细菌病害无效。常见剂型有:25%可湿性粉剂,40%乳剂,35%粉剂,5%颗粒剂。使用浓度为25%可湿性粉剂500~800倍液喷雾。用5%颗粒剂每公顷20~40 kg作土壤处理。可与代森锌混合使用,提高防效。

②三唑酮(粉锈宁、百里通、tradimefon) 为一高效内吸杀菌剂。对人畜低毒。对白粉病、锈病有特效。具有广谱、用量低、残效长的特点。并能被植物各部位吸收传导,具有预防和治疗作用。常见剂型有:15%、25%可湿性粉剂,20%乳油。10%烟雾剂在温室内用。一般使用方法为15%粉锈宁可湿性粉剂稀释700~1 500倍喷雾每隔15 d喷药1次,共喷2~3次。

③敌力脱(丙唑灵、氧环三唑、氧环宁、必扑尔、propiconazole、Tilt) 为一新型广谱内吸性杀菌剂,对白粉病、锈病、叶斑病、白绢病等有良好的防治效果,对霜霉病、疫霉病、腐霉病无效。对人畜低毒。常见剂型有:25%乳油,25%可湿性粉剂。一般使用方法为25%乳油加水稀释喷雾,保护性防治时为5 000倍液,治疗性防治时为2 500倍液。

④福星(氟硅唑、农星、flusilazole) 为一广谱性内吸杀菌剂,对子囊菌、担子菌、半知菌有效,对卵菌无效,主要用于白粉病、锈病、叶斑病。对人畜低毒。常见剂型有:10%乳油,40%乳油。一般使用方法为40%乳油稀释8 000~10 000倍喷雾。

⑤世高(difenoconazole) 为一广谱性内吸杀菌剂,具有治疗效果好、持效期长的特点。可用于防治叶斑病、炭疽病、早疫病、白粉病、锈病等。对人畜低毒。常见剂型有10%水分散粒剂。一般使用方法为10%水分散粒剂稀释6 000~8 000倍喷雾。

⑥普力克(霜霉威、霜霉威盐酸盐、propamocarb hydrochloride) 内吸性杀菌剂,对于腐霉病、霜霉病、疫病有特效。对人畜低毒。常见剂型有:72.2%、66.5%水剂。一般使用方法为72.2%水剂稀释600~1 000倍叶面喷雾,用以防治霜霉病;72.2%水剂稀释400~600倍浇灌苗床、土壤,用以防治腐霉病及疫病,用量为3 L/m²,间隔15 d。

⑦疫霉灵(三乙膦酸铝、乙膦铝、霉菌灵、疫霜灵、phosethyl-Al) 具很强的内吸传导作用,在植物体内可以上、下双向传导。对新生的叶片有预防病害的作用;对已发病的植株,通过灌根和喷雾有治疗作用。常见剂型有:30%胶悬剂,40%、80%可湿性粉剂,90%可溶性粉剂。一般使用浓度为40%可湿性粉剂稀释200倍喷雾,每隔10~15 d喷药一次。

⑧甲基硫菌灵(甲基托布津、triophanate-methyl) 为一种广谱性内吸杀菌剂,对多种植物病害有预防和治疗作用。残效期5~7 d。常见剂型有:50%、70%可湿性粉剂,40%胶悬剂。一般使用浓度为50%的可湿性粉剂稀释500倍或70%的可湿性粉剂稀释1 000倍。可与多种药剂混用,但不能与铜药剂混用。

⑨特克多(噻菌灵、triabendazole) 高效、广谱、内吸杀菌剂,兼有保护、治疗作用,能向顶传导,但不能向基传导。持效期长。可防治白粉病、炭疽病、灰霉病、青霉病等。对人畜低毒。常见剂型有:60%、90%可湿性粉剂,42%胶悬剂,45%悬浮液。一般使用浓度为45%悬浮液稀释300~800倍叶面喷雾。

⑩多抗霉素(宝利安、多氧霉素、多效霉素、保利霉素、poyoxin) 为一低毒抗生素类杀菌剂,具有内吸性。可用于防治叶斑病、白粉病、霜霉病、枯萎病、灰霉病等多种病害。常见剂型有10%可湿性粉剂。一般使用浓度为10%可湿性粉剂稀释1 000~2 000倍叶面喷雾。

⑪杀毒矾(恶霜锰锌、oxadixyl + mancozeb) 由8%恶霜灵与56%代森锰锌的混配而成,恶霜灵具较强的向顶端传导的特性。具有优良的保护、治疗、铲除活性,残效13~15 d。其抗菌活性不仅限于卵菌纲,也能控制其他继发性病害。常见剂型有64%杀毒矾可湿性粉剂。一般使用方法为64%可湿性粉剂稀释300~500倍叶面喷雾。

⑫丰米(复方硫菌灵、thiram + thiophanate-methyl) 由30%甲基硫菌灵和20%福美双混配而成,具有广谱、高效、低毒的特点。甲基硫菌灵具内吸特性。对白粉病、赤霉病、枯萎病等有良好的防治效果。常见剂型有50%超微可湿性粉剂。一般使用方法为50%超微可湿性粉剂稀释500~1 000倍液喷雾。

(3)杀线虫剂

①二氯异丙醚(DCIP、nemamort) 为一具熏蒸作用的杀线虫剂,由于蒸气压低,气体在土壤中挥发缓慢,对植物安全,可在植物生长期使用,能防治多种线虫。对人畜低毒。残效10 d左右,但土温低于10 ℃时不宜使用。常见加工剂型有:30%颗粒剂,80%乳油。使用方法:可在播种前10~20 d处理土壤,也可在播种后或植物生长季节使用,施药量为60~90 kg/hm² 有效成分。可在距根15 cm处开沟,沟深10~15 cm,或在树干四周穴施,穴深15~20 cm,穴距30 cm,施药后覆土。

②克线磷(苯胺磷、力满库、苯线磷、线威磷、fenamiphos) 具有触杀和内吸传导作用。对人畜高毒。是目前较理想的杀线虫剂,可用于农作物、蔬菜、观赏植物多种线虫病的防治,并对蓟马和粉虱有一定的控制作用。克线磷可在播种前、移栽时或生长期撒在沟、穴内或植株附近土中。常见剂型有10%克线磷颗粒剂。一般用量为每公顷45~75 kg。

③灭线磷(益收宝、灭克磷、益舒宝、丙线磷、ethoprophos) 具有触杀而无内吸传导及熏蒸作用。可用于防治线虫及地下害虫。对人畜高毒。常见剂型有20%灭线磷颗粒剂。使用方法:在花卉移植时,先在20%灭线磷颗粒剂的200~400倍溶液中浸渍15~30 min后再移植,或者以每1 m²用20%颗粒剂5 g施入土中。

3)除草剂

①2,4-滴丁酯(2,4-D butylate) 属激素型内吸选择性除草剂,可进行茎叶处理,用于防除禾本科草坪中的双子叶杂草,如田旋花、马齿苋、苍耳、反枝苋、刺儿菜、苦荬菜、藜、蓼等,对单子叶杂草的莎草类杂草也有效。对禾本科植物安全。对人畜低毒。常见剂型有:72%、76%乳油。一般使用方法为72%乳油稀释500~1 000倍液喷雾。

②苯黄隆(巨星、阔叶净、麦黄隆、thibenuron methyl) 属内吸传导型苗后选择性除草剂,可进行茎叶处理,用于防除禾本科草坪中的双子叶杂草,如马齿苋、雀舌草、播娘蒿、苍耳、反枝苋、刺儿菜、苦荬菜、荠菜、藜、蓼等,对小蓟、田旋花、鸭趾草、铁苋菜效果较差。对禾本科植物安全。对人畜低毒。常见剂型有:75%干悬浮剂,10%、75%可湿性粉剂,20%可溶性粉。一般使用方法为每公顷用75%干悬浮剂15~20 g或10%可湿性粉剂112.5~150 g或20%可溶性粉56.25~75 g,兑水450 kg进行茎叶喷雾处理。

③百草枯(克芜踪、对草快、paraquat) 为一快速灭生性除草剂,具有触杀作用或一定内吸作用,能迅速被植物绿色组织吸收,使其枯死,对非绿色组织无效,对植物根部、多年生地下茎及宿根无效。适于田边、道路等场所防除1年生及多年生杂草,灭杀强烈。也可用于苗圃、绿地防除杂草,但须采取定向喷雾。常见剂型有20%水剂。一般使用方法为每公顷用20%水剂1 125~3 000 mL,兑水375 kg喷雾。

④草甘膦(镇草宁、农达、glyphosate) 属茎、叶内吸灭生性除草剂,在土壤中易分解,无土壤残效作用。对未出苗的杂草种子无除草活性,宜作叶面处理,不宜作土壤处理。适用于苗圃、田边、道路等场所防除1年生及多年生杂草,灭杀强烈,但选择性差。对人畜低毒。常见剂型有:10%、20%水剂。一般使用方法为10%水剂稀释500~1 000倍液喷雾。防除多年生杂草时,用药量应适当提高。

⑤环草隆(siduron、tupersan) 选择性芽前土壤处理剂,通过根部吸收进入植物体内。对暖型1年生禾草有选择活性,可作为冷季型草坪的苗前除草剂(播后苗前)。用于防除马唐、止血马唐、金色狗尾草、稗等,但不能用于剪谷颖及狗牙根草坪。对人畜低毒。常见剂型有50%可湿性粉剂。纯药用量为2.10~4.95 kg/hm²。

⑥敌草索(Chlorthal-dimethyl、DCPA) 苗前土壤处理剂(播后苗前)。用于防除马唐、金色狗尾草、早熟禾、稗草、牛筋草、地锦等。对人畜低毒。常见剂型有:50%、70%可湿性粉剂。纯药用量为11.25~16.88 kg/hm²。

⑦骠马(精噁唑禾草灵、fenoxaprop-P-ethyl) 选择性内吸传导型芽后茎叶处理剂,防除马唐、牛筋草、稗草、看麦娘、黍属、石茅高粱等。对人畜低毒。常见剂型有:6.9%浓乳剂,10%乳油。纯药用量0.12~0.30 kg/hm²。

⑧莠去津(atrazine、aatrex、primatola) 内吸选择性苗前(土壤处理)、苗后(茎叶处理)除草剂,可用于防除1年生禾本科杂草及阔叶杂草。苗前或苗后处理均可。对人畜低毒。常见剂型有:40%悬浮剂,50%可湿性粉剂。纯药用量为1.05~1.95 kg/hm。

⑨萘丙酰草胺(大惠利、草萘胺、napropamide) 选择性芽前土壤处理剂,能通过杂草的根及芽鞘吸收而进入种子,能杀死由种子发出的很多单子叶杂草如马唐、狗尾草、牛筋草等以及马齿苋、繁缕、藜等多种双子叶杂草。对人畜低毒。常见剂型有50%大惠利可湿性粉剂。使用方法为:按每公顷用50%大惠利可湿性粉剂3.0~3.6 kg,兑水600~900 kg喷雾,防除1年生单、双子叶杂草。也可与二甲四氯混用。

⑩西玛津(simazine)　属选择性内吸传导型土壤处理剂,可用于苗前(播后苗前)处理土壤。用于防除马唐、金色狗尾草、早熟禾、稗草、小苕藿、宝盖草、婆婆纳等,对人畜低毒。常见剂型有50%可湿性粉剂。纯药用量1.50~3.00 kg/hm^2。

4)植物生长调节剂

①萘乙酸(α-萘乙酸、NAA、α-naphthaleneacetic acid)　广谱型植物生长调节剂,能促进细胞分裂与扩大,诱导形成不定根,增加坐果,防止落果,改变雌、雄花比例,延长休眠,维持顶端优势等。对人畜低毒。

常见剂型为70%钠盐原粉。

②赤霉素(赤霉酸、九二〇、gibberellic acid)　广谱型植物生长调节剂,能促进植物生长发育,提高产量,改善品质;能迅速打破种子的休眠,促进发芽;减少蕾、花及果实的脱落。

常见剂型有:85%结晶粉,4%乳油。

③丁酰肼(二甲基琥珀酰肼、比久、调节剂九九五、B₉、daminozide)　生长抑制剂,可抑制内源激素赤霉素的生物合成,从而抑制新枝生长、缩短节间、增加叶片厚度及叶绿素含量,防止落花,促进坐果,诱导不定根形成,刺激根系生长,提高抗寒力。

常见剂型有:85%、90%可溶性粉剂,4%乳油。

④多效唑(高效唑、氯丁唑、PP₃₃₃、paclobutrazol)　为内源激素赤霉素的合成抑制剂,能抑制植物纵向伸长,使分蘖或分枝增多,茎变粗,植株矮化紧凑。主要通过根系吸收,叶吸收量少,作用较小,但能增产。

常见剂型有15%可湿性粉剂。

⑤调密醇(flurprimidol)　为内源激素赤霉素的合成抑制剂,可使植株高度降低,诱发分蘖,促进根的生长。能改善冷季型及暖季型草坪的质量,也可注射树干减缓生长和减少观赏植物的修剪次数,调节株型更具观赏价值。

常见剂型为50%可湿性粉剂。

⑥烯效醇(S-3307、S-327、XR-1019、sumiseven)　属广谱、高效植物生长调节剂,兼有杀菌及除草作用。是赤霉素合成抑制剂,具有控制生长,抑制细胞伸长,缩短节间,矮化植株,促进侧芽生长和花芽形成,增进抗逆性的作用。其活性较多效唑高610倍,但其在土壤中的残留量仅为多效唑的1/10,对后茬植物影响小。可通过种子、根、芽、叶吸收。

常见剂型有:10%可湿性粉剂,0.05%液剂。

⑦乙烯利(乙烯磷、一试灵、ethephon)　为促进成熟的植物生长调节剂,在酸性介质中稳定,在pH值4以上时,则分解释放出乙烯,可由植物叶、茎、花、果、种子进入植物体内并传导,放出乙烯,促进果实早熟齐熟,增加雌花,提早结果,减少顶端优势,增加有效分蘖,使植株矮壮等。

常见剂型有40%水剂。

4.6.3　农药的使用方法

农药的品种繁多,加工剂型也多种多样,同时防治对象的为害部位、为害方式、环境条件等也各不相同,因此,农药的使用方法也随之而也多种多样。常见有:

①喷雾　喷雾是借助于喷雾器械将药液均匀地喷布于防治对象及被保护的寄主植物

上。是目前生产上应用最广泛的一种方法。适合于喷雾的剂型有乳油、可湿性粉剂、可溶性粉剂、胶悬剂等。在进行喷雾时，雾滴大小会影响防治效果，一般地面喷雾直径最好为50～80 μm，喷雾时要求均匀周到，使目标物上均匀地有一层雾滴，并且不形成水滴从叶片上滴下为宜。喷雾时最好不要选择中午，以免发生药害和人体中毒。

②喷粉　喷粉是利用喷粉器械产生的风力，将粉剂均匀地喷布在目标植物上的施药方法。此法最适于干旱缺水地区使用。适于喷粉的剂型为粉剂。此法的缺点是用药量大，粉剂黏附性差，效果不如同药剂的乳油和可湿性粉剂好，而且易被风吹失和雨水冲刷，污染环境。因此，喷粉时，宜在早晚叶面有露水或雨后叶面潮湿且无风条件下进行，使粉剂易于在叶面沉积附着，提高防治效果。

③土壤处理　是将药粉用细土、细砂、炉灰等混合均匀，撒施于地面，然后进行耧耙翻耕等，主要用于防治地下害虫或某一时期在地面活动的昆虫。如用5%辛硫磷颗粒剂1份与细土50份拌匀，制成毒土。

④拌种、浸种或浸苗、闷种　拌种是指在播种前用一定量的药粉或药液与种子搅拌均匀，用以防治种子传染的病害和地下害虫。拌种用的药量，一般为种子质量的0.2%～0.5%。

浸种和浸苗是指将种子或幼苗浸泡在一定浓度的药液里，用以消灭种子幼苗所带的病菌或虫体。

闷种是把种子摊在地上，把稀释好的药液均匀地喷洒在种子上，并搅拌均匀，然后堆起熏闷并用麻袋等物覆盖，经一昼夜后，晾干即可。

⑤毒谷、毒饵　利用害虫喜食的饵料与农药混合制成，引诱害虫前来取食，产生胃毒作用将害虫毒杀而死。常用的饵料有麦麸、米糠、豆饼、花生饼、玉米芯、菜叶等。饵料与敌百虫、辛硫磷等胃毒剂混合均匀，撒布在害虫活动的场所。主要用于防治蝼蛄、地老虎、蟋蟀等地下害虫，毒谷是用谷子、高粱、玉米等谷物作饵料，煮至半熟有一定香味时，取出晾干，拌上胃毒剂。然后与种子同播或撒施于地面。

⑥熏蒸　熏蒸是利用有毒气体来杀死害虫或病菌的方法：一般应在密闭条件下进行。主要用于防治温室大棚、仓库、蛀干害虫和种苗上的病虫。例如，用磷化锌毒签熏杀天牛幼虫、用溴甲烷熏蒸棚内土壤等。

⑦涂抹、毒笔、根区撒施　涂抹是指利用内吸性杀虫剂在植物幼嫩部分直接涂药，或将树干刮去老皮露出韧皮部后涂药，让药液随植物体运输到各个部位。此法又称内吸涂环法。例如，在石楠上涂40%氧乐果5倍液，用于防治绣线菊蚜，效果显著。

毒笔是采用触杀性强的拟除虫菊酯类农药为主剂，与石膏、滑石粉等加工制成的粉笔状毒笔。用于防治具有上、下树习性的幼虫。毒笔的简单制法是：用2.5%的溴氰菊酯乳油按1∶99与柴油混合，然后将粉笔在此油液中浸渍，晾干即可。药效可持续20 d左右。

根区施药是利用内吸性药剂埋于植物根系周围。通过根系吸收运输到树体全身，当害虫取食时使其中毒死亡。例如，用3%呋喃丹颗粒剂埋施于根部，可防治多种刺吸式口器的害虫。

⑧注射法、打孔法　用注射机或兽用注射器将内吸性药剂注入树干内部，使其在树体内传导运输而杀死害虫。一般将药剂稀释2～3倍，可用于防治天牛、木蠹蛾等。

打孔法是用木钻、铁钎等利器在树干基部向下打一个45°的孔，深约5 cm，然后将5～10 mL的药液注入孔内，再用泥封口，药剂浓度一般稀释2～5倍。

对于一些树势衰弱的古树名木,也可用注射法给树体挂吊瓶,注入营养物质,以增强树势。

总之,农药的使用方法很多,在使用农药时可根据药剂的性能及病虫害的特点灵活运用。

4.6.4 农药的稀释计算

1)药剂浓度表示法

目前,我国在生产上常用的药剂浓度表示法有倍数法、百分比浓度(%)和摩尔浓度法(百万分浓度法)。

倍数法是指药液(药粉)中稀释剂(水或填料)的用量为原药剂用量的多少倍,或者是药剂稀释多少倍的表示法。生产上往往忽略农药和水的比重差异,即把农药的比重看作1,通常有内比法和外比法2种配法。用于稀释100倍(含100倍)以下时用内比法,即稀释时要扣除原药剂所占的1份。例如,稀释10倍液,即用原药剂1份加水9份。用于稀释100倍以上时用外比法,计算稀释量时不扣除原药剂所占的1份。又如,稀释1 000倍液,即可用原药剂1份加水1 000份。

百分比浓度(%)是指100份药剂中含有多少份药剂的有效成分。百分浓度又分为质量百分浓度和容量百分浓度。固体与固体之间或固体与液体之间,常用质量百分浓度,液体与液体之间常用容量百分浓度。

2)农药的稀释计算

(1)按有效成分的计算

通用公式为

$$原药剂浓度 \times 原药剂质量 = 稀释药剂浓度 \times 稀释药剂质量$$

①求稀释剂质量

计算100倍以下时:

$$稀释剂质量 = \frac{原药剂质量 \times (原药剂浓度 - 稀释药剂浓度)}{稀释药剂浓度}$$

例:用40%福美砷可湿性粉剂10 kg,配成2%稀释液,需加水多少?

计算:$10 \times (40\% - 2\%) \div 2\%$ kg = 190 kg

计算100倍以上时:

$$稀释剂质量 = \frac{原药剂质量 \times 原药剂浓度}{稀释药剂浓度}$$

例:用100 mL 80%敌敌畏乳油稀释成0.05%浓度,需加水多少?

计算:$100 \times 80\% \div 0.05\%$ kg = 160 kg

②求用药量

$$原药剂质量 = \frac{稀释药剂质量 \times 稀释药剂浓度}{原药剂浓度}$$

例:要配制0.5%氧乐果药液1 000 mL,求40%氧乐果乳油用量。

计算:$1 000 \times 0.5\% \div 40\%$ mL = 12.5 mL

（2）根据稀释倍数的计算法

此法不考虑药剂的有效成分含量

①计算 100 倍以下时

$$稀释药剂重 = 原药剂质量 \times 稀释倍数 - 原药剂质量$$

例：用 40% 氧乐果乳油 10 mL 加水稀释成 50 倍药液，求稀释液质量。

计算：10×50 mL $- 10$ mL $= 490$ mL

②计算 100 倍以上时

$$稀释药剂重 = 原药剂质量 \times 稀释倍数$$

例：用 80% 敌敌畏乳油 10 mL 加水稀释成 1 500 倍药液，求稀释液质量。

计算：$10 \times 1\ 500$ kg $= 15$ kg

4.6.5　农药的合理使用

农药的合理使用就是要求贯彻"经济、安全、有效"的原则，从综合治理的角度出发，运用生态学的观点来使用农药。在生产中应注意以下 6 个问题：

1）正确选药

各种药剂都有一定的性能及防治范围，即使是广谱性药剂也不可能对所有的病害或虫害都有效。因此，在施药前应根据实际情况选择合适的药剂品种，切实做到对症下药，避免盲目用药。

2）适时用药

在调查研究和预测预报的基础上，掌握病虫害的发生发展规律，抓住有利时机用药。既可节约用药，又能提高防治效果，而且不易发生药害。例如，一般药剂防治害虫时，应在初龄幼虫期，若防治过迟，不仅害虫已造成损失，而且虫龄越大，抗药性越强，防治效果也越差，且此时天敌数量较多，药剂也易杀伤天敌。药剂防治病害时，一定要用在植物体发病之前或发病早期，尤其需要指出保护性杀菌剂必须在病原物接触侵入植物体前使用，除此之外，还要考虑气候条件及物候期。

3）适量用药

施用农药时，应根据用量标准来实施，如规定的浓度、单位面积用量等，不可因防治病虫心切而任意提高浓度、加大用药量或增加使用次数。否则，不仅会浪费农药，增加成本，而且还易使植物体产生药害，甚至造成人畜中毒。另外，在用药前，还应搞清农药的规格，即有效成分的含量，然后再确定用药量。如常用的杀菌剂福星，其规格有 10% 乳油与 40% 乳油，若 10% 乳油稀释 2 000 ~ 2 500 倍使用，40% 乳油则需稀释 8 000 ~ 10 000 倍。

4）交互用药

长期使用一种农药防治某种害虫或病菌，易使害虫或病菌产生抗药性，降低防治效果，病虫害越治难度越大。这是因为一种农药在同一种病虫上反复使用一段时间后，药效会明显降低，为了提高防治效果，不得不增加施药浓度、用量和次数，这样反而更加重了抗药性的发展。因此，应尽可能地轮回用药，所用农药品种也应尽量选用不同作用机制的类型。

5）混合用药

将两种或两种以上的对病虫害具有不同作用机制的农药混合使用，以达到同时兼治几种病虫、提高防治效果、扩大防治范围、节省劳力的目的。例如，灭多威与菊酯类混用、有机磷制剂与拟除虫菊酯混用、甲霜灵与代森锰锌混用等。农药之间能否混用，主要取决于农药本身的化学性质。农药混合后它们之间应不产生化学和物理变化，才可以混用。

6）安全使用农药

在使用农药防治园艺植物病虫害的同时，要做到对人、畜、天敌、植物及其他有益生物的安全，要选择合适的药剂和准确的使用浓度。在人口稠集的地区、居民区等处喷药时，要尽量安排在夜间进行，若必须在白天进行，应先打招呼，避免发生矛盾和出现意外事故。要谨慎用药确保对人畜及其他有益动物和环境的安全，同时还应注意尽可能选用选择性强的农药、内吸性农药及生物制剂等，以保护天敌。防治工作的操作人员必须严格按照用药的操作规程、规范工作。

（1）防止用药中毒

为了安全使用农药，防止出现中毒事故，须注意下列事项：

①用药人员必须身体健康，如有皮肤病、高血压、精神失常、结核病患者，药物过敏者，孕期、经期、哺乳期的妇女等，不能参加该项工作。

②用药人员必须做好一切安全防护措施，配药、喷药时应穿戴防护服、手套、风镜、口罩、防护帽、防护鞋等标准的防护用品。

③喷药应选在无风的晴天进行，阴雨天或高温炎热的中午不宜用药；有微风的情况下，工作人员应站在上风头，顺风喷洒，风力超过4级时，停止用药。

④配药、喷药时，不能谈笑打闹、吃东西、抽烟等，如果中间休息或工作完毕时，须用肥皂洗净手脸，工作服也要洗涤干净。

⑤喷药过程中，如稍有不适或头疼目眩时，应立即离开现场，寻一通风荫凉处安静休息，如症状严重，必须立即送往医院，不可延误。

⑥园艺植物病虫害防治中，禁止使用剧毒、高毒、高残留的农药和致癌、致畸、致突变的农药，如久效磷、对硫磷（1605）、甲基对硫磷（甲基1605）、甲拌磷（3911）、乙拌磷、水胺硫磷、甲胺磷、三氯杀螨醇、杀虫脒、六六六、滴滴涕、福美胂、砷酸钙、砷酸铅、甲基异柳磷、氧化乐果、氧化菊酯、磷胺、克百威（呋喃丹）、涕灭威（铁灭克）、灭多威（万灵）、溴甲烷、五氯硝基苯、杀扑磷（速扑杀、速蚧克）等。同时，用药前还应搞清所用农药的毒性，是属高毒、中毒还是低毒，做到心中有数，谨慎使用。用药时尽量选择那些高效、低毒或无毒、低残留、无污染的农药品种。

（2）安全保管农药

①农药应设立专库贮存，专人负责。每种药剂贴上明显的标签，按药剂性能分门别类存放，注明品名、规格、数量、出厂年限、入库时间，并建立账本。

②健全领发制度，领用药剂的品种、数量，须经主管人员批准，药库凭证发放；领药人员要根据批准内容及药剂质量进行核验。

③药品领出后，应专人保管，严防丢失。当天剩余药品须全部退还入库，严禁库外存放。

④药品应放在阴凉、通风、干燥处，与水源、食物严格隔离。油剂、乳剂、水剂要注意

防冻。

⑤药品的包装材料(瓶、袋、箱等)用完后一律回收,集中处理,不得随意乱丢乱放或派作它用。

(3)药害及其预防

药害是指因用药不当对园艺植物造成的伤害,有急性药害和慢性药害之分,急性药害指的是用药几小时或几天内,叶片很快出现斑点、失绿、黄化等;果实变褐,表面出现药斑;根系发育不良或形成黑根、鸡爪根等。慢性药害是指用药后,药害现象出现相对缓慢,如植株矮化、生长发育受阻、开花结果延迟等。园艺植物由于种类多,生态习性各有不同,加之有些种类长期生活于温室、大棚,组织幼嫩,常常会因用药不当而出现药害。其发生原因及防止措施如下:

①发生原因

a.药剂种类选择不当　如波尔多液含铜离子浓度较高,在苹果上易产生果锈。石硫合剂防治白粉病效果颇佳,但由于其具有腐蚀性及强碱性,也易产生药害。

b.部分果树蔬菜对某些农药品种过敏　即使在正常使用情况下,也易产生药害。例如,桃、杏等对敌敌畏敏感,桃、梅类对乐果敏感,桃、李类对波尔多液敏感,等等。

c.在果树敏感期用药　各种果树的开花期是对农药最敏感的时期之一,用药宜慎重。

d.高温、雾重及相对湿度较高时易产生药害　温度高时,植物吸收药剂及蒸腾较快,使药剂很快在叶尖、叶缘集中过多而产生药害;雾重、湿度大时,药滴分布不均匀也易出现药害。

e.浓度高、用量大　为克服病虫害之抗性等原因而随意加大浓度、用量,易产生药害。

②防止措施　为防止园艺植物出现药害,除针对上述原因采取相应措施预防发生外,对于已经出现药害的植株,可采用下列方法处理:

a.根据用药方式如根施或叶喷的不同,分别采用清水冲根或叶面淋洗的办法,去处残留毒物。

b.加强肥水管理,使之尽快恢复健康,消除或减轻药害造成的影响。

园艺植物病虫害防治技能训练

项目5 单项技能训练

任务5.1　昆虫外部形态观察

学习目标

认识昆虫体躯外部形态的一般特征。了解昆虫的口式、口器、触角、足、翅及外生殖器等附器的基本构造及类型。

材料及用具

蝗虫、蜜蜂、蝉、蝼蛄、家蝇、蛾类、蝶类、椿象、螳螂、龙虱、草蛉、金龟甲、步行虫、蚜虫、蓟马、象虫、白蚁等浸渍标本或针插标本。

昆虫形态挂图、放大镜、体视显微镜、解剖剪、挑针、镊子等用具。

内容及方法

①观察昆虫体段划分　用放大镜观察蝗虫的体躯,注意体外包被的外骨骼、体躯分节情况和头、胸、腹3个体段的划分。触角、眼(复眼、单眼)、口器、足、翅以及气门、听器、尾须、雌雄外生殖器等的着生位置和形态。

②触角观察　用体视显微镜或放大镜观察蜜蜂或象虫触角的柄节、梗节、鞭节的构造,对比观察蝗虫、蝉、蛾类、蝶类、椿象、金龟甲、步行虫、蝇类、白蚁等的触角,以辨识触角的不同类型。

③足的观察　观察蝗虫足的基节、转节、腿节、胫节、跗节、爪及中垫的构造,对比观察蝼蛄的前足,步行虫的足,蝗虫的后足,螳螂的前足,蜜蜂、龙虱的后足,辨识昆虫足的组成及类型。

④翅的观察　取蛾类的前翅,观察昆虫翅的构造及分区,对比观察蝗虫的前后翅,椿象类的前翅,金龟甲类的前翅、蛾类的前后翅、蜂类的前后翅、蝇类后翅退化成的平衡棍,草蛉类的前后翅,在体视显微镜下观察蓟马的前后翅,比较不同昆虫翅的类型和特征。

⑤昆虫口器的观察

a.用镊子取下蝗虫咀嚼式口器的上唇、上颚、下颚、下唇和舌,放在白纸上,详细观察各部分形态和构造,并按挂图上的次序粘贴在纸上。

b.在体视显微镜下将蝉(或椿象)的刺吸式口器取下(注意上唇部分),用挑针小心把喙挑出。紧贴在喙基部的一块三角形小骨片即上唇。喙是下唇,一般分4节,其背部有一条纵沟,内包有4根细长的口针,在口针端部轻压,即可分成3根,其中2根较扁的为上颚,

较圆的一根为下颚,由于嵌和紧密,故不易分开。观察各部分的位置和形状。

⑥观察头式 取步行甲、蝗虫、椿象,观察其口器在头部着生的位置和方向,区分前口式、下口式和后口式。

实训作业

①绘蝗虫外部形态图,表示昆虫的体躯分段。

②绘昆虫足的基本构造图,并指出蝗虫后足、蝼蛄、螳螂、金龟甲前足各属于何种类型。

③绘翅的模式图,指出其三边和三角,并说明所给标本昆虫翅各属何种类型。

④昆虫的咀嚼口器和刺吸口器在构造上有何主要区别?

附:双目体视显微镜使用方法和注意事项

使用方法

体视显微镜(双筒解剖镜)规格很多(见图5.1),一般操作步骤如下:

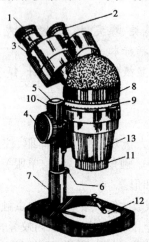

图5.1 体视显微镜外形图

1—目镜眼罩;2—目镜;3—目镜调节环;4—调焦手轮;5—升降支架;6—镜紧手轮(紧固手柄);
7—固定支架;8—转盘;9—读数指示蹭;10—制紧螺丝;11—2倍大物镜;12—载物台;13—物镜

①取用时,应一手掌握底座支柱,另一手拖住底座,保持镜身平直取出。

②根据观察物体颜色选择载物台面(有黑、白两色),使观察物衬托清晰,并将观察物放在载物台中心。

③根据观察需要确定放大倍数,然后松开锁紧手轮,用手稳住升降支架或托住镜身,慢慢拉出或压入升降支架,调节工作距离,至初步看到观察物时,再扭紧锁紧手轮,固定镜身,一般放大倍数在80~100时,工作距离为70~100 mm,放大160×(加用2倍大物镜)时,工作距离为25~35 mm,因体视镜规格而异。

④先用低倍目镜和物镜观察,转动调焦手轮(升降螺丝),使左眼看清物象,然后转动

右镜管上的目镜调丝环(折光度环)至两眼同时看到具有立体感的清晰物像时,即可进行观察。必要时还可调节两个大镜筒,改变目镜间距离,使之适合工作者的双眼观察。调焦手轮升降有一定范围,当拧不动时,不能强拧,以免损坏阻隔螺钉和齿轮的齿。

⑤如需改用高倍镜进一步细致观察,可将观察部分移至视野中心,再拨动转盘,按照读数圈上的指示更换放大倍数。

放大总倍数:读数圈指示数×目镜倍数,如使用2倍大物镜则应将以上倍数再乘2。

⑥体视显微镜成像为正像,观察时与实物方位相一致,与一般光学显微镜形成倒像不同。

⑦观察高倍镜时应充分利用窗口散射日光,必要时也可利用人工光源照明;有些型号的体视显微镜附有6 V—15 W灯泡,使用时必需接有低压变压器。

【保养与使用注意事项】

①每次观察完毕后,应及时降低镜体,取下载物台面上的观察物,将台面擦拭干净;物镜、目镜装入镜盒内,目镜筒用防尘罩盖好,装入木箱,加锁放好。

②体视显微镜和一般精密光学仪器一样,不用时应放置在阴凉、干燥、无灰尘和酸碱性蒸气的地方,注意防潮,防震、防尘、防霉、防腐蚀。

③显微镜镜头内的透镜都经过严格校验,不得任意拆开,镜面上如有污秽,可用脱脂棉沾少量二甲苯或酒精、乙醚混合溶液轻轻揩拭,但要注意切不可使酒精渗入透镜内部,以免溶解透镜胶损坏镜头。镜面的灰尘可用软毛笔或擦镜头纸轻拭,镜身可用清洁软绸或细绒布擦净,切忌使用硬物以免擦伤。

④齿轮滑动槽面等转动部分的油脂如因日久形成污垢或硬化影响螺旋转动灵活时,可用二甲苯将陈脂除去,再擦少量无酸动物油脂或无酸凡士林润滑,但应注意油脂不可接触光学零件,以免损坏。

任务5.2 昆虫内部构造解剖观察

学习目标

了解昆虫内部器官的位置和构造,练习昆虫解剖技术。

材料及用具

蝗虫(或油葫芦、蝼蛄、蜚蠊)成虫,豆天蛾(或柞蚕、家蚕)幼虫的浸渍标本和家蚕或玉米螟的活体标本,昆虫内部构造挂图等。

放大镜、解剖剪、挑针、镊子、大头针、生理盐水,10%氢氧化钾溶液等。

内容及方法

①昆虫解剖方法 取蝗虫(或油葫芦等)一头,剪去翅、足和触角,用解剖剪自腹部末端沿背中线左侧向前剪开,再由腹部末端沿背中线右侧向前剪开,两者都剪至上颚,将头壳

剪去一半,剪时要小心,刀尖尽量上挑,切勿使剪尖插入体壁太深,以免伤及内部器官;将剪开的虫体放在蜡盘中,使虫体的腹部体壁向下,用大头针先将头部及腹部末端固定住,再用小镊子和挑针将小半部体壁取掉。用镊子和挑针将大半部体壁向左右分开,用大头针沿剪口斜插,将体壁固定在蜡盘上,然后在蜡盘中放入清水,浸没虫体。

②观察消化系统　用镊子和挑针小心地剥掉肌肉和脂肪体等,观察由口腔直到肛门纵贯体腔中央的消化道构造。观察前、中、后肠的位置和分界线。前、中肠交界处有胃盲囊。在中肠与后肠相接处,有许多囊状小管,即昆虫的排泄器官——马氏管。

③观察神经系统　用剪子从前端剪断消化道(切勿剪坏大脑),小心将其移开,并轻轻取掉腹部肌肉,即可看到中枢神经系统。观察大脑、咽下神经球及腹神经索的构造以及由各神经节向各部伸出的神经纤维。

④观察生殖器官　在腹部末端消化道的两侧着生有雌雄生殖器官。观察雌性的一对卵巢、输卵管等或雄性的一对睾丸、输精管等。

⑤观察循环系统　在体视显微镜下观察活家蚕幼虫或玉米螟幼虫、蜚蠊背部中央心血管搏动时有规律的张缩情况,然后将活虫迅速用福尔马林杀死,从其腹部中央剪开,使背部向下,用大头针固定在蜡盘内,倒入生理盐水,然后轻轻去掉消化道及脂肪体、肌肉等,观察紧贴在背板中央的一条白色半透明的背血管,其后段有一个个膨大的心室,即昆虫的循环系统。注意在心室两侧有三角形的翼肌(注:材料陈旧时,心血管不易辨清,必要时也可用新鲜材料进行示范观察)。

⑥观察呼吸系统　利用上述解剖材料,观察家蚕体侧黑色丝状物,即昆虫的呼吸器官,注意纵贯虫体两侧的侧纵于,及其与各气门连接情况和由此向内脏伸出的气管丛。

⑦示范观察　用 10% KOH 或 NaOH 溶液煮家蚕或天蛾幼虫标本,消融虫体内脏、肌肉,然后轻轻用镊子将内脏残余物自腹末挤出,由腹部或背部中央剪开,在清水中轻轻漂洗,即可得到完整的呼吸系统标本,可在体视显微镜下作进一步观察。

实训作业

①绘蝗虫(或其他材料)消化道图,注明各部名称。
②简述昆虫内部器官在体腔内的位置或作简图表示。

任务5.3　昆虫变态和各发育阶段的特征观察

学习目标

了解昆虫的变态类型,认识全变态和不全变态昆虫不同发育阶段各种主要类型的形态特征,为进一步识别害虫和学习昆虫的分类打下基础。

材料及用具

①菜粉蝶、桃小食心虫、斑衣蜡蝉、天牛、美国白蛾、黄守瓜、蝗虫等生活史标本。

②瓢虫、草蛉、螟蛾、天幕毛虫、螳螂、蝗虫、菜粉蝶等的卵或卵块。

③各种幼虫的浸渍标本　蛴螬、金针虫、松毛虫、天牛、象鼻虫、瓢虫、天蛾、尺蛾、叶蜂、蝇类等幼虫。

④各种若虫标本　斑衣蜡蝉、蝗虫、椿象、蝉、蟋蟀等。

⑤昆虫各种蛹标本　蝶、蛾类的蛹、天牛、胡蜂或金龟甲、瓢虫类的蛹、蝇类的蛹等。

⑥蚜虫、小地老虎类、尺蛾、袋蛾、介壳虫类、白蚁类等成虫的性二型和多型现象标本。

⑦放大镜、镊子、体视显微镜、搪瓷盘、泡沫板等。

内容及方法

①比较观察美国白蛾全变态和蝗虫不全变态昆虫生活史标本的主要区别。

②卵。观察各种昆虫的卵粒形态、大小、颜色或卵块特点如排列情况及有无保护物等。

③若虫。观察比较蝗蝻、椿象、有翅蚜虫等若虫与成虫在形态上的异同,注意翅芽的形态。

④幼虫。观察瓢虫、蛾类(天蛾、螟蛾、尺蠖)、粉蝶、蝇类、金龟甲、象虫、寄生蜂等幼虫与成虫的显著区别,注意其所属幼虫类型及其特征。

⑤蛹。观察蝇类,粉蝶、蛾类、金龟甲、瓢虫、寄生蜂等蛹的形态,注意其所属类型及其特征。

⑥观察所给标本如枣尺蠖、棉蚜等成虫的性二型及多型现象。

实训作业

①列表注明所观察昆虫卵的形态特点和幼虫,蛹各属何种类型?

②不全变态的若虫和成虫形态上有何主要区别?

任务5.4　直翅目、半翅目、同翅目昆虫及其主要科的特征观察

学习目标

区别直翅目、半翅目、同翅目昆虫及其主要科的特征。

了解常用检索表的形式:双项式、单项式、分叉式、锯齿式的使用方法。

材料及用具

直翅目的蝗科、螽斯科、蟋蟀科、蝼蛄科;半翅目的蝽科、网蝽科、猎蝽科、缘蝽科;同翅目的叶蝉科、蝉科、蜡蝉科、木虱科、介壳虫等各主要科的代表昆虫针插标本或浸渍标本,蚜科的玻片标本,以上3个目的分类示范标本。

放大镜、体视显微镜、镊子、挑针、泡沫板等。

①观察直翅目、半翅目、同翅目的分类示范标本,把所给标本按昆虫分类的依据,鉴定出所属目、科。观察3个目常见科的害虫。

②观察以上3个目代表科的特征。

a. 观察蝗科、螽斯科、蟋蟀科、蝼蛄科的触角形状、长短,口器类型;前后翅的质地、形状,前胸背板特征,前足和后足的类型,听器的位置及形状、产卵器及尾须形状等。

b. 观察半翅目的蝽科、网蝽科、猎蝽科、缘蝽科的口器(喙由何处伸出)、触角、翅的质地及膜区翅脉的形状,臭腺开口部位等。

c. 观察同翅目的叶蝉科、蝉科、蜡蝉科、木虱科、介壳虫、蚜虫的触角类型,喙由何处伸出,前后翅的质地、休息时翅的状态,前后足的类型及蝉的发音位置,蚜虫的腹管位置及形状,介壳虫的雌雄介壳形状及虫体的形状等。

实训作业

①列表比较直翅目、半翅目、同翅目3个科的主要特征。

②列检索表区别所给标本。

任务 5.5 鞘翅目、鳞翅目昆虫目和主要科的特征观察

学习目标

识别鞘翅目、鳞翅目及其亚目和主要科的特征。

材料及用具

鞘翅目的步甲科、虎甲科、金龟甲科、瓢甲科、象甲科、叶甲科、天牛科、叩头甲科、芫菁科、吉丁甲科和鳞翅目的粉蝶科,凤蝶科、蛱蝶科、夜蛾科、螟蛾科、麦蛾科、尺蛾科、刺蛾科、毒蛾科、天蛾科、螟蛾科、卷蛾科、舟蛾科、枯叶蛾科等各科的分类示范标本。鳞翅目翅的斑纹和幼虫胴部线纹挂图。

放大镜、体视显微镜、镊子、搪瓷盘、挑针、泡沫板等。

内容及方法

①观察鞘翅目、鳞翅目分类示范标本,认识两个目常见主要科的昆虫。

②观察以上两个目的亚目及主要科的特征。

a. 观察鞘翅目的步甲科、虎甲科、金龟甲科、天牛科、叩头甲科、芫菁科、吉丁甲科、瓢甲科、象甲科、叶甲科前后翅的质地,头式、口器类型、触角形状、节数,足的类型、各足跗节数目;幼虫形态类型,并观察比较步行虫和金龟甲腹面第一节腹板被后足基节白(窝)分割情况及象甲的管状头。

b. 观察鳞翅目蝶蛾能卷曲的喙,翅的质地、鳞片;幼虫的口器类型,腹足的数目和着生

位置,并在体视显微镜下观察腹足的趾钩。对照挂图识别小地老虎成虫翅的斑纹和黏虫或二化螟幼虫胴部的线纹的名称。对比观察鳞翅目各主要科成虫触角形状,翅的形状、斑纹、颜色、体形以及后翅的 $Sc + R_1$ 脉的变化情况;幼虫的形态特点和大小、有无腹足及趾钩的着生情况,幼虫身上有无毛瘤、枝刺,有无臭腺、毒腺及其着生位置等。

实训作业

①列表比较鞘翅目、鳞翅目主要科成虫的主要特征。
②以步行虫,金龟甲为代表比较肉食亚目和多食亚目的区别。
③以菜粉蝶、地老虎为代表比较锤角亚目和异角亚目的区别。

任务5.6　双翅目、膜翅目、缨翅目、脉翅目及蛛形纲的特征观察

学习目标

识别双翅目,膜翅目、缨翅目、脉翅目的主要特征。
了解蛛形纲的形态特征及其与昆虫纲的主要区别。

材料及用具

双翅目、膜翅目常见昆虫的示范标本。双翅目的食蚜蝇科、瘿蚊科、花蝇科、种蝇科,膜翅目的叶蜂科、茎蜂科、赤眼蜂科、小蜂科、姬蜂科、蜜蜂科、胡蜂科等成虫针插标本,幼虫浸渍标本。其他主要目如脉翅目的草蛉,缨翅目的蓟马,蜘蛛及螨类的针插,液浸或玻片标本。

放大镜、体视显微镜、镊子、挑针、软木板、培养皿等。

内容及方法

①观察双翅目、膜翅目常见昆虫的示范标本,认识其常见种类。
②观察双翅目。了解这些昆虫的口器类型、触角形状,后翅变成的平衡棒及前翅特征,幼虫形态特征。
③膜翅目的观察。各种昆虫的触角形状、口器类型、翅脉变化情况,以及产卵器的形状。观察对应的幼虫的形态、大小及腹足的有无和腹足数目。
④观察其他主要目代表如草蛉(脉翅目)、蓟马(缨翅目)成虫及幼虫的主要形态特征。
⑤观察蜘蛛,螨类体躯各部分的形态及其与昆虫的主要区别。

实训作业

①列表比较双翅目,膜翅目及其亚目的分类特征。
②比较观察昆虫与蜘蛛和螨类外部形态的主要区别。

任务 5.7　植物病害主要症状类型识别

学习目标

认识植物病害的各种症状,为诊断病害打基础。

材料及用具

当地常见的不同症状类型的病害标本:苹果早期落叶病、苹果腐烂病、苹果花叶病、梨锈病、梨黑星病、梨腐烂病、梨黑斑病、葡萄霜霉病、月季黑斑病、菊花褐斑病、白菜软腐病、苗木立枯病、猝倒病、番茄早疫病、番茄晚疫病、番茄蕨叶病、柑橘青霉病、月季白粉病、花木白绢病、桃缩叶病、樱桃根癌病等。

扩大镜、显微镜、镊子、挑针、搪瓷盘等。

内容及方法

1)病状类型

①斑点　观察葡萄霜霉病、月季黑斑病、菊花褐斑病等标本,识别病斑的大小、病斑颜色等。

②腐烂　观察白菜软腐病等标本,识别各腐烂病有何特征,是干腐还是湿腐。

③枯萎　观察菊花枯萎病、植株枯萎的特点,是否保持绿色,观察茎秆维管束颜色和健康植株有何区别。

④立枯和猝倒　观察苗木立枯病和猝倒病,视茎基部的病斑颜色,有无腐烂,有无缢缩。

⑤肿瘤、畸形、簇生、丛枝　观察杜鹃叶肿病、桃缩叶病、果树根癌病等标本,分辨与健株有何不同,哪些是瘤肿、丛枝、叶片畸形。

⑥褪色、黄化、花叶　仙客来花叶病、苹果花叶病等标本,识别叶片绿色是否浓淡不均,有无斑驳,斑驳的形状颜色。

2)病征类型

①粉状物　观察月季白粉病、禾本科黑穗病、白锈病、贴梗海棠锈病等标本,识别病部有无粉状物及颜色。

②霉状物　识别树木煤污病、葡萄霜霉病、柑橘青霉病等标本,识别病部霉层的颜色。

③粒状物　观察兰花炭疽病、腐烂病、白粉病等标本,分辨病部黑点、小颗粒。

④菌核与菌索　观察油菜菌核病等标本,识别菌核的大小、颜色、形状等。

⑤溢脓　观察白菜软腐病等标本,有无脓状黏液或黄褐色胶粒。

实训作业

将植物病害病状标本观察结果填入表5.1。

表5.1 植物病害病状记载表

病状类型	特 点	病害名称
坏 死	病斑 腐烂 枯萎 立枯 猝倒	
增生型	瘤肿、畸型 簇生、丛枝	
抑制型	矮化、畸型 褪色、黄化 花叶	

任务5.8 植物病原真菌标本观察(一)

学习目标

识别真菌营养体、繁殖体的一般形态,为病原鉴定打基础。

识别鞭毛菌亚门、接合菌亚门、子囊菌亚门各代表属的形态特征,为鉴定病害打基础。

材料及用具

瓜果腐霉病、紫纹羽病菌、谷子白发病标本或卵孢子装片;根霉属接合孢子装片、白粉菌或霜霉菌吸器装片;无性子实体和有性子实体装片;绵腐病、马铃薯或番茄晚疫病、葡萄霜霉病、黄瓜霜霉病、油菜白锈病装片;月季白粉病、腐烂病、梨黑星病装片或标本。

显微镜、载玻片、盖玻片、挑针、解剖刀、蒸馏水小滴瓶、纱布块等。

内容及方法

①玻片标本制作练习 取清洁载玻片,中央滴蒸馏水1滴,用挑针挑取少许瓜果腐霉病菌的白色棉毛状菌丝放入水滴中,用两支挑针轻轻拨开过于密集的菌丝,然后自水滴一侧用挑针支持,慢慢加盖玻片即成。注意加盖玻片时不宜太快,以防形成大量气泡,影响观察或将欲观察的病原物冲溅到玻片外。

②无隔菌丝、有隔菌丝及其繁殖体的观察 挑取甘薯软腐病菌制片镜检。观察菌丝是否有隔,有无假根,孢囊梗、孢子囊及孢囊孢子形态。

③吸器观察 取白粉病或霜霉病菌的吸器装片镜检,观察吸器的形态、比较吸器与假根有什么不同?

④菌核及菌索的观察 观察银杏茎腐病或油菜菌核病及紫纹羽病菌菌索,比较其形态、大小、色泽等。

⑤芽孢子的观察 观察酵母菌装片的芽孢子是否从母细胞长出。

⑥粉孢子的观察 取冬青白粉病病部上的白色粉状物,镜检粉孢子形态、颜色,孢子是否串生。

⑦分生孢子的观察 用解剖刀刮牡丹灰霉病病斑上的霉状物制片,观察分生孢子梗、分生孢子的形态。

⑧卵孢子的观察 取谷子白发病病部黄褐色粉末制片或卵孢子装片,观察卵孢子形态特征。

⑨厚膜孢子观察 取禾本科杂草黑粉病黑粉装片,观察厚膜孢子的形态,其孢子壁是否较其他类型的孢子壁厚。

⑩子实体及其上着生的孢子形态观察 观察分生孢子梗束、分生孢子座、分生孢子盘、分生孢子器、子囊壳、闭囊壳、子囊盘的担子果等装片,比较各种子实体的形态特征。其上着生的孢子哪些是分生孢子、子囊和子囊孢子、担子和担孢子。

⑪绵霉菌属、疫霉菌属观察 取瓜类猝倒病病部绵絮状物制片镜检,观察比较它们的孢囊梗、孢子囊的形态特征。取番茄晚疫病病部霉状物制片镜检,观察孢囊梗、孢子囊的形态特征。

⑫霜霉菌属观察 取葡萄霜霉病制片镜检。孢囊梗的形态及孢子囊有无乳状突起。

⑬白锈菌属观察 取油菜白锈病病部一小块表皮下的叶肉制片镜检,观察孢囊梗形态,是否排列呈栅栏状。

⑭根霉菌属观察 取甘薯软腐病上的霉状物制片镜检。观察匍匐枝及假根、孢囊梗、孢子囊、孢囊孢子的形态。孢囊梗从什么部位长出。

⑮白粉菌目各属观察 取瓜叶菊白粉病标本,观察病害症状的特点,有无黑色小颗粒状的闭囊壳,用挑针挑取闭囊壳制片观察附属丝的形状,然后用手轻压盖玻片,观察被压破的闭囊壳内的子囊及子囊孢子。

⑯黑腐皮壳菌属观察 取腐烂病病皮切片装片,观察子囊壳形状。

⑰黑星菌属观察 镜检黑星菌属装片,观察子座形态,孔口周围有无刚毛,子囊及子囊孢子是何形态。

⑱煤炱属观察 挑取煤污病叶表面的黑色煤污物制片,观察子座及子囊孢子的形态特征。

⑲核盘菌属观察 镜检油菜菌核病的菌核萌发示范标本,萌发出的子囊盘什么形状。

实训作业

根据观察结果,绘制霜霉菌的孢囊梗及孢子囊、白粉菌的分生孢子、黑腐皮壳菌属子囊壳图。

任务5.9　植物病原真菌标本观察(二)

学习目标

识别担子菌亚门各代表属的形态特征,了解所致病害的症状特点,为诊断病害打下基础。

识别半知菌亚门各代表属的形态特征,了解所致病害的症状特点,为诊断病害打下基础。

材料及用具

禾本科杂草锈病、玉米黑粉病、小麦散黑穗病、苹果或梨锈病等病害标本及病原装片。花木白绢病、月季白粉病、牡丹叶霉病、兰花炭疽病、葡萄黑痘病等标本或病原装片。

显微镜、扩大镜、载玻片、盖玻片、镊子、挑针、小剪刀、蒸馏水滴瓶、乳酚油小滴瓶等。

内容及方法

①锈病类的病原观察　锈病的共同特点是病部都产生大量黄色铁锈状物,可挑取锈状物制片观察。冬孢子有无及其形态特征,是锈病病原菌的分属依据。

②胶锈菌属　观察苹果或梨锈病菌冬孢子是否双胞,是椭圆形或是纺锤形,什么颜色,表面是否平滑,柄的长短和颜色。

③柄锈菌属　观察草坪禾本科杂草锈病的冬孢子是否双胞、深褐色,柄有色或无色。

④多孢锈菌属　观察蔷薇锈病的冬孢子是否多胞,基部细胞是否比上端大,有无长柄。

⑤黑粉菌属病原观察　观察草坪草条黑粉病标本,并从病部挑取黑粉制片,观察冬孢子是否球形、茶褐色,表面光滑或具瘤刺、网纹。

⑥条形黑粉菌属　观察草坪禾本科杂草黑粉病,从病部挑取黑粉制片,观察冬子是否一至数个集结成团,外围有无浅色不孕细胞。

⑦丝核菌属　先用扩大镜观察苗木立枯菌是否有菌核,是什么颜色,菌核间有无菌丝相连,在显微镜下检查菌丝分枝处有无隔膜,是否缢缩,是否呈直角分枝,有无孢子。

⑧小菌核属　用扩大镜观察花木白绢病病部有无菌核,颜色和大小,菌核间有无菌丝相连。

⑨粉孢属　镜检瓜叶菊白粉病装片,观察分生孢子梗顶端是否串生单胞卵形或椭圆形孢子,是什么颜色。

⑩枝孢属　观察花烟煤病标本,并从叶部挑取少量霉状物装片,观察分生孢子梗是单生或丛生,分生孢子是单胞或双胞。

⑪交链孢属　镜检观察花木叶斑病或十字花科蔬菜黑斑病菌的分生孢子是否倒棒状,有无纵横隔膜,是否成串生长。

⑫尾孢属　镜检观察樱花褐斑病、桂花叶斑病的分生孢子是否倒棒状或鞭状。

⑬镰刀菌属　镜检观察花木枯萎病菌或瓜类枯萎病菌,是否有两种分生孢子,各是什么形态。

⑭痂圆孢属　镜检葡萄黑痘病或柑橘疮痂病的病原装片,观察分生孢子座及分生孢子的形态。

实训作业

①绘胶锈菌属、柄锈菌属、黑粉菌属、条黑粉菌属病原菌的形态图。

②绘粉孢属、尾孢属、镰刀菌属、交链孢属病原菌形态图。

任务5.10　波尔多液的配制及质量检查

学习目标

掌握波尔多液的配制及质量鉴定的方法。

材料及用具

硫酸铜、生石灰、风化石灰、烧杯、量筒、试管、试管架、台秤、玻璃棒、研钵、试管刷、石蕊试纸、天平、铁丝等。

内容及方法

1)配制

分组用以下方法配制1%的等量式波尔多液(1∶1∶100)。

①两液同时注入法　用1/2水溶解硫酸铜,另用1/2水溶化生石灰,然后同时将两液注入第三个容器内,边倒边搅即成。

②稀硫酸铜溶液注入浓石灰水法　用4/5水溶解硫酸铜,另用1/5水溶化生石灰,然后以硫酸铜溶液倒入石灰水中,边倒边搅即成。

③石灰水注入浓度相同的硫酸铜溶液法　用1/2水溶解硫酸铜,另用1/2水溶化生石灰,然后将石灰水注入硫酸铜溶液中,边倒边搅即成。

④浓硫酸铜溶液注入稀石灰水法　用1/5水溶解硫酸铜,另用4/5水溶化生石灰,然后将浓硫酸铜溶液倒入稀石灰水中,边倒边搅即成。

⑤风化已久的石灰代替生石灰　配制方法同②。

注意:少量配制波尔多液时,硫酸铜与生石灰要研细;如用块状石灰加水溶化时,一定要慢慢将水滴入,使石灰逐渐崩解化开。

2)质量检查

药液配好以后,用以下方法鉴别质量:

①物态观察 观察比较不同方法配制的波尔多液,其颜色质地是否相同。质量优良的波尔多液应为天蓝色胶态乳状液。

②石蕊试纸反应 用石蕊试纸测定其碱性,以红色试纸慢慢变为蓝色(即碱性反应)为好。

③铁丝反应 用磨亮的铁丝插入波尔多液片刻,观察铁丝上有无镀铜现象,以不产生镀铜现象为好。

④滤液吹气 将波尔多液过滤后,取其滤液少许置于载玻片上,对液面轻吹约 1 min,液面产生薄膜为好。或取滤液 10～20 mL 置于三角瓶中,插入玻璃管吹气,滤液变浑浊为好。

⑤将制成的波尔多液分别同时倒入 100 mL 的量筒中静置 90 min,按时记载沉淀情况,沉淀越慢越好,过快者不可采用。

将上述鉴定结果记入表5.2。

表5.2 石硫合剂配制记载表

配制方法 \ 检查方法	悬浮率/%			颜 色	石蕊试纸反应	铁丝反应	滤液吹气反应
	时间/min						
	30	60	90				
1							
2							
3							
4							

悬浮率可用公式计算为

$$悬浮率 = \frac{悬浮液柱的容量}{波尔多液柱的总容量} \times 100\%$$

实训作业

比较不同方法配制成的波尔多液的质量优劣。

任务 5.11 石硫合剂的配制及质量检查

学习目标

掌握石硫合剂的熬制和质量鉴定的方法。

材料及用具

生石灰、硫黄粉,烧杯、量筒、试管、试管架、台秤、玻璃棒、研钵、试管刷、天平、石蕊试

纸、铁锅(或1 000 mL 烧杯)、灶(电炉)、木棒、水桶、波美比重计等。

内容及方法

1)原料配比

原料配比见表5.3。

表5.3 石硫合剂原料配比对照表

原 料	质量比例				
硫黄粉	2	2	2	2	1
生石灰	1	1	1	1	1
水	5	8	10	12	10
原液浓度/°Be	32～34	28～30	26～28	23～25	18～21

目前,多采用2∶1∶10 的质量配比。

2)熬制方法

称取硫黄粉100 g,生石灰50 g,水500 g。先将硫黄粉研细,然后用少量热水搅成糊状。再用少量热水将生石灰化开,倒入锅内,加入剩余的水,煮沸后慢慢倒入硫黄糊,加大火力,至沸腾时再继续熬煮45～60 min,直至溶液被熬成暗红褐色(老酱油色)时停火,静置冷却过滤即成原液。观察原液色泽、气味和对石蕊试纸的反应。熬制过程中应注意:火力要强而匀,使药液保持沸腾而不外溢,熬制时应事先将药液深度做出标志,然后用热水不断补充所蒸发的水量,切忌加冷水或一次加水过多,以免因降低温度而影响原液的质量。也可在熬制时根据经验,事先将估计蒸发的水量一次加足,中途不再加水。熬制过程中应不停搅拌。也可结合生产实际,用大锅熬煮,并进行喷洒。

3)原液浓度测定

将冷却的原液倒入量筒,用波美比重计测量其浓度,注意药液的深度应大于比重计之长度,使比重计能漂浮在药液中。观察比重计的刻度时,应以下面的药液面表明的度数为准。测出原液浓度后,根据需要,用公式或石硫合剂浓度稀释表计算稀释加水倍数。

实训作业

设有30 °Be 的石硫合剂,需稀释为0.3 °Be 药液100 kg,问需原液多少?

任务5.12 园田植物除草机械的使用

学习目标

了解常见园圃杂草防除机械的使用方法,掌握各种防除机械的操作规程及注意事项。

材料及用具

各种园田植物除草机械及其附件,喷雾混土作业机械,园圃茎叶喷雾机械,人工手持涂抹持器,机械吊挂式涂抹器,拖拉机悬挂式涂抹器。

各种除草剂。

内容及方法

1)喷雾混土作业机械的使用

喷雾混土作业机械是黑龙江省垦区将喷雾器进行改装,把喷杆装在拖拉机前方或车后的连接器上。喷雾器和双列圆盘耙同用一台拖拉机牵引(见图5.2),做到随喷药随混土。在喷雾器喷药后,圆盘耙即可混土作业待完成全田作业再从垂直方向进行第二遍混土,这种机械既节约时间又节约成本,同时还能确保及时混土,减少药剂的挥发和光解。

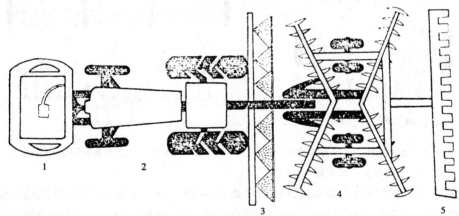

图5.2 喷雾混土作业机械

1—药箱;2—拖拉机;3—喷杆;4—圆盘耙;5—耢子

喷雾混土作业机械的使用方法:

(1)播前施药混土

用于易挥发光解的除草剂,或淋溶性较差的除草剂,待施药作业全部结束后,尽快耙地混土,耙地工具最好是双列圆盘耙,第一列耙片把土翻过来,第二列耙片再把土壤翻过去。耙地混土作业必须分两遍进行,第一遍混土只能起到50%的拌土效果,第二遍混土才可达到拌土均匀。为提高拌土质量,第二遍耙地混土应与第一遍耙地混土成垂直方向。

混土深度与混土时间因除草剂种类而异。例如,硫代氨基甲酸酯类的灭草猛、禾大壮、茵达灭、环草特等,要求施药后 15 ~ 20 min 内将药剂混入土中,深度为 5 ~ 7 cm;二硝基苯胺类的氟乐灵、考巴斯等,要求施药后 1 ~ 2 h 内结束混土作业,深度也为 5 ~ 7 cm,混土时间最迟不得超过 8 h,燕麦畏、燕麦敌等,施药后混土时间不能超过 3 h,深度 3 ~ 4 cm。

(2)播后施药混土

一些虽不易挥发而用于播后土壤处理的除草剂,如杜尔、拉索等,在干旱地区或干旱季节施药后,常因土壤湿度不够而影响药效。因此为提高防效,也可施药后进行浅混土,混土深度要求 2 ~ 3 cm。混土工具可用磨损钉齿耙、木式铁制的三角耙。耙后带木耢子或覆土环将土耢平,以利保墒和提高药效。

(3)苗带施药混土

播种后进行垄上苗带施药,而后覆土 2 ~ 3 cm。这种施药方法适用于北方干旱寒冷地带的垄作栽培,是近年来混土施药法的新发展。具体做法是随播种随起垄,在播种机两个开沟器之间安装一个"小鸭掌"锄齿,于播种的同时起成一个小垄(见图 5.3)。播后施药时将喷雾器喷杆分别安装在中耕机的横梁上,使每个喷嘴都对准垄台。喷嘴距离地面高度 20 ~ 30 cm,喷嘴与喷杆用软管连接。在喷嘴前方,即中耕机的连接器上,装上木拉棒将原垄台耢平,使药液喷在湿润土壤的表面,喷药后中耕机随即培土,恢复原垄状态,最后再用中耕机带上木磙镇压器镇压(见图 5.4)。

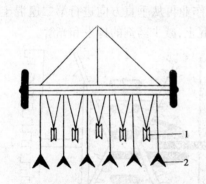

图 5.3　播前起垄复式作业示意图

1—开沟器;2—鸭掌锄

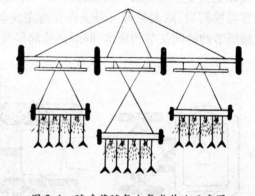

图 5.4　随喷药随复土复式作业示意图

必须注意,这种施药方法要做到耢、施、盖、压 4 道工序一次完成,因此对机械作业的要求比较严格。首先要求做到播行要直,行距要保持一致,播种时每个小垄高度基本一致,才能在施药时将垄上干土耢去,喷嘴对准垄台,不重喷不漏喷,保证除草效果。

播后苗带混土施药法可减少除草剂用量 1/2 以上,这对节约成本、保持土壤水分都很有利。氟乐灵、灭草猛、都尔、拉索、赛克津、茅毒等多种土壤处理剂都适用于此法施药。

(4)喷雾混土作业机械混土施药应注意的问题

①施药前要认真整地,达到地平土碎地表无植物残株和大土块,不能利用施药后的耙地混土作业来代替施药前的整地作业。

②认真调整好喷雾器,做到喷药均匀,不重喷不漏喷。

③施药后耙地混土的车速以每小时 6～10 km 最为适宜。

④耙地混土作业,耙片一定要翻土,第二遍混土的耙地深度应浅于第一遍耙地的深度。

⑤必须根据所施除草剂的种类,在规定的施药与混土间隔的时间范围内及时混土。

⑥混土施药后要及时镇压保墒。

2)园圃茎叶喷雾机械的使用

园圃茎叶喷雾机械常用的有工农-16 型喷雾器、背负式机动喷雾、担架式机动喷雾器等。

利用触杀型除草剂的触杀作用以及内吸型除草剂的内吸作用杀死 1 年生和多年生杂草。常用茎叶处理方法,有两种形式:定向喷雾、超低容量喷雾。

①针对性全面覆盖喷雾法 全面覆盖喷雾法是定向喷雾的一种方式,一般称为常规喷雾。根据杂草的生长情况,将药液按一定的方向喷洒在防除对象上。按喷雾器喷出药液覆盖面的不同,又可分为全面定向覆盖喷雾和苗行(苗带)覆盖喷雾。全面定向覆盖喷雾(见图 5.5),园圃作物和杂草同时承受药液,因此要求施用选择性较强的除草剂,以达到只杀杂草而不伤害园艺作物的目的,喷施除草剂时要求机械的压力要大,使药液向下喷洒。因为向下喷洒的药液受风力、温度和上升气流的干扰较小,药液雾滴不易飘移和挥发,这样不但损失少且对作物安全。

图 5.5 全面定向覆盖喷雾

②苗行间喷雾法 此法适用于苗圃等地的园艺作物,能节约用药量。喷雾时喷嘴要对准"靶子"植物,针对性要求更强(见图 5.6)。同时,还要根据除草剂的选择性能确定喷头的位置。例如,施用盖草能或稳杀得时,这类除草剂若对园艺植物安全无害,喷头可置于上位(见图 5.7)。又如,使用选择性较差的草甘膦防除双子叶杂草时,为避免园艺植物受害,喷头必须置于下位,即园艺植物叶层的下方(见图 5.8)。

总之,苗上喷药必须选用选择性较强的除草剂;苗下喷药时要求不十分严格,既可使用选择性较差的除草剂,必要时也可使用非选择性除草剂。

图 5.6 苗行(苗带)覆盖喷雾

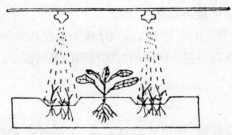 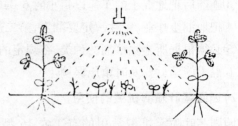

图 5.7　苗上方行间喷洒法　　　　　图 5.8　苗下方行间喷雾法

喷雾器的喷头有单喷孔、双喷孔和三喷孔等型号(见图 5.9)。

图 5.9　喷雾器的喷头(单孔、双孔、三孔)

苗行(苗带)喷雾法对喷雾机械和喷雾作业技术要求较严格,喷洒时不能错位和偏斜。为防止喷洒时药液末飞溅到植物上,园圃喷药时,可在喷雾器上加一个保护罩(见图 5.10),使除草剂不喷到作物上。利用保护罩即使在有风的天气也能喷洒,甚至可围绕作物周围喷洒,也不会造成药害。

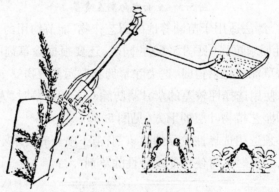

图 5.10　不同形式的保护罩

③药液回收循环喷雾法　近代较先进的喷雾法是回收循环喷雾法,喷洒方法是侧喷。其最大特点是能将飘散在空间而接触不到杂草的药液,通过回收装置进行回收再经过泵压又喷出去(见图 5.11)。这种喷洒方法适用于防除植株较高的杂草,可节省大量的药剂和用水,降低成本。

图 5.11 除草剂的回收循环喷洒器

④超低容量喷雾法 超低容量喷雾法是一种飘移积累性喷雾法。药液的雾化并非借助泵压制形成,而是经过高速离心力的作用,因而雾滴直径甚小,仅 100 nm 左右。这样细小的雾滴不仅能在植物叶片的正面展布,而且在叶背也能均匀黏着。超低容量喷雾由于药液的浓度较大,故消耗的药液较少,节省用药,同时工效比常规喷雾高 10 倍。非常适合在干旱缺水地区应用。用作超低容量喷雾的除草剂,以内吸传导型的药剂为好,如 2,4-滴、拿捕净、稳杀得等。这种喷雾法受气象条件的影响较大,园圃作业技术要求严格,特别要注意风的影响。施药时还要注意邻近作物和操作人员的安全。采用超低容量喷雾,一般使用电动(或风动)喷雾机械。喷雾时不能顶风和顺风进行,应采用侧风作业,即施药人员行走的方向,要与风向保持一定的角度。

3)园圃茎叶涂抹机械的使用

园圃茎叶涂抹机械主要有人工手持式涂抹器、机械吊挂式涂抹器和拖拉机带动的悬挂式涂抹器等。

茎叶处理涂抹施药法,这对难以防除的杂草和一些多年生杂草,均可获得较为理想的防效。涂抹机械施药是将除草剂涂抹在杂草的植株上通过器官的吸收与传导,使药剂进入植物体内,甚至达到根部。因此,只要杂草的局部器官接触到药剂,就能起到杀草作用。除草剂的涂抹器械有多种,供小面积草坪和园圃使用的人工手持式涂抹器(见图 5.12);供池塘、湖泊、河渠、沟旁使用的机械吊挂式涂抹器(见图 5.13);供园艺场或大面积使用的拖拉机带动的悬挂式涂抹器(见图 5.14)等。拖拉机悬挂式涂抹器同中耕器作业相同,能跨越作物上方,将高出作物的杂草涂上除草剂。由于涂抹施药法使除草剂只接触杂草而碰不到作物,因而可使用灭生性除草剂。

图 5.12 人工手持式涂抹器

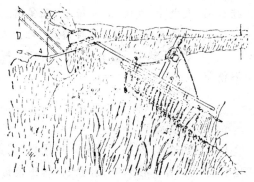

图 5.13 机械吊挂式涂抹器

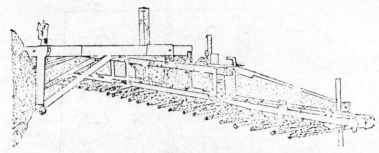

图 5.14 拖拉机悬挂式涂抹器

应用涂抹施药必须具备 3 个条件：一是所用的除草剂必须具有高效、内吸及传导性，杂草的局部器官黏着药剂即起作用；二是杂草要高出园艺作物，当带药的绳索通过时，杂草上部能黏着药剂；三是药液的浓度要大，使杂草能够接触到足够的药量。涂抹施药的药液浓度常因使用工具的不同而有差异。例如果园中施用草甘膦防除白茅、反枝苋，大麻等杂草，用绳索涂抹，药剂和水的比例是 1∶2；用滚动器涂抹则为 1∶(10～20)。

实训作业

①简述各种除草机械使用方法及注意事项。
②有条件的地方可到附近园圃参观园田植物除草机械的使用。

任务 5.13 植物病虫害标本的采集、制作及初步鉴定

学习目标

掌握植物病虫标本采集、制作及保存技术与方法，学会病虫鉴定的一般方法，了解当地常见病虫害发生的种类，以及生活环境和主要习性，为园艺植物病虫害的综合治理奠定科学基础。

材料及用具

捕虫网、吸虫管、毒瓶、三角纸袋、采集盒、采集袋、采集箱、指形管、扁口镊子、修枝剪、手持放大镜、实体显微镜、毛刷、标签纸、记录本、诱虫灯、诱虫器、昆虫针、大头针、三级台、展翅板、整姿台、还软器、黏虫胶、胶水、标本瓶、标本盒、标本夹、放大镜、挑针、福尔马林、95% 酒精等。

内容及方法

①标本的采集 熟悉常用的采集用具，采集当地主要园艺植物上的昆虫和病害标本。
②标本的制作 将采集到的植物病虫害标本及时处理，并制作成干制、浸渍、针插和玻片标本。

③标本的保藏　制作好的标本,通过科学的方法保藏,使之经久不坏。

④标本的初步鉴定　对采集到的植物病虫害标本,进行初步的分类鉴定。

操作步骤

5.13.1 昆虫标本的采集、制作及初步鉴定

1)昆虫标本的采集

(1)采集工具

①捕虫网　按用途可分为空网、扫网和水网3种,均由网圈、网袋和网柄3部分组成。空网是采集空中飞翔的昆虫,网框用粗铁丝弯成,直径33 cm;网袋用白色或淡色尼龙纱、珠罗纱或纱布做成,底略圆,深为网框直径的1倍;网柄长约1 m,用木棍或竹竿制成。扫网用来扫捕杂草或树丛中的昆虫,因而网袋要用白布或亚麻布制作,通常网袋底端开1个小孔,使用时扎紧或套1个塑料管,便于取虫。水网用来捞取水生昆虫,网袋常用透水良好的铜纱或尼龙筛网等制作(见图5.15)。

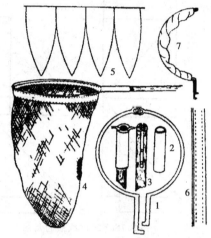

图5.15　气网的构造

1—网框图;2—铁皮网箍;3—网柄;4—网袋;

5—网袋剪裁形状态;6—网袋布边防军;

7—卷折的网袋

②毒瓶　用来迅速毒杀采集的昆虫。可用严密封盖的广口瓶做成,最下层放氰化钾或氰化钠毒剂,上铺一层锯末,压平后再在上面加一层石膏粉,滴上清水,稍加震动使石膏摊平等10 h后石膏硬化,上铺一层吸水纸。为避免虫体互相碰撞,可在毒瓶中放一些细长的纸条。氰化钾为剧毒物质,在制作或使用时应特别注意安全;破损的毒瓶要深埋。也可用棉球蘸上乙醚、氯仿或敌敌畏置于瓶内,上用带孔的硬纸板或泡沫塑料隔开,制成临时用毒瓶(见图5.16)。

③吸虫管　用玻璃瓶或玻璃管制成。瓶塞上插一两根细玻璃管。1根对准昆虫,另1根玻璃管内端包有纱布,外端连橡皮管用口吸,主要用来捕捉小型昆虫,如蚜虫、寄生蜂等(见图5.17)。

图5.16　毒瓶

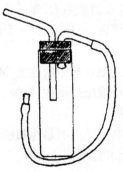

图5.17　吸虫管

④三角纸包　用来包装野外采集和暂时保存的蝴蝶标本。用优质光滑半透明的薄纸,裁成3∶2的长方形纸片,将中部按45°斜折,再将两端回折,制成三角形纸包,可大小多备几种(见图5.18)。

⑤指形管和小瓶　用来盛放各种活的或已死的小虫。指形管和小瓶要配以合适的软木塞或橡皮塞,大小可根据需要选用。废弃的抗生素类小瓶也可代用。

⑥活虫盒　用来盛放需带回饲养的活虫。可用铁皮、铝等制成,盖上装一块透气的铜纱和一带活盖的孔(见图5.19)。

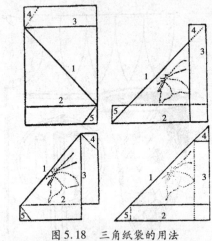

图5.18　三角纸袋的用法

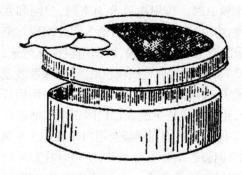

图5.19　活虫采集盒

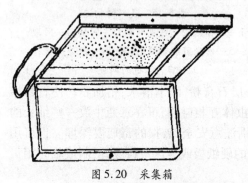

图5.20　采集箱

⑦采集箱和采集袋　防压的标本或装上标本的三角纸包,可放在木制的采集箱内,而指形管小瓶、镊子等小用具可放在采集袋内。采集袋内有许多大小不一的袋格,具体形式可按要求自行设计(见图5.20)。

⑧镊子等用具　镊子、刀、剪、锯、扩大镜、小毛笔、标签、铅笔、笔记本、针、线、胶布、橡皮筋等都是必不可少的用品。

(2)采集方法

①网捕　用来捕捉能飞善跳的昆虫。对于能飞的昆虫,可用气网迎头捕捉或从旁掠取,并立即摆动网柄,将网袋下部连虫一并甩到网框上。如果捕到大型蝶蛾,可由网外用手捏压胸部,使之失去活动能力,然后放入毒瓶或直接包于三角纸袋中;如果捕获的是一些中小型昆虫,可动网袋,使昆虫集于网底部,放入广口毒瓶中,待虫毒死后再取出分捡、保存。

栖息于草丛或灌木丛中的昆虫,要用扫网边走边扫捕。

②振落　摇动或敲打植物、树枝,昆虫假死坠地或叶丝下垂,再加捕捉,或受惊起飞,暴露目标,便于网捕。

③诱集　即利用昆虫的趋性和栖息场所等习性来诱集昆虫,如灯光诱集、食物诱集、色板诱集、潜所诱集和性诱剂诱集等。

昆虫标本采到后,要做好采集记录,内容包括编号、采集日期、地点、采集人、采集环境、寄主及为害情况等。

2)昆虫标本的制作

(1)针插标本的制作

①制作用具

a.昆虫针。昆虫针为不锈钢针,其型号分1,2,3,4,5号,其长度都是4 cm 顶端有膨大的针头,号数越大,虫针越粗。

b.三级台。由一整块木板做成长7.5 cm,宽3 cm,高2.4 cm,分为3级,每级高8 mm,中间钻有小孔,制作标本时将昆虫针插入孔内,使昆虫、标签在针上高度整齐(见图5.21)。

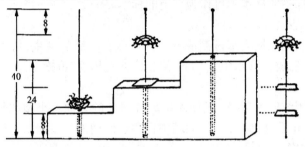

图5.21 三级台

c.展翅板。用来展开蝶蛾昆虫的翅。用较软的木料制成便于插针。展翅板的底部是一块整木板,上面装两块可以活动的木板,以便调节板缝隙的宽度,两板中间缝隙底部有软木条泡沫塑料蕊条,展翅板长33 cm,宽8 cm。

②制作方法

a.虫体插针。依标本的大小,选用适当型号的昆虫针,按要求部位插入。插针后要用三级台定高,即将针倒过来,放入三级台的第1级小孔中,使虫体背部紧贴台面,其上部的留针长度是8 mm。

微小昆虫,如跳甲、米象、飞虱等,先用短针固定在软木片上,或用黏虫胶黏在台纸上,再用2号针插在软木片或台纸的另一端,虫体在左侧,头部向前(见图5.22)。

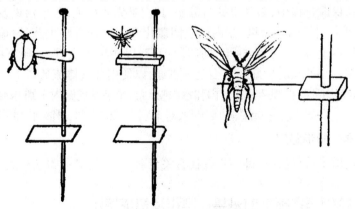

图5.22 短针及小三角纸的用法

b.整姿展翅。甲虫、蝗虫、蟋蟀、橡蜻等昆虫,经插针后移到整姿台上,将附肢的姿势加以整理。通常是前足向前,后足向后,中足分向两侧;触角短的伸向前方,长的伸向背侧面,使之对称、整齐、自然、美观。整姿后,用针或纸条固定,以待干燥。蝶蛾、蜻蜓、蜂、蝇等昆虫,插针后需展翅。即把已插针定高后的标本移到展翅板的槽内软木上,使虫体背面与两侧木板相平,然后用昆虫针轻拨较粗的翅脉,将前翅前拉。蝶蛾、蜻蜓等以两个前翅后缘与虫体纵轴保持直角,草蛉等脉翅目昆虫则以后翅的前缘与虫体纵轴成一直角;蜂、蝇等昆虫以前翅的顶角与头相齐为准。后翅左右对称,压于前翅后缘下,再用光滑的纸条压住大头针固定。把昆虫的头摆正;触角平伸前侧方;腹部易下垂的种类,可用硬的纸条或虫针交叉支持在腹部下面,或展翅前将腹部侧腊区剪一小口,取出内脏,塞入脱脂棉再针插整姿保存。

每个针插标本,都附有两个标签:一个为采集标签,上写采集时间、地点、寄主、采集人,其高度为三级台的第2级;另一个为鉴定标签,上写昆虫的中文名、学名、鉴定人,高度为三级台的第1级。无标签的标本不可作为规范的标本。

(2)浸渍标本的制作

昆虫的卵、幼虫、蛹及螨类都可制成浸渍标本保存。活的昆虫,特别是幼虫在浸渍前,要饥饿一至数天,然后放在开水中煮一下,使虫体伸直稍硬,再投入浸渍液内保存。常用的浸渍液有:

①酒精液　常用浓度为75%,或加入0.5%~1%的甘油。小型或软体的昆虫,可先用低浓度酒精浸渍24 h后,再移入75%酒精中保存。酒精液在浸渍大量标本后的半个月,应更换1次,以保持浓度。

②福尔马林液　用福尔马林(含甲醛40%)1份和水17~19份配制而成。用于保存昆虫的卵。

③醋酸、白糖液　用冰醋酸5 mL、白糖5 g、福尔马林5 mL、蒸馏水100 mL混合配制而成。对于绿色、黄色、红色的昆虫在一定时间内有保护作用,但浸渍前不能用水煮。

(3)生活史标本的制作

先采集或饲养得到昆虫的各个虫态、植物的被害状和天敌等材料。然后将昆虫的成虫制成干制标本。而其他虫态多浸渍保存在封口的指形管中。最后将这些标本科学地排列在1个标本盒中,附上标签即制成了生活史标本。

3)昆虫标本的保藏

昆虫标本在保藏过程中,易受虫蛀与霉变,其次是光照褪色、灰尘污染及鼠害等。通常针插标本应放进密闭的标本盒里,盒内放上四氯化碳或樟脑等防虫药品;玻片标本放入玻片标本盒内。标本盒应放入标本橱里,橱门应严密,以防标本虫进入,橱下应有抽屉,放置吸湿剂和熏杀剂。小抽屉的后部与全橱上下贯通,以便内部气体流通。

标本室要定期用敌敌畏等药物在橱内和室内喷洒。如果发现橱内个别标本受虫蛀,应立即用药剂熏蒸;如标本发霉,应更换或添加吸湿剂,对个别生霉的标本,可滴加二甲苯处理。

4)昆虫标本的初步鉴定

通过文献查出了目科后,可进一步查找有关专著,初步定名或寄送有关专家审定。

5.13.2　植物病害标本的采集、制作及初步鉴定

1)标本的采集

①采集工具　植物病害标本采集的用具有标本夹、标本箱、塑料袋、纸袋、小玻管、标本

纸、绳、刀、剪、锯、锄、扩大镜、记载本、标签、铅笔等。

②采集方法　植物病害标本主要是有病的根、茎、叶、果实或全株,好的标本要有各受害部位在不同时期的典型症状。采集叶斑病标本,寄主的叶片要完整,且是由一种病原物引起的病斑;柔软多汁的果实或子实体,应采集新发病的幼果;萎蔫的植株要连根挖出,有时还要连根际的土壤等一起采集;对于粗大的树枝和植株,则宜削取片或割取一截;有些野生植物上的病害或寄生性种子植物病害,则要连同寄主的枝叶和果实一起采集,以有助于鉴定病原和寄主。许多真菌的有性阶段的子实体都在枯死的枝叶上出现,要在枯枝落叶上采集。

采集要有记载,其内容有寄主名称、采集日期与地点、采集者姓名、生态条件和土壤条件。

2)标本的制作

从田间采回的标本,除部分作分离鉴定外,对于典型病害症状最好是先摄影,以记录自然的、真实的状况,然后按标本的性质等制成各种类型的标本。

(1)干燥标本制作法

对植物茎、叶等含水较少的病害标本,压在吸水的标本纸中,用标本夹夹紧,日晒任其干燥。不准备作分离用的标本,可在50 ℃烘箱中放2～3 d,或夹在吸水纸中用熨斗烫,使它快速干燥而保持原来的色泽。压制标本干燥前易发霉变色,标本纸要勤更换,通常前3～4 d每天换纸1～2次,以后每2～3 d换1次,直至完全干燥为止。第1次换纸时,标本柔软,应将标本加以铺展整理。

幼嫩多汁的标本,如花及幼苗等,可夹于两层脱脂棉中压制,水分过高的可通过30～45 ℃加温烘干。需要保绿的干制标本,可先将标本在2%～4%硫酸铜溶液中浸24 h,再压制。

(2)浸渍标本制作法

多汁的病害标本,如果实、块根或担子菌的子实体等,必须用浸渍法保存。浸渍液种类很多,常用的有:

①防腐浸渍液　可用福尔马林50 mL、95%酒精300 mL、加水2 000 mL混合而成;也可单用5%福尔马林液或70%酒精液保存。此类浸渍液仅能防腐无保色作用,宜保存萝卜、甘薯等病害标本。若浸泡标本量大,数日后应换1次浸渍液,并加盖密封。

②保绿浸渍液　其配方有两种:一种是醋酸铜浸渍液:将醋酸铜结晶逐渐加入50%醋酸溶液中,直到不溶解为止,然后将该饱和液稀释3～4倍后使用。先将稀释液加热至沸,投入标本,继续加热,待标本褪绿又恢复绿色后,取出标本清水洗净后,保存于5%硫酸铜中浸泡6～24 h,取出清水漂洗数小时,然后保存在亚硫酸液中。不宜煮的棉铃、葡萄和番茄果实可用硫酸铜亚硫酸保绿浸渍液保存。

③保黄和橘红浸渍液　含叶黄素和胡萝卜素的果实病害如杏、梨、柿、黄苹果、柑橘或红辣椒等,用亚硫酸溶液保存比较适宜。该液有漂白作用,注意浓度不要太高,一般1%即可。若因浓度太小,防腐力不够,可加入适量的酒精;果实浸渍后发生崩裂,可加少量甘油。

④保红浸渍液　红色多为水溶性的花青素,难于保存。瓦查浸渍液效果较好。其配方是硝酸亚钴15 g、福尔马林25 mL、氯化锡10 g、水2 000 mL混合而成。将洗净的标本完全浸没于该液中两周后,取出并保存于福尔马林10 mL、饱和亚硫酸液30～50 mL、95%酒精10 mL、水1 000 mL的混合液中。

3) 标本的保藏

制成的标本,经过整理和登记,按一定的系统排列,进行保藏。干制标本可保藏在棉花铺垫的玻面纸盒内,棉花中需加少许樟脑粉或其他驱虫药剂,或保藏于纸套中,纸套上写明鉴定记录,然后将纸套用胶水或针固着在厚的蜡叶标本纸上,也可过塑保存。大而厚的标本如伞菌或易于损坏的标本如黏菌等可用大小不等的纸盒保藏。

浸渍标本应放在暗处,以减少药液的挥发和氧化,并要密封瓶口。封口胶可用蜂蜡和松香各 1 份,分别融化后混合,加少量凡士林调成胶状,涂在瓶盖边缘做临时封口,或将酪胶和消石灰各 1 份混合,加水调成糊状,用于永久封口。

保藏标本的标本柜和标本室,要保持清洁和干燥。新制成的标本,要经过熏蒸再放入标本柜中长期保存。为防虫蛀,可用小包的樟脑或对二氯苯酚放入标本袋或标本盒中,定期更换;每年用甲基溴熏蒸 1 次,可长久保藏标本。

4) 标本的鉴定

植物病害的鉴定应根据其在田间的分布情况和病株的症状特点,初步确定是非侵染性病害,或是侵染性病害。然后将病害标本进行病原物的鉴定。真菌病害可挑取病部的繁殖体,或将材料夹在胡萝卜、马铃薯块内,切成薄片,装片镜检,以观察组织内部的病菌;也可保湿诱发病原物,再制片观察。细菌病害可根据菌脓等症状或镜下观察菌雾等鉴定。病毒可通过特有的症状及细胞内含体等进行鉴定。

实训作业

①每人采集并制作植物病虫害各类标本 10 ~ 15 个,要求标本规范,并初步鉴定。
②写一份有关病虫标本采集、制作及初步鉴定的体会报告。

任务 5.14 植物病虫害的田间调查与损失估计

学习目标

掌握园艺植物病虫害取样和调查的方法;能对当地园艺植物病虫害种类、发生规律、为害程度进行全面的调查,会整理计算调查资料数据,并对作物受害损失作出估计。

材料及用具

卷尺、挖掘工具、剪枝工具、计数器、镊子、放大镜、解剖镜、诱虫灯、糖醋液、黄皿诱集器等用具。

内容及方法

①根据园艺植物病虫害种类和寄主特点,按一定的取样方法,取样单位划出取样点。

②在取样点内,调查某一具体园艺植物病害或虫害,并按设计的表格进行记载。

③对调查资料进行整理与计算,对当地主要病虫害所造成的园艺植物损失做出估计和分析,并写出调查报告。

操作步骤

5.14.1　植物病虫害调查的类别和调查内容

植物病虫害的调查常分为一般调查和重点调查两类:一般调查又称普查,是在病虫害的资料不多或不系统时采用。其目的是了解某一地区或植物上病虫害的种类和分布等情况。调查面较广,选点要有代表性,记载的项目不必很细。重点调查又称专题调查或系统调查,是在一般调查的基础上,选择重要的病虫,深入系统地调查它的分布、损失、消长规律、防治效果等。调查的面积不一定要广,但调查次数要多,记载要准确详细。

植物病虫害调查的内容主要有:

①植物病虫害种类组成调查　为了解某一地区,某一生活小区或某种植物上的病虫种类及不同种类的数量对比等进行调查。其目的是确定主要病虫害和一般病虫害,弄清有无检疫对象,为重点调查和划定疫区、保护区提供依据。

②植物病虫害分布调查　其目的是查明某种植物病虫害的地理分布及不同分布区的数量对比,为制订防治区划、确定病虫的主要来源地及疫源地提供依据。

③植物病虫害发生消长调查　为掌握病虫害发生时期和发生数量及变动情况的调查。调查内容涉及范围较广,如病害的侵染循环、害虫的年生活史以及病虫害的越冬形态与场所、不同时期、不同农业生态条件下的数量变化等。为制订防治策略、防治措施及确定防治时期提供依据。

④植物病虫害的防治效果和作物受害程度的调查　为衡量防治措施效果、分析植物受害轻重的原因、估计对经济效益的影响程度等提供依据。

5.14.2　植物病虫害的田间分布及取样

由于人力和时间限制,不可能对所有园圃和植株全部调查,一般都是选有代表性的田块,再从中取出一定的样点抽查,从局部得知全局。代表性田块要注意不同地形地势、水利条件、施肥情况及田间小气候等。

不同的病虫害在田间分布形式不一样,通常有以下3种类型(见图5.23):

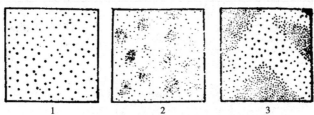

图5.23　植物病虫的田间分布型
1—随机型;2—核心型;3—嵌纹型

①随机分布型　病虫在园圃分布是稀疏的,个体间的距离不等,但比较均匀。

②核心分布型　病虫在园圃不均匀地呈多个小集团核心分布,核心内为密集的,而核心间是随机的。

③嵌纹分布型　病虫在田间呈不规则的不均匀分布。

田间取样方法和样本大小对调查结果影响也很大。一般对随机分布的病虫常用5点取样、棋盘式取样和单对角线式取样。对一些不均衡分布的种类如核心分布和嵌纹分布,则应根据病虫特点,在样点位置、形状和大小上注意疏密兼顾,以增加调查的准确性(见图5.24)。

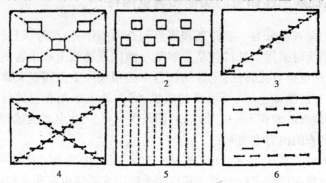

图5.24　病虫调查取样法

1—双对角线式或5点式;2—棋盘式;3—单对角线式;4—双对角线式;5—平行式;6—"Z"字式

样本的统计单位也因病虫种类和种植方式而异。通常密植园艺植物或土壤中的病虫多以面积为单位;稀植园艺植物以植株或植株一部分(果、枝、叶等)为单位;活动性较大的害虫,还可用一定规格的器械如捕虫网或一定时间作统计单位。样本的大小和数量应视人力和需要而定。对一些重点病虫,应按植保部门制订的统一办法进行。无统一规定的,在历次调查中也应方法一致,以便对调查结果进行分析比较。调查时还应记载调查地点、时间、调查人、植物种类、地形、土质、栽培管理情况和防治水平、气象资料等,供分析资料时参考。

5.14.3　田间调查记载

记载是分析总结调查结果的依据。记载要准确、简明。田间调查记载的内容,依据调查的目的和对象而定。通常要有调查日期、地点、调查对象名称、调查项目等。记载多采用表格形式。记载表格可分为田间使用的原始表格和调查后的整理表格两种。前者根据整理表格的要求自行设度,见表5.4和表5.5。

表5.4　枝干病害调查田间记载表(原始表)

样　点	株　号					备注(时间、地点及品种名称等)
	1	2	3	…	20	
Ⅰ Ⅱ Ⅲ Ⅳ Ⅴ						

表 5.5　枝干病害调查记载表(整理表)

调查日期	调查地点	树(品)种	总株数	病株数	发病率	严重度分级					感病指数	备注
						1	2	3	4	5		

5.14.4　调查资料的整理与计算

田间调查所获取的数据资料(原始表),要进行整理与计算,通过比较分析,找出规律,进行防治决策。计算分析的内容通常有:

①被害率　表示植物被病虫为害的普遍程度,即

$$被害率 = \frac{被害单位数}{调查总单位数} \times 100\%$$

该式同样适用于有虫株率和植物病害的发病率的计算。

②种群密度　表示在一个单位(每公顷或百株)内的种群数量,即

$$种群密度 = \frac{调查总虫数}{调查总单位数} \times 100\%$$

$$种群密度 = \frac{调查总虫数}{调查总株数} \times 100\%$$

③病情指数　又称感染指数,为病害发生的普遍程度和严重程度的综合指标。常用于植株局部受害,且各株受害程度不同的病害,即

$$病情指数 = \frac{\sum(病害级别代表值 \times 该级样本数)}{最高级代表值 \times 调查总样本数} \times 100\%$$

在虫害调查时,也可根据作物受害程度分级,然后计算被害指数。计算方法与病情指数相同。

④损失估计　是指产量或经济效益的减少。因此,病虫为害损失应以生产水平相同的受害田,与未受害田的产量或经济总产值对比来计算,也可用防治区与未防治区来比较,即

$$损失率 = \frac{未受害区产量(产值) - 受害区产量(产值)}{未受害区产量(产值)} \times 100\%$$

> **实训作业**

①对当地常发生的某种病害或虫害进行实地调查后,进行资料整理与计算,写一份调查报告。

②对当地发生的某种病害或虫害,在田间分别找出被害株和健株(各 100 株)的方法,对该病害或虫害作出损失估计。

项目6 主要园艺植物害虫综合技能实训

任务6.1 地下害虫为害特点、形态观察及防治方案的制订

学习目标

通过对地下害虫为害方式的观察,了解地下害虫对果树、蔬菜、观赏植物的为害特点。并认识几类主要的地下害虫,初步掌握其形态特征及生活习性。学会制订地下害虫的防治方案及组织实施防治工作。

材料及用具

蝼蛄、地老虎、蛴螬、金针虫、白蚁等成虫和幼虫的干制标本或浸渍标本、为害状标本,放大镜、解剖镜、解剖针、镊子、害虫图谱、影视教材、CAI 课件、检索表等用具。

内容及方法

①田间观察或应用教学挂图、影视教材、CAD 课件,认识地下害虫对果树、蔬菜以及观赏植物的为害特点。

②地下害虫的常规调查。

③田间现场采集蝼蛄、地老虎、蛴螬、金针虫各虫态标本,或在实验室中观察地下害虫的干制标本,按实训操作步骤中列出几类地下害虫特征的观察要点,认识几类主要地下害虫的特征。

④通过对地下害虫为害特点、发生规律的了解,制订地下害虫的综合防治方案和组织实施计划。

操作步骤

6.1.1 地下害虫为害特点观察

根据当地的生产实际,选择一块或若干块农田(果园、蔬菜、苗圃),组织学生观察地下害虫对根、块根、块茎、鳞茎、幼苗的为害特点,并进行描述。

6.1.2 重要类群形态识别、生活习性及发生规律认识

蝼蛄

蝼蛄俗称拉拉蛄、地蝼蝼、土狗子等。属直翅目、蝼蛄科。我国发生的主要有东方蝼蛄（*Gryllotalpa orientalis* Burmeister）和华北蝼蛄（*G. unispina* Saussure）。东方蝼蛄在国内各省都有分布,尤以南方受害重。华北蝼蛄主要分布在北方各省,以河北、山东等省为害较重。

为害特点

蝼蛄为多食性害虫,成、若虫均喜食园艺植物特别是蔬菜及农作物种子和幼芽,造成严重缺苗断垄;也咬食幼根和根茎,被害部常咬成乱麻状,使幼苗凋枯死亡;特别是蝼蛄活动力强,善爬乱窜,常将表土层窜成许多隧道,使幼苗根部与土壤分离失水干枯而死。在温室、温床、大棚和苗圃地,由于温度高、活动早、小苗集中,因而受害更重。

形态特征

成虫体纺锤形,黄褐或黑褐色。头小,触角丝状;前胸背板发达,呈卵圆形;前足为一对强大粗短的开掘足;前翅短,仅达腹部的一半,后翅扇形,较大,折叠于前翅下,超过腹部末端;有一对较长的尾须。若虫与成虫相似。卵椭圆形,长 2.4～3.2 mm,初黄白色,后变黄褐色,孵化前为暗紫色,略膨大(见图 6.1)。两种蝼蛄成虫主要区别见表 6.1。

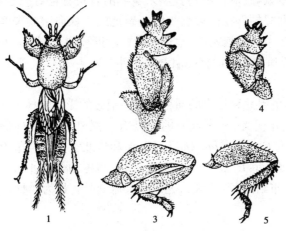

图 6.1　非洲蝼蛄和华北蝼蛄

华北蝼蛄

1—成虫;2—前足;3—后足;

非洲蝼蛄

4—前足;5—后足

表 6.1　两种蝼蛄成虫形态特征主要区别

	华北蝼蛄	东方蝼蛄
体长	39～50 mm	29～34 mm
体色	黑褐色	黄褐色
腹部	近圆筒形	近纺锤形

续表

	华北蝼蛄	东方蝼蛄
前足	腿节内侧外缘弯曲	腿节内侧外缘平直
后足	胫节背面内缘有刺 0～1 根	胫节背面内缘有刺 3～4 根

生活习性

华北蝼蛄生活史较长,约 3 年完成 1 代。东方蝼蛄在长江流域及以南各省每年发生 1 代,在华北、东北和西北地区约 2 年完成 1 代。两种蝼蛄均以成、若虫在冻土层以下和地下水位以上的土层中越冬。次春随气温回升,开始上升到表土层活动,形成一个个新鲜的虚土堆(东方蝼蛄)或 10 cm 长虚土隧道(华北蝼蛄),这是春季挖洞灭虫和调查虫口密度的有利时机。地表出现大量弯弯曲曲的隧道,标志着蝼蛄已出窝为害,这是结合春播拌药和撒毒饵保苗的关键时期。春播作物苗期,蝼蛄活动为害最为活跃,形成 1 年中的春季为害高峰,也是第二次施约保苗的关键时期。入夏后,天气炎热,蝼蛄潜入 14 cm 以下土层中产卵越夏。进入秋播作物播种和幼苗时期,大批若虫和新羽化的成虫又上升到地表为害,形成秋季为害高峰,特别是在气温高、湿度大、闷热无风的夜晚,蝼蛄大量出土活动为害。两种蝼蛄都有较强的趋光性和趋化性;蝼蛄对具有香、甜味的物质趋性强,嗜食煮熟的谷子、棉籽和炒香的豆饼、麦麸等,对新鲜马粪及未腐熟的有机物也有一定趋性。蝼蛄对产卵地点有严格选择性,华北蝼蛄喜在植被稀少的盐碱地或干燥向阳的渠旁、路边、田埂产卵;东方蝼蛄喜欢潮湿,多集中在沿河两岸、池塘和沟渠附近沙壤土产卵。20 cm 土湿 15～20 ℃,含水量 20% 是蝼蛄活动为害最适宜的温湿度条件。

<h2 style="text-align:center">蛴 螬</h2>

蛴螬是鞘翅目金龟甲总科幼虫的通称。国内记载的受害农林及园艺作物有百余种,但各地区的优势种类差异很大,其中重要的种类有大黑鳃金龟 *Holotrichia oblita* Faldermann(包括东北大黑鳃金龟 *H. oblita diomphalia* Bates 和华北大黑鳃金龟 *H. oblita oblita* Faldermann 等亚种)、暗黑鳃金龟 *H. parallela* Matschlsky、铜绿丽金龟 *Anmala corpulenta* Motschulsky 等,其分布几乎遍布国内各省(区),尤以黄淮流域受害最为严重。

为害特点

蛴螬食性很杂,能为害多种蔬菜、粮食作物、果树及其他园艺观赏植物。蛴螬始终在地下为害,咬断幼苗根茎,断口整齐,使幼苗枯死,造成缺苗断垄;蛀食块根、块茎,影响产量和品质,而且容易引起病菌侵染,造成薯块腐烂。成虫主要取食叶片,尤喜食大豆、花生及各种果树叶片,有些种类还为害果树的花和果实。

形态特征

蛴螬各虫态的共同特征是:成虫体色为棕、黑、绿色不等,体躯坚硬,前翅为鞘翅,触角鳃叶状,前足胫节发达有齿,适于掘土。卵乳白色,椭圆形,表面光滑,产在土中。幼虫寡足形,头部黄褐色,密生点刻,体肥、色白、常弯曲成"C"形,腹足退化,胸足发达。蛹为裸蛹(见图 6.2)。3 种金龟和蛴螬形态区别见表 6.2。

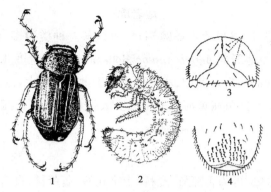

图 6.2　大黑鳃金鱼
1—成虫;2—幼虫;3—幼虫头部正面上部;4—幼虫肛腹片

表 6.2　3 种金龟和蛴螬的形态区别

虫 态	特 征	大黑鳃金龟	铜绿丽金龟	暗黑鳃金龟
金龟子	体 长	16 ~ 21 mm	17 ~ 20 mm	18 ~ 22 mm
	体 色	黑褐色,有光泽	铜绿色,有光泽	黑褐色,无光泽
	鞘 翅	有 3 条纵隆线,翅面及腹部无短绒毛	有 3 条纵隆线,前胸背板及鞘翅铜绿色	翅面及腹部有蓝白色短小绒毛
	前足胫节外侧	有 3 个尖锐齿突	有 2 个齿状突起	有 3 个较钝齿突
	腹 部	臀节背板包向腹面	臀节背板不包向腹面	同左
蛴螬	体 长	35 ~ 45 mm	30 ~ 33 mm	35 ~ 45 mm
	头部前顶刚毛	每侧 3 根(冠缝侧 2 根,额缝侧上方 1 根)	冠缝两侧各 6 ~ 8 根,排成纵列	冠缝两侧各 1 根
	肛腹板刺毛列	排列分布为均,达全节的 2/3	钩毛区中央有 2 列长针状刺毛相对排列	排列散乱,不规则,但较均匀,仅占全节的 1/2

生活习性

大黑鳃金龟除在华南 1 年发生 1 代、以成虫越冬外,其他地区 2 年发生 1 代,成、幼虫均可越冬。铜绿丽金龟 1 年发生 1 代,以幼虫在深土中越冬。暗黑鳃金龟 1 年发生 1 代,多数以老熟幼虫筑土室越冬,少数以成虫越冬。越冬虫态入土深度,成虫一般为 30 ~ 50 cm,幼虫多为 50 ~ 100 cm。产卵于田园土壤中,孵化后蛴螬终年生活于土中,在土中活动范围不大,但有随气温变化而垂直移动的习性。春季土温增高,幼虫从土壤深处上移到表土层活动为害。夏季气温高,下移到土壤较深处。秋季温度适宜,又上升到表层为害。秋末冬初再潜入深层越冬。成虫昼伏夜出,多在黄昏后开始出土,20:00—23:00 取食、交配活动最盛,午夜后陆续入土潜伏。此外,成虫喜食大豆、花生、甘薯、马铃薯叶片,并产卵于这些作物表土中。成虫还具有假死性、喜湿性和趋光性,对未腐熟厩肥有较强趋性,可利用这些习性进行人工捕捉和诱杀。

地老虎

地老虎俗称黑土蚕、切根虫等。属鳞翅目、夜蛾科。种类很多,各地优势种类差别较大,为害比较严重的有小地老虎 *Agrotis ypsilon* Rottemerg、黄地老虎 *A. segetum* Schiffermuller 和大地老虎 *A. tokionis* Butler 等。其中,小地老虎属于世界性的大害虫,分布很广,国内各省均有发生。黄地老虎主要分布在黄河以北地区。大地老虎仅在长江沿岸局部地区为害严重,北方发生较少。

为害特点

地老虎是多食性害虫,可为害茄科、豆科、十字花科、葫芦科、百合科以及菠菜、莴苣、茴香等蔬菜,还可为害玉米、高粱、棉花、烟草等作物以及藜、蓟、小旋花、荠菜等杂草。以幼虫为害幼苗,咬断近地面的嫩茎,造成缺苗断垄,甚至毁种重播。

形态特征

地老虎成虫为中等大小的蛾子,雌虫触角丝状,雄虫触角双栉齿状,前翅都有不同的斑纹。卵为半球形。幼虫黑褐色或淡褐色,体表粗糙,有胸足 3 对,腹足 4 对,臀足 1 对。蛹为被蛹,红褐色(见图 6.3)。3 种常见地老虎成、幼虫形态区别见表 6.3。

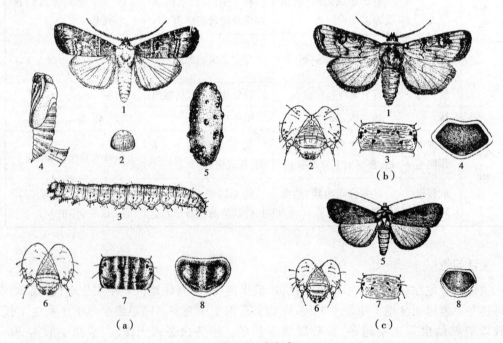

图 6.3 地老虎

(a)1—成虫;2—卵;3—幼虫卵的花纹;4—蛹;5 茧;6—幼虫的头部;7—幼虫体节的背面;8—幼虫臀板

(b)1—成虫;2—幼虫的头部;3—幼虫体节的背面;4—幼虫臀板

(c)1—成虫;2—幼虫的头部;3—幼虫体节的背面;4—幼虫臀板

表6.3　3种地老虎成幼虫形态区别

虫态	特征	小地老虎	大地老虎	黄地老虎
成虫	体长	16~23 mm	20~25 mm	14~19 mm
	体色	暗褐色,较深	暗褐色,较浅	黄褐色或灰褐色
	前翅	黑褐色,内、外横线将翅分为3部分,中央有明显肾状纹和环形斑;在肾状纹外有一尖端向外的楔形黑斑,外缘内侧有2个尖端向内的楔形黑斑	灰褐色,肾状纹和环形斑明显,但肾状纹外无黑色楔形斑;前缘靠基部2/3处呈黑色	黄褐色,横线不明显;肾状纹和环形斑较明显,均有黑褐色边,斑中央暗褐色;翅面上散布褐色小点
幼虫	体长	37~47 mm	41~60 mm	33~42 mm
	表皮	满布大小不等的黑色颗粒	多皱纹,颗粒不明显	颗粒不明显
	臀板	有两条深褐色纵带	全部深褐色	为两块黄褐色斑

生活习性

小地老虎在我国各地每年发生2~7代不等,世代数因纬度、海拔不同而变化,由年积温的多少决定。1月平均气温0℃为能否越冬的分界线。0℃等温线以北地区,越冬代成虫从南方迁入。0~4℃等温线地区越冬代成虫主要从南方迁入;4~10℃等温线地区,能安全越冬,但越夏困难;10℃等温线以南地区冬季能正常生长发育,夏季不能越夏,秋虫源从北方迁入。小地老虎为远距离迁飞性害虫。

成虫昼伏夜出,趋光、趋化性强,黑光灯和糖醋酒液能诱到大量蛾子。喜食花蜜、蚜露作为补充营养。卵散产或成堆产在土块、枯草、作物幼苗及杂草叶背,单雌产卵量800~1 000粒,最多可达2 000余粒。幼虫6龄,1~3龄钻入幼苗心叶吃成孔洞或缺刻,3龄后白天潜伏土中,夜晚活动咬断嫩茎,清晨则连茎带叶拖入土穴中继续取食,5~6龄为暴食期,食量占总食量的90%以上,幼虫动作敏捷。大龄幼虫有假死性,受惊时缩成环形。幼虫老熟后潜入5~7 cm表土层中筑土室化蛹。温度13~25℃,土壤含水量15%~25%最适其生长发育。

黄地老虎在西北地区每年发生2~3代。以幼虫在10 cm以下土层中越冬,春季一代幼虫发生多,为害重。

大地老虎在全国各地1年发生1代。越冬幼虫翌春气温8~10℃时开始取食,气温20.5℃幼虫陆续成熟,停止取食,开始滞育。

6.1.3　地下害虫的防治途径

园艺作物地下害虫种类多,食性杂,发生期长,尤以春、秋为害重,且隐蔽性强,多在地下或地面活动为害。因此,防治上应贯彻预防为主,综合防治的植保方针,根据虫情,因时因地制宜,协调使用各项方法措施,做到播前播后连续治,成虫、幼虫结合治,主次分明兼并

治,方法多样灵活,从而最大限度减少为害,保证全苗,为优质丰产打下良好基础。

1) 农业防治

①轮作倒茬　陕南有条件的地区通过水旱轮作可大大减少蛴螬、蝼蛄的发生和为害,北方地区不宜选以豆类、薯类及禾谷类作物为前茬的地块种植蔬菜,可与直根系作物,如芝麻、油菜、棉花、麻类轮作,减少地下害虫的虫源基数。

②深耕细耙　秋季深耕细耙,经机械杀伤和风冻、天敌取食等作用,有效减少土壤中各种地下害虫的越冬虫口基数。春耕耙糖,可消灭地表的地老虎卵粒,土中的油葫芦卵以及蜗牛、野蛞蝓,上升表土层的蛴螬、蝼蛄等,从而减轻为害。

③合理施肥　有机肥必须充分腐熟后方可施用,否则会招引蝼蛄、金龟子、地蛆等产卵为害;碳铵、腐殖酸铵、氨水、氨化磷酸钙等化肥深施既提高肥效,又能因腐蚀、熏蒸作用杀伤一部分地蛆、蛞蝓、蛴螬等害虫。

④适时灌水　适当增加灌水次数,可阻止花蝇产卵,抑制地蛆活动或淹死部分幼虫;可迫使蛴螬下潜或死亡。蜗牛、蛞蝓多的地方雨后要及时排干积水,以防其繁殖为害。

⑤浸种催芽　瓜、豆类进行催芽播种,使其早出苗;大蒜选栽健壮蒜种等可明显减轻地蛆为害。

⑥地膜覆盖　蜗牛、蛞蝓多的地方实行地膜覆盖栽培,可减轻为害。

⑦除草清园　早春铲除地边、路旁、沟坎的杂草,带出田外处理或沤肥,可消灭一代地老虎卵和幼虫,减少蟋蟀、蜗牛、蛞蝓的滋生繁衍。

⑧石灰隔离　用生石灰粉 75～112.5 kg/hm²,撒施菜苗附近,可有效阻隔蜗牛、蛞蝓爬行,减少为害。

2) 药剂防治

①土壤处理　结合播前整地,用 50% 辛硫磷乳油 4.5 kg/hm²,加水 750 kg 喷洒地面后整地播种;葱、蒜、韭菜栽植时,用 5% 辛硫磷颗粒剂 75 kg/hm² 拌 300～375 kg 细沙或煤渣顺垄条施后覆土。

②药剂拌种　用 50% 辛硫磷乳油,按药、水、种 1:50:600 的比例拌种堆闷 3～4 h,待药液吸干后播种,可防种蝇、金针虫、蛴螬等为害种芽。也可用 90% 晶体敌百虫 1.5 kg/hm² 加适量水拌 37.5 kg 事先煮半熟冷凉的秕谷成毒谷,播种时拌入种子中可防止蝼蛄为害种子和幼苗。

③毒饵诱杀　90% 晶体敌百虫或 50% 辛硫磷乳油 0.75 kg/hm²,加适量水,拌入 75 kg 碾碎炒香的油渣或米糠、麸皮等饵料中制成毒饵,于无风闷热的夜晚撒放在已出苗的地里或温床、苗床上,对蝼蛄、蟋蟀及大地老虎幼虫有良好诱杀效果。小地老虎也可用 50% 敌敌畏乳油 15 kg/hm² 加水 75 kg,喷拌 3 000 kg 干沙,于傍晚撒在苗根附近杀之。对蜗牛、蛞蝓可用含多聚乙醛 3%～6% 的蜗牛敌拌玉米粉或豆饼粉制成毒饵于傍晚施于田垄上诱杀。

④糖醋液诱杀　地老虎、种蝇、萝卜蝇成虫均对糖醋液有较强趋性,可用其进行诱杀。诱液配方为 1 份红糖、1 份醋、2.5 份水,加入少量敌百虫拌匀,放入盆内,置于田间。

⑤药液浇根　苗期蛴螬、地老虎、金针虫、地蛆为害较重时,可进行药液浇根,用不带喷头的喷壶或去掉旋水片的喷雾器向植株根际喷药液。可选用 50% 辛硫磷乳油 1 000 倍液,或 80% 敌百虫可溶性粉剂 800 倍液,或 80% 敌敌畏乳油 1 500 倍液,或 40% 乐果乳油 1 000

倍液等。

⑥**毒草诱杀**　将新鲜莴苣叶、苜蓿、小白菜、刺儿菜、旋花等切碎,用90% 晶体敌百虫500～800 倍液拌后制成毒饵,按10～15 kg/hm² 用量,于傍晚分成小堆置放田间,可毒杀小地老虎大龄幼虫及蜗牛、蛞蝓、蟋蟀等。

⑦**喷药防治**　地老虎3 龄前、金龟子盛发期、地蛆成虫及初孵幼虫期、蟋蟀成若虫盛发期,可喷洒药剂进行防治。可选用80% 敌百虫可溶性粉剂或50% 辛硫磷乳油,或50% 马拉硫磷乳油800～1 000 倍液,也可选用20% 速灭杀丁乳油,或20% 菊杀乳油2 000 倍液、50% 蝇蛆净乳油2 000 倍液等进行喷雾。防治蜗牛、蛞蝓可选用8% 灭蜗灵颗粒剂,或10% 多聚乙醛颗粒剂等。

3) 物理防治

3—9 月用黑光灯或高压电网黑光灯可诱杀大量地老虎成虫、多种金龟、叩头甲、东方蝼蛄及蟋蟀等害虫,能有效减少虫口密度。

4) 生物防治

利用蛴螬乳状杆菌商品制剂及大黑臀钩土蜂防治蛴螬及金龟甲,以及用颗粒体病毒防治黄地老虎等。

5) 人工捕捉

春、秋翻耕时人工捡除蛴螬、金针虫等地下害虫。春雨后查找隧道,挖窝毁卵灭蝼蛄。4—6 月傍晚摇树捉金龟。逐株检查,人工捕捉蛴螬、地老虎。每公顷设10 cm 厚草堆600～750个诱捕油葫芦。挖300 cm × 30 cm × 20 cm 的土坑,内放新鲜湿润马粪并盖草,每日清晨捕杀蝼蛄。

实训作业

制订地下害虫的综合防治方案。

任务6.2　果树害虫为害特点、形态观察及防治方案的制订(一)

学习目标

通过在田间对果树食叶害虫为害方式的观察,了解果树食叶害虫的为害特点。在教师的指导下,现场调查、采集几类主要的食叶害虫,识别主要食叶害虫的形态特征,了解其生活习性。根据对食叶害虫为害方式的了解以及课堂所学理论知识,学会制订食叶害虫的防治方案及组织实施防治工作。

材料及用具

主要食叶害虫的生活史标本(卵、幼虫、蛹、成虫)、为害状标本,放大镜、解剖镜、解剖针、镊子、害虫图谱、影视教材、CAI 课件、检索表等用具。

内容及方法

①田间调查卷蛾类、枯叶蛾类、潜叶蛾类、斑蛾类、舟蛾类、巢蛾类等主要食叶害虫的为害特点,或通过食叶害虫的教学挂图、影视教材 CAI 课件、认识果树食叶害虫的为害特点。

②根据食叶害虫的调查方法,在田间布点取样调查株虫口密度和为害株率。

③采集枯叶蛾、卷叶蛾、潜叶蛾等食叶害虫各虫态标本或在实验室中,根据教师提供的食叶害虫害状及形态标本,列出主要食叶害虫的观察要点。认识几类主要的食叶害虫。

④通过相关的图片、影视教材了解主要食叶害虫的生物学特性及发生规律。

⑤通过对食叶害虫为害特点、生物学特性的了解、结合所学的防治理论,在教师指导下,制订食叶害虫的防治方案,并组织实施。

操作步骤

6.2.1　果树食叶害虫为害特点观察

结合当地生产实际选择一块或者若干块果园,组织学生现场观察叶部害虫的为害特点,在教师指导下,认识主要的食叶害虫。

通过教学挂图,相关的食叶害虫影视教材,叶部害虫 CAI 课件,向学生展示食叶害虫为害特点。

6.2.2　果树食叶害虫主要类群识别

苹果小卷叶蛾 *Adoxophyes roan* Fischer von Roslerstamm

苹果小卷叶蛾简称"小卷",俗名卷叶虫。属鳞翅目、卷叶蛾科。食性很杂,寄主很多,除为害苹果外,为害梨、海棠、山楂、桃、李、杏、樱桃、石榴、荔枝、龙眼、橄榄、柿、枇杷、柑橘、茶、棉等多种果树、林木和其他作物。

为害特点

早春越冬幼虫为害嫩芽,轻者将嫩芽吃得残缺不全,流出大量胶滴,重者嫩芽枯死,影响抽梢开花。吐蕾时,幼虫不但咬食花蕾,并吐丝缠绕花蕾,使花蕾不能开放,影响坐果。展叶后,小幼虫常将嫩叶边缘卷曲,在其内舔食叶肉,以后吐丝缀合嫩叶,啃食叶肉,并多次转移到新梢吐丝卷叶为害嫩叶,妨碍新梢生长。大幼虫常将 2~3 张叶片平贴,将叶片食成孔洞或缺刻,或将叶片平贴果实上,或在"嘟噜果"之间啃食果肉和果皮,一般将果实啃成许多不规则的紫红色小坑洼或针孔状木栓化的小虫疤。降低果品质量,遇雨时造成腐烂或发生黑霉,果梗被咬伤后引起落果。

形态特征(见图 6.4)

成虫　体长 5~8 mm,翅展 16~20 mm,个体间体色变化较大,一般以黄褐色为多,下唇须较长,伸向前方。前翅略呈长方形,静止时覆盖在体躯背面,呈钟罩状。雄蛾前翅有前缘褶。前翅黄褐色至棕褐色,斑纹明显,呈褐色至暗褐色。基斑由前缘褶的 1/2 处伸展到后缘的 1/3 处,中带由前缘的 1/2 处斜伸至后缘的 2/3 处,上半部窄,下半部外侧突然加宽,下半部中央色浅,余部色深,似倾斜的"h"形。端纹扩大到后缘并延伸到臀角,呈三角形。后翅淡灰褐色,缘毛灰黄色。卵扁平椭圆形,淡黄色,半透明,近孵化时,出现黑褐色小点。卵块多由数十粒卵排列成鱼鳞状。

幼虫　老熟幼虫体长 13～18 mm,体色浅绿色至翠绿色。头部黄绿色,前胸盾片、胸足黄色或淡黄褐色。头部较小,略呈三角形,头壳两侧单眼区上方各有 1 黑褐色斑点。臀栉 6～10齿,白色。3龄以后的雄虫,第5腹节背面有 1 对黄色斑点。

蛹　体长 7～10 mm,黄褐色。第 2～7腹节背面有两列刺突,后面一列小而密,尾端有 8 根钩状刺毛。

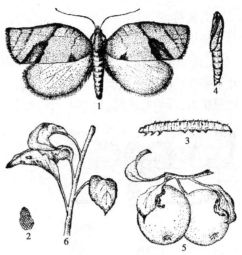

图 6.4　苹果小卷叶蛾
1—成虫;2—卵;3—幼虫;
4—蛹;5—被害果;6—被害叶片

生活习性

苹果小卷叶蛾在辽宁、河北等省 1 年发生 3 代,山东、陕西关中地区 1 年发生 3～4 代;黄河故道地区 1 年发生 4 代。以小幼虫(辽宁多以 2 龄幼虫)潜藏在树皮裂缝、老翘皮下、剪锯口周围的死皮中,梨潜皮蛾幼虫为害的爆皮下,枯叶与枝条贴合处等部位作长形白色薄茧越冬。越冬幼虫在树体上各部位的数量,因树龄不同而异。在结果大树上以主枝、主干下部的树皮裂缝、翘皮下为多;在小树上主要以中、上部的剪锯口和枯叶贴枝条处居多。了解幼虫越冬的部位和数量,对使用药剂"封闭"将出蛰的小幼虫有重要作用。越冬幼虫在翌年 4 月中旬至 5 月上旬开始出蛰,盛期在金冠品种盛花期,前后连续 25 d左右。在辽宁南部苹果产区,苹果小卷叶蛾各代成虫发生期:越冬代自 5 月下旬至 7 月上、中旬,盛期在 6 月中、下旬;第 1 代自 7 月中旬至 8 月中、下旬,盛期在 8 月上、中旬,第 2 代自 8 月下旬至 9 月下旬,盛期在 9 月上、中旬。河北、山东半岛、陕西关中地区各代成虫发生期与辽宁地区相似。由于成虫羽化后只经 1～2 d(越冬代为 2～4 d)即可产卵,因此各代卵的发生期与其相应各代成虫发生期基本一致。

成虫有昼伏夜出习性,白天潜伏叶背和草丛中,晚上出来活动。对日光灯微有趋性,对黑光灯与白炽灯的双光源灯有较强趋性。对糖醋、果醋趋性强。雌蛾能产生性激素。初孵幼虫多在卵块附近叶背的丝网下或前代幼虫的卷叶内,稍大后则分散各自卷叶为害。幼虫活泼,行动运速,受惊动可倒退翻滚,并引丝下垂逃逸。幼虫有转迁为害习性,当食料不足时,常转迁到另一新梢上继续为害。因此,新梢最上部的卷叶多为虫苞,而下部卷叶多为无虫的空苞。老熟幼虫在卷叶或缀叶间化蛹,羽化时蛹壳一半抽到卷叶或缀叶处。

苹果小卷叶蛾成虫产卵和卵的孵化,都要求较高湿度,如果相对湿度低于50%,成虫产卵受到抑制,并且卵的孵化率也明显降低。因此在多雨年份,苹果小卷叶蛾发生为害常较重。

顶梢卷叶蛾 *Spilonota lcchriaspis* Meyrick

顶梢卷叶蛾属鳞翅目、卷叶蛾科。是苹果的主要害虫。除苹果外,花红、海棠、梨、山楂、桃也受害。

为害特点

　　幼虫专害嫩梢,吐丝将新梢数片嫩叶缠缀成拳头状虫苞,并且刮下叶背绒毛织成筒巢(茧),幼虫潜藏其中,仅在取食时身体露出茧外,被害新梢干枯,生长受到抑制,被害梢枯叶至冬季仍残留梢头而不落,容易识别。一般生长旺盛的幼树和果苗受害较重,影响幼树树冠扩大,开始结果晚,果苗出圃期延迟,质量下降。

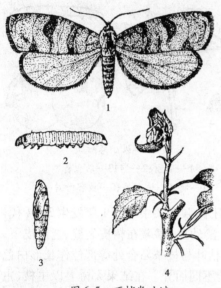

图 6.5　顶梢卷叶蛾
1—成虫;2—幼虫;3—蛹;4—被害状

形态特征(见图6.5)

　　成虫　体长6~8 mm,翅展12~15 mm。全体银灰色,前翅近长方形,身体和前翅淡灰褐色,翅面上有许多深灰色波状横纹,前缘至臀角间具有6~8条黑褐色平行短纹,后缘外侧有1个三角形褐色斑,两翅合并时组成1菱形褐色斑。

　　卵　乳白色,半透明,扁平,长椭圆形。

　　幼虫　老熟幼虫体长8~12 mm,体形粗短,污白色。头略带红褐色,前胸背板和胸足漆黑色。无臀栉。

　　蛹　长5~8 mm,黄褐色。腹末有8个钩状刺毛和6个小齿。茧黄白色绒毛状。椭圆形。

生活习性

　　顶梢卷叶蛾在辽宁、河北、山东、山西等省及陕西渭北1年发生2代,河南、江苏、安徽、陕西关中地区1年发生3代,北京也有1年发生3代的。以2~3龄幼虫主要在枝梢顶端卷叶团中结茧越冬,少数在侧芽两边和叶腋处越冬。一般每个枝梢卷叶团中只有1头越冬幼虫,也有2~3头幼虫的。早春苹果花芽展开时(气温在10 ℃以上),越冬幼虫开始出蛰,大部分转迁到附近枝梢顶部第1~3芽上为害,早出蛰的主要为害顶芽,晚出蛰的则逐渐向下为害侧芽。越冬幼虫老熟后,即在卷叶团中作茧化蛹。在1年发生3代的地区如陕西关中地区,各代成虫发生期:越冬代在5月下旬至6月末;第1代在6月下旬至7月下旬,盛期在7月上、中旬;第2代在7月下旬至8月末,盛期在8月上、中旬。第3代幼虫在9月下旬以后越冬,第1代幼虫为害春梢,第2代、第3代幼虫是害秋梢。在1年发生2代的地区,越冬幼虫出蛰盛期在4月底至5月初,各代成虫发生期:越冬代在6月中旬至7月上旬,盛期在6月下旬;第1代在7月下旬至8月中旬,盛期在8月上旬。

　　成虫昼伏夜出,喜食糖蜜,但不需要补充营养,略有趋光性。产卵前期1~4 d。每头雌蛾产卵6~196粒,平均65粒。卵散产,主要产在当年生枝条中部的叶片背面多绒毛处。卵期4~7 d。幼虫期约20 d,初孵幼虫多在叶背主脉两侧啃食叶肉,并吐丝黏着绒毛作成隧道,稍大后,爬到枝梢顶端将叶片卷成疙瘩状。在1年发生2代地区,以第1代幼虫为害最重,苗木和幼树常在此时出现大量卷叶团。蛹期:越冬代为11~17 d,第1代、第2代约为7 d。

苹果大卷叶蛾 *Choristoneura longicellana* Walsingham

　　苹果大卷叶蛾简称苹大卷。属鳞翅目、卷叶蛾科。除为害苹果外,还有梨、杏、樱桃、山楂、柿、鼠李、柳、栎、山槐等。

为害特点

幼虫咬食新芽、嫩叶和花蕾,2龄后即卷叶侵食叶肉,又啃食果实表皮和萼洼,影响果树正常生长及果实质量。

形态特征(见图6.6)

成虫 体长10～13 mm,翅展19～34 mm。全体土黄褐色或暗褐色。前翅近长方形,中带前窄后宽,中部以下向外侧突出呈现"b"字形,端纹近半圆形或近三角形。雄蛾前翅前缘褶长,雌蛾前翅缘拱起,顶角明显突出。后缘灰褐色。

卵 卵粒较大且厚,呈深黄色,卵块排列成鱼鳞状。

幼虫 老熟幼虫体长23～25 mm,头部

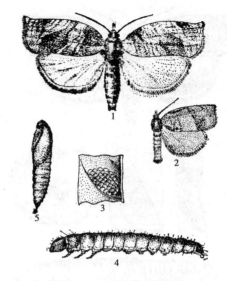

图6.6 苹果大卷叶蛾
1—雌成虫;2—雄成虫;3—卵;4—幼虫;5—蛹

较大,头壳上有许多斑条,以侧后部的"山"形褐色斑纹最为明显。前胸盾片两侧缘及后缘黑褐色,后缘近中线两侧各有1深褐色斑。胴部黄绿色或暗绿色稍带灰色,毛片较大,刚毛细长,臀栉5齿。

蛹 体长9～14 mm,红褐色,尾端有钩状毛8根。

生活习性

在河北、辽宁、陕西关中等地1年发生2代。以幼龄幼虫结白色丝茧在老粗皮下、剪锯口四周或附着于枝干部位的枯叶内越冬,翌年苹果芽开绽时开始出蛰。爬至嫩芽、新叶及花蕾上取食,幼虫稍大后缀叶为害。幼虫活泼,稍受惊扰即吐丝下垂,幼虫老熟后,于卷叶内化蛹,蛹期6～9 d,在辽宁、陕西关中地区,各代成虫发生期:越冬代在6月初至7月初,盛期6月中、下旬,第1代在8月上旬至9月下旬,盛期在8月中、下旬。成虫有趋化性和趋光性,白天潜伏夜间活动,产卵于叶片上,卵经5～8 d孵化,初孵化的小幼虫能吐丝下垂,随风转移到邻近植株。以第2代幼龄幼虫于10月潜伏越冬。

苹果褐卷叶蛾 *Pandemis heparana* Schiffermuller

苹果褐卷叶蛾简称"褐卷"。属鳞翅目、卷叶蛾科。在我国苹果产区发生普遍。苹果褐卷叶蛾的食性很杂,为害植物有苹果、梨、桃、杏、樱桃、柳、杨、榛、鼠李、水曲柳、栎、绣线菊、毛赤杨、山毛榉、榆、椴、花楸、越橘、珍珠菜、蛇麻、桑等。

为害特点

幼虫取食新芽、嫩叶和花蕾,常吐丝缀连2～3叶或纵卷一叶,潜藏叶卷内食害,如叶片与果实贴近,则将叶片缀黏于果面,并啃食果皮和果肉,被害果面呈现不规则的片状凹陷伤疤,受害部周围常呈木质化,故也有"舐皮虫"之称。严重影响果实质量。

形态特征(见图6.7)

成虫 体长8～11 mm,翅展16～25 mm,全体褐色,斑纹浓褐色。前翅中带前窄后宽,中

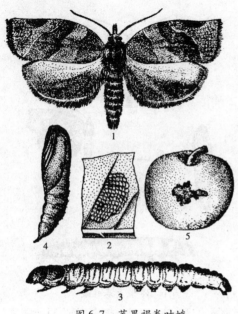

图 6.7　苹果褐卷叶蛾

1—成虫;2—卵;3—幼虫;4—蛹;5—被害状

部两侧呈角状突出,外侧略弯曲,中带两侧有淡色镶边;端纹呈半圆形或近三角形;翅面网状纹不太明显。后翅灰褐色。

卵　扁椭圆形,淡绿色或黄绿色,逐渐带有土红色,孵化前变成褐色。卵块排列成鱼鳞状。

幼虫　老熟幼虫体长 18～25 mm。头部较大,略呈方形,淡绿色,头壳侧后缘处各有 1 深色斑。前胸盾片淡绿色,大多数个体前胸盾片后缘两侧各有 1 黑色斑。胴部绿色至深绿色,毛片色淡,多呈灰色,臀栉黄褐色,4～5 齿。

蛹　体长 9～11 mm。胸部背面深褐色,腹面稍带绿色,腹部第 2 节背面有两横列刺突,刺突均较小,第 3～7 节背面也有两列横刺突,但前排刺突大而稀,后排刺突小而密。

生活习性

苹果褐卷叶蛾在辽宁兴城、甘肃天水地区 1 年发生 2 代;河北昌黎、山东青岛、陕南等地区 1 年发生 3 代:各地区均以幼龄幼虫在树干粗皮裂缝、剪锯口及潜皮蛾幼虫为害的爆翘皮内结白色薄茧越冬,幼虫越冬的部位一般在结果大树上以三大主枝及主干上居多,在幼树上则以剪锯口周围死皮中或枯叶与枝条贴合处较多。在辽宁兴城 5 月上旬苹果树萌芽时,越冬小幼虫开始出蛰,食害幼嫩的芽、叶和花蕾,受害重的果树不能展叶和开花。5 月下旬至 6 月上旬幼虫稍大即卷叶为害。6 月中旬幼虫老熟后,在被害卷叶内开始化蛹,蛹期一般为 8～10 d,6 月下旬至 7 月中旬羽化成虫,进行交尾产卵。7 月上、中旬为产卵盛期,卵期 7～8 d。第 1 代幼虫发生在 7 月中旬至 8 月上旬,幼虫不仅卷食叶片,且啃果为害。8 月中旬化蛹,8 月下旬至 9 月上旬第 1 代成虫出现,继续产卵繁殖,第 2 代幼虫发生在 9 月上旬至 10 月,为害不久,于是 10 月上、中旬小幼虫寻找适合场所结茧越冬。

成虫对糖醋有趋化性,并有较弱的趋光性,白天隐蔽在叶背或草丛内,夜间进行交尾、产卵活动。卵多产在叶面上,少数产在果实上。每只雌蛾可产卵 140 粒左右,初孵化的幼虫群栖叶上,食害叶肉致叶片呈筛孔状;幼虫成长后则分散为害。幼虫活泼,如遭惊动即吐丝下落,用手轻触其头部,即迅速后退,触其尾部即迅速向前或跳动逃逸。一般在同一株树上的内膛枝和上部枝被害较重。

卷叶蛾的防治方法

①农业防治　果树休眠期,结合冬季修剪,剪除被害新梢,人工刮除粗老树皮和枝干上的干叶,集中处理,消灭越冬幼虫。春季结合疏花疏果,摘除虫苞,进行处理。

②涂杀幼虫　果树萌芽初期,幼虫尚未大量出蛰以前,用 50% DDV 乳油 200 倍液涂抹剪锯口和枝杈等部位杀死出蛰幼虫。此法在树皮光滑的幼树上进行效果尤为显著。

③诱杀成虫　各代成虫发生期,利用黑光灯、糖醋液、性诱剂,挂在果园内诱捕成虫。

④树冠喷药　重点防治越冬代和第 1 代,减少前期虫口数量,避免后期果实受害。常用药剂有:20% 丁硫克百威乳油 1 000～1 500 倍液;75% 硫双威可湿性粉剂 1 000～2 000

倍液;2.5%高效氟氯氰菊酯乳油1 000~1 500倍液;5%氰戊菊酯乳油2 000~3 000倍液;25%灭幼脲悬浮剂1 500~2 000倍液;2.5%溴氰菊酯5 000倍液;20%杀灭菊酯2 000~4 000倍液;10%氯氰菊酯1 500~2 000倍液喷雾防治。

　　⑤保护和利用天敌　卷叶蛾的天敌种类很多,应当保护。有条件的地区还可在卷叶蛾卵孵化初盛期释放松毛虫赤眼蜂防治。

舟形毛虫 Phalera flavcsccns Bremer et Grey

　　舟形毛虫属鳞翅目、舟蛾科。全国各苹果产区都有分布。主要寄主有苹果、梨、李、杏、桃、梅、海棠、沙果、山楂、核桃、板栗等。是果园后期发生的一种常见害虫,山地或平地果园均普遍发生,一般仅个别植株受害严重。

为害特点

　　幼虫常数十头群集叶上取食,初龄幼虫食成网眼状,稍大即可食尽全叶,仅留叶柄,一株树上若有1个卵块,1个大枝或全树叶片即可吃光。幼虫群集叶上时,一般头向外整齐排列于叶缘,静止时头和腹末上举似船形,故称舟形毛虫。

形态特征(见图6.8)

　　成虫　体长22 mm,翅展49~52 mm,体黄白色,腹部前端5节为黄褐色,前翅银白色稍带黄色。翅基部有1个和近外缘有6个大小不一的椭圆形斑纹,中间部分有4条淡黄色曲折的云状纹。

　　卵　球形,淡绿色或灰色,产在叶背,常几十个到几百个排成整齐的卵块。

　　幼虫　体长52~54 mm,头黑色,胴部背面紫黑色,腹面紫红色,体上生有黄白色长毛。

　　蛹　体长约23 mm,暗红褐色,腹末有2个2分叉的刺。

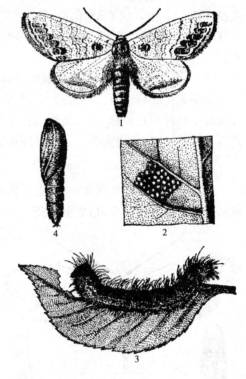

图6.8　舟形毛虫
1—成虫;2—卵;3—幼虫;4—蛹

生活习性

　　各地均为1年发生1代。以蛹在受害果树下4~8 cm深土中越冬。如果地面坚硬,则在枯草、落叶、石块、石砾及墙缝等处越冬。在北方成虫于6月中、下旬至8月上旬出现,盛期在7月中、下旬,在南方成虫于7月至9月出现,盛期在8月。成虫发生期长短与越冬蛹在土中不同深度有关。一般在土壤表层的蛹,羽化早且集中,在深土层的蛹,羽化迟且较分散。成虫羽化多在夜间,以雨后黎明为最多,天气干旱羽化受到抑制。成虫昼伏夜出,对黑光灯有较强趋性,有一定假死性。产卵于叶片背面,每头雌蛾产卵1~3块,平均产卵320粒,最多600多粒。卵期6~13 d。幼虫5龄,1~4龄幼虫有群集性,以1龄幼虫为最强,若强行分开,不久仍会聚集。初孵幼虫在白天群集叶背不食不动,在清晨、傍晚及晚间、阴天为害。稍大时则头皆向外,排成一列,从叶缘向内取食。小幼虫受惊动,迅速引丝下垂,爬行时尾足翘起,而老熟幼虫则无此习性。大幼虫白天多停息在吃剩下的叶柄上,或在枝条及大枝上用腹足固定着物体,头胸部和尾端2~3

节举起,形似小船,故称舟形毛虫或举尾毛虫。幼虫历期 24 d(日平均温 24 ℃下)至 42 d (17 ℃),平均为 31 d。幼虫的食量在 4 龄前很小,5 龄时骤增,占总食量的 90%。因此,必须把幼虫消灭在幼小阶段。9 月老熟幼虫沿树干爬到地面,潜入土中作土室化蛹,蛹前期 5 ~6 d。

防治方法

①翻耕树盘　秋冬浅耕树盘附近表土,将蛹翻出并销毁。

②人工捕杀　7 月中旬开始,经常检查虫情,在幼虫分散为害之前,利用幼虫受惊吐丝下垂的习性,震落幼虫并消灭。

③药剂、生物防治　在幼虫为害初期喷 90% 敌百虫 1 500 倍液。常用药剂有:50% 敌敌畏,50% 杀螟松乳油 1 000 倍液,75% 辛硫磷 2 000 倍液,2.5% 高效氟氯氰菊酯乳油1 000 ~ 1 500 倍液,5% 顺式氰戊菊酯乳油 2 000 ~ 3 000 倍液,也可喷青虫菌、杀螟杆菌等生物农药。

苹果巢蛾 *Hyponocuta padcllus* L.

苹果巢蛾属鳞翅目、巢蛾科。主要为害苹果、海棠、山楂、山定子等苹果属植物。幼虫吐丝将小叶片网在一起,上百头幼虫群集网巢中暴食叶片,受害严重时,树冠仅残留枯黄碎片挂在网巢中,枯焦似火烧。一般管理粗放的果园发生较重。

为害特点

幼虫吐丝将小叶片网在一起,上百头幼虫群集网巢中暴食叶片,受害严重时,树冠仅残留枯黄碎片挂在网巢中,枯焦似火烧。

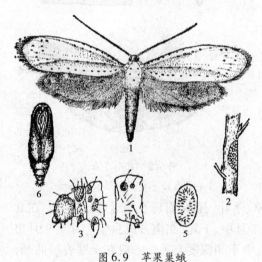

图 6.9　苹果巢蛾

1—成虫;2—卵块;3—幼虫头部及胸部;

4—幼虫第 4 腹节;5—腹足趾钩;6—蛹

形态特征(见图 6.9)

成虫　体长 8 ~ 10 mm,翅展 19 ~ 23 mm。体白色,有丝质光泽。丝状触角黑白相间。胸部背面有 9 个黑点,前翅有 30 ~ 40 个小黑点,排列成不规则的 3 行,1 行近前缘,2 行近后缘,后翅银灰色,缘毛灰黑色。

卵　椭圆形,卵面中央有纵沟纹。30 ~ 40 粒排列成鱼鳞状,初产时黄白色,后呈紫色至黑褐色。卵块上覆盖有红褐色黏性物,干后变为卵鞘。

幼虫　老熟时体长约 20 mm,灰黑色,头、前胸背板和臀板黑色,身体各节背面有两个黑色圆斑。

蛹　体长 6 ~ 11 mm,黄褐色,末端背面有 8 根刺毛,外被有白色梭形薄茧。

生活习性

1 年发生 1 代,以 1 龄幼虫在枝干卵鞘下越夏越冬。苹果树花芽开放至花序分离期,越冬幼虫出鞘,成群地将 2 ~ 3 片嫩叶用丝缀连在一起,潜入叶尖表皮下取食,使叶尖干缩焦枯,2龄幼虫开始外出缀叶成巢,随幼虫发育,丝巢不断扩大,每巢有幼虫数十头至数百头,花、幼果和新梢嫩皮常被啃食,幼虫老熟后在网巢中作茧化蛹,5月下旬至6月初发生成虫,卵产在2,3年生枝条上,卵期约10 d,幼虫孵化后不出卵鞘即越夏越冬。

防治方法

①剪除虫巢 虫口数量少时,人工剪除虫巢,及时烧毁。

②药剂防治 秋季落叶后或早春花芽膨大前,防治枝条上卵块,可喷洒5 °Be的石硫合剂,或含油量5%的矿油乳剂。苹果开花前和开花后,喷50%杀螟松乳油1 000倍液或50%辛硫磷1 000倍液,也可用青虫菌(含孢子量100亿/g)1 000~2 000倍液,苹果生理落果期后,施用敌百虫和敌敌畏1 000倍液。

旋纹潜叶蛾 *Leucoptara scitclla Zcllcr*

旋纹潜叶蛾属鳞翅目、潜叶蛾科。寄主有苹果、沙果、海棠、山定子、梨等,以苹果受害最重。

为害特点

旋纹潜叶蛾幼虫潜入叶片上表皮下取食叶肉,使被害处上表皮与叶肉分离,因幼虫呈环形逐圈向外串食,其粪便排列呈圆圈,叶面虫斑呈近圆形的轮纹枯斑,一片叶上常有虫斑数个至十余个,受害严重的叶干枯脱落。

形态特征(见图6.10)

成虫 体长2.3 mm,翅展6~6.5 mm,头、胸、腹部腹面及足银白色,前翅大部分银白色,狭长,翅尖端有放射状灰色斑纹。后翅剑形灰黑色,前后缘有很长的缘毛。

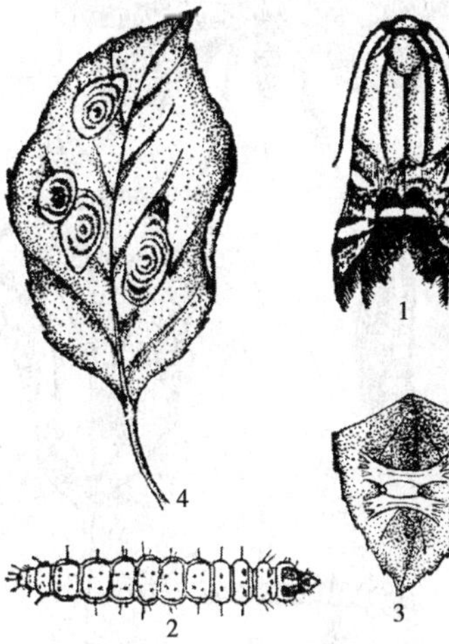

卵 扁椭圆形,水青色,有网状脊纹。

幼虫 老熟时体长4~5 mm,乳白色,稍扁,头褐色,前胸背板褐色,中间断开,后胸及腹部第1节、第2节两侧各有1管状突起,上生刚毛1根。

图6.10 旋纹潜叶蛾
1—成虫;2—幼虫;3,4—被害状

蛹 体长4 mm,淡黄色至黑褐色。茧白色,纺锤形,茧上盖有一层"H"形白色丝幕。

生活习性

在辽宁、河北昌黎地区1年发生3代,山东烟台地区及陕西关中每年发生4代,以蛹在枝干、落叶,土块,果萼等缝隙处越冬,主干、主枝缝隙处最多。在陕西关中4月上旬越冬代成虫羽化,盛期在4月中旬,5月上旬结束,前后长达一个多月。第1代成虫6月中、下旬发生,第2代成虫7月中、下旬发生,第3代成虫在8月中旬至9月上旬发生。各代卵孵化盛期是:第1代4月底至5月初;第2代6月中、下旬,第3代7月中、下旬,越冬代8月下旬至9月上旬,越冬卵9月上旬以后陆续出现。卵期9~20 d,幼虫期12~22 d,蛹期9.5~15 d,成虫寿命2~3 d。成虫全天均可羽化,以5:00—8:00最多。白天活动,常在枝间作短距离飞翔,有趋光性,成虫羽化后即产卵,卵多产在树叶背面,每条雌虫产卵15~30粒。初孵化的幼虫,从卵壳底部直接蛀入叶内,幼虫为害至老熟后,由虫斑一侧咬破一弧形裂口爬出,吐丝下垂,随风飘荡,附着在枝叶上结茧化蛹,全年以6—8月受害最重,一叶上有4～5个虫斑即可落叶。严重时,第2代幼虫为害后即造成大量落叶。

防治方法

①消灭越冬蛹　果树休眠期刮老树皮,或用铁丝刷刷除越冬茧,清扫落叶,集中处理,9月中旬在主干,主枝上束草,诱集越冬蛹,休眠期取下集中处理。

②药剂防治　果树生长期,在成虫盛发期,结合防治其他害虫喷50%杀螟硫磷乳油1 000倍液,对成虫、卵、幼虫均有良好功效。

金纹细蛾 *Lithocolletis ringoniella* Mats.

金纹细蛾属鳞翅目、细蛾科。北方果区分布普遍,主要为害苹果,还可为害海棠、梨、桃、李、樱桃等。

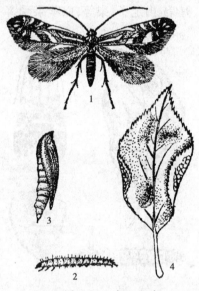

图6.11　金纹细蛾
1—成虫;2—幼虫;3—蛹;4—被害状

为害特点

幼虫潜入叶背表皮下取食叶肉,后期虫斑呈梭形,长径约1 cm,下表皮与叶肉分离,并被幼虫将剥离的下表皮横向缀连,使叶背面形成一皱褶,叶片正面虫斑呈透明网眼状,黑色粪便堆积在虫斑内。严重时,一叶上有虫斑数个,使叶扭曲皱缩,虫斑处表皮干枯,引起早期脱落。

形态特征(见图6.11)

成虫　体长约2.5 mm,翅展约6.5 mm,头、胸、腹、前翅金褐色,头顶有2丛银白色鳞毛,复眼黑色。前翅狭长,基部有3条银白色纵带,第1条沿前缘,端部向下弯曲而尖锐。第2条在中室内,端部向下弯曲而尖。第3条末端宽大向上弯曲。前翅端部前缘有3个银白色爪状纹,后缘有1个三角形白色斑。后翅狭长,灰褐色,有长缘毛。

卵　扁椭圆形,乳白色,半透明,有光泽。

幼虫　初龄幼虫体扁平,乳白色,半透明,头三角形,胸足退化,腹足毛片状。老龄幼虫体长4～6 mm,体细长,扁纺锤形,黄白色,头扁平,胸足及尾足发达,腹足3对(缺第4对足)。体毛白色较长。

蛹　体长4 mm,黄褐色,头部左右有1对角状突起,附肢端与身体游离,触角长过腹末。

生活习性

在东北、华北、西北等地区及陕西关中每年发生5代,以蛹在受害落叶的虫斑中越冬,越冬代成虫3月下旬至4月中旬出现,第1代成虫在5月下旬到6月上旬,第2代在7月上旬,第3代在8月上、中旬,第4代在9月中旬出现。成虫早晨和黄昏前后活动,交尾产卵,卵散产。越冬代成虫产卵对树种和品种有选择性,以海棠、沙果、山荆子及祝光品种着卵较多。以后各代产卵无明显的选择性。成虫有弱趋光性,波尔多液对其有忌避作用。老熟幼虫在虫斑内化蛹,到11月后即以蛹在虫斑落叶中越冬。

防治方法

①消灭越冬蛹 越冬代成虫羽化前,彻底清扫落叶,消灭越冬蛹。

②药剂防治 越冬代和第1代成虫发生期相当集中,是药剂防治的关键时期。常用药剂有:25%灭幼脲3号2 000倍液,30%阿维·灭幼悬浮剂2 000倍液或2.5%高效氟氯氰菊酯乳油1 000~1 500倍液;80%敌敌畏乳油1 000倍液;25%水胺硫磷乳油1 000倍液;对成虫、卵、初孵幼虫及刚蛀叶幼虫都有良好的防治效果。

美国白蛾 *Hyphantria cunea* Drury

美国白蛾又名秋幕毛虫。属鳞翅目、灯蛾科。在国外分布于美国、加拿大、墨西哥、匈牙利、南斯拉夫、捷克斯洛伐克、罗马尼亚、苏联、波兰、保加利亚、日本、朝鲜。1979年在我国辽宁省首次发现,1984年在陕西省武功县大发生。美国白蛾食性杂,传播快,为害猖獗,是重要的世界性检疫害虫。主要为害果树,行道树和观赏阔叶树。据记载,该虫在美国为害植物88种,欧洲230种,日本317种。辽宁省调查有50多种植物被为害。果树中以苹果、山楂、桃、李、海棠受害重,其次是梨、樱桃、杏、板栗等,林木类以糖槭、桑、白蜡、樱花受害重,其次是杨、柳、榆、栎、桦、刺槐、悬铃木、丁香、臭椿、山桃、核桃、爬山虎、落叶松等。

为害特点

幼虫群集吐丝在树上结成大型网幕,网幕直径有的达1 m以上,幼虫在网幕内将叶片叶肉吃光,重者将叶片吃光,是重要的检疫对象。

形态特征(见图6.12)

成虫 为纯白色中型蛾,体长9~12 mm,翅展24~35 mm。雄蛾触角黑色,双栉齿状,前翅散生几个或多个黑褐色斑点。雌蛾触角褐色。锯齿状,前翅纯白色,后翅常为白色或近缘处有小黑点。前足基节、腿节为橘黄色,胫节、跗节内侧白色,外侧黑色;中、后足腿节白色或黄色,胫节,跗节上常有黑斑。

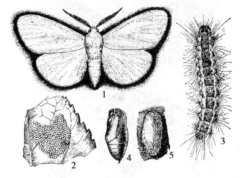

图6.12 美国白蛾
1—成虫;2—卵;3—幼虫;4—蛹;5—茧

卵 圆球形,初产时淡黄绿色或浅绿色,后变为灰绿色,孵化前变为灰褐色,有较强光泽,卵面布有规则的凹陷刻纹。卵单层成块,有500~600粒,卵块上覆盖白色鳞毛。

幼虫 分为"黑头型"和"红头型"。我国目前发现的幼虫为"黑头型",辽宁凤城只发现2头"红头型"幼虫。老龄幼虫体长28~35 mm,头黑色有光泽。胴部黄绿色至灰黑色,背部有1条灰褐色至灰黑色宽纵线,背线、气门上线、气门下线淡黄色,体侧面和腹面灰黄色,背部毛瘤黑色,体侧毛瘤多为橙黄色,毛瘤上着生白色长毛丛,混杂有少量的黑毛,有的个体生有棕褐色毛丛。"红头型"幼虫的头及毛瘤橙色。蛹长8~15 mm,暗红褐色,腹部各节除节间外,布满凹陷刻点,尾刺8~17根,每根刺的末端呈喇叭口状,中间凹陷。

生活习性

在辽宁丹东地区1年发生2代。以蛹结茧在树皮下、地面枯枝落叶及表土内越冬。成虫发生期:越冬代在5月中旬至6月下旬,第1代在7月下旬至8月中旬;幼虫发生期分别在5月下旬至7月下旬,8月上旬至11月上旬。幼虫为害盛期分别在6月中旬至7月下旬,8月下旬至9月下旬,在平均气温18～28 ℃时,卵期4～11 d,平均7 d;幼虫期34～47 d,平均40 d;蛹期9～11 d,平均10 d。幼虫7龄,幼虫孵化几小时后即可拉丝结网,3～4龄时,网幕直径可达1 m以上,最大网幕可长达3 m以上。幼虫一生可食叶10～15片,饥饿5～15 d不死亡。美国白蛾除成虫飞翔自然扩散外,主要以幼虫、蛹随苗木、果品、材料及包装器材等进行远距离传播。由于美国白蛾在国内只发生在辽宁省局部地区,因此,加强对内和对外的检疫十分重要,在疫区内应积极进行防治,避免扩大为害。

防治方法

①加强检疫　疫区苗木不经处理严禁外运,疫区内积极防治,并加强对外检疫。

②人工防治　对1～3龄幼虫随时检查并及时剪除网幕,集中烧毁。5龄后在离地面1 m处的树干上,围草诱集幼虫化蛹,然后集中烧毁。

③药剂防治　在幼虫4龄以前用90%敌百虫乳油、35%伏杀硫磷乳油、50%杀螟睛乳油、85%西维因或2.5%高效氯氰菊酯乳油1 000～1 500倍液喷洒1～2次。

④生物防治　可用苏芸金杆菌、美国白蛾病毒(以核型多角体病毒的毒力较强)防治幼虫。

梨星毛虫 *Illiberis pruni* Dyar

梨星毛虫俗称饺子虫。属鳞翅目、斑蛾科。我国各梨区发生普遍,是为害仁果类果树的一种主要害虫。

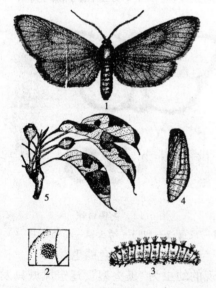

图6.13　梨星毛虫
1—成虫;2—卵;3—幼虫;4—蛹;5—被害状

为害特点

幼虫为害梨的芽、花蕾、花及叶片,受害严重时,当年第2次开花,对产量及树势影响很大。除为害梨外,还严重为害苹果、沙果、海棠等果树。越冬幼虫出蛰后,蛀食花芽和叶芽,被害花芽流出树液。为害叶片时把叶边用丝粘在一起,包成饺子形,幼虫于其中吃食叶肉。夏季刚孵出的幼虫不包叶,在叶背面吃叶肉。叶子被害处呈筛网状。

形态特征(见图6.13)

成虫　体长9～12 mm,翅展19～30 mm。全身黑色,翅半透明,暗黑色,翅脉明显,上生许多短毛,翅缘深黑色。雄蛾触角短,羽毛状,雌蛾锯齿状。

卵　椭圆形,初为白色,后渐变为黄白色,孵化前为紫褐色,数十粒至数百粒单层排列为块状。

幼虫　从孵化到越冬出蛰期的小幼虫为淡紫色。老熟幼虫体长约20 mm,白色或黄白色,纺锤形,体背两侧各节有黑色斑点两个和白色毛丛。

蛹　体长12 mm,初为黄白色,近羽化时变为黑色。

生活习性

此虫在华北地区1年发生1代,在河南西部和陕西关中1年发生2代,少数年份发生1～3代。以小幼虫在树皮裂缝和土块缝隙中做茧过冬,梨花芽露绿时,幼虫开始从茧内爬出,花芽开绽是幼虫大量出来的时期,直到花序分离期出蛰方才完毕。幼虫出蛰后,从芽旁露白处咬一小孔,钻到芽内为害,芽子汁液外流,不能开放。芽裂开后钻到芽里吃嫩叶和花苞,一个芽里常有数十头幼虫同时取食,受害花芽变黑枯死。展叶后幼虫把叶包成饺子状,于其中为害。一个幼虫可为害 5~7 枚叶片。幼虫老熟后在包叶中或在另一片叶上作白茧化蛹,蛹期约 10 d。辽宁西部梨区在 6 月下旬至 7 月中旬为成虫发生期。在河南西部和陕西关中一带于麦收时(约 6 月初)成虫大量出现。成虫白天潜伏在叶背不动,黄昏后活动交尾,产卵于叶背面,成不规则块状。卵期 7~10 d。幼虫孵出后群集在叶背舔食叶肉,仅留表皮及叶脉,呈筛网状,有时也为害靠近叶片的果实表皮。在我国北方,小幼虫为害半个月左右,长到 2~3 龄时,陆续转移到裂缝中作茧过冬。河南西部和陕西关中也有一部分是 1 年发生 1 代的,幼虫于 6 月下旬越冬;另一部分 1 年发生 2 代的,则幼虫继续为害,至 8 月上、中旬出现第 1 代成虫,再产卵繁殖越冬代越冬。

防治方法

①刮树皮 在早春果树发芽前,越冬幼虫出蛰前,对老树进行刮树皮,对幼树进行树干周围压土消灭越冬幼虫。刮下的树皮要集中烧毁。

②摘虫苞 发生不太严重的果园,组织人力摘除虫苞集中处理。

③药剂防治 抓住萌芽至开花前,幼虫出蛰期和当年第 1 代小幼虫孵化期喷药,幼虫卷叶后防治效果降低。常用药剂有:50% 杀螟松 1 000 倍液;50% 马拉硫磷 1 000 倍液,2.5% 速灭杀丁 1 000~1 500 倍液,20% 杀灭菊酯 3 000 倍液,2.5% 溴氰菊酯 5 000 倍液或 25% 灭幼脲 3 号 2 000 倍液等。6 月底以后可喷 50% 敌敌畏乳剂 2 000 倍液或 90% 敌百虫乳剂 1 000 倍液。

梨尺蠖 *Apocheima cinerarius* Pyri Yang

梨尺蠖属鳞翅目、尺蛾科。食性很杂,主要为害梨、杜梨、苹果、杏、山楂等果树及小杨叶、榆、中国槐等林木。

为害特点

以幼虫食害梨花及嫩叶,严重时可将全树的叶吃光。年年受害,年年不能结果,影响产量极大。

形态特征(见图 6.14)

成虫 灰褐色密被鳞毛。雄蛾有翅,体长约 12~14 mm,翅展 32~36 mm。触角羽状。前翅有 4 条与翅轴垂直的深褐色至黑褐色曲纹;后翅淡灰褐色,具暗褐色线。雌虫无翅,体长 11~14 mm,触角丝状。胸部第 1 节有短毛,第 2 节、第 3 节和腹部第 1 节的背面有排列成行的灰褐色刺突。

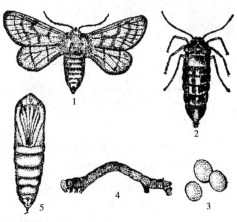

图 6.14 梨尺蠖
1—雄成虫;2—雌成虫;3—卵;4—幼虫;5—蛹

卵 椭圆形,表面光滑,黄白色。

幼虫 老熟幼虫体长 28~30 mm,头黑褐色。全身黑灰色,具有较为规则的黑褐色线条及斑纹,因取食物不同,体色有差异。

蛹 全体红褐色,长 12~15 mm。

生活习性

此虫 1 年发生 1 代,以蛹在土中越冬,第 2 年 2 月、3 月间羽化为成虫。卵多产在向阳面的树皮缝里或枝杈处。幼虫孵出后为害幼芽、花蕊、幼果或叶片。幼虫受到剧烈震动而吐丝下垂。2,3 龄后幼虫活泼且食量较大。5 月上旬幼虫老熟,下树入土作茧,约经 3 d 后化蛹越冬,为兼有夏眠及冬蛰的类型。雌蛾于夜间上树候雄蛾交尾,雌蛾寿命 10 ~ 15 d。一头雌蛾可产卵 500 粒左右,卵期约 10 d。

防治方法

①秋冬结合园内耕翻土地拾蛹,或树盘下刨蛹。

②阻止雌蛾上树 在成虫羽化前,在每棵梨树下,堆上一个 50 cm 高的沙土堆并拍打光滑,阻止雌蛾上树产卵,再结合每日捕蛾和灭卵,效果很好,也可在树干上绑塑料薄膜阻止雌蛾上树,结合早晚捕蛾灭卵,收效很大。

③在幼虫发生期,掌握在 3 龄以前,施用 50% 辛硫磷乳剂 1 500 倍液,或 50% 敌敌畏 800 ~ 1 000 倍液效果很好。

葡萄虎蛾 *Seudyra subflava* Moore

葡萄虎蛾属鳞翅目、虎蛾科。为害葡萄及野生葡萄。

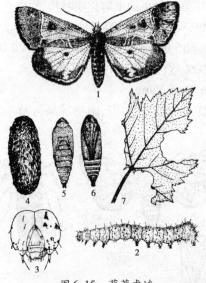

图 6.15 葡萄虎蛾
1—成虫;2—幼虫;3—幼虫头部(正面观);
4—茧;5—蛹(背面观);6—蛹(腹面观);
7—被害状

为害特点

以幼虫食害叶肉,将叶片咬成缺口和大大小小的窟窿。幼虫喜食嫩叶,严重时将上部嫩叶吃光,仅余叶脉。

形态特征(见图 6.15)

成虫 体长 18 ~ 20 mm,翅展 44 ~ 47 mm。身体灰色,密生黑色鳞片。体的腹面、后翅上下面均为橙黄色,前翅后缘部呈暗紫色,翅中央有肾状纹两个。内横线及外横线灰色,近外缘有灰色细波状纹。后翅外缘为黑色,近后角有红褐色斑。

幼虫 老熟幼虫体长 40 mm 左右,头部黄褐色,胸部黄色。各体节上有大小黑瘤点,并着生白色长毛。

蛹 体长 18 ~ 20 mm,纺锤形,褐色,尾端齐,左右有突起。

生活习性

1 年发生 2 代,以蛹在葡萄根部附近的土中过冬。来年 5 月中旬越冬代成虫开始羽化。6 月中、下旬幼虫开始孵化,为害葡萄叶片。到 7 月中旬左右化蛹。7 月中旬到 8 月中旬出现第 1 代成虫,8 月中旬到 9 月中旬为第 2 代幼虫为害期,幼虫老熟后入土作土室化蛹越冬。

防治方法

①早春在葡萄根部附近及葡萄架下面挖越冬蛹,特别注意腐烂的木头周围。

②幼虫发生期喷80%敌敌畏乳剂或90%敌百虫1 000倍液。在发生量大的地区可喷2 000倍速灭杀丁、敌杀死、杀灭菊酯、功夫菊酯、灭扫利等高效低毒的菊酯类农药。可结合十星叶甲及二点叶蝉用药剂防治。

柑橘凤蝶 *Papilio xuthus* L.

凤蝶属鳞翅目、凤蝶科。为害柑橘的凤蝶,据我国已记载的有11种,其中分布较普遍、为害较严重的有柑橘凤蝶 *Papilio xuthus* L.、玉带凤蝶 *P. polytes* L. 和黄花凤蝶 *P. demoleus* L.

为害特点

凤蝶是柑橘苗木和幼树的重要害虫,山地或近山地柑橘园发生较多。幼虫食害叶片,苗木和幼树新梢和叶片常被吃光,影响橘树生长。3种凤蝶寄主植物主要是柑橘类,柑橘凤蝶和玉带凤蝶还能为害花椒和黄檗。

形态特征(见图6.16)

柑橘凤蝶和玉带凤蝶各虫态特征见表6.4、图6.17。

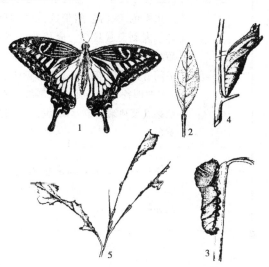

图6.16　柑橘凤蝶
1—成虫;2—产卵叶;3—幼虫;4—蛹;5—被害橘枝

表6.4　柑橘凤蝶和玉带凤蝶

虫名/虫期		柑橘凤蝶	玉带凤蝶
成虫	体长	雌26 mm左右,雄22 mm左右	雌28 mm左右,雄25 mm左右
	翅展	雌90 mm左右,雄76 mm左右	雌88~95 mm,雄80~84 mm
	体色	体背有黑色背中线,两棚黄白色	全体黑色。雄蝶前后翅表面黑色
	前翅	前翅面黑色,外缘有黄色波形线纹,亚外缘有8个黄色新月形斑,翅中央从前缘至后缘有8个由小渐大的1列黄色斑纹。翅基部近前缘处有6条放射状黄色点线纹,中室上方有2个黄色新月斑	前翅外缘有8个黄白色小斑纹。后翅中央有1横列黄白色不规则斑纹8个。雌蝶有两型,即黄斑型和赤斑型。黄斑型与雄蝶相似,但后翅斑有些为黄色。赤斑型前翅黑色,外缘有小黄白斑8个
	后翅	后翅黑色,外缘有波形黄线纹,亚外缘有6个新月形黄斑,基部有8个黄斑,臀角处有1橙黄色圆斑,斑内有1小黑点	后翅外缘也有小黄白斑8个。翅中央有2~5个黄白色椭圆形斑,其下面有4个赤褐色弯月形础赤斑型后翅变异较大
卵	形态	圆球形,初产淡黄白色,渐变黄色,孵化前呈紫黑色	圆球形,初产为黄绿色,后变深黄色,孵化前紫黑

续表

虫名\虫期		柑橘凤蝶	玉带凤蝶
幼虫	体长	成长幼虫48 mm 左右	成长幼虫45 mm 左右
	体色	黑褐色,有白色斜带纹,虫体似鸟粪,体上肉刺突起较多。成长幼虫黄绿色,后胸背面两侧有蛇眼斑,后胸和第1腹节间有蓝黑色带状斑。腹部第4节和第5节两侧各有1条蓝黑色斜纹分别延伸至第5节和第6节背面相交。臭腺角橙黄色	1龄幼虫淡褐色,头黑色,体披白色刺毛。2~4龄幼虫呈鸟粪状,似柑橘凤蝶。成长幼虫深绿色,后胸前缘有1齿状黑线纹,中间有4个灰紫色斑点。腹部第4节和第5节两侧灰黑色斜纹在背面不相交。臭腺角赤紫色
蛹	体色形状	体长29~32 mm,鲜绿色,有褐色点,体较瘦小,中胸背突起较长而尖锐,头顶角状突起中间凹入较深	体长32~35 mm,体色变化较大,有灰黄、灰褐及绿色等。体较肥胖,腹面弯突呈弧状,中胸背突起短钝,头顶角状突起中间凹入较浅

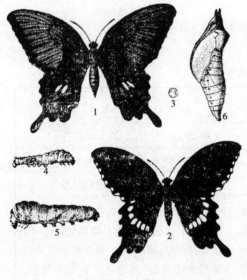

图6.19　玉带凤蝶

1—雄成虫;2—雌成虫;3—卵;4—第3龄幼虫;
5—第5龄幼虫;6—蛹

生活习性

柑橘凤蝶　浙江黄岩、四川成都、湖南均1年发生3代,江西南昌发生4代及不完全5代,福建漳州及台湾发生5~6代,广州发生6代。各地均以蛹附在橘树叶背、枝干上及其他比较隐蔽场所越冬。浙江黄岩各代成虫发生期:第1代5—6月,第2代7—8月,第3代9—10月。

玉带凤蝶　浙江黄岩1年发生4代,四川成都、江西南昌1年发生4代,部分5代,福州和广州1年发生6代,均以蛹附在橘树枝干或附近其他植物枝干上越冬,越冬蛹期为103~121 d。浙江黄岩各代成虫发生期分别为5月上中旬、6月中下旬、7月中下旬及8月中下旬,各代幼虫发生期分别为:5月中旬至6月上旬,6月下旬至7月上旬,7月下旬至8月上旬以及8月下旬至9月中旬。

各种凤蝶习性基本相似,田间常混合发生,成虫日间活动,飞翔力强,吸食花蜜,交配后雌虫当日或隔日产卵,卵散产于枝梢嫩叶尖端,9:00—12:00 产卵最多。幼虫孵化后先食去卵壳,再取食嫩叶边缘,幼虫长大后常把嫩叶吃光,老叶片仅留主脉,1头5龄幼虫1昼夜可食大叶5~6片。3龄前的幼虫在叶片上很像鸟粪,幼虫若受惊扰则伸出臭腺角,放出芳香气。老熟后在叶背、枝上等荫蔽场所,吐丝固定其尾部,再作一丝环绕腹部第2节至第3

节,将身体系在树枝上化蛹。蛹色常随化蛹环境而不同。

防治方法

①人工捕捉　冬季结合清园,搜捕越冬虫蛹,并用纱笼罩住,使寄生蜂羽化飞出再行消灭。及时人工捕杀幼虫和摘除卵粒。

②药剂防治　3龄前幼虫期,结合其他病虫防治,用90%敌百虫晶体1 000倍液或杀螟杆菌(100亿孢子/g)500～1 000倍液喷雾。

实训作业

①对田间采集的害虫标本、害状标本,分别整理和鉴定,描述所采害虫的为害部位和为害状特征,总结识别不同害虫为害状的经验。

②根据专题调查的数据,如害虫密度、寄主受害情况、天敌数量、栽培植物的发育阶段和产品质量的特殊要求等,分析害虫的发生情况,确定防治指标,拟订主要叶部害虫的防治方案。

③进行产量损失估算,分析某一害虫发生重(或轻)的原因。

④针对食叶害虫的发生、防治及综合治理等问题,进行讨论、评析。

任务6.3　果树害虫为害特点、形态观察及防治方案的制订(二)

学习目标

通过在田间对果树种实害虫为害方式的观察,了解果树种实害虫的为害特点。在教师的指导下,现场调查、采集几类主要的种实害虫,识别主要种实害虫的形态特征,了解其生活习性。根据对种实害虫为害方式的了解以及课堂所学理论知识,学会制订种实害虫的防治方案及组织实施防治工作。

材料及用具

主要果树种实害虫的生活史标本(卵、幼虫、蛹、成虫)、为害状标本,放大镜、解剖镜、解剖针、镊子、害虫图谱、影视教材、CAI课件、检索表等用具。

内容及方法

①田间调查等主要食叶害虫的为害特点,或通过种实害虫的教学挂图、影视教材CAI课件、认识果树种实害虫的为害特点。

②根据种实害虫的调查方法,在田间布点取标调查株虫口密度和为害株率。

③采集种实害虫各虫态标本或在实验室中,根据教师提供的种实害虫害状及形态标本,列出主要种实害虫的观察要点。认识几类主要的种实害虫。

④通过相关的图片、影视教材了解主要种实害虫的生物学特性及发生规律。

⑤通过对种实害虫为害特点、生物学特性的了解、结合所学的防治理论,在教师指导下,制订种实害虫的防治方案,并组织实施。

操作步骤

6.3.1 果树种实害虫为害特点观察

结合当地生产实际选择一块或者若干块果园,组织学生现场观察种实害虫的为害特点,在教师指导下,认识主要的种实害虫。

通过教学挂图,相关的食叶害虫影视教材,叶部害虫 CAI 课件,向学生展示种实害虫为害特点。

6.3.2 果树种实害虫主要类群识别

桃小食心虫 *Carposina nipononsis* Walsingham

桃小食心虫属鳞翅目、蛀果蛾科。简称"桃小",又名蛀果蛾,是我国北部和中部地区重要的果树害虫。陕西各地均有发生。寄主植物已知有 10 多种,以苹果、梨、枣、山楂受害最重。

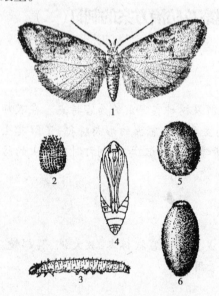

图 6.18 桃小食心虫
1—成虫;2—卵;3—幼虫;
4—蛹;5—冬茧;6—夏茧

为害特点

此虫为害苹果时,被害果在幼虫蛀果后不久,从入果孔处流出泪珠状的胶质点。胶质点不久就干涸,在入孔处留下一小片白色蜡质膜。随果实生长,入果孔愈合成一个小黑点,周围果皮略呈凹陷,幼虫入果后在皮下潜食果肉,果面上出现凹陷的潜痕,果实变形,成畸形果,又称"猴头果"。幼虫发育后期,食量增加,在果内纵横潜食,粪排在果实内,造成所谓"豆沙馅",果实失去食用价值,损失严重。

形态特征(见图 6.18)

成虫 体长 5 ~ 8 mm,翅展 13 ~ 18 mm。全体灰白色或浅灰褐色。前翅近前缘中部有一个蓝黑色近乎三角形的大斑,基部及中央部分有 7 簇黄褐色或蓝褐色的斜立鳞片。雄性下唇须短,向上翘,雌性下唇须长而直,略呈三角形。后翅灰色,缘毛长,浅灰色。

卵 深红色,桶形,以底部黏附于果实。卵壳上有不规则略呈椭圆形刻纹。端部 1/4 处环生 2 ~ 3 圈"Y"状刺毛。

幼虫 老龄幼虫体长 13 ~ 16 mm,全体桃红色,幼龄幼虫淡黄白色。头褐色,前胸背板深褐色或黑褐色,各体节有明显的褐色毛片。

蛹　体长 6.5～8.6 mm,全体淡黄白色至黄褐色。体壁光滑无刺。翅、足及触角端部不紧贴蛹体而游离。茧有两种:一种是扁圆形的越冬茧,由幼虫吐丝缀合土粒而成,十分紧密;另一种是纺锤形的"蛹化茧",又称"夏茧",质地疏松,一端留有羽化孔。

生活习性

桃小食心虫每年发生 1～2 代,以老熟幼虫在土下 3～6 cm 深处作冬茧越冬。第 2 年夏初幼虫破茧爬出土面,在土块下、杂草等缝隙处作纺锤形"夏茧",在其中化蛹。幼虫出土始期因地区、年份和寄主的不同而有差异,陕西在 4 月下旬到 5 月中旬,盛期在 5 月中下旬至 6 月上中旬,末期在 7 月上中旬,前后延续 2 个多月,成为以后各虫态发生期长及前后世代重叠的重要原因之一。越冬幼虫从出土至成虫羽化,需要 11～20 d,平均 14 d。一般前蛹期 3～4 d,蛹期 13 d 左右。

越冬代成虫一般在 5 月下旬至 6 月中旬陆续发生,一直延续到 7 月中下旬或 8 月初结束。产卵前期 1～3 d,卵期 7～10 d。绝大部分卵产在果实上,第 1 代卵盛期在 7 月,第 2 代卵盛期在 8 月中下旬。

幼虫孵化后蛀入果内为害。为害盛期在 7 月上中旬,幼虫在果内为害 14～35 d,平均 22～24 d。7 月初至 9 月上旬,幼虫陆续老熟脱果落地。脱果晚的入土作冬茧越冬,仅发生 1 代。大部分脱果早的,在表土缝隙处结夏茧化蛹,蛹期约 8 d,7 月中旬至 9 月下旬羽化为成虫,发生第 2 代。第 2 代幼虫在果内为害至 8 月中、下旬开始脱果,延续到 10 月入土越冬。当中晚熟品种果实采收时,仍有一部分幼虫还未脱果,带到堆果场和果库中脱果,极少数在果实中越冬,随果品调运传播。由于越冬场所复杂。出土迟早差异很大,因此发生期不整齐,这是造成世代重叠的重要原因之一,给防治工作带来大困难。

成虫有微弱趋光性,白天在叶背静伏,夜里活动交尾,每雌虫卵 45～200 粒,90% 的卵产在苹果萼洼处,枣吊、梗洼、叶背面等处,卵期 7～10 d。

幼虫孵化多在早晨 4:00,爬行约 0.5 h,多从萼洼蛀入,不食果皮,蛀果 1～3 d 后,从蛀果孔溢出果胶,干后留下白色蜡质物。幼虫在果内生活 20 多天,然后脱果结茧。陕西关中 7 月中旬前蛀果的幼虫。脱果后大部分在地面结长茧,发生第 2 代。7 月中旬蛀果的幼虫,脱果后多数入土结圆茧过冬,只发生 1 代。

发生环境

①降雨对幼虫出土的影响　桃小食心虫以圆茧在土壤中过冬,经 60～90 d 即可解除滞育。当上一旬平均温度达到 17 ℃,土壤含水量达 10%～15% 时大量出土。一般 5—7 月温度逐渐上升,比较稳定,降雨量各年变化比较大。如前期降雨量大,出土早,成虫羽化早,多数桃小食心虫的幼虫脱果在地面结长茧,发生第 2 代;若前期降雨少,或长期缺雨推迟了幼虫大量出土时期,甚至当年不出土,大多数只能发生 1 代。

②温、湿度对成虫繁殖力和卵孵化率的影响　据室内测定,温度在 21～27 ℃,相对湿度在 75% 以上时,越冬代成虫生殖力最高;温度 30 ℃,相对湿度为 70% 时,对生殖不利;温度达 33 ℃ 时,即不能生殖。卵孵化的最宜温度 21～27 ℃,相对湿度为 75%～95%。当温度 30 ℃,相对湿度 50% 时,卵孵化率只有 1.9%。因此,夏季平均气温超过 30 ℃,是限制桃小食心虫分布和发生的重要原因。

③光照对发生世代的影响 桃小食心虫对光周期的反应,既不同于长日照型昆虫,又不同于短日照型昆虫,而是中间型。幼虫(孵化后前 10 d 为光照反应的敏感时期在长日照和短日照条件下都产生滞育,只有在 15 h 左右光照条件下,幼虫老熟后不产生滞育。

④食料条件对桃小食心虫发育的影响 桃小食心虫寄主比较复杂,在不同树种和品种之间的果实着卵数及受害程度差异很大。

⑤天敌的影响 桃小食心虫天敌有 10 余种,其中有两种寄生蜂和一种寄生性真菌控制作用较大。

桃小甲腹茧蜂(*Chelonus* sp.)每年发生 2 代,卵产于桃小卵内,寄主卵孵化,它的卵也孵化,后寄生幼虫。越冬代的寄生率只有 2%,第 2 代寄生率可达到 34% ~ 50%。中国齿腿小蜂(*Pristomerus chinensis* Ashmead),除寄生桃小食心虫幼虫外,还可寄生梨小食心虫、顶芽卷叶蛾等。每年发生 4 代,以蛹在茧中过冬,次年 4—5 月成虫羽化产卵于寄主幼虫体内,老熟后在寄主体外结茧化蛹,寄生率有些地方高达 20% ~ 30%。

真菌(*Pascilomycas fumosoroscus*),寄生于结茧蛹体上,有些年份寄生率高达 85%。

预测预报

①越冬幼虫出土观察 在果园中选择上年为害严重的果树 5 ~ 10 株,在树冠下采用盖瓦法或笼罩法观察幼虫出土情况。

a. 盖瓦法 将树冠下地面杂草清除干净,在每个树冠下放十几块破瓦片,瓦片排列分三层围绕树干呈梅花状放置。以 5 月上旬开始,每天上午观察一次,统计幼虫或夏茧数。

b. 笼罩法(人工埋茧法) 在树冠下挖深 12 cm、长 45 cm、宽 30 cm 的土坑,整平坑底。挑选活茧 500 个,按比例分层埋入,3 cm 深埋入 60%;6 cm 深埋 22%;9 cm 深埋 11%;12 cm 深埋 7%。5 月上旬罩笼,每日早、中、晚定时观察统计出土幼虫数,累计出土率达到 20% ~ 30%,即为出土盛期。

②卵果率调查 在果园中选 5 株有代表性的果树,每株按东、南、西、北、中取样 5 枝,每枝上固定观察果实 50 个,共 250 个果实,从 5 月下旬起,每 2 ~ 3 d 检查一次,记载卵数和蛀果数,当卵连续出现,卵果率达 1%,即可预报防治。

防治方法

①狠抓树下防治,消灭越冬出土幼虫。

a. 秋冬深翻埋茧 根据桃小食心虫过冬茧集中在根茎土壤里的习性,在越冬幼虫出土前夕或蛹期,在根际方圆 1 m 地面培土约 30 cm 厚,使土壤过冬幼虫或蛹 100% 窒息死亡,也可结合秋季开沟施肥,把树盘下 3 ~ 10 cm 表土填入 30 cm 深沟内,将底土翻到表面。

b. 农药土壤处理 越冬幼虫出土前夕,用 50% 地亚农,或 25% 辛硫磷微胶囊每亩 0.5 kg,残效期 60 d,杀死越冬茧蛹和出土幼虫。50% 辛硫磷乳油每亩 1 kg,在越冬幼虫出土初期和盛期分 2 次喷施。喷药方法:一是将原液稀释 30 倍,喷到细土 50 kg 中吸附,将药土撒在树盘地面;二是将药剂稀释 100 倍,直接喷在树盘下。喷洒药后,应及时中耕除草,将药剂覆盖土中。

②加强树上防治,控制卵和初孵幼虫数量,树上喷药应在成虫羽化产卵和卵的孵化期进行。常用药剂有:50% 杀螟松乳油 1 000 倍,20% 疏果磷乳油 1 000 倍液,95% 巴丹水溶液 2 000 ~ 4 000 倍液,对卵有很好的杀伤作用;20% 杀灭菊酯 4 000 ~ 5 000 倍,40% 水胺硫

磷 1 000 倍液,2.5% 溴氰菊酯 2 500 ~ 5 000 倍,对幼虫效果好;2.5% 功夫乳油 6 000 倍液,20% 灭扫利乳油 2 000 ~ 4 000 倍,10% 天王星乳剂 30 ~ 30 mg/kg,对卵和初孵幼虫有很好的效果,并兼治叶螨。

③其他防治措施。从 6 月下旬开始,每隔半个月摘除一次虫果,并加以处理,消灭虫源。成虫发生期用性外激素诱集。幼虫出土期和脱果期果园放鸡。有条件的果园可进行苹果套袋。方法是先对苹果疏花疏果,一律留单果,在桃小食心虫产卵前套袋,果子成熟前 25 ~ 30 d 去袋,让苹果着色,可收到很好的防治效果。

苹小食心虫 *Grapholitha inopinata* Heinrich

苹小食心虫又称东北小食心虫。属鳞翅目、小卷叶蛾科。分布于东北、华北、西北和江苏。陕西关中、渭北都有发生。渭北地区有些年份发生十分严重。寄主有苹果、梨、沙果、海棠、山楂、山定子等。

为害特点

幼虫蛀食果实。初孵幼虫蛀入果皮浅层,入果孔周围呈现红色小圈,随幼虫长大,受害处向外扩展。幼虫食害果肉,但一般不深入果心,果面呈直径 1 cm 左右的褐色干疤。虫疤上常有小虫孔数个,并堆集少量虫粪,虫果常早期脱落。

形态特征(见图 6.19)

成虫　体长 4 ~ 5 mm,翅展 10 ~ 11 mm,全体暗褐色并带紫色光泽。前翅前缘有 7 ~ 9 组白色斜线,顶角有一个稍大的黑点,近外缘有黑点 4 ~ 7 个。后翅灰褐色,缘毛灰色。

卵　淡黄白色,半透明,扁椭圆形,中央隆起。

幼虫　老熟幼虫体长 7 ~ 9 mm,头黄褐色,身体各节背面有两条红色横纹,臀板淡褐色或粉红色,有不规则斑点。

蛹　长 4 ~ 7 mm,黄褐色,2 ~ 7 节各有两排短刺,排列不整齐。腹末有 8 根钩状毛。茧梭形褐色。

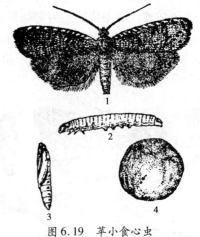

图 6.19　苹小食心虫
1—成虫;2—幼虫;3—蛹;5—果实上的卵

生活习性

在陕西关中每年发生 2 代,以老熟幼虫结污白色薄茧潜伏树皮裂缝、吊枝绳索,枝干及果筐等处作茧过冬,以树体上越冬的数量最多。树体上越冬的虫数以中、晚熟品种树上最多,早熟品种很少有越冬虫茧。关中 5 月中下旬,渭北、延安地区 6 月上旬越冬代成虫羽化。成虫对糖、醋、密、茴香油、黄樟油和短波光有一定趋性。每头雌虫产卵 50 粒,卵散产,多产在果实胴部,卵期 4 ~ 7 d。幼虫孵化后先在果面爬行 1 ~ 7 cm,然后咬破果皮,蛀入果中,向四周食害果肉,入果后 2 ~ 3 d 虫疤上有 2 ~ 3 个排粪孔,3 ~ 4 d 流出第 1 次果胶,7 ~ 14 d 流出第 2 次果胶。幼虫在果内发育 20 d 左右,第 1 代蛹期 10 ~ 15 d,在树皮裂缝处化蛹,越冬代蛹期 20 d。第 1 代成虫关中在 7 月中下旬,渭北 7 月下旬,延安 8 月上旬。8 月下旬老熟幼虫开始脱果,9 月上旬为幼虫脱果盛期,脱果幼虫在枝干皮缝内作茧越冬。

防治方法

①消灭越冬幼虫。苹果发芽前,彻底刮老树皮、裂皮和翘皮,对消灭越冬虫源有显著作用,并能兼治其他害虫。

②适时喷药保护,防止幼虫蛀果为害。当卵果率达 0.5% ~1% 时,开始喷药。常用药剂有:杀螟松 1 000 倍液,水胺硫磷 2 000 倍液,2.5% 溴氰菊酯乳油 2 500 倍液或 2.5% 功夫乳油 2 500 倍液,这些药剂混合使用,既能杀卵又能杀死初孵幼虫和初入果幼虫。

③成虫发生期利用糖醋液(糖 5 份、酒 5 份、醋 20 份)诱杀。

④苹小食心虫发生轻微或防治不彻底的果园,如发现少量虫果,应在幼虫脱果前摘除,防止扩大为害。

梨大食心虫 *Nephopteryx pirivorella* Matsumura

梨大食心虫简称梨大,又称吊死鬼、黑钻眼等。属鳞翅目、螟蛾科。陕西梨区均有发生,是梨树的重要害虫。

为害特点

幼虫为害梨芽及幼果。藏有越冬幼虫的梨芽,可被蛀食一空,蛀孔外有虫粪,芽鳞松散。开春后被害的芽子,基部有褐色毛绒物,幼虫在毛绒物基部拉丝。受害花序常折断花柄,花蕾枯萎。越冬代幼虫为害幼果,虫孔外有很多虫粪,幼虫化蛹前把虫粪清除干净,沿虫孔拉丝,作扁圆形银色羽化孔,并爬至被害的果柄基部吐丝缠绕,然后再钻回果内化蛹,被害果干缩变黑,悬吊树上,经久不落,故有"吊死鬼"之称。后期被害果,蛀入孔多在萼洼附近,虫孔周围变黑腐烂。

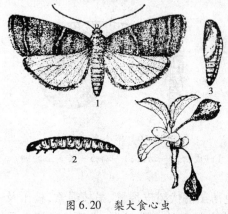

图 6.20 梨大食心虫
1—成虫;2—幼虫;3—蛹;4—被害状

形态特征(见图 6.20)

成虫 体长 10 ~12 mm,翅展 24 ~26 mm. 全身暗灰褐色,前翅带有紫色光泽,内外缘各有一条灰白色横波状纹,中间有一条灰白色肾状纹。后翅淡灰褐色,翅脉明显。

卵 椭圆形,稍扁平,初产下时黄白色,渐变为红色,近孵化时为暗红色。

幼虫 初孵时淡红色,老熟幼虫体长 16 ~18 mm,头部黑色,体暗绿褐色。无臀栉。

蛹 长约 13 mm,黄褐色,近羽化时黑褐色,腹部末端有 6 根顶端弯曲的刺。

生活习性

陕西关中地区 1 年发生 2 ~3 代,以小幼虫在芽内(主要为花芽)结灰白色薄茧越冬。被害芽瘦小,芽基部有一小孔,孔外常有虫粪。3 月中、下旬,当气温达 12 ~13 ℃,梨芽膨大时转移新芽为害,一虫可为害 1 ~3 个芽,开花时吐丝在花簇叶簇内为害。4 月下旬开始转移到幼果上为害。幼虫入果孔较大,孔外常有虫粪,果内生活 20 余天,老熟时夜晚出果吐丝,将果柄缠于果枝上,5 月下旬至 6 月上旬在果内化蛹,6 月上、中旬羽化产卵。成虫对黑光灯趋性强,可作测报用,成虫产卵多在果实萼洼、芽旁、枝杈粗皮、果面叶基等处。每处产卵 1 ~2 粒。卵期 5 ~7 d。芽和枝上的卵孵化后,幼虫先为害芽后为害果实。果上的卵孵化后,幼虫直接蛀入果实。幼虫生活25 d左右,到7月下旬在果内化蛹,第1代成虫到8月上、中旬羽化。这次产卵多在芽上和芽的附近,幼虫孵化后即蛀入芽内为害,经短期为害后到8月中、下旬即越冬。少部分发生3代,大部分发生2代。

防治方法

①人工防治　结合冬季修剪,剪除虫芽,减少越冬虫源。在开花期和幼果期,及时摘除受害花序或幼果,并集中烧毁。

②药剂防治　在花芽膨大至开花期,或越冬幼虫转芽和转果期,喷90%敌百虫800倍液、2.5%溴氰菊酯乳油3 000倍液,40.7%乐斯本乳油1 000～2 000倍液,21%灭杀毙乳油2 000～3 000倍液,2.5%功夫菊酯3 000倍液,5%卡死克乳油1 000～2 000倍液等效果较好。

③诱集成虫　成虫期利用黑光灯诱杀,也可用当夜羽化的雌蛾,剪去腹部末端制成粗提物(10个雌当量)诱集雄蛾。

梨小食心虫 *Grapholitha molesta* Basck

梨小食心虫简称梨小,又称桃折梢虫、东方蛀果蛾。属鳞翅目、小卷叶蛾科。全国各地均有分布。寄主有梨、桃,李、杏等果树。

为害特点

幼虫为害桃、梨等嫩梢,多从端部下面第2～3叶柄基部蛀入向下取食,蛀入孔外有虫粪排出,外流胶液,嫩梢逐渐萎蔫,最后干枯下垂。后期为害梨、桃和苹果等果实,入果孔很小,四周青绿色,稍凹陷,多由近梗洼和萼洼处蛀入,幼虫入果后直达果心,然后蛀食果肉,果不变形,早期为害梨果时,入果孔较大,还有虫粪排出,蛀孔周围腐烂变黑,俗称"黑膏药"。

形态特征(见图6.21)

成虫　体长5～7 mm,翅展10～15 mm,全体灰黑色,无光泽,前翅灰褐色,前缘有8～10组白色短斜纹,翅中央有一小白点,翅端有2列小黑斑点;后翅缘毛灰色。

卵　扁圆形,中央略隆起,淡黄白色。

幼虫　老熟幼虫体长8～12 mm,头黄褐色,体背桃红色,前胸背板与体色相近,腹末具深褐色臀栉4～7刺。

蛹　黄褐色,体长4～7 mm,腹部第3～7节背面有短刺两列。蛹外有薄茧。

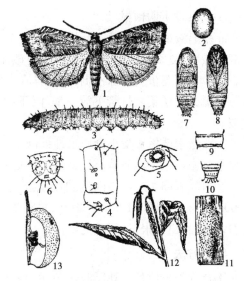

图6.21　梨小食心虫

1—成虫;2—卵;3—幼虫;4—虫第2腹节侧面观;
5—幼虫履足趾钩;6—幼虫第9～10腹节腹面观,
示臀栉及臀趾钩;7—蛹背面观;8—蛹腹面观;
9—蛹第4腹节背面观;10—蛹腹部末端背面观;
11—茧;12—桃梢被害状;13—果实被害状

生活习性

陕西关中地区1年发生4～5代,以老熟幼虫结灰白色薄丝茧在老树翘皮下、枝杈缝隙、根茎、土壤、果库墙缝中越冬。苹果、梨、桃混栽区，春季第1代、第2代(约6月下旬前)主要为害桃梢，第3代开始(约7月初以后)转害苹果、梨果。各代发生期大致如下：3月中、下旬，越冬幼虫开始化蛹，4月上、中旬成虫羽化，产卵在桃梢，5月上旬第1代幼虫开始蛀食桃梢，老熟后在枝杈处化蛹。5月下旬至6月上、中旬第1代成虫出现，第2代幼虫主要为害桃梢、桃果和苹果，产在梨果上的卵孵化出来的幼虫，因幼果石细胞紧密，幼虫难以蛀入果内为害。6月下旬至7月上、中旬第2代成虫出现，主要产卵在苹果和梨上，第3代成虫发生在7月下旬至9月，这时桃果已采收，苹果、梨果为被害高峰。

成虫对糖醋液和黑光灯有强的趋性，需要取食花蜜补充营养。白天静伏枝叶上，傍晚活动交尾。产卵有选择性，前期产在桃梢上，同一株树又喜产在嫩梢，同一株树冠上部嫩梢多于中、下部嫩梢，多产在自顶端下第4~5叶片背面近叶脉处。也可在李、杏、苹果梢产卵，但产卵很少，6月下旬前虽在梨果也有产卵，但多不能蛀入。后期喜在梨果上产卵，多产在梨果肩部，特别是两果交接处，少数产在叶背和果梗上，每只雌虫产卵50~100粒。

幼虫孵化后，少部分从萼洼蛀入果实，大部分幼虫从果面蛀入，受害果内无粪便或有少量虫粪，虫道粗。入果孔周围变褐色。

预报方法

①成虫发生期预报

a. 糖醋液诱集　红糖、醋、果酒、水按1∶4∶0.5∶10混合，放入碗内，傍晚挂到田间，逐日记载诱蛾数，夏季高温糖醋液易变质，可改用棉球浓糖液，即红糖、果酒、醋按2∶1∶2比例混合，不兑水，用鸡蛋大棉球浸糖醋液，挂在水碗(内放水)上面。

b. 黑光灯诱集　灯管下放一漏斗，下接毒瓶，毒杀诱来的成虫。第二天检查梨小食心虫数。

c. 性激素诱集　梨小食心虫性外激素，每个诱芯含梨小性外激素200 μg，用线绳吊起，下放水碗。如果下边放糖醋液诱蛾效果更好。

②田间查卵法　由田间诱到成虫起，在田间选定一些代表性梨树，每次抽查1 000~1 500个果实，1 000~1 500片嫩叶，每隔2~3 d调查1次卵数，到平均连续卵果率达到1%左右，即需发出预报，进行喷药防治。

防治方法

①合理配植树种　建园时避免桃、杏、山楂和梨混栽，或近距离栽植，杜绝梨小食心虫在寄主间转移。

②消灭过冬幼虫　梨小食心虫过冬前，由8月中旬起在树干束草，诱集梨小食心虫过冬茧，集中烧毁，或刮刷老翘皮，消灭过冬幼虫。

③剪除受害梢　4—6月，对受害桃梢，刚萎蔫时剪除烧毁。

④诱杀成虫　糖醋液、黑光灯、性激素诱杀成虫，用性诱剂诱杀，每距50 m放一个水碗诱捕器，将水改用糖醋液更好。性诱剂迷向法，每株挂4个诱芯(8 000 μg)，效果显著。

⑤药剂防治　成虫产卵盛期和卵孵化盛期，喷50%杀螟松乳油1 000~2 000倍液，或2.5%敌杀死乳油2 500~4 000倍液，或20%杀灭菊酯乳油4 000倍液。

⑥释放赤眼蜂　梨小食心虫产卵期每3~5 d放蜂1次，隔株放1 000~2 000头，有一定效果。

梨实象甲 *Rhynchites corcanus* Kono

梨实象甲又称朝鲜梨象甲、梨虎。属鞘翅目、象甲科。各梨产区均有发生和为害。主要为害梨,也为害苹果、山楂、杏、桃等。

为害特点

成、幼虫都为害,成虫取食嫩芽,啃食果皮、果肉,造成果面粗糙,又称"麻脸梨"。产卵前咬伤产卵果的果柄,造成落果,幼虫在果内蛀食,使被害果皱缩或成凹凸不平的畸形果,对梨的产量与品质影响大。

形态特征(见图6.22)

成虫　体长 12～14 mm,暗紫铜色,有金绿色闪光,头管较长。头部背面密生较明显的刻点,在复眼后密布多数细小横皱,腹面尤为明显。触角膝状 11 节,端部 3 节显著宽扁。前胸略呈球形,密布刻点和短毛,背面中部有 3 条凹纹略成"小"字形。足发达,中足稍短于前、后足,鞘翅上刻点粗大,略呈 9 纵行。

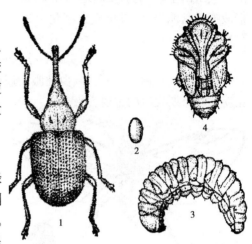

图 6.22　梨实象甲
1—成虫;2—卵粒;3—幼虫;4—蛹

卵　椭圆形,表面光滑,初孵白色,渐变乳黄色。

幼虫　体长 12 mm 左右,乳白色,体表多横皱,略向腹面弯曲,头部小,大部缩入前胸内。头的前半部和口器暗褐色,后半部黄褐色,每体节中部有一横沟,将各节背面分成前后两部分,后半部生有一横列黄褐色刚毛,排列不很整齐。胸足退化。

蛹　体长 9 mm 左右,初乳白色,渐变黄褐至暗褐色,外形与成虫相似,体表被细毛。

生活习性

陕西 1 年发生 1 代,以成虫在蛹室内越冬。越冬成虫在第 2 年梨树开花时出土,梨果拇指大时出土最多,以 5 月中、下旬至 6 月中旬为盛期,成虫出土后即飞翔上树。成虫白天活动最盛,尤以气温较高,晴朗无风或中午前后最活跃。成虫为害 1～2 周以后开始交尾产卵,卵产在幼果上,产卵时先把果柄基部咬一小孔,在小孔内产 1～2 粒卵,再分泌黏液封口,产卵处即呈黑褐色斑点。一般每果产 1～2 粒卵,6 月中、下旬至 7 月上、中旬为产卵盛期,此时落果严重。成虫寿命较长,产卵期长达两月左右。每天产卵 1～6 粒,每只雌虫一生产卵 20～150 粒。卵经 6～8 d 孵化,幼虫即蛀食果肉,被成虫咬伤果柄的果实脱落。幼虫在落果中继续取食为害,经 20 余天老熟,脱果入土并在 1～3 cm 深处化蛹,幼虫入土最早为 7 月上旬,至 8 月下旬全部结束。8 月中旬至 10 月上旬为化蛹期,蛹期 1～2 个月,9 月下旬陆续羽化为成虫,当年不出土即在蛹室越冬。

成虫有假死性,早晚气温低时,受惊后假死落地。中午前后气温较高时,遇惊则飞往他处。

防治方法

①人工防治　成虫出土期,在清晨震树,下接布单、塑料薄膜等物,捕杀震落下成虫。成虫出土期长,需经常进行,特别是雨后,成虫出土集中,应抓紧时机捕杀。及时拣抬落果

集中处理,消灭果内幼虫,对减轻第二年为害有显著作用。

②药剂防治 成虫发生期喷90%敌百虫600~800倍液,或80%敌敌畏乳剂1 000倍液。成虫出土时,地面喷洒地面用25%辛硫磷微胶囊剂300倍液或40%乐斯本乳剂450倍液喷树盘地表,对阻止成虫羽化上树有很好效果。每隔15 d左右喷1次,一般不少于2次。

梨实蜂 *Hoplocampa pyricola* **Rohwer**

梨实蜂又花钻子、螯梨蜂、白钻眼。属膜翅目、叶蜂科。陕西各梨区都有发生,是梨树花期及幼果期发生的重要害虫。

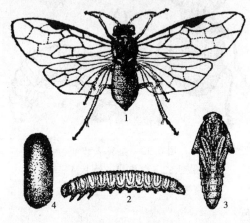

图6.23 梨实蜂
1—成虫;2—幼虫;3—蛹;4—茧

为害特点

以幼虫为害幼果,先在花萼基部串食,随后蛀入果心为害,造成大量落果,严重影响产量。

形态特征(见图6.23)

成虫 体长约5 mm。黑色,有光泽。触角丝状,除1~2节为黑色外,其余7节雌虫为褐色,雄虫黄色。翅淡黄色透明,翅脉淡褐色。足细长,先端黄色。

卵 长椭圆形,初产时为乳白色,将孵化时变为灰色。

幼虫 体长7.5~8.5 mm,老熟时头部橙黄色,胴部淡黄色,尾端背面有1块黄褐色斑纹。

蛹 裸蛹,初为白色,后变黑色,茧黄褐色,形似绿豆。

生活习性

陕西1年发生1代,以老熟幼虫在树冠下土中作茧越冬。第2年4月中旬化蛹,蛹期7~10 d,杏花开时羽化为成虫,先在杏、李、樱桃树上取食花蜜。梨花开时,飞向梨树为害。该虫有假死性,早晨及日落后静栖,震动即落,白天常飞舞树间,交尾产卵,成虫将卵产在花萼组织内,每次产卵1粒,卵期5~6 d,幼虫孵化后,先在萼片基部呈环状串食,萼片上出现黑色虫道。小果受害后,萼筒处变黑,并有黑色虫孔,果实变黑脱落。1头幼虫可为害3~4个果实,幼虫长成后(约在5月),即离开果实落地,钻入土中作茧越夏越冬。开花早的品种受害较重。该虫为害期很短,从开花至幼果期约1个月时间,幼虫在土壤中长达11个月之久。

防治方法

①成虫发生期,利用假死性,在早、晚震树,捕杀落地成虫。

②成虫产卵后,及时摘除被害花萼及幼果、集中销毁。

③梨花尚未开放时,成虫由杏花转移到梨花上为害,是药剂防治的关键时期,用75%辛硫磷乳油1 500倍液或48%乐斯本乳油600倍液进行喷雾药杀成虫。

④秋季翻地,增加越冬死亡率,减少来年为害。

桃蛀螟 *Dichocrocis punctiferalis* **Guence**

桃蛀螟又称桃蛀螟、桃斑螟、桃实螟。属鳞翅目、螟蛾科。分布广、食性杂。

为害特点

以幼虫食害果实,造成严重减产。桃果受害,发生流胶,蛀孔外粘有粪便,果实变黄脱落。除为害桃外,还为害苹果、梨、杏、李、石榴和山楂等果树。

形态特征(见图6.24)

成虫 体长 12 mm 左右,翅展 20 ~ 28 mm。全体橙黄色。体背及翅的正面散生大小不等的黑色斑点,翅较薄弱,前翅黑斑有 25 ~ 26 个后翅约 10 个,但个体间有变异,腹部第 1 和第 3 ~ 6 节背面各有 3 个黑点,第 7 节有时只有 1 个黑点,第 2 节、第 8 节无黑点,雄蛾第 9 节末端为黑色,雌蛾则不易见到。

卵 椭圆形,初产乳白色,后变红褐色。

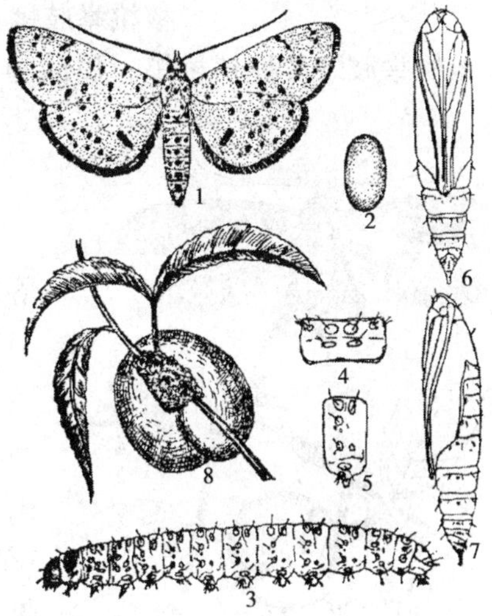

幼虫 老熟时 20 ~ 25 mm,头部暗黑色,胸部暗红色。前胸背板深褐色,中、后胸及第 1 ~ 8 腹节,各有褐色大小毛片 8 个,排成 2 列,前列 6 个,后列 2 个。

蛹 体长 13 mm,褐色。臀棘细长,末端有卷曲的刺 6 根。

图 6.24 桃蛀螟
1—成虫;2—卵;3—幼虫;
4,5—第 4 腹节背面观;6—蛹腹面观;
7—蛹侧面观;8—被害状

生活习性

陕西关中 1 年发生 3 ~ 4 代,以老熟幼虫在树皮裂缝、被害僵果等结茧越冬。翌年 4 月下旬至 5 月上旬,越冬幼虫开始化蛹,6 月上、中旬为越冬代成虫羽化盛期,越冬代成虫多在杏和早熟桃上产卵发生第 1 代幼虫。第 1 代成虫约在 7 月上、中旬出现,主要在晚熟桃和石榴上产卵为害。以后发生的成虫转移到其他作物上产卵,继续为害。

桃蛀螟成虫有趋光性,对糖醋液也有趋性,白天停歇在桃叶背面,傍晚以后活动。喜欢在枝叶茂密的桃果上产卵,桃果顶部、肩部及两果相互紧靠的部位产卵较多。早熟桃上产卵早,为害期长,晚熟桃上卵量大,受害率高。

桃蛀螟属一种喜湿性害虫。一般 4 月、5 月多雨有利于发生,相对湿度在 80% 时,越冬幼虫化蛹和羽化率均高。

防治方法

①秋季采果前树干绑草,诱集越冬幼虫,早春集中烧毁。

②随时拾净和摘除虫果,集中沤肥,并注意果园周围其他寄主进行防治。

③药剂防治要抓住第 1 代、第 2 代幼虫孵化盛期。关中第 1 代约在 5 月下旬至 6 月上旬发生;第 2 代约在 7 月中旬至 7 月下旬发生。常用药剂有:50% 杀螟松 1 000 ~ 1 500 倍液,90% 的敌百虫 1 000 ~ 1 500 倍液,40% 乐果 1 500 倍液,20% 速灭杀丁 2 500 ~ 3 000 倍液,35% 伏杀磷 1 000 倍液进行喷洒,1 星期后再喷 1 次即可。

④成虫发生期和产卵盛期,喷洒 50% 敌敌畏 1 000 倍液防治。

⑤利用黑光灯,糖醋液诱杀成虫,还可用作成虫发生和产卵盛期的预报手段。

核桃举肢蛾 *Atrijuglans hetaohei* Yang

核桃举肢蛾又称核桃黑。属鳞翅目、举肢蛾科。国内分布普遍,陕西核桃产区为害严重。

图 6.25 核桃举肢蛾

1—成虫;2—成虫休止状;3—卵;

4—幼虫;5—蛹;6—被害状

为害特点

以幼虫在果内纵横取食,早期被害果皱缩变黑、脱落,后期被害果核发育不良,果面凹陷变黑,味苦,出油率低。

形态特征(见图 6.25)

成虫 体长 5～8 mm,翅展 12～14 mm,全体黑褐色,有光泽。翅狭长,翅缘毛长于翅的宽度,前翅基部 1/3 处有椭圆形白斑,2/3 处有月牙形或近三角形白斑。腹背有黑白相间的鳞毛。后足特大,休息时向后上举,故称"举肢蛾"。

卵 长圆形,初为乳白色,孵化前呈红褐色。

幼虫 老熟时体长 7～9 mm,头部暗褐色,身体淡黄色,体背半透明,体侧有白色刚毛。

蛹 长 4～7 mm,纺锤形,黄褐色蛹外有褐色茧,常黏附草沫及细土粒。

生活习性

陕西 1 年发生 1 代,陕南部分个体发生 2 代。以老熟幼虫结茧在树下土表 1.5～3 cm 深土层内越冬,也可在杂草、瓦块、石缝或草堆下越冬;陕南 5 月中旬开始化蛹,蛹期 15～20 d,6 月初进入化蛹盛期。5 月下旬出现成虫,6 月中旬到 7 月下旬为羽化盛期。成虫每日 18:00—21:00 最活跃,在树冠外围转圈飞,日落前停在叶面交配,卵多产在两果相接的缝隙内,也有产在萼洼、梗洼或叶柄处的,卵期 3～5 d。6 月中旬开始蛀果,蛀果盛期在 6 月下旬至 7 月上旬,使大量青皮果脱落。果内幼虫老熟后脱果入土结茧越冬。幼虫脱果初期在 6 月下旬;7 月中、下旬为脱果盛期。少部分个体发生第 2 代,幼虫发生期为 8 月下旬,此时核桃已成硬核,第 2 代幼虫只能为害青皮,果面凹陷、变黑,成为典型的核桃黑症状,被害果一般不脱落。

该虫发生与环境条件有密切关系,一般阴坡比阳坡重,沟里比沟外重,深山区比浅山区重。天气潮湿、多雨年份比干旱少雨年份重,5—6 月多雨季节发生严重。盛果期受害重,初果期受害轻。

防治方法

①秋季或春季结合施肥,深翻树冠下的土壤(15 cm 左右),以消灭越冬幼虫。

②6 月下旬至 10 月上旬,及时摘除虫果和捡拾落果深埋。

③幼虫发生期喷 50% 杀螟松乳油、磷胺乳油、辛硫磷、溴氰菊酯等 1 000～2 000 倍液。

④成虫羽化前,可在树冠周围撒 25% 西维因粉剂或 25% 敌百虫粉剂,每亩 2～3 kg (1 亩 = 0.0 667 hm²)。撒药后随即中耕,使药混入土中,或用 25% 辛硫磷微胶囊每亩 0.5 kg 兑水喷洒。

柿蒂虫 *Karivoria flavofasciata* **Nagano**

柿蒂虫又称柿实虫、柿实蛾、柿钻心虫。属鳞翅目、举肢蛾科。各柿子产区均有发生，主要为害柿树。

为害特点

以幼虫蛀食柿果，多从柿蒂处蛀入，幼小柿果被害后由绿色变成灰褐色，后干枯不久脱落，后期被害的柿子，提早变黄变软脱落，柿蒂上的蛀孔处有虫粪。多雨高湿年份，造成柿子严重减产，是柿树上的重要害虫。

形态特征 (见图6.26)

成虫　体长 5.5~7 mm，翅展 15~17 mm。头部黄褐色，有金属光泽，体及翅均呈紫褐色，唯胸部中央黄褐色。触角丝状，柄节长，稍扁。前后翅均狭长，披针形，缘毛很长，前翅近顶端有一条由前缘斜向外缘的黄色带状纹。后足长，静止时向后上方举起。

卵　乳白色，后变淡粉红色，椭圆形。

幼虫　初孵幼虫头部褐色，胴部浅橙色。老熟时体长 10 mm，头部黄褐色，体背面暗紫色。中、后胸背板有"X"形皱纹，并在中部有一横列毛瘤，各毛瘤上有一根白毛。

蛹　体长 7 mm，褐色，外被污白色长茧。

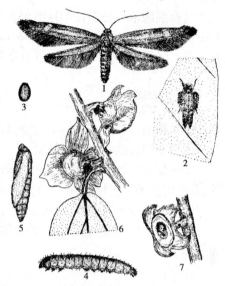

图6.26　柿蒂虫
1—成虫;2—成虫休止状;3—卵;
4—幼虫;5—蛹;6,7—被害状

生活习性

一年发生 2 代，以老熟幼虫在柿树枝干老皮下或树根附近土缝中，以及残留树上被害干果中结茧过冬。越冬幼虫 4 月中、下旬化蛹，5 月上旬成虫开始出现，中旬最盛。初羽化成虫飞翔力很弱，趋光性弱。白天停留在柿叶背面，晚 9 时左右活动、交尾、产卵。卵多产在果柄与果蒂之间。卵期 5~7 d。每头雌虫产卵 10~40 粒。第 1 代幼虫 5 月下旬开始害果。幼虫孵化后先吐丝将果柄、柿蒂连同身体缠住，不让柿果落地。然后将果柄吃成环状，从果柄皮下钻入果心，粪便排在果外。幼虫有转果为害习性。一个幼虫能连续为害幼果5~6个。6 月下旬至 7 月上旬幼虫老熟，一部分在果内，一部分在树皮下结茧化蛹。第 1 代成虫，7 月上旬至 7 月下旬羽化，盛期在 7 月中旬。第 2 代幼虫害果期为 8 月上旬到 9 月末，从 8 月下旬以后，幼虫陆续老熟越冬。第 2 代幼虫一般在柿蒂下为害果肉，被害果由绿变黄、变红、变软，大量烘落。遇多雨高湿的天气，幼虫转果较多，受害严重。

防治方法

①人工防治

a.刮树皮　冬、春刮除老翘树皮，消灭越冬幼虫。结合涂白或刷胶泥，防止残存幼虫化蛹和羽化为成虫。

b.摘、拾青果　幼虫为害期，将被害果连同柿蒂一起及时摘下，集中处理。要经常检查，反复摘除，特别是及时摘除第 1 代被害幼果，既可减少转果为害，又能减轻第 2 代发生

数量。

c.绑草环　8月初在刮过粗皮的树干上束草诱集老熟幼虫,清园时取回烧掉,减少虫源。

②药剂防治　分别在5月中旬和7月中旬两代成虫盛发期和卵孵化盛期进行。可用80%敌敌畏1 500倍液,50%辛硫磷1 500～2 000倍液,50%马拉硫磷1 500倍液、40%氧化乐果1 000倍液、90%敌百虫1 000倍液进行喷雾。

实训作业

①对田间采集的害虫标本、害状标本,分别整理和鉴定,描述所采害虫的为害状特征,总结识别不同害虫为害状的经验。

②根据专题调查的数据,如虫口密度、寄主受害情况、天敌数量和产品质量的特殊要求等,分析害虫的发生情况,确定防治指标,拟订主要果实害虫的综合防治方案。

③进行产量损失估算,分析某一害虫发生重(或轻)的原因。

④针对果实害虫的发生、防治及综合治理等问题,进行讨论、评析。

任务6.4　果树害虫为害特点、形态观察及防治方案的制订(三)

学习目标

通过在田间对果树蛀干害虫为害方式的观察,了解果树蛀干害虫的为害特点。在教师的指导下,现场调查、采集几类主要的蛀干害虫,识别主要蛀干害虫的形态特征,了解其生活习性。根据对蛀干害虫为害方式的了解以及课堂所学理论知识,学会制订蛀干害虫的防治方案及组织实施防治工作。

材料及用具

主要果树蛀干害虫的生活史标本(卵、幼虫、蛹、成虫)、为害状标本、放大镜、解剖镜、解剖针、镊子、害虫图谱、影视教材、CAI课件、检索表等用具。

内容及方法

①田间调查等主要蛀干害虫的为害特点,或通过蛀干害虫的教学挂图、影视教材 CAI课件、认识果树蛀干害虫的为害特点。

②根据蛀干害虫的调查方法,在田间布点取标调查株虫口密度和为害株率。

③采集蛀干害虫各虫态标本或在实验室中,根据教师提供的蛀干害虫害状及形态标本,列出主要蛀干害虫的观察要点。认识几类主要的蛀干害虫。

④通过相关的图片、影视教材了解主要蛀干害虫的生物学特性及发生规律。

⑤通过对蛀干害虫为害特点、生物学特性的了解,结合所学的防治理论,在教师指导下,制订蛀干害虫的防治方案,并组织实施。

操作步骤

6.4.1 果树蛀干害虫为害特点观察

结合当地生产实际选择一块或者若干块果园,组织学生现场观察蛀干害虫的为害特点,在教师指导下,认识主要的蛀干害虫。

通过教学挂图,相关的食叶害虫影视教材,叶部害虫 CAI 课件,向学生展示蛀干害虫为害特点。

6.4.2 果树蛀干害虫主要类群识别

星天牛 *Anoplophora chinensis* **Forster**

星天牛属鞘翅目、天牛科。为害柑橘、苹果、梨、桃、杏等果树。

为害特点

幼虫主要为害成年树的主干基部和主根,取食近地面的树干及主根皮下及木质部,破坏树体养分和水分运输,造成树体衰退。重者造成"围头"现象,整株枯死。

形态特征(见图 6.27)

成虫 体长 19～39 mm,漆黑色有光泽。触角 11 节,第 3～11 节,各节基部有淡蓝色毛环,雄虫触角长于虫体 1 倍以上,雌虫稍长于体。前胸背板两侧各有一个粗短刺突。小盾片及足的跗节披淡青色细毛,鞘翅基部密布颗粒,表面有许多由白色细毛组成的小白斑,不规则排列。

卵 椭圆形,初产时乳白色,将孵化时变为黄褐色。

幼虫 老熟幼虫体长 45～67 mm。乳白色,头部黑色,前胸背板的前部有黄褐色飞鸟形斑纹。

蛹 长 30 mm 左右,乳白色,老熟时呈黑褐色。触角细长,弯曲。体形与成虫相似。

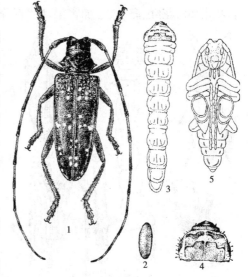

图 6.27 星天牛
1—成虫;2—卵;3—幼虫;
4—幼虫的头和前胸;5—蛹

生活习性

1～2 年发生 1 代,以幼虫在树干基部或根茎部虫道内越冬。陕南最早 6 月初见成虫,6 月下旬到 7 月上、中旬是发生盛期。成虫多由树干根茎部位咬开羽化孔爬出。有取食叶片和嫩皮作补充营养的习性。交尾后 10～15 d,将卵产在树干离地面 30～45 cm 的树皮内。产卵前,先将树皮咬成"T"或"r"形刻槽,然后将一粒卵产在其内。刻槽内有胶液流出。卵经 10～15 d 孵化。初孵幼虫多在树干近根部皮层内为害,1～2 月后才蛀入木质部,向上蛀食,上部枝干死亡时,又向下蛀食。

防治方法

①人工捕杀　6月初至7月成虫羽化期,晴天中午及傍晚,在树冠及树基部随时捕捉成虫。

②人工杀卵和初孵幼虫　6月上旬末,检查树干基部离地面3～6 cm处,有树皮裂口和泡沫状胶质物流出,刮去卵粒和初孵幼虫。

③钩杀幼虫　立秋至秋分间,根据幼虫排出的木屑追踪,用凿在蛀道口开狭长椭圆形洞,以钢丝钩杀。

④药剂防治　6月初至7月成虫羽化期用50%辛硫磷乳油200倍液掺适量黄泥,搅成稀糊状,堵塞羽化孔或用棉花蘸40%乐果乳油、80%敌敌畏乳油塞入羽化孔,同时涂刷离地面60～70 cm以下主干,可毒杀成虫和初孵幼虫。在产卵盛期之后,将树干基部的土壤拨开,检查虫孔虫粪,并围绕树干每株用2%辛硫磷粉剂50 g喷洒后培土,以后根据情况再撒药1次,可基本上控制为害。对蛀道内的幼虫,用棉花沾300倍敌敌畏药液,塞入虫孔内,或每洞塞磷化铝1/4片,用泥封口,即可杀死幼虫。

⑤加强栽培管理　定植时不宜栽植过深,使嫁接口露出土面。成虫产卵前,树干基部培上厚土。同时加强水肥管理,保证树体健壮。

苹果小吉丁虫 *Agrilus mali* Matsumura

苹果小吉丁虫又名苹果金蛀甲,俗称串皮干、旋皮干。属鞘翅目、吉丁虫科。主要为害苹果、沙果、花红、海棠,也加害梨、桃、杏等果树。

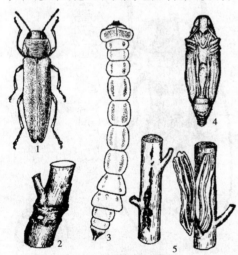

图6.28　苹果小吉丁虫

1—成虫;2—卵;3—幼虫;4—蛹;5—被害状

为害特点

以幼虫在枝干皮层内蛀食,造成枝干皮层干裂枯死,凹陷,变黑褐色,虫疤上常有红褐色黏液渗出,俗称"冒红油"。受害树轻则树势衰弱,重则枝条枯死。特别是苹果幼树果园,受害严重时,2～3年内全园幼树毁灭。

形态特征(见图6.28)

成虫　体长6～9 mm,全体紫铜色,有金属光泽,近鞘翅缝2/3处各有1个淡黄色绒毛斑纹,翅端尖削。

卵　椭圆形,长约1 mm,橙黄色。

幼虫　体长16～22 mm,细长而扁平。前胸特别宽大,背面和腹面的中央各有1条下陷纵纹,中、后胸特小。腹部第1节较窄,第7节近末端特别宽,

第10节密布粒点,末端有1对褐色尾铗。

蛹　长6～10 mm,纺锤形,初为乳白色,渐变为黄白色,羽化前由黑褐色变为紫铜色。

生活习性

在河南一年发生1代,以低龄幼虫在枝干皮层虫道内过冬。次年3月幼虫继续在皮层内串食为害,5月开始蛀入木质部化蛹。成虫盛发期在7月中旬至8月上旬,将叶片食成缺刻状。成虫白天喜在树冠树干向阳面活动和产卵。并在向阳枝干粗皮缝里和芽的两侧产卵。8月为幼虫孵化盛期,孵出的幼虫即蛀入皮层为害。

防治方法

①幼虫期防治 早春幼虫在皮层浅处为害时,对渗出红褐色黏液的虫疤,涂抹1:20敌敌畏煤油溶液。

②成虫期防治 成虫羽化盛期,结合防治其他害虫,喷洒80%敌敌畏1 500倍液。

③加强检疫 防止带虫苗木、接穗向保护区调运。

柑橘吉丁虫 *Agrilus auriventris* Saunders

柑橘吉丁虫又称"爆皮虫""吐沫虫""锈皮虫"等。属鞘翅目、吉丁虫科。陕西主要分布在城固、南郑、石泉、紫阳等地老橘园。

为害特点

吉丁虫以幼虫蛀食柑橘主干和主枝,形成许多不规则的虫道,虫道内充满细腻的黄白色虫粪,皮层枯死,树皮爆裂,导致主枝枯死或整株死亡。幼虫为害初期,树干流出褐色透明胶汁,然后流出白沫,这是柑橘树被害最明显的特征。

形态特征(见图6.29)

成虫 体长6~9 mm,全体古铜色,有金属光泽。触角11节,锯齿形,基部3节细长,其余8节扁平。复眼黑色,前胸背板有纵纹,鞘翅紫铜色,密布细小刻点,上有由金黄色细毛组成的花斑,末端有明显的细小齿状突起。

卵 扁平,近圆形。初产时乳白色,后变土黄色或橙黄色。

幼虫 老熟时体长10~16 mm。乳白色或黄白色。体扁平,头小,口器褐色。前胸膨大,背、腹面中央有一条明显的黄褐色纵线。中、后胸较小,腹部1~7节逐渐增大,各节前窄后宽,最后3节逐渐变窄,腹部末端黑褐色钳形尾铗1对。

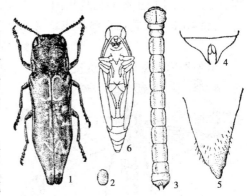

图6.29 柑橘吉丁虫
1—成虫;2—卵;3—幼虫;
4—幼虫腹末;5—幼虫腹末侧面;6—蛹

蛹 长7~9 mm,初为乳白色,后变黄色,最后呈蓝黑色,有金属光泽。

生活习性

陕南一年发生1代,以不同龄期的幼虫在树干皮层或木质部内越冬。由于越冬幼虫龄期不一致,第2年的发生也不整齐。皮层内越冬的小幼虫春季继续为害,并出现吐沫现象。老熟幼虫此时在木质部内陆续化蛹,4月初为化蛹盛期,4月底成虫羽化。羽化后的成虫在蛹室内停留10 d左右,咬破树皮爬出,5月中旬为成虫出洞盛期,5月上旬至6月上旬是成虫产卵盛期,6月中、下旬是卵孵化盛期,此时树干上大量流胶(吐沫)。

成虫多在温暖的中午出洞,常栖息在叶片正面取食,5~6 d开始交尾,再过1~2 d产卵在树干裂缝、地衣下面,卵多散产或数粒在一起。

幼虫孵化后先在树皮浅处蛀食,流出胶质物,逐渐向内蛀食,到形成层后,向上或向下蛀食,形成弯曲虫道,虫粪充满虫道,老熟后在木质部作蛹室化蛹,蛹期1个月左右。

吉丁虫的发生与树龄、管理条件等有关。一般以老树、树势衰弱、肥水不足,管理不善

的橘园发生重,管理条件较好的青壮年树、幼树极少受害。

防治方法

①加强栽培管理　作好橘园抗旱、施肥、修剪、防冻、防日灼等工作,促进树体生长健壮,提高抵抗力,是预防吉丁虫发生为害最经济有效的办法。

②清除死树　冬、春清除枯枝和枯死橘树。枯枝和枯死橘树内有大量幼虫和蛹潜存,是主要的虫源,故清理被害枯枝死株是防治的关键。应在成虫出洞前(一般在4月前)处理完毕。

③人工阻隔　对于局部受爆皮虫为害的橘树,在成虫羽化出洞前,可采用包扎涂泥的方法,将稻草搓成结实的草绳,从树头起自下而上边捆边搓紧密捆扎,并涂刷黏实的泥浆,使其不留缝隙。此法对爆皮虫出洞时可起阻隔作用,并对树体伤口愈合和避免成虫产卵也有一定的作用。

④药剂防治　掌握爆皮虫成虫羽化盛期,在其即将出洞前先刮去翘皮,用80%敌敌畏乳油加10~20倍黏土,加适量水调成糊状,涂刷枝干受害处,或用48%乐斯本50倍液涂刷枝干受害处,使成虫咬破树皮出洞时中毒死亡。6—7月幼虫大量孵化期,将有流胶的树皮刮去,涂40%乐果乳油5倍液或80%敌敌畏乳剂50倍液。

苹果透翅蛾 *Conopia hector* Butler

苹果透翅蛾又称苹果旋皮虫、苹果小透羽。属鳞翅目、透翅蛾科。寄主有苹果、沙果、桃、梨、李、杏、梅、樱桃等果树。

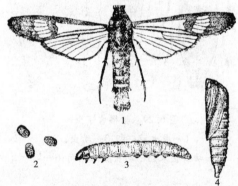

图6.30　苹果适翅蛾

1—成虫;2—卵;3—幼虫;4—蛹

为害特点

幼虫在树干枝杈等处蛀入皮层下,食害韧皮部,造成不规则的虫道,深达木质部,被害部常有似烟油状红褐色的粪屑及树脂黏液流出,被害伤口易遭受苹果腐烂病菌侵染,引起溃烂。

形态特征(见图6.30)

成虫　体长12~16 mm,翅展25~32 mm,全体蓝黑色,有光泽。翅大部分透明,仅翅的边缘及翅脉为黑色,腹部有两个黄色环纹,雌蛾尾部有两条黄色毛丛,雄蛾尾部毛丛呈扇状,边缘黄色。

卵　扁椭圆形,淡黄色,卵产在树干粗皮缝中或腐烂病伤疤处。

幼虫　老熟幼虫体长20~25 mm,头黄褐色,胴部乳白色,微带黄褐色,背线淡红色,各体节脊侧疏生细毛,头部及尾部较长。

蛹　黄褐色,腹部3~7节背面前后缘各有一排刺突。在蛀孔内化蛹。

生活习性

每年发生1代,以3~4龄幼虫在树干皮层下的虫道中越冬。次年4月上旬天气转暖,越冬幼虫开始活动,继续蛀食为害,5月下旬至6月上旬幼虫老熟化蛹。幼虫化蛹之前,先在被害部内咬一圆形羽化孔,但不咬通表皮,然后吐丝缀缠虫粪和木屑,作长椭圆形茧化蛹,蛹期10~15 d。6月中旬至7月上旬是成虫羽化盛期。成虫白天活动,交尾后2~3 d产卵,1头雌蛾产卵22粒。将卵产在树干或大枝的粗皮、裂缝,伤疤等处。幼虫7月孵化,孵化后即蛀入皮层为害,直到11月开始作茧越冬。

防治方法

①刮治与涂药　秋季和早春结合刮治腐烂病,用刀挖幼虫,发现有红褐色的虫粪和黏液时,涂抹煤油敌畏混液(20:1)。

②抹白涂剂　成虫发生期,在树干和主枝上涂抹白涂剂,可防止成虫产卵。

③加强管理　增强树势,做好腐烂病的防治工作,可减轻为害。

梨茎蜂 *Janus piri* Okamotoet et Muramalsu

梨茎蜂又称梨梢茎蜂、折梢虫、剪头虫。属膜翅目、茎蜂科。各梨产区普遍分布。主要为害梨树,也为害苹果等。

为害特点

成虫产卵为害春梢,受害严重的梨园,满园断梢累累,大树被害后影响树势及产量,幼树被害后影响树冠扩大和整体形状。

形态特征(见图6.31)

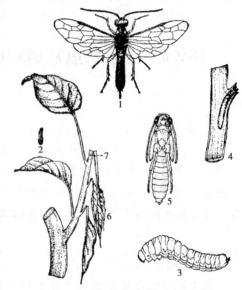

图6.31　梨茎蜂

1—成虫;2—卵;3—幼虫;4—幼虫为害枝;
5—蛹;6—成虫产卵为害断枝;7—产卵痕

成虫　体长约9~10 mm。触角丝状,黑色。翅透明,除前胸后缘两侧、翅基部、中胸侧板及后胸背板的后端黄色外,其余身体各部黑色。后足腿节末端及胫节前端褐色,其余黄色。雌虫腹部第2节至第3节呈红褐色,末端有一锯状产卵器。

卵　乳白色,透明,长椭圆形,稍弯曲。

幼虫　老熟幼虫体长10~11 mm,头部淡褐色,胸腹部黄白色,胸足退化;各体节侧板突出形成扁平侧缘。体稍扁,头、胸部向下弯,尾端向上翘。

蛹　体长10 mm左右,裸蛹,全体乳白色,复眼红色,近羽化前变为黑色,茧棕褐色,长椭圆形。

生活习性

陕西一年1代,以老熟幼虫或蛹在被害枝条蛀道的基部越冬。越冬幼虫在梨树开花期(约4月中、下旬)羽化为成虫,在新梢长出7~10 cm时产卵。产卵时成虫用产卵器锯断新梢,将卵产在留下的小桩内。卵期7~10 d。每头雌蜂产卵20粒左右。幼虫孵化后,先在小短木橛内为害,长大后钻到2年生枝中串食。8月、9月在被害梢内作茧过冬。成虫有假死性和群集性,常停息在树冠下部及新梢叶背面。

防治方法

①剪除虫卵。冬春季剪除被害枯枝和产卵新梢,消灭卵和幼虫。

②4月上、中旬,成虫发生期喷80%敌敌畏乳油1 000倍液及50%氧化乐果1 000倍液毒杀成虫。

③利用成虫早晚不善活动,成群栖息的习性,在清晨或傍晚震落成虫,人工捕杀。

①对田间采集的害虫标本、为害状标本,分别整理和鉴定,描述所采害虫的为害状特征,总结识别不同害虫为害状的经验。

②根据专题调查的数据,如虫口密度、寄主受害情况、天敌数量等,分析害虫的发生情况,确定防治指标,拟订主要枝干害虫的综合防治方案。

③进行生长量损失估算,分析某一害虫发生重(或轻)的原因。

④针对枝干害虫的发生、防治及综合治理等问题,进行讨论、评析。

任务6.5 果树害虫为害特点、形态观察及防治方案的制订(四)

通过在田间对果树吸汁类害虫为害方式的观察,了解果树吸汁类害虫的为害特点。在教师的指导下,现场调查、采集几类主要的吸汁类害虫,识别主要吸汁类害虫的形态特征,了解其生活习性。根据对吸汁类害虫为害方式的了解以及课堂所学的理论知识,学会制订吸汁类害虫的防治方案及组织实施防治工作。

主要果树吸汁类害虫的生活史标本(卵、幼虫、蛹、成虫)、为害状标本,放大镜、解剖镜、解剖针、镊子、害虫图谱、影视教材、CAI课件、检索表等用具。

①田间调查等主要吸汁类害虫的为害特点,或通过吸汁类害虫的教学挂图、影视教材CAI课件、认识果树吸汁类害虫的为害特点。

②根据吸汁类害虫的调查方法,在田间布点取标调查株虫口密度和为害株率。

③采集吸汁类害虫各虫态标本或在实验室中,根据教师提供的吸汁类害虫害状及形态标本,列出主要吸汁类害虫的观察要点。认识几类主要的吸汁类害虫。

④通过相关的图片、影视教材了解主要吸汁类害虫的生物学特性及发生规律。

⑤通过对吸汁类害虫为害特点、生物学特性的了解,结合所学的防治理论,在教师指导下,制订吸汁类害虫的防治方案,并组织实施。

6.5.1 果树吸汁类害虫为害特点观察

结合当地生产实际选择一块或者若干块果园,组织学生现场观察吸汁类害虫的为害特点,在教师指导下,认识主要的吸汁类害虫。

通过教学挂图,相关的吸汁类害虫影视教材,吸汁类害虫 CAI 课件,向学生展示吸汁类害虫为害特点。

6.5.2　果树吸汁类害虫主要类群识别

1)叶螨类

叶螨又称红蜘蛛,是果树上的重要害虫。在我国北方为害苹果的叶螨主要有 3 种:山楂叶螨 *Tetranychus viennensis* Zacher、苜蓿苔螨 *Bryobia rubrioculu* Scheuten、苹果全爪螨 *Panonychus ulmi* Koch。属蛛形纲、蜱螨目、叶螨科。

3 种叶螨在北方果区的分布和为害情况各有主次不同,而在同一地区,在不同时期,主次的种类有所转变,在陕西以山楂叶螨发生最普遍而严重,苜蓿苔螨次之,多零散分布,早期为害,7 月以后减轻,多不造成落叶,苹果全爪螨仅在个别地区发现。

3 种叶螨的寄主植物主要是仁果类和核果类果树。山楂叶螨主要为害苹果、梨、桃、李杏、山楂等,其中苹果、梨、桃受害重;苜蓿苔螨主要为害苹果、槟子、梨等;苹果全爪螨主要为害苹果。

为害特点

3 种叶螨均吸食叶片及初萌发芽的汁液。芽受害严重,不能萌发而死亡;叶片受害,最初呈现很多失绿小斑点,随后扩大连成片,最后全叶焦黄脱落。大发生年份,7—8 月树叶大部分落光,造成 2 次开花。严重受害树不仅当年果实不能成熟,还影响当年花芽形成和次年产量。

形态特征

其形态特征见表 6.5、图 6.32。

表 6.5　3 种叶螨形态区别

种　类		山楂叶螨	苜蓿苔螨	苹果全爪螨
雌成虫	体形	椭圆形,背部隆起	扁平,椭圆形。体背边缘有明显的浅沟	半卵圆形,整个体背隆起
	体色	越冬雌虫鲜红色,有亮光。夏季雌虫深红色,背面两侧有黑色斑纹	褐色,取食后变成黑绿色	深红色,取食后变成变成红褐色
	刚毛	细长,基部无瘤	扁平,叶片状	粗长,刚毛基部有黄白色瘤
	足	黄白色,第 1 对不特别长	浅黄色,第 1 对特别长	黄白色稍深,第 1 对不特别长
卵		圆球形,淡红色和黄白色	圆球形,深红色有亮光	圆形稍扁,顶部有 1 短柄

生活习性

山楂叶螨　陕西关中一年发生 6 ~ 10 代,以受精雌螨在树干、主侧枝粗皮缝隙、枝杈和树干附近的土缝内越冬。发生严重的果园在落叶、杂草根际及果实萼洼处均有越冬雌螨分布。第2年3月下旬苹果树萌芽时,越冬成螨开始出蛰,这时大部分雌螨尚来产卵,药剂触杀效果较好,是药剂防治的第一个关键时期,越冬雌虫4月中、下旬产卵,第1代成螨5月中、下旬发生,全年以第1代发生期比较整齐,自幼螨孵化到成螨发生前是春季药剂防治的第二个关键时期,因为若螨抗性较弱,又多集中在树冠内腔和下部,杀螨剂容易接触虫体,药效能够充分发挥。

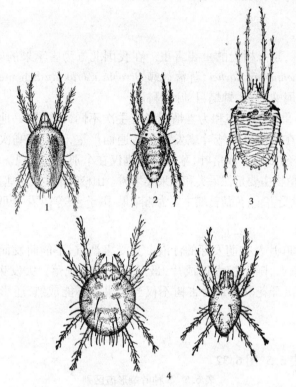

图6.32 叶螨类

1,2—山楂叶螨雌、雄成虫;3—苜蓿苔螨雌虫;4—苹果全爪螨以及雄成虫

正常年份,6月中旬以前虫量增加缓慢,随气温逐渐升高,发育随之加快。6月、7月、8月3个月,每月发生2~3代,7月中旬至8月上旬形成全年为害高峰,往往造成树叶焦枯。因此,在夏季高温期以前,设法压低虫口,对控制猖獗、成灾具有全局性意义,是药剂防治的第三个关键日期。

山楂叶螨越冬代雌螨,集中在树的内腔为害,以后各代逐渐向外迁移,扩散主要靠爬行,也可借风力、流水、昆虫、农业机械和苗木接穗传播。有吐丝结网习性,多集中叶背为害。可营两性生殖,也可孤雌生殖,每雌产卵52~112粒。

苜蓿苔螨 陕西关中一年发生4~6代。以卵在苹果枝条阴面、枝杈及短果枝叶痕,剪口和枝条分杈皱裂处越冬。越冬卵3月下旬苹果花芽萌动时开始孵化,初花时达盛期,全年为害高峰期为6月、7月。越冬卵出现早晚受寄主营养状况的影响,早在7月,迟到10月以后。

苜蓿苔螨成螨性活泼,喜在光滑、绒毛少的叶面上取食,常在叶和果枝之间爬行,不吐丝拉网,在果枝、叶柄、果台等处产卵。

苹果全爪螨 陕西一年发生7~9代,以卵在短果枝、果台、叶痕、芽轮及粗皮等处越冬,越冬卵在平均气温 12 ~ 13 ℃开始孵化。国光花序分化期或元帅花蕾变色期,为越冬卵孵化盛期。元帅始花期为越冬代成螨发生期。越冬卵的孵化和越冬代成螨发生期比较集中。6 月中旬以后,温度升高,卵期缩短,繁殖加快,虫量倍增,每 15 ~ 20 d 即可发生一代,同一世代各虫态有并存现象,世代重叠明显;7 月是全年大发生及为害严重时期。受害重的果树,营养缺乏,加之高温、高强度光照的影响,促使成螨产卵越冬。

苹果全爪螨幼螨、若螨和雄成螨多在叶背基部主、侧脉两旁,以口器固着在叶片上,不食不动。雌成螨多在叶片正面活动为害,一般不拉丝结网,在螨口密度大,营养条件不好的情况下,成螨常大批吐丝下垂,随风飘荡,扩散转移。苹果全瓜螨既营孤雌生殖,也能两性生殖,未受精卵全发育为雄螨。各代雌螨的生殖力和寿命不同。越冬代和第 1 代成螨的生殖力高于其他世代。越冬代平均每雌产卵 67.4 粒,日产卵量 4.5 粒,最高产卵量 146 粒,平均寿命 18.8 d。

发生环境

叶螨类的猖獗发生是多种因素综合作用的结果。除本身具有世代多,繁殖力强,发育速度快等生物学特性外,影响叶螨类种类、数量消长的主要因素有:

①气候因素 气温和降雨是影响叶螨类发生的主要因素。春旱有利叶螨类繁殖,麦收前后持续高温干旱,数量剧增,造成严重为害。一旦猖獗发生,即使 7 月后半期降雨,数量也不易很快下降,加上连阴雨,喷药困难就会造成灾害;反之,春季和 7 月雨水较多,相对湿度在 80% 以上,气温偏低,发生就受到抑制。

②天敌因素 叶螨类天敌种类繁多,捕食跟随性强,能有效地控制为害。主要有深点食螨瓢虫 *Stethorus punctillum* Weise,日捕食量 20 ~ 103 头;异色瓢虫 *Harmonia axyridis* Pallas,日捕食量 18 ~ 263 头;中华草蛉 *Chrysopa sinica* Tjeder,啮粉蛉 *Conwentzia* SP.,日捕食量 30 ~ 40 头;以及微小花蝽 *Orius minutus* Linnaeus、蓟马类 *Scolothrips* SPP.、普通盲走螨、东方纯绥螨、中华植绥螨、具瘤神蕊螨、苹果巨须螨、苹果寻螨等,这些天敌总数与叶螨总数之比为 1∶(40 ~ 50) 头以下时,可不用药剂防治。

③农药因素 连续长期使用单一广谱性杀虫、杀螨剂,不仅杀伤大量天敌,而且使害螨产生抗药性。从而导致叶螨的猖獗为害。

预测预报

①山楂叶螨越冬雌虫出蛰调查 在果园有代表性的地方,选择 3 株被害较重的树,每株标定 10 个内膛枝顶芽,逐一挂牌编号,从越冬雌虫出蛰开始,每天观察 1 次爬上芽子的雌虫数量,同时将芽上的雌虫挑除。当发现雌虫开始上芽时,就要发出出蛰预报。上芽雌虫数量剧增时(一般在苹果开花前 1 周),发出出蛰盛期预报,立即进行防治。

②苜蓿苔螨和苹果全爪螨越冬卵孵化调查 选择有代表性果园的易感品种或主栽品种,标定一定数量的越冬卵(不少于 500 粒)。用针挑除灰白色的死卵,周围涂以黏虫胶或凡士林油圈,以免孵化幼虫爬失,从越冬卵孵化开始,每天观察 1 次孵化情况,直至孵化结束。每次检查时,将已孵幼虫挑除,并计算日孵化率和累计孵化率,即

$$日孵化率 = \frac{调查日前孵化幼虫数}{标定幼虫数} \times 100$$

$$累计孵化率(\%) = 日孵化率 + 调查日前孵化率$$

防治方法

防治叶螨类应从果园生态系做全面考虑,贯彻"预防为主,综合防治"的方针,做好果树休眠期及花前、花后这几个关键时期的防治。特别要注意合理使用农药,保护和利用天敌。

①果树休眠期防治

a.人工防治　结合果园各项农事操作,消灭越冬叶螨。如结合刮病斑,刮除老翘皮下的冬型雌性成螨;刷除、擦除树上越冬成螨和冬卵;挖除距树干30~40 cm以内的表土,以消灭土中越冬成螨;或用新土压地下叶螨,防止其出土上树;清扫果园等。

b.药剂防治　果树发芽前在树干基部及其周围地面上喷3~5 °Be石硫合剂,可消灭部分越冬雌性成螨。5%矿物油乳剂常用的为5%柴油乳剂,配比为柴油1 kg:洗衣粉0.15 kg:软水18.5 kg。在苹果发芽前几天喷施,花芽开绽前2~3 d停止使用。喷布必须细致周到,喷到冬卵螨体上,对苹果叶螨、果苔螨冬卵的防治效果可达90%以上,并可兼治多种越冬的蚜、蚧类。但此剂不可连年使用,否则枝干易生粗皮病。

②花前、花后防治　山楂叶螨的关键时期是越冬雌虫出蛰期和第1代卵孵化期;苜蓿苔螨和苹果全爪螨则是越冬卵和第1代卵孵化盛期。常用杀螨剂有:0.3~0.5 °Be石硫合剂、三硫磷乳油2 000倍、50%乐果乳油1 000倍、40%氧化乐果乳油1 000~2 000倍、20%杀螨酯可湿性粉剂800~1 000倍、40%水胺硫磷乳油1 500~2 000倍、5%尼索朗1 500倍液等。

③生长期防治　6月下旬至8月,是叶螨繁殖最快的时期。为了避免叶螨猖獗,应在大发生前尽力压低害螨密度。另外,在山楂叶螨冬型雌性成螨越冬前,也是药剂防治的关键时期。可选用下列药剂:0.5~0.8 °Be石硫合剂;50%溴螨酯乳油1 000倍液;20%杀灭菊酯2 000倍;40%水胺硫磷乳油1 500~2 000倍;25%三唑锡可湿性粉剂1 000倍液;73%克螨特乳油2 000~3 000倍,对各虫态均有良好效果。

④生物防治　尽量在叶螨发生早期施用专性、长效杀螨剂,保护当地天敌,也可试引进西方盲走螨 *Metaseilus occidentalis* 防治山楂叶螨。

2)蚜虫类

蚜虫又称蜜虫、腻虫,是苹果树的重要害虫。我国苹果产区普遍发生的蚜虫有以下两种:

苹果瘤蚜 *Myzus malisuctus* Matsumura(又称苹瘤额蚜、苹卷叶蚜)

锈线菊蚜 *Aphis citricola* Van der Coot(又称苹果黄蚜、苹果蚜)

均属同翅目、蚜科。

两种蚜虫在全国苹果产区均有分布,苹果瘤蚜主要寄主植物有苹果、沙果。海棠等。苹果锈线菊蚜寄主植物有苹果、梨、桃、李、杏、樱桃、沙果、海棠、山楂等。

为害特点

两种蚜虫均以成蚜和若蚜群集叶片、嫩芽吸食汁液,苹果瘤蚜为害叶片后,叶片向背面纵卷成筒状;锈线菊蚜为害后,叶尖向背面横卷,影响光合作用,抑制新梢生长,严重时引起早期落叶,树势衰弱。

形态特征

其形态特征见表6.6、图6.33、图6.34。

表6.6　两种蚜虫的形态区别

形态特征		苹果瘤蚜	锈线菊蚜
	无翅胎生雌蚜	体长约1.4 mm,体暗绿色或绿褐色,复眼红色,蜜管褐黑色	体长约1.6 mm,体黄色,黄绿色或绿色,头部淡黑色。复眼、蜜管均为黑色,触角基部淡黑色
	有翅胎生雌蚜	头部有明显的额瘤,头胸部暗褐色,腹部暗绿色,蜜管褐绿色,翅透明	头胸部、蜜管黑色,腹部黄绿色或绿色,两侧有两斑,翅透明
	若虫	淡绿色	鲜黄色,触角、复眼、足、蜜管均为黑色
	卵	长椭圆形,黑绿色	椭圆形,漆黑色
为害状		叶片被害后向背面纵卷	叶片被害后向背面横卷

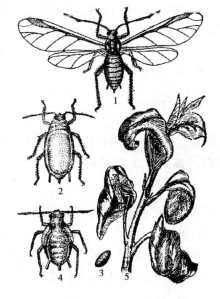

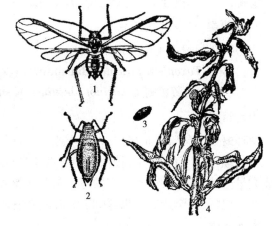

图6.33　锈线菊蚜
1—有翅胎生雌蚜;2—无翅胎生雌蚜;
3—卵;4—若虫;5—被害状

图6.34　苹果瘤蚜
1—有翅胎生雌蚜;2—无翅胎生雌蚜;
3—卵;4—被害状

生活习性

苹果瘤蚜　1年发生10多代,以卵在小枝条的芽缝、芽基、1年生枝条分叉处、剪锯口处越冬。越冬卵4月上旬孵化,4月中旬为孵化盛期。初孵若蚜群集在嫩叶上为害,当芽膨大裂开时钻入芽缝,嫩叶展开时在叶背为害,以后为害幼果。5—6月为为害盛期;7—8月田间蚜量逐渐减少;10—11月产生性蚜,雌雄蚜交尾后,产卵越冬。雌蚜抗寒力较强。

锈线菊蚜　1年发生10余代。以卵在枝条芽缝或树皮裂缝中越冬。一般在苹果幼树上较多。越冬卵4月上旬孵化,孵化出的幼蚜群集在叶上为害。5月下旬出现有翅蚜,由越冬寄主向苹果树上迁飞为害,6—7月是锈线菊蚜严重为害期,8—9月数量逐渐减少,10月出现性母迁飞,然后产生性蚜,交配后产卵越冬。

蚜虫类的天敌有多种,常见的有瓢虫、草蛉、食蚜蝇、捕食螨、寄生蜂等。

防治方法

①保护和利用天敌 果树生长前期,实行隔行喷药,保证天敌有滋生繁衍场所,避免大面积使用对天敌杀伤力强的药剂。

②药剂防治

a.涂茎及包扎 5月上旬蚜虫发生初期,对10年生以下的树用40%氧化乐果等内吸杀虫剂稀释成10倍左右,涂在主干上部或主枝基部,涂成6 cm宽的药环,3～5 d后产生药效。如老树或树皮粗糙的可用刀轻刮见绿,一般宽1 cm,长2 cm为宜,用吸水纸(或脱脂棉)吸醮药液,放置刮处,外用塑料薄膜包扎。蚜虫消灭后,应及时除去包扎物,以免发生药害。此法适于水源缺乏的山地果园,具有残效期长和保护天敌的优点。

b.树上喷药 早春苹果发芽前,喷5%柴油乳剂消灭越冬卵。生长期喷施40%氧化乐果1 500倍液,50%灭蚜松1 200～1 500倍液,50%辟蚜雾可湿性粉剂2 000～3 000倍液,25%亚胺硫磷乳油500～800倍液,2.5%敌杀死乳油3 000～5 000倍液,20%杀灭菊酯乳油3 000～5 000倍液,20%灭扫利2 000～3 000倍液。

c.挂袋熏蒸 应用50%异丙磷乳油0.5 kg与细沙100 kg混合制成毒沙,每个布袋装0.5 kg毒沙,每株树挂1～2个沙袋,熏蒸蚜虫,残效期15 d左右。

3)梨蚜类

为害梨树的蚜虫主要有以下两种:

梨蚜 *Toxoplera piricola* **Matsumura.**(又称梨二叉蚜。属同翅目、蚜科)

梨黄粉蚜 *Cinacium iaksuinsc* **Kishida.**(属同翅目、瘤蚜科)

为害特点

两种蚜虫中梨蚜分布最广,以若虫或成虫群集嫩芽和嫩叶刺吸为害。先为害膨大后的梨芽,展叶后在叶面上为害,枝梢顶端的嫩叶受害最重,被害叶片向正面纵卷。受害严重时造成大量落叶,影响树势和果实发育。梨黄粉蚜发生不普遍,以若虫和成虫为害梨的果实,使其产生黑疤,甚至造成裂果,降低果实品质,有时也在枝干上为害,被害处枯死皱裂。

形态特征

其形态特征见表6.7、图6.35、图6.36。

表6.7 两种蚜虫的区别

	梨 蚜	梨黄粉蚜
为害部位	叶	果,多在萼洼处
为害状	从背面向正面纵卷	被害处变黑腐烂
形态特征	体长2 mm,绿色或黄褐色,无翅蚜额瘤不显著,有翅蚜卵圆形,灰绿色,前翅中脉分二叉	只有无翅蚜,体长0.7 mm,米黄色,体具蜡腺,故蜡质明显,腹管退化
卵	黑色,产卵部位在芽旁	黄色,产卵部位在翘皮裂缝中
为害时期	梨发芽至停止生长,如梢继续生长,可为害到秋季	7月后为害梨果,7月以前在树皮裂缝中为害

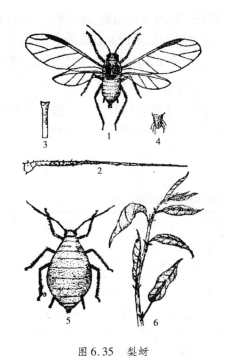

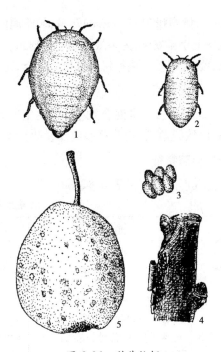

图 6.35　梨蚜

1—有翅胎生雌蚜;2—有翅胎生雌蚜的触角;
3—有翅胎生雌蚜的腹管;4—有翅胎生雌蚜的尾片;
5—无翅胎生雌蚜;6—被害梨叶

图 6.36　梨黄粉蚜

1—成虫;2—若虫;3—卵;4—越冬部位;
5—被害梨果

生活习性

梨蚜　陕西一年发生 10 多代,以卵在芽缝及小枝裂缝处越冬。春季为害最重。早春梨树萌芽时若虫孵化,群居芽上,吸食汁液。展叶后转入叶上为害,以枝梢顶端嫩叶受害最重。被害叶片由两端纵卷,并有"蜜露"分泌而污染叶子,不久即失水干枯脱落。5 月中、下旬开始产生有翅蚜,迁移至夏季寄主狗尾草上繁殖为害,秋季又回到梨树上繁殖为害,11月开始产生雌雄性蚜,交配产卵越冬。

梨黄粉蚜　以卵在梨树翘皮下、枝干上越冬,第二年梨树开花时卵孵化,若蚜在翘皮下取食。7 月上、中旬集中在萼洼部位为害,也有一些在梗洼和两果相接处。受害初期果面出现黄斑,继而发黑,果实未收前蚜虫大部分转移到树皮缝中产卵越冬。多雨年份受害较重,被害果贮藏期易腐烂。

防治方法

①冬季刮除树皮及树上残附物,消灭越冬卵。

②药剂防治。梨花芽露绿时,为梨蚜若虫孵化盛期,可喷 40% 氧化乐果乳剂 1 500 倍液,秋季迁回梨树上时,再喷药一次,可基本控制为害。梨黄粉蚜在萌芽前喷 3 °Be 石硫合剂。为害梨果时,喷 40% 氧化乐果 1 500 液或 50% 马拉硫磷 1 000 ~ 1 500 倍液。

③保护天敌。蚜虫天敌种类很多,常见的有蚜茧蜂、食蚜虻、草蛉、瓢虫、蚜霉菌等,应注意保护,充分利用。

4)桃蚜

为害桃树的蚜虫主要有以下 3 种:桃蚜 *Myzus persicae* Sulz.、桃粉蚜 *Hyalopterus arundinis*

Fabr.、桃瘤蚜 *Myzus momonis* Mats.。属同翅目、蚜科。桃蚜又称烟蚜、桃赤蚜。分布极广,是桃树上年年发生,为害最重的一种蚜虫。桃蚜寄主植物广泛,果树上以桃为主,还有杏、李、苹果、樱桃、梨等。桃粉蚜又称桃大尾蚜,主要为害桃、杏、李等果附。桃瘤蚜主要为害桃、樱桃。

为害特点

3种蚜虫经常混合发生,大发生时密集在嫩梢和叶片上吸食汁液。被害桃叶苍白卷缩,以致脱落,影响花芽形成及桃果产量,并削弱树势。桃蚜还能传播病毒病。

形态特征

其形态特征见表6.8、图6.37。

表6.8 桃树上3种蚜虫的为害状和形态区别

	桃 蚜	桃粉蚜	桃瘤蚜
寄主	桃、山桃 夏季寄主:十字花科、蔬菜和烟草	桃、李、杏等 夏季寄主:香蒲、芦草等	桃和樱桃 夏季寄主:艾等
被害状	在嫩梢和叶背为害,被害叶向背面作不规则的卷曲。在白菜,甘蓝、烟草上均不卷叶	在叶背为害、被害叶向背面略作对台状,蚜虫体分泌大量白色蜡粉	被害叶边缘向背面纵卷,并肿胀,形成"似虫瘿",被害处淡绿以至紫红色
无翅胎生雌蚜	体长 1.4～2 mm,黄绿色或赤褐色,腹管较长,圆柱形	体长 2～2.5 mm,体绿色,尾片宽而大,体表覆白色粉	体长 2.1 mm,淡黄褐色,腹管黑色,短小,有覆瓦状纹
有翅胎生雌蚜	体长 1.6～2.1 mm,头及中胸黑色,腹部深褐色,腹背有黑斑,额瘤显著,触角第3节有次生感觉孔9～17个,排成一行,第4节无	体长 2 mm 头背部暗土黄色,胸部深褐至棕色,腹部绿色,覆白色粉,触角第3节有次生感觉孔 32～40个,第4节有5～8个,尾片大	体长 1.8 mm,淡黄褐色,胸部黑色,额瘤显著,触角黑,第3节有次生感觉孔约30个,第4节有9～10个,第5节有4个
卵	长椭圆形,初产时为淡绿色,后成漆黑色。长约1.2 mm	初产时为绿色,渐变为黑绿色	椭圆形,漆黑色
若蚜	和无翅成蚜相似,身体较小,淡红色或黄绿色	和无翅成蚜相似,体较小。淡黄绿色,体上有一层白粉	近似无翅胎生雌蚜

生活习性

3种桃树蚜虫均为迁转为害型。一年发生数十代,以卵在桃树的芽腋、裂缝和小枝杈等处越冬。次年桃树萌芽时卵开始孵化,群集在芽上为害,后转害花和叶,并不断进行孤雌生殖。桃蚜和桃粉蚜的越冬卵,孵化期与桃树发芽期吻合紧密,这是树上防治的第一个有利时期。桃瘤蚜的越冬卵孵化期稍迟,关中一般在5月上、中旬。落花以后,3种蚜虫大量繁殖,进入为害盛期,这是第二个防治关键时期。5月下旬以后,有翅蚜大量出现,飞迁到夏季寄主上继续繁殖为害。晚秋以后,夏季寄主上又大量产生有翅蚜迁返桃树,不久产生雌、雄性蚜,经交配产卵越冬。

蚜虫的发生与温、湿度有密切关系。一般冬暖、湿润、春旱、雨水均匀的年份易大发生。春末、夏初和秋季,是蚜虫大发生和严重为害的时期。高温、高湿可抑制蚜虫的生长发育。

蚜虫天敌很多,有瓢虫、草蛉、蚜茧蜂、蚜霉菌等,应注意保护和利用。

防治方法

主要采用药剂防治,应抓紧早春未卷叶前和有翅蚜迁飞前两个关键时期进行。

①春季开花前,卵孵化盛期,进行喷药防治。

②花后至初夏,根据虫情进行喷药,消灭有翅蚜于迁飞前。

③秋季蚜虫迁返桃树后,在产卵前喷一次药,减少越冬数量。

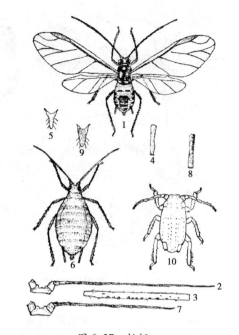

图 6.37　桃蚜

1—有翅胎生雌蚜;2—触角;3—触角第 3 节;
4—腹管;5—尾片;6—无翅胎生雌蚜;7—触角;
8—腹管;9—尾;10—1 龄若蚜

常用药剂有:40% 乐果或 40% 氧化乐果 1 500 倍液(乐果对杏、梅易产生药害,不宜使用),80% 敌敌畏或 50% 马拉硫磷 1 500 倍液,菊酯类农药 3 000 ~ 5 000 倍液,50% 辟蚜雾可湿性粉剂 2 000 ~ 3 000 倍液。

④果树发芽前,喷 5% 蒽油乳剂或 5% 柴油乳剂,消灭越冬卵。

梨圆蚧 *Quadraspidiotus perniciosus* Comstock

梨圆蚧又称梨丸介壳虫、轮心介壳虫。属同翅目、盾蚧科。全国分布普遍,北方为害严重,是国际检疫对象之一。食性极杂,寄主植物 150 多种,主要有梨、苹果、枣、桃、核桃、杏、李、梅、樱桃、葡萄、柿、山楂等。

为害特点

梨圆蚧能寄生果树所有地上部分,特别是枝干。刺吸枝干后,引起皮层木栓化和韧皮部、导管组织衰亡,皮层爆裂,抑制生长,引起落叶,甚至枝梢干枯和整株死亡。果实上寄生,多集中在萼洼和梗洼处,围绕介壳形成紫红色斑点,降低果品质量。

形态特征(见图 6.38)

雌成虫　体背覆盖近圆形介壳,直径约 1.8 mm,灰白色或灰褐色,有同心轮纹,介壳中央的突起称为壳点,脐状,黄色或黄褐色。虫体扁椭圆形,橙黄色。体长 0.91 ~ 4.8 mm,宽 0.75 ~ 1.23 mm。口器丝状,在腹面中央,眼及足退化。

雄成虫　介壳长椭圆形,较雌介壳小,壳点在介壳的一端。虫体橙黄色,体长0.6 mm。复眼暗紫红色,口器退化,触角念珠状,11 节。翅 1 对,交尾器剑状。

若虫　初龄若虫体长 2 mm,椭圆形,橙黄色,3 对足发达,尾端有 2 根长毛。雌若虫蜕

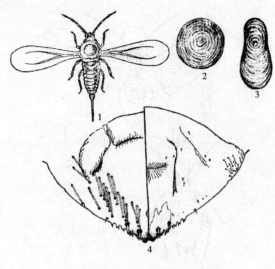

图 6.38　梨圆蚧
1—雄成虫；2—雌成虫介壳；
3—雄虫蚧壳；4—雄虫臂板背、腹面

皮 3 次，介壳圆形，雄若虫蜕皮 2 次，介壳长椭圆形，化蛹在介壳下，蛹淡黄色，圆锥形。

生活习性

发生代数因地区和寄主而异。陕西在苹果上每年 3 代，以 1，2 龄若虫和少数雌成虫在枝干上越冬，发生期不整齐。在梨上每年 2 代，以 2 龄若虫过冬，发生比较整齐。春季树液流动后继续为害。雄虫 4 月中旬化蛹，5 月上、中旬羽化。成虫寿命极短与雌虫交配后即死亡。雌虫繁殖时，直接将若虫胎生在介壳下，武功地区第 1 代若虫在 6 月上旬开始发生，发生期较长，可延续 1 个多月。第 2 代发生在 7 月下旬至 9 月上旬，后期重叠不整齐，最后一代若虫发生在 9 月，11 月份进入越冬期。

若虫先在母体介壳下静伏，然后爬到枝条和果实上，1—2 月内找到适合部位，即将口器插入寄主组织内固定不再移动，随即分泌蜡丝，在体背形成灰白色腊壳，2 龄以后可区别雌雄。

梨圆介壳虫主要以两性胎生方式繁殖，少数可行单性生殖，每雌最多产仔 362 头，以第 2 代生殖力最强。

梨圆介壳虫在植株上的扩散传播靠 1 龄若虫爬移，远距离传播靠昆虫及风力的携带。苗木、接穗的调运，是地区间传播的主要途径。

梨圆介壳虫的天敌已知有 50 余种，陕西果园中常见的有梨圆介小蜂，短缘毛介小蜂、红点瓢虫和肾斑瓢虫。

防治方法

①保护利用天敌。5 月中旬至 7 月中旬，是梨圆介小蜂和短缘毛小蜂羽化期，避免喷用广谱性农药，发挥天敌的控制作用，瓢虫类以成虫越冬，冬季注意保护。一般每头瓢虫一生可食梨圆介 1 000 头，控制作用极强。

②雄虫羽化和雌虫产仔期，是药剂防治的关键时期。可喷 200 倍合成洗衣粉，10 倍柴油孔剂或松脂合剂。喷布洗衣粉，具有易配制，无药害，无残毒，不杀伤天敌等优点。也可在冬季及早春果树发芽前，喷 2 ~ 3 °Be 石硫合剂，压低越冬基数。6 月上、中旬若虫孵比期，喷 0.3 °Be 石硫合剂等药剂。

③加强检疫，防止苗木，接穗调运传播。

矢尖蚧 *Unaspi yanonensis* Kuwana

矢尖蚧属同翅目、盾蚧科。是陕西汉中、安康橘产区发生普遍和为害成灾的害虫，寄主有柑橘和茶树。

为害特点

矢尖蚧主要寄生在叶片，枝条和果实等部位。叶片上以主脉两侧最多，被害叶片常蜷缩,严重时叶色发黄、脱落。近成熟时,果实上受害部位周围绿色。树势衰弱,甚至枯死。

形态特征(见图6.39)

成虫　雌虫介壳长2.8~3.5mm,前端尖,后端宽,中央有脊纹,两侧有向前斜向横刻纹,形似箭矢,紫褐色而有光泽,边缘灰白色。雌虫体约2.5 mm,长形,橘橙色,胸部长,腹部短,前胸和中胸分界明显。第1,2腹节边缘突出。臀板上有臀叶3对,中央1对大。雄虫介壳长1.2~1.6 mm,白色蜡质,两侧平行,壳背有3条纵脊,蜕皮1个,淡黄色,位于前端。雄成虫体长0.5 mm,橙黄色,翅1对。腹末有一长的针状交尾器。

卵　椭圆形,橙黄色。

若虫　1龄椭圆形,淡黄色,触角及足均发达,尾端有1对长毛。孵化后,找到合适取食地点,固定取食,足消失,体背分泌无色蜡丝,后形成淡黄色,椭圆形。中央有纵脊的介壳,长成后脱的皮仍具触角。第2龄若虫长椭圆形,黄褐色,触角和足均消失,介壳中央脊纹明显。

雄蛹　长0.4 mm,长形,橙黄色,尾节有交尾器突出。

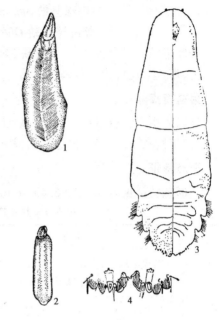

图6.39　矢尖蚧
1—雌虫介壳;2—雄虫介壳;3—雌成虫;
(左背面、右腹面);4—雌成虫的臀板边缘

生活习性

陕西汉中地区每年发生2~3代,以未产卵的雌成虫、雄蛹越冬。翌年4月中、下旬,越冬雌虫产卵,5月中、下旬幼蚧孵化,6月中旬雄虫大量羽化,雄虫出现与雌成蚧成熟期相吻合。7月下旬至8月上旬第2代幼蚧盛发,10月上旬发生早的可见到第3代幼蚧。

矢尖蚧产卵在雌虫腹内,以卵胎生形式产出幼蚧。初产幼蚧活泼,分散为害叶背主脉两侧,也借风和动物传播远处为害。第1代幼蚧为害老叶,部分为害春梢及叶背。雌若蚧蜕皮2次后为雌成蚧,逐渐形成紫红色介壳,虫体在介壳下生长发育。雄若蚧有成堆群集叶背的习性。1龄脱皮后,即分泌白色棉絮状蜡质介壳,在内化蛹。第2代幼蚧大部分为害新叶,一部分为害果实。

矢尖蚧的天敌有金黄小蜂、短绿毛蚜小蜂、长绿毛蚜小蜂、日本方头甲、蒙古光瓢虫等,对矢尖蚧有较强的控制力。

防治方法

①药剂防治　5月下旬至6月上旬卵孵化盛期开始,喷施50%马拉硫磷乳油1 500倍液,连喷2~3次。6—8月喷施松碱合剂(3:2:10)16~20倍液,每半月喷1次,连喷2~3次。

②保护天敌　矢尖蚧有多种寄生蜂,注意保护。尽量少用化学农药。

杏球坚蚧 *Sphaerolecanium prunastri* Fonsc

朝鲜球坚蚧 *Didesmococcus korcanus* Borchs

杏球坚蚧主要为害杏,也为害桃、李等多种寄主植物。朝鲜球坚蚧又称桃球坚蚧,主要为害桃、杏、李,还可为害苹果、梨,葡萄等。属同翅目、蜡蚧科。

为害特点

均以成虫和若虫附在枝条上,以刺吸式口器吸食汁液,只食不动,严重时全树枝干遍布蚧壳,初害枝条萎缩干枯,树势衰弱,甚至死亡。

形态特征

其形态特征见表6.9、图6.40、图6.41。

表6.9 杏球坚蚧和朝鲜球坚蚧的形态区别

种 类	杏球坚蚧	朝鲜球坚蚧
雌成虫	蚧壳半球形,直径3~3.5 mm,初为黄棕色,质变为黑栗色,有光泽	蚧壳半球形,直径约4.5 mm,初为软质黄褐色,后变为红褐色,虫体近球形,后端直截
雄成虫	体长1.5 mm,赤褐色。有足及时翅1对,腹末有性刺1根,两侧各有1白色蜡质长毛,蚧壳扁长圆形,白色	体形与杏球坚蚧相似,蚧壳扁长圆形,末端有2个黄白色彩斑
卵	长卵形,初产白色,后变粉红	同左
若虫	椭圆形,粉红色,腹末具尾毛2条	椭圆形,淡粉红色,长0.5 m,腹末具尾毛2条

生活习性

杏球坚蚧和朝鲜球坚蚧均1年1代,以2龄若虫在枝条腹面的裂缝、翘皮处越冬,越冬虫体上覆有白色蜡质物。春季桃树萌动后,从蜡质物下爬出。固定在枝条上吸食为害,并形成蚧壳。4月上、中旬雄虫羽化,与雌虫交尾后,不久死去。4月下旬至5月上旬雌虫产卵在腹下,5月中、下旬初孵若虫爬出母壳后,分散到枝条上为害,9—10月蜕一次皮变为2龄若虫,即在蜕皮壳下越冬。

防治方法

蚧体有厚的蜡质层,药剂很难杀死。防治的关键是抓初龄若虫期,在未形成蜡质壳前喷药。

①冬季刮除树皮上的越冬虫体,或喷黏土柴油乳剂(柴油1份、细黏土1份、水2份)。

②春季桃芽萌发前,喷4~5 °Be石硫合剂或5%柴油乳剂,或5%蒽油乳剂,消灭过冬雌虫于产卵前或杀死越冬小幼虫。

③若虫孵化盛期,可喷40%氧化乐果乳油1 500~2 000倍液、25%喹硫磷乳油1 000倍液,40%水胺硫磷乳油800~1 000倍液、50%杀螟松乳油1 000~1 500倍液,80%敌敌畏乳油1 500~2 000倍液。

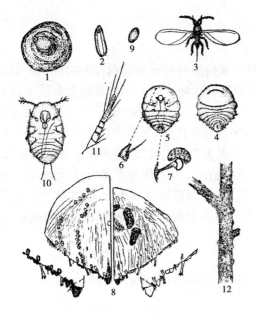

图 6.40　杏球坚蚧

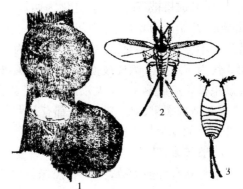

图 6.41　朝鲜球坚蚧
1—雌成虫;2—雄成虫;3—若虫

④保护天敌,黑缘红瓢虫的成、幼虫都捕食球坚蚧壳虫,应加以保护和利用。特别在秋季设置瓢虫越冬场所,引诱越冬以利来年利用。

柿绵蚧 *Acanlhococcus kaki* **Kuwana**

柿绵蚧又称柿绒蚧、柿毛毡蚧、柿粉蚧,俗称柿虱子。属同翅目、绵蚧科。是柿树上常见的害虫。

为害特点

为害柿树的嫩枝、幼叶和果实,若虫和成虫喜群集在果实下部表面及柿蒂与果实相结合的缝隙处吸吮汁液,被害处初呈黄绿色小点,逐渐扩大成黑斑,果实提前脱落,降低产量和品质。

形态特征(见图6.42)

成虫　雌雄异形。雌成虫体长 1.5 mm,椭圆形,紫红色。无翅。体背有刺毛,腹部边缘有白色弯曲的细毛状蜡质分泌物,蚧壳灰白色,椭圆形。雄虫体长 1.2 mm,紫红色,翅无色半透明。腹末有一小性刺,两侧各有一长毛,蚧壳白色,近椭圆形。

卵　长 0.3~0.4 mm,紫红色,椭圆形,表面附有白色蜡粉及蜡丝。

若虫　越冬若虫体长 0.5 mm 左右,紫红色,体扁平,椭圆形,周身有短的刺状突起。

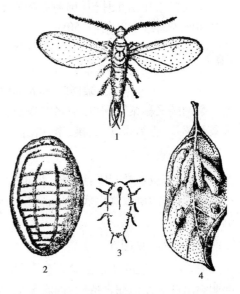

图 6.42　柿绵蚧
1—雄成虫;2—雌成虫;3—若虫;
4—柿叶下的卵囊

生活习性

每年发生 4 代,以初令若虫在 2 年生以上枝条皮层裂缝、树干粗皮缝隙及干柿蒂上越冬,翌年柿树展叶后至开花前,即 4 月中、下旬前后,离开越冬场所爬到嫩芽、新梢、叶柄、叶背等处吸食汁液。以后在柿蒂和果实表面固着为害,同时形成蜡被,逐渐长大分化为两性。5 月中、下旬成虫交配,以后雌虫体背面逐渐形成卵囊,开始产卵 6 月上、中旬,7 月中旬、8 月中旬和 9 月中、下旬为各代若虫孵化盛期,各代发生不整齐,互相交错。前两代主要为害柿叶及 1,2 年生枝条,后两代主要为害柿果,以第 3 代为害最重。嫩枝被害,轻则形成黑斑,重则枯死。叶片被害严重时呈畸形,提早落叶。幼果被害造成落果,长大以后提早变黄变软,虫体固着部位逐渐凹陷、木栓化。呈黑色,严重时造成裂果,对产量、质量都有很大影响。10 月中旬采收后,初龄若虫开始越冬。

柿绵介的发生与多种因素有关,主要有:

①一般枝多、叶茂、皮薄、多汁的品种受害重。

②柿绵蚧有许多天敌,主要有黑缘红瓢虫、红点唇瓢虫,对控制柿绵蚧的发生有一定作用。

③越冬数量多少与寄生部位有关,一般寄生果实的,随果实采收被消灭,寄生叶片、叶柄的,多随落叶而亡,只有寄生枝条内的才能安全越冬,因此,抓紧前期防治,可取得明显效果。

④主要依靠接穗和苗木传播,要杜绝传播,必须严格检疫。

防治方法

①早春柿树发芽前,喷洒 1 次 5 °Be 石硫合剂或 5% 柴油乳剂,消灭越冬若虫。

②4 月上旬至 5 月初(柿树展叶后至开花前),越冬虫离开越冬部位,又未形成蜡壳前,喷洒 40% 乐果 1 500 倍液、50% 敌敌畏 1 000 倍液。

③保护利用天敌,天敌发生期,尽量少用或不用广谱性药剂,以免伤害天敌。

④加强检疫,杜绝传播。对调出调入苗木、接穗,如发现此虫,应熏蒸消毒。

梨网蝽 *Stcphanitis nashi* Esakic et Takeya

梨网蝽又称梨军配虫,俗名花编虫。属半翅目、网蝽科。各梨产区均有分布。主要为害梨及苹果,也为害沙果、桃、李、杏等。

为害特点

以成、若虫在叶背吸食汁液,被害叶正面呈苍白的褪绿斑点,严重时全叶苍白,叶背面有褐色粪便,能诱致煤污病发生,污染梨叶,天气干旱时,叶片早期脱光,造成 2 次开花,影响来年结果。

形态特征(见图 6.43)

成虫 体长 3~4 mm,暗褐色,体扁,头小,复眼红色。前胸背板突出,将头覆盖,前胸两侧突出部分及前翅半透明;网状纹明显,前翅合叠起来其翅上的黑斑呈"X"状。腹部金黄色,有黑色斑纹,足黄褐色。

卵 圆桶形,一端稍弯曲。初为灰绿色,半透明,后变为淡褐色。

若虫 共 4 龄,初为白色,后变暗褐色,体形与成虫相似,翅发育不完全,腹部两侧有锥形刺突。

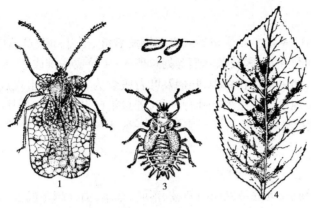

图6.43　梨网蝽

1—成虫;2—卵;3—若虫;4—被害状

生活习性

陕西关中地区1年发生5~6代。以成虫在枯草、落叶、树皮裂缝及背风向阳的土缝、石缝内越冬。春季果树发芽后,出蛰活动,集中叶背吸食汁液。卵产在叶背组织内,一次产卵数十粒。产卵处沾黄褐色黏液和粪便。卵期15~20 d,5月底至6月上旬若虫孵化,集中在叶背主脉两侧活动,如遇惊动,即行分散。由于虫期参差不齐,田间常有世代重叠现象,高温干燥条件下,易猖獗成灾。

防治方法

①人工防治　成虫下树越冬前,在树干上绑草把,诱集消灭越冬成虫。冬季清扫果园,刮树皮,深翻树盘,消灭越冬成虫。

②药剂防治　越冬成虫出蛰盛期和第1代若虫孵化盛期,用50%杀螟松乳剂1 000倍液;40%氧化乐果乳剂1 500倍液;80%敌敌畏乳剂1 000倍液;90%敌百虫1 000倍液;50%马拉松乳剂1 500倍液。

梨木虱 *Psylla pyrisuga* Forst

梨木虱又称梨叶木虱,俗名梨虱。属同翅目、木虱科。全国分布普遍,以北方梨区为害严重。

为害特点

梨木虱以若虫群集在叶背主脉两侧及嫩梢上吸食为害,使叶片沿主脉向背面弯曲、皱缩,成半月形,严重时皱缩成团,造成落叶。虫体分泌大量黏液和白色蜡丝,诱致煤污病发生并使叶片变黑和脱落,光合作用受到严重影响。

形态特征

成虫　体长4~5 mm,夏季虫体淡黄,腹部嫩绿,冬季黑褐色。胸部背面有4条红黄色或黄色纵纹。翅透明,长椭圆形,翅端部圆弧形,翅脉黄褐色至褐色。

卵　卵圆形,初为黄绿色,后变黄色。一端钝圆,下有一个刺状突起,起着固卵的作用。

若虫　初孵时长卵圆形,扁平,淡黄色有褐色斑纹。后翅芽增大呈扇状,虫体扁圆形,体背褐色,间有黄、绿斑纹。复眼为鲜红色。

生活习性

陕西1年发生3~4代。以受精雌成虫在树皮裂缝、落叶和杂草丛中越冬。3月上、中旬开始活动,卵产在梨芽基部、枝条叶痕等处。卵3~4粒成一排或7~8粒成两排。4月上旬卵开始孵化,初孵幼虫聚集在新梢、叶柄及叶背吸食为害。6月出现成虫,以后几代孵化不整齐,有世代重叠现象。成虫多在叶背产卵,若虫沿叶脉为害。10月出现最后一代成虫并潜伏越冬。1年中,梨树生长前期受害较重,一般干旱年份发生严重,大雨有冲刷作用,可减轻为害。

防治方法

①冬春季刮除翘皮,彻底清除园内残枝、落叶、杂草,消灭越冬成虫。

②早春梨树发芽前,喷3 °Be石硫合剂。成虫产卵期,喷5%蒽油乳剂杀卵。

③梨树开花后,在若虫孵化盛期,喷0.3 °Be石硫合剂,40%氧化乐果乳油1 000倍液,50%内吸磷乳油1 000倍液进行防治。6—8月天气干旱,根据虫情再喷药1次。

④梨木虱的天敌,已知有花蝽、瓢虫、蓟马、肉食螨及寄生蜂等,对梨木虱有明显抑制作用。喷药防治时,应根据园中天敌数量,选择用药,保护天敌繁衍。

大青叶蝉 *Cicadella viridis* Linne

大青叶蝉又称大绿浮尘子、青叶跳蝉。属同翅目、叶蝉科。全国分布普遍,食性很杂,是苹果幼树的一种常见害虫。

为害特点

雌成虫划破树皮,将卵产在枝干上,外观为半月形伤口,为害严重时被害枝条枯死。幼树及苗木受害,枝干大量失水,冬季易遭冻害,严重时遍体鳞伤,若遇冬寒春旱,可大量死树。

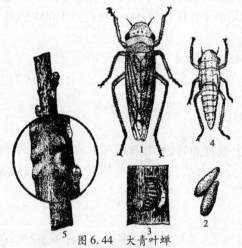

图6.44 大青叶蝉
1—成虫;2—卵;3—卵块;4—若虫;5—被害状

形态特征(见图6.44)

成虫 体长9~10 mm,身体绿色,头部黄绿色,头顶有两个黑点,前翅端部灰白色,半透明。

卵 长卵形,中间稍弯曲,黄白色,7~8粒排列成一个月牙形卵块。

若虫 灰白色至黄绿色,3龄以后长出翅芽。

生活习性

1年发生3代,以卵在果树枝条和苗木表皮下越冬。次年苹果树萌动时卵孵化,若虫迁到附近杂草和蔬菜上为害。第1代、第2代主要为害玉米、高粱、谷子、麦类及杂草,第3代为害晚秋作物和苜蓿、白萝卜等,10月中、下旬飞回果树产卵越冬。成虫有趋光性,喜在潮湿背风处停歇。若虫共5龄,若虫期1月左右;每雌虫产卵30~70粒,夏秋季卵期9~15 d,越冬卵长达5个月左右。

防治方法

①铲除果园内外杂草,消灭野生寄主。果园内种植蔬菜、苜蓿等作物应加强防治。

②10 月上、中旬成虫产卵前,幼树枝干涂刷白涂剂,阻止产卵。

③越冬卵量较大的果园,用木棍挤压卵痕,消灭越冬卵。

④果树虫害发生量大时,喷 40% 乐果乳油 800 ~ 1 000 倍液,50% 敌敌畏乳油 1 000 倍液,或 50% 辛硫磷乳油 1 000 倍液。

柿斑叶蝉 *Erythroneura apicalis* **Nawa.**

柿斑叶蝉又称柿小叶蝉、血斑叶蝉。属同翅目、小叶蝉科。河北、河南、山西、陕西等省发生普遍,为害较重。

为害特点

主要为害柿树,以成虫及若虫刺吸柿叶,叶片呈苍白色小斑点。被害严重的柿叶,全叶苍白色,叶片早落,柿树生长衰弱,影响产量。

形态特征(见图 6.45)

成虫 体长 3 mm,翅灰白色,前翅有橘红色弯曲斜纹 3 条,翅面散生若干红褐色小点。

卵 乳白色,长椭圆形。

若虫 体色黄白,体上有红黄色斑纹,并生有长毛。

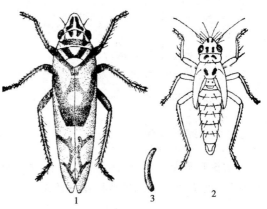

图 6.45 柿斑叶蝉
1—成虫;2—若虫;3—卵

生活习性

1 年发生 3 代,以卵在当年生新梢上越冬,翌年 4 月下旬开始孵化,5 月下旬长成成虫。6 月中旬孵化第 1 代若虫,7 月上旬出现第 1 代成虫,9 月中旬出现第 2 代成虫,然后产卵越冬,产越冬卵时,产卵管插入新梢木质部,卵产在其中,形成 1 个长形卵穴,外面附有白色绒毛。第 1 代成虫也在当年生新梢上做成卵穴产卵,若虫及成虫均在叶背栖息,喜在叶脉两侧吸食汁液为害,叶片正面呈现苍白色小斑点,严重时叶片早期脱落。成虫与若虫极活泼,横行善跳,成虫受惊扰立即飞逃。

防治方法

①清明前及时剪除有越冬卵的枝梢,集中烧毁,消灭越冬卵。

②若虫盛发期,喷洒 40% 氧化乐果乳剂 1 500 ~ 2 000 倍液,或 80% 敌敌畏乳剂 2 000 倍液。

实训作业

①对田间采集的害虫标本、害状标本,分别整理和鉴定,描述所采害虫的为害部位和为害状特征,总结识别不同害虫为害状的经验。

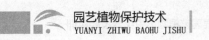

②根据专题调查的数据,如害虫密度、寄主受害情况、天敌数量、栽培植物的发育阶段和产品质量的特殊要求等,分析吸汁类害虫的发生情况,确定防治指标,拟订主要吸汁类害虫的防治方案。

③进行产量损失估算,分析某一害虫发生重(或轻)的原因。

④针对吸汁类害虫的发生、防治及综合治理等问题进行讨论、评析。

任务6.6　蔬菜害虫为害特点、形态观察及防治方案的制订(一)

学习目标

通过对蔬菜食叶害虫为害方式的观察,了解蔬菜食叶害虫的为害特点。现场调查、采集几类主要的食叶害虫,识别主要食叶害虫的形态特征,了解其生活习性。学习制订蔬菜食叶害虫的防治方案,并组织实施防治。

材料及用具

主要蔬菜食叶害虫的生活史标本(卵、幼虫、蛹、成虫)、为害状标本、放大镜、解剖镜、解剖针、镊子、害虫图谱、影视教材、CAI 课件、检索表等用具。

内容及方法

①田间调查。菜粉蝶、菜蛾、夜盗虫、瓢虫、跳甲、叶蜂、芜菁、黄守瓜等几类主要食叶害虫的为害特点,或通过食叶害虫的教学挂图、影视教材、食叶害虫的 CAI 课件认识蔬菜食叶害虫的为害特点。

②田间布点取样调查株种群密度和为害株率。

③采集菜粉蝶、菜蛾、夜盗虫、瓢虫、跳甲、叶蜂、芜菁、黄守瓜等食叶害虫各虫态标本,或利用实验室教学标本,检索主要食叶害虫的观察要点。认识几类主要食叶害虫。

④通过相关的图片、影视教材了解主要蔬菜食叶害虫的生物学特性及发生规律。

⑤通过对蔬菜食叶害虫为害特点、生物学特性的了解,结合所学的防治理论,制订蔬菜食叶害虫的防治方案,并组织实施。

操作步骤

6.6.1　蔬菜食叶害虫的为害特点观察

结合当地生产实际选择一块或若干块菜园,组织学生现场观察蔬菜食叶害虫的为害特点,在教师指导下,认识主要的蔬菜食叶害虫。

6.6.2　主要类群识别

菜粉蝶 *Pieris rapae* Linne

菜粉蝶属磷翅目、粉蝶科。也称白粉蝶,幼虫称菜青虫。是十字花科蔬菜上分布最广,为害最重的粉蝶。此外,在局部地区还有大菜粉蝶、东方粉蝶、斑粉蝶及褐脉粉蝶,常与菜粉蝶混合发生,但发生量较少。

为害特点

以幼虫为害十字花科蔬菜叶片,2龄以前在叶背啃食叶肉,留下一层透明的表皮,俗称"开天窗"。3龄以后幼虫吃叶成孔洞和缺刻,重时吃光叶肉仅残留叶柄和叶脉,影响菜株生长发育和包心。同时,排出的虫粪污染叶面和菜心,降低商品价值。虫伤口还易导致软腐细菌感染而造成菜株腐烂。

形态特征(见图6.46)

菜粉蝶成虫体长15~20 mm,翅展45~55 mm,体灰黑色、翅粉白色,翅基和顶角灰黑色。雌蝶前翅有2个显著的黑色圆斑,雄蝶仅有1个明显的黑斑。卵似瓶状,表面具纵脊和网格,高约1 mm,初产时淡黄色,后变橙黄色。老熟幼虫体长28~35 mm,青绿色,背线淡黄色,气门线为一断续黄色纵条纹,体表密生细绒毛和小黑点。蛹长18~21 mm,纺锤形,两端尖细,中间膨大,体背有3个角状突起,头部前端中央有1个管状突起。体色青绿、棕褐、灰黄或灰绿色。

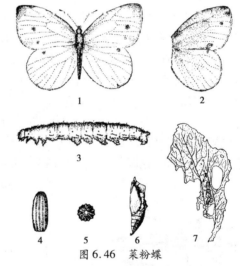

图6.46　菜粉蝶

1—雌成虫;2—雌成虫前后翅;3—幼虫;4—卵;
5—蛹;6—被害状

生活习性

菜粉蝶在我国由南向北1年发生4~9代不等,陕西地区1年发生5~6代。各地均以蛹越冬。多选在菜地附近向阳的墙壁上、屋檐下、篱笆、土缝、树干、杂草残株等处。翌春越冬蛹羽化时间参差不齐,造成世代重叠。羽化的成虫仅白天活动,喜在蜜源植物和甘蓝等寄主植株间飞行取食、交配和产卵。卵散产,多产于叶背面。平均每雌虫产卵100~150粒。卵孵化以清晨最多,初孵幼虫先取食卵壳,再啃食叶肉。幼虫受惊时,1,2龄幼虫有吐丝下坠习性,大龄幼虫则有卷缩虫体坠地习性。幼虫行动迟缓,但老熟幼虫能爬行很远寻找化蛹场所。成虫只在白天活动,尤以晴天中午活动最盛。成虫对芥子油有趋性。十字花科蔬菜含芥子油糖苷易招引成虫产卵。甘蓝、花椰菜上卵量最多,受害最重。温度在20~25 ℃,相对湿度75%左右最适合菜粉蝶发育,因而多数地区常有春、秋两个发生高峰。陕西各地大都以春夏之交(5—6月)和秋季(9—10月)发生数量多,特别是第2代幼虫在6月上旬、中旬对晚春甘蓝为害最重,是防治的重点。菜粉蝶有许多种天敌,如微红绒茧蜂、凤蝶金小蜂、广赤眼蜂等在抑制虫口上起很大作用。

防治方法

①合理布局　尽量避免小范围内十字花科蔬菜连作。提早春甘蓝的定植期,以提早收获,避开第2代菜青虫为害。

②清洁田园　春菜收获后及时清理残株、翻耕园地,消灭附着的幼虫和蛹,压低下代虫源,减轻秋菜受害程度。

③生物防治　使用生物农药,如 Bt 乳剂或青虫菌六号液剂等(含活孢子100亿/mL以上)800~1 000 倍液喷雾,可使菜青虫感染败血症而死亡。如再加入少量菊酯类农药可增加击倒力,使用菌粉时加0.1%洗衣粉效果更好。

④生理防治　在3龄前使用昆虫生长调节剂,如喷施25%灭幼脲Ⅲ号胶悬剂1 000 倍液,或5%抑太保乳油1 000 倍液、5%农梦特乳油2 000 倍液,使害虫在龄期变更时生理发育受阻,旧皮蜕不下,而新皮又不能形成,导致死亡。由于灭幼脲类药剂作用缓慢,喷洒时间应适当提早。

⑤药剂防治　菜青虫在3龄前为害轻,抗药力弱,应抓紧此时进行药剂防治。药剂可选用0.9阿维菌素乳油2 000 倍液或20%杀灭菊酯乳油2 000 倍液、25%杀虫双水剂500倍液、50%辛硫磷乳油1 000 倍液、21%灭杀毙乳油4 000 倍液、2.5%敌杀死乳油3 000 倍液、20%灭扫利乳油3 000 倍液、2.5%功夫乳油3 000 倍液。因发生期不整齐,一般需连续用药2~3次。

菜蛾 *Plutella xylostella* L.

菜蛾属鳞翅目、菜蛾科。又称小菜蛾,幼虫俗称小青虫、两头尖、吊丝虫等。全国各地普遍发生,是甘蓝、花椰菜、萝卜、小白菜、油菜等十字花科蔬菜的重要害虫。

为害特点

幼虫为害叶片。初孵幼虫往往钻入叶片上下表皮之间取食叶肉,形成细小的隧道。虫龄稍大幼虫则啃食叶肉,仅留下一层表皮,称之为"开天窗"。3~4龄幼虫转到叶背或心叶为害,将叶片吃成孔洞或缺刻,严重时将叶片吃成网状,失去食用和商品价值。特别是在蔬菜苗期,常集中于菜心为害,吃去生长点,严重时造成毁种重播。菜蛾也为害种株的嫩茎和嫩荚。

形态特征(见图6.47)

菜蛾成虫体长6~7 mm,翅展12~15 mm,体灰褐色,触角丝状,前、后翅狭长而尖,密生长缘毛,前翅中央有黄白色3度曲折的波状带。静止时两翅叠起呈屋脊状,黄白色部分合并成为3个连串的斜方块,前翅缘毛高高翘起呈鸡尾状。卵椭圆形,长约0.5 mm,浅黄绿色,表面光滑有光泽。老熟幼虫体长10~12 mm。头黄褐色,胴部淡绿色。两头尖细,腹部4~5节膨大,呈长纺

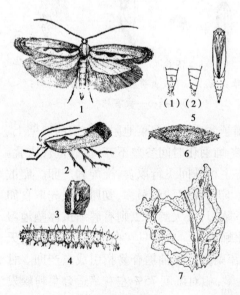

图 6.47　小菜蛾
1—成虫;2—成虫侧面观;3—卵;4—幼虫;
5—蛹:((1)蛹末端腹面观　(2)蛹末端侧面观);
6—茧;7—被害状

锤形。蛹长 5 ~ 8 mm,绿色至褐色,纺锤形,外被灰白色透明薄茧。

生活习性

1 年发生代数各地不一,东北为 3 ~ 4 代,华北、西北 4 ~ 6 代,华中、华东 9 ~ 14 代,华南 20 ~ 22 代。多代区世代重叠严重。北方以蛹在向阳处的残株落叶或杂草间越冬,南方各地则可终年发生。越冬蛹翌年春 4—5 月羽化,越冬代成虫寿命长达100 d。其他代成虫寿命11 ~ 28 d。成虫羽化后当天即可交配,1 ~ 2 d 后开始产卵。卵多产在叶背脉间凹陷处,散产或数粒集聚一起。每雌平均产卵 200 粒左右。卵期 3 ~ 11 d。幼虫共 4 龄,幼虫期 12 ~ 27 d。幼虫很活泼,遇惊扰即扭动、倒退、翻滚落下,或吐丝下垂。老熟幼虫一般在被害叶片背面或枯叶、叶柄、叶脉及杂草上吐丝作薄茧化蛹。蛹期 8 ~ 14 d。菜蛾抗逆性强,适温范围广,10 ~ 40 ℃ 均可存活并繁殖,发育适温 20 ~ 30 ℃。春季温暖、干燥有利其发生;夏季十字花科蔬菜少天敌多、气温高、暴雨多,不利发生;秋后数量又回升,因而在北方 5—6 月及 8—9 月出现两个发生高峰,尤以春季为害最重。盛夏时节,因高温多雨和天敌等因素的综合抑制作用,田间虫口密度显著下降。降雨 50 mm 对菜蛾生长发育有影响,80 mm 以上则明显受抑制。十字花科蔬菜栽培面积大,复种指数高,发生重。天敌有啮小蜂、绒茧蜂等对菜蛾发生量有明显的抑制作用。

防治方法

①轮作倒茬 常年发生严重地区,要合理安排茬口,避免十字花科蔬菜连茬。夏季停种过渡寄主,减轻秋菜虫源作用显著。

②消灭虫源 加强苗田管理,及时防治,避免将虫源带入本田。蔬菜收获后,及时清除残株败叶,并立即翻耕土壤,可消灭大量虫源。

③灯光诱杀 在成虫发生期,连片地每 10 亩设置 1 盏黑光灯可诱杀大量菜蛾。

④生物防治 可用 Bt 乳剂、复方 Bt 乳剂、HD-1 杀螟杆菌或青虫菌粉(含活芽孢 100 亿/g),对水 500 ~ 800 倍液,再加 0.1% 洗衣粉增加黏着性更好)在 20 ℃ 以上时,于 3 龄前幼虫盛期喷布,可使菜蛾幼虫大量感病死亡。有条件的也可人工饲养释放菜蛾绒茧蜂。

⑤性诱剂诱杀雄虫 用人工合成的小菜蛾性信息素类似物——顺式十六碳烯醛、顺式十六碳烯乙酸酯和顺式十六碳烯醇按 5:5:0.1 的比例配合,制成含量 50 µg 的诱芯(橡皮头),有很高的诱蛾活性。田间施放时制成水盆或水碗诱捕器,相隔 20 ~ 25 m 放 1 个,在虫口密度较低时,对小菜蛾种群有良好的控制效果。

⑥药剂防治 应抓紧在幼虫孵化盛期或 2 龄前时进行,喷药时要重点喷布心叶和叶背。药剂可选用 20% 杀灭菊酯乳油 3 000 倍液,或 0.9% 阿维菌素乳油 2 000 倍液,或 50% 辛硫磷乳油 1 500 倍液、3% 金世纪乳油 2 000 倍液、25% 乙酰甲胺磷乳油 1 000 倍液、50% 杀螟松乳油 1 000 倍液、50% 巴丹可湿性粉剂 1 000 倍液、2.5% 功夫乳油 3 000 倍液、40% 二嗪农乳油 1 000 倍液、20% 灭扫利乳油 3 000 倍液、2.5% 天王星乳油 3 000 倍液、25% 杀虫双水剂 500 倍液。在菜蛾对菊酯类农药已产生抗性地区,可选用 24% 万灵水剂 1 000 倍液、5% 卡死克乳油 3 000 倍液、5% 抑太保乳油 3 000 倍液、5% 农梦特乳油 3 000 倍液。最好用 25% 灭幼脲 3 号胶悬剂 1 000 倍液。为防止抗性产生,切忌一种农药长期连续使用,提倡不同类型药剂交替轮换、混合使用。

夜盗虫

蔬菜上发生的夜盗虫主要有甘蓝夜蛾 *Barathra brassicae* L. ,其次是斜纹夜蛾 *Prodenid litura* Fabricius 及甜菜夜蛾 *Laphygma exigua* Hubner。分类上均属鳞翅目、夜蛾科。因它们的幼虫多在夜间大量取食为害,故称为"夜盗虫"。这 3 种害虫各地均有发生,主要为害甘蓝、花椰菜、白菜、萝卜等十字花科蔬菜,也可为害菠菜、瓜类、豆类、茄果类等蔬菜及其他作物。

为害特点

3 种夜盗虫均为多食性、杂食性和暴食性害虫。以幼虫为害,初龄幼虫群集叶背或在叶背吐丝结网取食叶肉,残留表皮。幼虫稍大即分散为害,食量增大。老龄幼虫为暴食期,白天潜伏不动,夜晚出来为害。可将叶片吃成孔洞或缺刻,严重时仅剩叶脉和叶柄。在甘蓝、白菜上还可钻入叶球、心叶取食,排粪污染蔬菜,并诱发软腐细菌感染而腐烂。

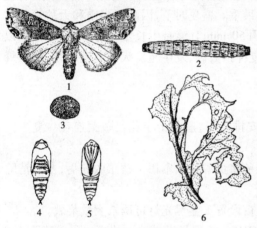

图 6.48　甘蓝夜蛾

1—成虫;2—幼虫(背面观);3—卵;4—蛹
(背面观);5—蛹(腹面观);6—叶被害状

形态特征(见图 6.48)

甘蓝夜蛾成虫体长 15 ~ 25 mm,翅展 30 ~ 50 mm,棕褐色,前翅灰褐色,有明显的肾形斑(斑内白色)和环形斑,近顶角前缘有 3 个小白点。后翅灰白色。卵半球形,表面有呈放射状的纵横线,顶部有一棕色乳突,初时黄白色,临孵化前紫黑色。老熟幼虫体长 40 mm,体色多变,以棕褐色为多。每节背部有倒"八"字形黑色斜纹。蛹长约 20 mm,红褐色,纺锤形,臀棘为 2 根长刺,端部膨大。

斜纹夜蛾成虫体长 14 ~ 20 mm,翅展 35 ~ 40 mm,深褐色。前翅灰褐色,斑纹多而复杂,内、外横线灰白色波浪形,由前缘向后缘外方有 3 条白色斜纹。后翅白色,无斑纹。两翅均有水红色至紫红色闪光。卵呈扁半球形。表面有网纹,初时黄绿色后变淡绿色,孵化前紫黑色。卵粒集结成 3 ~ 4 层卵块,外覆灰黄色疏松的绒毛。老熟幼虫体长 35 ~ 47 mm,体色多变,大多灰褐色,从中胸至第 9 腹节背部每节有近三角形黑斑 1 对。蛹长 15 ~ 20 mm,赭红色,臀棘短,有 1 对大而弯曲的刺。

甜菜夜蛾成虫体长 10 ~ 14 mm,翅展 25 ~ 33 mm,体灰褐色;前翅灰褐色,内、外横线均为双线黑色,肾状纹和环状纹土黄色,有黑边,翅外缘有一列黑点。后翅银白色,翅缘灰褐色。卵圆球形,白色。老熟幼虫体长约 22 mm,体色变化大,有绿、暗绿、黄褐至黑褐色不等,气门下线为明显的黄白色纵带,有时带粉红色。每体节的气门后上方有一小白斑。蛹黄褐色,有臀棘 2 根,臀部腹面有刚毛 2 根。

生活习性

甘蓝夜蛾在陕西关中每年发生 4 代,以蛹在土中越冬。越冬蛹翌春 4 月中旬至 5 月中旬羽化出土。盛期在 4 月下旬。1 代幼虫是全年为害最重的世代。第 2,3 代幼虫 7 月、8 月正值盛夏,发生轻。4 代幼虫 9 月中旬至 10 月上旬,发生为害也较重。成虫羽化后 3 ~ 5 d 开始产卵。卵多产于菜株中、下部叶背,单层成块。每雌虫平均产卵 4 ~ 5 块,每块卵数不定,总产卵量为500~1 000粒。适温下卵期4~5 d孵化出幼虫。幼虫共6龄,4龄以后幼虫夜间出来取食,此时食量大,龄期长,为害重,常成灾。食物缺乏时可成群迁移。老熟幼虫入土6~7 cm作茧化蛹。

斜纹夜蛾一年发生多代,华北、西北4~5代,华中5~6代,华南可终年繁殖无越冬问题,长江流域以北地区是否越冬尚未有定论,推测春季虫源有从南方迁飞而来的可能性。各地发生代数虽然不同,但都是7~10月为害最重。成虫羽化后3~5 d为产卵盛期。卵多产在菜株中部叶背叶脉分枝处,每卵块有卵100~200粒。幼虫共6龄,5~6龄食量占总食量80%以上。老熟幼虫入土1~3 cm作椭圆形土室化蛹。

甜菜夜蛾在陕西、河南及江苏每年发生4~5代。以蛹在土室内越冬。全年以7~8月发生量大,为害严重。成虫喜在甜菜等藜科植物上产卵,卵聚产于叶背,排列成整齐的卵块,上盖白色绒毛。单雌产卵100~600粒。幼虫期11~39 d,老熟后入土叶丝作土室化蛹。

3种夜盗蛾成虫均昼伏夜出,飞翔取食,交尾产卵多在半夜和黎明。斜纹夜蛾飞翔能力很强,飞翔时有一定的群集性。成虫均有趋光性,趋糖醋性。幼虫有假死性。3种夜盗虫均有间歇性发生和局部易成灾的特点,这与其发生和环境影响密切相关。例如,甘蓝夜蛾一般日平均温度在18~25 ℃,相对湿度为70%~80%,最有利于其发育;温度低于15 ℃或高于30 ℃,相对湿度低于68%或高于85%,对其发育均有不利影响。因羽化出的成虫尚需补充营养,故有无蜜源植物对成虫寿命和产卵量有极明显的影响。

防治方法

①深耕除草　秋、冬翻耕土壤,清除杂草,可消灭部分越冬蛹,减少虫口基数。

②人工摘卵、捉虫　利用产卵成块,并且2龄以前幼虫不分散极易发现的特点,可结合田间管理工作摘除卵块,捕捉初孵化幼虫。

③诱杀成虫　在成虫发生期可结合诱杀小地老虎成虫设置黑光灯或糖醋盆诱杀夜盗蛾。也可插杨树把蘸敌百虫500倍液诱杀斜纹夜蛾成虫。

④生物防治　有条件的可在夜盗蛾产卵期,人工释放赤眼蜂。每亩设6~8个放蜂点,每次释放2 000~3 000头,隔5 d 1次,连放2~3次,也可在幼虫期喷洒对夜蛾科幼虫致病力强的苏云金杆菌制剂,进行生物防治。

⑤药剂防治　应掌握在幼虫3龄前尚未分散或钻入菜球前适时喷药防治,药剂可选用21%灭杀毙乳油5 000倍液、0.9%阿维菌素乳油2 000倍液、2.5%功夫乳油4 000倍液、2.5% d王星乳油3 000倍液、20%氰戊菊酯乳油2 000倍液、20%灭扫利乳油3 000倍液 、20%菊马乳油2 000倍液、50%辛硫磷乳油1 500倍液、10%二氯苯醚菊酯乳油1 500倍液等。10 d 1次,连用2~3次。

瓢　虫

植食性瓢虫为害蔬菜的主要有马铃薯瓢虫 *Henosepilachna vigintioctomaculata*(Motschulxky)与茄二十八瓢虫 *H. vigintioctvpuncata*(Fabricius)两种。均属鞘翅目、瓢甲科。马铃薯瓢虫又名大二十八星瓢虫,为北方种,寄主种类很多,在栽培作物中以马铃薯和茄子受害严重;茄二十八星瓢虫,又名酸浆瓢虫,为南方种,寄主范围也很广,以茄子受害最重。

为害特点

两种瓢虫均以成、幼虫食害叶片,有时也为害果实和嫩茎。茄二十八星瓢虫还取食花

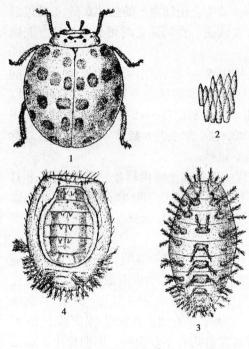

图 6.49　马铃薯瓢虫

1—成虫；2—卵；3—幼虫；4—蛹

瓣、萼片。成虫、幼虫在叶背剥食叶肉仅留表皮，形成许多不规则半透明的细凹纹。后呈现褐色斑痕。叶片斑痕过多则往往枯萎。也能将叶片吃成孔状或仅存叶脉。茄果、瓜条被啃食的部位表皮粗糙，组织僵硬，严重时，常常破裂。被害果实有苦味，不堪食用。

形态特征（见图 6.49）

马铃薯瓢虫成虫体长 7~8 mm，半球形，红褐色，无光泽，全身密生黄褐色细毛；前胸背板中央有 1 个大的黑色剑状斑纹；两鞘翅上各有 14 个黑斑，两翅合缝处有 1~2 对黑斑相连，鞘翅基部第 2 列的 4 个黑斑不在一条直线上。卵长 1.4 mm，弹头状，近底部膨大，初时淡黄色，后变黄褐色，上有纵纹。卵块中卵粒排列松散。老熟幼虫体长 9 mm，淡黄色，纺锤形，背面隆起，体背各节生有整齐的黑色枝刺，前胸及腹部第 8 至 9 节各有枝刺 4 根，其余各节 6 根。蛹为裸蛹，长 6 mm，椭圆形，淡黄色，背面隆起，尾端包着末龄幼虫的蜕皮，背面有淡黑色斑纹和稀疏细毛。茄二十八星瓢虫与之相似。最大的区别为：茄二十八星瓢虫略小，体长约 6 mm，黄褐色，前胸背板多具 6 个黑点，两鞘翅合缝处无相连黑斑，鞘翅基部第 2 列的 4 个黑斑基本在一条直线上。卵长 1:2 mm，黄白色，卵块排列较紧密。幼虫体长约 7 mm，体节枝刺为白色。

生活习性

马铃薯瓢虫在华北、西北每年发生 2 代。以成虫群集在背风向阳的山洞、石缝、树洞、树根、皮缝、墙缝及篱笆下、土穴等缝隙中，尤喜在山坡、丘陵坡地阳面土内越冬。翌年 5 月开始活动、取食，先在附近杂草上栖息，再逐渐迁移到马铃薯、茄子、番茄等菜田为害。成虫产卵期很长，6 月上、中旬为产卵盛期，卵多产在叶背，20~30 粒疏松直立排列成块。越冬代每雌可产卵 400 粒。第 1 代雌虫可产卵 240 粒。成虫多在白天活动，每天从 10:00—16:00 最为活跃，午前多在叶背取食，16:00 后转向叶面取食。成虫、幼虫都有取食卵的习性。成虫有假死性，受惊后跌落不动，并可分泌黄色臭液。初孵化幼虫群聚，不活泼。幼虫共 4 龄。2 龄起完全分散在叶背面取食，老熟幼虫在叶背或茎上化蛹。夏季高温时，成虫多藏在遮阴处停止取食，生育力下降，幼虫死亡率较高。一般 6 月下旬至 7 月上旬，8 月中旬，分别是第 1 代、第 2 代幼虫为害盛期。成虫寿命长，产卵期长，两个世代常重叠发生。9 月中旬至 10 月上旬第 2 代成虫迁至越冬场所越冬。此虫发生也与食料有关系，吃马铃薯叶子的繁殖力强，发生量大；吃茄子叶的发生量则小。茄二十八星瓢虫在陕西安康主要发生在 400~800 m 低海拔地区，常暴发成灾。每年发生 2 代，以成虫在背风向阳的玉米秆垛及其他隐蔽场所越冬，以散居为主，偶有群集现象。第 2 年出蛰后先在龙葵、酸浆等杂草上取食，后迁移到茄科作物上为害，以茄子受害最重。卵多产在叶背，也有少量产在茎及嫩梢上。成虫有假死性,有一定趋光性,但怕强光。幼虫比成虫更怕光。成虫、幼虫均有自相残杀及取食卵的习性。幼虫共4龄。多数老熟幼虫在植株中、下部及叶背上化蛹。全年以第1代幼虫为害最重,为害盛期在5月上旬至6月上旬,被害株率常在90%以上。10月上、中旬成虫陆续转向越冬场所越冬。

防治方法

①清理残体 收获后及时清理田间残株、落叶,带出田外深埋或烧毁,可消灭部分残留瓢虫,降低虫源基数。利用成虫的群集越冬习性,在冬、春季检查其越冬场所,捕杀越冬成虫。

②人工捕捉 田间发生时,可利用成虫的假死性,在10:00前或16:00后,用盆承接拍打植株使之坠落捕杀。成虫产卵盛期,及时摘除卵块,也可减轻为害。

③药剂防治 要在越冬代成虫迁移和1代幼虫孵化盛期喷药,选用90%晶体敌百虫1 000倍液或2.5%敌杀死乳油3 000倍液、2.5%功夫乳油3 000倍液,或50%辛硫磷磷乳油1 500倍液、40%菊马乳油2 000倍液、60%敌马乳油1 000倍液、20%速火杀丁乳油3 000倍液、80%敌敌畏乳油1 000倍液、50%马拉硫磷乳油1 000倍液、21%灭杀毙乳油4 000倍液等,7～10 d 1次,共喷2～3次。

跳 甲

跳甲在蔬菜上发生的共有4种,即黄曲条跳甲 *Phyllotreta striolata* Fabricius、黄直条跳甲 *P. vrctilineata* Chen、黄宽条跳甲 *P. humilis* Weise、黄狭条跳甲 *P. vitula* Redtenbacher。均属鞘翅目、叶甲科。其中黄曲条跳甲为全国性害虫,它分布最广,为害最重;黄直条跳甲多分布在南方;黄宽条跳甲、黄狭条跳甲在东北、华北发生普遍。4种跳甲均主要为害十字花科蔬菜,如白菜、萝卜、芥菜、花椰菜、甘蓝等,此外,还可为害茄果类、瓜类、豆类蔬菜。

为害特点

以成虫、幼虫为害。成虫咬食叶片,造成小孔洞、缺刻,严重时只剩叶脉。幼苗受害,子叶被吃后整株死亡,造成缺苗断条。留种株的花蕾、嫩荚、嫩梢有时也受害。幼虫生活在土中,一般只食害菜根,蛀食根皮成弯曲虫道,咬断须根,使菜株叶片萎蔫,重时枯死。成、幼虫造成的伤口,常诱致软腐病流行。

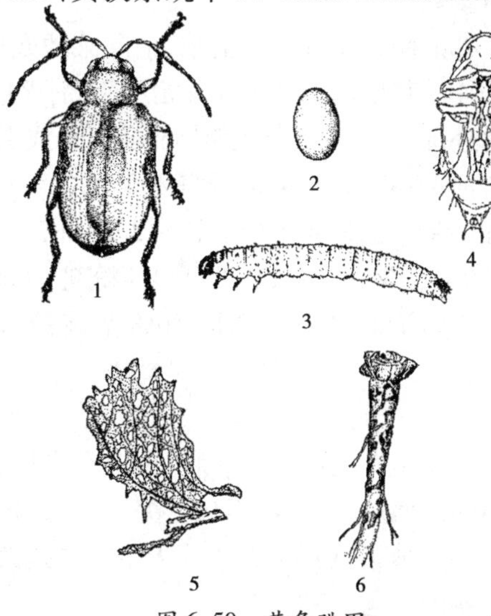

图 6.50 黄条跳甲
1—成虫;2—卵;3—幼虫;4—蛹;5—叶被害状
(幼虫为害);6—根被害状(成虫为害)

形态特征(见图6.50)

黄曲条跳甲成虫体长约2 mm,长椭圆形,黑色有光泽。两鞘翅中央各有1条黄色纵条斑,两端大,中部狭而弯曲。后足腿节膨大,善跳跃。卵椭圆形,长为0.3～0.4 mm,初时淡黄色,后变乳白色。老熟幼虫长4 mm,长圆筒形,黄白色。头、前胸背板淡褐色,各节有不显著的毛瘤。蛹长约2 mm,椭圆形,乳白色。其他3种跳甲与黄曲条跳甲相似。最主要的区别在于鞘翅上的黄色纵斑形状。黄直条跳甲的黄色纵斑颇狭窄,不及翅宽的1/3;黄宽条

跳甲的黄色纵斑甚阔,占鞘翅大部,仅余黑色边缘;黄狭条跳甲的黄色纵斑狭小,近直形,中央宽度仅为翅宽的1/3。

生活习性

黄曲条跳甲由北向南1年发生3~8代不等,陕西关中每年发生4~5代。各地均以成虫在被害残株、落叶、杂草和土缝中越冬。翌春气温达10℃以上开始取食,20℃时食量大增。成虫善跳跃,高温时还能飞翔,早、晚或阴雨天躲藏不动,中午前后活动最盛。有趋光性,对黑光灯敏感。还有趋黄色、绿色的习性。成虫耐饥力弱,对低温抵抗力强,寿命可达1年以上。产卵期可延续1~1.5个月,因此世代重叠,发生不整齐。多于晴天午后产卵,卵散产于菜株周围湿润的土缝中或细根上,也可在植株基部咬一个小孔卵产于内。平均每雌虫产卵200粒左右。20℃时卵发育历期4~9 d。幼虫孵化后在3~5 cm的表土层啃食根皮,幼虫共3龄,幼虫发育历期11~16 d。老熟幼虫在3~7 cm深的土中作土室化蛹,蛹期约20 d。黄条跳甲喜湿怕干,卵孵化要求100%相对湿度,全年以秋雨季发生最重,春季次之,夏季减轻。湿度高的菜田重于湿度低的菜田。该虫偏嗜白菜、萝卜、油菜、芥菜等,以叶色乌绿的种类受害最重。十字花科蔬菜连作地发生重,但甘蓝和菜花受害轻。

防治方法

①轮作　重发生地与非十字花科蔬菜进行2年以上轮作。

②晒土　播种前7~10 d深翻晒土,造成不利于幼虫生活的环境并消灭部分蛹,减少虫口基数。

③清园　搞好田园清洁,清除菜地残株落叶,铲除杂草,消除其越冬场所和食源基地。

④药剂防治　从苗期开始用药,消灭成虫是药剂防治的关键。防治成虫,施药应大面积同时进行,并应先由菜地四周施药以免成虫逃到邻地影响防治效果。药剂可选用20%速灭杀丁乳油3 000倍液、2.5%敌杀死乳油2 500倍液、10%二氯苯菊酯乳油3 000倍液、50%辛硫磷乳油1 500倍液、40%菊马乳油2 000倍液、50%马拉硫磷乳油1 000倍液、50%巴丹可湿性粉剂1 000倍液、80%敌百虫可湿性粉剂1 000倍液、21%灭杀毙乳油4 000倍液。

⑤防治幼虫　可选用50%辛硫磷乳油2 000倍液,或90%晶体敌百虫1 000倍液灌根。

叶　蜂

为害蔬菜的叶蜂有5种,但分布最广,为害最重的只有芜菁叶蜂 *Athalia rosae japanensis* Rhower。属膜翅目、叶蜂科。芜菁叶蜂,也称黄翅菜叶蜂,幼虫俗称"黑老虎"。主要为害芜菁、甘蓝、萝卜、白菜、芥菜等十字花科蔬菜。

为害特点

以幼虫为害叶片。初孵幼虫啃食叶肉,被害处呈纱布状。稍大后将叶片吃成孔洞或缺刻。严重时常把叶片大部分吃光,仅留下叶脉。在留种株上,也可食害花和嫩茎,少数可啃食根部。

形态特征(见图6.51)

芜菁叶蜂成虫体长6~8 mm,头部和中、后胸背面两侧黑色,其余部分为橙黄色,但足胫节端部及各跗节端部为黑色;翅的基部黄褐色,越往端部黄色越浅;翅尖端则透明,前缘有一黑色带与翅痣相连;腹部橙黄色,雌虫腹末有短小黑色产卵器。卵近椭圆形,光滑,初时乳白色,后变淡黄色。幼虫体长15 mm左右,头部黑色,体蓝黑色或灰绿色;各体节有很多皱纹及许多小突起;胸部较粗,腹部较细,有3对胸足和8对腹足。蛹头部黑色,长8~10 mm,初黄色后转橙色。茧为暗灰色薄膜,近长椭圆形。

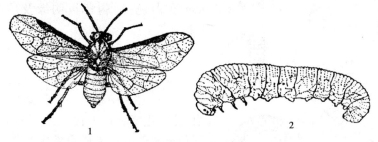

图6.51 芜菁叶蜂
1—成虫;2—幼虫

生活习性

芜菁叶蜂在北方1年发生5代,以老熟幼虫在土中结茧越冬。每年春秋两季为害较重,尤以8—11月发生量大,为害严重。越冬幼虫来年春暖化蛹。越冬代成虫出土时间不整齐。最早4月上旬即可出现,成虫羽化后当天交配,交配后1~2 d开始产卵。卵散产在叶缘背面组织内,分泌黏液包上,故产卵处形成小隆起。每处1~4粒,多的达10粒,常在叶缘产生一排。每雌虫产卵40~150粒。春、秋季时卵期11~14 d,夏季为6~8 d。幼虫孵化后即可取食,以早晚活动取食最盛。幼虫5龄,幼虫期10~12 d。有假死性。1~3龄幼虫白天多躲在叶背面,4~5龄逐渐在叶面及叶缘活动取食,幼虫老熟后入土作茧化蛹。

防治方法

①农业措施 深翻土壤,可机械杀死一部分越冬虫茧。

②人工捕捉 成虫早晚常停留在地边杂草上,不甚活泼,可以网捕;幼虫有假死性,可震落捕杀。

③药剂防治 芜菁叶蜂幼虫对药剂较为敏感,一般杀虫剂对其都有效,可选用90%晶体敌百虫1 000倍液,或80%敌敌畏乳油1 500倍液、50%杀螟松乳油1 000倍液、2.5%功夫乳油4 000倍液、21%灭杀毙乳油4 000倍液等。

芜 菁

芜菁 Epicatcta gorhami Marseul 别名斑蝥。属鞘翅目、芜菁科。是蔬菜上常见的一类害虫。豆芜菁各地均有发生,大斑芜菁、眼斑芜菁、暗头芜菁局部地区发生。以豆芜菁为害最重,主要为害豆科蔬菜,也为害茄科、蕹菜、苋菜等多种蔬菜。

为害特点

成虫群聚,大量取食叶片及花瓣。轻时叶片吃成缺刻,重时吃光叶肉仅剩叶脉而成网状,影响菜株生长发育。为害花,可吃掉花序或吃光花瓣,使受害株不能开花、结果。

形态特征(见图6.52)

豆芜菁成虫体长15~20 mm。胸腹和鞘翅均为黑色,头部呈三角形,红色,复眼及其内侧为黑色,触角近基部几节暗红色,基部有1对黑色瘤。前胸背板中央以及每个鞘翅上都有1条纵行的黄白色条纹。前胸两侧,鞘翅四周及腹部各节的后缘部丛生有灰白色绒毛。卵长椭圆形,黄白色,表面光滑,常组成菊花状卵块。幼虫共6龄,复变态。1龄幼虫似双尾

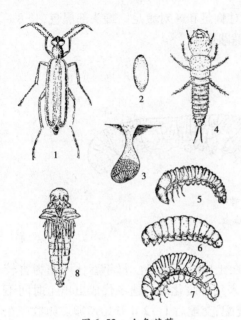

图 6.52　白条芫菁
1—成虫；2—卵；3—地下卵穴；4—1 龄幼虫；
5—2 龄幼虫；6—5 龄幼虫；7—6 龄幼虫；8—蛹

虫,深褐色;2,3,4 和 6 龄幼虫似蛴螬,乳黄色;5 龄幼虫呈伪蛹状,乳黄色,休眠态。蛹长 15 mm,黄白色,前胸背板侧缘及后缘各生长刺 9 根。

生活习性

豆芫菁在北方年生 1～2 代。均以 5 龄幼虫(伪蛹)在土中越冬。翌春脱皮发育成 6 龄幼虫,然后化蛹。在 1 代区,6 月中旬化蛹。6 月下旬至 8 月中旬为成虫发生与为害期,主要为害大豆及蔬菜。2 代区,第 1 代成虫 5 月、6 月出现,为害早播大豆,以后转移为害茄子、番茄、马铃薯等蔬菜。第 2 代成虫 8 月出现,8 月中旬盛发,先为害大豆,后转到蔬菜上为害。成虫白天活动,尤以中午最盛,群聚为害,喜食嫩叶、心叶和花。1 头成虫 1 d 可食害 4～6 个叶片,群体大时很快将全株叶片吃光。成虫受惊,常迅速逃避或落地藏匿。成虫羽化后 4～5 d 开始交配、产卵。雌虫产卵前用前足及口器挖成 4～5 cm 的卵穴;卵产在穴中后,搬土封穴口;每穴卵 70～150 粒,有黏液相连,排成菊花状;每雌虫产卵 400～500 粒,成虫寿命 30～35 d。卵期 18～21 d。幼虫行动敏捷,在土中活动寻食蝗卵,不为害植物。秋天以 5 龄幼虫越冬,越冬期长达 200 d 左右。6 龄幼虫 9～10 d,幼虫老熟后入土化蛹,蛹期 10～15 d。

防治方法

①深翻　冬前深翻土地,可使越冬蛹暴露于土面冻死,或被天敌吃掉。

②网捕　于清晨豆芫菁群集为害时,人工网捕成虫。

③药剂防治　掌握在成虫发生盛期适时用药剂防治,药剂可选用 20% 杀灭菊酯乳油 3 000 倍液,或 2.5% 敌杀死乳油 3 000 倍液、80% 敌敌畏乳油 1 500 倍液、90% 晶体敌百虫 1 000 倍液。

黄守瓜

黄守瓜又名瓜守、黄萤、瓜叶虫等,为害瓜类的主要有黄足黄守瓜 *Aulacophora femoralis chinensis* Weise、黑股黄守瓜 *A. femoralis femoralis* Motschulsky、黄足黑守瓜 *A. lewisii* Baly 和黑足黑守瓜 *A. nigripennis* Motschulsky 等。均属鞘翅目、叶甲科。

黄足黄守瓜及黑足黑守瓜在全国均有分布,黄足黑守瓜主要分布于我国南方地区,而黑股黄守瓜仅分布于我国台湾省。现以分布最广,为害较重的黄足黄守瓜为主介绍如下。

为害特点

黄守瓜是多食性害虫,寄主以葫芦科植物为主,其中最喜食菜瓜,其次为黄瓜、南瓜、佛手瓜、丝瓜、苦瓜、西瓜、甜瓜等。其他如十字花科、豆科、茄科等也偶然食害。成虫取食幼苗的叶片和嫩茎,常引起死苗,也为害花和幼瓜。幼虫为害根部,导致瓜苗整株枯死,还可蛀入接近地表的瓜内为害,引起腐烂,造成减产。

形态特征(见图6.53)

成虫 体长8~9 mm,长椭圆形,黄色,仅中、后胸腹面及腹部为黑色。前胸背板宽倍于长,有细刻点,中央有1弯曲横沟。卵长0.8 mm,球形,黄色,表面具有六角形蜂窝状网纹。

幼虫 长12 mm,头黄褐色,胸、腹部黄白色。

生活习性

黄守瓜在我国北方每年发生1代,长江流域以1代为主,部分2代,华南2~3代。以成虫在背风向阳的杂草根际、土缝间群集越冬。翌春气温达10 ℃开始出蛰活动,以中午前后活动最盛,飞翔力强,有假死性和趋黄性。产卵量大,每雌可产卵4~7次 ,每次平均约30粒,产于潮湿的

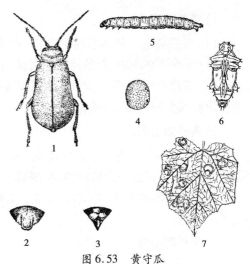

图6.53 黄守瓜
1—成虫;2—雄成虫腹部末端腹面观;
3—雌成虫腹部末端腹面观;4—卵;5—幼虫;
6—蛹;7—瓜叶被害状

表土内。喜温湿,温度愈高产卵愈多,每在降雨之后即大量产卵,相对湿度在75%以下卵不能孵化,初孵幼虫很快潜入土内为害细根,幼虫历期19~38 d。老熟幼虫在被害寄主根际附近筑土室化蛹。1年1代区的成虫于7月下旬至8月下旬羽化,为害瓜叶。

成虫耐热性强,抗寒力差。在冬季严寒、温差大的北方地区不能安全越冬,或因春季出蛰后遇低温而被冻死,故发生为害较轻,越往南方发生为害越重。在每年成虫的产卵盛期,降雨多对当年发生有利。卵、幼虫和蛹生活在土中,一般在易于保湿的壤土和黏土里卵孵化率较高,并便于做蛹室和成虫羽化出土,因而发生重。而沙土则不利。

防治方法

根据黄守瓜成虫迁飞力强及幼虫取食特性,为防止成虫产卵和为害瓜苗,应采取以防治成虫为主的综合防治措施。

①农业防治 设法提早移栽,避开成虫为害瓜苗和产卵;瓜类作物适当与芹菜、甘蓝及莴苣等间作可减轻为害;采用地膜栽培或在瓜苗周围撒草木灰、糠秕、木屑等,可防止成虫产卵。

②药剂防治 苗期消灭成虫,可选用21%增效氰马乳油4 000倍液,或50%易卫杀可湿性粉剂1 000倍液、20%速灭杀丁乳油4 000倍液、80%敌敌畏乳油1 500倍液、90%晶体敌百虫1 200倍液等喷雾,能减轻成虫为害和产卵。消灭幼虫可用90%晶体敌百虫1 500倍液,或50%辛硫磷乳油15 000倍液灌根。瓜类对许多农药敏感,苗期抗药力低,选用农药种类及用量应慎重,新药剂应先试验后应用。

6.6.3 蔬菜食叶害虫综合防治方案

由于蔬菜生长周期短,复种指数高,害虫种类多,辗转为害频繁。因此,防治蔬菜害虫应以预防为主,措施要及时有效。

1）越冬防治

（1）深耕翻土　秋冬季耕翻农田,可将多种在土中越冬害虫的幼虫、蛹或虫茧翻至地面,经过冬季严寒冷冻、天敌捕食和机械杀伤等,可消灭部分越冬虫源。

（2）清洁田园,铲除杂草　蔬菜采收后及时清除田间残枝败叶,铲除地边、沟边杂草,能消灭附着其上的害虫,并减少害虫的产卵寄主和食料。

2）播种期防治

（1）合理布局　将十字花科蔬菜中的早、中、晚品种和生长期长短不同的品种与其他蔬菜插开种植,或相隔一定的距离,可减轻害虫的为害。

（2）适当调整播期　因地制宜适当调整播期,使蔬菜苗期避开害虫的为害盛期,可减轻受害。

3）生长期防治

（1）化学防治

以常发性害虫为防治对象,兼治其他次要害虫。常用药剂有敌敌畏、敌百虫、乐果、杀螟松、马拉硫磷、二嗪农、溴氰菊酯、杀灭菊酯、绿色功夫等。

（2）生物防治

①保护利用天敌　农田天敌种类很多。菜田应尽可能邻近小麦、油菜和绿肥等作物田,留种菜田和冬作菜田应合理布局,以便天敌安全越冬,来春易于获得饲料且得以迅速繁殖,并能及时安全地转移到菜田,抑制害虫的发生。有条件的地方可人工释放赤眼蜂、丽蚜小蜂来防治菜蚜、菜粉蝶等害虫。

②施用细菌农药　杀螟杆菌、青虫菌、Bt 乳剂和 7216 等细菌性农药,对菜青虫、菜蛾幼虫有良好的防效。微生物杀虫剂是当前生产无害化蔬菜治虫的重要措施之一。

（3）物理机械防治

①性诱剂诱杀　对菜蛾等害虫,国外已有合成性诱剂田间诱蛾效果很好。生产上常用雌蛾活体或粗提物诱虫。此法简便易行,成本低,在农村易于推广。

②黑光灯诱杀　对一些具有趋光性和趋化性的害虫成虫可利用黑光灯和甘薯发酵液等进行诱杀。

③加强田间管理　可结合农事操作摘除卵块和初孵幼虫为害的叶片,可减轻为害。

实训作业

①对田间采集的害虫标本、为害状标本,分别整理和鉴定,描述所采害虫的为害部位和为害特征,总结识别不同害虫为害状的经验。

②根据专题调查的数据,分析害虫的发生情况,确定防治指标,拟订主要食叶害虫的防治方案。

③进行产量损失估算,分析某一害虫发生重或轻的原因。

④针对食叶害虫的发生、防治及综合治理等问题进行讨论、评析。

任务6.7　蔬菜害虫为害特点、形态观察及防治方案的制订(二)

学习目标

通过对蔬菜潜叶害虫为害方式的观察,了解蔬菜潜叶害虫的为害特点。现场调查、采集几类主要的潜叶害虫,识别其形态特征,了解其生活习性。学习制订蔬菜潜叶害虫的防治方案,并组织实施防治。

材料及用具

主要蔬菜潜叶害虫的生活史标本(卵、幼虫、蛹、成虫)、为害状标本,放大镜、解剖镜、解剖针、镊子、害虫图谱、影视教材、CAI 课件、检索表等用具。

内容及方法

①田间调查。豌豆潜叶蝇和菠菜潜叶蝇,还有葱斑潜蝇。另外,检疫性害虫美洲斑潜蝇等几类主要潜叶害虫的为害特点,或通过教学挂图、影视教材、潜叶害虫的 CAI 课件认识蔬菜潜叶害虫的为害特点。

②田间布点取样调查株种群密度和为害株率。

③通过相关的图片、影视教材了解主要蔬菜潜叶害虫的生物学特性及发生规律。

④通过对蔬菜潜叶害虫为害特点、生物学特性的了解,结合所学的防治理论,制订蔬菜潜叶害虫的防治方案,并组织实施。

操作步骤

6.7.1　潜叶害虫的分布及为害特点观察

潜叶类害虫,国内普遍发生的是豌豆潜叶蝇 *Phytomyza horticola* Goureau 和菠菜潜叶蝇 *Pegomya cunicularia* Rondoni,局部发生的还有葱斑潜蝇 *Liriomyza chinensis* Kato.。另外,检疫性害虫美洲斑潜蝇 *Liriomyza sctivae* Blanchard 近年来在国内也普遍发生,造成严重为害。这 4 种潜叶蝇中,除菠菜潜叶蝇为双翅目、花蝇科以外,其余 3 种均为双翅目、潜蝇科害虫。豌豆潜叶蝇主要为害豌豆、蚕豆、油菜、白菜、甘蓝、萝卜、莴苣、番茄、马铃薯、西瓜、甜瓜等;美洲斑潜蝇 1993 年在我国海南反季节蔬菜上首先发现以来,现已扩散到 20 多个省、市、自治区,暴发成灾,成为当地蔬菜尤其是保护地蔬菜生产上的毁灭性害虫。该虫寄主达 12 科 100 余种,蔬菜主要为害豆科、茄科、葫芦科蔬菜,尤喜食瓜类、豆类、番茄和马铃薯等;葱斑潜蝇主要以葱、洋葱、韭菜为寄主;菠菜潜叶蝇则主要为害菠菜及甜菜等。

几种潜叶蝇均以幼虫潜入叶内蛀食叶肉组织,残留上下表皮,形成潜道。豌豆潜叶蝇潜道迂回曲折,正反面均有虫道,在虫道中间有散生的颗粒状虫粪。美洲斑潜蝇仅在叶片正面形成蛇形紧密盘绕的不规则潜道,颜色发白且带湿黑和干褐区域,随幼虫成长虫道逐渐加宽,幼虫粪便在虫道内呈短线状左右排列;此外,成虫产卵、取食也能造成伤斑,进而诱发病害。葱斑潜蝇在葱和韭菜上造成较细的曲线状潜道。菠菜潜叶蝇潜道呈块状,里面残留虫粪,被害处表皮呈半透明水泡状。由于叶片被害,植株光合能力大为减弱,致使菜株生长衰弱,果荚秕瘦,严重时叶片焦枯脱落。叶菜类被害不堪食用,丧失商品价值。

6.7.2　主要类群识别

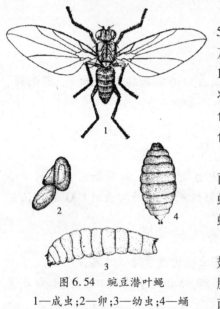

图 6.54　豌豆潜叶蝇
1—成虫;2—卵;3—幼虫;4—蛹

豌豆潜叶蝇(见图6.54)　体长 2 ~ 2.5 mm,翅展 5 ~ 7 mm。体色很漂亮,头黄色,复眼红褐色,胸、腹部灰白色,但腹节后缘黄色,其上疏生许多黑色刚毛。翅 1 对,透明,带紫色闪光。1 对平衡棒橙黄色。幼虫蛆状,体长 3 mm,黄白色,体表光滑。卵长椭圆形,乳白色略透明。蛹为 2.5 mm 围蛹。长卵圆形,略扁,黄褐色至黑褐色。

菠菜潜叶蝇　体长 5 ~ 6 mm。头棕黄色。胸部背面灰黄色,稍带绿色。腹部黄灰褐色。幼虫 7.5 mm,蛆形,污黄色,体表有许多皱纹。卵长卵圆形,乳白色。蛹为 5 mm 左右围蛹,椭圆形,红褐色至黑褐色。

美洲斑潜蝇　身体小型,成虫体长 1.3 ~ 2.3 mm,翅展 1.3 ~ 2.3 mm,雌虫比雄虫稍大些。体淡灰黑色,胸背板亮黑色,头、腹和小腹片黄色。幼虫蛆形,身体两侧紧缩。老熟幼虫体长 3 mm,初孵化时近乎无色,渐变淡橙黄色,后变橙黄色。腹末端有一对圆锥形的后气门,在气门顶端有 3 个小球状突起为后气门孔。卵椭圆形,乳白色,稍透明,长 0.2 ~ 0.3 mm,很小不易发现。蛹椭圆形,腹面稍扁平 1.3 ~ 2.3 mm,颜色变化大,淡橙黄色至金黄色。

葱斑潜蝇　成虫体长 2 mm,灰黑色;幼虫体长 4 mm,淡黄色。

豌豆潜叶蝇　是一年多代的害虫,在华北发生 4 ~ 5 代,广东多达 18 代。淮河、秦岭以北以蛹在被害叶片越冬,江、浙一带无固定越冬虫态,华南可在冬季连续发生。夏季温度超过 35 ℃时,以蛹越夏。成虫早春出现,在豌豆、蚕豆、油菜、白菜种株及春甘蓝等叶背边缘组织内产卵。幼虫老熟后,先咬破隧道末端的表皮,然后在其中化蛹。各地均从早春起,虫口数量逐渐上升,到春末夏初进入猖獗为害时期。入夏以后,数量骤减,入秋后数量又有所回升,在萝卜、莴苣、白菜幼苗上造成轻度为害。成虫白天活动,吸食花蜜,耐低温,对甜汁有较强趋性。喜欢在高大茂密的植株上产卵,所以这些地块受害重。卵、幼虫及蛹都生活在叶片内,大气湿度对其发育影响不大,而温度的影响十分明显。气温在 35 ℃以上幼虫就不能存活,蛹进入休眠越夏状态,不能羽化。

菠菜潜叶蝇　在北方年生 3 ~ 4 代,以蛹在土中越冬,各世代都有部分蛹进入滞育状态,致使越冬代成虫发生量最大,第一代幼虫为害最重。卵多产在叶背,4 ~ 5 粒呈扇形排列在一起。幼虫孵化至钻蛀叶内约需 1 d 时间,另外初孵幼虫寻找没有潜道的叶片钻蛀,这些特性对药剂防治有利。夏季高温干旱不适各虫态发育,滞育蛹更多,以致 2～3 代虫口明显下降。该虫抗低温能力强,在北方年平均温度 7～9 ℃ 等温线范围内发生严重。

美洲斑潜蝇　在我国南方可周年发生,有世代重叠现象,在海南每年可发生 20 余代,在北方露地条件下不能越冬,冬春季可在温室内繁殖为害。以老熟幼虫在叶片表皮外或在土壤表层化蛹,蛹期 7～14 d,成虫寿命 15～30 d,卵期 2～5 d,幼虫期 4～7 d,世代短。每雌可产百余粒卵,繁殖力强。卵和幼虫在叶组织内生活,存活率高,种群数量增长快。春末夏初形成发生为害高峰,夏季虫口迅速减少,秋季又逐渐增加,并陆续转移到萝卜、莴苣、白菜幼苗上为害或迁入温室中过冬。成虫有飞翔能力,可以扩散传播,但飞行距离只 100 m 左右,自然扩散能力不大。远距离传播主要靠卵和幼虫随寄主植株、切条、切花、叶菜、带叶的瓜果豆菜,或者蛹随盆栽植株土壤、交通工具等远距离传播。

葱斑潜蝇　在西北、华北一年发生 5～6 代,以蛹在土中越冬,翌年 4 月羽化。成虫活泼,飞翔葱株间或栖息叶筒端,9:00—11:00 产卵于叶面。幼虫孵化后立即钻蛀叶内,能在隧道中自由进退,并在叶筒内外迁移为害。6 月中下旬为害葱苗,7—8 月盛发为害大田葱叶,直到 9—10 月间尚继续为害,10 月下旬蛀隧道于葱叶末端化蛹,落入土中越冬。

6.7.3　防治方法

①加强检疫　在未发生美洲斑潜蝇的地区设立保护区,严禁从疫区调进带虫、蔬菜及种苗。

②农业防治　收获后及时处理残株败叶;深翻园土使蛹不能羽化出土;施用充分腐熟之有机肥作基肥。实行轮作倒茬,改种非寄主作物或不喜为害的作物,如瓜果、豆类与葱类间套能降低美洲斑潜蝇为害程度;豌豆与瓜类、茄果类轮作可减轻豌豆潜叶蝇为害;菠菜、葱类避免连茬或邻作,可减少菠菜潜叶蝇和葱斑潜蝇为害;发生受害重的大棚温室要及时毁种;用黄板或诱蝇纸可诱杀美洲斑潜蝇成虫。

③药剂防治　抓住幼虫孵化钻入叶内之前时用药最好,田间可掌握在成虫盛发期或始见幼虫潜道时开始第一次用药,以后每隔 7～10 d 1 次,共喷 2～3 次。药剂可选用 40% 乙酰甲胺磷乳油 1 000 倍液,或 40.7% 乐斯本乳油 1 000 倍液、0.26% 苦参碱水剂 1 000 倍液、24% 万灵可溶性粉剂 2 500 倍液、10% 氯氰菊酯乳油 2 000 倍液、10% 二氯苯醚菊酯乳油 2 000 倍液、50% 巴丹可湿性粉剂 1 000 倍液、10% 菊马乳油 1 500 倍液、40% 乐果乳油 1 000 倍液、50% 蝇蛆净可湿性粉剂 2 000 倍液、21% 灭杀毙乳油 4 000 倍液、25% 杀虫双水剂 500 倍液、20% 速灭杀丁乳油 3 000 倍液、98% 巴丹原粉 2 000 倍液等。

实训作业

①对田间采集的害虫标本、为害状标本,分别整理和鉴定,描述所采害虫的为害部位和为害特征,总结识别不同害虫为害状的经验。

②根据专题调查的数据,分析害虫的发生情况,确定防治指标,拟订主要潜叶害虫的防治方案。

③进行产量损失估算,分析某一害虫发生重或轻的原因。

④针对潜叶害虫的发生、防治及综合治理等问题进行讨论、评析。

任务6.8　蔬菜害虫为害特点、形态观察及防治方案的制订(三)

学习目标

通过对蔬菜吸汁害虫为害方式的观察,了解蔬菜吸汁害虫的为害特点。现场调查、采集几类主要的吸汁害虫,识别其形态特征,了解其生活习性。学习制订蔬菜吸汁害虫的防治方案,并组织实施防治。

材料及用具

主要蔬菜吸汁害虫的生活史标本(卵、幼虫、蛹、成虫)、为害状标本,放大镜、解剖镜、解剖针、镊子、害虫图谱、影视教材、CAI课件、检索表等用具。

内容及方法

①田间调查。蚜虫、粉虱、螨类、蓟马、蝽象、叶蝉等几类主要潜叶害虫的为害特点,或通过教学挂图、影视教材、潜叶害虫的 CAI 课件认识蔬菜吸汁害虫的为害特点。

②田间布点取样调查株种群密度和为害株率。

③通过相关的图片、影视教材了解主要蔬菜吸汁害虫的生物学特性及发生规律。

④通过对蔬菜吸汁害虫为害特点、生物学特性的了解,结合所学的防治理论,制订蔬菜吸汁害虫的防治方案,并组织实施。

操作步骤

6.8.1　主要种类及为害情况观察

根据当地实际情况,选一块或若干块菜地或温室、大棚,组织学生现场观察各种吸汁害虫的为害部位、为害特征、为害程度及种群密度,并作好记录。同时将现场采集害虫和为害状标本在室内详细观察,并作好记录。

6.8.2　主要类群识别

蚜　虫

蚜虫是蔬菜上发生最普遍,为害最重的一类害虫。常见的有十余种,重要的有桃蚜 *Myzus persicae* Sulzer、菜缢管蚜 *Lipaphis erysimi* Kaltenbach、甘蓝蚜 *Brevicoryne brassicae* L.、瓜蚜 *Aphis gossypii* Glover 与豆蚜 *A. craccivora* Koch。均属同翅目、蚜科。菜缢管蚜(萝卜蚜)、甘蓝蚜、豆蚜(苜蓿蚜)寄主范围较窄,分别只为害十字花科蔬菜和豆科作物,其中菜缢管蚜喜食白菜、萝卜等叶面多毛而少蜡的十字花科蔬菜,甘蓝蚜喜食甘蓝、花椰菜等叶面光滑而多蜡的十字花科蔬菜;豆蚜主要为害豇豆、菜豆、花生、苜蓿等豆科作物。而桃蚜(烟蚜)、瓜蚜(棉蚜)寄主范围非常广,几乎可以为害所有种类的蔬菜。

为害特点

蚜虫均以成、若蚜群集在寄主嫩叶背、嫩茎和嫩尖上刺吸汁液。豆蚜还可在花和豆荚上吸食汁液。受害叶片上形成斑点。造成叶片卷缩。重时菜苗(株)萎蔫,直至枯死。一些蚜虫,如瓜蚜在吸食汁液的同时,分泌大量蜜露,污染下面叶片,诱发煤污病,影响叶片光合作用。同时,蚜虫能传播多种病毒病,造成更大为害。

形态特征

田间最多的是无翅胎生雌蚜,几种蚜虫其形态特征是:

瓜蚜　体长 1.5～1.9 mm,夏季黄绿色,春、秋季墨绿色。体表被薄粉,腹管较短,尾片两侧各有毛3根。

桃蚜　体长 2 mm,绿色、黄绿色或樱红色。额瘤显著。腹管长,为尾片的 2.3 倍。尾片有曲毛 6～7 根。

萝卜蚜　体长 1.8 mm,绿色或黑绿色,被薄粉。表皮粗糙,有菱形网纹。腹管长,且端部缢缩,为尾片的 1.7 倍。尾片有长毛 4～6 根。

甘蓝蚜　体长约 2.5 mm,暗绿色,覆有较厚的白蜡粉。无额瘤,腹管短于尾片。

豆蚜　体长 1.8～2 mm,黑色或紫黑色带光泽,腹背 1～6 节背面膨大隆起。腹管细长,末端黑色。尾片乳突状,黑色,明显上翘。

生活习性

蚜虫的发生情况极为复杂。

桃蚜、瓜蚜,具有季节性的寄主转换习性,属于迁移型蚜虫。在北方冬季主要以卵在越冬寄主上过冬。越冬寄主有桃、李、杏等核果类果树;瓜蚜有鼠李、木槿、花椒、石榴、刺儿菜、夏枯草、紫花地丁等。在南方可终年活动、繁殖。在北方也可在温室蔬菜上越冬或继续为害,翌年早春越冬卵孵化为"干母",在刚萌芽的越冬寄主上孤雌繁殖 2～3 代"干雌",然后产生迁移型有翅雌蚜,从越冬寄主迁飞到田间寄主蔬菜上活动为害,并以孤雌胎生方式繁殖 10～20 代。开始田间呈点片发生,以后随气温上升,繁殖加快,并产生有翅蚜向全田扩散蔓延。秋末,产生有翅性母蚜回迁到越冬寄主上产生雌、雄性蚜,交配后产卵越冬。1 年发生 20～30 代。

萝卜蚜、甘蓝蚜、豆蚜,无转移寄主的习性,属于留守型蚜虫。秋季分别在十字花科、豆科蔬菜作物和杂草寄主根茎部产卵越冬。也可以成蚜、若蚜随菜株在贮藏窖或温室内等暖和的地方越冬。南方则全年繁殖为害,无越冬现象。翌年春越冬卵孵化,在越冬寄主上繁殖数代后产生有翅蚜向周围蔬菜上扩散。国内由北向南 1 年发生 10～20 代。

蚜虫繁殖力很强,早春和晚秋 15～20 d 完成 1 代;夏季 4～7 d 即可完成 1 代。瓜蚜在适宜条件下,单雌每天可产若蚜 18 头,平均 5.5 头,生殖期约 10 d。1 头雌蚜一生可产若蚜 60～70 头,若蚜脱皮 4 次变成成蚜。以孤雌生殖方式繁殖,其后代全为雌性,因此,数量的增长速度非常惊人。桃蚜、萝卜蚜、甘蓝蚜、豆蚜也是一样,繁殖很快,极易酿成猖獗发生。远距离的扩散蔓延都是有翅蚜迁飞造成的。温、湿度对蚜虫影响最大,是影响蚜虫数量消长的主要因素。一般5~6℃以上越冬卵就开始孵化,12℃以上时开始繁殖,随着温度增高繁殖速度加快,22~26℃是蚜虫活动、繁殖最适宜温度,28℃以上对蚜虫发生和繁殖不利,表现在田园有春、秋两个繁殖为害高峰,尤以5—7月虫量最大,为害最为严重。相对湿度超过75%时蚜虫繁殖、活动受抑制。干旱气候一般对蚜虫发生有利。雨水对蚜虫有直接冲刷、机械击落作用。有翅蚜对黄色有强烈趋性,对银灰色有负趋性。蚜虫天敌种类多、数量大,对其种群影响极为显著。

防治方法

①清洁田园,减少虫源　蔬菜生长期间经常及时铲除田间、地边杂草。蔬菜收获后深翻地,并结合积肥,清除杂草,处理残株、落叶,切断蚜虫中间寄主和栖息场所,消灭部分蚜虫。

②合理布局,调节播期　易受桃蚜为害的茄果类、十字花科蔬菜地,应与桃树等越冬寄主有一定距离间隔。秋季十字花科蔬菜,特别是大白菜适期晚播,使受害期在菜株长大后或避开蚜虫发生高峰,可明显减轻受害程度。

③黄板诱杀,银膜驱蚜　在有翅蚜由越冬寄主向菜田迁飞时,可在菜田扦插涂有机油的黄板(高出作物60 cm),每亩30块板,诱杀有翅蚜。或在菜田至少50%地面铺上银灰色反光膜,也可在田间插竿拉挂10 cm宽的银灰色反光膜条,驱避蚜虫。上述两种物理防治措施在保护地内应用效果更好。

④及时用药,消灭蚜虫　应抓住田间蚜虫点片发生阶段(即有翅蚜尚未迁飞扩散前)及时施药。药剂可选用50%抗蚜威可湿性粉剂2 000倍液,或21%灭杀毙乳油5 000倍液,或50%马拉硫磷乳油1 000倍液、2.5%天王星乳油3 000倍液、2.5%功夫乳油3 000倍液、2.5%绿色通可湿性粉剂3 000倍液、25%喹硫磷乳油1 000倍液、20%速灭杀丁乳油3 000倍液、40%乙酰甲胺磷乳油1 000倍液、70%灭蚜松可湿性粉剂1 000倍液、5%蚜虱净乳油2 000倍液、20%灭扫利乳油3 000倍液、40%菊马乳油2 000倍液、80%敌敌畏乳油2 000倍液、2.5%敌杀死乳油3 000倍液等。保护地还可用敌敌畏烟剂5.25 kg/hm² 熏烟。为防止蚜虫产生抗药性,同一种药剂不可长期连续使用,提倡轮换用药。

粉　虱

粉虱类害虫主要为温室白粉虱 *Trialeurodes vaporariorum* Westwood。属同翅目、粉虱科。俗称小白蛾子。它分布广,为害重,是世界性害虫,但主要为害区在北方。近年来,随着北方温室、塑料大棚等保护地蔬菜发展而迅速扩散蔓延,在一些地区已成为黄瓜、番茄、茄子、菜豆等保护地主栽蔬菜的一大害虫。在大发生的时候保护地附近露地蔬菜也严重受害。

为害特点

成虫和若虫群集叶背吸食菜株汁液,使受害叶片褪色、变黄、萎蔫,甚至全株枯死。除直接为害外,白粉虱成虫和若虫还能排出大量蜜露,污染叶片和果实,诱发煤污病。影响菜株的呼吸作用和光合作用,从而削弱菜株长势,降低产量和质量。

形态特征(见图6.55)

成虫　体长1~1.5 mm,淡黄色,雌、雄均有翅,翅面覆盖白色蜡粉,外观全体呈白色,停息时双翅在体背合拢成屋脊状,形同小蛾子,翅端半圆状遮住整个腹部,翅脉简单,前翅具2脉,1长1短,后翅仅1根脉。若虫体长0.5~0.8 mm,椭圆形,扁平,淡黄绿色,体表具长短不齐的蜡质丝状突起。

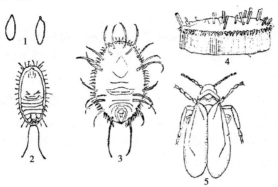

图6.55 温室白粉虱
1—卵;2—成虫;3—蛹的背面观;4—蛹的侧面观;5—成虫

卵 长椭圆形,有短柄,长0.25 mm,初产时淡黄色,孵化前黑褐色。

蛹 为伪蛹(实是4龄若虫),长0.8 mm,椭圆形,扁平,中央略高,黄褐色,其背有5~8对长短不齐的蜡质丝。

生活习性

在北方温室内,每年可发生10多代。冬季室外不能存活,但可以各虫态在温室内的菜株上继续繁殖为害,翌春温度适宜时开始迁移扩散。初时虫口增长缓慢,5—6月间虫口增长快,为害也重。成虫羽化后1~3 d可交配产卵。每雌虫平均产卵124.5~324粒,每经1代数量可增长64~146倍。也可进行孤雌生殖,其后代均为雄性。成虫对黄色有强烈趋性,忌避白色、银灰色。成虫不善于飞翔,除借菜苗移栽传带至较远距离外,自然向外扩散范围较小。在田间多先点片发生,逐渐向四周扩散。田间虫口密度分布不均匀。成虫喜欢群集于菜株上部嫩叶为害并在嫩叶上产卵。因此,各虫态在菜株上就呈垂直分布:最上部嫩叶以成虫或初产的淡黄色卵为最多,稍下部叶片多为变黑的卵,再往下部叶片依次为初龄若虫、老龄若虫(伪蛹),最下部叶片则以"蛹"为多,也有部分新羽化的成虫。产卵时,卵排列成环状或散产。若虫孵化后先在叶背爬行活动数小时,找到适宜的取食部位便固定在叶背面,吸汁为害。白粉虱的发育时期、成虫寿命、产卵数量等均与温度有密切关系,成虫活动最适温度为25~35 ℃。温度高至40 ℃时,卵和若虫大量死亡,成虫活动能力显著下降。卵的发育起点温度为7 ℃。若虫抗寒能力弱。温度在24 ℃时,卵期7 d,若虫期8 d,蛹期6 d,成虫期15~57 d。

防治方法

(1)农业栽培措施

①无白粉虱的地区(或温室、塑料大棚)不要从发生地区(或温室、塑料大棚)调入菜苗、花卉等材料,防止白粉虱传入。一旦白粉虱带入,要在初发之时采取措施加以消灭。

②在白粉虱已发生地区(或温室、塑料大棚)培育和栽植无虫苗,是关键性措施。因此,育苗温室与生产温室分开。育苗温室在育苗前彻底清除残株、杂草,用敌敌畏烟剂熏杀残余成虫。育苗过程中要在通风口上加尼龙纱网防止外来虫源飞入,培育无虫苗。

③在白粉虱发生情况下,温室、塑料大棚内,应避免黄瓜、番茄、菜豆等果菜类先后混栽。并可在秋冬栽植白粉虱不喜食的芹菜、韭菜、蒜苗、油菜等耐低温蔬菜,可基本切断白粉虱的生活史。

④初见白粉虱为害时,结合整枝打杈,摘除带虫老叶携出田外妥善处理,可减少和控制田间虫口数量。

⑤在白粉虱发生初期,可在温室内张挂镀铝反光幕驱避白粉虱。或者在温室内设置涂抹10号机油的橙黄色板,每亩30~35块,插于行间高于菜株,诱杀成虫。

(2)提倡生物防治

当温室内白粉虱成虫平均每株0.5~1头时,释放人工繁殖的丽蚜小蜂。每株放丽蚜小蜂成虫3头或黑蛹5头。每15 d放1次,连放3次。寄生蜂可在温室内建立种群并能有效地控制白粉虱为害。也可人工释放草蛉,1头草蛉一生平均能捕食白粉虱若虫172.6头。有条件的还可试用赤座霉进行防治。

(3)实施药剂防治

在白粉虱发生初期及时喷药,迅速压低虫口数量。药剂可选用25%扑虱灵可湿性粉剂2 000倍液,或10%扑虱灵乳油1 000倍液有特效;25%灭螨锰乳油1 000倍液,对成若虫和卵均有效;21%灭杀毙乳油4 000倍液,2.5%天王星乳油3 000倍液可杀成虫、若虫和伪蛹,对卵防效不明显;还可选用2.5%功夫乳油3 000倍液,或20%灭扫利乳油2 000倍液,或20%杀灭菊酯乳油4 000倍液、10%蚜虱净可湿性粉剂3 000倍液、50%马拉硫磷乳油1 000倍液、80%敌敌畏乳油1 500倍液、40%乐果乳油1 500倍液。当白粉虱发生较重时,应用25%扑虱灵可湿性粉剂1 500倍液与2.5%天王星乳油4 000倍液混合,连喷2~3次。保护地可用敌敌畏烟剂6 kg/hm²(400 g/亩)熏烟,间隔5~7 d,连熏2~3次。

螨　类

为害蔬菜的螨类主要是朱砂叶螨和茶黄螨。朱砂叶螨 *Tetranychus cinnabarinus* Boisduval 又名红叶螨、棉红蜘蛛,俗称火蜘蛛。属蜱螨目、叶螨科。主要为害瓜类、茄果类、豆类等蔬菜。茶黄螨 *Polyphagotarsonemus latus*(Banks)又称侧多食跗线螨,俗称白蜘蛛。属蜱螨目、跗线螨科。可为害茄果类、瓜类、豆类、芹菜等多种蔬菜。近年为害明显加重,局部地区已成为当地保护地蔬菜生产的重要害虫。

为害特点

均以成、若螨群集为害,朱砂叶螨在叶背吐丝结网,吸食汁液。被害叶片初时出现白色小斑点,后褪绿为黄白色,严重时呈锈褐色,状如火烧,俗称"火龙"。被害叶最后枯焦脱落,甚至整株枯死。茄果受害后,果实僵硬,果皮粗糙,呈灰白色。

茶黄螨主要集中在菜株幼芽、嫩叶、花、幼果等处刺吸汁液。致使被害叶片变窄,增厚僵直,叶背呈黄褐色或灰褐色,带油渍状或油质状光泽,叶缘向背面卷曲。幼茎变黄褐色或灰褐色,扭曲畸形。严重者菜株顶部干枯。受害的蕾和花,重者不能开花、结果。果实受害,果柄、萼片及果皮变黄褐色,木栓花。特别是茄子果实最易受害,受害茄子幼果脐部变黄褐色,被害部位停止生长,果实膨大后果皮龟裂,裂口深达1~3 cm,种子外露。被害茄子味苦,不堪食用。

形态特征(见图6.56)

朱砂叶螨雌成螨梨形,0.5 mm大小,体红褐色或锈红色。雄成螨腹部末端稍尖,0.3 mm大小。卵球形,初时无色,后变黄色,带红色。初孵幼螨3对足,脱皮后变为若螨4对足。雄若螨比雌若螨少脱皮1次,就羽化为雄成螨,雌若螨脱皮后成为后若螨,然后羽化为雌成螨。

茶黄螨是一种微小的螨类。成螨体长
0.2 mm左右,肉眼不易看见。雌成螨体椭圆
形,腹部末端平截,淡黄色或淡黄绿色,半透
明,足较短。雄成螨体近菱形,腹部末端圆锥
形,琥珀色,半透明,足较长而粗壮。卵更小,
长只有0.1 mm,椭圆形,乳白色透明,表面有
纵列瘤状突起。幼螨体椭圆形,淡绿色,体背
有1条白色纵带,足3对。若螨体长圆形,是
一个静止的生长发育阶段,有人称之为"蛹",
其实是外面罩着幼螨的表皮。

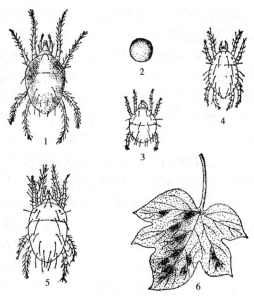

图6.56　棉红蜘蛛
1—成虫;2—卵;3—幼虫;4—前期若虫;
5—后期若虫;6—被害状

生活习性

朱砂叶螨在北方一年发生10～15代,南
方多达15～20代。在北方以雌成螨潜伏于枯
枝落叶、杂草根部及土缝中越冬;南方气温高,
冬季也可继续繁殖活动。翌年2月、3月出蛰
活动的越冬雌成螨,在气温10 ℃以上时开始
繁殖。初期先在越冬寄主和杂草上繁殖,4月下旬至5月上旬转移到菜田蔬菜上繁殖为害,
6—8月是全年发生为害高峰期。在菜田初呈点片发生,随即靠爬行或吐丝下垂借风雨在
株间传播,向四周迅速扩散。农事操作时,可由人、工具传播。在菜株上,多先为害下部叶
片,向上部叶片蔓延。繁殖数量过多时,常在叶端群集成团,滚落地面,随风飘散。主要营
两性繁殖,但也能孤雌生雄。条件适宜时,由卵发育至成螨只需15 d左右。发育最适温度
26～30 ℃,相对湿度35%～55%。温度超过30 ℃,相对湿度高于70%时不利其繁殖,但高
温低湿则发生严重。管理粗放,植株叶片愈老或含氮量越高螨增殖越快,为害愈重。

茶黄螨一年发生多代,南方有的地区可达20～30代,世代重叠严重。在南方以成螨在
土缝、蔬菜及杂草根际越冬。北方地区主要在温室中过冬。越冬成螨翌年5月初开始活
动,露地蔬菜6月开始发生,7—9月为害最重,10月以后逐渐进入越冬状态。田间可靠爬
行扩展,更重要的是借风力和人、工具及菜苗传带扩散蔓延。卵多产于嫩叶背面、果实凹陷
处及嫩芽上,经2～3 d孵化。幼螨和若螨期各2～3 d。茶黄螨喜温湿条件,发育繁殖最适
温度15～30 ℃,相对湿度80%～90%。温度超过35 ℃,相对湿度低于70%时,卵孵化率
降低,幼螨、成螨死亡率极高,雌螨生育力显著下降。成螨活泼,有强烈的趋嫩性,故又有
"嫩叶螨"之称。

防治方法

①温室、塑料大棚茶黄螨发生重,又是其越冬的重要场所。要仔细检查,发现有茶黄螨
活动和越冬,一定要将其彻底消灭,以杜绝翌年田间螨源。

②培育和使用"无螨苗"。育苗温室和生产温室分开并隔离。育苗前彻底清除温室残
株和杂草,并彻底熏杀残余虫口。育苗期间经常检查,发现有茶黄螨立即用药防治。

③发生重地块,改种十字花科、百合科、菊科等蔬菜两年。合理灌溉,增施P,K肥,提

高植株抗螨能力。自春至秋应经常铲除杂草,抑制螨害,蔬菜收获后,立即清除枯枝落叶,进行高温沤肥或集中烧毁,以减少越冬螨源。秋季深翻以破坏越冬场所。

④经常注意螨情调查,在田间螨害点发阶段及时进行药剂防治。药剂可选用5%尼索朗乳油2 000倍液,或50%三环锡可湿性粉剂3 000倍液、35%杀螨特乳油1 000倍液、73%克螨特乳油1 000倍液、40%水胺硫磷乳油1 000倍液、2.5%天王星乳油2 000倍液、20%扫螨净可湿性粉剂3 000倍液、5%卡死克乳油2 000倍液,或21%灭杀毙乳油3 000倍液、20%双甲脒乳油1 000倍液、0.26%绿宝清(若参碱)水剂1 000倍液、20%复方浏阳霉素乳油1 000倍液、25%灭螨锰可湿性粉剂1 000倍液、20%灭扫利乳油2 000倍液,或40%乐果乳油加80%敌敌畏乳油(1:1)1 000~1 500倍液。保护地可用敌敌畏烟剂6 kg/hm²(400g/亩)熏烟。掌握喷药部位,注意轮换用药。

蓟 马

为害蔬菜的蓟马种类很多,为害重的有瓜蓟马 *Thrips palmi* Karny、瓜亮蓟马 *T. flavus* Schrank、花蓟马 *Frankliniella formosae* Moulton 及葱蓟马 *T. tabaci* Lindeman。均属缨翅目、蓟马科。葱蓟马主要为害葱、蒜、韭菜等百合科蔬菜。花蓟马等3种主要为害瓜类、茄果类蔬菜,也能为害豆类、十字花科蔬菜。

为害特点

蓟马以成、若虫锉吸被害菜株嫩叶、嫩梢、花和幼果的汁液。叶片被害,产生许多黄白色小斑点,重时斑点连片致使整叶灰白色,卷缩扭曲。嫩梢被害,新梢僵缩,生长受阻。花蓟马主要为害花器,影响结实,幼果受害后僵硬、畸形,生长停滞,重时落果。

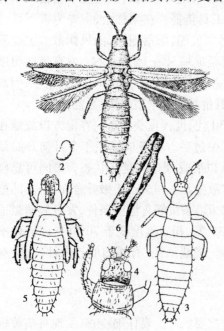

图6.57 葱蓟马
1—成虫;2—卵;3—若虫;4—成虫头部放大;
5—蛹;6—葱叶被害状

形态特征(见图6.57)

葱蓟马成虫体长1.2~1.4 mm,淡褐色。触角7节。翅狭长,透明,翅周缘有长缨毛。若虫似成虫,有翅或翅芽小,体长0.3~1.6 mm,共4龄。卵初时肾形,白色,后变卵圆形,黄白色。

花蓟马成虫体长1.3 mm,浅褐至深褐色。触角8节。前翅较宽短,翅脉粗且黑。若虫共4龄,初龄长0.4mm,乳白至淡黄色。伪蛹实为4龄,体长0.8~1.2 mm,淡黄色,卵肾形,孵化前有2个红色眼点。

生活习性

葱蓟马在西北、华北地区一年发生3~4代。雌虫可行孤雌生殖,每雌虫产卵21~178粒,卵产于叶片组织中。2龄若虫后期需转向地下在表土中化"蛹",主要以成虫在土中越冬。也有以若虫在葱蒜叶鞘内侧、土块下、土缝内或枯枝落叶中越冬,少数以"蛹"在土中越冬。成虫寿命8~10 d,卵期5~7 d,幼虫(1~2龄)龄期6~7 d,前蛹及蛹期5~7 d。

花蓟马一年发生10多代。露地以成虫越冬,温室内各虫态均可越冬。成虫有趋花性,喜在花器活动,产卵于花的子房内,也常产卵于叶片中,常几十个卵产在一起。每雌虫产卵约180粒。产卵期20~50 d,成虫寿命22~123 d,卵期10 d,若虫期10 d。2龄后期或3龄期落土化蛹,蛹期2~3 d。

蓟马成虫很活跃,喜飞,但怕光。夏天中午多躲在叶背面或茎叶基部,多早、晚及阴天取食。初孵化的幼虫群集为害,稍大后则分散。一般较干旱年份和地区发生较重。高湿并对其发生不利,暴风雨可降低其发生数量。

防治方法

①早春彻底清除田间杂草和残株落叶,带出田外集中深埋或烧毁,以消灭越冬虫源。

②采用营养钵育苗。良好管理育壮苗,适时移栽定植,避开为害高峰期。采用地膜覆盖栽培,可减轻为害。

③勤灌水,尤其畦间灌水可使土面沉实,对若虫入土或土内羽化,成虫出土都不利。

④抓住初孵若虫聚集为害时期适时用药剂防治,药剂可选用21%灭杀毙乳油5 000倍液,或25%喹硫磷乳油1 500倍液、50%辛硫磷乳油1 000倍液、80%巴丹可湿性粉剂2 000倍液、50%乙酰甲胺磷乳油1 000倍液、2.5%敌杀死乳油3 000倍液、50%灭蚜松乳油1 500倍液、50%乐果乳油1 000倍液、80%敌敌畏乳油1 500倍液、20%杀灭菊酯乳油3 000倍液等。

蝽　象

为害蔬菜的蝽类害虫有多种。如为害瓜类的红脊长蝽,为害豆科的点蜂缘蝽等。但发生普遍为害较重的是菜蝽 *Eurydema dominulus*（Socopeli）和斑须蝽 *Dolycoris baccarum*（Linnaeus）。两者均属半翅目、蝽科。主要为害十字花科蔬菜。斑须蝽还能为害豌豆、葱、胡萝卜及其他作物。

为害特点

成虫、若虫刺吸菜株嫩叶、嫩茎、花蕾、幼荚等,吸取汁液。被刺吸处留下黄白色至黑褐色斑点,严重时叶片卷曲,嫩茎萎蔫,直至枯死。

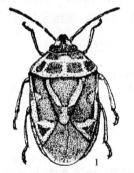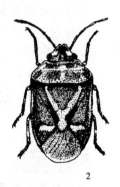

图6.58　菜蝽
1—新疆菜蝽成虫;2—盖氏菜蝽成虫

形态特征(见图6.58)

菜蝽成虫体长6~9 mm,体扁,卵圆形,橙黄或橙红色,具有鲜艳多变的花斑。头黑色,前胸背板有6块黑斑,小盾片上具橙黄或橙红色"Y"形斑,交汇处缢缩;翅革区有橙黄色或橙红色曲纹,爪区黑色,膜区黑色有白边。卵圆桶形,淡黄色或灰白色。若虫无翅,略似成虫,有彩色斑纹。

斑须蝽成虫体长8~13.5 mm,椭圆形,黄褐色或紫色,密被白色绒毛和黑色小刻点。小盾片末端钝而光滑,黄白色。触角黄白相间。

生活习性

在华北均一年发生2代,以成虫在田间杂草、枯枝落叶、植物根际、土缝、石块下越冬。

翌年早春开始活动,4月中、下旬开始交配产卵。菜蝽卵多产于叶背面,单层成块。斑须蝽卵多产于叶正面或花蕾、果实的包片上,多行整齐排列。初孵化若虫群聚,2龄后扩散为害。若虫共5龄,高龄若虫适应性强,耐饥力也强。5—9月为成若虫发生为害盛期。

防治方法

①冬耕和清理菜地,铲除杂草、残枝落叶,消灭部分越冬成虫。

②生长季节人工摘除卵块。

③掌握在越冬代成虫产卵盛期菜田适时灌水,淹杀产在地面的卵块。一般淹水8 h即可淹杀50%左右的卵。

④药剂防治,应以防成虫为主,若虫应在分散为害之前用药。可选用40%乙酰甲胺磷乳油1 000倍液,或10%二氯苯醚菊酯乳油2 000倍液、21%灭杀毙乳油4 000倍液、2.5%溴氰菊酯乳油3 000倍液、20%甲氰菊酯乳油3 000倍液等。

实训作业

①对田间采集的害虫标本、为害状标本,分别整理和鉴定,描述所采害虫的为害部位和为害特征,总结识别不同害虫为害状的经验。

②根据专题调查的数据,分析害虫的发生情况,确定防治指标,拟订主要吸汁类害虫的防治方案。

③进行产量损失估算,分析某一害虫发生重或轻的原因。

④针对吸汁类害虫的发生、防治及综合治理等问题进行讨论、评析。

任务6.9 蔬菜害虫为害特点、形态观察及防治方案的制订(四)

学习目标

通过对蔬菜蛀果、蛀茎、蛀荚类害虫为害方式的观察,了解蔬菜蛀果、蛀茎、蛀荚害虫的为害特点。现场调查、采集几种此类的主要害虫,识别其形态特征,了解其生活习性。学习制订蔬菜此类害虫的防治方案,并组织实施防治。

材料及用具

主要蔬菜蛀果、蛀茎、蛀荚类害虫的生活史标本(卵、幼虫、蛹、成虫)、为害状标本,放大镜、解剖镜、解剖针、镊子、害虫图谱、影视教材、CAI课件、检索表等用具。

内容及方法

①田间调查。棉铃虫、茄黄斑螟、菜螟、豆野螟与豆荚螟的为害特点,或通过教学挂图、影视教材、此类害虫的CAI课件认识蔬菜此类害虫的为害特点。

②田间布点取样调查株种群密度和为害株率。

③通过相关的图片、影视教材了解主要蔬菜蛀果、蛀茎、蛀荚害虫的生物学特性及发生规律。

④通过对蔬菜蛀果、蛀茎、蛀荚害虫为害特点、生物学特性的了解,结合所学的防治理论,制订其防治方案,并组织实施。

操作步骤

6.9.1　主要种类及为害情况观察

根据当地实际情况,选一块或若干块菜地或温室、大棚,组织学生现场观察各种蛀果、蛀茎、蛀荚类害虫的为害部位、为害特征、为害程度及种群密度,并作好记录。同时将现场采集害虫和为害状标本在室内详细观察,并作好记录。

6.9.2　主要类群识别

蛀果类

蛀果类害虫种类不少,广泛分布为害严重的主要是蛀食番茄果实的棉铃虫 *Heliothis armigera* Hiibner 与蛀食辣椒果实的烟青虫 *H. assulta* Guenie。两者均属鳞翅目、夜蛾科。此外,还有分布于江南地区蛀食茄果的茄黄斑螟,蛀食幼瓜的瓜绢螟、瓜实蝇等。

为害特点

棉铃虫和烟青虫均以幼虫钻蛀果实内为害。烟青虫为害辣椒果实时,整个幼虫钻入果内,啃食果皮、胎座,并在果内缀丝,排留大量粪便,使果实不堪食用。棉铃虫幼虫为害番茄果实时,常是幼虫大半个身子蛀入果内,咬食部分果肉形成蛀孔后又转它处为害,粪便排在蛀孔附近。两种虫子都有转果为害习性,一头幼虫可连续转移为害 3~5 个辣椒和番茄果实。被蛀食的果实小时多落地,大时生长停滞,并常因软腐细菌等由蛀孔侵入而引起受害果腐烂。

形态特征(见图 6.59)

棉铃虫和烟青虫为近缘种,体型、颜色、花纹均相似,较难区分。两虫成虫体长均为14~18 mm,翅展 27~35 mm。棉铃虫雌蛾灰红褐色,雄蛾带灰绿色;烟夜蛾黄褐色。棉铃虫前翅长度等于体长,中线由肾纹下斜伸至翅后缘,末端达环纹正下方,靠外缘有一明显暗褐色宽带斜向后伸,边缘锯齿状较均匀。烟夜蛾前翅长度短于体长,中线由肾纹往下直伸,末端不到环纹正下方,靠外缘暗褐色宽带直向下伸,边缘锯齿状参差不齐。老熟幼虫体长40~45 mm,体色变化较大。棉铃虫体表较粗糙,烟青虫体表较光滑。棉铃虫卵半球形,底部平,卵孔不明显。烟青虫卵较扁平,卵孔明显。蛹均为纺锤形,红褐色。

生活习性

均以蛹在土中越冬,发生代数各地区不同。在陕西、河南棉铃虫每年发生 4~5 代;烟青虫每年发生 3~4 代。为害番茄、辣椒果实的主要是第 2 代、第 3 代。棉铃虫第 2 代成虫羽化在 6 月下旬至 7 月中旬;第 3 代成虫羽化在 7 月下旬至 8 月中旬。烟青虫成虫羽化比棉铃虫稍晚些。成虫白天栖息在菜株叶背或其他隐蔽处,黄昏夜晚活动。棉铃虫成虫对黑光灯有较强的趋性,对新枯萎的白杨、柳、臭椿枝叶有趋集性,但对糖醋液趋性较弱。烟青虫成虫对萎蔫的杨树枝叶有较强趋性,对糖蜜的趋性也强,但趋光性弱。初孵化幼虫,先吃卵壳,随即为害嫩叶。2龄后开始蛀果为害。有转果为害习性。老熟幼虫吐丝下垂,在土中化蛹,完成1个世代需35~45 d。

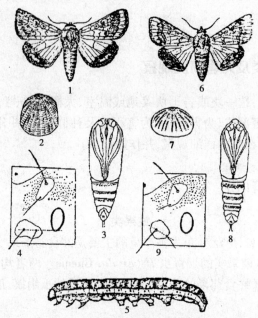

图6.59　棉铃虫和烟青虫
1—5—棉铃虫:1—成虫;2—卵;3—蛹;4—幼虫前胸气门附近放大;5—幼虫
6—9—烟青虫:6—成虫;7—卵;8—蛹;9—幼虫前胸气门附近放大

防治方法

①发生严重的菜田实行冬耕冬灌,消灭越冬蛹。冬前深翻土地,也可通过冷冻和鸟类取食,消灭部分越冬蛹减少虫源。

②棉铃虫多产卵于番茄植株顶尖或上部叶片上,可结合整枝打杈把打下的枝梢集中到田外沤肥,可有效减少卵量。在害虫蛀果尚未转果前,及时摘除虫果深埋或烧毁。

③常年受害严重的大面积菜田,可种植玉米诱集带,诱卵效果好。在田间小面积喷布0.2%草酸,也可诱集成虫产卵。在幼虫孵化盛期喷药集中消灭幼虫。也可在番茄田喷1%磷酸二氢钾,驱避成虫产卵。

④在6月中下旬2代发生盛期,适时摘除植株下部老叶改善株间通风透光条件,可预防或抑制害虫发生。

⑤在成虫发生期诱杀成虫。最方便的方法是杨树把诱杀,即把杨树(或柳树)枝截成长60~70 cm,每10根捆成1把,每亩地10把。把杨树枝把一端绑一木棍,分散均匀插入地里。一般5~10 d换1次,连续诱蛾15~20 d。每天日出前用塑料袋套住枝把捕蛾。有条件地块也可设置黑光灯诱杀成虫。每5亩装一盏20瓦黑光灯,可诱杀大量成虫。

⑥生物防治防效持久,可在幼虫3龄前用7217链孢霉、7216菌粉、杀螟杆菌粉、青虫菌粉、HD-1菌粉等加水400~500倍液均匀喷雾,防治效果好。WHA-273棉铃虫核多角体病

毒,对棉铃虫和烟青虫能交叉感染,防治效果显著。释放赤眼蜂,释放或助迁草蛉、瓢虫也有较好防治效果。

⑦药剂防治关键是要掌握幼虫3龄以前施药,把害虫消灭在蛀果之前,因此,必须做好测报或田间虫情调查。当百株卵量达20~30粒时开始喷药,施药后在百株幼虫超过5头时需要继续喷药。药剂可选用2.5%敌杀死乳油3 000倍液或20%氰戊菊酯乳油2 000倍液、21%灭杀毙乳油4 000倍液、2.5%功夫乳油4 000倍液、2.5%天王星乳油3 000倍液、10%菊马乳油1 500倍液、5%来福灵乳油3 000倍液、50%杀螟松乳油1 000倍液、40%乙酰甲胺磷乳油1 000倍液、80%敌百虫可溶性粉剂1 000倍液等。

蛀茎类害虫

蔬菜害虫中有些种类能蛀茎为害,但主要以蛀茎为害的是为害韭菜、葱类的葱须鳞蛾 *Acrolepia alliella* Semenov et Kuznezov,属鳞翅目、菜蛾科;迟眼蕈蚊 *Bradysia odoriphaga* Yang et Zhang,属双翅目、眼蕈蚊科;还有为害十字花科蔬菜的菜螟 *Hellula undalis* Fabricius,属鳞翅目、螟蛾科。

为害特点

以幼虫为害。葱须鳞蛾幼虫为害韭菜先蛀食叶片形成纵沟,并沿沟蛀入茎部致使韭菜心叶变黄、枯干。迟眼蕈蚊幼虫群集在韭菜地下部的鳞茎和柔嫩的茎部为害,蛀入鳞茎致使鳞茎腐烂,整墩韭菜死亡。

菜螟幼虫俗称钻心虫,剜心虫等,主要为害秋播萝卜幼苗。初龄幼虫吐丝结网取食幼苗心叶,使植株生长点被害而停止生长,或萎蔫死亡,造成缺苗断垄。3龄以后还可从心叶向下钻蛀达根部,并能传播软腐细菌引起腐烂。

形态特征(见图6.60)

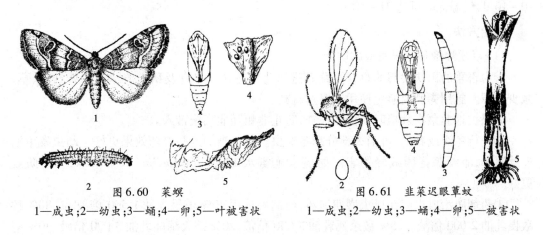

图6.60　菜螟
1—成虫;2—幼虫;3—蛹;4—卵;5—叶被害状

图6.61　韭菜迟眼蕈蚊
1—成虫;2—幼虫;3—蛹;4—卵;5—被害状

葱须鳞蛾成虫体长4~5 mm,翅展11~12 mm,体黑褐色。前翅黄褐色至黑褐色,后缘自翅基1/3处有1个三角形的大白斑。当成虫静息时前翅合拢形成一个菱形的白斑,白斑至前缘外缘间有2个小白斑。后翅深灰色。卵长圆形,初时乳白色后变浅褐色。老熟幼虫体长8~9 mm,头浅褐色,体黄绿色至深褐色。

迟眼蕈蚊为小型蚊子(见图6.61),体长2~5 mm,黑褐色。卵椭圆形,乳白色。幼虫体长6~7 mm,头漆黑色有光泽,体白色,无足。蛹为裸蛹,初黄白色后转黄褐色,羽化前灰黑色。

菜螟成虫体长约 7 mm,翅展 15 ~ 20 mm,灰褐色,前翅有 3 条灰白色横波纹,肾形纹深褐色,周围有灰白色边缘。后翅灰白色。卵扁椭圆形,长 0.3 mm,表面有网纹,初产时淡黄色,孵化前为黄褐色。老熟幼虫体长 12 ~ 14 mm,头部黑色,前胸背板黄褐色,胸、腹部淡黄色。腹部体背毛片明显。背线、亚背线、气门上线明显,在腹部形成 5 条褐色纵带。蛹长约 7 mm,黄褐色。

生活习性

葱须鳞蛾主要发生在北方,以成虫和蛹在寄主或田边杂草上越冬。第 2 年转暖后成虫开始活动。成虫羽化后需补充营养。卵散产于叶上。幼虫孵化后向叶基部转移,蛀茎为害。通常一株只有 1 头幼虫蛀入,常把绿色虫粪留在叶基部分杈处。幼虫老熟后从茎内爬出,在叶中部作茧化蛹。

迟眼蕈蚊在田间以幼虫在韭菜根围或鳞茎内越冬,保护地温室内无越冬现象。越冬幼虫第 2 年春逐渐向地表活动,大多在 1 ~ 2 cm 土中化蛹,少数在根茎内化蛹。成虫喜阴湿弱光,善飞翔,间歇扩散距离可达 100 m 左右,成虫活动以 9:00—11:00 最盛,多在此时交配。成虫有多次交配习性,交配后 1 ~ 2 d 开始产卵。卵大多成堆产于韭株周围土缝内或土块下。每雌可产卵 100 ~ 300 粒。幼虫孵化后便分散为害。

菜螟在我国每年发生的世代数,由北向南逐渐增多,华北每年发生 3 ~ 4 代,广西每年发生 9 ~ 10 代。以老熟幼虫在地面吐丝将枯叶、土粒缀合成丝囊越冬,次春越冬幼虫入土 6 ~ 10 cm 作茧化蛹。成虫昼伏夜出,趋光性不强,飞翔力弱,多将卵产在幼苗的心叶上,初孵幼虫潜叶为害,2 龄在叶面取食,3 龄后钻入菜心吐丝缀叶在其中为害,并向心叶基部、茎髓和根部蛀食。幼虫有转株为害习性,一头幼虫可为害 4 ~ 5 株菜。非越冬代幼虫老熟后在心叶或菜根附近的土表、土缝吐丝结茧化蛹。高温低湿有利于菜螟的发生。菜苗 3 ~ 5 叶期与幼虫孵化盛期相遇,受害严重。还可传播软腐病。幼虫共分 5 龄,幼虫期 6—8 月为 10 ~ 16 d,气温低时可达 21 ~ 40 d。

防治方法

(1)葱须鳞蛾和迟眼蕈蚊的防治

①为害重的田块要与非百合科蔬菜进行 2 年轮作。早春及秋末清除田间残株、杂草,减少虫源。施用粪肥要避免使用未腐熟厩肥。

②保护地韭菜在栽植时要仔细检查,防止韭蛆随韭菜根带入。

③进行冬灌或春灌,可消灭部分越冬幼虫。如适当加入些农药效果更好。幼虫发生期连续灌水,淹没垄背能减轻为害。如随水施氨水 120 ~ 150 kg/hm² (8 ~ 10 kg/亩)防效更好。

④药剂防治成虫应在成虫盛期施药,药剂可选用 40% 乐果乳油 1 500 倍液,或 80% 敌敌畏乳油 2 000 倍液、2.5% 敌杀死乳油 3 000 倍液、20% 杀灭菊酯乳油 3 000 倍液、30% 菊马乳油 3 000 倍液。也可顺垄喷洒 2.5% 敌百虫粉或 2.5% 乐果粉,30 ~ 37.5 kg/hm² (2 ~ 2.5 kg/亩)。

⑤药剂防治幼虫应从卵孵化盛期至幼虫蛀茎前适时施药,药剂可选用 2.5% 敌杀死乳油 3 000 倍液,或 21% 灭杀毙乳油 5 000 倍液、20% 杀灭菊酯乳油 3 000 倍液、40% 乐果乳油 1 500 倍液、50% 辛硫磷乳油 1 000 倍液等。喷布菜株基部,也可灌根。灌药液0.25 kg/墩。

（2）菜螟的防治

①农业防治 一是根据幼虫的发生期,适当调节播种期,使幼苗3~5叶期与菜螟幼虫孵化盛期错开;二是结合间苗等农事活动,清除杂草,拔除虫苗;三是在干旱年份,早晚勤浇水,增加田间湿度,促进菜苗生长,又抑制菜螟发生。

②药剂防治 因菜螟是钻蛀性害虫,应在幼虫孵化盛期开始喷药,每隔5~7d喷一次,连续喷2~3次,药液重点喷到心叶内,药剂可选用50%辛硫磷乳油1 000倍液,或50%敌敌畏乳油1 000倍液,或2.5%功夫菊酯乳油4 000倍液,或20%灭扫利乳油3 000倍液,或2.5%溴氰菊酯乳油3 000倍液,或20%杀灭菊酯乳油3 000倍液等喷雾防治。

蛀荚类害虫

蛀荚类害虫主要为害豆科蔬菜的豆荚。发生普遍,为害严重的有豆野螟 *Maruca testulis* Geyer 与豆荚螟 *Etiella zinckenella* Treitschke 两种。均属鳞翅目、螟蛾科。豆野螟主要为害豇豆、菜豆、扁豆等,豆荚螟主要为害毛豆等豆科蔬菜。

为害特点

幼虫除能为害花蕾、叶片外,主要蛀入豆荚内食取豆粒,造成瘪荚、空荚。两种害虫蛀荚害状不同,由此可以识别害虫种类。豆野螟蛀食的蛀孔较大,孔口绿色,蛀孔外堆积有腐烂状的绿色虫粪。豆荚螟蛀食的蛀孔较小,孔口黑色,蛀孔附近有丝囊。虫粪黄褐色,堆满孔口内外,常黏附在丝囊上。

形态特征（见图6.62）

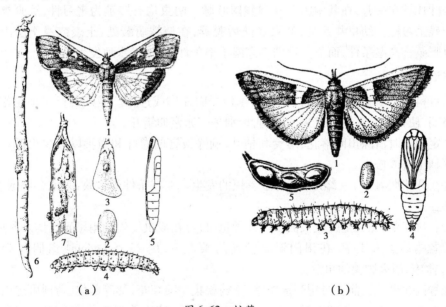

图6.62 蛀荚

（a）豆野螟

1—成虫;2—卵;3—产于花瓣上的卵;4—幼虫;5—蛹;6,7—被害状;

（b）豆荚螟

1—成虫;2—卵;3—幼虫;4—蛹;5—豆荚被害状

豆野螟　成虫体长 10～13 mm,翅展 20～26 mm,灰褐色。前翅黄褐色,在中室端部有 1 个白色透明的带状斑,中室内和中室下面各有 1 个白色透明小斑纹。后翅白色,半透明,近外缘 1/3 处有 1 茶褐色大斑。前、后翅都有紫色闪光,停息时前、后翅平展。卵扁平,略呈椭圆形,淡绿色,表面有六角形网纹。老熟幼虫体长 18 mm,体黄绿色,头及前胸背板褐色,中后胸及腹部各节背面有 6 个黑色毛片,呈前 4 后 2 排列。蛹长 13 mm,黄褐色,头顶突出。蛹体外被有白色的薄丝茧。

豆荚螟　成虫体长 10～12 mm,翅展 20～24 mm,体灰褐色。前翅狭长,灰褐色,前缘有 1 条白色纵带,翅基 1/3 处有 1 条金黄色宽横带。后翅黄白色。停息时前、后翅收拢。卵椭圆形。初乳白色后转红黄色,表面密布不规则网状纹。老熟幼虫体长 14～18 mm,侧、腹面青绿色,背面紫红色,头淡褐色。蛹长 9～10 mm,黄褐色。蛹体外被白色丝茧,常附有土粒。

生活习性

豆野螟、豆荚螟在西北、华北每年均发生 4～5 代,以蛹在土中作茧越冬。翌春成虫羽化后,白天隐蔽在植株叶背和田边杂草上,受惊后作短距离飞行,一般飞翔 2～5 m。傍晚开始活动。成虫有趋光性。豆野螟成虫80%的卵产在花瓣、花托、花蕾上,少数产在叶柄等处,卵散产,一般在田间卵高峰后 10 d 左右出现幼虫蛀荚高峰。豆荚螟成虫将卵产在多毛豆荚茸毛间,有时几粒卵聚在一起。卵孵化后,幼虫很快蛀入豆荚食取豆粒。一般 1 荚 1 头幼虫,少数 2～3 头。豆野螟是幼虫直接蛀入豆荚,而豆荚螟是初孵化幼虫先在荚面结一个白色小薄丝茧(丝囊)并藏身其中,在豆荚上钻孔蛀入荚内。豆野螟幼虫有时也能吐丝将两张叶片粘在一起,在其中啃食叶肉残留叶脉。两虫均有转荚为害习性,豆野螟幼虫还有自相残杀性。幼虫共 5 龄,幼虫老熟后脱荚,在植株荫蔽处、土表或浅土层内作茧化蛹。豆野螟喜高湿条件,而豆荚螟则喜高温干旱条件,旱地较水地发生重。

防治方法

①豆科蔬菜不要与其他豆科作物和豆科绿肥邻作或连作。最好实行水旱轮作。适当调节播期,使寄主结荚期与成虫产卵期,特别是产卵盛期错开。

②定期及时清除田间落花、落荚和枯叶,摘除被害的卷叶和嫩荚以减少虫源。收获后立即深翻土壤或松土。

③在开花期灌水 1～2 次可减轻豆荚螟的发生。在有条件的地块,采取冬灌或春灌,消灭越冬虫源。

④豆科蔬菜,尤其是豇豆大面积连片种植时,可在成虫发生期用黑光灯诱杀成虫。

⑤老熟幼虫入土前,在田间湿度较高的条件下,用 22.5 kg/hm^2 白僵菌粉加细土67.5 kg撒施,消灭脱荚幼虫。

⑥掌握幼虫蛀荚前及时用药剂防治,施药要集中喷布花、荚等部位,药剂可选用90%晶体敌百虫1 000 倍液,或 80% 敌敌畏乳油 1 000 倍液、50% 杀螟松乳油 1 000 倍液、30% 乙酰甲胺磷乳油 500～1 000 倍液、50% 马拉松乳油 1 000 倍液、20% 杀灭菊酯乳油 3 000 倍液、40% 乐果乳油 1 000 倍液、2.5% 敌杀死乳油 3 000 倍液、21% 灭杀毙乳油 5 000 倍液。

实训作业

①对田间采集的害虫标本、为害状标本,分别整理和鉴定,描述所采害虫的为害部位和

为害特征,总结识别不同害虫为害状的经验。

②根据专题调查的数据,分析害虫的发生情况,确定防治指标,拟订主要蔬菜蛀果、蛀茎、蛀荚害虫的防治方案。

③进行产量损失估算,分析某一害虫发生重或轻的原因。

④针对蔬菜蛀果、蛀茎、蛀荚害虫的发生、防治及综合治理等问题进行讨论、评析。

任务 6.10　观赏植物害虫为害特点、形态观察及防治方案的制订(一)

学习目标

通过对观赏植物刺吸害虫为害方式的观察,了解此类害虫在花卉上的为害特点。现场调查、采集几种此类的主要害虫,识别其形态特征,了解其生活习性。学习制订观赏植物刺吸害虫的防治方案,并组织实施防治。

材料及用具

主要观赏植物刺吸害虫的生活史标本(卵、幼虫、蛹、成虫)、为害状标本,放大镜、解剖镜、解剖针、镊子、害虫图谱、影视教材、CAI 课件、检索表等用具。

内容及方法

①田间观察或通过教学挂图、影视教材、此类害虫的 CAI 课件认识观赏植物刺吸类害虫的种类及为害特点。

②田间现场采集标本,或在实验室中根据教师提供的标本,按实训步骤列出主要类群及其常见种类的主要特征。

③通过相关的图片、影视教材了解主要观赏植物刺吸害虫的生物学特性及发生规律。

④通过对观赏植物刺吸害虫为害特点、生物学特性的了解,结合所学的防治理论,制订其防治方案,并组织实施。

操作步骤

6.10.1　主要种类及为害情况观察

可根据当地的实际情况,选择一块或若干块花卉地组织学生现场观察各种刺吸害虫的为害部位、为害特征、为害程度及种群密度,并作好记录。同时将现场采集害虫为害状标本,在室内详细观察,并作好记录。

6.10.2 主要类群识别

棉蚜 *Aphis gossypii* Glover

属同翅目、蚜科。寄主植物近300种。为害一串红、菊花、牡丹、垂竹、夹竹桃、兰花、梅花、仙客来、玫瑰等。

为害特点

以成虫和若虫群集在寄主的嫩梢、花蕾、花朵,吸取汁液,使叶片皱缩,影响开花。同时,诱发煤污病。

形态特征(见图6.63)

无翅胎生雌 蚜体长1.5~1.8 mm,夏季黄绿色,春、秋棕色至黑色,体外被蜡粉。复眼黑色。触角6节,仅第5节端部有1感觉圈。腹管圆筒形,基部较宽,尾片圆锥形,近中部收缩。有翅胎生雌蚜体长1.2~1.9 mm,黄色。前胸背板黑色。腹部两侧有3~4对黑色斑纹。触角6节,感觉圈着生在第3节、第5节、第6节上,第3节上有成排的感觉圈5~8个。腹管黑色,圆筒形,上有覆瓦状纹。尾片黑色,形状同无翅型。

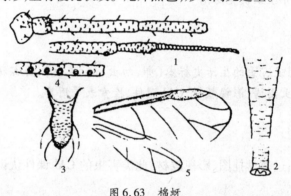

图6.63 棉蚜

无翅孤雌蚜:1—触角;2—腹管;3—尾片有翅孤雌蚜;4—触角;5—前后翅

卵为椭圆形,长约0.5 mm,漆黑色,有光泽。

无翅蚜复眼红色,无尾片,夏季黄绿色,秋季蓝灰色至蓝绿色。有翅蚜虫体被蜡粉,体两侧有短小的褐色翅芽,夏季黄褐色或黄绿色,秋季蓝灰色。

生活习性

每年发生20多代。以卵在木槿、石榴等枝条上越冬。翌春3—4月卵孵化为干母,在越冬寄主上进行孤雌胎生,繁殖3~4代,4—5月间产生有翅蚜,飞到菊花、茉莉或棉花等夏季寄主上为害。晚秋10月间产生的有翅蚜,从夏寄主迁到越冬寄主上,产生有性无翅雌蚜和有翅雄蚜,交配后产卵,以卵越冬。捕食性天敌有各种瓢虫、大草蛉、食蚜蝇等。寄生性天敌有蚜茧蜂等。

月季长管蚜 *Macrosiphrum rosivorum* Zhang

属同翅目、蚜科。为害月季、蔷薇等。在月季、蔷薇上为害的还有月季长尾蚜。

为害特点

两种蚜虫主要为害花蕾及嫩梢。植株受害后,枝梢生长缓慢,花蕾和幼叶不易伸展,花型变小。排泄物可诱发煤污病,使枝叶发黑,影响观赏。

形态特征(见图6.64)

无翅胎生雌蚜体长卵形,长约 3 mm,淡绿色或黄绿色,少数橙红色。中额微隆,额瘤隆起外倾,呈浅"W"字形。触角第 3 节色淡,有感觉圈 6 ~ 12 个。腹管长圆筒形,前端呈网眼状,其余有瓦纹,其长为尾片的 2.5 倍。尾片长圆锥形,表面有小圆突起构成的横纹,有长毛 7 ~ 9 根。有翅胎生雌蚜草绿色,腹部各节有中、侧缘斑,第 8 节有 1 个大的宽横带斑。触角第 3 节有圆形感觉圈 40 ~ 45 个,分布全节,重叠排列。腹管长为尾片 2 倍。尾片有长毛 9 ~ 11 根。腹管及尾片形状同无翅型。

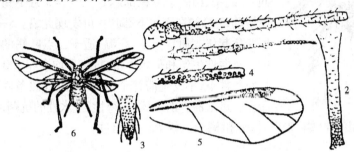

图 6.64 月季长管蚜

无翅孤雌蚜:1—触角;2—腹管;3—尾片;有翅孤雌蚜:4—触角;5—前翅;6—成虫

生活习性

每年发生多代。以成蚜和若蚜在月季、蔷薇的叶芽和叶背越冬。翌春越冬蚜虫开始活动,并产生有翅蚜。全年有两个发生高峰期,第 1 个高峰在 4 月中旬至 5 月,第 2 个高峰在9—10 月。高温天气不利繁殖,据观察,气温 20 ℃左右,气候干燥时,有利于该虫繁殖。

防治方法

注意检查虫情,抓紧早期防治,可采取下列措施:

①人工防治 盆栽花卉上零星发生时,可用毛笔蘸水刷掉。刷下的蚜虫要及时处理,以防蔓延。木本花卉上的蚜虫,可在早春刮除老树皮及剪除受害枝条,消灭越冬卵。

②保护和利用天敌 保护和利用蚜虫最常见的天敌,如瓢虫、草蛉、食蚜蝇、蚜茧蜂、蚜霉菌等。

③药剂防治 蚜虫大发生时可用3%莫比朗乳油2 000 ~ 2 500 倍液,或32%杀蚜净乳油1 000 ~ 2 500 倍、2.5%蚜虱灭乳油1 500 ~ 2 000 倍,可取得很好效果。

盆栽花卉也可用烟草石灰水防治。烟草末40 g加水 1 kg,浸泡48 h后过滤制得原液。使用时加水 1 kg 稀释,再加 2 ~ 3 g 洗衣粉,搅拌后喷洒植株,有较好效果。

二点叶螨 *Tetranychus urticae* **Koch**

二点叶螨又名二斑叶螨。属蜱螨目、叶螨科。为害月季、蔷薇、玫瑰、牡丹、一串红、大丽花、蜡梅、海棠等多种植物。

为害特点

常在叶背为害,并叶丝结网,受害叶片呈灰白色小点。严重时,叶片早落,在植株上常自下向上扩展为害叶片。

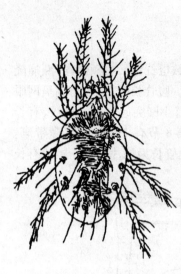

图 6.65 二点叶螨

形态特征（见图 6.65）

雌螨体长 0.53 mm，宽 0.32 mm，体椭圆形，淡黄或黄绿色，体两侧各有 1 块黑斑，其外侧 3 裂形。须肢端感器长约为宽的 2 倍。背毛共 26 根，其长超过横列间距。雄成螨体长 0.37 mm，宽 0.19 mm。须肢端感器长约为宽的 3 倍。

生活习性

每年发生 20 多代。以雌成螨、若螨在寄主枝干表层缝隙间、土缝中、田间杂草根部越冬。翌春 3 月下旬至 4 月上旬开始活动，5 月初在寄主下部叶片可发现此螨。5—10 月，虫口密度变化起伏。通常干旱、高温，适于二点叶螨的发育和扩散为害。营两性生殖和孤雌生殖，每雌平均产卵 120 粒。雌螨在长日照条件下，不发生滞育个体，而在短日照条件下大部分进入滞育。进入滞育的个体，抗寒性、抗水性的抗药性都显著增强。

此外，还有山楂叶螨、朱砂叶螨、柑橘全爪螨等已介绍过。

防治方法

①压低越冬基数　螨类的发生与其越冬的密度有着密切的关系。因此，越冬场所的防治、杜绝虫源是极为重要的措施。对花圃地，要勤锄杂草，结合翻耕整地，冬季灌水，消灭越冬虫口。木本植物，刮除粗皮、翘皮、结合整枝修剪和冬季培土等措施，也可除去部分害螨。

②化学防治　越冬叶螨出蛰期，可喷 3～5 °Be 石硫合剂，杀灭在枝干上越冬的成螨、若螨和卵。生长期叶螨为害严重时，应及时喷药。可喷 1% 螨虫清乳油 4 000～6 000 倍液、0.5% 虫螨立克乳油 2 500～3 500 倍液或 40% 乐果乳油 1 500 倍液。

③生物防治　叶螨天敌种类多。捕食性天敌有瓢虫、草蛉、花蝽等；寄生性天敌有虫生藻菌、芽枝霉，感染柑橘全爪螨，对该螨的种群数量有一定的抑制作用。

吹绵蚧 *Icerya purchasi* Mask

吹绵蚧又名白条蚧。属同翅目、硕蚧科。吹绵蚧属世界性分布的害虫，主要为害的寄主植物有玫瑰、牡丹、蔷薇、月季、桂花、芙蓉、玉兰、桃、李等 250 多种。

形态特征（见图 6.66）

雌成虫椭圆形，橘红色，体长 2.5～3.5 mm。腹面平坦，背面隆起，并着生黑色短毛，披有白色蜡质分泌物。无翅，足和触角均为黑色。腹部附白色卵囊，囊上有脊状隆起线 14～16 条。雄成虫体瘦小，长 3 mm，翅展 5～8 mm。胸部黑色，腹部橘红色。触角 10 节，每节上有很多微毛。前翅发达，紫黑色，后翅退化为平衡棒。腹末有 2 个肉质突起，各有 4 根长毛。卵为长椭圆形，初产橙黄色，后变橘红色，密集于卵囊内。初孵若虫卵圆形，长 0.66 mm，橘红色。触角、足及体毛均发达。触角黑色，6 节。2 龄后雌雄异形，2 龄雌若虫体椭圆形，背面隆起，散生黑色细毛，橙红色。体被黄白蜡质粉及絮状纤维。触角 6 节。2 龄雄虫体狭长，蜡质物少。3 龄若虫触角均为 9 节，雌若虫体隆起甚高，黄白蜡质布满全体。雄若虫体色较浅。雄蛹体长 3.5 mm 橘红色，被白色蜡质薄粉。茧白色，长椭圆形，茧质疏松。

生活习性

吹绵蚧在我国南方 1 年发生 3～4 代；长江流域 2～3 代；华北 2 代。2～3 代地区，以若虫、成虫或卵过冬。发生期各地不同。浙江第1代卵和若虫盛期5—6月,第2代8—9月。吹绵蚧世代不整齐,同一时期内田间有各种虫态。

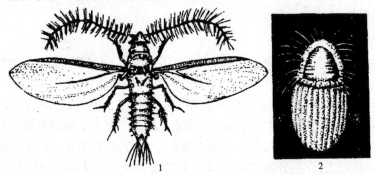

图 6.66 吹绵蚧
1—雄成虫;2—雌成虫

若虫孵化后在卵囊内经过一段时间开始分散活动。初孵若虫颇活跃。1·2龄向树冠外层迁移,多寄居于新梢叶和叶背主脉两侧,2龄后向大枝及主干爬行。成虫喜集居于主梢阴面及枝杈处,或枝条叶片上。固定取食后终生不移动,吸取汁液并营囊产卵。卵产在卵囊内,产卵期达1个多月。每雌产卵数百粒,最多达2 000粒。雌虫寿命60 d左右。卵和若虫期因季节而异。春季卵期14~26 d,若虫期48~54 d。成、若虫均分泌蜜露,导致花木煤污病的发生。雄若虫行动较活泼,经2次蜕皮后,口器退化,不再为害,在枝干裂缝或树干附近松土杂草中作白色薄茧化蛹。蛹期7 d左右。在自然条件下,雄虫数量极少,不易发现。

控制吹绵蚧的主要天敌有澳洲瓢虫和大红瓢虫等。

草履蚧 *Drosicha corpulenta*(Kuwana)

草履蚧俗称草鞋蚧。属同翅目、硕蚧科。寄主植物非常广泛,有樱花、月季、海棠、红叶李、紫薇和绣球等。

形态特征(见图6.67)

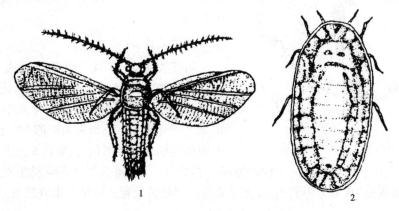

图 6.67 草履蚧
1—雄成虫;2—雌成虫

雌成虫体长10 mm,扁平,椭圆形。体背面中部灰紫色,外围淡黄色。腹部有横列皱纹和纵走凹线,形似草鞋,全体被一薄层白色蜡粉。雄成虫体长5 mm翅展10 mm。翅1对,淡黑色。触角丝状,10 节,前翅大,黑褐色,翅面具波状纹。后翅退化呈匙状。腹部末端有 4 根刺状突起物。卵椭圆形,初产时黄白色,渐呈赤褐色。若虫外形与雌成虫相似,赤褐色,但体小,色深。

生活习性

草履蚧每年发生 1 代。以卵在寄主植物根部周围的土中越夏或越冬。翌春 1 月中、下旬开始孵化,也有当年年底孵化的。若虫孵化后,暂时停居在卵囊内,随温度上升,开始出土上树。初孵若虫能御低温,在立春前大寒期间的雪堆下也能孵化,但活动迟钝。孵化期达 1 个月左右。2 月中旬至 3 月中旬为出土盛期。若虫多在中午前后沿树干爬到嫩枝的顶芽叶腋和芽腋间,待初展新叶时,每顶芽集中数头,固定后刺吸为害。3 月下旬至 4 月上旬第 1 次蜕皮,虫体增大,开始分泌蜡粉,逐渐扩散为害。雄虫于 4 月下旬第 2 次蜕皮后陆续转移到树皮裂缝、树干基部、杂草落叶中、土块下等处分泌白色蜡质薄茧化蛹。5 月上旬羽化为成虫。羽化期较整齐。雄虫飞翔力不强,略有趋光性。雌虫第 3 次蜕皮后变为成虫,自树干顶部陆续向下移动,交配后沿树干爬到根部周围土层中产卵。产卵多在中午前后,阴雨天或气温低时则潜伏皮缝中不动。雌虫产卵后即干缩死去。一般在 6 月以后树上虫量减少。主要为害期 3—5 月。

月季白轮蚧 *Aulacaspis rosarum* Borchs

月季白轮蚧属同翅目、盾蚧科。为害月季、蔷薇、玫瑰、苏铁等。

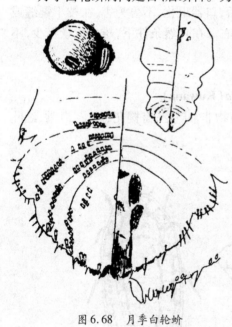

图 6.68 月季白轮蚧

形态特征(见图 6.68)

雌成虫长而阔,胭脂红色,长 1.25 mm,宽 0.75 mm。头胸膨大,前端圆,末端尖,分节明显。雄成虫长卵形,橙黄色或,腹部侧面淡紫色,长 0.8 mm,翅展 1.4 mm。卵淡红色或深红色,半透明,长 0.25 mm。第 1 龄虫体长卵形,淡红色到深红色,长 0.22 mm。触角 6 节。足粗壮。第 2 龄若虫橙红色,长 0.7 mm。蛹长卵形,淡橙红色,长 0.7 mm。

生活习性

每年发生 2～3 代。以雌成虫或若虫越冬。越冬雄成虫于 3 月下旬至 4 月初羽化,雌成虫 3 月中旬出现。第 1 代产卵盛期 4 月中、下旬。卵成堆产于介壳下。第雌平均产卵 132 粒。第 1 代若虫初孵期在 4 月下旬,盛期在 5 月上、中旬。第 1 代成虫于 7 月下旬羽化。第 2 代产卵盛期在 8 月上、中旬。若虫盛孵期在 8 月中旬、下旬,第 2 代雌成虫 10 月上旬羽化,部分雌成虫产卵继续发育。有世代重叠现象。

防治方法

介壳虫种类多,习性各异。由于其习性隐蔽,体型微小,常能由少而多,由局部而全面地逐步扩展,严重影响花卉的观赏价值。介壳虫防治应本着"预防为主,综合防治"的方针,考虑到生态平衡,着眼于园艺技术措施防治,尽量少用农药。常用的防治方法有:

①植物检疫 介壳虫在自然情况下,不活动或很少活动,自身传播能力有限,但极易随苗木、花卉的调运远距离传播。因此,必须加强植物检疫,消灭或封锁在局部地区发生严重的介壳虫。

②园艺技术措施 主要是通过园艺技术措施来改变和创造不利于介壳虫发生的环境条件,不仅有直接防治的作用,还有积极预防作用。如选育抗虫品种、实行轮作、合理施肥、清洁花圃、合理密植。冬季和早春结合修剪,剪除虫枝烧毁,减少虫口基数。对个别枝条或叶片上的介壳虫,可用软刷、竹片或破布,轻刷、轻刮或抹涂,也可用破布蘸煤油抹杀。

③药剂防治 消灭越冬代雌虫。冬季可喷1次40~50倍的机油乳剂。

消灭越冬代若虫。冬季和春季发芽前,喷3~5 °Be 石硫合剂。

若虫期防治。对出土的初孵若虫,早春可在树根周围土面喷洒50%西维因可湿性粉剂500倍液或50%辛硫磷乳油1 000倍液。

生长期防治。生长期介壳虫发生严重时,可用树大夫防虫注干液进行防治。

④保护和利用天敌 介壳虫天敌种类很多,如,澳洲瓢虫可捕食吹绵蚧;大红瓢虫可捕食草履蚧;红点唇瓢虫可捕食桑白蚧、长白蚧等。盾蚧的寄生蜂有蚜小蜂、跳小蜂、缨小蜂等。因此,注意保护天敌,并在花圃中种植蜜源植物,保护和繁殖天敌,都可起到防治介壳虫的作用。

其他刺吸害虫如大青叶蝉、温室白粉虱等前边已介绍。

实训作业

①对田间采集的害虫标本、为害状标本,分别整理和鉴定,描述所采害虫的为害部位和为害特征,总结识别不同害虫为害状的经验。

②根据专题调查的数据,分析害虫的发生情况,确定防治指标,拟订主要观赏植物刺吸害虫的防治方案。

③进行产量损失估算,分析某一害虫发生重或轻的原因。

④针对观赏植物刺吸害虫的发生、防治及综合治理等问题进行讨论、评析。

任务 6.11　观赏植物害虫为害特点、形态观察及防治方案的制订(二)

学习目标

通过对观赏植物食叶害虫为害方式的观察,了解观赏植物食叶害虫的为害特点。现场调查、采集几类主要的食叶害虫,识别主要食叶害虫的形态特征,了解其生活习性。学习制订此类食叶害虫的防治方案,并组织实施防治。

材料及用具

主要观赏植物食叶害虫的生活史标本(卵、幼虫、蛹、成虫)、为害状标本,放大镜、解剖

镜、解剖针、镊子、害虫图谱、影视教材、CAI课件、检索表等用具。

内容及方法

①田间调查。红腹灯蛾、斜纹夜蛾、大蓑蛾、褐刺蛾、月季叶蜂等几类主要食叶害虫的为害特点,或通过食叶害虫的教学挂图、影视教材、食叶害虫的CAI课件认识观赏植物食叶害虫的为害特点。

②田间布点取样调查株种群密度和为害株率。

③采集红腹灯蛾、斜纹夜蛾、大蓑蛾、褐刺蛾、月季叶蜂等食叶害虫各虫态标本,或利用实验室教学标本,检索主要食叶害虫的观察要点。认识几类主要食叶害虫。

④通过相关的图片、影视教材了解主要此类食叶害虫的生物学特性及发生规律。

⑤通过对此类食叶害虫为害特点、生物学特性的了解,结合所学的防治理论,制订观赏植物食叶害虫的防治方案,并组织实施。

操作步骤

6.11.1 观赏植物食叶害虫为害特点观察

结合当地生产实际选择一块或若干块花卉苗圃,组织学生现场观察食叶害虫的为害特点,认识观赏植物上主要的食叶害虫。

6.11.2 主要种类群识别

褐刺蛾 *Setora postornata* Hampson

为害梅花、桃花、石榴等。幼虫咬食叶片,造成缺刻或孔洞,严重时把叶片食光。

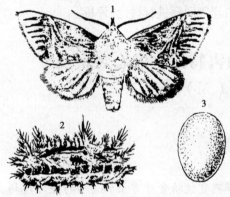

图 6.69 褐刺蛾
1—成虫;2—幼虫;3—茧

形态特征(见图 6.69)

成虫 褐色,体长 15 ~ 18 mm,翅展 35 ~ 45 mm。前翅自前缘中部有 2 条八字形斜纹伸向后缘,把翅分成 3 段,中段色浅。卵,椭圆形,黄色,长 2 mm。幼虫,体长 33 mm。体背面中部为一天蓝色宽带,蓝色带两侧各为一黄色带,胸、腹各节有 4 个瘤突,瘤上生许多刺毛。后胸和腹部第 1 节、第 5 节、第 8 节背面两侧的刺毛瘤最大。

发生规律

褐刺蛾以老熟幼虫结茧越冬,次年 5—6 月间化蛹,蛹期 16 ~ 25 d。6 月下旬第 1 代成虫羽化,交尾。成虫白天栖息在隐蔽处,黄昏后活动。卵成堆产在叶背。卵期约 7 d。7 月上旬幼虫孵化。初龄幼虫群集叶背取食叶肉,仅留上表皮和叶脉。1 个月左右幼虫老熟。8 月上旬老熟幼虫入土作茧化蛹,蛹期 7 ~ 11 d。8 月中旬第 2 代成虫羽化,产卵。8 月下旬第 2 代幼虫孵化取食。10月下旬老熟幼虫结茧越冬。

防治方法

冬季或早春在被害花木周围刨土搜寻虫茧并击毁；发现群集于叶背的初孵幼虫，可连叶摘除踩死；成虫羽化期间安置黑光灯诱杀成虫；幼虫为害期，喷80%敌敌畏乳油1 000倍液，或25%亚胺硫磷乳油1 000倍液，或2.5%溴氰菊酯乳油3 000倍液。

为害花木的刺蛾类害虫还有黄刺蛾、褐边刺蛾、扁刺蛾等。

大蓑蛾 *Cryptothelea variegate* Snellen

大蓑蛾是一种食性很杂的害虫。为害梅花、蜡梅、蔷薇、月季、桂花、樱花等植物。幼虫食害叶片呈孔洞或缺刻，严重时将植株叶子全部吃光，只残存叶脉。

形态特征（见图6.70）

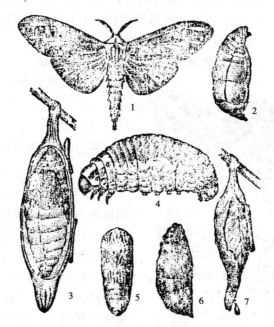

图6.70　大袋蛾

1—雄成虫；2—雌成虫；3—雌袋（示卵）；4—幼虫；5,6—蛹；7—雄袋

成虫　雌雄差别很大。雌成虫纺锤形，无翅，体长26.0 mm。头部黄褐色，胸部和腹部黄白色，多绒毛。腹部末节有1带状褐色毛环。雄成虫有翅，体黑色，平均体长16.5 mm，翅展34.5 mm。触角羽状。前、后翅都是褐色，前翅近外缘一侧有4～5个半透明斑。

卵　近圆形，平均卵径0.7 mm。初产时乳白色，后渐变为淡黄棕色。卵堆呈圆锥形，上端呈凹的球面形。幼虫，体形扁圆，体表光滑。胸足3对，腹跟前主尾足退化。

幼虫　老熟后，雌雄区别明显。雌幼虫黑色，体肥大，平均体长21.3 mm。雄幼虫黄色，体躯甚小，平均体长13.9 mm。

蛹　雌蛹纺锤形，淡褐色至黑褐色，平均体长29.7 mm。蛹体前端呈屋脊状，尾端具3根小刺。雄蛹长椭圆形，淡褐色至黑色，平均体长17.5 mm。尾部顶端有一叉状突起，突起顶端有一下弯的钩刺。

发生规律

以老熟幼虫在护囊里悬挂在枝条上越冬。次年4月中旬至5月中旬化蛹。5月下旬到6月上旬成虫羽化。雌成虫羽化后仍在护囊中,将头部露出囊外,待交尾后将卵产在护囊的蛹壳内,母体渐干缩死亡。每头雌虫产卵量平均为3 429.2粒。6月中、下旬幼虫孵化后爬出护囊吐丝下垂,随风传播。初孵幼虫在寄主植物上,首先啮取植物组织碎片,以丝联结建造护囊,经3~4 h囊即可造成。除雄成虫外,雌雄各虫态都在囊中。护囊形成后,幼虫始行取食。幼虫取食和活动时,头、胸部伸出囊外,负囊而行。虫体长大,护囊也延长和扩大。1年中以7—9月为害最重。11月,幼虫封囊越冬。越冬时,幼虫将护囊口用丝环系在植株的枝条或叶脉上。

防治方法

可人工摘除护囊,消灭其中幼虫;结合防治其他害虫用黑光灯诱杀雄成虫;7月上、中旬有90%敌百虫原药1 000倍液,或80%敌敌畏乳油1 000倍液喷雾防治,效果很好。

为害花木的袋蛾类害虫还有茶袋蛾、桉袋蛾等。

斜纹夜蛾 *Prodemia litara* Fabricius

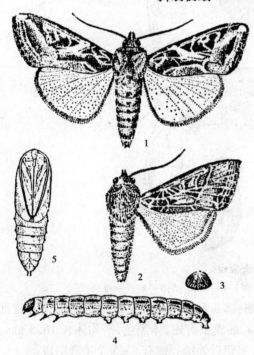

图6.71 斜纹夜蛾

1—雄成虫;2—雌成虫;3—卵;4—幼虫;5—蛹

斜纹夜蛾又名夜盗虫。全国各地均有分布,为杂食性害虫,可为害多种花木,对草坪为害也重。

形态特征(见图6.71)

成虫为中型蛾子,体长14~16 mm。头、胸及腹均为褐色。胸背有白色毛丛。前翅褐色,基部有白线数条,内、外横线间从前缘伸向后缘有3条灰白色斜纹,雄蛾这3条灰白色斜纹不明显,为1条阔带。后翅白色透明。卵为半球形,直径0.5 mm,表面有纵横脊纹,黄白色,近孵化时暗灰色。卵块上覆黄白色绒毛。初龄幼虫黑色,老熟时体长40~50 mm,为褐色、黑色、灰黄色或暗绿色。背线及亚背线橘黄色,中胸至第9腹节在亚背线上各有半月形或三角形两个黑斑。蛹棕红色,腹部末端有刺1对。

发生规律

以蛹或幼虫在土中越冬,也有在杂草间越冬的。成虫昼伏夜出,取食花蜜为补充营养,具有较强的趋光性和趋化性。成虫产卵于叶背。每雌产卵3~5块,每块150~350粒。幼虫多在晚上孵化,初孵幼虫群集叶背取食下表皮与叶肉,留下叶脉与上表皮。2龄末期吐丝下垂,随风转移扩散。5~6龄为暴食阶段。6—7月阴湿多雨,常暴发成灾。长江流域一带6月中、下旬和7月中旬草坪受害最重。幼虫有群集迁移的习性。

防治方法

结合冬季管理翻耕消灭越冬蛹或幼虫,夏季摘除卵块或群集初孵幼虫处理;用黑光灯或糖醋液诱蛾;初龄幼虫期喷50%杀螟松乳油1 500倍液或50%甲胺磷乳油1 500倍液。

红腹白灯蛾 *Spilarctia subcarnea* **Walker**

红腹白灯蛾又称人纹污灯蛾、桑红腹灯蛾。幼虫主要为害萱草、鸢尾、菊花、芍药、月季、石竹等花木。幼虫蚕食叶片,造成叶片残缺和孔洞。

形态特征(见图6.72)

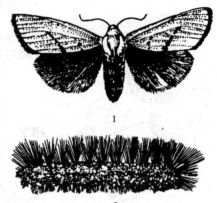

图6.72　红腹白灯蛾
1—成虫;2—幼虫

成虫　雄虫体长18 mm左右,翅展46~50 mm。雌虫体长20 mm左右,翅展55~58 mm。体色大部分为白色,腹部背面呈红色。前翅面上有两排黑点,黄白色。后翅红色或白色。前后翅的背面均为淡红色。卵,扁圆形,淡绿色。幼虫,头部黑色,体淡褐色,背部有暗绿色横线,体上密生红色长毛。蛹,圆锥形,褐色,体面上有许多细点,腹面扁平。

发生规律

1年发生2~6代。以蛹在枯枝落叶或表土内越冬。4—6月为成虫羽化期。世代重叠严重。成虫夜晚活动,在叶背面产卵。卵呈块状,每块有卵数十粒至百余粒不等。幼虫有假死性。初孵幼虫群集性为害,取食叶肉,稍后分散,蚕食叶片。

防治方法

人工摘除卵块和尚群集为害的幼虫叶处死。冬季可在树干周围束草,诱集化蛹,然后解下诱草烧毁;成虫羽化期利用黑光灯诱杀成虫;喷施50%辛硫磷乳剂1 500倍液,或90%晶体敌百虫1 000倍液。

月季叶蜂 *Arge pagana* **Panzer**

月季叶蜂又名黄腹虫。属膜翅目、叶蜂科。主要为害月季、玫瑰类花卉。

形态特征(见图6.73)

成虫　体长7.5 mm,翅展17 mm。雌虫头胸部黑色带有光泽,腹部橙黄色。触角黑色,鞭状,由3节组成,第3节最长。翅黑色,半透明。足全部黑色。雌虫比雄虫体略小。卵为椭圆形,长约1 mm,初产淡黄色,孵化前为绿色。幼虫体长18~19 mm。初孵幼虫微带淡绿色,头部淡黄色,老熟时黄褐色。胸、腹部各节有3条黑点线,上长短毛。胸足3对,腹足6对。

发生规律

1年发生2代。以幼虫在土中作茧越冬。4月间化蛹,5—6月羽化为成虫。以产卵管在月季新梢上刺成纵向裂口,产卵于其中。卵2列,30粒左右。卵孵化后新梢破裂变黑倒折。初孵幼虫经常数十头群集为害,啃食叶片与嫩枝,严重时叶片全被食光,仅留叶柄。6月底至7月初为第1代幼虫为害盛期,第2代幼虫为害盛期在8月中、下旬。10月上旬起陆续化蛹越冬。

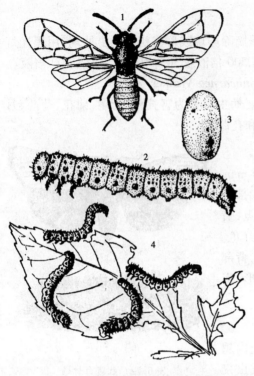

图 6.73　月季叶蜂
1—成虫；2—幼虫；3—茧；4—为害状

防治方法

结合冬耕,消灭越冬幼虫;在管理中将集中为害的幼虫摘下处死;喷施 50% 杀螟松 1 000 倍液或 20% 杀灭菊酯 2 500 倍液。

实训作业

①对田间采集的害虫标本、为害状标本,分别整理和鉴定,描述所采害虫的为害部位和为害特征,总结识别不同害虫为害状的经验。

②根据专题调查的数据,分析害虫的发生情况,确定防治指标,拟订主要观赏植物食叶害虫的防治方案。

③进行产量损失估算,分析某一害虫发生重或轻的原因。

④针对观赏植物食叶害虫的发生、防治及综合治理等问题进行讨论、评析。

任务 6.12　观赏植物害虫为害特点、形态观察及防治方案的制订（三）

学习目标

通过对观赏植物钻蛀害虫为害方式的观察,了解观赏植物蛀干、蛀茎、蛀新梢及蛀蕾、花、果、等各种害虫的为害特点。现场调查、采集几种此类的主要害虫,识别其形态特征,了解其生活习性。学习制订观赏植物此类害虫的防治方案,并组织实施防治。

材料及用具

主要观赏植物钻蛀害虫的生活史标本(卵、幼虫、蛹、成虫)、为害状标本,放大镜、解剖镜、解剖针、镊子、害虫图谱、影视教材、CAI 课件、检索表等用具。

内容及方法

①田间调查。天牛类、吉丁虫类,茎蜂类为害特点,或通过教学挂图、影视教材、此类害虫的 CAI 课件认识此类害虫的为害特点。

②田间布点取样调查株种群密度和为害株率。

③通过相关的图片、影视教材了解主要观赏植物钻蛀性害虫的生物学特性及发生规律。

④通过对观赏植物钻蛀性害虫为害特点、生物学特性的了解,结合所学的防治理论,制订其防治方案,并组织实施。

操作步骤

6.12.1 钻蛀害虫为害特点观察

根据当地生产实际,选择一块或若干块花卉苗圃,组织学生田间观察各种钻蛀害虫的为害部位、为害状特征、为害程度及种群密度,并作好记录。田间采集害虫和为害状标本,在室内详细观察,查阅资料并作好记录。也可结合各类图片、幻灯、录像片、VCD 光盘、CAI 课件等展示害虫的为害特点。

6.12.2 主要类群识别

桃红颈天牛 *Aromia bungii* **Faldermann**

为害梅花、桃花、清水樱、郁李等木本花卉。幼虫蛀入木质部为害,造成枝干中空,树势衰弱,叶片小而黄,甚至引起死亡。

形态特征

成虫体长 28～37 mm,宽 8～10 mm。全体黑色,前胸背面棕红色,有光泽,或完全黑色。雌虫触角超过体长 2 节。雄虫触角超过体长 4～5 节。前胸两侧各有刺突 1 个,背面有瘤突 4 个。鞘翅表面光滑,基部较前胸宽,后端较窄。卵,长圆形,乳白色,长 3～4 mm。幼虫初孵化时为乳白色,近老熟时稍带黄色。体长 50 mm 左右。前胸背板扁平方形,前缘有两块中凹入的黄褐色斑纹,两斑纹后方中央各有 1 个椭圆形小斑。蛹为离蛹,外无蛹壳包被,淡黄白色,长 36 mm 左右。

发生规律

以幼虫在树干蛀道内越冬。4—6 月,老熟幼虫黏结粪便、木屑,在树干蛀道中作茧化蛹。6—7 月,成虫羽化。晴天中午成虫多停留在树枝上不动。成虫外出后 2～3 d 交尾。卵多产在主干、主枝的树皮缝隙中。产卵时先将树皮咬一方形伤痕,然后把卵产在伤痕下。卵期 8 d 左右。幼虫孵化后,先在树皮下蛀食,第 2 年,虫体长到 30 mm 左右时,便蛀入木质部为害,蛀成弯曲孔道。蛀孔外堆有红褐色锯末状虫粪。

防治方法

利用成虫中午至 14:00—15:00 静息于枝条上的习性,进行人工捕捉;发现方块形产卵伤痕,及时刮除虫卵;对钻在树皮下为害的幼虫,可将被害树皮拨开,杀死幼虫。对钻入木质部的幼虫,可用棉花球蘸煤油剂塞入虫孔内,然后用泥封住虫孔;在树干和主枝上涂白剂,防止成虫产卵(白剂是用生石灰 10 份、硫黄 1 份、食盐 0.2 份、兽油 0.2 份、水 40 份配成)。

合欢吉丁虫 *Agrilus* **sp.**

合欢吉丁虫幼虫蛀食合欢树皮和木质部边缘部分,破坏树木输导组织,严重时造成树木枯死。

形态特征

成虫体长 3.5~4.0 mm,铜绿色,稍带有光泽。幼虫老熟时体长 5~6 mm,头很小,黑褐色,胸部较宽,腹部较细,无足。

发生规律

北京 1 年发生 1 代,以幼虫在被害树干内越冬。次年 5 月下旬,幼虫老熟在隧道内化蛹。6 月上旬,成虫开始羽化外出,常在树皮上爬动,并到树冠中咬食树叶。在干和枝上产卵,每处产卵 1 粒。幼虫孵化潜入树皮危害,至 9 月、10 月,被害处流出黑褐色的胶,一直为害到 11 月幼虫开始越冬。

防治方法

勿栽植带虫苗木;加强管理,受害严重将要枯死的树木,应更新伐除;于成虫羽化期向树冠上和干、枝上喷 1 500~2 000 倍的 20% 菊杀乳油等杀死成虫;于 5 月成虫羽化前进行树干涂白,防止产卵;于幼虫初在树皮内为害时,往被害处涂煤油溴氰菊酯混合液(1:1 混合)。

玫瑰茎蜂 *Neosyrista similes* **Moscary**

5 月上、中旬,玫瑰新梢突然凋萎,在萎蔫处,有一针刺状伤口,将皮剥去,在嫩茎上有刀割似的"人"字形伤痕,这是玫瑰茎蜂产卵所引起的。该虫还为害蔷薇。

形态特征

成虫　体长 20 mm 左右,翅展 25 mm 左右。体黑色,有光泽。触角丝状,黑色,基部黄绿色。两个复眼间有 2 个黄绿色小点。翅茶色,半透明,有紫色闪光。卵椭圆形,淡黄白色。幼虫老熟时体长 20 mm 左右,乳白色。头部浅黄色,尾端有一褐色尾刺。

发生规律

以幼虫在被害枝条内越冬。次年 3 月下旬越冬幼虫开始为害。幼虫老熟后就在枝条内化蛹。4 月下旬,成虫羽化外出,交尾后,产卵于当年生嫩梢上。幼虫孵化后,从嫩梢钻入枝条的髓部,不断向下蛀食,造成嫩梢萎蔫,而后干枯。

防治方法

发现被害嫩梢或枝条,应立即自被害部下剪除并销毁;在成虫发生期,发现茎蜂,产即捕捉杀死。

此外蛀茎害虫还有小蠹虫类、象甲类、木蠹蛾类和透翅蛾类等。

实训作业

①对田间采集的害虫标本、为害状标本,分别整理和鉴定,描述所采害虫的为害部位和为害特征,总结识别不同害虫为害状的经验。

②根据专题调查的数据,分析害虫的发生情况,确定防治指标,拟订主要观赏植物钻蛀

害虫的防治方案。

　　③进行产量损失估算,分析某一害虫发生重或轻的原因。

　　④针对观赏植物钻蛀害虫的发生、防治及综合治理等问题进行讨论、评析。

项目7　主要园艺植物病害综合技能实训

任务7.1　果树病害症状的田间识别及防治方案的制订(一)

学习目标

通过对果树枝干病害的田间调查、田间诊断、观察,识别常见的果树枝干病害病害症状,掌握当地发生的主要果树枝干病害的发生规律。应用所学的理论知识,根据病害的发生规律,学会制订有效的综合防治方案,并组织实施防治工作。

材料及用具

主要果树枝干病害的蜡叶标本、病原菌的玻片标本、病害为害状标本,生物显微镜、放大镜、镊子、病害图谱、影视教材、CAI课件、检索表等用具。

内容及方法

①田间调查主要枝干病害的为害特点,或通过教学挂图、音像教材、CAI课件,认识果树枝干病害病害的发病特点。

②田间布点调查病害的发病率、病情指数及损失估算。

③现场采集新鲜的植物病害标本,对照图片、资料等认识其典型症状,将标本带回实验室进行镜检观察。

④通过对病害发生的调查和相关资料的分析,了解主要植物病原的形态及其病害的发生规律。

⑤根据病害的发生规律,运用病害综合防治理论,制订植物原核生物病害的防治方案,并组织实施。

操作步骤

7.1.1　果树枝干病害症状的观察识别

结合当地生产实际选择一块或者若干块果园,组织学生现场观察识别果树枝干病害为害症状。在教师指导下,认识主要的枝干病害。

通过教学挂图,录像、幻灯、CAI 课件等视听材料,向学生展示果树枝干病害为害特点。让学生间接直观地认识果树枝干病害为害和症状。

7.1.2　主要枝干病害的识别

苹果树腐烂病

苹果树腐烂病又名烂皮病,是对苹果生产威胁很大的毁灭性病害。陕西各地都有发生,陕南为害较轻,关中较重,渭北黄土高原、榆林风沙区为害最重。30 年以上的大树多因腐烂病为害而枯死。除为害苹果外,还可寄生沙果、林檎、海棠和山定子等。

症状识别(见图 7.1)

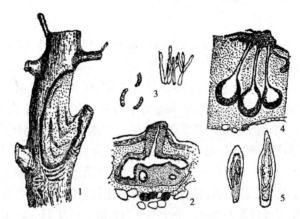

图 7.1　苹果树腐烂病

1—树干上的溃疡症状;2—分生孢子器;3—分生孢子梗及分生孢子;

4—子囊壳;5—子囊及子囊孢子

症状主要发生在树龄 10 年以上的老树,为害结果树的枝干,尤其是主干分叉处最易发生,幼树和苗木及果实也可受害。根据病害发生的季节部位不同,可分为如下 3 种症状类型:

①溃疡型　溃疡型病斑是冬春发病盛期和夏季在极度衰弱树上发生的典型症状。初期病部为红褐色,略隆起。呈水渍状,组织松软,病皮易于剥离,内部组织呈暗红褐色,有酒糟气味。有时病部流出黄褐色液体,后期病部失水干缩,下陷,硬化,变为黑褐色,病部与健部之间裂开。以后病部表面产生许多小突起。顶破表皮露出黑色小粒点,此即病菌的子座,内有分生孢子器和子囊壳。雨后或潮湿时,从小黑点顶端涌出黄色细小卷丝状的孢子角,内含大量分生孢子。遇水稀释扩散。溃疡型病斑在早春扩展迅速,在短期内常发展成为大型病斑,围绕枝干造成环切,使上部枝干枯死,为害极大。

典型溃疡型病斑的演变常有以下过程:当苹果展叶、开花,进入旺盛生长期后。于春季发生的小型溃疡病斑常停止活动,被愈伤组织包围,失水变干,并多埋藏在粗皮下、树皮裂缝处、旧病疤边缘干皮下或大枝杈桠基部,外边不易看出,只有刮掉粗皮才能看清楚。因此,称为深层干斑型病斑。这类病斑呈椭圆形至近圆形,红褐色或暗褐色,大小为 3～5 mm,乃至 3～4 cm,深度为 0.5～4 mm,多数未达到形成层。病变组织松散,与健部之间裂开,易于剥落。深层干斑型病斑在树体生长期间不活动,但入冬后可继续扩展,形成溃疡型病斑。

在夏、秋季节,病害主要发生在当年形成的落皮层上,或只局限在主干、主枝的树皮的表层,病斑轮廓不清,呈红褐色或变色不明显,大小不定,表层组织腐解,深度约 2 mm,底层一般被木栓层所限。因此,称为表层皮腐型病斑(或表面溃疡型)。这类病斑也可变干,稍凹陷,表面产生一些黑色小粒点。但到晚秋初冬后,病部菌丝体可穿透木栓层,向内层扩展,终于形成典型的溃疡型病斑。

②枝枯型 多发生在 2~3 年生或 4~5 年生的枝条或果台上,在衰弱树上发生更明显。病部红褐色,水渍状,不规则形,迅速延及整个枝条,终使枝条枯死。病枝上的叶片变黄,园中易发现。后期病部也产生黑色小粒点。

③病果型 病斑红褐色,圆形或不规则形,有轮纹,边缘清晰。病组织腐烂,略带酒糟气味。病斑在扩展时,中部常较快地形成黑色小粒点,散生或集生,有时略呈轮纹状排列。潮湿时也可涌出孢子角,病部表皮剥离。

病原

苹果树腐烂病菌 *Valsa mali* Miyabe et Yamada 属子囊菌亚门、核菌纲、球壳菌目、黑腐皮壳属。无性世代属半知菌亚门、球壳孢目、壳细孢属 *Cytospora* sp.。

在寄主组织中的菌丝,初期无色,后变墨绿色,有分隔,经 10~15 d 后,在表皮下紧密结合形成黑色小颗粒,最后穿破表皮——孢子座。每个外子座内只生一个分生孢子器,内有多个腔室,从一个孔口放出孢子,一个孢子器可产生 3 000 万个分生孢子。孢子器能连续两年产生分生孢子。分生孢子单胞,腊肠形,两端圆,无色。秋季在外子座下面或旁边生出大型黑色颗粒——内子座。内子座中生成 3~14 个子囊壳,子囊壳呈球形,具长颈,子囊壳内壁生出子囊,每一个子囊含有 8 个子囊孢子。子囊孢子腊肠状,无色,单胞,较分生孢子稍大。腐烂病菌丝的生长温度 5~38 ℃,最适温度 28~32 ℃,pH 5.3~6.1。分生孢子萌发最适温度 23~28 ℃,分生孢子在雨水中不萌发,苹果汁液中萌发良好。子囊孢子萌发同样需要苹果汁液。

发病规律

苹果树腐烂病以菌丝体、分生孢子器、子囊壳在病树及砍伐的病残枝皮层中过冬。翌年春季分生孢子器遇到降雨,吸水膨胀产生孢子角。通过雨水冲溅随风传播,这是病菌传播的重要途径。此外,昆虫(如苹果透翅蛾、梨潜皮蛾等)也可传播。子囊孢子也能侵染,但发病力低,潜育期长,病部扩展慢。病菌从伤口侵入已死亡的皮层组织。3 月下旬至 5 月孢子侵染较多,杂菌少;6—11 月杂菌多,侵染较少;12—2 月不侵染。入侵的伤口很多,如冻伤、剪锯口、虫伤口等。

初冬和早春昼夜温差大引起日灼,枝杈冻伤及树皮冻裂,为菌丝入侵创造了条件,病菌还可经叶痕、果柄痕和皮孔侵入。田间树皮的上述伤口都带有潜伏病菌,当树皮组织健康时,侵入的病菌不能扩展,处于潜伏状态,对树体无害;当被寄生的组织死亡时,病菌开始活动,引起树皮腐烂。苹果树腐烂病菌潜伏浸染的发现,表明病菌侵入易,扩展难;寄主抗侵入难,抗扩展易。

腐烂病从夏季在新形成的落皮层上出现表面溃疡开始,至翌年春季发病盛期结束止,是腐烂病的一个发病周期。在这一周期中,7—9 月陆续出现表面溃疡;晚秋初冬病菌穿透木栓层,向树皮深层扩展;入冬后 11—1 月发病数量剧增,元月份达到高峰。

春季苹果发芽生长进入旺盛生长期,发病迅速减少,扩展减慢,渐趋停顿。已侵入木质部的菌丝可继续在边材中蔓延,这是病疤重犯的重要原因。

　　苹果树腐烂病是一种寄生性很弱的真菌,能在树皮各部潜伏。树势衰弱,愈伤力低,是引起病害流行的主要原因。引起树势衰弱的原因很多,如管理粗放,土壤板结,根系发育不良;结果过多,肥水供应不足;病虫防治不好,引起叶片早落;冬春冻害是引起病害流行的主要原因。据测定,枝条含水量和愈伤组织的形成有很大关系,当含水量达80%时,愈伤组织形成很快;含水量降到67%时,愈伤组织形成很慢,病疤扩展速度比正常枝条快1~5倍。

防治方法

　　根据腐烂病侵染特性及发病规律,防治该病必须以加强栽培管理提高抗病力为根本,同时搞好田间喷药、刮除落皮层、病斑治疗、果园卫生、防治其他病虫、防止冻害及日灼等,才能控制病害的发生、为害。

　　(1)加强栽培管理

　　增强树势提高抗病力是防治腐烂病的根本性措施。

　　①合理调整结果量　结果树应根据树龄、树势、土壤肥力、施肥水平等条件,通过疏花疏果,做到合理调整结果量。结果量适宜的树体主要指标有:一是没有明显的大小年现象;二是外围新梢长度达到30~35 cm,粗度达到0.6 cm;三是中短枝占总枝量的80%以下;四是叶、果比为(30~40)∶1,五是商品一、二级果占总产量的70%以上。大小年现象严重、新梢短而细弱、中矮枝比例过高、叶果比小、小果率达50%左右等,都是树势衰弱的表现。

　　②改善立地条件,实行科学施肥　在山地等立地条件差的地区,要深翻扩穴,并增施农家肥或压绿肥;水土流失严重、根系外露的果园,要注意压土,增加土层厚度;盐碱地果园,可通过翻砂压碱,灌水洗盐、增施有机肥等改良土壤状况。以促进根系生长发育,提高肥料及水分利用率,进而壮树防病。

　　由幼树开始,主要措施有:深翻改土,增加施肥,特别是有机肥和磷、钾肥,细致修剪,控制结果,合理疏花疏果,控制大小年;加强病虫害的防治,尤其是早期落叶病防治等。

　　按照果树营养需求,科学配方施用氮磷钾肥及微量元素。一般每百斤果施氮、钾各1.4 kg,磷0.6 kg;秋季施肥可增加树体的营养积累,改善早春的营养状况,提高树体的抗病能力,降低春季发病高峰时的病情。还可在秋梢基本停长期(9月)进行叶面喷肥,如喷1~2次200~300倍尿素加200~300倍磷酸二氢钾。

　　③合理灌水　秋冬枝干含水量高,易受冻害,诱发腐烂病;早春干旱,树皮含水量低,有利于腐烂病斑的扩展。因此,果园应建立好良好的灌水及排水系统,实行"秋控春灌"对防治腐烂病很重要。

　　④防治其他病虫害　及时防治造成早期落叶的病害(如褐斑病等)和虫害(如叶螨类、梨网蝽、蚜虫类、透翅蛾、潜叶蛾类等),提高光合效率,增加树体的营养积累,促进树势健壮,增强抗病能力。同时,注意及时防治多种根部病害,提高肥料及水分的利用率,达到壮树防病的目的。

　　(2)及时刮治

　　从2—11月,每月对全园逐树认真检查一次,发现病斑及时刮除,刮治病斑的最好时期是春季高峰期,即3—4月。此时病斑较明显而且较软,便于刮治。同时,刮治病斑应该常年坚持,以便及时治疗。刮治的基本方法是用快刀将病变组织及带菌组织彻底刮除,刮后必须涂药并妥善保护伤口。刮治必须达到以下标准:一要彻底,即不但要刮净变色组织,而且要刮去0.5 cm左右的好组织;二要光滑,即刮成梭形,不留死角,不拐急弯,不留毛茬,以利伤口愈合;三要表面涂药,如10 °Be石硫合剂、40%福美胂可湿性粉剂或40%退菌特可湿性粉剂50倍液、5%田安水剂5倍液、60%腐殖酸钠50～75倍液、托福油膏、果树康油膏;70%甲基托布津可湿性粉剂1份加豆油或其他植物油3～5份效果也很好。

病疤复发是生产上的常见问题:现已证明,病斑复发的主要菌源来自病斑下的木质部。为防止复发,一要连续涂药,一般保护性药剂应每月涂1次,连续4～5次;二要尽量采用渗透性较强的药剂或内吸性药剂。如托福油膏、S-921发酵液、托布津油剂等。

过去推广的病斑划条涂药的方法复发率较高,不宜使用。

包泥:在病斑上涂抹黄土泥,厚约1 cm,而后用塑料带包扎严密(宽为10～15 cm)。一般2～3月后病斑脱落,周围产生愈合组织。

(3)消除菌源

刮治的树皮组织、枯枝死树、修剪枝条在3月以前要清理出果园,消除菌源。

(4)药剂铲除

用40%腐必清可湿性粉剂100倍液,于3月下旬至4月上旬喷洒直径3～4 cm以上的大枝;6月下旬至7月上旬用此药涂刷主干、基部之主枝及第4主枝以下的中心干等部位,可减少冬春出现的新病斑。涂药前,最好刮除病斑及表面粗皮。连年施药,可大大提高防治效果。果实采收后晚秋、初冬或发芽前,喷40%福美砷100倍液,可消灭潜伏病菌。

枝干喷药:每年4月上旬至5月上旬和10月上旬至11月上旬为田间分生孢子活动的高峰期。5月初和11月初各喷1次40%福美胂可湿性粉剂500倍(5月)或100倍(11月)液。可大大降低发病程度。据报道,用腐必清、菌毒清等无公害生物药剂和低毒药剂代替福美胂防治腐烂效果更好。

(5)及时脚接,桥接

主干、主枝的大病疤及时进行桥接和脚接,辅助恢复树势。

梨树腐烂病

梨树腐烂又称臭皮病。我国北方梨区分布普遍。常造成整株及整片梨树死亡,已成为陕西等地大面积发展西洋梨的限制因素。

症状识别(见图7.2)

它主要为害主枝、侧枝,主干和小枝发生较少,但是在感病的西洋梨上,主干发病重,小枝也常受害。症状有溃疡型和枝枯型两种类型。

溃疡型 树皮上的初期病斑椭圆形或不规则形,稍隆起,皮层组织变松,呈水渍状湿腐,红褐色至暗褐色。以手压之,病部稍下陷并溢出红褐色汁液,此时组织解体,易撕裂,并有酒糟味。随后,病斑表面产生疣状突起,渐突破表皮,露出黑色小粒点(即病菌的子座和分生孢子器),大小约1 mm。当空气潮湿时,从中涌出淡黄色卷须状物(孢子角)。以后病斑逐渐干缩下陷,变深,呈黑褐色至黑色,病健部分交界处发生裂缝,由于愈伤组织形成,

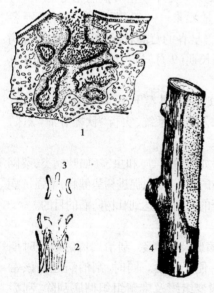

图7.2 梨树腐烂病
1—分生孢子器;2—分生孢子梗;
3—分生孢子;4—症状

四周渐翘起,病斑逐年扩展,一般较慢,很少环绕整个枝干。在衰弱树、衰弱枝上或在遭受冻害的西洋梨上,病斑可深达木质部,破坏形成层,并迅速扩展,环绕枝干,而使枝干枯死。在愈伤力强的健壮树上,病皮逐渐翘起以至脱落,病皮下形成新皮层而自然愈合。

枝枯型　多发生在极度衰弱的梨树小枝上,病部不呈水渍状,病斑形状不规则,边缘不明显,扩展迅速,很快包围整个枝干,使枝干枯死,并密生黑色小粒点(分生孢子器)。病树的树势逐年减弱,生长不良,如不及时防治,可造成全树枯死。

病果型　腐烂病菌偶尔也可通过伤口侵害果实,初期病斑圆形,褐色至红褐色软腐,后期中部散生黑色小粒,并使全果腐烂。

病原

梨腐烂病菌 *Valsa ambiens* Fr.属子囊菌亚门、球壳菌目、腐皮壳属。无性世代为半知菌亚门、壳囊孢属 *Cytospora carphosperma* Fr.,以无性阶段进行侵染,分生孢子器密集散生在表皮下,后期突出,扁圆锥形,淡黑色至黑色。一般每个子座内有一个分生孢子器,形状不整齐,具有多腔室和一个黑色的孔口,分生孢子梗分枝或不分枝,无色,单胞。分生孢子香蕉形,两端钝圆,无色,单胞。

发病规律

梨腐烂病以菌丝体、分生孢子器及子囊壳在枝干病部越冬。翌年春季产生分生孢子,随风雨传播,从伤口入侵。病菌具有潜伏侵染的特点,只有在侵染点树皮长势衰弱或死亡时才容易扩展,产生新的病斑。每年春季及秋季出现两个发病高峰,以春季发病高峰明显。栽培管理粗放,树势衰弱的容易发病。西洋梨,砀山酥梨、黄梨,苹果梨感病重,鸭梨白梨等受害较轻。

防治方法

参考苹果树腐烂病的防治方法。

苹果干腐病

苹果干腐病又称胴腐病,是苹果树枝干的重要病害之一,苹果产区均有发生。一般为害衰弱的老树和定植后管理不善的幼树。除苹果外,柑橘、桃、杨、柳等十余种木本植物均可被害。

症状识别(见图7.3)

干腐病主要侵害成株和幼苗的枝干,也可侵染果实。症状类型有:

①溃疡型　发生在成株的主枝、侧枝或主干上。一般以皮孔为中心,形成暗红褐色圆形小斑,边缘色泽较深。病斑常数块乃至数十块聚生一起,病部皮层稍隆起,表皮易剥离,皮下组织较软,颜色较浅。病斑表面常湿润,并溢出茶褐色黏液,俗称"冒油"。后期病部干缩凹陷,呈暗褐色,病部与健部之间裂开,表面密生黑色小粒点,即分生孢子器。潮湿时顶端溢出灰白色的孢子团。发病严重时,病斑迅速扩展,深达木质部,常造成大枝

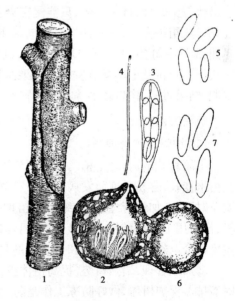

图7.3　苹果干腐病

1—病枝干;2—子囊壳;3—子囊;4—侧丝;
5—子囊孢子;6—分生孢子器;7—分生孢子

死亡。

②干腐型　成株、幼树均可发生。成株主枝发生较多。病斑多在阴面，尤其在遭受冻害的部位。初生淡紫色病斑，沿枝干纵向扩展，组织枯干，稍凹陷，较坚硬，表面粗糙，龟裂，病部与健部之间裂开，表面也密生黑色小粒点。一般病斑只限在皮层较浅的部位，病皮干枯脱落。但严重时也可侵及形成层，使木质部变黑。此型病斑可逐年缓慢扩展，变成很大的病斑；幼树定植后，初于嫁接口或砧木剪口附近形成不整形紫褐色至黑褐色病斑，沿枝干逐渐向上（或向下）扩展，使幼树迅速枯死。以后病部失水，凹陷皱缩，表皮呈纸膜状剥离，露出韧皮部。病部表面也密生黑色小粒点，散生或轮状排列。

③果腐型　干腐病菌也可侵染果实。被害果实，初期果面产生黄褐色小点，逐渐扩大成同心轮纹状病斑，条件适宜时，病斑扩展很快，数天整果即可腐烂。

病原

苹果干腐病菌 *Botryosphaeria ribis* Gross et Dugger 属子囊菌亚门、格孢腔菌目、葡萄座腔菌属。无性阶段为 *Macrophoma* 和 *Dothiorclla*，分生孢子器有两种类型：大茎点菌属 *Macrophoma* 型散生，扁圆形，分生孢子无色，单胞，椭圆形。小穴壳菌属 *Dothiorella* 型分生孢子与子囊壳混生于同一子座内，分生孢子无色，单胞，长椭圆形。子座生于皮层下，形状不规则，内有 1 至数个子囊壳，子囊壳扁圆形或洋梨形，黑褐色，具乳头状孔口，内有许多子囊及拟侧丝。子囊长棍棒状，无色，子囊孢子无色，单胞，椭圆形，双列。

发病规律

干腐病菌主要以菌丝体和分生孢子器及子囊壳在枝干病部越冬。次年春产生孢子进行侵染，病菌孢子随风雨传播，经伤口侵入，也能从死亡的枯芽和皮孔侵入。干腐病菌具有潜伏侵染特性，寄生力弱，只能侵害衰弱植株（或枝干）和移植后缓苗期的苗木。病菌先在伤口死组织上生长一段时间，再向活组织扩展。当树皮水分低于正常情况时，病菌扩展迅速，5 月中旬至 10 月下旬均可发生，以降雨量最少的月份发病最多，雨季来临病势减轻。一般干旱年份及干旱季节发病重。果园管理水平低，地势低洼，土壤瘠薄，配水不足，偏施氮肥，结果过多，伤口较多等有利病害发生。

防治方法

（1）加强栽培管理

①培育壮苗、合理定植　苗圃不施大肥，不灌大水，尤其不能偏施速效性氮肥催苗，防止苗木徒长，容易受冻而发病。幼树定植时，避免深栽，使嫁接口与地面相平为宜。定植后要及时灌水，加强管理，尽量缩短缓苗期。芽接苗在发芽前 15 ~ 20 d，及时剪掉砧木的枯桩，伤口用 1% 硫酸铜水溶液消毒，铅油保护，使伤口在生长停止前充分愈合，以减少病菌侵染机会。幼树在长途运输时，要尽量避免造成伤口和失水干燥。

②加强管理，增强树势，提高树体抗病力　改良土壤，提高土壤保水保肥力，旱涝时及时灌排。保护树体，做好防冻工作是防治干腐病的关键性措施。

③彻底刮除病斑　在发病初期，可用锋利快刀削掉变色的病部或刮掉病斑。消毒剂可用 10 °Be 石硫合剂：5 °Be 石硫合剂加 1% ~3% 五氯酚钠盐；70% 甲基托布津可湿性粉剂 100 倍液；40% 福美胂可湿性粉剂 50 倍液等。

（2）喷药保护

大树发芽前用腐必清涂抹剂原液或腐必清乳剂 2～3 倍液，在病斑上各涂药 1 次，或80% 五氯酚钠 300 倍液，或 3～5 °Be 石硫合剂保护树干。在 6 月上中旬及 8 月中旬各喷 1次铁波尔多液和波尔多液：铁波尔多液是用硫酸铜、硫酸铁各 1 份、生石灰 2 份、水 160～200 份配成。先将硫酸铜、硫酸铁混合磨细，然后按波尔多液配制法配制即可，或用1:2:（200～240）波尔多液或 50% 退菌特可湿性粉剂 800 倍液。70% 甲基托布津可湿性粉剂 800 倍液在发病前喷于树干上。

苹果轮纹病

苹果轮纹病又称粗皮病、轮纹褐腐病、黑腐病，是黄河流域及其以南地区的重要病害，此病侵染果实，枝干染病严重时，树势减弱。此病除为害苹果外，还为害梨、桃、李、杏、栗、枣等多种果树。

症状识别（见图 7.4）

轮纹病主要为害枝干和果实。也可为害叶片。枝干受害，以皮孔为中心，形成扁圆形或椭圆形，直径 0.3～3 cm 的红褐色病斑，病斑质地坚硬，中心突出，如一个疣状物，边缘龟裂，往往与健部组织形成一道环沟，第 2 年病斑中间生黑色小粒点（分生孢子器）。病斑与健部裂缝逐渐加深，病组织翘起如马鞍状，许多病斑连在一起，表层十分粗糙，故有粗皮病之称。越冬枝干瘤皮病斑中的病菌分生孢子器，具有不断产生孢子的能力，是侵染果实的病菌来源。

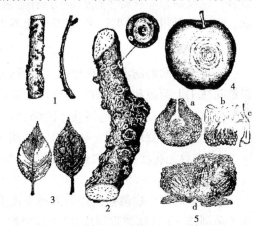

图 7.4　苹果轮纹病
1—病枝（梨）；2—病枝（苹果）及病部放大；
3—病叶（梨）；4—病果（苹果）；
5—病原（a.分生孢子器 b.分生孢子
c.孢子萌发 d.子囊壳）

果实多在近成熟期和贮藏期发病。果实受害，以皮孔为中心，生成水渍状褐色小斑点，很快成同心轮纹状，向四周扩大，呈淡褐色或褐色，并有茶褐色的黏液溢出，病斑发展迅速，条件适宜时，几天内全果腐烂，发出酸臭气味，病部中心表皮下逐渐散生黑色粒点（即分生孢子器）。病果腐烂多汁，失水后变为黑色僵果。

叶片发病产生近圆形同心轮纹的褐色病斑或不规则形褐色病斑，大小为 0.5～1.5 cm，病斑逐渐变为灰白色并长出黑色小粒点，叶片上病斑很多时，引起干枯早落。

病原

苹果轮纹病菌 *Physalospora piricola* Nose，属子囊菌亚门、座囊菌目、囊孢菌属，有性阶段不常出现。无性阶段为 *Macrophoma kawatsukai* Hara，属半知菌亚门、球壳孢目、大茎点属。菌丝无色，有隔。分生孢子器扁圆形或椭圆形，顶部有略隆起的孔口，内壁密生分生孢子梗，孢子梗棒锤状，单胞，顶端着生分生孢子。分生孢子单胞，无色，纺锤形或长椭圆形，子囊壳在寄主表皮下产生，黑褐色，球形或扁球形，具孔口，内有许多子囊藏于侧丝之间，子囊长棍棒状，无色，顶端膨大，壁厚透明，基部较窄。子囊内生 8 个子囊孢子，子囊孢子单胞，无色，椭圆形。

发病规律

病菌以菌丝、分生孢子器及子囊壳在被害枝干越冬。菌丝在枝干病组织中可存活4～5年,每年4—6月间产生孢子,成为初次侵染来源。7—8月孢子散发较多;病部前3年产生孢子的能力强,以后逐渐减弱。分生孢子主要随雨水飞溅传播,一般不超过10 m范围。由花谢后的幼果至采收前的成熟果实,病菌均可侵入,以6—7月侵染最多,幼果期降雨频繁,病菌孢子散发多,侵染也多。幼果受侵染不立即发病,处于潜伏状态。果实近成熟期,内部生理生化发生变化,潜伏菌丝迅速蔓延扩展,果实才发病。果实采收期为田间发病高峰期。

轮纹病的发生和流行,与气候条件有关。果实生长前期,降水次数多,发病高峰早,病菌孢子散发多,侵染也多;成熟期遇上高温干旱,轮纹病发生严重。反之,病菌侵染少,发病也轻。轮纹病是一种寄生性较弱的病菌,衰弱植株,老弱枝干及老病园内补植的小树易染病。果园管理粗放,挂果过多,以及施肥不当,偏施氮肥,发病较多。

防治方法

苹果轮纹病的纺治,应在加强栽培管理,增强树势,提高树体抗病能力的基础上,采用以铲除枝干上菌源和生长期喷药保护为重点的综合防治,而化学药剂防治是关键措施。在清除树体病源基础上,要连续几年的综合防治,才能有效地控制为害。

①加强果树栽培管理　新建果园选用无病苗木,发现病株及时铲除;苗圃设在远离病区地方,培育无病壮苗;幼树整形修剪时,切忌用病区枝干作支柱;修剪的病枝干不能堆积在新果区附近。

②刮除病斑　病菌初期侵染来源于枝干病瘤,因此必须及时清除病瘤。果树休眠期喷涂杀菌剂;5—7月病树重刮皮,除掉病组织,要并集中烧毁或深埋。

③喷药保护　发芽前在搞好果园卫生的基础上应当喷一次铲除性药剂,从5月下旬开始喷第1次药,以后结合防治其他病害,共喷3～5次。保护果实,对轮纹病比较有效的药剂是1∶2∶240倍波尔多液、25%克菌丹可湿性粉剂250倍液、50%多菌灵800倍液、50%退菌特可湿性粉剂800倍液、50%多菌灵可湿性粉剂800～1 000倍液、40%炭疽福美可湿性粉剂400倍液、50%或70%甲基托布津可湿性粉剂800～1 000倍液等。喷第1次药时,果实较幼嫩,波尔多液易引起药害,可选用多菌灵、托布津等有机杀菌剂;多菌灵、托布津等药剂单独连年使用,易导致病菌产生抗药性。因此,在防治中应该注意多种药剂的交替使用。

④采收前及采后处理　轮纹病菌从皮孔侵入,表现症状前都在皮孔及其附近潜伏,因此采前喷1～2次内吸性杀菌剂,可以降低果实带菌率。试验证明,7月下旬至8月上、中旬喷1～2次90%霜霉净可湿性粉剂700倍液,或50%多菌灵可湿性粉剂800倍液,可以降低采收期及贮藏期的病果率。果实采收后,挑除病、虫、伤果,用上述药剂浸果10 min,晾干后贮藏,也可控制发病。采收后用仲丁胺200倍液浸果1min后贮藏,防治效果达80%左右;浸果后速装塑料袋贮藏,可增加防治效果。

⑤低温贮藏　15 ℃以下贮藏,发病速度明显降低;5 ℃以下贮藏,基本不发病;0～2 ℃贮藏,可完全控制发病。因此,低温贮藏是贮藏期防治的重要措施。

苹果枝溃疡病

苹果枝溃疡病也称芽腐病。除陕西关中分布外,山西南部以及河南、江苏北部的黄河故道果区均有分布。发病严重的果园,造成枝条枯死。

症状识别(见图7.5)

此病仅为害枝干,以1~2年生枝条发病较多,病部初期为红褐色圆形小斑,随后逐渐扩大呈梭形病斑。中部凹陷,边缘隆起。病部四周及中心部发生裂缝并翘起,天气潮湿时,裂缝四周确有堆着的粉白色霉状的分生孢子座,在病部还可见到其他腐生菌(如红粉菌、黑腐菌等)的粉状或黑色颗粒状子实体。后期,病疤上的坏死皮层脱落,木质部裸露在外,四周为隆起的愈伤组织,翌年病菌继续向外蔓延为害,病斑呈梭形同心轮纹状。果因中见到少数发病5年以上的病疤,病部呈5层以上的梭形同心轮纹,越往中央越凹陷。被害枝干易被风吹断或因结果而压断,有的枯株中心干或主枝受害枯死而残缺。

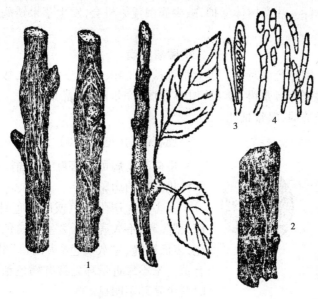

图7.5　苹果枝溃疡病

1—被害枝;2—枯枝上子囊壳着生状;3—子囊及子囊孢子;4—小型分生孢子及大型分生孢子

病原

溃疡病菌属子囊菌亚门、肉座菌目、丛赤壳属 *Nectria galligena* Brea. ,无性阶段属于半知菌亚门、黑盘孢目。柱孢霉属 *Cylin drosporium* Mali,在陕西只见到病菌的分生孢子时期,找不到有性世代,分生孢子盘无色或灰色,盘状或平铺状,分生孢子梗短:分生孢子无色,线形。稍弯曲,无分隔到有几个分隔。

发病规律

病菌以菌丝在病组织内越冬,翌年春季及整个生长季均可产生分生孢子。病菌孢子借昆虫、雨水及气候传播,从伤口侵入,如病虫伤、修剪伤、冻伤、芽痕,叶丛枝等。此病随苹果锈病大流行后发生较多,这是因为锈菌侵害嫩枝和叶柄基部的病斑,为其提供了合适的伤口,在产生有性世代的地区还能以子囊壳及子囊孢子越冬,春季潮湿时子囊孢子自壳内放射或挤压出来传播侵染。

适宜枝溃疡病发生的气候条件是冬季较暖,雨雪少,春季降水较多,湿度大,气温回升较慢。果园低湿、土壤黏重、排水不良有利发病。施氮肥过多长势旺的12~15年生树较易感病。最感病的品种是大国光、囤光、冬国光及金冠,其次为祝光、倭锦,柳玉,甘露。红玉、

青香蕉、元帅、红星、黄魁、红魁、早生旭、鸡冠发病较轻。

防治方法

苹果枝溃疡是陕西省1967—1970年新发生的一种病害,防治措施是:

①加强果园管理,调节树势,氮肥不可施用过多,地势低洼,土壤黏重的果园,搞好排灌设施和土壤改良。

②已发病的果园,清除树枝干上的溃疡斑。细枝梢结合修剪彻底清除,较粗枝于不宜或暂不宜剪除时,应进行伤疤治疗(参照苹果树腐烂病的病疤治疗)。

③溃疡病菌通过各种伤口侵染枝干,果园要加强防治其他病虫害及树体冻伤,粗皮、翘皮较多的植株应刮除。注意树体保护,减少病菌侵染机会,发生苹果锈病的果园,认真防治锈病。

柑橘溃疡病

柑橘溃疡病为国际检疫对象。因此加强检疫工作,严禁疫区苗木,接穗引入,保护无病区十分重要。柑橘受病后落叶、落果,树势衰弱,产量降低,品质变劣。苗木受害,叶片脱落,枝梢干枯,生长势弱,以致枯死。

症状识别(见图7.6)

柑橘溃疡病可为害叶片枝梢、果实及萼片,形成木栓化突起的病斑。

受害叶片初生黄色或暗绿色针尖大小油渍状圆斑,稍隆起,不久病部开裂呈灰白色海绵状,以后木栓化,表面粗糙,呈灰褐色"火山口"状开裂。病斑周围有黄色晕不靠近晕环处常有褐色釉光边缘,老叶上有时黄色晕环不明显。

枝梢病斑一般发生在嫩梢上,初期为油渍状小圆点,暗绿色或蜡黄色,病斑形状与叶片上的相似,只是木栓化程度高,突起明显,并环绕枝梢聚合成不规则形,黄褐色,病斑中央火山口状开裂,为暗褐色圈,圈外无黄晕环,严重时叶片脱落,枝梢枯死。

果实上症状与叶片、枝梢相似。病斑4~5 mm,最大12 mm,突起明显,木栓化程度更高,坚硬而又粗糙,中央火山口状开裂更显著。病部限于果皮,不深入果肉,常提早脱落。

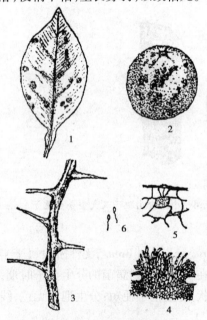

图7.6 柑橘溃疡病
1—病叶;2—病果;3—病枝;
4—寄主细胞过度分裂;
5—细胞间隙的病原细菌;6—病原细菌

柑橘溃疡病鉴别的方法:取一小块病斑,放在玻璃片的无菌水滴上镜检,或盖上盖玻片,用于挤压,若有云雾状混浊的菌浓从切口溢出,可确定为溃疡病。

病原

溃疡病的病菌为 *Xanthomonas citri* (Hassc) Dowson. ,属黄极毛杆菌属。菌体短杆状,两端圆,极生单鞭毛。能游动,有荚膜,无芽孢。在牛肉汁蛋白胨琼脂培养基上,菌落圆形微突起,蜡黄色,有光泽,黏稠状。在马铃琼脂培养基上,菌落圆形,初呈鲜黄色,后转蜡黄色,表面光滑,周围有狭窄白色带。

病菌生长最适宜温度 20～30 ℃,最低 5 ℃,最高 36 ℃,致死温度范围 49～65 ℃,10 min。病菌耐干燥,在室内玻片上可存活 121 d,但在阳光下曝晒 2 h 即死亡。耐低温,冰冻 24 h,生活力不受影响。酸碱度适宜范围为 pH 6.1～8.8,最适为 pH 6.6。

发病规律

病菌在病组织中越冬,秋梢上的病斑是越冬和初侵染来源。带病组织在春季温度、湿度适宜时,溢出大量细菌,借风雨、昆虫、枝叶接触,人为农事活动传播。由水孔、气孔、伤口和皮孔侵入,在受侵染组织内迅速繁殖,刺激寄主细胞增大,使细胞肿胀破裂,随后细胞木栓化死亡。高温多雨,重复侵染可连续发生。病菌远距离传播主要是带菌苗木与接穗。

发病条件

溃疡病的发生与气候条件、品种特性和栽培管理状况等因素有密切关系。

①气候条件　高温、高湿有利病菌繁殖传播。病菌侵染和发病适温为 20～35 ℃。高温季节,多雨与发病程度成正相关,暴风雨造成大量伤口,为病菌入侵创造了有利条件。一般春季气温低,雨量少时发病少而病斑小,夏梢期雨量多、温度高时病斑大。夏梢期发病重,春梢次之,秋梢最轻。

②属和品种特性　柑橘属和枳壳属较感病,金柑属抗病性较强,柑橘类中甜橙类最易感病、酸橙、枳壳等次之;温州蜜柑等柑类发病较轻,朱红橘、红橘、南丰蜜橘、金柑等抗病或免疫。同一类柑橘类各品种间抗病性也有差异,脐橙较其他甜橙类感病重。金柑最抗病。柚子介于两者之间。

③栽培管理状况　施肥不合理,抽梢期延长,抽梢数多而不整齐,延缓老熟速度,有利发病。增施钾肥,可增强抗病性。潜叶蛾,恶性叶甲发生重,病害加重,感病品种与抗病品种混栽,病害加重。

防治方法

①严格检疫　对苗木、按穗、果实及种子进行严格的检疫和消毒,必要时隔离试种,一旦发病,就地烧毁,建立无病苗圃,培育无病苗木,从种子到苗木,采取一系列消毒、喷药保护、治虫和管理措施。

②控制消灭为害　零星和局部发病区,彻底烧毁病株,禁止向外调运苗木和接穗。早春发病之前,彻底干净清除病枝、病叶。发病苗木枝条短截,促使抽梢,发现病枝、病叶,立即剪除烧毁。

③喷药防治　在彻底剪除病枝、病叶的基础上,新梢抽发期或发病始期,应喷药防治。苗木和幼树,在各梢期萌芽后 20 d 和 30 d 各喷药 1 次。成年结果树,在落花后 10 d、30 d、50 d 各喷药 1 次。常用的农药有 0.5% 石灰倍量式波尔多液(硫酸铜 0.25 kg,石灰 0.5 kg、水 60 kg 配合而成);600～100 单位/cc 的农用链霉素,加 1% 酒精作辅助剂;铜皂液(硫酸铜 0.5 kg,松脂合剂 2 kg,加水 200 kg)既防病,又能治螨类;50% 代森铵水剂 600～800 倍液;50% 退菌特可湿性粉剂 500～600 倍液。

④加强栽培管理　在种植抗病品种的基础上,通过增施肥料和抹芽等措施,促进春梢生长,抑制夏梢生长,保持树体健壮,可减轻发病。

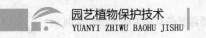

桃流胶病

流胶病是桃树以及杏、李等核果类果树的一种常见病害,各地均有发生。

图7.7 桃树流胶病

症状识别(见图7.7)

主要发生在枝干,尤其在主干和主枝杈桠处,果实及枝条也有发生。枝干发病时,树皮或树皮裂口处流出淡黄色柔软透明的树脂。树脂凝结,变为红褐色。病部稍肿胀,皮层和木质变褐腐朽,易被腐生菌加害。病株树势衰弱,叶色黄而细小。发病严重时,枝干枯死。

桃果发病时,由核内分泌黄色胶质。溢出果面。病部硬化,有时破裂,不堪食用。

病因及发病规律

此病是一种生理性病害。诱发病害的因素十分复杂,主要由碰伤、冻伤、虫伤、病害等形式的伤口引起。此外,果园管理粗放,排水不良,土壤过黏等都可引起流胶。一般春季发生最盛。北方桃树流胶多是霜、冻害及日灼、虫害等形成伤口的情况下发生的。流胶的病理过程发生在幼嫩的木质部,病部形成层停止增生新的韧皮部和木质部,向着与枝干垂直方向增生特大的厚壁细胞,内含物为淀粉堆积而成。当此种细胞聚集到很大数量时,胞间各种物质逐渐加厚,并流散开来。随着厚壁细胞陆续增生,继而胞壁中出现裂缝,与细胞膜平行,裂缝逐渐增多,细胞壁随之脱落并液化。同时,细胞内的淀粉也开始液化。以后由于厚壁细胞增生,胞壁液化和淀粉溶解3种作用同时进行。胶质不断增加,造成了流胶病。

防治方法

①加强栽培管理,增强树势。如增施有机肥料,改善土壤理化性状,酸性土壤适当增施石灰或过磷酸钙;土质黏重的果园进行土壤改良,注意园内开沟排水,进行合理修剪等。

②及时防治枝干害虫,预防虫伤,减少创伤,避免冻伤和日灼。

③早春桃树发芽前将病部刮除,伤口涂5 °Be石硫合剂,然后涂以白铅油或煤焦油保护。

枣疯病

枣疯病为害枣树和酸枣树。在我国枣产区分布十分普遍。此病是一种严重为害枣树的毁灭性病害,能造成枣树大幅度减产直至整株死亡,对进一步发展枣树生产影响极大。

症状识别(见图7.8)

枣树的幼树和老树均能发病,病树主要表现为丛枝、花叶和花变叶3种症状。丛枝病树根部和枝条上的不定芽、腋芽和隐芽大量萌发成发育枝,枝上芽又萌发成小枝,如此逐级生枝形成一丛丛的短疯枝。病枝节间缩短,变细,叶片变小,色泽变淡。毛根上生出的疯枝,出土后枝细、叶小、淡黄色,经强烈光射全部焦枯。

花叶 病株新梢顶端的叶片呈黄绿相间的斑驳,有时出现叶脉透明、叶缘上卷,质地变脆。这种病变多出现在花后,严重时落叶。

花变叶 病株的花退化为营养器官,花梗伸长,比健花长出4~5倍,并有小分枝,萼片、花瓣、雄蕊均可变为小叶,有时雌蕊变成小枝,结果枝变成细小密集的丛生枝。

病树的健壮枝虽可结果,但果型小呈花脸状,果内糖分降低,内部组织松软,不堪食用。病树一般很少结枣或不结枣,失去经济价值,群众俗称枣树猴了。

病原

据近年研究,枣疯病的病原是一种类菌质体。

发病规律

枣疯病通过嫁接和传毒昆虫传播。嫁接传播以皮接传毒最快,潜育期最短25~31 d,最长达382 d,先在新发出的芽上呈现症状。另外,

图 7.8　枣疯病

1—有病的幼枝;2—病果;3—病花(花变叶)

从病株上分根长成的小树也自然带病。传毒昆虫是中国拟菱纹叶蝉,寄生在枣树及酸枣树上。1 年发生 4 代,以卵在寄主树的 1~2 年生枝条上越冬。越冬卵孵化及第 1 代若虫和成虫发生整齐而集中,多活动在新疯枝叶间,第 1 代成虫传播枣疯病。

病树为全株带毒,但局部表现病状。一般先是一个或几个大枝或根蘖发病。个别枝条发病时,多是接近主干的当年生枝条发病,然后扩展到全株。

一般在贫瘠山地,管理粗放,肥水条件差,病虫害严重造成树势衰弱的枣园发病较重,反之较轻。嫁接苗 3~4 年后发病重,根蘖苗进入结果后发病重。品种间抗病力也有差异,如乐陵小枣,圆铃枣等最易感病,发病后 1~3 年内即整株死亡,长虹枣发病后可维持 5 年左右。

防治方法

①培养无病苗木,在无病区建立无病苗圃基地,满足生产需要。

②彻底刨除疯株、疯蘖,消灭病源。

③定期喷药灭虫,消灭传毒媒介。一般每年喷药 4 次;第 1 次在 4 月下旬(枣树发芽时),用10%氯氰菊酯乳油 3 000~4 000 倍液,防治中国拟菱纹叶蝉孵化越冬卵及枣尺蠖幼虫;第 2 次在 5 月中旬(开花前),用10%氯氰菊酯乳油 3 000~4 000 倍液,防治中国拟菱纹叶蝉第 1 代若虫和其他害虫;第 3 次在 6 月下旬(枣盛花期后),用80%敌敌畏乳油 1 500~2 000倍液防治中国拟菱纹叶蝉第 1 代成虫及其他害虫;第 4 次在 7 月中旬用20%速灭杀丁乳油 3 000 倍液,防治中国拟菱纹叶蝉等害虫。

④加强栽培管理,增施肥料,提高树体抗病能力。

⑤据试验,注射四环素或土霉素可治疗发病较轻的病树。方法是:在病株根部钻孔,接好橡皮管,滴注或用压力将 100 mg/kg 的四环素或土霉素药液 500 mL,注入树体内,第 1 次在枣树萌动初期(约4月)注射,第 2 次在 10 月进行。

实训作业

①对田间采集的果树枝干病害标本,分别整理和鉴定,描述所采病害的为害特征,总结

识别不同病害症状的经验。

②根据专题调查的数据,分析病害的发生情况,拟订主要果树枝干病害的防治方案。

③进行产量损失估算,分析某一病害发生重或轻的原因。

④针对果树枝干病害的发生、防治及综合治理等问题进行讨论、评析。

任务 7.2 果树病害症状的田间识别及防治方案的制订(二)

学习目标

通过对果树叶部病害的田间调查、诊断、观察,识别常见的果树叶部病害的症状,掌握当地发生的主要果树叶部病害的发生规律。应用所学的理论知识,根据病害的发生规律,学会制订有效的综合防治方案,并组织实施防治工作。

材料及用具

主要果树叶部病害的蜡叶标本、病原菌的玻片标本、病害为害状标本,生物显微镜、放大镜、镊子、病害图谱、影视教材、CAI课件、检索表等用具。

内容及方法

①田间调查主要叶部病害的为害特点,或通过教学挂图、音像教材、CAI课件,认识果树叶部病害病害的发病特点。

②田间布点调查病害的发病率、病情指数及损失估算。

③现场采集新鲜的叶部病害标本,对照图片、资料等认识其典型症状,将标本带回实验室进行镜检观察。

④通过对病害发生的调查和相关资料的分析,了解主要叶部病害病原的形态及其发生规律。

⑤根据病害的发生规律,运用病害综合防治理论,制订叶部病害的防治方案,并组织实施。

操作步骤

7.2.1 果树叶部病害症状的观察识别

结合当地生产实际选择一块或者若干块果园,组织学生现场观察识别果树叶部病害为害症状。在教师指导下,认识主要的叶部病害。

通过教学挂图,录像、幻灯、CAI课件等视听材料,向学生展示果树叶部病害为害特点。让学生间接直观地认识果树叶部病害为害和症状。

7.2.2　果树主要叶部病害的识别

苹果银叶病

苹果银叶病是20世纪50年代后期以来,在我国局部苹果产区出现的一种病害。现已广布于我国苹果产区,特别是黄河故道和江淮地区,发病尤为严重。陕西秦岭北麓的苹果林带均有分布。苹果树得病后,树势衰弱,果实变小,产量降低。重病树2~3年后即可枯死。此病不仅为害苹果,还为害梨、桃、杏、李、枣、樱桃等多种果树。

症状识别(见图7.9)

图7.9　苹果银叶病
1—银叶症状;2—纸皮症状;3—子实体
(直立枝上、横生枝上)

主要表现在叶片和枝上。侵入树体的病菌菌丝在木质部生长蔓延,并分泌一种毒素,随导管进入叶片,使叶片表皮和叶肉组织分离,间隙充满空气。由于光线的反射作用,致使叶片呈淡灰色,略带银白色光泽,故称银叶病。内部症状主要表现在木质部。病菌侵入枝干后,菌丝在木质部中扩展,向上可蔓延至1,2年生枝条,向下可蔓延到根部,使病部木质部变为褐色,较干燥,有腥味,但组织不腐烂。在一株树上,往往先从一个枝上表现症状,以后逐渐增多,直至全株叶片变成"银叶"。银叶症状越严重,木质部变色也越严重。果树生长前期,银叶症状不甚明显,秋季症状则较鲜明:在重病树上,叶片上可出现褐色的不规则锈斑,用手指搓捻,病叶表皮易碎裂、卷曲。

苹果树发病后,树势衰弱,发芽迟缓,叶片较小,病根多腐朽,2~3年后可致全株死亡。切断病枝干并保湿,在断口处可长出白色绒毛状菌丝团。病死的树上可产生复瓦状子实体,但未死的树上不产生子实体。

病原

苹果银叶病的病菌为紫色胶革菌 *Chondrostereum puvpureum*(Pers. Pr.)Pougar.,属担子菌亚门、层菌纲、无隔担子菌亚纲、非褶菌目。该菌的菌丝无色,有分枝和隔膜。菌丝体雪白色,渐变为乳黄色。朽木上保湿培养长出的菌丝层呈白色,厚绒毯状;在琼脂培养基上生长的菌丝体呈疏松的白色、圆形或放射状菌落。菌丝生长的最适温为24~26 ℃。子实体单生或成群发生在枝干的阴面,复瓦状,初紫色,后期略变灰,边缘色较浅;室内培养的子实体白色至淡黄色,不呈紫色。子实体有浓烈的腥味,平伏或呈支架状。平伏生长的子实体,有时伸展成片,边缘反卷,上面有绒毛而底面平滑;绒毛灰褐色,纵向生长,有时可显示轮纹状;绒毛下的紫色表面为子实层。担孢子无色,单胞,近椭圆形,一端稍尖。

发病规律

病菌以菌丝在病枝干的木质部内越冬,或以子实体在死树或死枝上越冬。担孢子随气流、雨水传播,多从剪、锯口及其他伤口侵入。春秋季树体最富含可溶性碳水化合物的时候,是病菌侵染最适时期。病菌侵入到达木质部的输导系统后,很快向上下扩展,甚至到达根部,致使水分和养分的输送受阻。被害木质部很快变成褐色腐朽。随着病害加深而杀死边材部分。从感染到症状显现需要1~2年。子实体多着生在病死树干背阴面。在多雨的年份,1年内可产生2次,一般都在5—6月及9—10月。子实体成熟后,在紫褐色的子实层上产生1层白霜状的担孢子,担孢子陆续成熟飞散传播。

防治方法

①保护树体,减少伤口 修剪时防止大砍、大剪。修剪伤口必须消毒保护,防止病菌从伤口侵入。

②果园卫生 子实体出现期,要加强检查,对苹果树及附近的杨树、柳树上的子实体及时清除烧毁,刮除子实体后,伤口涂石硫合剂(5 °Be)或其他伤口保护剂。

③轻病树加强管理轻病树采取施肥、灌水等栽培措施,合理负担栽果量,使病树恢复。

④药剂治疗 国外曾用硫酸羟基喹啉丸剂,进行病部枝干埋藏治疗,即用打孔器在病枝基部打直径1.5 cm、深3 cm的孔,将药丸埋入,再用软木塞和接蜡密封孔口,埋药量按枝条直径粗度而定,直径10 cm枝条,埋1丸为宜,国内也试用注射法及浇灌法进行治疗。

苹果白粉病

苹果白粉病在我国苹果产区发生普遍,主要为害新梢、芽、花,叶及幼果。受害严重叶片提前脱落,新梢干枯死亡,不仅影响当年的产量,对次年果树的生长发育影响也极大。除为害苹果外,还为害沙果、海棠、槟子和山定子等。

症状识别(见图7.10)

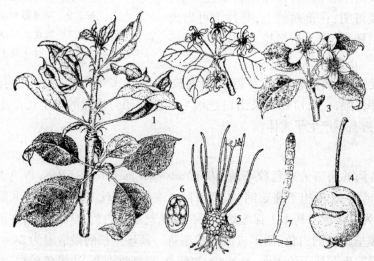

图7.10 苹果白粉病

1—病叶;2—病花;3—健花;4—病果;5—闭囊壳;6—子囊;7—分生孢子梗及分生孢子

苗木染病后,顶端十片和幼苗嫩茎发生灰白斑块,覆盖白粉。发病严重时,病斑扩展全叶,病叶萎缩,变褐色枯死。新梢顶端受害,展叶迟缓,叶片细长,呈紫红色。顶梢微曲,发育停滞。

大树染病后,病芽春季萌发晚,抽出新梢和嫩叶覆盖白粉。病梢节间缩短,叶片狭长,叶缘向上,质硬而脆,渐变褐色,病梢多不能抽出二次枝,受害重的顶端枯萎。花器受害,花萼、花梗畸形,花瓣细长,受害严重时不结果。幼果受害,多在萼洼或梗洼产生白色粉斑,稍后形成网状锈斑,表皮硬化呈锈皮状,后期形成裂口或裂纹,重者幼果萎缩早落。

病原

苹果白粉病菌为 *Podosphaera leucotricha*（Ell. ct Ev.）Salm.,属子囊菌亚门、核菌纲白粉菌目、叉丝单囊壳属。无性阶段 Acrosporium,属半知菌亚门、顶孢属,是一种外寄生菌,寄主表面的白粉状物即病菌分生孢子。菌丝无色透明,多分枝,纤细,有隔膜,分生孢子梗棍棒形,顶端串生分生孢子。分生孢子无色单孢,椭圆形。闭囊壳中只有一个子囊,椭圆形或球形,内含8个子囊孢子,子囊孢子无色单孢椭圆形。

发病规律

苹果白粉病以菌丝潜伏在冬芽的鳞片内过冬。春季萌发期,过冬的菌丝开始活动,产生分生孢子经气流传播进行侵染。菌丝蔓延在嫩叶、花器及新梢的外表,以吸器伸入寄主内部吸收营养。菌丝发展到一定阶段,产生大量分生孢子梗和分生孢子。4—9月为病害发生期,从4月初至7月不断再侵染,5—6月为侵染盛期,6—8月发病缓慢或停滞,8月以后侵染秋梢,形成二次发病高峰。

分生孢子随风传播,萌发入侵最适温度19~22 ℃,最适湿度接近100%,一般1~2 d内完成侵染。春季温暖干旱,夏季多雨凉爽的年份病害容易流行苹果中的花红类及倭锦、红玉、柳五等品种高度感病;绯衣,生娘,旭,青香蕉等次之;金冠、元帅,甘露、富丽比较抗病。抗病性与幼叶期生长的速度、表皮细胞的渗透压和可溶性糖的含量。多元酚氧化酶的活性、可溶性氮含量、寄主组织生长旺盛程度等成正相关,与可溶性糖含量、过氧化氢酶活性及总氮量成反相关。

防治方法

防治苹果白粉病的关键是抓紧发芽前剪除病梢、病芽和在侵染盛期喷药保护。

①清除菌原　结合冬季修剪,剪除病芽病梢,早春开花前及时摘除病芽,病叶冬季喷正癸醇加正辛醇,铲除病芽。

②药剂防治　感病品种树上,花前及花后5月中下旬喷3次药,药剂有0.3~0.5 °Be石硫合剂,40%粉锈宁可湿粉2 000倍液、50%甲基托布津1 000倍液,50%多菌灵可湿粉1 000倍液、50%苯来特可湿粉1 000倍液。

③栽培措施　合理密植,控制灌水,疏剪过密枝条,避免偏施氮肥,增施磷肥、钾肥。病害流行地区,避免或压缩感病品种(如倭锦、红玉、柳玉、国光等),种植抗病品种。

苹果早期落叶病

苹果褐斑病与灰斑病、圆斑病、轮斑病,统称为苹果早期落叶病,我国各苹果产区都有分布。

早期落叶病中以褐斑病最为严重,多雨年份防治不及时,容易造成早期落叶,引起第2次萌芽和开花,对树势和第2年的产量影响很大。褐斑病除为害苹果外,还侵染沙果、海棠、山荆子等苹果属果树。灰斑病和轮斑病能侵染梨树。

症状识别

褐斑病(见图7.11)　主要为害苹果树的叶片,也可侵染果实。叶上病斑初为褐色小

点以后发展为以下 3 种类型:

①同心轮纹型　叶片发病初期在叶正面出现黄褐色小点,渐扩大为圆形,中心为暗褐色,四周为黄色,病斑周围有绿色晕,病斑中出现黑色小点,呈同心轮纹状。叶背为暗褐色,四周浅黄色,无明显边缘。

②针芒型　病斑似针芒状向外扩展,无一定边缘。病斑小,数量多,布满叶片,后期叶片渐黄,病斑周围及背部绿色。

③混合型　病斑大,不规则,其上也有小黑粒点。病斑暗褐色,后期中心为灰白色,边缘有的仍呈绿色。3 种类型病斑发展至后期很难截然划分。

果实染病时在果面出现淡褐色小斑点,逐渐扩大为直径 6 ~ 12 mm 圆形或不规则形褐色斑,凹陷,表面有黑色小粒点。病部果肉为褐色,呈海绵状干腐。

3 种病斑都是边缘不整齐,与健全部分界限不明显,后期病叶变黄脱落,但病斑边缘仍保持绿色形成晕圈,是苹果褐斑病的重要特征。

果实染病时,果面出现淡褐色小斑点,逐渐扩大为直径 6 ~ 12 mm 圆形或不规则形褐色斑,凹陷,表面有黑色小粒点。病部果肉褐色,呈海绵状干腐。

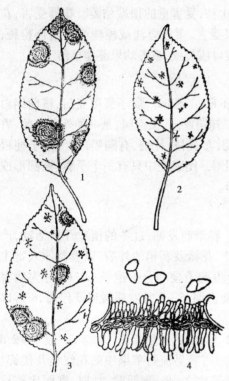

图 7.11　苹果褐斑病
1—同心轮纹斑型;2—针芒型;3—混合型;
4—分生孢子盘和分生孢子

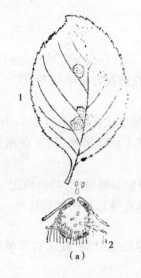
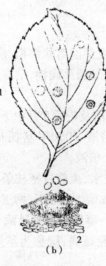

图 7.12　3 种叶斑病
(a)苹果圆斑病
1—病叶;2—病原菌
(b)苹果灰斑病
1—病叶;2—病原菌
(c)苹果轮斑病
1—病叶;2—病原菌

灰斑病(见图 7.12(a))　病斑正圆形,边缘整齐,周缘有略突起的紫褐色线纹。初期褐色,后变银灰色,表面有光泽;有些病斑向外扩展成不规则状,后期病斑散生稀疏的黑色小点,即病菌的分生孢子器。此病一般不引起叶片变黄脱落,有的叶片病斑密集,严重时叶片近焦枯。

圆斑病(见图 7.12(b))　病斑圆形,褐色,边缘清晰,直径 4~5 mm,与叶健部交界处呈紫色,中央有一黑色小点,状似鸡眼。

轮斑病(见图 7.12(c))　又称苹果斑点病,病斑多散生叶片边缘,呈半圆形,叶片中部病斑略呈圆形。病斑较大,常数斑融合成不整形。病斑褐色,无光泽,有明显的颜色深浅交错的同心环纹。病斑背面发生黑色霉状物。病重时病斑占叶片大半,叶片焦枯卷缩。

病原

苹果褐斑病　病原为苹果盘二孢菌 *Marssonina mali* (P. Henn.) Ito.,属半知菌亚门、腔孢纲、黑盘孢目。该菌的有性阶段为苹果双壳菌 *Diplooarpon mali* Harada et Sawamura,属于子囊菌亚门、盘菌纲、柔膜菌目、双壳属。病斑上着生的小黑点为该菌的分生孢子盘,初埋生于表皮下,成熟后突破表皮外露。盘上有呈栅栏状排列的分生孢子梗,无色、单胞,棍棒状。梗上产生无色、双胞的分生孢子,上胞较大而圆,下胞较窄而尖,内含 2~4 个油球,子囊盘肉质,钵状。子囊棍棒状,有囊盖。子囊内含有 8 个香蕉形双孢的子囊孢子。

灰斑病　病原为梨叶点霉 *Phyllosticta pirina* Sass,圆斑病病原为孤生叶点霉 *Phyllosticta solitarla* Ell. et Ev,无性阶段均属半知菌亚门、腔孢纲、球壳孢目、叶点霉属。灰斑病的分生孢子器圆形或扁圆形,深褐色,埋于表皮下,有头状孔口,突出表皮外,孢子梗极短,分生孢子单胞,无色,卵形或椭圆形。圆斑病的分生孢子器圆形,分生孢子梗极短,分生孢子单胞,无色近圆形。

轮斑病　病原为苹果格链孢 *Altcrnaria mali* Robcrts,属半知菌亚门、丝孢纲、丛梗孢目、交链孢属。分生孢子梗自气孔内成束伸出,暗褐色、弯曲,多隔膜;分生孢子顶生,短棍棒状,单生或链生,暗褐色,有 2~5 个横隔和 1~3 个纵隔。

发病规律

褐斑病　以菌丝、菌索和分生孢子盘在病叶上过冬,也能以子囊盘 + 拟子囊盘在落叶上过冬。过冬的病菌春季产生分生孢子,随雨水冲溅,先在接近地面的叶片侵染发病,成为初侵染源。潮湿是病菌扩展及产生分生孢子的必要条件,干燥及沤烂的病叶均无产生分生孢子的能力。子囊孢子、拟子囊孢子和分生孢子要求 23 ℃以上温度和 100% 相对湿度才能萌发,从叶背侵入,潜育期 6~12 d。病菌产生毒素,刺激叶柄基部提前形成离层,叶片黄化,提前脱落,发病至落叶 13~55 d,分生孢子借风雨再侵染。

陕西省关中 5 月下旬病害始发,发病盛期在 7—8 月,10 月停止发展。发病程度与降雨,品种及树势有关,雨水和多雾是病害流行的重要条件,5—6 月降雨早而多,发病早而重;7—8 月高温多雨,病害大流行。主栽品种红玉、元帅易感病;倭锦、青香蕉,金冠次之;小国光、柳玉比较抗病。强树病轻,弱树病重;幼树病轻,结果树病重;土层厚的病轻,土层薄的病重;树冠外围轻,内膛重。

灰斑病　病菌以分生孢子器在病叶中越冬。次年环境条件适宜时,产生的分生孢子随风、雨传播。北方果区 5 月中、下旬开始发病,7—8 月为发病盛期。一般在秋季发病重。国光品种易感病。

圆斑病 病菌主要以菌丝体在落叶及病枝中越冬。来年春季,越冬病菌产生大量孢子,通过风雨传播,侵染叶片,5月上、中旬开始发病,直到10月。圆斑病发生较早,灰斑病发生较晚。6—7月,两病混合发生,雨水多湿度大,发病更为严重,造成大量落叶,降雨是病害流行的主要因素。雨季早、雨量多、雨次频繁的年份发病早而重,一般幼树、健壮树发病轻,衰老树发病重。

轮斑病 菌丝或分生孢子在落叶上过冬。5月下旬至6月初开始发病,7月中、下旬至8月上、中旬达发病高峰。主要侵染展叶不久的幼嫩叶片,1年生枝条及果实也能受害。受害严重时8月下旬引起落叶,并导致当年第2次开花,影响产量,春旱发病轻,降雨多年份发病重。红星与青香蕉感病,小国光较抗病。

防治方法

①果园清洁秋冬季清除果园落叶,或对果园浅耕,减少越冬菌源。

②加强栽培管理增施肥料,增强树势,提高抗病能力。土质黏重或地下水位较高的果园,注意排水。加强果树整形、修剪,使其通风透光,降低果园小气候湿度,抑制病害发生。

③喷药保护关中5月上中旬、6月上中旬和7月中下旬喷3次药。秦岭山区和渭北喷药日期分别推后10~15 d。药剂有:波尔多液(1:2:200),1.5%的多抗霉素300~500倍液、80%喷克、50%扑海因可湿性粉剂1 500倍液,交替使用,可代替甲基托布津、多菌灵和代森锰锌,波尔多液药效期长达20多d,但幼果期易引起幼果锈斑,可改用锋铜石灰液或其他有机杀菌剂。

梨锈病

梨锈病又称赤星病、羊胡子,是梨树重要病害之一。我国梨产区都有分布,常引起叶片早枯、脱落,幼果畸形、早落,对产量影响很大。

症状识别(见图7.13)

梨锈病主要为害叶片和新梢,严重时也能为害幼果。

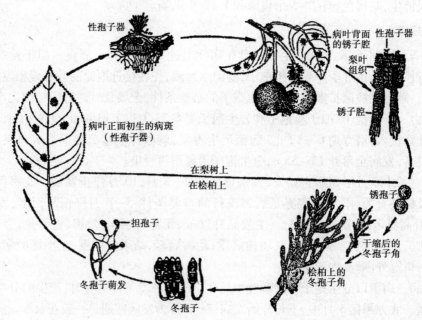

图7.13 梨锈病侵染循环图

　　叶片受害　开始在叶正面发生橙黄色、有光泽的小斑点,逐渐发展为近圆形的病斑。中部橙色,边缘淡黄,外有圈黄绿晕与健部分开。病斑直径4~5 mm,大的为7~8 mm。病斑表面密生橙黄色小斑点,为病菌的性孢子器。从性孢子器溢出淡黄色黏液,内含大量性孢子。黏液干燥后,小点微变黑,病斑组织渐变肥厚,背面隆起,正面微凹陷,不久在隆起处长出褐色毛状物,为锈菌的锈子腔。锈子腔成熟后先端开裂,散出黄褐色粉末,为锈孢子。最后病斑变黑枯死,仅留锈子腔的痕迹。病斑多时,引起早期落叶。

　　幼果受害　初期病斑大体与叶片上的相似。病部稍凹陷,病斑上密生初橙黄色后变黑色的性孢子器,后期在同一病斑的表面,产生灰黄色毛状的锈子器。病果生长停滞,往往畸形早落。

　　新梢、果梗与叶柄被害　症状大体与幼果上相同,病部稍肿起,初期病斑上密生性孢子器,以后在同一病部长出锈子器。最后,病部发黑发生龟裂。叶柄、果梗受害引起落叶、落果;新梢被害后病部以上常枯死,并易在刮风时折断。

　　转主寄主桧柏染病后,初在针叶、叶腋或小枝上出现浅黄色斑点,然后稍隆起。第2年3月、4月,逐渐突破表皮,露出红褐色或咖啡色圆锥形或扁平形的冬孢子角,冬孢子角吸水膨胀,呈橙黄色舌状胶质体。干燥时缩成表面有皱纹的污胶物。

病原

　　梨锈病菌为梨胶锈菌 *Gymnosporangium haraeanum* Syd.,属担子菌亚门、冬孢菌纲、锈菌目、胶锈菌属。梨锈病菌的性孢子器呈葫芦状,性孢子纺锤形,无色、单胞,锈孢子器细圆筒状,锈孢子球形或近球形,橙黄色,表面有疣。冬孢子纺锤形或椭圆形,双胞,橙黄色,有长柄,分隔处缢束。担孢子(小孢子)卵形,无色,单胞。

　　转主寄主桧柏上的冬孢子,萌发最适温度17~20 ℃,担孢子(小孢子)发芽最适温度15~23 ℃,锈孢子萌发最适温度27 ℃。

发病规律

　　梨锈菌能产生冬孢子、担孢子、性孢子和锈孢子四种类型孢子,但不产生夏孢子,因此不能进行再侵染。病菌以菌丝体在桧柏绿枝或鳞叶上的菌瘿中越冬。第2年春季在桧柏上形成冬孢子角,冬孢子萌发萌发产生担孢子,借风力传播到3~5 km以外的梨树上萌发入侵,梨树上产生性孢子器及性孢子、锈孢子器及锈孢子。秋季锈孢子随风传回桧柏上越冬。

发病条件

　　①转主寄主　梨锈病的发生与桧柏多少、距离远近有直接关系。方圆3~5 km,如无转主寄主,锈病就很少发生或不发生。

　　②气候条件　3—4月降雨次数和降雨量多时,易引起锈病流行。此外风力和风向影响锈菌孢子的传播,温度影响冬孢子的成熟期和成熟度,2—3月气温高低与春雨多少,是影响当年梨锈病发生轻重的重要因素。

　　③梨树品种的抗病性　梨树品种之间的抗病性差异很大,一般中国梨最感病,日本梨次之,西洋梨最抗病。建园时,必须栽植抗病品种。

防治方法

　　①清除转主寄主,彻底砍除距果园5 km以内的桧柏树。

②药剂防治。梨园附近不能刨除桧柏时应剪除桧柏上的病瘿。早春喷 2～3 °Be 石硫合剂或波尔多液 160 倍液,也可喷五氯酚钠 350 倍液。在发病严重的梨区,花前、花后各喷一次药以进行预防保护,可喷 12.5% 特谱唑可湿性粉剂 3 000～5 000 倍液、25% 粉锈宁可湿性粉剂 1 500～2 000 倍液、6% 乐必耕可湿性粉剂 1 000～1 200 倍液、400/c 福星乳油 8 000～10 000 倍液、10% 世高水分散粒剂 6 000～7 000 倍液。

苹果花叶病

苹果花叶病是普遍发生的一种病毒病害。染病后果树生长势减弱,寿命缩短,产量和品质下降,树体抗性差,易遭受其他病害的侵染。

花叶病毒的寄主范围很广,包括蔷薇科的多种果树,除苹果外,还可为害梨属、揪子属、属、山楂属等。

图 7.14 苹果花叶病症状类型

症状识别(见图 7.14)

苹果花叶病主要表现在叶片上,由于苹果品种的不同和病毒株系间的差异,可形成以下 4 种症状:

①斑驳型 病叶上出现大小不等、形状不定、边缘清晰的鲜黄色斑驳或深浅绿相间的花叶,后期病斑处常常枯死。在一年中,这种病斑出现最早,而且是花叶病中最常见的症状。

②环斑型 病叶上产生鲜黄色环状或近环状斑纹,环内仍呈绿色。发生少而晚。

③网纹型 病叶沿叶脉失绿黄化,并延及附近的叶肉组织。有时仅主脉及支脉发生黄化,变色部分较宽;有时主脉、支脉、小脉都呈现较窄的黄化,使整叶呈网纹状。

④镶边型 病叶边缘的锯齿及其附近发生黄化,在叶缘形成一条变色镶边,病叶的其他部分表现正常。这种症状仅在金冠、青香蕉等少数品种上可以偶尔见到。

在自然条件下,各种症状可以在同一株、同一枝甚至同一叶片上同时出现,但有时也只能出现一种类型。在病重的树上叶片变色、坏死、扭曲、皱缩,有时还可导致早期落叶。花叶病斑上容易发生圆斑病;病株新梢节数减少,因而造成新梢短缩。病树果实不耐贮藏,而且易感染炭疽病。

病原

苹果花叶病是由于李属坏死环斑病毒苹果株系(apple mosaic Virus)侵染所致。病毒粒体为圆球形。不同症状类型是由不同株系引起的,主要有重型花叶、轻型花叶和沿脉变色 3 个株系。重型花叶株系侵染苹果后,可严重表现各类型的症状,而且在老叶上引起大块枯斑,造成落叶;轻型花叶株系侵染后,一般只产生斑驳型花叶,而且为害轻微;沿脉变色株系主要造成比较明显的条纹型症状。前两者之间有交互保护作用。

侵染循环和发病条件

花叶病为系统侵染病害,只要寄主仍然存活,病毒也一直存活并不断繁殖。病毒主要靠嫁接传播，无论砧木或接穗带毒，均可形成新的病株。此外，菟丝子可传毒。在海棠实生苗中可以发现许多花叶病苗，说明种子有可能带毒，但目前尚无确切的试验证明。1956年就报道苹果蚜和木虱可传毒，但一直未能肯定。然而在自然条件下，该病可缓慢传播蔓延，因此昆虫传毒的可能性是存在的。

嫁接后的潜育期长短不一，一般为3～27月。病害的盛发期与苹果新梢生长相吻合。陕西关中地区春季萌发后10～20 d，斑驳型症状集中出现，7—8月症状停止，9月抽出秋梢症状又出现。凉爽气温(10～20 ℃)，较强光照，土壤干旱及树势衰弱有利病害发生。

苹果高度感病的品种有青香蕉、金冠、倭锦、秦冠等；轻度感病的有红玉、醇露、红星、元帅、国光等；较抗病的有祝、印度、早生旭等。

防治方法

①利用无病砧木和接穗　挑选健壮无病虫、品质优良的成年树采取接穗，培育无毒苗木。

②淘汰病株　未结果幼树感病后应及时日淘汰。

③喷药　已结果的大树感病，春季早期喷50～100 mg/kg增产灵，加强水肥管现减少为害。

④生物干扰　利用弱毒性株系对强毒性株系起干扰作用，减轻病情。

苹果黄叶病

苹果黄叶病又称黄化病、缺铁失绿症，是由于缺铁引起的生理病。栽植在盐碱土或石灰质过高的地区的苹果树，受害十分严重，苗期和幼树期受害更重。

症状识别(见图7.15)

苹果黄叶病主要表现在新梢的嫩梢上。开始叶肉变黄色，叶脉两侧仍保持绿色，叶片呈绿色网状纹状失绿，随后叶片失绿程度逐渐加重，甚至全叶变成黄白色至白色，病叶从边缘变褐焦枯，最后全叶枯死早落。严重缺铁时，新梢顶端枯死。病树所结的果实仍为绿色。

病因及发病规律

苹果黄叶病是由于缺乏铁素营养引起的生理病害。铁对叶绿素的合成有催化作用，铁又是构成呼吸酶的成分之一。缺铁时，叶绿素合成受到抑制，植物表现褪绿、黄化甚至白化。铁素并非果园土壤中缺乏，而是因为在碱性或盐性土壤中，可溶性的二价铁被转化为不溶性的

图 7.15　苹果黄叶病症状

三价铁盐而沉淀，果树不能吸收利用，影响叶绿素的形成。因此，黄叶病多发生在盐碱土或石灰质过高地区的果园。干旱和生长旺盛的时候，由于地下水蒸发，增加表土层的盐碱浓度，可加重病害的发生。进入雨季后，土壤盐碱成分下降，黄叶病相应减轻。一般中性或微酸性土壤不易发生此病。

苹果黄叶病发生的轻重程度与砧木种类有关，山定子砧木的苹果黄叶病最重，海棠砧木黄化较轻；秋子、新疆野苹果，苹果实生苗砧，不发生黄化现象。

苹果品种以金帅、国光，红玉发病最重；青香蕉、红香蕉、红星、富士次之；祝光和甜黄奎

最轻。

防治方法

改良土壤,释放被固定的铁元素,是防治黄叶病的根本性措施;适当补充可溶性铁,可以治疗黄叶病树。

①选用抗性砧木、如秋子等,是预防此病的有效办法。

②间作豆科绿肥,翻压绿肥,大量施用有机肥,增加土壤腐殖质,改善土壤结构,释放被固定的铁,减轻盐碱为害。

③地下水位高的果园,应兴修排灌水道,降低水位和及时灌水压盐。

④与有机肥料相配合施用硫酸亚铁。将硫酸亚铁溶于水,与棉籽饼或牛粪混合,开沟施入,一株九十年生树约施硫酸亚铁 0.5 kg,棉籽饼 5 kg 或牛粪 50 kg,施后 1 个月左右转绿,效力可维持 1 年。

梨黑星病

黑星病是梨树的一种重要病害。我国各梨区均有发生,尤以北方产区发生普遍,为害严重。引起早期落叶,树势衰弱,果实畸形,对产量和品质影响很大。

症状识别(见图 7.16)

梨黑星病能侵染梨树所有的绿色幼嫩组织,主要侵害叶片和果实,也可以为害花序、芽鳞、新梢、叶柄、果柄等部位,从落花期到果实成熟期均可为害。病斑初期变黄,后变褐枯死并长黑绿色霉状物,病征十分明显。

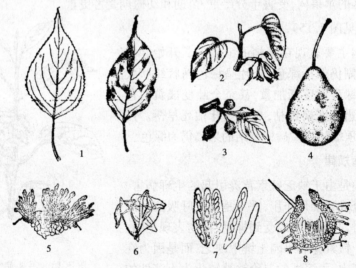

图 7.16　梨黑星病症状和病原

1—病叶;2—病叶柄;3—病幼果;4—病果;5—分生孢子梗;
6—分生孢子;7—子囊和子囊孢子;8—子囊壳

叶片　叶片受害,先在叶正面发生多角形或近圆形退色黄斑,背面产生辐射状霉层,尤以小叶脉上最易着生,病情严重时,病叶大量早落。

芽鳞　感病的幼芽鳞片,茸毛较多,后期产生黑霉,严重时芽鳞开裂枯死,感病较轻的病芽第二年春季萌发为病梢。在一个枝条上,亚顶芽最易受害,病芽绝大部分是叶芽,花芽极少发病。

花序 花序发病,花萼、花梗基部发生霉斑,接着叶簇基部也发病,使花序和叶簇萎蔫枯死。

新梢 新梢发病后,初期形成椭圆或梭形霉斑,后期病部皮层开裂呈粗皮状的疮痂,故又称疮痂病。

果实 幼果受害,大多数早落或病部木质化停止生长成为畸形果。大果实受害,可发生十几个到几十个病斑,形成疮痂状凹斑,出现星裂或龟裂,病斑伤口常被其他多种果实腐烂病菌再侵染,使全果腐烂。

病原

梨黑星病菌为 *venturia piritna* Adcrh,属子囊菌亚门、黑星菌属。无性世代 *Fusicladium pirinum*（lib.）Fuck 属半知菌亚门、丝孢纲、丛梗孢目、黑星孢属,病斑上的霉层是该菌分生孢子梗及分生孢子。分生孢子梗暗黑色,散生或丛生,直立或弯曲,由寄主角质层下伸出。孢子梗肥短,五分枝,分生孢子着生在顶端或中间,可连续产生。分生孢子卵形,单胞,少数萌发前产生一隔膜,淡褐色或橄榄色。有性世代春季形成,常发生在老病斑的周围,每一片多达2 000个,子囊壳球形,孔口露出表皮之外。孔口常有数根针状刚毛,壳内生有120～200 个子囊,子囊棍棒状,无色,内含8个子囊孢子,子囊孢子卵圆形,黄褐色,双胞,上大下小,仅大细胞有萌发力。

发病规律

病菌以菌丝或分生孢子在芽内、病梢、落叶上越冬,早春形成大量的分生孢子,成为当年发生病害的主要初侵染来源。病菌也能以菌丝团或子囊壳在落叶中越冬,翌年形成子囊孢子。冬季雨雪多,小气候温暖,分生孢子萌发力低,有利于有性世代形成,以子囊孢子作主要侵染源。因此不同年份与不同地区,有不同的越冬方式。第2年春季,产生分生孢子或子囊孢子,借风雨传播进行初侵染,分生孢子落到叶片上,主要从气孔侵入,也可穿透表皮直接侵入;在果实上,可通过皮孔侵入,也可直接侵入。一般感病品种的新梢基部最先发病,以后叶片、果实等相继发病。梨黑星病是一种再侵染次数比较多的流行性病害,发生期很长。陕西关中地区3月下旬至9月中旬,梨树均能受害。以叶片及果实受害最重。病害大流行多在6—7月。

发病条件

梨黑星病的发生和流行,与湿度有密切的关系。降雨次数及降雨量,对病害的发生和流行起决定性作用。降雨有助于病菌孢子的分布、萌发、侵入和发病。病菌孢子入侵要求一次降水在5 mm 以上,并连续有48 h 以上的雨天。分生孢子萌发需相对湿度70%以上,80%以上萌发率最高,菌丝生长适宜温度22～23 ℃,分生孢子形成最适温度20 ℃,萌发最适温度22 ℃。温度也影响病菌的潜育期,陕西关中地区潜育期一般为12～29 d,这期间温度越高,潜育期越短。

不同品种间抗病力差异很大。西洋梨、日本梨比中国梨就抗病。中国梨以鸭梨、秋白梨等最易感病,发病最早。秋子梨次之。沙梨、褐梨、夏梨系统较抗病。此外树龄较大,管理粗放,生长衰弱的梨树抗病力差。

防治方法

(1)清除越冬病菌

病菌主要集中于病芽中越冬,有的在落叶上越冬。秋末冬初清扫果园,剪去病残组织,减少侵染来源。

（2）摘除病梢

落花后至6月间,发现病梢立即剪除烧毁,减少再侵染来源,可大大减轻或延缓黑星病的发生为害。

（3）药剂防治

①梨树萌芽破绽期(3月中旬)结合防虫喷3～5°Be石硫合剂一次,可杀死病芽中潜伏的菌丝,对减少病梢有一定作用。选择渗透性更强的铲除性药剂,效果可能更好。

②落花后(4月中下旬)喷1∶1∶160倍波尔多液。

③在5月中、下旬,6月中、下旬及7月中、下旬各喷波尔多液一次。喷药时注意喷匀、喷周到,树膛内外及上下都沾有药,要重点喷叶片背面,因为病菌从叶背入侵的居多。以上喷药的时间不是一成不变的,需根据气候和病情作相应的增减。除波尔多液外,还可用50%甲基托布津500～800倍液,50%多菌灵可湿性粉剂1 000倍液喷雾。

（4）加强果园管理

根据梨树发育规律,进行水肥管理,增施有机肥料,促进树势健壮生长,提高对黑星病的抵抗能力。

（5）建立新园时,要求栽培抗病品种

比较抗病的品种有香水梨、雪花梨、蜜梨、巴梨等。

柑橘炭疽病

柑橘炭疽病在柑橘产区均有分布,可为害柑、橘、甜橙、柚子、柠檬等多种柑橘类果树。此病造成大量落叶、枯枝以及枝干爆皮,严重时橘园一片枯焦,尤以温州蜜柑受害最重。

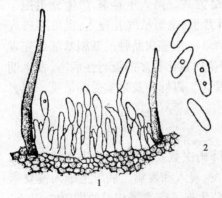

图7.17　柑橘炭疽病菌
1—分生孢子盘;2—分生孢子

症状识别（见图7.17）

炭疽病为害叶片、枝梢、大枝及主干、花与果实,造成典型的炭疽型病斑。

①叶片症状　不同时期为害叶片出现不同症状类型:

a.慢性型　多发生在老熟叶片上,干旱季节发生较多,病斑轮廓明显,多从叶缘,叶尖或叶部伤口处发生,近圆形、半圆形或不规则形,直径3～20 mm,淡黄褐色或淡灰褐色,周围有紫褐色边缘与健部分界明显,后期病部中央干枯灰白,表面散生或作轮纹状排列的小黑点(分生孢子盘),多雨潮湿天气,小黑点溢出橘红色胶质液点(分生孢子团)。

b.叶枯型　多发生在温州蜜柑的新老叶片上。早春气温较低而且潮湿的条件下,树势衰弱的橘园,病斑发展较快。病斑从叶尖开始出现水渍状,暗绿色,后变淡褐色,迅速向基部方向扩展成黄褐色、边缘不清晰的云状病斑病斑组织枯死后多呈"V"字形或倒"V"字形斑块,上有大量朱红色胶质小点。

c.叶斑型　发生在温州蜜柑夏、秋梢上发出的新叶上,病斑在叶片上少则2～3个,多达数十至数百个。病斑圆形或不规则圆形,外围有1～3 mm的深褐色宽带,中央淡褐色至灰白色,部分有散生或作轮纹状排列的小黑点粒,病斑多时常连成片,但病斑轮廓明显可见。病叶不易脱落。此种类型多在3月上旬左右雨雪后一周发生,为害十分严重。

②枝梢症状 枝梢上有两种症状类型:一是果树严重冻害后,1年生顶梢由上而下枯死,枯死枝梢灰白色,其上散生许多黑色小粒点,枯死叶片不易脱落;二是从叶柄基部腋芽处,或从枝梢任何受伤皮层处开始发病,病斑淡褐色至红褐色,椭圆形或扩大成长梭形,病皮初期稍隆起,后稍下陷。多发生当年生春梢及2年生枝梢上。当病斑环绕枝条一周时,病梢由上而下枯死,枝上散生黑色小粒点,雨后病部产生橘红色小点。

③大枝及主干症状 病斑多为梭形,长椭圆形或条状形,边缘整齐;病部坏死干枯后,病皮起翘脱落。病斑长短不一,长的可达1~2 m。树势恢复后,周围产生愈伤组织。

④花和果实症状 花开后,病菌侵害雌蕊柱头,呈褐色腐烂,引起落花。幼果受害,果面出现暗绿色油渍状不规则病斑,后扩至全果,天气潮湿时,病果上长出白色霉层及橘红色小点粒。果实腐烂干缩成僵果,挂在树上经久不落。成长果实发病后有干疤、"泪痕"和腐烂3种不同症状类型。干疤型多出现在果腰,与日灼有关,病斑圆形或近圆形,凹陷,黄褐色,病皮革质。泪痕型多在阴雨连绵条件下发病,病果皮层出现红褐色条状泪斑,故称泪痕,影响果实外观。腐烂型主要出现在贮藏期,病菌多从果蒂或其附近入侵,初为水渍状,后变为褐色腐烂,病斑边缘整齐,病害侵入果肉,引起腐烂。

病原

病原为胶孢炭疽菌 *Collctotrichum glocosporioides* Penz,属半知菌亚门、腔孢纲、黑盘孢目、炭疽菌属。病菌分生孢子盘初埋于寄主表皮下,后突破表皮外露。分生孢子盘有刚毛或无刚毛,刚毛暗褐色,有隔膜,直或稍弯曲。分生孢子梗在盘内成栅栏状排列,圆柱形,无色,单孢,顶端尖。分生孢子长椭圆形至长圆筒形,无色,单孢,稍弯曲或一端稍小。

病菌的生长温度,最低为9 ℃,最高37 ℃,最适为21~28 ℃,致死温度为65~66 ℃,10 min。分生孢子萌发适温为22~27 ℃,最低为6 ℃。萌发需4 h以上,在清水中不易萌发,在4%橘叶煎汁或5%葡萄糖液中萌发良好。

发病规律

病菌以菌丝体潜伏在病枝梢组织中。温、湿度适宜,全年都可产生分生孢子,随风雨传播,尤其是当年春天形成的病枝梢,产孢量最多,上一年病枝至下年9月以后,就失去产孢能力。在柑橘生长季节中,每逢下雨,都可在橘园中捕捉到大量分生孢子。分生孢子萌发后,可从伤口、气孔或直接突破寄主角质层侵入寄主表皮。

陕西省汉中地区,正常气候条件下,12月底初见急性型病斑,3月上、中旬至4月,叶枯型、叶斑型病叶盛发。此时枝梢症状开始出现,盛期在3月中旬至4月中、下旬;多发生在1~2年生枝梢上,严重时橘园一片焦枯。大枝干症状在4月下旬至5月下旬出现,若树体健壮,则病部产生愈伤组织。6—9月病皮起翘、剥落,俗称"爆皮病"。据陕西果树研究所调查,4月中旬抽出枝梢,5月上、中旬开始带菌,10月潜伏带菌量为70%,老叶带菌量达80%,说明病菌有潜伏侵染的特性。

炭疽病的发生,流行与气候,栽培条件有密切的关系。一般低温,高湿有利于发病,冬季冻害,早春低温,降雨次数和降雨量的多少,是病害流行的决定因素。低温冻害越早,病害发生越早。此病为弱寄生菌,当寄主组织衰弱和组织受到损伤时,才发病为害。若肥水不足,偏施氮肥,缺少磷钾肥,树势弱,发病重,土层薄,重沙土,保肥保水力差,或土质黏重,有机质含量低,栽培管理粗放,发病也重。

防治方法

(1)加强栽培管理

橘园深翻改土,增施有机肥料,根据柑橘生长需要,分期施用磷、钾肥、提高树体抗病能力。并做橘园防寒、防冻、保温、保湿和防虫工作。严格禁止橘园间套吸肥力强的高秆作物,解决好果粮、果菜争肥、争水、争光的矛盾。

(2)减少病原

结合修剪清园工作,及时剪除病枝梢,清除病叶、落叶、落果,集中烧毁。

(3)喷药保护

5月中、下旬为病菌传播期,结合病虫防治喷药1~2次,保护春梢。9月下旬至10月下旬,每隔15 d喷1次,连续喷2~3次,保护夏、秋梢。12月中、下旬,病叶初见期,连续喷2~3次,清除初发病菌。

①春末喷65%退菌特可湿性粉剂500倍液,或1:1:150倍的波尔多液,每隔15 d喷1次。

②9—10月喷50%甲基托布津可湿性粉剂1 000倍液或80%多菌灵微粉剂每亩100 g超微喷雾。

③采果实,结合防治红叶螨喷0.5~1 °Be石硫合剂1次。

④12月中、下旬病害初见期,连续喷2次50%代森铵水剂600~800倍液。

桃缩叶病

桃缩叶病是我国桃树普遍发生的一种病害。一般年份,发病轻微。

症状识别(见图7.18)

此病为害桃树幼嫩部分,主要为害叶片,严重时也为害花、嫩梢及幼果。春季嫩叶自芽鳞抽出即可被害,嫩叶叶缘卷曲,颜色变红。随叶片生长,皱缩、扭曲程度加剧,叶片增厚变脆,呈红褐色。春末夏初叶面生出一层白色粉状物,即病菌的子囊层。后期病叶变褐、干枯脱落。

新梢受害后肿胀、节间缩短、呈丛生状,淡绿色或黄色。病害严重时,使整枝枯死。幼果被害呈畸形,果面龟裂,易早期脱落。

图7.18 桃缩叶病
1—症状;2—病原(子囊层及子囊孢子)

病原

桃缩叶病菌 *Taphrina deformans* (Berk)Tul. 属子囊菌亚门、半子囊菌纲、外囊菌目、外子囊菌属。子囊层裸生在角质层下,子囊圆筒形,上宽下窄,顶端平截,无色。子囊内含8个子囊孢子,子囊孢子无色,单胞,圆形或椭圆形,能在子囊内、外以芽殖方式产生芽孢子。芽孢子有薄壁和厚壁两种。厚壁芽孢子有休眠作用,能抵抗不良环境。

发病规律

病菌以子囊孢子和厚壁芽殖孢子,在芽的鳞片上或芽鳞缝隙内,以及枝干病皮中越冬和越夏。4月初桃树萌芽时,越冬孢子萌发由气孔或表皮直接入侵,每年只侵染一次。病菌侵入后,菌丝在表皮细胞下蔓延,刺激病叶肿大变色,至初夏产生子囊层,孢子成熟后即行放射。附着寄主表面的孢子,在条件适宜时,形成大量的芽孢子。薄壁的芽孢子还可继续芽殖产生孢子。在炎夏和严冬,能产生具有休眠能力的厚壁芽孢子,这些孢子在寄主表面存活2年以上,成为病害偶发流行时的病菌来源。

桃缩叶病的发生和为害轻重与早春气候关系密切。病菌生长适温20 ℃,最低10 ℃,最高26～30 ℃,侵染最适温度10～16 ℃。早春桃芽萌发时,如果气温低(10～16 ℃),持续时间长,湿度又大的地区和年份均有利病菌侵入,发病就重。反之,早春温暖干旱的地区和年份发病轻。品种间早熟桃品种发病较重,中、晚熟品种发病较轻。

防治方法

①早春桃芽膨大后,芽顶开始露红时,用4～5 °Be的石硫合剂,或30%固体石硫合剂100倍液,或1:1:100的波尔多液喷洒。也可用其他药剂如:5万单位井冈霉素水剂500倍液、50%多菌灵可湿性粉剂600倍液、50%退菌特可湿性粉剂800倍液,70%代森锰锌可湿性粉剂400～500倍液等进行喷洒。杀死树上越冬孢子,消灭初次侵染源。

②轻病区在发病早期,病叶未产生白色子囊层之前,结合疏果剪除病叶,及时深埋,减少越冬菌源。

③病重果园,及时追肥和灌水,促使树势恢复,增强抗病力,以免影响当年和来年结果。

桃细菌性穿孔病

桃细菌性穿孔病,除为害桃树,还为害杏、李、樱桃等果树。

症状识别(见图7.19)

主要为害叶片,也能侵害果实和枝梢。叶上初生水渍状小点,逐渐扩大成圆形或不规则形病斑,红褐色至黑褐色,直径2 mm左右。病斑周围呈水渍状,并有黄绿色晕圈。以后病斑干枯,病、健组织交界处发生一圈裂纹,脱落形成穿孔,或仅有一小部分与叶片相连,叶上病斑多发生在叶脉两侧和叶缘附近,有时数个病斑愈合成一大病斑,病斑处均易脱落穿孔。

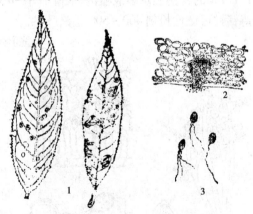

图7.19　桃穿孔病症状及病原
1—症状;2—病叶部分及切片;3—病原细菌

枝条受害后,有两种不同的病斑:一种是春季溃疡;另一种是夏季溃疡。春季溃疡发生在上一年夏季生出的枝条上(病菌在前一年已经侵入)。春季当第一批新叶出现时,枝条上形成暗褐色小疱疹,直径约2 mm,以后扩展到10～100 mm,宽多不超过枝条直径的1/2,有时可形成枯梢现象。春末桃树开花以后,病斑表皮破裂,病原细菌随汁液溢出,开始传播。夏季溃疡多在夏末发生,在当年生嫩枝上,以皮孔为中,形成水渍状暗紫色斑点,以后病斑变褐色至紫黑色,圆形或椭圆形,稍凹陷,边缘呈水渍状。由于夏季溃疡的病斑不易扩展,很快干枯,因此传病作用不大。

果实上的病斑为暗紫色,圆形,稍凹陷,边缘水渍状,潮湿时可溢出黄色溢脓,干燥时,病斑常发生裂缝。

病原

细菌性穿孔病菌 *Xanthomonas pruni*（Smith）Dowson. 属细菌中的黄单胞杆菌属。菌体短杆状,两端圆,单极生 1～6 根鞭毛。有荚膜,无芽孢,革兰氏染色阴性,好气性。在肉汁洋菜培养基上菌落黄色,圆形。病菌发育最适温度 24～28 ℃,最高 37 ℃,最低 3 ℃,致死温度 57 ℃10 min. 在干燥条件下,病菌可存活 10～13 d,枝条溃疡组织内可存活一年以上。

发病规律

病菌主要在病枝梢上越冬,第 2 年春季桃树开花前后,病菌随桃树汁液从病部溢出,借风、雨或昆虫传播,由叶片的气孔、枝条和果实皮孔及枝条上的芽痕侵入。叶片一般在 5 月发病,夏季干旱时病势发展缓慢,到秋季,雨季又发生后期侵染。病菌的潜育期与气温高低和树势强弱有关,温度 25～26 ℃,潜育期 4～5 d;20 ℃时为 9 d;19 ℃时为 16 d。树势衰弱,潜育期缩短;树势强时,潜育期达 40 d 左右。

春暖潮湿,发病早而重,夏季高温干旱,病势发展缓慢;秋季多雨又可大量侵染。树势衰弱、排水不良、通风透光差和偏施氮肥的果园发病重。一般晚熟品种较重,早熟品种较轻。

防治方法

①冬季或早春结合修剪,剪除病梢,烧毁或深埋。

②新建桃园,避免与核果类果树,尤其是杏、李混栽。

③桃树发芽前,喷 4～5 °Be 石硫合剂或用 45% 固体石硫合剂 140～200 倍液,或 1:1:120 的锌铜波尔多液喷洒;展叶后用 50% 甲霜铜可湿性粉剂 500～600 倍液,或 70% 代森锰锌可湿性粉剂 400～500 倍液喷洒。

葡萄霜霉病

葡萄霜霉病是世界性病害。我国各葡萄产区均有分布,流行年份,病叶焦枯早落,病梢扭曲,发育不良,对树势和产量影响很大。

症状识别（见图 7.20）

主要为害叶片,也可为害地上部分的幼嫩组织。叶片受害后,开始呈现半透明、边缘不清晰的油渍状小斑,后发展成为黄色至褐色的不规则形病斑,并能愈合成大块病斑。天气潮湿时病斑背面产生灰白色霜霉层,即病菌的孢囊梗及孢子囊。病斑最后变褐干枯,叶片早落。

新梢、卷须、穗轴及叶柄发病时,开始也呈现半透明油渍状小斑点,后扩大为微凹陷、黄色至褐色不定形病斑。潮湿时,病斑上产白色霜霉。

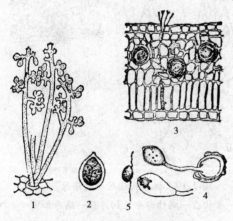

图 7.20　葡萄霜霉病菌

1—孢囊梗;2—孢子梗;3—病组织中的卵孢子
4—卵孢子萌发;5—游动孢子

病梢生长停滞、扭曲、枯死。

幼果生病后，病部褪色，变硬下陷，也产生白色霜状霉层，随即皱缩脱落，果粒半大时，侵染是从果梗蔓延而来的，果粒表面变褐软腐。不久即干缩早落，果粒着色后接近成熟不再受侵染。

病原

葡萄霜霉病菌 *Plasmopara viticola*（Berk et Curt）Berl et de Toni 属鞭毛菌亚门、卵菌纲、霜霉菌目、单轴霜霉菌属。病菌的菌丝体在寄主细胞间蔓延，产生瘤状吸器伸入寄主细胞内吸取养料。无性繁殖时产生孢子囊，孢囊内产生游动孢子。孢囊梗一般 5~6 根，由寄主气孔伸出，孢囊梗无色，单轴分枝，分枝处近直角。分枝末端略膨大，且有 2~3 个短的小梗，其上着生卵形、顶端有乳头突起的孢子囊，在水中萌发产生肾脏形游动孢子，游动孢子无色，生有两根鞭毛，后失去鞭毛，变成圆形静止孢子，静止后产生芽管，由叶背气孔侵入寄主。发育后期进行有性繁殖，在寄主组织内形成卵孢子。卵孢子褐色，球形，壁厚。

发病规律

病菌以卵孢子在病残组织，尤其在病叶中越冬，寿命可维持 1~2 年。少数情况下也有以菌丝在芽内越冬的。春季卵孢子萌发产生游动孢子囊，再以游动孢子经风雨传播至近地面的叶面上，萌发产生芽管，从气孔、皮孔侵入寄主，引起初侵染。潜育期 7~12 d。葡萄发病后，产生孢子囊，进行再侵染。条件适宜时，可重复多次。秋末，病菌在病残体中形成卵孢子越冬。

发病条件

①气候　此病多在秋季盛发，一般冷凉潮湿的气候，有利发病。孢子囊萌发的最适温度 10~15 ℃，最低 5 ℃，最高 21 ℃。在 13~28 ℃孢子囊均可形成，以 15 ℃最适宜。孢子囊的产生和萌发，以及游动孢子的萌发，入侵都需要雨露。孢子囊形成需要空气相对湿度达 95%~100%。干燥条件下，孢子囊不能形成，高温干燥下已形成的孢子囊只能存活 4~6 d。因此，秋季低温多雨湿度大，易引起病害流行。

②管理　果园低湿、植株过密、棚架过低、植株枝叶密集、通风透光不良时，均可造成有利发病的小气候，发病较重。

③品种　不同品种间感病程度不同，美洲种葡萄比欧洲种抗病。植株地上部组织中含钙量较多的葡萄抗病力强，葡萄细胞液中钙钾比例是决定抗病力的重要因素之一。老叶钙钾比例大抗病，嫩叶钙钾比例小易感病。一般钙钾比例大于 1 时，表现抗病，小于 1 时比较感病。

测报调查

①病菌卵孢子在土壤湿度大的条件下，当昼夜平均温度达到 13 ℃时，即可萌发。

②昼夜平均温度在 12~13 ℃以上，同时有孢子囊形成，寄主表面又有 2~2.5 h 以上的水滴存在，病菌即可完成侵染。

③病害潜育期的长短以温度为转移，但品种的抗病性也有一定关系，抗病品种的潜育期较感病品种长。后者一般需要 7~12 d，前者可达 20 d。在合适条件下（23~24 ℃，感病品种）潜育期最短时只有 4 d，在 12 ℃时，延长至 13 d。

④病害潜育期终结时，还必须具有高湿的条件（下雨或雨后有重露），才可长出孢子囊

进行再次传播和侵染,否则就不能发生再侵染。

具体测报时,参考当地气象预报资料,即可大致了解病菌入侵的时间。然后,在病菌侵染前喷布保护性杀菌剂,就可获得良好的防治效果。

防治方法

①果园清洁　冬季修剪病枝,扫除落叶,收集烧毁带菌残体,秋深翻,减少越冬菌源。

②加强栽培管理　合理修剪,尽量剪除近地面的不必要的蔓枝,棚架不要过低,改善通风透光条件。增施磷钾肥和石灰,避免偏施氮肥。雨季注意排水,减少湿度,增强寄主抗病性。

③病害　经常流行的地区,可选育或种植较抗病的品种。

④药剂保护　春季用波尔多液(1:0.5:200)喷洒保护。发病初期用40%乙膦铝可湿性粉剂300～400倍液、58%瑞毒霉-锰锌可湿性粉剂600～700倍液、70%代森锰锌可湿性粉剂400～500倍液、64%杀毒矾可湿性粉剂400～500倍液喷雾。

柿角斑病

柿角斑病是柿树上常见的病害,除柿树外,还可为害君迁子。几乎所有栽培柿树的地区都有发生,发病严重时,早期落叶落果,影响产量和质量,还削弱树势,并诱发柿疯病。

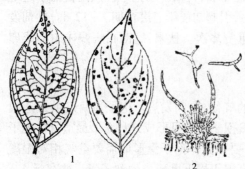

图 7.21　柿角斑病

1—症状;2—分生孢子梗及分生孢子

症状识别(见图 7.21)

仅为害柿树的叶子及柿蒂,不为害枝条、树干和果实。

叶片受害初期,叶面上出现下规则形、黄绿色病斑。斑内叶脉变黑色,以后病斑渐变浅黑色,随后病斑中部又褪色变成浅褐色,此时病斑即不再扩展。由于受叶脉限制,病斑呈多角形,大小2～8 mm。周围有黑边,病斑上有密集的绒状黑色小粒点,即病菌的分生孢子丛。叶背病斑初期淡黄,以后渐变为褐色或黑褐色,也有黑色边缘,不如正面明显。分生孢子丛也较正面稀少,病斑整个发展过程约需一个月。

柿蒂上病斑多在蒂部四角,无一定形状,褐色至深褐色,有黑色边缘或无明显边缘,病斑大小不定,由柿蒂的尖端向内扩展,病斑的两面均可产生黑色绒状小粒点,以下面较为明显,果实往往早落,病蒂残留树上。

病原

柿角斑病菌 *Ccrcospora rari* Ell. et Ev. 属半知菌亚门、丝孢纲、丝孢目、尾孢属。病斑上的黑色绒毛状小粒点,是病菌的子座。子座半球形或扁球形,暗绿色。子座上丛生分生孢子梗,分生孢子梗不分枝,短杆状,直立或稍弯曲,无隔,褐色,上面着生一个分生孢子。分生孢子棍棒状,直或稍弯曲,上端较细,无色,有隔。

发病规律

角斑病菌以菌丝体在柿蒂及病叶中越冬。病蒂残存树上2～3年病菌在病蒂内能存活3年以上,因此残留树上的病蒂是主要的侵染来源。翌年6—7月,温湿度适宜时产生分生孢子进行初侵染。分生孢子经风、雨传播,萌发成芽管后由叶背气孔侵入,潜育期25～

38 d。直至9月越冬病残体内的菌丝,仍可产生分生孢子进行侵染。新病斑出现后,不断产生新的分生孢子进行再侵染。一般8月初开始发病,9月可造成大量落叶、落果。

病害发生与降雨关系密切。雨季早晚决定角斑病发生的早晚,雨量大小决定发病轻重程度。降雨早,雨日多、雨量大,有利分子孢子产生、萌发和侵入,角斑病发生早而重;降雨晚、雨日少、雨量小的年份发病轻而晚。

柿叶发病轻重因发育阶段不同而异,一般幼嫩叶片不易受侵害,老叶易受侵染;同一枝条上,顶部叶不易受侵染,下部叶易受侵染;幼树和生长健壮的树病轻,老龄树和树势弱的树发病较重。

病菌越冬数量与病情轻重也有关。病菌多的树发病早而严重。水沟边栽植的柿树,因湿度大,发病早而重。靠近君迁子栽植的柿树,发病也重。君迁子苗木易感病,但君迁子大树比柿树抗病。

防治方法

①冬季清除落叶,摘掉柿蒂,减少越冬苗源。

②加强柿树田间管理,改良土壤,增施肥料,适时灌水,增强树体抗病能力。易积水果园,注意开沟排水,降低湿度。

③避免柿树与君迁子树混栽。君迁子蒂多,易潜伏病菌,传染给柿树。

④喷药防治6月下旬至7月下旬,即落花后20~30 d开始喷药,为防治该病的适宜时期。可喷1:5:(400~600)的波尔多液,或65%代森锌可湿性粉剂500倍液1~2次。也可选喷50%甲基托布津可湿性粉剂、25%多菌灵可湿性粉剂。70%代森锰锌可湿性粉剂600~800倍液,连喷2次,间隔20~30 d。

柿圆斑病

柿圆斑病又称柿子烘、柿子杆。华北、西北山区发生比较普遍,陕西分布广泛。也是柿树的重要病害。为害叶子和柿蒂,造成提早落叶和落果。由于早期落叶,削弱树势,也能诱发柿疯病。

症状识别(见图7.22)

发病初期,叶上出现大量浅褐色圆形小斑,边缘不明显,渐扩大成深褐色,边缘黑褐色,直径2~3 mm。病叶渐变红色,随后病斑周围出现黄绿色晕环,外层还有一层黄色晕,发病后期病斑背面出现黑色小粒点。叶上病斑很多,一片叶上多者可达数百个,少的也有100~200个。发病严重时,从出现病斑到叶片变红脱落,最快只要5~7d。弱树病叶变红

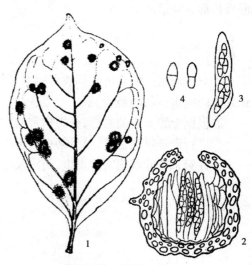

图7.22 柿圆斑病
1—病叶;2—子囊果;3—子囊;4—子囊孢子

脱落较快,强树落叶慢,且叶片不变红。柿树叶片大量脱落。以致柿果变红发软,风味淡,易脱落。柿蒂上病斑圆形,褐色,出现时间晚于叶片、病斑较小。

病原

柿圆斑病菌 *Mycdsphaerella nawae* Hiura et Ikata 属子囊菌亚门、腔菌纲、座囊菌目、球腔菌属。自然条件下不产生无性阶段。病斑背面的小黑点,是病菌的子囊果。初期埋生叶表皮下,以后顶端突破表皮。子囊果球形或洋梨形,黑褐色。顶端有小孔口。子囊果底部着生子囊,子囊无色,圆筒形,内生 8 个子囊孢子,子囊孢子在子囊内排成两行。子囊孢子无色,双胞,纺锤形,成熟时上胞稍宽,分隔处缢缩。

发病规律

晚秋病菌在病叶中形成子囊壳越冬,第 2 年子囊壳成熟后,子囊孢子 6 月中旬至 7 月上旬大量飞散,借风、雨传播,由叶片气孔侵入;潜育期一般为 2 月之久,8 月下旬至 9 月上旬开始出现病斑。9 月底病害发展最快,叶上出现大量病斑。10 月上中旬开始大量落叶,10 月中旬以后逐渐停止发展。由于圆斑病菌在自然条件下不产生无性世代,所以无再侵染。

病害发生与上年残存病叶数量有关。病叶的多少,决定病菌越冬数量,也决定病害初侵染来源的多少。当年 6—8 月降雨情况,也决定着病害发生轻重。这一时期雨量偏多,当年发病早而重。在土壤不良或施肥不足,土壤贫瘠,树势衰弱的情况下,发病严重。

防治方法

①秋后清扫落叶,并集中烧毁,减少越冬菌源。

②加强管理,增强树势,提高抗病能力。

③6 月上、中旬柿树落花后,大量子囊孢子飞散之前喷 1 次药,可保护叶片不受侵染。重病区半月后再喷 1~2 次,效果更好。可喷 1:5:(400~600) 的波尔多液或 65% 代森锌可湿性粉剂 500 倍液。

> **实训作业**

①对田间采集的果树叶部病害标本,分别整理和鉴定,描述所采病害的为害特征,总结识别不同病害症状的经验。

②根据专题调查的数据,分析病害的发生情况,拟订主要果树叶部病害的防治方案。

③进行产量损失估算,分析某一病害发生重或轻的原因。

④针对果树叶部病害的发生、防治及综合治理等问题进行讨论、评析。

任务7.3 果树病害症状的田间识别及防治方案的制订(三)

学习目标

通过对果树果实病害的田间调查、诊断、观察,识别常见的果树果实病害的症状,掌握当地发生的主要果树果实病害的发生规律。应用所学的理论知识,根据病害的发生规律,学会制订有效的综合防治方案,并组织实施防治工作。

材料及用具

主要果树果实病害的蜡叶标本、病原菌的玻片标本、生物显微镜、放大镜、镊子、病害图谱、影视教材、CAI课件、检索表等用具。

内容及方法

①田间调查主要果实病害的为害特点,或通过教学挂图、音像教材、CAI课件,认识果树果实病害的发病特点。

②田间布点调查病害的发病率、病情指数及损失估算。

③现场采集新鲜的果实病害标本,对照图片、资料等认识其典型症状,将标本带回实验室进行镜检观察。

④通过对病害发生的调查和相关资料的分析,了解主要果实病害病原的形态及其发生规律。

⑤根据病害的发生规律,运用病害综合防治理论,制订果实病害的防治方案,并组织实施。

操作步骤

7.3.1 果树果实病害症状的观察识别

结合当地生产实际选择一块或者若干块果园,组织学生现场观察识别果树果实病害为害症状。在教师指导下,认识主要的果实病害。

通过教学挂图,录像、幻灯、CAI课件等视听材料,向学生展示果树果实病害为害特点。让学生间接直观地认识果树果实病害为害和症状。

7.3.2 主要果实病害的识别

苹果炭疽病

苹果炭疽病又称苦腐病、晚腐病,是果实上的重要病害。我国大部分苹果产区均有发

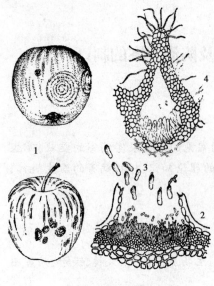

图 7.23　苹果炭疽病
1—病果；2—分生孢子盘；
3—分生孢子；4—子囊壳

生,红玉、倭锦等品种发生严重,造成很大损失,炭疽病菌腭主范围很广,除苹果属外,还能侵害梨、葡萄等多种果树和刺槐、核桃等。

症状识别（见图 7.23）

苹果炭疽病主要为害果实。6—9 月均可发生,以 7—8 月为盛发期,近成熟的果实受害重。发病初期,果面出现淡褐色水浸状小圆斑,并迅速扩大。果肉软腐味苦,而果心呈漏斗状变褐,表面下陷,呈深浅交替的轮纹,但如环境适宜便迅速腐烂,而不显轮纹。当病斑扩大到 1~2 cm 时,在病斑表面下形成许多小粒点,后变黑色,即病菌的分生孢子盘,略呈同心轮纹状排列。在潮湿条件下,分生孢子盘突破表皮,露出肉红色的分生孢子团块,病斑逐渐变为黑褐色,一个病斑可扩展到果面的1/3~1/2。果上的病斑数量不一,多的可达几十个,但只有少数病斑扩大,其余病斑停留在 1~2 mm 大小。最后全果腐烂,大多脱落,也有失水干缩成黑色僵果留于树上的,这种僵果是第二年初侵染的主要菌源之一。

在温暖条件下,病菌可以在衰弱或有伤的1,2年枝上形成小溃疡,病部略凹陷,边缘有稍隆起的愈伤组织,皮多开裂,有时有树胶流出。

果台发病自顶部开始向下蔓延呈深褐色,受害严重的果台抽不出副梢以致干枯死亡。

病原

苹果炭疽病 *Glomerella cingulata*（Stoneman）,有性阶段属子囊菌亚门、球壳菌目、小丛壳属。无性阶段为 *Gloeosporium fructigenum* Berk. 属半知菌亚门、腔胞纲、黑盘孢目、盘圆孢属。分生孢子盘生于表皮下,成熟后突破表皮,盘内平行排列一层分生孢子梗,单胞无色;顶端生有单胞,无色长卵圆形的分生孢子,分生孢子陆续大量产生,并混合胶质,遇水胶质即可溶解并使孢子分散传播。子囊世代较少发生。子囊壳埋于黑色于座内,子囊长棍棒形,子囊孢子无色,椭圆形。

发病规律

病菌以菌丝体在病果、小僵果、病虫为害的破伤枝、果台上越冬,翌年天气转暖后,产生大量分生孢子,成为初侵染源,借风雨和昆虫传播为害。分生孢子萌发时产生一隔膜,形成两个细胞,每一细胞各长出一芽管,在芽管的前端形成附着器,再长出侵染丝穿透角质层直接侵入,或经皮孔、伤口侵入,高温适于病菌繁殖和孢子萌发入侵,适宜条件下,孢子接触果后,仅 5~10 h 即完成侵染。菌丝在果肉细胞间生长,分泌果胶酶,破坏细胞组织,引起果实腐烂。病菌具有潜伏侵染特性。菌丝生长最适温度 28 ℃,孢子萌发适宜温度 28~32 ℃。每次雨后病情即有发展,高温、高湿是此病流行的主要条件。5 月底、6 月初进入侵染盛期,生长季节不断传播,直到晚秋为止。凡已受侵染的果实,在贮藏期间侵染点继续扩大成病斑而腐烂。但贮藏期一般不再传染。

防治方法

①做好清园工作 消灭或减少越冬病原,结合冬季修剪去除各种干枯枝、病虫枝、僵果等,及时烧毁。重病果园,在春季苹果开花前,还应专门进行一次清除病原菌的工作。生长期发现病果或当年小僵果,应及时摘除,以减少侵染来源。

②休眠期防治 重病果园,在果树近发芽前,喷布一次40%福美肿可湿性粉剂100倍液,杀死树上的越冬病菌,这是重要防治措施。

③生长期药剂防治 根据苹果炭疽病具有发生侵染期早、为害期长和再侵染频繁的特点,化学药剂防治是很重要的,而防治的关键是喷药时期和质量。应于谢花后半月的幼果期(5月中旬),病菌开始侵染时,喷布第1次药剂,药剂可选用下列1种:

多菌灵—代森锰锌混剂(40%多菌灵胶悬剂800倍,混加70%代森锰锌可湿性粉剂700倍液);多菌灵—退菌特混剂(50%可湿性粉剂500倍,混加50%退菌特可湿性粉剂1 000倍液);锌铜石灰液(硫酸锌0.5份,硫酸铜0.5份,生石灰2份,水200份配制而成)。以后根据药剂残效期,每隔15~20 d,交替选择喷布以下药剂:3:200~1:2倍波尔多液;80%大富丹可湿性粉剂1 000倍液;50%退菌特可湿性粉剂800~1 000倍液;80%炭疽福美可湿性粉剂600倍液;75%百菌清可湿性粉剂600倍液;50%敌菌灵可湿性粉剂500倍液;50%克菌丹可湿性粉剂500倍液;双效灵200倍液;50%托布津可湿性粉剂500倍液。

以上除波尔多液外,其他药剂可加入0.1%~0.15%的"6501"黏着剂或3 000~6 000倍的皮胶液,以防雨水冲刷,延长药效。实际喷药时,最好有两种以上药剂交替使用。

苹果褐腐病

褐腐病是苹果生长后期和贮藏运输期间的一种重要病害,20世纪70年代曾两次在陕西省大量发生。近年来关中地区的一些果园发生严重。此病除为害苹果外,还为害梨和核果类果实。

症状识别(见图7.24)

褐腐病主要为害果实。初期果面产生浅褐色小斑,组织软腐,迅速向四周扩展,数天内整个果面腐烂,果肉呈海绵状松软,略有弹性,中央形成为数众多的灰褐色或灰白色突起,呈同心轮纹排列,即分生孢子座。病果易早期脱落,少量残留树上。病果后期失水干缩,形成僵果。果园内带菌的病果,贮运时遇高温、高湿条件,加上挤压碰伤,病害很快在果筐或果箱中传播为害,造成重大损失。贮运期发病的病果,外表不产生灰白色分生孢子座。

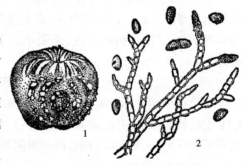

图7.24 苹果褐腐病
1—病果;2—分生孢子梗及分生孢子

病原

苹果褐腐病菌为寄生链核盘菌 *Moninia fructigena* (Aderh et. Ruhl) Honcy 属子囊菌亚门、盘菌纲、柔膜菌目、念珠盘菌属。无性阶段 *Monilia fructigena* Pets. 属半知菌亚门、丝孢纲、念珠孢属。病果上集结灰白色菌丝团,上面生长分生孢子梗,无色、单胞,其上串生分孢子。分生孢子椭圆形,无色,单胞,后期病果内生成菌核,黑色,不规则形,大小为1 mm左

右。1～2年后萌发出子囊盘,子囊漏斗状,外部平滑,灰褐色,子囊无色,长筒形,内生8个子囊孢子。子囊孢子无色,单胞,卵圆形,子囊间有侧丝。

发病规律

褐腐病菌以菌丝体在病果上越冬,第2年春形成分生孢子,借风雨传播为害。在一般情况下,潜育期为5～10 d。褐腐病菌对温度的适应性强,最适发育温度25 ℃。湿度也是影响病害发展的重要因素,湿度高有利于病菌的孢子形成和萌发。果实近成熟期(9月下旬至10月上旬)为发病盛期。病菌经皮孔侵入果实。主要通过各种伤口(裂口、虫口、刺伤、碰伤等)侵入。大国光、小国光、倭锦等晚熟品种染病较多。卷叶蛾啃伤果皮较多、裂果严重的情况下,秋雨多时,常引起褐腐病的流行。

防治方法

(1)加强果园管理

随时清除树下和树上的病果、落果和僵果,秋末和早春土壤深翻,减少病原,搞好排灌设施,做到旱能浇,涝能排。降低果园湿度,抑制发病。

(2)喷药保护

在病害的盛发期前喷化学药剂保护果实是防治该病的关键性措施。在北方果区,中熟品种在7月下旬及8月中旬、晚熟品种在9月上旬和9月下旬各喷1次药,可大大减轻为害。较有效的药剂是1:1:(160～200)倍波尔多液、50%或70%甲基托布津或多菌灵可湿性粉剂800～1 000倍液、50%苯来特可湿性粉剂1 000倍液。

(3)采收和贮藏时注意事项

①适时采收,避免早收,保证果品品质和贮藏性能。采收、包装过程中严格挑剔病虫果、创伤果,并进行分级包装。运输中防止挤压碰伤。

②调节贮藏环境,实行安全贮藏。贮藏库的温度保持在0.5～1 ℃,相对湿度90%,控制病害发生。在缺少冷库条件下,最好实行产地分散贮藏、地窖贮藏、窖洞贮藏等,既可减少运输不便,又便于精心管理,避免不必要的损失。贮藏期间,要勤检查,发现病果,及时处理。

苹果锈果病

苹果锈果病又称花脸病,属国内植物检疫对象。全国苹果产区都有分布,陕西渭北及陕北发病较多,陕北有的果园病株率高达50%～80%。西洋苹果染病后,大都不堪食用;中国苹果发病后,虽有商品价值,但产量降低,品质变劣。

症状识别(见图7.25)

苹果锈果病主要表现在果实上,症状有3种类型:

①锈果型 是主要的症状类型。晚熟品种如国光、鸡冠、大国光、印度等均表现此类症状。发病初期在果实顶部产生深绿色水渍状病斑,逐渐沿果面向果柄处扩展,发展成为规整的4～5条木栓化铁锈色病斑,但也有不成条状而呈不规则状的锈斑分布在果面上,并有众多的纵横小裂口。病果较健果为小,果肉汁少渣多,严重时变为畸形果,食用价值降低或不堪食用。

②"花脸"型 沙果、海棠及西洋苹果的早熟品种,如红魁、金花、丹顶、祝光等表现此种症状。一般病果着色前无明显变化,着色后,果面散生许多近圆形的黄绿色斑块,致使红

色品种成熟后果面呈红、黄、绿相间的花脸症状。黄色品种成熟后的果面颜色呈深浅不同的花脸状。

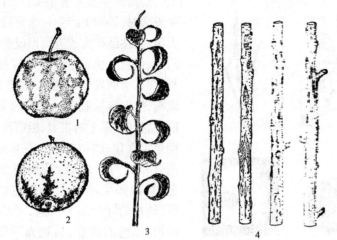

图 7.25　苹果锈果病
1—花脸症状;2—锈果症状;3—幼苗症状;4—幼苗干部的锈斑

③锈果-花脸型　病果着色前,多在果顶发生明显的锈斑,或在果面散生零星斑块。着色后,在未发生锈斑的部分,或锈斑周围发生不着色的斑块,使果面红绿相间,呈现出既有锈斑又有花脸的复合症状。这种类型多发生在中熟品种元帅、倭锦、鸡冠、赤阳等苹果上。

以上 3 种症状在不同品种或不同环境条件下,有时单独表现为锈果型,花脸型或锈果——花脸复合型。有时在同一品种、同一病株上 3 种类型的症状同时出现。

苹果锈果病在一些品种幼苗上也显现症状,如国光幼苗在嫁接后生长到 30～50 cm 时,幼苗中、上部叶片向背面反卷,从侧面看叶片呈弧形,甚至圆圈状,病苗叶片较小,叶柄短,质地硬脆,容易脱落。此症状可作为鉴定锈果病的依据。

病原及发病规律

锈果病的病原,是由类病毒侵染所致。通过嫁接传染,嫁接后潜育期 3～27 个月。此外,梨树是苹果锈果病的带毒寄主,外观不表现症状,但可以传病。因此靠近梨园,或与梨树混栽的苹果园发病较重。耐病品种有黄魁、金冠、祝光等;中感品种有红玉、印度、大国光等;高感品种有国光、元帅、红星、青香蕉等。

防治方法

严格检疫和栽植无毒苹果苗是防治此病的根本措施。

①选用无毒接穗及砧木。用种子繁殖砧木,选用无毒接穗,避免扩大传染。

②实行植物检疫。发现病苗拔除烧毁。新区发现病树,把病树连根刨掉。病树较多的果园,应划定为疫区,进行封锁。疫区不准繁殖果苗,病株逐年淘汰或砍伐。

③新建立苹果园时,避免苹果和梨混栽,防止病害传染。

梨黑斑病

梨黑斑病又称"裂果病"。常引起西洋梨及红梨大量裂果和早期落叶,对生产影响很大。

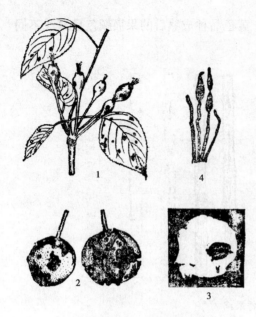

图 7.26　梨黑斑病症状及病原
1—病叶及幼果；2—病果；3—花上的病斑；
4—分生孢子梗及分生孢子

症状识别（见图 7.26）

黑斑病主要为害果实、叶片和新梢。初在幼果发病时，果面上产生一个至数个黑色圆形针头大斑点，逐渐扩大成近圆形或椭圆形。病斑略凹陷，表面遍生黑霉。由于病健部发育不均，果实长大时，果面发生龟裂，在裂缝内也会产生很多黑霉，病果容易脱落。长大的果实感病时，其前期症状与幼果上的相似，但病斑较大，黑褐色，后期果实软化，腐败脱落。在重病果上常数个病斑合并成为大病斑，甚至使全果变成为漆黑色，表面密生墨绿色至黑色的霉。叶片染病后，幼嫩的叶片最早发病，开始时产生针头大、圆形、黑色的斑点，后斑点逐渐扩大成近圆形或不规则形，中心灰白色，边缘黑褐色，有时微现轮纹。潮湿时，病斑表面遍生黑霉，此即病菌的分生孢子梗及分子孢子。叶片上长出多数病斑时，往往相互愈合成不规则的大病斑，叶片成为畸形，引起早期落叶。

新梢染病时，病斑早期黑色，椭圆形，稍凹陷，后扩大为长椭圆形，凹陷更明显，淡褐色生有霉状物，病部与健部分界处常产生裂缝。

病原

梨黑斑病 *Alternaria kikuchiana* Tamaka 属半知菌亚门、丝孢纲、丛梗孢目、交链孢属。病斑上长出的黑霉是病菌的分生孢子梗和分生孢子。分生孢子梗丛生，青褐色，数根至 10 余根丛生，一般不分枝，少数有分枝。分生孢子串生，形状不一，一般为倒棍棒状，基部膨大，顶端细小，黄褐色，具纵隔膜 1～3 个，横隔膜 2～9 个。

发病规律

黑斑病菌以分生孢子和菌丝体在在被害枝梢、病芽、病果梗、树皮及落于地面的病叶、病果上越冬。翌年春季产生分生孢子，借风雨传播。分生孢子在充分湿润情况下，经气孔、皮孔侵入或直接穿透寄主表皮侵入，引起初次侵染。枝条上病斑形成的孢子，被风雨传出去后，隔 2～3 d 于病部会再次形成孢子，如此可以重复 10 次以上。这样，新旧病斑上陆续产生分生孢子，不断引起重复侵染。此病从梨树落花后至采果期都能发生，以多雨季节，气温在 24～28 ℃时发病较多。地势低洼的果园或通风透光不良、缺肥或偏施氮肥的梨树发病较重。

南方梨区一般在 4 月下旬，平均气温达 13～15 ℃时，叶片开始出现病斑，5 月中旬随气温增高病斑逐渐增加，6 月至 7 月初（梅雨期）病斑急剧增加，进入发病盛期。果实于 5 月上旬开始出现少量黑色的病斑，有光泽、微下陷。6 月上旬病斑增大，6 月中下旬果实龟裂，6 月下旬病果开始脱落，7 月下旬至 8 月上旬病果脱落最多。

发病条件

①气候　在果树生长季节，温度高低与降雨量大小对病害的发生发展关系极为密切。

分生孢子的形成、散播、萌发与侵入除需要一定的温度条件外,还需要有雨水。因此,一般气温在24～28 ℃,同时连续阴雨时,有利于黑斑病的发生与蔓延。气温达到30 ℃以上,并连续晴天,则病害停止蔓延。因此,此病在南方一般从4月下旬开始发生至10月下旬以后才逐渐停止,而以6月上旬至7月上旬,即梅雨季节发病最严重。

②树势　树势强弱、树龄大小与发病关系也很密切,如二十世纪品种,树龄在10年以内,树势健壮的,发病都较轻;而树龄在10年以上,树势衰弱的发病常严重。此外,果园肥料不足,或偏施氮肥,地势低洼,植株过密,均有利于此病的发生。

③品种　品种间发病程度有显著差异。一般日本梨系统的品种易感病,西洋梨次之,中国梨较抗病。日本梨系统的品种以二十世纪发病最重,博多青、明月、太白次之,再次为八云、菊水、黄蜜等,晚三吉、今村秋和赤穗抗病性强。

防治方法

梨黑斑病的防治,应以加强栽培管理,提高树体抗病力为基础,结合做好清园工作,消灭越冬菌源;生长期进行喷药保护,防止病害蔓延。

①做好清园工作　秋后清扫梨园,把病叶、病果集中烧毁或深埋地下。

②加强栽培管理　各地应根据具体情况,可在果园内间作绿肥或增施有机肥料,促使梨树生长健壮,增强植株抵抗力。对于地势低洼,排水不良的果园,应做好开沟排水工作。在历年黑斑病发生严重的梨园,冬季修剪宜重,这样,一方面可增进树冠间的通风透光,另一方面,可大量剪除病枝梢,减少病菌来源。发病后及时摘除病果,减少侵染的菌源,在防治上也有一定的作用。

③套袋　套袋可以保护果实,免受病菌侵害。由于黑斑病菌芽管能穿透纸袋侵害其内果实,所以普通纸袋制成后,外涂一层桐油,晾干后套用桐油纸袋,防治梨黑斑病的效果很好。

④药剂防治　梨树发芽前,喷1次0.3%五氯酚钠与5 °Be石硫合剂混合液,以杀灭枝干上越冬的病菌。在历年发病较重的果园,结合梨黑星病防治,从雨季来临前开始喷药保护,果实,套袋前必须喷1次,喷后立即套袋。药剂可用1∶2∶(160～200)波多尔液,50%退菌特可湿性粉剂600～800倍液,或65%代森锌可湿性粉剂500倍液。据日本报道,防治梨黑斑病效果最好的药剂为多氧霉素和敌菌丹。使用浓度,多氧霉素为$(50～100)\times10^{-6}$,敌菌丹为1 000～1 200倍。花期前后及接近果实成熟期,适宜应用多氧霉素,梅雨期则应用敌菌丹为好。因为多氧霉素使用较安全,而敌菌丹不易被雨水淋失。喷药最好在雨前进行,雨后喷药效果较差。

⑤药剂浸果　对采收后仍可发病的果实,采收后用内吸性杀菌剂处理果实,可试用50%扑海因1 500倍液浸果10 min。

⑥低温贮藏　采用低温贮藏(0～5 ℃),可抑制黑斑病的发展。

葡萄炭疽病

葡萄炭疽病又称苦腐病、晚腐病。是葡萄生长后期及采收时发生的一种重要病害。发病严重年份,果实大量腐烂,穗粒干枯,失去经济价值。除葡萄外,还为害山葡萄、苹果、梨等果树。

症状识别(见图7.27)

炭疽病主要为害接近成熟的果实,果梗及穗轴也可受害。果粒多从近地面的果穗尖端先发病。果实发病初期,穗粒表面产生针头大小的褐色、圆形小斑点,逐渐扩大,稍凹陷,病斑表面长出轮纹状排列的小黑点,即病菌的分生孢子盘。天气潮湿时,分生孢子盘长出粉红色的黏质物,是病菌的分生孢子团。这是识别此病的明显特征。病害严重时,病斑扩展到半个或整个果面。果粒软腐易脱落。穗粒布满褐色病斑,整个穗粒萎缩干枯成为僵果,失去经济价值。

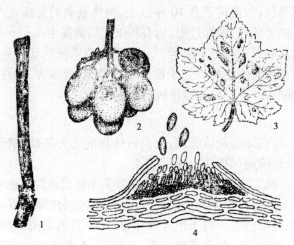

图 7.27　葡萄炭疽病
1—病蔓;2—病果;3—病叶;4—分生孢子盘和分生孢子

果梗及穗轴发病,产生深褐色长圆形凹陷病斑,严重时,果穗病部下面的果粒干枯脱落。叶、卷须和蔓也可受害,一般不表现明显症状。

病原

葡萄炭疽病菌 *Gloeosporium fructigenum* Berk. 属半知菌亚门、腔孢纲、黑盘孢目、盘圆孢属。有性世代属于子囊菌亚门、核菌纲、球壳菌目、小丛壳菌属,我国尚未发现。病斑上的小黑点即病菌的分生孢子盘。盘上聚生分生孢子梗,分生孢子梗无色,单胞,圆筒形或棍棒形。分生孢子无色,单胞,圆筒形或椭圆形。

发病规律

病菌以菌丝在枝蔓上越冬,也可在架上残留的带菌死蔓、病果等处越冬。葡萄炭疽病菌越冬量很大。来年 6—7 月环境条件适宜时,病菌产生大量分生孢子,通过风、雨、昆虫等传播,在果穗上引起初侵染。发病多从 6 月中、下旬开始,7 月、8 月间进入发病盛期。果实着色期,遇有阴雨则有利于发病。凡排水不良、通风透光不好的果园,则发病严重。果皮薄的晚熟品种发病重。葡萄炭疽病菌有潜伏侵染的特性,2 年生枝蔓大多潜伏带菌。

发病条件

①气候　病菌产生分生孢子和分生孢子萌发,均需一定温度和水分。越冬病菌在 15 ℃时,开始形成分生孢子,产生孢子的最适温度为 28～30 ℃。孢子萌发的最适温度是 28～32 ℃。分生孢子的产生、萌发及传播,都需要一定水分和雨量。因此,降雨、降露、降雾均有利病害发生。炎热的夏天葡萄着色成熟时,高温多雨很易导致流行。

②品种　一般果皮薄的发病重,早熟的可避开病,晚熟的发病严重。

③土壤与地势　沙土果园发病轻,黏土、壤土发病重。地势低洼、雨后积水、环境潮湿

的地方,均易发病。

④栽培管理　株行距过密以及双立架的葡萄园发病重,稀植园发病轻。过多速效性氮肥,引起枝蔓徒长的发病重,配合施用钾肥的发病轻。管理不善,葡萄易受日灼的病害严重。

防治方法

①结合修剪,清除病梢及病残体,减少园内病菌来源。

②加强果园管理。注意通风透光和雨后排水,降低地面湿度;及时摘心、除草,近地面果穗进行绑吊或套袋。高度感病的品种和发病严重的地区可套袋预防。

③喷药防治。从幼果期开始,选用75%百菌清可湿性粉剂500~600倍液。50%甲基托布津可湿性粉剂600~800倍液,25.9%抗枯灵悬浊液20 cc兑水15~20 kg,波尔多液1:0.5:200进行喷雾,每隔10~15 d喷1次,共喷3~5次。可有效地控制病害的发生。雨水多时,应抓紧时间及时喷药。

葡萄黑痘病

葡萄黑痘病又称黑斑病、鸟眼病、疮痂病、痘疮病等。是我国分布广、为害大的葡萄病害之一。尤其春秋两季,温暖潮湿、多雨地区发病重,可使葡萄减产80%左右。

症状识别(见图7.28)

黑痘病主要为害叶、叶柄、果梗、果实、新梢及卷须等幼嫩的绿色部位,以幼果受害最重。由葡萄萌芽直到生长后期均可发生,以春季和夏初为害较为集中。

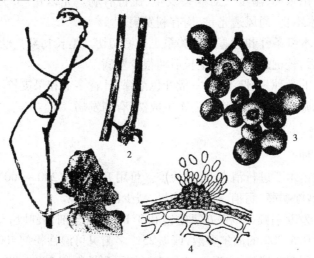

图7.28　葡萄黑痘病

1—病梢、病叶;2—病蔓;3—病果;4—分生孢子盘及分生孢子

幼果早期极易感病,果面及穗梗产生许多褐色小点,后干枯脱落。稍大时染病,初为深褐色近圆形病斑,以后病斑扩大,中央凹陷为灰白色,边缘紫褐色,上有黑色颗粒,形如鸟眼。被害部仅限表皮,不深入果内。空气潮湿时,病斑中产生乳白色黏状物质,即病菌的分生孢子团。病果深绿色,味酸、质硬,有时开裂,无食用价值。果实着色后一般不易受害。

叶片受害,产生小型圆斑,初为黄色小点,逐渐扩展为1~4 mm大小的中部变成灰色的圆斑,外围有紫褐色晕圈,病斑最后干枯穿孔。有时病斑沿叶脉成串发生,幼叶因叶脉停止

生长而皱缩。

新梢、幼蔓、卷须、叶柄和果梗受害,病斑呈褐色、不规则形,稍凹陷。病斑可相互愈合成溃疡状。病梢和病须常因病斑环切而枯死。果梗受害,果实干枯脱落或成僵果。

病原

葡萄黑痘病菌 *Sphaccloma ampclinum* de Bary. 属半知菌亚门、腔孢纲、黑盘孢目、痂圆孢属。有性世代为 *Elsinoe ampelina*(de Bary)Shear,属子囊菌亚门,我国尚未发现。葡萄黑痘病菌产生分生孢子盘,生在寄主表皮下的病组织中。突破表皮后,长出分生孢子梗和分生孢子。分生孢子梗短小,无色,单胞。分生孢子椭圆形,单胞,无色,稍弯曲,两端各生有一个油球。空气潮湿时,分生孢子盘涌出胶质,乳白色的分生孢子群。

发病规律

黑痘病菌以菌丝在果园残留的病残组织中越冬,以结果母枝及卷须上为多。菌丝生活力很强,在病组织中可存活 4 ~ 5 年。来年春季(4—5 月)产生分生孢子,经风雨吹溅,传播到新梢和嫩叶上。孢子萌发后,直接穿透寄主表皮侵入寄主,进行初侵染。潜育期 6 ~ 12 d,以后再对幼嫩组织进行多次再侵染。远距离传播靠有菌苗木或插条。

发病条件

①气候高温、高湿是病害流行的重要条件。产生分生孢子及其萌发侵入的适温为24 ~ 26 ℃,菌丝生长的适温是30 ℃,温度24 ~ 30 ℃时;病害潜育期最短。超过此范围,病害发生流行受到限制。雨水多、湿度大对病害发生、流行有利。尤以 4—6 月雨水多少关系最大。果园低注,排水不良,通风透光差,均有利发病。

②寄主。寄主本身条件和病害发生关系也很密切切。生长初期。幼嫩时候易感病;穗粒长大、枝叶长成后,较抗病。因此,生长后期很少发病。

③品种。不同的品种,抗性不一,一般叶色浓绿、叶背多毛和果皮较厚的品种较抗病。

④管理。氮肥施用偏多,偏晚,延迟寄主成熟,有利发病。

防治方法

①选用抗病品种。

②调运插条或苗木要进行消毒,加强检疫。可用五氯酚钠 200 ~ 300 倍液浸蘸。

③结合冬剪,剪除病蔓、病梢、病叶和病果,减少越冬菌源。

④药剂防治。发芽前喷 0.5% 五氯酚钠和 3°Be 石硫合剂;展叶后至果实着色前每隔 10 d 左右喷 1 次 1∶0.5∶200 的波尔多液,或喷25% 多菌灵可湿性粉剂400 倍液或喷50%甲基托布津可湿性粉剂800 倍液,或喷 70% 代森锰锌可湿性粉剂500 ~ 600 倍液,均可有效地控制病情发生或发展。

核桃黑斑病

核桃黑斑病又称核桃细菌性黑斑病、黑腐病。我国各核桃产区均有分布。常和核桃举肢蛾一起造成核桃幼果腐烂,引起落果。

症状识别(见图 7.29)

核桃黑斑病主要为害果实,其次为害叶片、嫩梢及枝条,也可为害雄花。

幼果受害,果面发生褐色小斑点,无明显边缘,逐渐扩大成近圆形或不规则形的漆黑色病斑。病斑中央下陷,并深入果肉,使整个果实连同核仁变黑,腐烂脱落。果实长到中等大小时受害,病变只限于外果皮,最多延及中果皮变黑腐烂。但核仁生长受阻,成熟后呈现不同程度干瘪状。

叶上病斑起初为褐色小斑点,逐渐扩大,因受叶脉限制成多角形或方形病斑。大小 3~5 mm,褐色或黑色,背面呈油渍状,发亮。在雨天,病斑四周呈水渍状,后期病斑中央呈灰色或穿孔。严重时病斑互相连接成片,整个叶片变黑发脆,风吹后病叶残缺不全。

叶柄、嫩梢及枝条上的病斑呈长梭形或不规则形,黑色,稍下陷。严重时病斑环绕枝条一圈,枝条枯死。

花序受侵染后,产生黑褐色水渍状病斑湿度大时,病果、病枝流出白色黏液,即细菌溢脓,为识别本病最主要的特征。

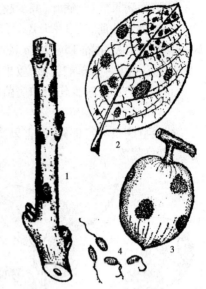

图 7.29　核桃黑斑病
1—病枝;2—病叶;3—病果;4—病原细菌

病原

核桃黑斑病菌 *Xanthomonas juglandis*（Pieree）Dowson. 属细菌中的黄单胞鞭杆菌属。菌体短杆状,极生单鞭毛,格兰氏染色阴性。牛肉汁葡萄糖琼脂培养基斜面划线培养,菌落生长旺盛,凸起,光滑,有光泽,不透明。浅柠檬黄色,有黏性。生长适温为 29~32 ℃,致死温度 53~55 ℃/10 min,pH 6.0~8.0 最宜。

发病规律

病菌潜伏病枝及芽内越冬,在病苗梢部病组织内也可越冬,第 2 年春借雨水、风、昆虫等传播到果实或叶片上进行初侵染。病菌还能侵染花粉,因此病原细菌也可随花粉传播,由伤口或气孔侵入,在组织幼嫩、气孔开张,表面潮湿时,对细菌侵入幼果极为有利。病菌的潜育期一般为 10~15 d。

发病条件

病害发生与湿度、品种、生育期等因素有关:

①湿度　雨后病害迅速蔓延。雨水多的年份发病重。

②品种　一般本地品种较抗病,内地引进新疆核桃感病重。

③生育期　一般在核桃展叶期至开花期最易感染,以后抗性逐渐加强。

④管理　树冠稠密,通风透光不良,定植密度过大,易引起发病。另外,被举肢蛾为害的虫果也易侵染。

防治方法

①选育抗病品种,选育抗病品种是防治该病的主要途径之一。选优时要把抗病性作为主要标准之一。

②加强苗期防治,尽量减少病菌,新发展的核桃栽培区,禁止病苗定植,以免受害扩展蔓延。

③加强栽培管理、增施有机肥料,促使树体健壮,提高抗病力。

④清除病果病枝、病叶,减少越冬菌源。

⑤核桃发芽前,喷 3 ~5°Be 石硫合剂,兼治其他病虫害。发病前或发病初期喷 1:1 ~ 2:200 波尔多液,每隔 15 ~20 d 喷一次。还可喷 50% 或 70% 托布津可湿性粉剂 1 000 ~ 1 500 倍液,或 0.4% 草酸铜液,效果很好。用 50% 退菌特可湿性粉剂 800 倍液也可。

⑥及时防虫。减少伤口和病菌侵染机会。

柿炭疽病

柿炭疽病只为害柿树,侵害果实及枝梢,叶上发生较少,造成枝条折断枯死,果实大量变烘,提早脱落。

图 7.30　柿炭疽病
1—病梢;2—病果;3—分生孢子盘和分生孢子

症状识别(见图 7.30)

发病初期,果面上出现针头大小深褐色至黑褐色小斑点,后扩大成近圆形凹陷深色病斑,中部密生略显环纹排列的灰色至黑色小粒点,即病菌的分生孢子盘。空气潮湿时,分生孢子盘涌出粉红色黏质分生孢子团。病菌侵入皮层后,果内形成黑色硬结块。一个病果有 1 ~2 个病斑,多的可达 10 余个,造成明显的柿烘,病果容易提早脱落。

新梢染病,最初发生黑色小圆斑,后扩大成长椭圆形病斑褐色,中部凹陷纵裂,并产生黑色小粒点,潮湿时也能涌出粉红色黏质物。病斑长 10 ~20 mm,斑下木质腐朽,易从病部折断,病重时,病斑以上的枝条枯死,叶上发病时,多在时脉、叶柄上发生。初黄褐色,后变黑色,病斑长条形或不规则形。叶片很少发生,如发病,病斑为不规则形。

病原

柿炭疽病菌 *Gloeosporium* Rari Hori. 属半知菌亚门、腔孢纲、黑盘孢目、盘圆孢属。病斑上出现的黑色小颗粒是病菌的分生孢子盘,盘上聚生分生孢子梗。分生孢子梗无色,有 1 至数个分隔,不分枝,顶端着生分生孢子。分生孢子圆筒形或长椭圆形,无色、单胞。

发病规律

柿炭疽病菌以菌丝体在枝梢病斑中越冬,也可在病果、叶痕及冬芽中越冬。第 2 年晚春初夏,形成分生孢盘和分生孢子,经风、雨、昆虫传播到新梢及幼果上,进行初侵染。病菌从伤口或表皮直接侵入,由伤口侵入潜育期 3 ~6 d,由表皮侵入潜育期 6 ~10 d,一般枝梢 6 月上旬开始发病,雨季盛发,秋梢继续受害。果实多从 6 月下旬到 7 月上旬开始发病,直至采收期,发病重的 7 月中、下旬开始落果。

柿炭疽病菌喜高温高湿。发育最适温度为 25 ℃,最低 9 ℃,最高 36 ℃。雨后气温升高,或一直高温多雨,可出现发病高峰;夏季多雨年份以及果实、枝条上有伤口时,有利病害发生。

防治方法

①秋季和早春剪除病枝,清除病果,落果。生长期间,连续剪除病枝,保持园内清洁,减少病菌传染来源。

②引进苗木时,除去病苗,定植前将苗木在1:4:80波尔多液中或20%石灰乳中浸泡10 min消毒。

③柿树发芽前,喷5°Be石硫含剂。6月上、中旬至7月初,喷1:5:400波尔多液1~2次。7月中旬喷1次1:3:300波尔多液。8月中旬至10月中旬,喷1:3:300波尔多液,每隔半月1次。也可喷65%代森锌可湿性粉剂500~600倍液,或65%福美铁可湿性粉剂300~500倍液。

实训作业

①对田间采集的果树果实病害标本,分别整理和鉴定,描述所采病害的为害特征,总结识别不同病害症状的经验。

②根据专题调查的数据,分析病害的发生情况,拟订主要果树果实病害的防治方案。

③进行产量损失估算,分析某一病害发生重或轻的原因。

④针对果树果实病害的发生、防治及综合治理等问题进行讨论、评析。

任务7.4 果树病害症状的田间识别及防治方案的制订(四)

学习目标

通过对果树根部病害的田间调查、诊断、观察,识别常见的果树根部病害的症状,掌握当地发生的主要果树根部病害的发生规律。应用所学的理论知识,根据病害的发生规律,学会制订有效的综合防治方案,并组织实施防治工作。

材料及用具

主要果树根部病害的害状标本、病原菌的玻片标本、生物显微镜、放大镜、镊子、病害图谱、影视教材、CAI课件、检索表等用具。

内容及方法

①田间调查主要根部病害的为害特点,或通过教学挂图、音像教材、CAI课件,认识果树根部病害的发病特点。

②田间布点调查病害的发病率、病情指数及损失估算。

③现场采集新鲜的根部病害标本,对照图片、资料等认识其典型症状,将标本带回实验室进行镜检观察。

④通过对病害发生的调查和相关资料的分析,了解主要根部病害病原的形态及其发生

规律。

⑤根据病害的发生规律,运用病害综合防治理论,制订根部病害的防治方案,并组织实施。

操作步骤

7.4.1 果树根部病害症状的观察识别

结合当地生产实际选择一块或者若干块果园,组织学生现场观察识别果树根部病害为害症状。在教师指导下,认识主要的根部病害。

通过教学挂图,录像、幻灯、CAI 课件等视听材料,向学生展示果树根部病害为害特点。让学生间接直观地认识果树根部病害为害和症状。

7.4.2 主要根部病害的识别

苹果根部病害有近 10 种,常造成树体死亡,病害发生的原因有两种:一种是由寄生性病菌引起的,另一种是由不良外界环境条件引起的。常见的根部病害有:

圆斑根腐病

圆斑根腐病是我国北方苹果产区分布广泛,为害严重的一种烂根病。

圆斑根腐病寄主范围很广,主要为害苹果、梨、桃、杏,其次是葡萄、核桃、柿子、枣等果树。

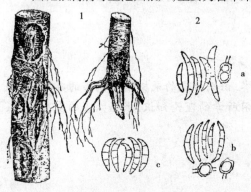

图 7.31　圆斑根腐病
1—被害根;2—病原(a.腐皮镰刀菌;
b.尖孢镰刀菌;c.弯角镰刀菌)

症状识别(见图 7.31)

苹果树开始萌动后,即可在根部为害,地上部症状在萌芽后的 4～5 月表现出来,症状有:

①萎蔫型　病株萌芽后,整株或部分枝条生长衰弱,叶簇萎蔫,叶片向上卷缩,小而色浅,新梢抽生困难,甚至花蕾皱缩不能开放,或开花不坐果;枝条失水皱缩,有时表皮干死翘起呈油皮状。

②青干型　病株在春季高温、干旱时,叶片骤然失水青干。青干多从叶缘向内发展或从主脉向四周扩展。病部或健部之间有红褐色晕带,严重时老叶片脱落。

③叶缘焦枯型　病株叶片尖端或边缘焦枯。中间部分保持正常,病叶不很快脱落。

④枝枯型　病株上与烂根相对应的少数骨干枝发生坏死,皮层变褐下陷,坏死皮层与好皮层分界明显,并沿枝干向下蔓延,后期坏死皮层崩裂,极易剥离。

病株地下部发病从须根开始,病根变褐枯死,然后延及肉质根,围绕须根基部形成一个红褐色圆斑。随病斑扩大,整段根变黑死亡,在此过程中,病根也可反复产生愈伤组织和再生新根,最后变为凹凸不平,病健组织交错。

由于病株的愈伤作用和萌发新根的功能,病情发展呈现时起时伏的状况。当管理条件较好,植株生长健壮时,有的病枝可完全恢复。

病原

圆斑根腐病属半知菌亚门、瘤座孢目、镰刀菌属。

①腐皮镰刀菌 *Fusarium solani* (Mart.)Sacc. 大孢子两头较圆,足胞不明显,有 3 ~ 9 个分隔。小孢子单胞或双胞,长圆或卵圆形。

②尖孢镰刀菌 *F. axysporum* Schl. 大孢子两头较尖,足胞明显,多数为 3 ~ 4 个分隔,小孢子单胞,卵圆或椭圆形。

③弯角镰刀菌 *F. camploceras* Wollenw. et Reint 大孢子需长期培养才能少量产生,无足胞,顶端较尖,有 1 ~ 3 个分隔。小孢子单胞或双胞,长圆或椭圆形。

发病规律

上述几种镰刀菌为土壤习居菌,在土壤中长期腐生。果树根系衰弱时才会致病。因此,干旱、缺肥、土壤盐碱化、水土流失严重,土壤板结、通气不良,结果过多,大小年严重,杂草丛生,以及其他病虫(尤其是腐烂病)严重为害等,导致果树根系衰弱,均是诱发病害的重要条件。

白绢病

白绢病主要为害 4 ~ 10 年生幼树,除苹果外还可为害梨、桃、葡萄等多种果树。苹果树被害,根颈部腐烂,植株枯死。

症状识别(见图 7.32)

发病部位主要在果树或苗木的根茎部,以距地表 5 ~ 10 cm 处最多。发病初期,根茎表面形成白色菌丝,表皮呈现水浸状褐色斑。菌丝继续生长,直至根茎全部覆盖着如丝绢状的白色菌丝层,故名白绢病。潮湿条件下,菌丝层蔓延至病部周围地面,当病部进一步发展时,根颈部皮层腐烂有酒糟味,并溢出褐色汁液。后期在病部或者附近的地表裂缝中长出许多棕褐色或茶褐色油菜

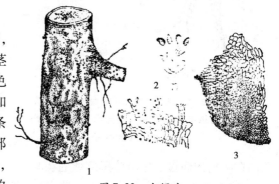

图 7.32　白绢病

1—症状;2—担子及担孢子;3—菌核的剖面

籽粒状的菌核。病株叶片变小变黄,枝条节间缩短,结果多而小。茎基部皮层腐烂,病斑环绕树干后,夏季突然全株死去。

病原

白绢病菌 *Corticium Rolfsii* (Sacc) Curzi 属担子菌亚门、非褶菌目、伏革菌属。无性阶段为 *Sclerotium rolfsii* Sacc. 属半知菌亚门、无孢目、小核菌属。病菌除能形成菌核外,在湿热环境条件下,能产生担子和担孢子。菌核初白色,后由淡黄色渐变为棕褐色或茶褐色,表面平滑,球形或近球形,直径 0.8 ~ 2.3 mm,与油菜籽相似。担子生于菌丝上,无色,外观状如白粉状,单胞,棍棒状,上面对生 4 个小梗,小梗无色,单胞,顶端着生担孢子。担孢子无色,单胞,倒卵圆形,大小为 7.0 μm × 4.6 μm。

发病规律

以菌丝体在病根颈部或以菌核在土壤中越冬,翌年生出菌丝传播侵染,菌核在自然条件下,土壤中存活5~6年。病菌在果园近距离靠菌核随雨水或灌溉水,以及菌丝蔓延传播,远距离靠带菌的苗木传播。

高温高湿是发病的主要条件,7—9月为发病盛期。10月以后菌核不在萌发,菌核30~38 ℃时,2~3 d即可萌发,新菌核的产生只需7~8 d,病菌侵染与果树根颈部受高温日灼造成伤口有关,排水不良对发病有利。大树从发病到死亡,一般为2~3年,幼树为半年到1年,不同砧木抗病性有差异,苹果砧、山荆子、海棠均不抗病;湖北海棠抗病性强。

紫纹羽病

紫纹羽病各地都有发生,陕西渭河流域滩地果园,如户县渭丰等地死树率达3%左右。病菌寄主范围很广,苹果、梨、桃、葡萄等果树都能被害。

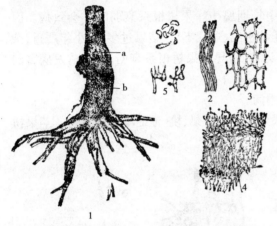

图7.33 紫纹羽病
1—病状(a.子实层;b.菌索);2—病菌根状菌索;
3—病组织间隙的菌丝;4—子实体纵断面;
5—担子及担孢子

症状识别(见图7.33)

病株叶片变小、黄化、叶柄和中脉发红、枝条节间缩短,植株生长衰弱。根部被害从小根开始逐渐向大根蔓延,病势发展较缓慢,一般病株经过数年才会死亡。病根初期形成黄褐色不定形斑块,外表较健康者颜色为深,内部皮层组织呈褐色。病根表面被有密的紫色绒毛状菌丝膜,并长有紫色的根状菌素。病根表面着生紫色小形半球状的菌核。后期病根皮层腐朽,木质部腐烂。

病原

紫纹羽病菌 *Helicobasidium mompa* Tanaka. 属担子菌亚门、木耳目、卷担子菌属。在腐朽的病根上生出紫黑色绒毛状厚密的菌丝层。外层为子实层,并列无色圆筒形孢子,担子由四个细胞组成,向一方弯曲,每一细胞上长一小梗,上面着生一担孢子,担孢子无色,单胞,卵圆形,多在雨季形成。

发病规律

病菌以菌丝体,根状菌索或菌核在病根上或土壤中越冬,根状菌索和菌核在土壤中能存活多年。环境条件适宜时,由菌核或根状菌索上长出菌丝,遇到寄主根部即侵入为害。先侵害细根,逐渐蔓延粗根。担孢子寿命较短,萌发后侵染机会不多,对病害传播作用不大。有病苗木是远距离传播的重要途径。

刺槐是紫纹羽病的重要寄主,接近刺槐的苹果易发生此病。

根部病害的防治

(1)加强果园管理,增强树势,提高抗病能力

①及时排水 地下水位高的果园,做好开沟排水工作,雨后及时排除积水。

②增施肥料 增施肥料,特别是钾肥,促使果树根系生长旺盛,提高抗病力。

③苗木定植 定植时接口露出土面,不能埋在土面下,防止土中白绢病菌从接口处侵入。

④避免用刺槐作防护林 紫纹羽病往往通过刺槐传到苹果园,所以新建苹果园,切忌用刺槐作防护林。

⑤合理修剪 通过修剪,合理负载,防止大小年结果,保护树体健壮。

（2）已经发病的果树,采用隔离与土壤消毒等办法防治

①病树隔离 以菌索残存和传播的紫纹羽病等,在病区范围内挖 1 m 以上的深沟加以封锁,防止病害向四周蔓延。以苗核传播的白绢病,要防止菌核通过灌溉水传播。

②土壤消毒 当发现营养枝生长不良,叶片小而黄,开花过多或过少等不正常现象时应扒开根部周围土壤检查,并进行治疗。清除病部后,用波尔多浆、石硫合剂渣等药剂消毒伤口,再将根部土壤消毒,药剂有五氯硝基苯每株 0.25 kg,1 °Be 石硫合剂每株 75 ~ 100 kg,纹枯利每株 0.2 kg。

③药土拥根 用70% 五氯硝基苯 1:（50 ~ 100）的比例,与换入的新土混合,均匀分层撒施在病根分布的土中,8 ~ 10 年生大树,每株用药量 150 ~ 300 g,2 ~ 3 年生小树,每株 50 ~ 100 g,对白绢病、白纹羽病防效很好。

④药液灌根 用五氯酚钠 250 ~ 300 倍液,防治白绢病,大树每株灌药液 15 kg 左右;防治紫纹羽病每株灌 50 ~ 70 kg;小树用药量酌情减少,也可用 70% 甲基托布津 500 ~ 1 000 倍液、50% 苯来特 1 000 ~ 2 000 倍液、50% 代森铵 500 倍液。50% 退菌特 250 ~ 300 倍液、1 °Be 石硫合剂、硫酸铜 100 倍液、40% 甲醛 100 倍液、1% 石灰水等灌根,每株用药量要根据病害种类和树龄大小,以 15 ~ 75 kg 左右为宜。灌根宜在 4 月、5 月、9 月进行。

（3）其他防治措施

①挖除病株 病情严重将要死亡的树尽早挖除,全部就地烧毁,病树穴用 40% 甲醛 100 倍液或五氯酚钠 150 倍液消毒。若大面积死树,每亩使用石灰氮 50 ~ 75 kg。

②晾根 侵染根茎的各种病害,晾根可抑制或减缓病情的发展。方法是:将树基部主根附近的土扒开,使根系外露。从春季开始到落叶为止,可分段进行,晾沟四周必须筑埂挡水,以免树穴内积水。填土时可掺入石硫合剂渣、波尔多浆渣,硫酸铜渣,或换入干净的新土、新沙。

③选用抗病砧木 如利用抗白娟病的湖北海棠等。根颈部已感病变烂的病株;用根接法或桥按法挽救,减少损失。

实训作业

①对田间采集的果树根部病害标本,分别整理和鉴定,描述所采病害的为害特征,总结识别不同病害症状的经验。

②根据专题调查的数据,分析病害的发生情况,拟订主要果树根部病害的防治方案。

③进行产量损失估算,分析某一病害发生重或轻的原因。

④针对果树根部病害的发生、防治及综合治理等问题进行讨论、评析。

学习目标

通过对蔬菜苗期病害的田间调查、田间诊断、观察,识别常见的蔬菜苗期病害症状,掌握当地发生的主要蔬菜苗期病害的发生规律。应用所学的理论知识,根据病害的发生规律,学会制订有效的综合防治方案,并组织实施防治工作。

材料及用具

主要蔬菜苗期病害的蜡叶标本、浸渍标本、病原菌的玻片标本、生物显微镜、放大镜、镊子、病害图谱、影视教材、CAI 课件、检索表等用具。

内容及方法

①田间调查主要蔬菜苗期病害的为害特点,或通过教学挂图、音像教材、CAI 课件,认识其发病特点。

②田间布点调查病害的发病率、病情指数及损失估算。

③现场采集新鲜的病害标本,对照图片、资料等认识其典型症状,将标本带回实验室进行镜检观察。

④通过对病害发生的调查和相关资料的分析,了解主要植物病原的形态及其病害的发生规律。

⑤根据病害的发生规律,运用病害综合防治理论,制订蔬菜苗期病害的防治方案,并组织实施。

操作步骤

7.5.1 苗期病害症状的观察识别

根据当地生产的实际,选取一块或若干块菜园,组织学生田间观察蔬菜苗期病害的症状并采集典型症状的标本,在教师指导下认识苗期病害的症状特点。也可通过挂图、影视教材等教学手段,向学生讲解蔬菜苗期病害的为害和症状特点。

7.5.2 主要苗期病害的识别和防治

苗木立枯病

症状识别

猝倒病从种子发芽到幼苗出土前染病,造成烂种、烂芽。出土不久的幼苗最易发病,死苗迅速。多是幼苗茎基部出现水浸状黄褐色病斑,迅速扩展后病部缢缩成线状,子叶尚未凋萎之前幼苗便倒伏贴地不能挺立,因刚刚倒折幼苗依然绿色,故称为猝倒病。苗床最初只是零星发病,数日内即可以此为中心迅速向四周扩展蔓延,引起成片死苗。在苗床湿度高时,病苗残体表面及附近床面长出一层白色棉絮状霉。最后病苗多腐烂或干枯。

立枯病多在出苗一段时期后发病,死苗较慢。在幼苗茎基部产生椭圆形暗褐色病斑,以后逐渐扩展、凹陷、绕茎一周,使茎基收缩,病苗萎蔫,最后枯死。枯死病苗多直立而不倒伏,故称为立枯病。苗床湿度高时,病苗附近床面上常有稀疏的淡褐色蛛丝状霉。

沤根从刚出土幼苗到较大苗均能发病。发生沤根时,幼苗茎叶生长受抑制,叶片逐渐发黄,不生新叶,病苗易从土中拔出,可见根部不发新根和不定根,根皮呈锈褐色,逐渐腐烂,干朽。重时幼苗萎蔫,最后枯死。

病原

猝倒病菌为真菌鞭毛菌亚门、腐霉属的瓜果腐霉菌 *Pythium aphanidermat um* (Eds.) Fitzp。菌丝体繁茂,呈白色棉絮状。菌丝与孢子囊梗区别不明显。孢子囊生于菌丝顶端或中间,丝状或分枝裂瓣状或不规则膨大。孢子囊萌发时形成球状泡囊,释放出几个至几十个游动孢子。游动孢子肾形,有两根鞭毛,可在水中游动。卵孢子球形,厚壁,表面光滑,淡黄褐色。

立枯病菌为真菌半知菌亚门、丝核菌属的立枯丝核菌 *Rh-zoctonia solani* Kilhn。菌丝粗壮,初时无色,老熟时淡褐色,分枝呈直角,分枝处缢缩。老熟菌丝常集结成不定形淡褐至黑褐色菌核,菌核之间常有菌丝相连。

沤根是一种生理病害。原因是苗床长时间低温、高湿和光照不足,使幼苗根系在缺氧状态下,呼吸作用受阻,不能正常发育,根系吸水能力降低且生理机能破坏造成的。

发病规律

病菌主要在土壤中越冬。腐霉菌以卵孢子,丝核菌以菌核和菌丝体随病残体在土壤中越冬。两种菌腐生性都很强,均能以菌丝体在土壤腐殖质上营腐生生活,在土壤中可存活2~3年。条件适宜时,腐霉菌卵孢子萌发产生游动孢子或直接长出芽管侵入寄主,菌丝体上形成孢子囊,并释放出游动孢子直接侵染幼苗,引起猝倒病发生。丝核菌可以菌丝直接侵入寄主,引起立枯病发生。病菌主要借雨水、灌溉水,或苗床土壤中水分的流(移)动传播。此外,带菌粪肥、农具也能传播。

种子质量、发芽势及幼苗长势强弱与发病有很大关系。土壤温、湿度对发病影响更大。病菌虽适温较高,但温限范围较宽,腐霉菌10~30 ℃、丝核菌13~42 ℃均能活动。但苗床发病均发生在对该种蔬菜幼苗发育不利的温度条件下。茄子、番茄、辣椒、黄瓜等喜高温菜苗,多在苗床温度较低时发病;洋葱、芹菜、甘蓝等喜低温菜苗,多在苗床温度较高时发病。病菌耐旱能力不同,丝核菌耐旱力较腐霉菌高,但两种菌都喜高湿。苗床土壤高湿极易诱致发病。灌水后积水窝或苗床棚顶滴水处,往往最先出现发病中心。幼苗子叶中养分快耗尽而新根尚未扎根之前,正是幼苗营养危急期,抗病力最弱,也是幼苗最易感病的时期,此时遇寒流侵袭或连续低温、阴雨(雪)天气,床温在15 ℃以下,猝倒病就会暴发,损失惨重。就是稍大些的苗子,如温度变化大,光照不足,幼苗纤细瘦弱抗病力下降,立枯病也易发生。另外,播种过密,间苗不及时,苗床浇水过多、过勤以及通风不良等,往往加重苗病发生和蔓延发展。幼苗子叶养分耗尽,新根未扎实和幼茎木栓化前,为易感病阶段,容易造成病害严

重发生。

防治方法

防治蔬菜苗期病害应采取改进育苗技术、加强栽培管理、控制发病条件、培育抗病壮苗,同时配合床土消毒、消灭病原等措施进行综合防治。

(1)苗床设置

应选择地势较高、背风向阳、排水良好、土质肥沃地块作苗床。选用无菌新土作床土。沿用旧床土要进行药剂处理。播前床土要充分翻晒,粪肥应充分腐熟并撒施均匀。

(2)床土消毒

旧床育苗时,床土必须用药剂处理。

①浇药液 播前用福尔马林 100~150 倍液浇湿床土,覆膜盖严,闷 4~5 d 后揭膜耙土,经 14 d 药液充分挥发后再播种。

②施药土 苗床可选用50%多菌灵可湿性粉剂、或70%敌克松可湿性粉剂、或40%拌种双可湿性粉剂8~10 g/m² 加拌 5~10 kg 干细土制成药土,播种前取 1/3 撒在床面作垫土,播种后用其余 2/3 作盖土,然后加盖塑膜保持床土湿润以防药害。

(3)种子处理

播种前用50 ℃温水浸种15 min,也可选用50%多菌灵可湿性粉剂或50%福美双可湿性粉剂拌种,用药量为种子质量的 0.2%~0.3%。

(4)苗床管理

播前浇足底水。适量播种,及时分苗。果菜类要搞好苗床保温工作,白天床温不低于20 ℃,北方寒冷地区可采用电热温床育苗,以防止冷风或低温侵袭。出苗后抓紧无风晴天早揭床盖,增加光照,适当换气练苗。遇寒流降温天气则应晚揭早盖,注意防寒保温。芹菜、甘蓝等要防止23 ℃以上的高温,床温较高时,可在午间用席遮阴。苗床洒水不宜过多过勤,以防床内湿度过大。发现病苗,立即拔除,并撒上草木灰或干细土。

(5)药剂防治

一旦苗床发病,应及时喷药。出现猝倒病苗,可选用25%瑞毒霉可湿性粉剂 800 倍液,或58%甲霜灵锰锌可湿性粉剂 500 倍液、40%乙膦铝可湿性粉剂 200 倍液、70%百得富可湿性粉剂 600 倍液、72.2%普力克水剂 400 倍液。出现立枯病苗,可选用50%多菌灵可湿性粉剂 500 倍液,或20%甲基立枯灵乳油 1 000 倍液,或5%井冈霉素水剂 1 500 倍液。两病并发时,可用50%福美双可湿性粉剂 800 倍液混加 72.2%普力克水剂 800 倍液喷雾防治。喷雾时连同床面一起喷布,喷过后撒上干细土或草木灰降低苗床土层湿度。发现轻微沤根时,苗床要加强覆盖增温,及时松土,适当施用增根剂以促使病苗尽快发出新根。

> **实训作业**

①对田间采集的蔬菜苗期病害标本,分别整理和鉴定,描述所采病害的为害特征,总结识别不同病害症状的经验。

②根据专题调查的数据,分析病害的发生情况,拟订主要蔬菜苗期病害的防治方案。

③进行产量损失估算,分析某一病害发生重或轻的原因。

④针对蔬菜苗期病害的发生、防治及综合治理等问题进行讨论、评析。

任务 7.6　蔬菜病害症状的田间识别及防治方案的制订(二)

学习目标

通过对蔬菜叶部病害的田间调查、诊断、观察,识别常见的蔬菜叶部病害症状,掌握当地发生的主要蔬菜叶部病害的发生规律。应用所学的理论知识,根据病害的发生规律,学会制订有效的综合防治方案,并组织实施防治工作。

材料及用具

主要蔬菜叶部病害的蜡叶标本、浸渍标本、病原菌的玻片标本、生物显微镜、放大镜、镊子、病害图谱、影视教材、CAI 课件、检索表等用具。

内容及方法

①田间调查主要蔬菜叶部病害的为害特点,或通过教学挂图、音像教材、CAI 课件,认识其发病特点。

②田间布点调查病害的发病率、病情指数及损失估算。

③现场采集新鲜的病害标本,对照图片、资料等认识其典型症状,将标本带回实验室进行镜检观察。

④通过对病害发生的调查和相关资料的分析,了解主要植物病原的形态及其病害的发生规律。

⑤根据病害的发生规律,运用病害综合防治理论,制订蔬菜叶部病害的防治方案,并组织实施。

操作步骤

7.6.1　蔬菜叶部病害症状的观察识别

根据当地生产的实际,选取一块或若干块菜园,组织学生田间观察蔬菜叶部病害的症状并采集典型症状的标本,在教师指导下认识叶部病害的症状特点。也可通过挂图、影视教材等教学手段,向学生讲解蔬菜叶部病害的为害和症状特点。

7.6.2　主要叶部病害的识别和防治

霜霉病

霜霉病是蔬菜最重要的一类病害,在瓜类、葱类、莴苣、菠菜以及白菜、甘蓝、萝卜等十字花科蔬菜上普遍发生。其中黄瓜霜霉病、大白菜霜霉病、菠菜霜霉病、莴苣霜霉病、葱霜

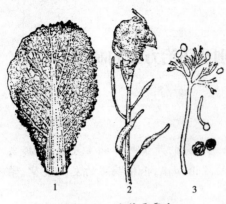

图7.34　白菜霜霉病

1—叶片症状；2—种株症状；3—病原菌

霉病，都是这些蔬菜为害最重的病害。

症状识别（见图7.34）

一般以成株期发病为主，症状最明显。主要为害叶片，葱类还能为害花梗，十字花科采种株还能为害花薹、种荚等。发病初期，在叶片上出现水浸状浅绿色斑点，迅速扩展，因受叶脉限制而呈多角形水渍状大斑，葱和菠菜病斑常为椭圆形或不规则形。随后病斑变成黄褐色或淡褐色。湿度大时，病斑背面出现霜状霉层，霉层颜色黄瓜上为紫黑色；大白菜、莴苣上为白色；菠菜上为灰紫色；葱上为灰白色。病重时，叶片布满病斑或病斑相互连片，致使病叶干枯、卷缩，最后病叶枯黄而死。葱类花梗发病，多从病部弯折。大白菜等十字花科采种株发病，花苔肿胀、扭曲、畸形，俗称"老龙头"。菠菜、葱经常有病菌系统侵染发生。系统侵染病株矮缩，叶片畸形、扭曲，表面上长满霜霉状霉层。

病原

为真菌鞭毛菌亚门、霜霉目的不同霜霉菌。黄瓜霜霉菌为拟霜霉属的古巴拟霜霉菌 *Pseudoperonospora cubensis*（Berk. et Cure）Rostov；莴苣霜霉菌为盘梗霉属的莴苣盘梗霉 *Bremia lactucae* Regel；白菜、葱及菠菜之霜霉菌均为霜霉属的不同种，分别是十字花科霜霉菌 *Peronospora parasitica*（Pers）Fr、葱霜霉菌 *P. schleidenii* Ung、菠菜霜霉菌 *P. spinaciae*（Gred）Lavb。病菌的孢囊梗2～6根成丛。孢囊梗直立，顶端分枝，黄瓜霜霉菌近单轴分枝，分枝2～3次，分枝末端叉状；其余几种霜霉菌均为二叉分枝，分枝3～5次。莴苣霜霉菌分枝末端扩展成小碟状，其余分枝末端尖细。分枝末端着生孢子囊。孢子囊卵形、椭圆形。孢囊梗分枝方式、分枝次数、末端小梗特征及孢子囊形状、大小、有无乳突等，在各种霜霉菌间有差异。

发病规律

霜霉菌是专性寄生菌，必须始终存活在田间或保护发病菜株上，并随之越冬。黄瓜霜霉病菌初次侵染来源就是如此，南方一年四季田间均有黄瓜种植，病菌终年可在黄瓜植株活体上存活。华北、西北及东北南部地区病菌冬天可在温室生产的黄瓜植株上存在，东北北部及内蒙地区冬季无温室黄瓜生产，春季菌源来自就近南部发病地区。菠菜霜霉菌还可随老根菠菜宿根在田间一起越冬。白菜霜霉菌还可随采种母根或种株在窖内越冬。另外，霜霉菌除黄瓜拟霜霉是否产生卵孢子尚无定论以外，其他几种均可在生长后期于病组织内产生卵孢子。因此卵孢子可以休眠状态随病残体在地表或土壤中越冬，也可黏附在种子上越冬。越冬菌源翌春初次侵染田间寄主引起发病，病部产生的霜状霉层即为田间再次侵染菌源。病菌的孢子囊在田间主要借风、雨传播，昆虫和农事操作也有一定的传播能力。孢子囊经传播一旦接触到寄主的感病部位，条件适宜时几个小时就可萌发，很快完成侵入。几种霜霉菌在温、湿度条件适宜时多为间接萌发，即孢子囊萌发释放出6～8个游动孢子。游动孢子在水中游动一定时间后鞭毛收缩形成休止孢，经暂短休止再产生芽管侵入。白菜霜霉菌常直接萌发，其他霜霉菌在温度偏高时也能直接萌发，即孢子囊直接生出芽管侵入寄主,几种霜霉菌主要由气孔侵入,也可由细胞间隙直接侵入。潜育期一般较短,条件适宜时只3~5 d。因此生长季节病害可以反复再侵染,迅速暴发流行。

病害发生和流行与气候条件关系最为密切,尤其决定于温、湿度条件。几种霜霉菌均不耐低温,也不抗高温,喜温和温度和高湿条件。发病适宜温度,黄瓜霜霉病为15~22 ℃,白菜霜霉病为16 ℃左右,葱霜霉病为15 ℃左右,菠菜霜霉病为10 ℃左右,莴苣霜霉病为15~17 ℃。均要求85%以上相对湿度,间接萌发侵入时游动孢子还要在水中游动,因此需叶面有水膜存在。在生产中,遇阴雨天或昼夜温差大,叶面结露时间长,或灌水过多、雨后排水不及时,保护地通风不良湿度大,发病均重。另外,植株营养不良,早衰抗病力下降,病势加重。

防治方法

①选用抗病品种　露地黄瓜可选用津研6号、7号,津杂1号、2号、3号、4号,西农58号、京旭2号、春丰2号、夏丰1号、露地2号、宁阳刺瓜、杨行黄瓜、唐山秋瓜;保护地黄瓜可选用津研3号、4号,碧春、中农5号等。大白菜可选用辽白1号、中白、凌云、青庆、山东4号、鲁保6号、北京106号等。菠菜可选用菠杂9号、10号,莴苣可选用万年、青麻叶、尖头莴苣、红皮莴苣等。葱类一般以红皮洋葱品种抗病,其次是黄皮洋葱品种。

②减少和消灭菌源　应从无病株留种;白菜、菠菜、莴苣、葱因种子可带菌要进行种子处理,直播时可用35%瑞毒霉按种子质量0.3%拌种或用50%福美双按种子质量的0.4%拌种;收获后彻底清除田间病残体,随即深翻土壤;重病地与非寄主蔬菜进行2~3年轮作;田间初现中心病株应及时拔除;葱、菠菜等系统侵染病株要彻底拔除。

③加强栽培管理,提高植株抗病能力　栽植密度要适宜,避免过密。施足基肥,适时追肥,氮、磷、钾肥配合施用;避免偏施氮肥,适度增施磷、钾肥。注意灌小水,严禁大水漫灌,雨后及时排水。保护地黄瓜灌水采用滴灌、膜下软管灌等灌水方式为好。若明水灌溉,前期灌小水,后期灌水量大最好隔沟灌。灌水宜上午灌,温度高时可清晨灌。灌水后闭棚提湿然后放风排湿。切忌傍晚灌水,阴雨天不宜灌水。

④叶面喷素防止早衰　定植时喷施增产菌1 000倍液。生长期适时喷施植保素、喷施宝等激素调节生长。黄瓜可定期叶面喷糖尿液(即白糖:尿素:水为1:1:200),或喷叶面肥补充营养。

⑤生态防治　保护地黄瓜应采取生态防治,即利用温、湿度条件抑制病害发生。具体做法是:白天上午把棚、室的温度控制在28~32 ℃,相对湿度60%~70%。下午大通风,把温度降到20~25 ℃,相对湿度60%左右。进入夜间要将温度控制在13 ℃以下,或降低湿度。降温排湿要根据季节温度变化而定,5月上旬以前,利用低温控制病害比较方便,但要防止冻害和湿度上升过快,关键是日落后注意保温,使棚、室内温度缓慢下降。温度下降速度,以上半夜不超2~2.5 ℃/h;下半夜不超过1.5~2 ℃/h为宜。当最低温度稳定在10 ℃以上后,采用低湿控制病害较方便。可采用晚闭棚室,在棚内温度低于20 ℃以后闭棚。日落后2 h前后,如棚内相对湿度达到90%左右时,立即放夜风,具体放风时间长短根据夜间温度来定。一般放夜风10 ℃时放风1 h,11 ℃时放风2 h,12 ℃时放风3 h,13 ℃时整夜放风。

⑥高温闷棚　保护地黄瓜可采用高温闷棚抑制霜霉病病势发展,具体做法是:选择晴天中午密闭棚、室,使棚内温度迅速上升到44~46 ℃,维持2 h,然后逐渐加大放风量使温

度复归常态。闷棚前一天要灌水,增加黄瓜耐热力。温度计必须挂在龙头高度位置,瓜蔓触棚膜时要弯下龙头。严格控制温度和时间。闷棚后加强肥、水管理。

⑦药剂防治 发病初期及时用药剂防治,可选用 25%甲霜灵可湿性粉剂 1 000 倍液,或 40%乙膦铝可湿性粉剂 200 倍液、70%百菌清锰锌 800 倍液、75%百菌清可湿性粉剂 600 倍液、70%代森锰锌可湿性粉剂 500 倍液、80%大生可湿性粉剂 800 倍液、70%百得富可湿性粉剂 600 倍液、72%无霜可湿性粉剂 600~800 倍液、72%克露可湿性粉剂 600 倍液、70%霜疫净可湿性粉剂 800 倍液、47%加瑞农可湿性粉剂 600 倍液、64%杀毒矾可湿性粉剂 400 倍液、72.2%普力克水剂 800 倍液、77%可杀得可湿性微粒粉剂 500 倍液、70%乙锰可湿性粉剂 500 倍液、58%甲霜灵锰锌可湿性粉剂 500 倍液、50%甲霜铜可湿性粉剂 800 倍液等。保护地还可选用百菌清烟剂 5.25 kg/hm²(350 g/亩)熏烟,或喷布 5%百菌清粉尘,或 10%防霉灵粉尘 15 kg/hm²(1 kg/亩)。

疫 病

疫病是一类发展迅速、流行性强、毁灭性大的病害,故称为“疫病”。茄果类、瓜类、葱类、韭菜、芋等多种蔬菜,都有疫病发生。其中辣椒疫病、黄瓜疫病、韭菜疫病,都是发生普遍,为害严重的病害。

图 7.35 黄瓜疫病

症状识别(见图 7.35)

苗期、成株期均可发病。苗期发病,多是子叶、胚茎色水渍状,很快腐烂而死。成株期发病,茎部多在茎基部或节部、分枝处发病。先出现褐色或暗绿色水渍状斑点,迅速扩展成大型褐色、紫褐色病斑,表面长有稀疏白色霉层。病部缢缩,皮层软化腐烂。病部以上茎叶萎蔫、枯死。叶片发病产生不规则形,大小不一的病斑,似开水浸烫状,呈湿绿色,扩展迅速,可使整个叶片腐烂,高湿或阴雨时病部表面生有轻微白霉。辣椒、黄瓜果实发病,很快就发展成整个果实呈暗绿色或褐色水渍状腐烂,辣椒病果有稀疏白色霉,黄瓜病果有较密白霉层。

病原

为鞭毛菌亚门、霜霉目、疫霉属真菌。其中,黄瓜疫病菌为甜瓜疫霉菌 *Phytophthora melonis* Katsura、辣椒疫病菌为辣椒疫霉菌 *P. capsici* Leonian、韭菜疫病菌为烟草疫霉菌 *P. nicotianae* Breda。病菌孢囊梗直立,极少分枝,顶生孢子囊。孢子囊单胞、卵形、倒洋梨形等多种形态,有的顶端具有乳头状突起。厚垣孢子球形,淡色,壁薄至壁厚、顶生、间生或串生。卵孢子球形,淡黄色。

发病规律

病菌主要以卵孢子和厚垣孢子随病残体遗留在土壤中越冬。病残体分解后也能在土壤中长期存活。如黄瓜疫病菌卵孢子在土壤中能存活 5 年以上。辣椒疫病菌还可由种子带菌。越冬菌源翌年在条件适宜时侵染寄主引起初侵染发病。土壤中病菌主要靠水流传播,尤其是下雨时地面积水形成径流,或灌溉、排水时病菌随流水扩散传播。也可借雨水冲溅作用传播到植株下部。植株发病部位产生的孢子囊主要借风雨传播。被病菌污染的土壤人为需要而加以搬运,或带土移栽菜苗也可传播。带菌种子、幼苗调运可将疫病扩散传播到更大的范围。此外,被污染的农具、车轮以及人畜活动等也都存在极大的传播机会。病菌卵孢子接触到寄主迅速萌发释放出游动孢子或产生芽管,由气孔或直接穿透表皮侵入。潜育期2~5 d,发病后病部又产生孢子囊。孢子囊是疫病菌的主要繁殖体,可反复再侵染,在病害的扩散传播中起着重要作用。在生长季节末期或植株营养状况恶化时,便会产生厚垣孢子或卵孢子越冬。疫病一旦发生,病部能在短时间内重复不断地产生大量孢子囊,只要温湿度条件适宜病害极易暴发流行,酿成大的灾害。

疫病发生与温、湿关系极为密切。病菌对温度要求较宽,7~39 ℃均可活动,但其适温要求较高。黄瓜疫病菌为23~32 ℃,辣椒疫病菌为28~30 ℃,韭菜疫病菌为25~32 ℃。要求高湿度,孢子囊产生要求90%以上相对湿度,孢子囊萌发需要85%~95%相对湿度,因孢子囊萌发释放出游动孢子,因此要求有水滴存在。温湿度条件适宜时,病势发展极快。如黄瓜疫病菌在25 ℃左右并有水滴存在时,病害完成一个循环仅需20~25 h。因此,夏季多雨,特别是雨后曝晴,病势发展极为迅速。疫病发生早晚及发生流行程度,与初始菌量和水分管理关系十分密切。一般重茬地发病早,病情重,蔓延快。雨季早,降雨次数多,雨量大,发病早而重。田间发病高峰往往在雨量高峰之后2~3 d出现。

防治方法

①选用抗(耐)病品种 黄瓜可选用中农101、京旭2号、长春密刺、北京刺瓜等,辣椒可选用沈椒1号、早丰1号、辽椒5号、8819等。

②培育无病壮苗 辣椒种子可用52 ℃温水浸种15 min,或用种子质量的50%克菌丹拌种。做新苗床或苗床换土,旧苗床播前用开水烫土,或每平方米用多克(多菌灵和克菌丹1:1)8~10 g与20 kg干细土配成药土,或50%福美双10~20 g/m²与20 kg干细土配成药土,播种时处理苗床土壤。做好苗床温、湿、光、气管理。无病壮苗适时定值。

③加强栽培管理 定植地应选择地势较高,排水良好,肥沃沙质壤土,并与非寄主蔬菜实行3年以上轮作;播前翻地晒田,采用高垄栽培,实行地膜覆盖;密度适宜;有条件可与菜豆、豇豆等高棵作物4:1或6:1间作。合理施肥,避免偏施氮肥,增施磷、钾肥;雨后及时排水,地里不能有积水;灌水要灌浅(串沟)水,灌短水(长垄分段灌),切忌大水漫灌、串灌;适时追肥和喷布磷酸二氢钾;填培土保根;及时清除田间杂草。经常检查,特别是雨后注意检查,发现病株及时拔除深埋或烧毁,以减少田间菌源。黄瓜与黑籽南瓜嫁接有减轻疫病的作用,尤其对茎部接近地表处的发病有明显防止作用。

④搞好药剂防治 做好预测预报或田间检查,在发病前或初见中心病株时用药剂防治,选用药剂基本同霜霉病药剂品种。除此以外,也可在定植时与缓苗后,用50%克菌丹可湿性粉剂500倍液,或敌克混剂(敌克松和克菌丹1:1)1 000倍液灌根。也可在灌水前撒施96%硫酸铜粉45 kg/hm²(3 kg/亩)然后灌水防效也好。

晚疫病

晚疫病主要为害茄科蔬菜,其中番茄晚疫病、马铃薯晚疫病是发生普遍,为害严重的病害。

症状识别(见图7.36)

主要在成株期发病。叶片上产生圆形或不规则形暗绿色水渍状病斑,迅速扩展成边缘不明显的淡绿色,后转为褐色之大病斑。湿时,在病健交界处长出一圈白色霉层,俗称"霉轮"。干燥时,病部失水干枯呈青白色,皱缩,易破碎。茎部病斑暗褐色,稍凹陷,有时缢缩而使病茎倒折。番茄果实发病,果面上产生大型云纹状暗褐色斑块,初时病部质地硬实,后期软化、腐烂。湿度大时病部边缘长有稀疏白色霉。马铃薯块茎发病,在受害部分形成褐色不规则病稍,稍凹陷,皮下呈红褐色,并向内部和四周逐渐扩大。

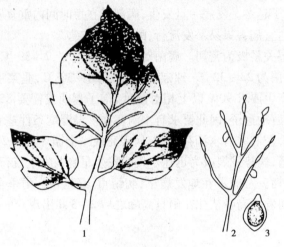

图 7.36　番茄晚疫病
1—症状;2—孢子梗;3—孢子囊

病原

两者均为真菌鞭毛菌亚门,霜霉目,疫霉属的致病疫 *Phytophthora infestans*(Mont.)de Bary。孢囊梗单根或成丛由气孔抽出,假轴分枝,产孢部位膨大。孢子囊顶生,后被继续向前生长的孢囊梗顶生成侧位。孢子囊卵形或椭圆形。顶部有乳头状突起。卵孢子不易产生。

发病规律

病菌主要以菌丝体随病残体在土壤中越冬,或潜伏在马铃薯薯块中越冬。也可以在温室冬季栽培番茄上为害并越冬,成为翌年的初侵染来源。春天栽培的马铃薯上如果发生晚疫病,因番茄和马铃薯晚疫病菌为同一个种,但为不同生理小种,马铃薯生理小种可以轻微侵染番茄,但在番茄上繁殖几代后致病力增强,也能严重为害番茄。越冬病菌产生孢子囊,由雨水冲溅传到植株下部茎叶、果实上引起发病,马铃薯病薯播后引起地上茎部发病,在田间形成中心病株。田间中心病株出现后,从中心病株上产生大量孢子囊,由气流和雨水传播,使病害向四周迅速扩展蔓延。孢子囊在适宜的温、湿度条件下,2 h 完成萌发,很快由气孔或直接穿透表皮侵入。潜育期一般 3~4 d。田间一旦出现中心病株,往往 10 d 内全田就会普遍发病。

病菌喜较低温度和高湿度条件。病菌生长温度范围 10~30 ℃,适温 20 ℃左右。孢子囊形成温度范围 7~25 ℃,适温 18~20 ℃。孢子囊萌发产生游动孢子温度范围 6~15 ℃,适温 10~13 ℃,相对湿度85%以上,才能产生孢囊梗;相对湿度95%~97%才开始形成孢子囊。孢子囊萌发要有水滴存在。因此,较低温度和高湿度是发病的重要条件,尤其有无饱和的相对湿度或叶面有无水滴成为发病的决定性条件。田间发病早晚,病势发展快慢,与降雨早晚、雨量多少有直接相关。一般在昼间温暖但不超过 24 ℃,夜间冷凉但不低于 10 ℃,早晚雾大露重或连日阴雨,相对湿度长时间在 75% ~100% 时,晚疫病就要大流行。在栽培上,凡是地势低洼,排水不良,植株茂密,搭架不及时病害也易发生。偏施氮肥造成的植株徒长,或土壤贫瘠植株生长衰弱时,均会降低对病害的抵抗力而加重病害的发生。

防治方法

①选用抗(耐)病品种　番茄可选用沈粉 1 号、双抗 2 号、强丰、佳红、佳粉 10 号,西粉 3 号、中蔬 4 号、5 号等。马铃薯可选用克疫、虎头,克新 1 号、2 号、3 号,同薯 8 号、乌盟 601、青海 3 号等。

②加强栽培管理　重病地应与非茄科蔬菜进行 3 年以上轮作;番茄地与马铃薯地应有一定距离间隔,最起码应 300 ~500 m。马铃薯栽植应选用无病种薯,减少初侵染菌源。注意密度不要过密,番茄早搭架,早整枝,适当摘除植株下部老叶,改善通风透光条件;采取配方施肥技术,氮、磷、钾肥配合使用,增施钾肥;注意合理灌水,切忌大水漫灌;雨后清沟排渍,避免地面积水。保护地番茄,前期适当控水,天气转暖后及时放风,并逐渐加大放风量,降低保护地内湿度,控制晚疫病的发生。

③搞好药剂防治　做好预测预报,一旦发现中心病株立即用药,并应在短期内连续用药 2 ~3 次,控制或消灭病情。药剂选用同霜霉病用药。

叶霉病

叶霉病在蔬菜上有番茄叶霉病、茄子叶霉病、菠菜叶霉病等,但以番茄叶霉病发生普遍,为害严重。已成为保护地番茄重要病害。

症状识别(见图 7.37)

一般只为害叶片,偶尔茎、花、果实也可发病。植株一般下部叶片先发病,向上部叶片发展。发病期,叶片正面出现不定形,边缘不明显的淡黄色或黄绿色斑,后病斑相对的叶片背面密生灰紫色霉层。严重时,病斑多连片,叶片变黄卷曲,致使植株在盛果期提早拉秧。

病原

番茄叶霉病菌为真菌半知菌亚门、丝孢目、枝孢属的黄枝孢菌 *Cladosporium fuloum* Ccoke。病菌分生孢子梗成束由气孔伸出,多隔,暗橄榄色,顶端色淡,稍有分枝,许多细胞上端向一侧膨大,其上产生分生孢子。分生孢子圆柱形、椭圆形、不规则形,淡褐色至榄褐色,光滑,具 0 ~3 个隔膜,隔膜处有时缢缩。

图 7.37　番茄叶霉病
1—病叶;2—病原菌

发病规律

病菌以菌丝体或菌丝块随病残体在土壤中越冬,分生孢子也可附着种子表面或以菌丝体潜伏在种皮内越冬。翌年条件适宜时病菌开始活动,产生分生孢子借风雨传播。病菌除由叶片侵入外,还可从萼片、花梗等部位侵入,并能进入子房潜伏在种皮内。

病菌发育温度 9 ~34 ℃,适温 24 ~25 ℃,孢子的萌发和侵染要求 90% 以上相对湿度和弱光条件。保护地番茄遇阴雨闷热且光照不足时,叶霉病极易发生。

防治方法

①选用抗病品种,如辽粉杂 3 号、双抗 2 号、沈粉 3 号、佳红等抗叶霉病。

②使用无病株采收的种子。一般种子要进行消毒处理,可用 53 ℃温水浸种 30 min。

③发病重地块应与非茄科蔬菜进行 2 年以上轮作。

④定植避免过密。增施磷钾肥,提高植株抗病力。定植后管理关键是创造不利于病菌活动的生态条件。加强保护地通风,适当控制灌水,把相对湿度控制在80%左右。

⑤重病温室、大棚,番茄定植前密闭棚室,每50 m^3 空间用硫黄125 g,锯末250 克混合后熏烟一夜,进行环境消毒。

⑥叶霉病病情处于发展时,可用 36 ~ 38 ℃闷棚 2 h,高温闷棚抑制病情发展。

⑦发病初期及时用药剂防治。药剂可选用 70% 甲基托布津可湿性粉剂 800 倍液,或50% 多菌灵可湿性粉剂 500 倍液、50% 扑海因可湿性粉剂 1 500 ~ 2 000 倍液、2% 武夷霉素水剂 100 倍液、80% 大生可湿性粉剂 500 倍液、47% 加瑞农可湿性粉剂 800 倍液、50% 敌菌灵可湿性粉剂 500 倍液、50% 多硫悬浮剂 700 倍液、60% 防霉宝超微粉 600 倍液、50% 多霉灵可湿性粉剂 1 000 倍液。保护地可喷布 5% 百菌清粉尘 15 kg/hm^2(1 kg/亩),或用百菌清烟剂或叶霉净烟剂 5.25 kg/hm^2(350 g/亩)熏烟。

炭疽病

炭疽病是蔬菜上的一类重要病害,许多种类蔬菜都有炭疽病发生。其中瓜类、茄果类、豆类、十字花科蔬菜、菠菜、洋葱的炭疽病,各地均有发生,为害较重。特别是黄瓜炭疽病、辣椒炭疽病、菜豆炭疽病,是当前蔬菜生产中的重要病害。

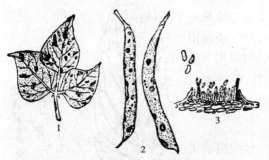

图 7.38　菜豆炭疽病

1—病叶;2—病荚;3—分生孢子盘和分生孢子

症状识别(见图 7.38)

苗期、成株期均可受害,成株期叶片、茎、果实都可发病。

黄瓜发病,多在叶片上产生直径 10 ~ 15 mm 的圆形或近圆形病斑。病斑红褐色,有时边缘有黄色晕圈。湿度大时病斑上长出少许橘红色黏质物;干燥时病斑中部可出现星状破裂。茎蔓病斑圆形或长圆形,褐色,稍凹陷,有琥珀色胶质物溢出。重时病斑连接或包围主茎,致使病部以上茎蔓枯死。瓜条上病斑圆形,凹陷,暗褐色,有时开裂。湿度大时病斑中央溢出大量橘红色黏质物。

辣椒发病,多在老叶上产生大小不等的近圆形或不规则形、中间灰褐色边缘深褐色的病斑,其上轮生小黑点。果实以近成熟时易发病,初时产生水浸状褐色斑点,扩展后呈大小不等圆形或不规则形、黑褐色、稍凹陷的病斑,病斑上有稍隆起的同心轮纹,其上轮生许多稍大的小黑点,湿度大时病斑表面溢出红色黏质物。被害果内部组织半软腐,易干缩,致病部呈羊皮纸状。

菜豆以豆荚易受害,初时为灰白色水浸状小晕斑,扩展后病斑暗褐色,边缘深红色,圆形,凹陷,多为 4 ~ 6 mm 大小,湿度大时分泌出粉红色黏液。有时叶片也发病,多在叶脉上或沿叶脉附近出现三角形黑褐色的病斑。

病原

为真菌半知菌亚门、黑盘孢目、炭疽菌属的不同炭疽菌。黄瓜、辣椒和菜豆上分别为瓜类炭疽菌 *Colletotrichum orbiculare*（Berk. et Mont.）Arx、胶孢炭疽病 *C. gloeosporioides*（Penz.）Sacc. 和菜豆炭疽菌 *C. lindemuthianum*（Sace. et Magn）Briosi Cav.。病菌分生孢子盘黑色，初埋生于寄主表皮下，后期露出。分生孢子盘上密生排列分生孢子梗，其中散生一些刚毛。分生孢子梗短小，直立，其顶生分生孢子。刚毛刚直，黑色。分生孢子单孢，无色，不同种炭疽菌分生孢子形状不同，如瓜炭疽菌为长圆形，辣椒炭疽为长椭圆形，菜豆炭疽菌为卵形至圆柱形。大小也有差异。

发病规律

病菌主要以菌丝体或拟菌核随病残体在土壤中越冬，也可以菌丝体潜伏在种子内或分生孢子黏附在种子表面越冬。黄瓜炭疽菌还可以菌丝和孢子附生在温室、大棚门窗、架材上越冬。越冬后的病菌，在适宜条件下产生出分生孢子，引起田间初次浸染发病。发病后病部产生大量的分生孢子，借雨水反溅和风雨传播蔓延，农事操作、昆虫也能传播。分生孢子萌发产生芽管，从伤口或直接穿透表皮侵入。潜育期 3～5 d，因此，再次侵染频繁。

炭疽病发生受温湿度的影响最大。黄瓜炭疽病菌 8～30 ℃范围内均可生长，适宜温度为 24～25 ℃，相对湿度95%以上对分生孢子萌发和侵入最为有利。辣椒胶孢炭疽病菌温度范围为 12～33 ℃，27 ℃为最适宜温度；孢子萌发要求95%以上相对湿度，低于70%不利于发病。菜豆炭疽病菌在 17～20 ℃，相对湿度100%时发病最烈，低于 13 ℃或高于 27 ℃，相对湿度低于92%时很少发病。温度对炭疽病发生有影响，但湿度的影响更大。温湿、多雨、多露或重雾发病严重，此时病害的潜育期仅 3 d。一般地势低洼，排水不良，种植过密，施肥不足，氮肥过多，连茬，通风透光不良，均易发病。

防治方法

①选用抗病品种。黄瓜可用津研 4 号、夏丰 1 号、中农 5 号等；辣椒可用吉林 3 号、柿子椒、吉农方椒、长丰 1 号、早丰 1 号、羊角椒、早杂 2 号等；菜豆可选用芸丰、四季豆、锦州双季豆、早熟 14 号菜豆等品种。

②使用从无病株采留的种子。一般种子必须进行消毒处理。种子消毒时，黄瓜、辣椒最好用温汤浸种，如黄瓜为 55 ℃浸种 15 min，辣椒为 55 ℃浸种 10 min。辣椒种子还可先用冷水预浸 10 h，再用1%硫酸铜液浸种 5 min。菜豆种子可用种子质量 0.4%的 50% 多菌灵或 50% 福美双拌种，也可用 60% 防霉宝超微粉 600 倍液，或 40% 多硫悬浮剂 600 倍液浸种 30 min。

③采用无病土育苗。重病地实行 2 年上轮作。

④架材消毒。所使用的旧架材也应用 50% 代森铵水剂 800 倍液，或 40% 福尔马林 200 倍液喷淋消毒。

⑤栽培防病。采用高畦地膜栽培。施足基肥，避免偏施氮肥，增施磷钾肥。合理灌水，雨后及时排水。保护地做好放风排湿。辣椒要注意预防果实灼伤。

⑥清除病残体。初见发病，及时摘除病叶、病果、病荚深埋。收获后彻底清除病残体，随之深翻土壤。

⑦发病初期及时用药剂防治,药剂可选用50%多菌灵可湿性粉剂500倍液,或70%甲基托布津可湿性粉剂800倍液、50%苯菌灵可湿性粉剂1 000倍液、70%代森锰锌可湿性粉剂500倍液、80%大生可湿性粉剂600倍液、75%百菌清可湿性粉剂500倍液、2%武夷霉素水剂200倍液、2%农抗120水剂200倍液、50%多硫悬浮剂600倍液、80%炭疽福美可湿性粉剂800倍液、25%施保克浮油3 000倍液。

白粉病

白粉病是蔬菜上发生普遍的一类病害,多种蔬菜均有发生,尤以黄瓜、西葫芦、豌豆、豆类白粉病为害较重。近年来,辣椒、番茄、茄子等茄果类白粉病,在一些地区发生,并有扩大蔓延之势。

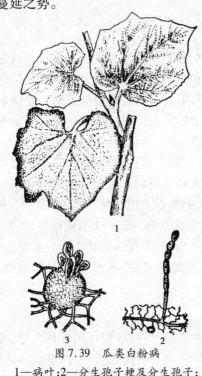

图7.39 瓜类白粉病
1—病叶;2—分生孢子梗及分生孢子;
3—闭囊壳和子囊

症状识别(见图7.39)

白粉病主要为害叶片,偶尔也为害叶柄、茎梢。初时在叶片正面出现白色小粉点或白色丝状物,逐渐扩展呈大小不等的白色圆形粉斑,后向四周扩展成边缘不明显的连片白粉,严重时整个叶片布满白粉。茄果类白粉病叶面白粉层稀薄,隐约可见;瓜类、豆类白粉病叶面白粉层较密,明显。白粉初期鲜白,逐渐转为灰白色。抹去白粉可见叶面褪绿,枯黄变脆。重时病叶枯死。

病原

为子囊菌亚门、白粉菌目真菌。黄瓜白粉病菌主要为单丝壳属的瓜单丝壳菌 Sphaerotheca cucurbitae (Jacz.) Z. Y. Zhao,番茄、茄子、豇豆、豌豆白粉菌为白粉菌属的蓼白粉菌 Erysiphe polygoni DC,辣椒白粉病为内丝白粉菌属的鞑靼内丝白粉菌 Leveillula taurica (lev.) Arn。病部的白粉层为病菌无性阶段的分生孢子梗和分生孢子。分生孢子梗短圆柱形。分生孢子单胞椭圆形,辣椒白粉菌为单生,余者皆为串生。有性阶段的闭囊壳在田间极少发生。

发病规律

白粉病菌均为专性寄生菌。以菌丝体及分生孢子随在田间或温室内生长的黄瓜、番茄、辣椒等寄主植株活体越冬,也可随凤仙花、月季等花卉越冬。病菌有时也可产生有性阶段闭囊壳随病株残体在土壤中越冬。越冬病菌翌年侵染寄主使之发病。病部产生大量分生孢子,借风、雨传播。分生孢子接触寄主叶片后,只要条件适宜便会迅速发芽,20 h左右即可完成从叶片表皮侵入。鞑靼内丝白粉菌菌丝为内外兼生;瓜单丝壳菌、蓼白粉菌菌丝附生于叶片表面。以吸器伸入细胞内吸取养分。病菌侵入后,几天内便在侵染处形成白色菌丝状粉斑,不断延伸蔓延并形成分生孢子,飞散传播进行再侵染。病害潜育期5 d左右。因此,在整个生长季可反复侵染多次,遇条件适宜病害往往在短时期内造成流行。

几种白粉病菌均喜高温、高湿,但耐干燥。分生孢子10～30 ℃范围内均可萌发,但最适温度为 20~25 ℃。对湿度适应范围较大,相对湿度 70%~85% 最利于发病。但因白粉病菌分生孢子内许多含水的液泡可保护孢子萌发所需的水分,故在相对湿度低至 25% 时也能萌发。因此表现为田间荫蔽,昼暖夜凉和多露潮湿情况下病重,较干旱时也能发病。植株生长不良,抗病力下降,病情加重。

防治方法

①应用抗病品种　黄瓜可选用津杂 1 号、津研 2 号、4 号、6 号、7 号、京旭 2 号、早丰 1 号、春丰 2 号、中农 1101 等,西葫芦可选用天津 25 号、邯郸西葫芦等。一般抗霜霉病的品种同时也抗白粉病。辣椒可选用通椒 1 号、茄椒 2 号、新丰 4 号、6 号、秦椒 8819 等。豇豆可选用金山长豇、金马长豇等。

②重视栽培防治　重病地实行 2 年以上与非寄主作物轮作。收后彻底清除田间病残体,深翻土壤,减少越冬菌源。铲除田间杂草,注意田间通风透光,降低湿度。加强肥水管理,防止植株徒长或脱肥早衰等。

③喷高脂膜膜防病　在发病前或发病初期。喷布 27% 高脂膜乳剂 80 倍液,在叶面上形成一层薄膜改变叶面微环境,不仅可防止病菌萌发侵入,还能造成缺氧条件使病菌死亡。一般 5~7 d 1 次,连喷 3~4 次。

④及时用药剂治疗　发病初期选用 2% 武夷霉素水剂 200 倍液,或 2% 农抗 120 水剂 200 倍液、25% 粉锈宁可湿性粉剂 2 000 倍液、30% 特富灵可湿性粉剂 1 500 倍液、30% 利德隆悬浮剂 2 000 倍液、47% 加瑞农可湿性粉剂 600 倍液、40% 百可得可湿性粉剂 1 500 倍液、40% 多硫悬浮剂 500 倍液、50% 硫黄悬浮剂 300 倍液、20% 敌菌酮胶悬剂 600 倍液、20% 敌唑酮胶悬剂 400 倍液、25% 敌力脱乳油 3 000 倍液、12.5% 速保利可湿性粉剂 2 500 倍液。保护地还可喷布 10% 多百粉尘剂 15 kg/hm^2(1 kg/亩),或用粉锈宁烟剂 5.25 kg/hm^2(350g/亩)熏烟。

锈　病

锈病主要发生在豆类、葱类蔬菜上,莴苣、黄花菜、茭白等蔬菜也有锈病发生。生产上发生普遍、为害较重的是菜豆锈病、豇豆锈病、葱锈病、韭菜锈病。

症状识别(见图 7.40)

锈病主要为害叶片。叶片发病,初期在叶片上产生稍隆起的白色或褪绿小黄斑,扩大后变为黄褐色疱斑(夏孢子堆),表皮破裂后,散出橙黄至红褐色粉末(夏孢子)。后期在夏孢子堆或其四周生成黑色疱斑(冬孢子堆)。破裂后散出黑褐色粉末(冬孢子),有时在菜豆、豇豆病叶上可以看到叶片正面发生黄白色隆起而不散锈粉的小斑点(性孢子器),以后斑点的周围或背面发生橙红色斑点(锈子器)。发病严重时,叶片

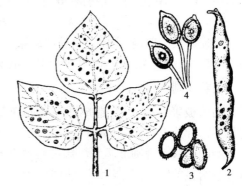

图 7.40　菜豆锈病
1—被害叶;2—被害荚;3—夏孢子;4—冬孢子

布满疱斑。疱斑破裂,叶片表皮大量破损,菜株水分大量散失,严重时致使叶片早枯。菜豆、豇豆还可为害豆荚。后期也能产生疱斑,但疱斑比叶片上疱斑大些,数量较少些。

病原

为担子菌亚门、锈菌目真菌。其中,菜豆锈菌和豇豆锈菌分别为单胞锈菌属的疣顶单孢锈菌 *Uromyces appendiculatus*（Pers.）Ung 和豇豆单胞锈菌 *U. vignae* Barclay；葱锈菌、韭菜锈菌及大蒜锈菌均为柄锈菌属的葱柄锈菌 *Puccinia allii*（DC）Rrdolphi。夏孢子堆散出的夏孢子单胞,椭圆形或卵形、淡黄色,表面有稀疏微刺,有 1~3 个芽孔。冬孢子堆散的冬孢子形态不同。菜豆、豇豆锈菌冬孢子单胞,圆球形,黑褐色,平滑,顶壁较厚,有平圆形突起,下端有长柄,不脱落。葱、蒜、韭菜锈菌冬孢子双胞,长筒状,顶端尖或一头稍高,分隔处缢缩,具长柄,易脱落。

发病规律

锈病菌在南方可终年在寄主植物活体上寄生存活,在北方则以冬孢子随病残体在土壤中越冬。翌春,越冬的冬孢子萌发经过性孢子、锈孢子侵染寄主,产生夏孢子堆。夏孢子在菜株生长期间反复侵染为害,直至菜株生长后期才在病部产生冬孢子堆及冬孢子越冬。

锈病菌喜温湿条件。夏孢子萌发、侵入温度范围 15~30 ℃,最适温度 18~22 ℃。高湿是夏孢子萌发和侵入的必要条件。特别是昼夜温差大,叶面结露时间长,锈病才易流行。肥料不足,菜株生长不良发病重。

防治方法

①种植抗病品种　菜豆可选用小粒白、细花、春丰 4 号、穗圆 8 号等;豇豆可选用红嘴金山、大叶青、铁线青、白鳝鱼骨、桂林长豆角、奥夏 2 号等。

②减少田间菌源　轮作及收后彻底清除病残体,可减少侵染菌源。

③加强栽培管理　注意合理密植,改善通风透光条件;施足基肥,避免氮肥过度,增施磷、钾肥,提高抗病能力;合理灌水,雨后及时排水。

④及时喷药防治　发病初期选用 15% 粉锈宁可湿性粉剂 1 500 倍液,或 20% 粉锈宁乳油 2 000 倍液、50% 萎锈灵乳油 800 倍液、50% 硫黄悬浮剂 300 倍液、25% 敌力脱乳油 3 000 倍液、12.5% 速保利可湿性粉剂 4 000 倍液、80% 仙生可湿性粉剂 600~800 倍液。葱锈病还可用 50% 二硝散可湿性粉剂 200 倍液,或 95% 敌锈钠可湿性粉剂 300 倍液。

早疫病

早疫病发生普遍,主要为害茄科蔬菜。番茄、茄子、辣椒、马铃薯都有早疫病发生,其中番茄早疫病、马铃薯早疫病,是生产中的重要病害。

症状识别（见图 7.41）

幼苗被害形成立枯,造成死苗。成株期叶、茎、果均可发病,以叶片发病普遍而严重。先从下部叶片发病,向上部叶片发展。初时叶片上形成褪绿小斑点,后逐渐扩大形成大小不一的圆形或不规则形病斑。病斑褐色至暗褐色,边缘多具有浅绿色或黄色晕环,病斑中部具有明显的同心突起轮纹。重时多个病斑可联合成不规则形大斑,造成叶片早枯。叶柄病斑椭圆形,深褐色至黑色,有轮纹。病斑大时引起叶片垂萎、枯死。番茄茎部也易发病,多在分枝处产生椭圆形、长梭形或不规则形,褐色至深褐色,稍下陷的病斑。病斑上轮纹不明显,表面生灰黑色霉状物。茎秆、枝条易从病斑处折断。果实发病多发生在果蒂附近,产生近圆形或椭圆形,直径 10~30 mm 凹陷的病斑。病斑褐色至黑色,轮纹较明显,上面布满黑色霉层。病斑部较硬,一般不腐烂,后期有时从病斑处开裂。马铃薯有时还能为害块茎,形成圆形或不规则形,暗色,略凹陷,边缘清晰的病斑。病部可深入皮下 0.5 cm,薯肉变褐色,后期干腐。

病原

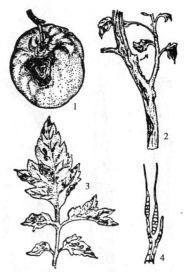

图 7.41　番茄早疫病
1,2,3—症状;4—病原菌

为真菌半知菌亚门、丝孢目、链格孢属的茄链格孢菌 *Alter naria solani*（Ell. et. Mart）Sor.。病菌分生孢子梗束生,短杆状,较直,暗褐色,有 1～4 个隔膜,顶生分生孢子。分生孢子倒棍棒形,顶部有细长的嘴孢,黄褐色,嘴孢无色,有 1～9 个纵隔,7～13 个横隔。

发病规律

病菌主要以菌丝体和分生孢子随病残体在土壤中越冬,分生孢子也能附着在种子表面越冬。菌丝体还可潜伏在马铃薯种薯内越冬。病残体内的病菌可存活 1 年以上,种了上病菌可存活近 2 年。播种带菌种子或种薯发芽时即可侵染幼苗。病菌首先侵染子叶,接着侵染胚轴,并扩展至茎及叶片。土壤中越冬的病原菌产生分生孢子,通过雨水反溅传到植株下部茎、叶片、果实上,萌发侵入引起发病。田间发病植株病部产生的分生孢子通过风雨、昆虫传播。分生孢子接触寄主只要温、湿度条件适宜,仅需 35～45 min 即可萌发产生芽管,由气孔、皮孔或直接穿透表皮侵入。经 2～3 d 潜育期即出现病斑,再经 3d 后病斑上可出现大量分生孢子,传播出去发生再侵染。在一个生长季节病菌可多次侵染,使病害迅速扩展流行。

病菌在 1～45 ℃均可生长,最适温度 26～28 ℃。相对湿度 80% 以上分生孢子就能产生和萌发。发病与植株营养关系密切,植株衰弱或叶片衰老其光合产物含量低,糖度下降,最易感病。此外,连茬、密度过大、灌水过多、基肥不足、结果过多等造成环境高湿、植株生长衰弱等因素,均有利于早疫病暴发流行。

防治方法

①使用抗（耐）病品种　番茄可选用苏抗 4 号、5 号、6 号、7 号、10 号、11 号,满丝、强丰、北京早红、茄抗 5 号、密植红、矮立元、欢乐 1 号、金皇后、粤胜等。

②搞好种子处理　使用无病地或无病株采留的种子。一般种子播种前必进行种子消毒处理,可用 52 ℃温水浸种 30 min。

③加强栽培管理　注意用无病土育苗;定植地与非茄科蔬菜进行 2 年以上轮作;低洼地采用高畦栽植;雨后及时清沟排渍,降低地下水位;合理密植,改善行间通透性;施足基肥,增施磷、钾肥,适时适量追肥,合理灌水,防止植株早衰,提高抗病力;保护地栽培应抓好生态防治,重点是调整好棚内温、湿度,适时放风,防止棚内湿度过大,避免叶面结露,减缓病害发生和蔓延。

④定期施药防治　育苗期开始用药,定植后在发病前定期施药防治,药剂可选用 70% 代森锰锌可湿性粉剂 500 倍液,或 80% 大生可湿性粉剂 600 倍液、75% 百菌清可湿性粉剂 500 倍液、50% 扑海因可湿性粉剂 1 000 倍液、40% 大富丹可湿性粉剂 500 倍液、40% 灭菌丹可湿性粉剂 400 倍液、77% 可杀得可湿性微粒粉剂 600 倍液、47% 加瑞农可湿性粉剂 800 倍液、58% 甲霜灵锰锌可湿性粉剂 500 倍液。

紫斑病

紫斑病只发生于百合科蔬菜上。大葱、洋葱、大蒜紫斑病,发生普遍为害严重,是这些蔬菜最重要的病害。

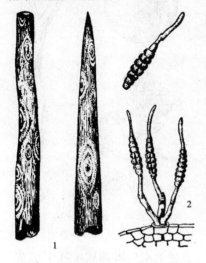

图 7.42　紫斑病
1—症状;2—病原菌

症状识别(见图 7.42)

紫斑病主要为害叶片,也为害花梗。病斑初呈水渍状小白点,扩展后为椭圆形或纺锤形的稍凹陷病斑。大小不等,一般常为 3 ~ 4 cm 大病斑。病斑初时淡褐色,后变暗紫色,随后出现同心轮纹,潮湿时轮纹上产生黑褐色霉状物。病斑扩大并绕叶或花梗一周,可使叶片或花梗枯死或折断。洋葱鳞茎受害,常从鳞茎颈部开始软腐,皱缩,组织变深黄色或紫红色。

病原

为真菌半知菌亚门、丝孢目、链格孢属的葱链格孢菌 *Alternaria porr*(Ell.) Ciferri。病菌分生孢子梗束生,淡褐色,顶端色淡,不分枝,顶生 1 个分生孢子。分生孢子长棍棒状,褐色,具有 7 ~ 13 个横隔膜,1 ~ 4 个纵隔膜,隔膜处有缢缩,嘴孢较长,偶有分枝。

发病规律

在北方以菌丝体在寄主体内,或随病残体在土壤中越冬,种子也可带菌。翌春产生分生孢子,借气流和雨水传播。病菌芽管由气孔、伤口侵入,也能直接穿透表皮侵入,潜育期 1 ~ 4 d。

病菌分生孢子产生需要高湿度,分生孢子萌发和侵入则需有雨水或露水。发病最适温度 25 ~ 27 ℃,12 ℃以下不发病。因此,在温暖多湿多雨的夏秋季节发病较重。沙质土、旱地,旱苗或老苗,肥料不足,管理不善,葱蓟马为害严重地块,均发病较重,病情发展较快。

防治方法

①轮作　发病严重地块轮种非葱、蒜类蔬菜 2 ~ 3 年。

②浸种　使用无病种子;必要时种子用40% 福尔马林 300 倍液浸种 3 h,浸后应充分水洗;洋葱鳞茎消毒可用 40 ~ 45 ℃温水浸泡 1.5 h。

③栽培措施　施足基肥,适时追肥;雨季加强排水;发病后适当控制灌水,以防植株徒长和早期衰弱,增强菜株抗病力;及早彻底防治葱蓟马。

④药剂防治　发病初期喷布 75% 百菌清可湿性粉剂 600 倍液,或 70% 代森锰锌可湿性粉剂 500 倍液、64% 杀毒矾可湿性粉剂 500 倍液、40% 大富丹可湿性粉剂 400 倍液、50% 敌菌丹可湿性粉剂 500 倍液、50% 扑海因可湿性粉剂 1 500 倍液、1:1:(160 ~ 200)波尔多液。

斑枯病

斑枯病是蔬菜上发生较普遍的一类病害。番茄、菜豆、豇豆、芹菜、韭菜、莴苣、黄花菜等许多蔬菜都有斑枯病发生,但生产上为害严重的是番茄斑枯病和芹菜斑枯病。

症状识别（见图 7.43）

番茄斑枯病主要为害叶片。多由植株下部叶片发病,向中上部叶片发展。发病初期叶片背面产生水渍状圆形小斑点。然后扩展到叶片正面。病斑边缘暗褐色,中央灰白色,中心密生许多小黑点。整个病斑看起来颇像鱼眼睛,故有"鱼目斑"病之称。病重时,叶片上布满病斑,相互连片,叶片枯黄。严重时植株中下部叶片全部干枯,仅剩顶端少数叶片,植株早衰,致使提早拉秧。茎秆、果实发病,病斑椭圆形,稍凹陷,褐色,中央淡褐色,其上散生小黑点。芹菜斑枯病也主要为害叶片,病斑有大斑和小斑两种类型。早期症状相似,均为淡褐色油浸状小斑点,逐渐扩大后中部褐色坏死。后期症状易于区别,大型病斑可扩展至 3～10 mm,多散生,边缘明显,外缘深褐色,内部褐色,散生少量小黑点;小型病斑扩展一般不超过 3

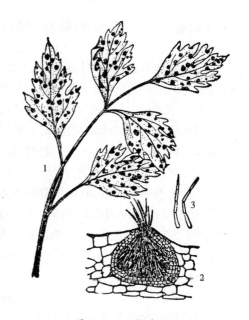

图 7.43　斑枯病
1—病叶;2—分生孢子器;3—分生孢子

mm,常数个病斑连片,边缘明显,外缘黄褐色,内部黄白色至灰白色,边缘聚生许多小黑点。病斑外围常有一圈黄色晕环。叶柄、茎部病斑梭形或长椭圆形,稍凹陷,褐色,内部色淡,密生许多小黑点。

病原

为半知菌亚门、球壳孢目、壳针孢属真菌。番茄斑枯病菌为番茄壳针孢 *Septoria lycopersici* Speg,芹菜斑枯病菌为芹菜壳针孢 *S. apiicola* Speg。病菌分生孢子器球形,扁球形,黑色,初埋生于表皮组织下,后部分突破表皮外露呈小黑点状。分生孢子器内生有大量分生孢子。分生孢子针状,直或稍弯曲,无色,具有几个隔膜。

发病规律

病菌以分生孢子器和菌丝体随病残体在土壤中越冬,菌丝体也能潜伏在种皮内使种子带菌。芹菜种株也能带菌越冬。番茄斑枯病菌还能在田间一些茄科杂草上越冬。越冬后病菌产生分生孢子器,在环境条件适宜下分生孢子器吸水,将器内胶质物溶解使分生孢子从孔口逸出,被雨水反溅到寄主上或风雨传播到寄主上。从气孔或直接穿透表皮侵入。发病后,在病斑上产生分生孢子器和分生孢子,进行重复侵染。潜育期 7～8 d。因此,条件适宜病害会很快扩大为害。

温、湿度对斑枯病发生影响最大。病菌在 12～30 ℃均可发育,最适温度为 20～25 ℃。相对湿度85% ～90%以上才产生分生孢子器。但只有水滴存在时,分生孢子器才能释放出分生孢子。因此,雨水和叶面结露在病害传播和发生上起着很大的作用。缺少肥水,管理粗放,菜株长势不良,抗病力下降,病害加重。

防治方法

①使用无病种子　首先无病株采种。使用一般种子必须进行种子消毒,番茄种子可用 52 ℃温水浸种 30 min;芹菜种子可用 48～49 ℃温水浸种 30 min。因芹菜种子所带病菌存

活期短,故可使用隔年陈种,但要增加 10% 左右播种量。使用种用母根生产的要注意选用无病株母根。

②加强栽培管理　坚持用无病土育苗。发病重地块应进行轮作,番茄应与非茄科蔬菜进行 3 年以上的轮作,同时要彻底清除田间地边杂草,尤其要尽早铲除茄科杂草。芹菜可与其他蔬菜进行 2 年轮作。实行高畦栽培,地膜覆盖,施足基肥,增施磷、钾肥。合理灌水,雨后排水防涝。保护地注意通风排湿。发病初期,及时拔除病株或摘除病叶。收后彻底清除田间病残,集中沤粪或深埋,减少菌源。

③开展药剂防治　发病初期及时用 70% 代森锰锌可湿性粉剂 500 倍液,或 75% 百菌清可湿性粉剂 500 倍液、64% 杀毒矾可湿性粉剂 500 倍液、50% 多菌灵可湿性粉剂 500 倍液、70% 甲基托布津可湿性粉剂 800 倍液、50% 代森铵水剂 1 000 倍液、40% 多硫胶悬剂 600 倍液、50% 混杀硫悬浮剂 500 倍液、30% 琥胶肥酸铜可湿性粉剂 400 倍液、1:1:240 波尔多液等进行防治。保护地栽培时,还可喷布 5% 百菌清粉尘剂,每次 15 kg/hm² (1 kg/亩)。

细菌性软腐病

细菌性软腐病是蔬菜上普遍发生,为害较重的一类病害。多种蔬菜都有细菌性软腐病发生,大白菜软腐病,番茄、辣椒等茄果类蔬菜软腐病,芹菜软腐病、莴苣软腐病、胡萝卜软腐病,都是这些蔬菜生产中的重要病害。

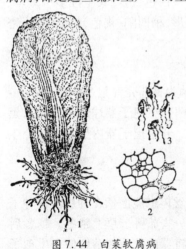

图 7.44　白菜软腐病
1—症状;
2—寄生组织中的细菌;
3—病原菌形态

症状识别(见图 7.44)

细菌性软腐病的共同特点是病部呈黏滑软腐状,并往往伴有腥臭味。不同蔬菜软腐症状有所不同。

大白菜多从包心期开始发病,田间有多种症状表现。最多的是茎基软腐型,即病株叶片基部呈黄褐色软腐,轻则出现脱帮,延及心髓则造成菜心腐烂(酱筒)或外叶湿腐(烂疙瘩)、菜球脱落等,干燥时,腐烂外叶失水呈薄纸状。腐烂的茎基及心髓部充满灰褐至黄褐色黏稠物,腥臭难闻。其次是烧边型,即菜球上部叶片边缘腐烂或枯焦。窖藏期多由外叶伤口处发病造成烂窖。

番茄、辣椒软腐病多为果实发病。一般先由虫伤口、日烧处先发病。病部组织软化腐烂,迅速扩展到半个甚至整个果实,最后病果果肉烂成稀浆,仅外边一层果皮兜着,丧失果形。腐汁有臭味。

芹菜、莴苣软腐病多是叶柄基部初期变褐,软化腐烂。后期除残留表皮外余均腐烂,有恶臭味。

胡萝卜软腐病主要为害地下肉质根。多从根头发病,呈水浸状,灰色或褐色,内部组织软化溃烂,汁液外溢,有恶臭味。

病原

为细菌欧氏杆菌属,胡萝卜软腐欧氏杆菌 *Erwinia carotovora* pv. *Carotovra* (Jancs) Bergey et al,菌体短杆状,单生或双生,少数串生,周生 2 ~ 8 根鞭毛。无荚膜,不产生芽孢。

革兰氏染色反应阴性。

发病规律

病菌可在田间病株,窖藏十字花科蔬菜种株,土壤中未腐烂的病残体及害虫体内越冬。甚至能在萝卜蝇幼虫体内长期存活。病菌主要通过雨水、灌溉水、带菌粪肥、昆虫等传播。从菜株的自然裂口、虫伤口、病痕、机械伤口等处侵入。最近有报道,在大白菜上软腐病菌有潜伏侵染现象。即在白菜整个生育期内均可由根毛区侵入,潜伏在维管束中或通过维管束传到地上各部位。当寄主抗性降低时才大量繁殖,引起发病。由于病菌寄主范围广,故可从春到秋在田间各种蔬菜上交替传染,不断为害,直到传到秋白菜上侵染为害。病菌侵入后,可分泌果胶酶消解寄主细胞壁的中胶层,使组织崩溃,细胞分离,并借高渗透压使细胞营养外渗,使之死亡,组织腐烂。其间,受腐败细菌侵染,分解细胞蛋白胨产生吲哚而散发臭味。

软腐病虽然发育适温较高为 25～30 ℃,但因其温限广为 4～38 ℃,所以在高温、低温都能发病。而高湿、多雨对发病影响较大,95%以上相对湿度,雨水、露水对病菌传播、侵入有重要作用。伤口是病菌侵染的门户,茄果类蔬菜果实棉铃虫、烟青虫虫伤多病重。大白菜田间发病轻重与地蛆、黄条跳甲及黑腐病的发生关系密切。过早播种,连作,地势低洼,土壤黏重,雨后积水,大水漫灌,均易发病。久旱突降大雨或灌大水也可加重发病。施用未腐熟粪肥,追肥不当烧根,发病明显加重。

防治方法

①茄果实、瓜类及十字花科蔬菜选地应避免连茬。并及早腾地、翻地,以促进病残体腐烂分解。

②平整土地,整修排灌系统,做到雨后、灌溉后地面无积水。采取高垄(畦)栽培,茄果类蔬菜最好地膜覆盖栽培。

③施足充分腐熟粪肥,及时追肥,施用化肥要避免接触菜株以防烧伤根系。雨后及时排水,灌水要浅灌、勤灌。最好实行沟灌或喷灌,严防大水漫灌和串灌。

④适期播种,提早定植。茄果类蔬菜及时整枝、打杈。避免阴雨天或露水未干之前整枝、打杈和其他农事作业。暴风雨过后,田间病果明显增加,故要及时摘除病果深埋或烧毁。

⑤做好防病、防虫。大白菜要做好地蛆、跳甲和黑腐病的防治;茄果蔬菜要及时防治棉铃虫、烟青虫等蛀果类害虫。要做好果实遮阴,防止日烧果发生。农事操作要精心,尽量减少机械伤的产生。

⑥田间初见病株、病果应及时拔除、摘除,植穴撒石灰消毒。

⑦白菜种子可用种子质量 1%～1.5%的农抗 751 拌种。苗期或成株期可用"丰灵"200～250 倍液喷洒或灌根。

⑧发病初期用农用链霉素 0.2 mL/L,或新植霉素 0.2 mL/L、或 77%可杀得可溶性微粒粉剂 500 倍液、14%络氨铜水剂 500 倍液、60%百菌通可湿性粉剂 500 倍液、50%灭菌威可溶性粉剂 800 倍液、40%细菌灵 8 000 倍液防治。含铜药剂在白菜上应慎用,可改用70%敌克松可湿性粉剂 800 倍液,或 50%代森铵水剂 1 000 倍液,或 401 抗菌剂 500 倍液防治。喷洒菜株基部及地表,要使药液流入菜心效果为好。

细菌性黑腐病

细菌性黑腐病各地均有发生,南方重于北方。主要为害十字花科蔬菜,以甘蓝、花椰菜、萝卜的黑腐病为害最重,白菜黑腐病稍次。近年,黑腐病为害有明显加重的趋势。

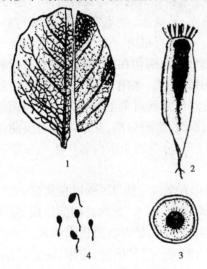

图 7.45　白菜黑腐病

1—病叶;2—病果;3—病果横切面;4—病原

症状识别(见图 7.45)

苗期虽可以侵染但多为成株期发病。主要为害叶片,病斑多从叶缘发生,向内扩展,形成"V"字形黄褐色枯斑,病斑周围有黄色晕环,与健部界限不明显。有时病菌沿脉向里扩展,形成大块黄褐色斑块或网状黑斑。天气干燥时,病斑干而脆;空气潮湿时,病部腐烂。本病可从病叶维管束扩展到茎维管束,并沿茎维管束上下蔓延,成为系统侵染。严重时整叶腐烂并蔓延及叶柄、根髓。黑腐病腐烂时没有臭味,有别于软腐病。萝卜除叶片发病外,还可为害块根。往往外观症状不明显,切开肉质根可见维管束导管坏死变黑,严重者内部组织干腐变为空心。田间多并发软腐病终成腐烂状。

病原

为细菌黄单胞杆菌属,甘蓝黑腐黄单胞杆菌的野油菜致病型 *Xanthomonas canpestris* pv. *Campestris*（Pamme）Dowson。菌体杆状,单生或链生,极生单鞭毛,有荚膜,无芽孢。革兰氏染色反应阴性。

发病规律

病菌在种子、病残体以及种株上越冬。种子带菌是发病的主要来源。播种后病菌从幼苗子叶叶缘气孔侵入,引起幼苗发病。病菌在土壤中的病残体上可存活 1 年以上,病残体分解腐烂后病菌随之死亡。病菌可借风雨、灌溉水、农事操作及昆虫等传播。从水孔或虫伤口侵入,先侵染少数薄壁细胞,然后进入维管束组织,由此上下扩展造成系统性侵染。带病种株栽植后,病菌可从果柄维管束进入果荚。除造成种子表面带菌外,还可从种脐侵入使种内带菌。带菌种子的调运是病害远距离传播的主要途径。在病区,使用带菌粪肥和幼苗,是病害传播蔓延的重要原因。

病菌喜高温、高湿条件,5 ~ 39 ℃范围内病菌可以生长发育,最适温度 25 ~ 30 ℃。高湿条件叶面结露,叶缘吐水,有利于病菌侵入而发病。低洼地块,浇水过多,病害严重。播种过早,与十字花科蔬菜连茬,中耕伤根严重,虫伤较多的地块发病均重。环境条件适宜时,病菌大量繁殖,再侵染频繁。遇暴风雨后往往出现发病高峰。

防治方法

①应从无病地或无病株采种。一般种子应进行种子消毒处理,可将种子冷水预浸 10 min,再用 50 ℃温水浸种 10 min;或干热消毒,60 ℃处理 6 h,也可用 45% 代森铵水剂

300 倍液浸种 15 min,洗净晾干后播种;也可用种子质量 0.4% 的 50% 福美双拌种。

②重病地应与非十字花科蔬菜进行 2~3 年轮作。

③适期播种,避免过早播种,适宜密度,适度蹲苗,合理灌水,避免大旱、大涝,雨后及时排水,及时清洁田园。收获后深翻,消灭菌源。

④做好菜青虫、黄条跳甲、地蛆等害虫的防治。田间农事操作注意减少伤口。

⑤发病初期及时用药剂防治。可选用农用链霉素 0.15 mL/L,或新植霉素 0.2 mL/L。或氯霉素 0.05~0.1 mL/L,或 50% 代森铵水剂 1 000 倍液,也可用 14% 络氨铜水剂 400 倍液,或 50% 琥胶肥酸铜可湿性粉剂 700 倍液、50% 灭菌威可溶性粉剂 800 倍液、60% 百菌通可湿性粉剂 600 倍液、农抗"751"80~100 倍液。

细菌性叶斑病

细菌性叶斑病是指主要为害叶片产生病斑的细菌性病害。这类病害种类较多,黄瓜细菌性角斑病,番茄、辣椒细菌性疮痂病,菜豆细菌性疫病等,都是蔬菜生产中的重要病害。

症状识别(见图 7.46)

细菌性叶斑病主要为害叶片,产生病斑。偶尔也能为害果实。

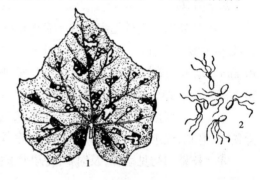

图 7.46 叶斑病
1—病叶;2—病原

黄瓜细菌性角斑叶片上病斑初为油浸状褪绿斑点,扩展后呈角状,黄褐色,病斑边缘往往有油浸状晕区。湿度大时,病斑背面溢出乳白色菌脓,干后菌脓呈一层白色膜或白色粉末。后期病斑干枯,质脆,易穿孔或从病健交界处开裂。

辣椒细菌性疮痂病叶片上病斑初为水浸状黄绿色小斑点,逐渐扩展成大小不等的不规则形病斑,病斑边缘暗褐色,稍隆起;中部浅褐色,稍凹陷,表面粗糙呈疮痂状。病重时,叶片上病斑连片,或叶尖、叶缘变黄干枯破裂,造成落叶,重病植株叶片几乎落光。

菜豆细菌性疫病,叶片多在叶尖或叶缘发病。初为暗绿色油浸状小斑点,后扩展为不规则形褐色大斑,边缘有鲜黄色晕圈。病部组织变薄,近透明,质脆易破裂穿孔。严重时病斑愈合,甚至全叶枯焦,远看似火烧状,故有叶烧病之称。

病原

黄瓜细菌性角斑病菌为细菌假单胞杆菌属,丁香假单胞杆菌的黄瓜角斑病致病型 *Pseudomonas syringae* pv. *Lachrymans* (Smith et Bryan) Young, Dye & Wilkie。菌体短杆状,链生,有 1~5 根极生鞭毛,革兰氏染色反应阴性。辣椒细菌性疮痂病菌和菜豆细菌性疫病菌同为细菌黄单胞杆菌属的野油菜黄单胞菌。前者为辣椒疮痂病致病型 *Xanthomonas campestris* pv. *vesicatria* (Doidge) Dye;后者为菜豆疫病致病型 *Xanthomonas campestris* pv. *phaseoli* (E. F. Smith) Dye。两种专化型菌体均为短杆状,极生单鞭毛,有荚膜,革兰氏染色反应阴性。

发病规律

病菌主要随种子和病残体在土壤中越冬。黄瓜、菜豆种子,既可种子表面带菌也可种子内部带菌;辣椒种子只表面带菌。越冬菌在温湿度条件适宜时,开始侵染为害。一般由气孔、水孔、伤口侵入。田间菜株发病后病部产生的细菌,借风雨、灌溉水、昆虫传播,农事操作也可传播。远距离传播则靠带菌种子调运而实现。病害侵染发病较快,在条件适宜时潜育期仅 3 ~ 5 d。因此,再侵染频繁,易于造成流行。

黄瓜细菌性角斑病发病适温为 24 ~ 25 ℃,辣椒细菌性疮痂病发病适温为 27 ~ 30 ℃,菜豆细菌性疫病发病适温为 25 ~ 28 ℃。温度要求虽有差异,但都要求85%以上的高湿度。多雨、大雾、重露是诱发病害的决定因素,尤其是暴风雨不仅利于病菌传播,而且使叶片相互摩擦造成大量的伤口,增加细菌侵入几率。地势低洼,管理不善,肥料缺乏,植株衰弱,或偏施氮肥,植株徒长,发病均重。

防治方法

①种子处理。应从无病地或无病株留种。一般种子最好进行温汤浸种,黄瓜种子可用 50 ℃温水浸种 20 min;辣椒种子可用 55 ℃温水浸种 10 min;菜豆种子可用 45 ℃温水浸种 10 min。也可用农用链霉素 0.1 mL/L 浸种 30 min。菜豆种子还可用种子质量 0.3% 的 50% 福美双或 95% 敌克松原粉拌种。

②无病土育苗。重病地与非寄主蔬菜进行 2 ~ 3 年轮作。适时播种、定植。定植后注意松土、追肥,促进根系发育。及时中耕除草、绑架。雨后排水,防治害虫。

③生长期间初见病株,及时摘除病叶、病果,深埋处理。收获后彻底清除病株残体。随后深翻土壤。

④发病初期及时进行药剂防治,可用农用链霉素 0.15 ~ 0.2 mL/L,或 50% 甲霜铜可湿性粉剂 600 倍液、77% 可杀得可湿性微粒粉剂 400 倍液、14% 络氨铜水剂 300 倍液、60% 百菌通可湿性粉剂 500 倍液、50% 琥胶肥酸铜可湿性粉剂 500 倍液、1∶1∶200 波尔多液喷雾防治。

实训作业

①对田间采集的蔬菜叶部病害标本,分别整理和鉴定,描述所采病害的为害特征,总结识别不同病害症状的经验。

②根据专题调查的数据,分析病害的发生情况,拟订主要蔬菜叶部病害的防治方案。

③进行产量损失估算,分析某一病害发生重或轻的原因。

④针对蔬菜叶部病害的发生、防治及综合治理等问题进行讨论、评析。

任务7.7 蔬菜病害症状的田间识别及防治方案的制订(三)

学习目标

通过对蔬菜果实病害的田间调查、诊断、观察,识别常见的蔬菜果实病害症状,掌握当地发生的主要蔬菜果实病害的发生规律。应用所学的理论知识,根据病害的发生规律,学会制订有效的综合防治方案,并组织实施防治工作。

材料及用具

主要蔬菜果实病害的害状标本、浸渍标本、病原菌的玻片标本、生物显微镜、放大镜、镊子、病害图谱、影视教材、CAI课件、检索表等用具。

内容及方法

①田间调查主要蔬菜果实病害的为害特点,或通过教学挂图、音像教材、CAI课件,认识其发病特点。

②田间布点调查病害的发病率、病情指数及损失估算。

③现场采集新鲜的病害标本,对照图片、资料等认识其典型症状,将标本带回实验室进行镜检观察。

④通过对病害发生的调查和相关资料的分析,了解主要植物病原的形态及其病害的发生规律。

⑤根据病害的发生规律,运用病害综合防治理论,制订蔬菜果实病害的防治方案,并组织实施。

操作步骤

7.7.1 蔬菜果实病害症状的观察识别

根据当地生产的实际,选取一块或若干块菜园、温室或大棚,组织学生田间观察蔬菜果实病害的症状并采集典型症状的标本,在教师指导下认识果实病害的症状特点,也可通过挂图、影视教材等教学手段,向学生讲解蔬菜果实病害的为害和症状特点。

7.7.2 蔬菜果实病害的识别和防治

绵疫病

绵疫病主要为害茄科蔬菜,也能为害瓜类和其他蔬菜。茄子绵疫病、番茄绵疫病(番茄褐色腐败病)发生普遍,为害严重。

图 7.47　茄绵疫病
1—病果;2—孢囊梗;3—孢子囊

症状识别(见图 7.47)

绵疫病多成株期发病,主要为害果实。番茄多成熟果实发病,在近果顶部出现圆形褐色病斑,病部皮下果肉变褐,不软腐,扩大后在病部产生浓淡相间褐色同心轮纹。在湿度大时病部表面生白色絮状霉。茄子多在幼果期发病,初生水浸状圆形大小斑点,迅速扩展延及半个甚至整个果实,病部黄褐色或褐色,逐渐收缩、变软,面出现皱纹,湿度大时,病部也长满茂密的白色絮状霉层,内部果肉变褐腐烂。病果后期多脱落,在潮湿地面全部烂光,也有的病果留挂枝头,腐烂后失水干缩成黑褐色僵果。茄子有时叶片、枝梢也能发病。被害叶片生近圆形或不规则、水浸状、淡褐色至褐色病斑,有时有明显轮纹,潮湿时病斑上生稀疏白色霉状物。茎部发病,初呈水浸状,后变暗绿色或紫褐色,病部缢缩,易折倒。

病原

茄子和番茄的绵疫病菌主要是真菌鞭毛菌亚门、霜霉目、疫霉属的寄生疫霉 *Phytophthora parasitica* Dast。番茄上还有少量辣椒疫霉 *P. capsici* 和茄疫霉 *P. melaugenae* 等。病菌孢囊梗纤细,无隔,一般不分枝,无色,顶生孢子囊。孢子囊单胞,无色,球形或长卵圆形,有明显乳头状突起。菌丝顶端或中间可单生或串生厚垣孢子。厚垣孢子黄色、球状。卵孢子球形,黄褐色。

发病规律

病菌以卵孢子和厚垣孢子随病残体在土壤中越冬。越冬后,病菌可直接侵染被害植株茎或根部,也可被雨水冲溅到近地面的果实上引起初侵染发病。再侵染菌源主要来自果实病部长出的大量孢子囊,经风雨和灌溉水传播,进行反复侵染。病菌从寄主表皮穿透侵入,只要条件适宜,孢子囊接触病果后 24 h 可完成萌发、侵入,并表现水浸状褐色病点;64 h 后病部扩展,并可长出白色霉层。故在生长季节,病害可以进行多次再侵染,特别是遇大雨之后曝晴,气温急剧上升,病害常暴发并流行成灾。

病菌在 8～38 ℃范围内均可活动,最适温度 25～30 ℃,要求 85% 以上相对湿度。凡雨季来得早,降雨量大,天气闷热的地区和年份,发病早而重。发病高峰往往紧接在雨量高峰后 2～3 d 出现。地势低洼,排水不良,渠旁漏水地,土质黏重,偏施氮肥,植株郁蔽,通风透光不好时,都有利于病害的发生和流行。

防治方法

①选用抗病品种　茄子可选用长茄 1 号,兴城紫圆茄、辽茄 3 号、通选 1 号、竹丝茄等。

②改进栽培技术　病田应与非茄科蔬菜和瓜类作物进行 2～3 年轮作。采取高畦地膜覆盖栽培;精细整地,疏通沟渠,深开沟,做到雨后不积水;施足优质腐熟粪肥,增施磷、钾肥;实行宽行密植,生长期及时中耕,培土,适时整枝,打去植株下部老叶,增加通风透光;适度灌水,夏季中午暴雨后及时排水,避免田间出现湿热小气候;暴雨后及时采收,避免和减

少损失;经常检查,发现病果及时摘除深埋,切勿随意乱扔。

③实行药剂防治　发病初期立即连续用药防治,药剂可参照霜霉病用药品种。

灰霉病

灰霉病是蔬菜上的一类重要病害,几乎所有种类蔬菜都有灰霉病发生和为害。番茄、茄子、辣椒、黄瓜、韭菜、芹菜的灰霉病,都是当前保护地生产中最重要的病害。莴苣、葱灰霉病在一些地区是露地生产中的毁灭性病害。

症状识别

幼苗、成株期均可发病。苗期多为子叶和刚抽出的真叶变褐腐烂,重时幼茎软化腐烂,表面生有灰色霉层,幼苗死亡。成株期植株地上部的花、果、叶、茎等各部位都可发病。黄瓜、番茄、茄子、辣椒以果实受害重。黄瓜果实多由残花先发病,扩展至瓜尖以至整个瓜条;番茄果实多由残花和残留的柱头先发病,也有由近果蒂、果柄发病,均向果面扩展。病部呈浅褐色或灰白色,似水烫状,后软化腐烂。湿度大时长满灰色霉层,病果最后失水僵化留在枝头或脱落。叶片发病,多由叶缘向内呈“V”形扩展,或染病花瓣、花蕊等掉落到叶片上形成圆形或梭形病斑。病斑淡褐色,边缘不规则,有深浅相间轮纹,后干枯,表面生灰霉。韭菜主要叶片发病,在叶片上散生白至灰白色椭圆形小斑点,病斑表面生有稀疏灰色霉层。病重时,病斑融合成大斑块,腐烂干枯。另外还有一种表现是从叶尖、叶鞘或刀口处呈水烫状,污绿色并有褐色轮纹,呈半圆形或“V”字形迅速向下发展,最后全叶烂光。病部表面密生灰色霉层。

病原

为半知菌亚门、丝孢目、葡萄孢属真菌。瓜类、茄果类、豆类、芹菜、莴苣等多种蔬菜灰霉病菌主要为灰葡萄孢 *Botrytis cinerea* Pers,韭菜、葱类灰霉病菌主要为葱鳞葡萄孢 *B. sguamosa* Walker。病部灰色霉层为病菌的分生孢子梗和分生孢子。分生孢子梗直立,有隔,褐色,顶端呈 1～2 次分枝,枝顶稍膨大其上密生小柄并着生大量分生孢子,如同葡萄穗。两种菌在分枝末端,小柄及分生孢子形状、大小有些差异。菌核黑色,片状。

发病规律

病菌主要以菌核在土壤中或以菌丝体、分生孢子在病残体上越冬。越冬后遇适宜条件,菌核萌发产生菌丝和分生孢子。分生孢子侵染引起田间最初发病。发病后,病部产生大量分生孢子,借气流、雨水或露珠传播。分生孢子在温、湿度条件适宜时很快发芽产生芽管,从伤口或残花等生活力衰弱的器官、部位直接穿透表皮侵入。蘸花是番茄灰霉病重要的人为传播途径。收割韭菜的刀口是韭菜灰霉病菌最有力的侵染部位。茄果类蔬菜花期是病害侵染高峰期,在果实膨大期灌水后病果激增。病果发病后往往产生大量分生孢子,致使病害在田间扩展蔓延十分迅速。病害在田间再侵染十分频繁。

灰霉病菌较喜低温、高湿、弱光条件。病菌 2～31 ℃均可发育,但最适温度灰葡萄孢菌为 20 ℃左右;葱鳞葡萄孢菌为 15 ℃左右。相对湿度 75% 时开始发病,90% 以上时发病极盛。灰霉病菌为弱寄生菌,植株生长衰弱,病势明显加重。与之相关,一般过于密植,氮肥施用过多或缺乏,灌水过多、过勤,棚膜滴(漏)水,叶面结露,通风透光不好,均易发生病害并流行。

防治方法

必须从苗期就着手进行防治。番茄、黄瓜等果菜灰霉病防治如下：

①坚持新床育苗　沿用旧床时必须进行床土消毒处理，可用 50% 多菌灵 8 ~ 10 g/m² 与 10 ~ 15 kg 干细土配成药土撒施。

②实行轮作覆膜　定植田应进行 2 年以上轮作。实行高畦覆地膜栽培。

③加强通风透光　温室、大棚管理上要上午先放风排湿，然后闭棚增温保持较高的温度，使相对湿度下降；下午适当延长放风时间，加大放风量，减少棚内湿度；夜间再保持稍高温度，可降低相对湿度，把相对湿度控制在 75% 以下，可有效地控制灰霉病发生。要适当减少灌水，防止大水漫灌。增加薄膜透光率。最好使用无滴膜、紫外线阻断膜，及时整枝绑架，摘除植株下部老叶，增加株间通风透光。

④注意清洁田园　及早发现病株，应趁病部尚未长出灰霉之前，及时彻底摘除病花、病瓜、病果，携出室外深埋。绝不要随意堆在墙角或弃之室外。尽量减少人员在株间走动，更不要随便在已发病和尚未发病的棚室间串行。收获后彻底清除病残，随之进行 15 cm 以上深翻。重病地可在盛夏休闲时间深翻灌水，并将水面漂浮物捞出深埋或烧毁。发病重的温室、大棚在定植前应进行环境消毒，可用速克灵烟剂 7.5 kg/hm²（500 g/亩）熏烟密闭一夜消毒。

⑤防止蘸花传病　在配好的蘸花药液里按有效量 0.1% 加入多菌灵或速克灵，一并蘸花和防病处理。

⑥及时喷药防治　田间初见发病后立即用药剂防治，药剂可选用 50% 多菌灵可湿性粉剂 500 倍液，或 50% 苯菌灵可湿性粉剂 800 倍液、50% 速克灵可湿性粉剂 1 500 倍液、50% 扑海因可湿性粉剂 1 500 倍液、50% 农利灵可湿性粉剂 1 000 倍液、60% 防霉宝超微粉剂 600 倍液、28% 百霉威可湿性粉剂 600 倍液、40% 百可得可湿性粉剂 1 500 倍液、40% 多硫悬浮剂 600 倍液、50% 混杀硫悬浮剂 500 倍液、武夷霉素水剂 150 倍液等进行喷雾处理。也可用 5% 百菌清粉尘或 10% 灭克粉尘 15 kg/hm²（1 kg/亩）喷粉。也可用 10% 腐霉利烟剂 3 kg/hm²（200 g/亩）或灰霉净烟剂 6 kg/hm²（400 g/亩）熏烟。由于灰霉病菌易产生抗药性，用药时应注意轮换用药或混合用药。防治抗性灰霉菌可用 50% 多霉灵可湿性粉剂 800 倍液，或 65% 甲霉灵可湿性粉剂 1 000 倍液。

褐纹病

褐纹病寄主范围较小，生产中发生普遍为害严重的是茄子褐纹病。

症状识别（见图 7.48）

褐纹病苗期、成株期均可发病。苗期发病，形成猝倒、立枯和"悬棒槌"等症状。成株期，叶片、茎秆、果实都可发病。果实发病，初时在果实上生成圆形或近圆形褐色小斑点，扩展后成稍凹陷的褐色湿腐型大病斑，病斑有时可扩至半个或整个果实，并在病部轮生稍大的小黑点，最后病果腐烂落地或成僵果悬留在枝头。叶片发病，初生水浸状圆形小斑点，扩展后形成大小不等的圆形或不规则形病斑，病斑边缘褐色或深褐色，中央灰白色，上面生细微的小黑点，病斑组织变薄变脆，易破裂并脱落成穿孔。茎秆枝条发病，病斑梭形或长椭圆形，边缘紫褐色，中央灰白色，稍凹陷，形成干腐状溃疡斑，上面散生许多小黑点，后期病部皮层脱离而露出木质部，易由此折断。

病原

　　为真菌半知菌亚门,球壳孢目,拟茎点菌属的茄褐纹拟茎点菌 *Phomopsis vexans*（Sace. et Syd）Harter。病菌分生孢子器埋生于寄主表皮下,成熟后外露,扁球形,壁厚而黑,大小 35～60 μm,因环境条件及寄主部位不同而异。分生孢子单胞,无色,有椭圆形、钩形两种状态。一般叶部孢子器内孢子椭圆形;茎、果部孢子器内孢子钩形。有时也常有一孢子器内两种孢子同时混生的情况。

发病规律

　　病菌能以菌丝体和分生孢子器随病残体在土表越冬,也可以菌丝体潜伏在种皮内或分生孢子黏附在种子表面越冬。病残体上的病菌可存活 3 年,种子上病菌可存活 2 年。种子带菌引起幼苗发病,土壤中病菌引起茄株茎基部溃疡。它们产生出分生孢子成为田间叶片、茎秆、果实发病的再侵染菌源。病部再产生分生孢子借风、雨、昆虫及农事操作传播。分生孢子萌发产生芽管从伤口或直接穿透表皮侵入。潜育期 7～10 d。

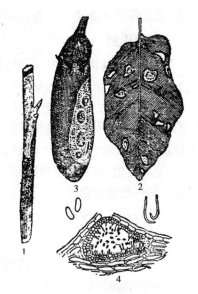

图 7.48　茄褐纹病
1—病茎;2—病叶;3—病果;
4—分生孢子器

　　病菌在 7～40 ℃均能生长发育,最适温度 28～30 ℃。要求 80% 以上相对湿度。7 月、8 月高温季节,遇多雨或潮湿气候病害就易流行。因此,降雨早晚和多少,是褐纹病能否发生和流行的决定性因素。

防治方法

　　①应用抗病品种　一般长茄较圆茄抗病,白、绿皮茄较紫黑皮茄抗病。可选用盖县紫水、吉林白、长茄 1 号、六叶茄等抗病品种。

　　②种子消毒处理　使用无病田或无病株采留的种子。一般种子要进行消毒处理。常用 55 ℃温水浸种 10 min,或 52 ℃温水浸种 30 min。或用 10%"401"抗菌剂 1 000 倍液浸种 30 min。也可以用种子质量 0.1% 的苯菌灵、福美双与填充剂(1∶1∶3)的混合剂拌种。

　　③实行轮作倒茬　重病田应与非茄科蔬菜进行 3 年以上轮作。

　　④改进栽培技术　无病土育苗;适时定植;施足基肥,适时追肥,增施磷、钾肥;适时、适量灌水,以勤灌、浅灌为宜;注意促进茄株早长、早发,把茄子采收盛期提前在病害流行季节之前;定植时剔除病苗;早期拔除病株,或及时摘除病果、病叶;收获后深翻,减少和消灭菌源。

　　⑤药剂防治　病害发生、流行期前或初见病时选用 75% 百菌清可湿性粉剂 500 倍液,或 70% 代森锰锌可湿性粉剂 400 倍液、80% 大生可湿性粉剂 500 倍液、或 40% 甲霜铜可湿性粉剂 600 倍液、58% 甲霜灵锰锌可湿性粉剂 500 倍液、64% 杀毒矾可湿性粉剂 500 倍液、70% 乙磷锰锌可湿性粉剂 500 倍液、1∶1∶200 波尔多液进行防治。

菌核病

　　菌核病是蔬菜上一类重要病害,过去十字花科蔬菜采种株发病较重。近年保护地蔬菜

菌核病发生普遍,几乎为害所有蔬菜种类。目前,甘蓝、黄瓜、番茄、茄子、莴苣、芹菜的菌核病,都是保护地蔬菜中最重要的病害。

症状识别

幼苗、成株期均可发病,但以成株期发病为重。植株茎、果、叶都可受害。果实发病,瓜类多先从残花部发病,向整个果面发展,茄果类多由果柄处发病,多在地表处或近地面 10 ~ 30 cm 处及分枝部先发病,产生褪色水浸状斑,迅速扩大,呈淡褐色,软化腐烂,最后病茎髓部遭破坏腐烂中空,或纵裂干枯。叶片发病,多在由上部病花、病果掉落处或叶缘部发病,呈水浸状,淡绿色,迅速扩展成大型灰褐色湿腐病斑。菌核病发病部位,均长有白色絮状霉层,尤以病果、病茎霉层致密而厚实。后期在霉层下部由于菌丝聚集而成颗粒或鼠粪状菌核。菌核初期灰褐色,最后黑色。果实、叶片上,菌核外生于表面;而茎部除表生菌核外,剥开茎部可见大量菌核。

病原

为真菌子囊菌亚门、柔膜菌目、核盘菌属的核盘菌 *Sclerotinia sclerotiorum* (Lib.) de Bary。病菌的菌核鼠粪状、圆柱状或不规则形,内部白色,外部黑色。菌核萌发产生子囊盘。一般 3 ~ 10 个,最多可达几十个。子囊盘初呈杯状,后为盘状,淡橘红色,盘下有长柄,盘上排列许多子囊。每个子囊里有 8 个子囊孢子。

发病规律

菌核病菌以菌核遗留在土壤中或混杂在种子中越冬。混在种子中的菌核随播种进入菜田。遗留在土壤中的菌核遇适宜温湿条件即萌发产生子囊盘,弹射放散出子囊孢子,随气流传播蔓延,接触到寄主即从伤口或残花等生命力弱的组织侵入。田间再侵染,主要通过病、健株或病、健花、果的接触传播。也可以菌丝通过染有菌核病的灰藜、马齿苋等杂草传播到附近的寄主蔬菜上。病菌在田间反复侵染,直到条件恶化,又形成菌核落入土壤中或随种株混入种子间越冬。

菌核病菌 0 ~ 35 ℃ 菌丝能生长,菌丝生长及菌核形成最适温度 20 ℃,菌核萌发适温15 ~ 20 ℃。湿度是菌丝生长和子囊孢子萌发的限制因子,相对湿度高于 85% 子囊孢子方能萌发。因此,在温度较低、湿度大,或多雨的早春及晚秋有利于菌核病的发生和流行。菌核形成时间短,数量多。在较干燥土壤中菌核可存活 3 年以上。在发病田,连年种植瓜类、茄果类及十字花科蔬菜时发病逐年加重。排水不良的低洼地,或偏施氮肥地发病也重。蔬菜遇霜害、冻害,发病迅速而严重。保护地由于不便轮作,发病一般重于露地,尤其在早春或晚秋容易发生或流行。

防治方法

①轮作 重病田可与粮食作物进行 2 ~ 3 年轮作,尤其是水旱轮作效果最好。因菌核在淹水情况下 1 个月就死亡,收后短时间灌水覆地膜,可杀灭土壤中大部分菌核。

②深翻 重病地收获后进行 20 cm 以上深度深翻,将土表菌核埋入土壤深层使子囊盘不能出土。

③中耕覆膜 在子囊盘出土期,勤中耕松土,及时铲除出土子囊盘,或地面撒土(砂)埋住已出土子囊盘。覆地膜可阻隔子囊盘出土或子囊孢子放散出来,特别是地面覆紫外线

阻断膜或黑色膜,可显著抑制菌核萌发。

④清洁田园 清除田间杂草,及时拔除病株或摘除病叶、病果,减少田间传播菌源。北京地区经验,在保护地春茬作物收后抢种一茬小白菜,密植多灌水可促使土中菌核大量萌发,小白菜可发病但不形成新的菌核,从而有效减少土壤中的菌核。

⑤生态调控 注意合理密植。施足腐熟基肥,适时追肥,增施磷、钾肥,适当控制氮肥,可增强寄主抗病力,有良好防病效果。合理灌水,避免土壤湿度过大。保护地利用生态防治,即棚室上午以闷棚提温为主,下午及时放风排湿,发病后可适当提高夜温以减少结露,早春棚温控制在28～30 ℃,相对湿度70%以下,可减少发病。

⑥种子处理 用10%盐水漂种2～3次,可汰除菌核,或用50 ℃温水浸种10 min,可杀死菌核。

⑦床土处理 尽可能实行新床育苗。老苗床播前2周用福尔马林150倍液浇透床土,并用塑料薄膜覆盖4～5 d,然后翻晾床土7～10 d后播种。用电热温床育苗,播前将床温调到55 ℃处理2 h,可杀死床土中的菌核。

⑧发病初期及时喷药防治 药剂可选用50%多菌灵可湿性粉剂600倍液,或70%甲基托布津可湿性粉剂1 000倍液、50%速克灵可湿性粉剂1 500倍液、50%农利灵可湿性粉剂1 000倍液、50%氯硝铵可湿性粉剂1 000倍液、40%纹枯利可湿性粉剂800倍液、40%菌核净可湿性粉剂1 000倍液、50%混杀硫悬浮剂500倍液、60%防霉宝超微粉600倍液、50%苯菌灵可湿性粉剂1 500倍液,注意喷洒植株基部和地面。在地面初见子囊盘时,可用5%氯硝铵粉剂30～37.5 kg/hm^2(2～2.5 g/亩),加15 kg干细土拌匀制成药土撒施。保护地菌核病还可用速克灵烟剂5.25 kg/hm^2(350 g/亩)熏烟,或喷布5%百菌清粉尘,或10%灭克粉尘15 kg/hm^2。茎蔓发病也可用50%速克灵可湿性粉剂50～100倍液涂抹患部。

实训作业

①对田间采集的蔬菜果实病害标本,分别整理和鉴定,描述所采病害的为害特征,总结识别不同病害症状的经验。

②根据专题调查的数据,分析病害的发生情况,拟订主要蔬菜果实病害的防治方案。

③进行产量损失估算,分析某一病害发生重或轻的原因。

④针对蔬菜果实病害的发生、防治及综合治理等问题进行讨论、评析。

学习目标

通过对蔬菜根部及全株性病害的田间调查、诊断、观察,识别常见的蔬菜此类病害症状,掌握当地发生的主要蔬菜此类病害的发生规律。应用所学的理论知识,根据病害的发生规律,学会制订有效的综合防治方案,并组织实施防治工作。

材料及用具

主要蔬菜根部及全株性病害的害状标本、浸渍标本、病原菌的玻片标本、生物显微镜、放大镜、镊子、病害图谱、影视教材、CAI 课件、检索表等用具。

内容及方法

①田间调查主要蔬菜根部及全株病害的为害特点,或通过教学挂图、音像教材、CAI 课件,认识其发病特点。

②田间布点调查病害的发病率、病情指数及损失估算。

③现场采集新鲜的病害标本,对照图片、资料等认识其典型症状,将标本带回实验室进行镜检观察。

④通过对病害发生的调查和相关资料的分析,了解主要植物病原的形态及其病害的发生规律。

⑤根据病害的发生规律,运用病害综合防治理论,制订蔬菜此类病害的防治方案,并组织实施。

操作步骤

7.8.1　蔬菜根部及全株性病害症状的观察识别

根据当地生产的实际,选取一块或若干块菜园,组织学生田间观察蔬菜根部及全株性病害的症状并采集典型症状的标本,在教师指导下认识根部及全株性病害的症状特点。也可通过挂图、影视教材、CAI 课件等教学手段,向学生讲解蔬菜根部及全株性病害的为害和症状特点。

7.8.2　蔬菜根部及全株性病害的识别和防治

枯萎病

枯萎病是蔬菜上的一类重要病害,瓜类、茄果类、豆类等许多种蔬菜都有枯萎病发生。

其中番茄枯萎病、菜豆枯萎病、黄瓜枯萎病都是重要病害,尤其黄瓜枯萎病在一些地区的保护地黄瓜上已成为毁灭性病害。

症状识别(见图7.49)

黄瓜枯萎病一般多在植株开花结果后陆续发病。初时中午可见病株中下部叶片似缺水状萎蔫,早晚可恢复正常,翌日中午再次萎蔫,并且萎蔫叶片不断增多,逐渐遍及全株叶片。叶片萎蔫、恢复,如此反复,少则2~3 d,多则5~7 d萎蔫叶片便不能恢复。此时,在植株茎蔓基部临近地面处变褐色,水浸状,随之病部表面生出白色和略带粉红色霉状物,有时病部还能溢出少许琥珀色胶质物。最后病部干缩,表皮纵裂如麻,整个植株枯萎而死。番茄等茄果类枯萎病和菜豆枯萎病与之相似,只是茎部稍见湿渍状,上面有少许淡粉红色霉或无特殊表现。但纵剖枯萎病病株,均可见植株维管束变褐色至暗褐色。

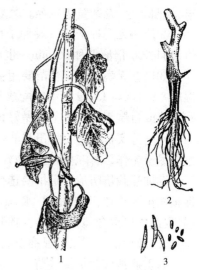

图7.49　黄瓜枯萎病
1—病株;2—病茎部及病根;
3—大型和小型分生孢子

病原

为真菌半知菌亚门、瘤座孢目、镰刀菌属的尖镰孢菌 *Fusarium oxysporum* Schlecht。病菌区分为许多专化型,黄瓜、番茄、菜豆枯萎病菌分别为不同专化型。病菌可产生大小两种分生孢子。大分生孢子镰刀形或梭形,顶胞圆锥形,底胞有足胞,无色,具1~5个隔膜(多数3~4个隔膜)。小分生孢子椭圆形或卵形,无色,单胞。菌丝中段或顶部细胞能形成厚垣孢子。老熟菌丝可聚成拟菌核。

发病规律

病菌主要以菌丝体、厚垣孢子、拟菌核在土壤、病残体及未腐熟的带菌粪肥中越冬。病菌有顽强的生活力。病残体分解后病菌在土壤中仍可存活5~6年之久。厚垣孢子和拟菌核抵抗力更强,甚至通过牲畜的消化道后仍然存活。种子也可带菌,虽然带菌率很低,但可随带菌种子调运而远距离传播,这对无病地区、无病地块是不可忽视的初侵染来源。病菌主要通过根部伤口侵入,也能从侧根分杈处或根尖端细胞间侵入。侵入后,病菌最后进入维管束,在导管内发育,堵塞导管或病菌分泌的毒素使导管细胞中毒,影响导管输水机能使植株叶片萎蔫。病菌有潜伏侵染现象,即幼苗时可被侵染但不表现症状,待定植后遇适宜条件时才发病表现出症状。

枯萎病发生和严重程度与侵染菌源数量密切相关。土壤温、湿度对发病影响最大,土温15~20 ℃,土壤含水量高或忽高忽低,不利于根系生长和伤口愈合,而病菌却易侵入引起发病。连茬地土壤中病菌积累多,病情重。因此,生产中明显表现出老菜区比新菜区病重;使用多年温室、大棚比新温室、大棚病重。土壤 pH 4.5~6.0 偏酸性,土质黏重,地势低洼,排水不良,偏施氮肥,施用生粪或未腐熟粪肥,地下害虫或线虫多时,均有利于发病。

防治方法

①选用抗病品种　黄瓜可用长春密刺,津杂2号、3号、4号,津研7号、中农5号、保

丰、秋棚 1 号、龙杂黄 7 号等。菜豆可选用丰收 1 号、九粒白、秋抗 19、架豆王等。

②使用无病种子 一般种子用 55 ℃温水浸种 15 min，或用 60% 防霉宝加上平平加(1:1)1 000 倍液浸种 60 min。也可用种子质量 0.3% 的 50% 多菌灵可湿性粉剂拌种。

③培育无病壮苗 育苗要用新苗床，旧床换用粮田土壤或床土消毒。即 50% 多菌灵可湿粉 8 g/m² 与 15 kg 干细土配成药土处理床面。施用充分腐熟的粪肥。改传统育地苗为营养钵或自制塑料套育苗。做好育苗床的温、湿、光、气管理，真正育出无潜伏侵染的壮苗。

④坚持实行轮作 病田与非寄主作物进行 4～5 年轮作。保护地黄瓜长期轮作有困难也应尽量轮作，轮作时间越长越好。

⑤加强栽培防治 定植要选择晴天中午精细操作，尽量减少伤根。定植后田间管理以促根发苗为重点，关键是温、水、肥的运用。定植后及时深中耕 3～4 次，疏松土壤，通气增温，促进伤口愈合，防止感染。控制灌水，雨后及时排水。适时适量追肥。促进健壮生长防止早衰，减少潜伏侵染苗显症发病。

⑥重病地应栽植嫁接苗 以黄瓜作接穗，以黑籽南瓜、"90-1"南瓜或南砧一号作砧木，进行嫁接。嫁接苗不但高抗枯萎病（基本不发病）而且耐低温，吸肥吸水能力强。因此特别适合日光温室和其他保护地栽培。嫁接苗定植，埋土要在接口以下，防止嫁接部位接触潮土黄瓜胚根上产生不定根而染病。

⑦推广无土栽培 保护地病重时，可推广无土栽培。比用常规土壤，可基本上杜绝枯萎病等土传病害的为害。

⑧药剂防治 可在即将发病前或初见病株时用药控制病情发展。药剂可用 50% 多菌灵可湿性粉剂 500 倍液，或 70% 甲基托布津可湿性粉剂 800 倍液，40% 双效灵水剂 800 倍液、60% 百菌通可湿性粉剂 350 倍液、5% 菌毒清水剂 300 倍液、20% 甲基立枯磷乳油 1 000 倍液灌根，灌药液量 0.3～0.5 kg/株，隔 10 d 灌 1 次，连灌 2～3 次。发病后，用敌克松原粉 10 g 加面粉 200 g 调成糊状涂抹患部，也有一定的治疗作用。

黄萎病

茄子、番茄、辣椒、马铃薯、瓜类等多种蔬菜，都有黄萎病发生。其中茄子黄萎病生普遍，在一些地区或地块已成为茄子生产中最重要的病害。近年来随着保护地茄子的发展，有些保护地茄子也有黄萎病发生，并呈迅速发展之势。

图 7.50 茄黄萎病
1—病株；2—病茎；3—病原菌

症状识别（见图 7.50）

定植不久即可发病，但多在门茄坐果后病情加重。一般在下部叶片发病，向上部叶片发展，或者一边发病向全株发展。发病初期，叶缘或叶脉间褪绿变黄，逐渐发展至半边叶或整个叶片变黄或黄化斑驳。病株初期晴天中午萎蔫，早晚或阴天可恢复。后期病株彻底萎蔫，叶片萎黄、脱落，重时往往病株落成光杆或顶端残留少数几个叶片，最后病株死亡。剖视病株根、茎、分枝及叶柄，可见其维管束变黄褐色或棕褐色。

病原

为半知菌亚门、丝孢目、轮枝孢属真菌。常见的有黄萎轮枝菌 *Verticllium albo-atrum* Reinke et Berthold 和大丽菊轮枝菌 *V. dahliae* Kleb 两种。分生孢子梗无色,纤细,常由几层轮枝及顶枝构成。每层轮枝一般 1~7 根。轮枝和顶枝顶端着生分生孢子。分子孢子单胞,无色,椭圆形。菌丝能形成厚垣孢子和拟菌核。两种菌形态相似,两者差别在于前种在菌丝层中产生深色间断膨大的菌丝,而后种则产生黑色的小菌核。

发病规律

病菌以休眠菌丝、厚垣孢子和微菌核随病残体在土壤中越冬,一般可存活 6~8 年。病菌也可以菌丝潜伏在种内和分生孢子附着在种子外随种子越冬。带菌种子可通过种子调运作远距离传播,成为无病地区和田块的最初病菌来源。在病区病菌可借施用未充分腐熟的带菌粪肥和带菌土壤或茄科寄主杂草的菌源,由风、雨、灌溉或人、畜及农具传播。病菌在土壤中,从根部伤口或直接从幼根表皮及根毛侵入。侵入后,病菌菌丝先在皮层薄壁细胞间扩展,直全达到维管束并进入导管。病菌一旦进入导管后就在导管内发育并大量繁殖,并随营养液向植株地上部扩展,直至茎、枝、叶、果实的内部和种子里。

病菌在 5~30 ℃范围内均可发育,病害发展适宜温度为 20~25 ℃,土壤温度为 22~25 ℃。相对湿度和土壤温度高有利于病害的发展,灌水不当是导致病害加重的主要原因。一般大水漫灌后,常使土壤温度降低,不利于根部伤口愈合而适于病害发生。特别是灌水后遇曝晴天,土壤水分蒸发快,造成土壤干裂而伤根,十分有利于病菌的侵染。另外,灌水也可将病菌向下水头传带,扩大发病面积和加速病情发展。地势低洼、土质黏重,排水不良,连茬,土温偏低偏高,施用未腐熟粪肥、缺肥或偏施氮肥,以及土壤中线虫和地下害虫多都有利于发病。

防治方法

①选用抗病品种 如长茄 1 号、辽茄 3 号、龙杂茄 1 号、羊角茄、海茄、紫玛瑙、齐茄 2 号、黑又亮、长野郎、冈山早茄等。

②采用无病种子,建立无病留种基地 实行无病留种田留种,或从无病株上采种。对怀疑带菌的种子要进行消毒处理,可用55 ℃温水浸种 15 min;也可用50% 多菌灵可湿性粉剂 500 倍液浸种 2 h;直播时,可用种子质量 0.2% 的 50% 福美双或 50% 克菌丹拌种。

③培育无病壮苗 育苗床换用粮田土壤或河床土壤。旧苗床要进行土壤消毒,方法是用40% 棉隆 10~15 g/m² 与 15 kg 干细土充分拌匀制成药土,撒于床面并耙入 15 cm 土层中,耙平后浇水、覆地膜使其发挥熏蒸作用,隔 10~15d 后再播种。苗床要施用充分腐熟的粪肥。做好苗床温、湿、光、气管理。在 2 叶 1 心期及时分苗,培育无病壮苗。

④实行轮作倒茬 重病田与非寄主作物进行 4~5 年轮作,与葱蒜类蔬菜和粮食作物轮作效果好,与水稻轮作 1 年即可见效。

⑤嫁接抗病砧木 用茄子作接穗,与赤茄、CRP、托鲁巴姆作砧木嫁接防病效果很好,应在重病区加速推广应用。

⑥科学定植管理 定植地块应提前充分翻晒。施足腐熟粪肥,避免偏施氮肥,增施磷、钾肥。在 10 cm 土层土温在 15 ℃以上时选晴天中午抓紧定植。定植时,起苗多带土,轻拿轻放,细心操作,尽量减少根系出现伤口,定植后注意提高土温以促进根发棵。灌水宜勤浇

小水,晴天灌水,不灌过冷井水。雨后或灌水后要及时中耕。茄子生长期间要通过灌水保持土层湿润而不龟裂为宜。勤中耕,中耕前期以增加土温为目的可稍深些;后期以保墒防裂为目的可稍浅些。门茄采收后及时追肥,喷施叶面宝、爱多收等激素,提高植株抗病能力。

⑦注意药剂防治 可在整地定植时对病田地面撒施或穴施多菌灵药土,或多地药土(50%多菌灵与20%地茂散2:1混合),药剂用量30~45 kg/hm²(2~3 kg/亩)。田间初见病株时,及时用药控制病情发展,可选用50%多菌灵可湿性粉剂500倍液,或70%甲基托布津可湿性粉剂800倍液、50%苯菌灵可湿性粉剂1 000倍液、50%混杀硫悬浮剂500倍液、50%琥胶肥酸铜可湿性粉剂350倍液、60%百菌通可湿性粉剂500倍液、70%敌克松可湿性粉剂500倍液、增效双效灵300倍液等喷洒地面和根部,也可对病株灌根,灌药液量0.3~0.5 kg/株,连灌2~3次。

细菌性青枯病

细菌性青枯病是我国南方茄果类蔬菜的重要病害,番茄、辣椒、茄子、马铃薯青枯病,都是生产中的毁灭性病害。

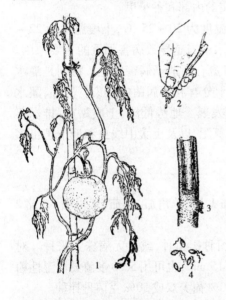

图7.51 番茄青枯病
1—症状;2—菌脓;
3—病茎剖面示导管呈褐色;
4—病原菌

症状识别(见图7.51)

青枯病是一种维管束病害,一般多在植株开花期、坐果期发生。先是顶端叶片萎蔫,继之下部叶片萎蔫,中部叶片最后萎蔫。有些只是一侧叶片萎蔫,多数是整株叶片同时萎蔫。开始只是病株白天萎蔫,傍晚时可以恢复。在晴天高温时病株在2~3 d内便垂萎枯死,遇阴雨天则可延迟到7~8 d才枯死。此病的特点是病株垂萎枯死叶片仍保持绿色或浅绿色,故称青枯病。在番茄上,病株的茎中下部皮层粗糙,长出凸起的不定根。潮湿时常在茎上出现水渍状条斑,后变褐色至暗褐色,纵切病茎可见维管束变褐色。在横切的番茄和马铃薯病茎的切面上,用手挤压切口处可渗出污白色菌溢,后期番茄、茄子茎内形成空洞。马铃薯块茎被害,维管束组织变褐,导管与皮层不易剥离。

病原

为细菌假单胞杆菌属的青枯假单胞菌 *Pseudomonas solanacearum* (Smith) Smith。菌体短杆状,两端钝圆,单生或双生,极生1~3根鞭毛,不产生荚膜,革兰氏染色反应阴性。

发病规律

病菌主要随病残体留在田间或在马铃薯种薯内越冬,粪肥也可带菌。病残体分解后无寄主存在时病菌可在土壤中营腐生生活。在土壤中则可存活1~6 d,而且还可进行少量的繁殖。病菌主要借雨水和灌溉水传播,病薯和带菌粪肥也可传播,工具、人、畜也有一定的传播作用。病菌从根部或茎基部伤口侵入,进入菜株维管束内,繁殖、扩展,造成导管堵塞和分泌毒质使寄主细胞中毒,失去吸水机能而使菜株萎蔫。病株也可从维管束向四周扩展,侵入皮层和髓部薄壁组织的细胞间隙,并分泌果胶酶使寄主细胞的中胶层溶解,随后寄主病组织变褐腐烂。

病菌喜高温、高湿、偏酸条件。病菌10~40 ℃均能发育,30~37 ℃为最适宜温度。土壤含水量超过25%时有利于病菌传播,同时也使菜株生长不良,特别是能使根的正常吸收作用受到抑制而引起烂根,造成伤口从而有利于病菌的侵入。因此,久雨或雨后的转晴,土壤温湿度均较高,往往发病更重。pH 6.0~8.0,最适pH 6.6,微酸性土壤发病重。

防治方法

①选用抗病品种　番茄可用抗青19号、穗圆、华南462、蜀早3号、秋星、龙狮、湘引、洪抗1,2号等;辣椒可用早杂2号、通椒1号、8819等。

②搞好轮作　在无病土育苗的基础上,重病田与十字花科蔬菜进行轮作,与粮食作物轮作3~4年,特别是水旱轮作效果好。

③科学管理　平整土地。翻耕晒田。高垄栽培。施足腐熟粪肥,增施磷、钾肥。结合整地每亩施入50~100 kg石灰,调节土壤pH值。适时灌水,科学灌水,避免大水漫灌,雨后排水。在容易发病的时期,避免中耕。

④调整播期　重病区春番茄宜提早种植,秋番茄宜推迟种植,使植株在盛病阶段避过高温多雨季节,可减少发病。

⑤清除菌源　使用无病株选留的种子。马铃薯播前要严格剔除病薯。切薯播种时切过病薯的刀要用0.1%升汞或75%酒精消毒。田间初见病株及时拔除,病株植穴撒施石灰消毒防止病菌扩散。

⑥药剂浸根　定植时,可用南京农业大学培育的青枯病颉颃菌MA-7、NOE-104大苗浸根,效果很好。

⑦发病初期及时用药剂防治　可选用农用链霉素0.15~0.2 mL/L、或新植霉素0.2 mL/L、或401抗菌剂500倍液、25%络氨铜水剂500倍液、77%可杀得可湿性微粒粉剂400~500倍液、50%琥胶肥酸铜可湿性粉剂500倍液、1:1:200波尔多液等喷雾。也可用50%代森铵水剂1 000倍液0.25~0.5 kg/株灌根,10 d 1次,连灌2~3次。

触传病毒病

蔬菜病毒病种类很多,不少病毒可以通过人工汁液摩擦接触传播,但在田间主要靠接触传播的病毒有烟草花叶病毒、黄瓜绿斑花叶病毒、马铃薯X病毒等。烟草花叶病毒分布广,为害重,可为害多种蔬菜,主要病害有番茄花叶病、条斑病、辣椒花叶病;黄瓜绿斑花叶病毒主要为害瓜类,引起黄瓜绿斑花叶病;马铃薯X病毒主要为害茄科蔬菜,引起马铃薯普通花叶病,常与其他病毒复合侵染,加重为害。

症状识别(见图7.52)

这几种病毒为害的共同特点,都是病株矮化,叶片花叶,但花叶轻重程度及特点不完全一样。

烟草花叶病毒为害番茄的花叶病类型有:轻花叶型,仅植株顶部叶片出现轻微的深浅绿色相间的花叶;重花叶型,叶片花叶,有的出现疱斑、皱缩,顶部叶片变小、扭曲,下部叶片边缘微卷;黄花叶型,植株叶片尤其顶部叶片形成黄绿相间的花叶,有时顶部叶片变小。烟

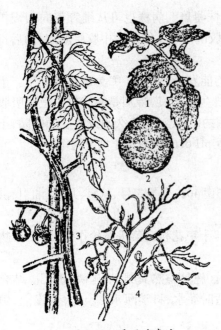

图 7.52　番茄病毒病

1,2—花叶病病叶及病果;3—条斑病(病株);

4—蕨叶病(病叶)

草花叶病毒引起的番茄条斑病,植株矮化,顶部叶片花叶、叶背叶脉上生褐色短条斑;枝条和茎秆上产生深褐色,下陷的油浸状条斑;条斑扩展,长短不一,主茎上条斑有时长达 10~20 cm;后期条斑开裂,致使条斑上部枝叶,甚至全株枯死,果实小而畸形,果面产生不规则形褐色油浸状斑块,重时开裂、腐烂。烟草花叶病毒侵染辣椒引起花叶病,植株矮小,叶片呈黄绿镶嵌的斑驳状花叶,叶脉上有褐色坏死斑点,茎秆和枝条上有褐色坏死条斑;植株顶叶小,中、下部叶片易脱落;重时小枝生长点落光呈"秃桩",后抽生出许多细小枝叶呈丛簇状态;果实僵小,果面有褐色斑块,果实易脱落。

黄瓜绿斑花叶病毒为害黄瓜时,新叶产生黄色小斑点,逐渐变淡黄色斑纹,绿色部分呈隆起瘤状;严重时病株叶片白天萎蔫;果实产生浓绿色花斑和瘤状物,多为畸形果。

马铃薯 X 病毒在马铃薯上引起轻花叶,有时产生斑驳、坏死性叶斑、矮化以致植株由下向上枯死,块茎变小。

病原

分别为烟草花叶病毒(tobacco mosaic virus,TMV),黄瓜绿斑花叶病毒(cucumber green mottle mosaic virus,简称 CGMMV),马铃薯 X 病毒(potato virus X,简称 PVX)。

发病规律

这几种病毒都可在田间或保护地内的寄主植物活体上存活越冬。烟草花叶病毒还可随十字花科蔬菜种株在菜窖中越冬,或在田间地头的藜菜、车前、龙葵等多年生宿根杂草的根部越冬。马铃薯 X 病毒主要在马铃薯种薯内越冬。烟草花叶病和黄瓜绿斑花叶病毒都可种子带毒,也可随病残体存于土壤中,发病烟叶烤(晒)制后,烟叶、烟丝仍能带有烟草花叶病毒。这些带毒来源都可成为翌年田间初次浸染病源。病毒在田间主要通过接触传播,由微伤口侵入引起侵染而发病。一旦苗床有了病苗或定植后田间出现病株,极易通过分苗、定植、绑架、打尖、摘果等农事操作通过接触传播。在农事操作过程中,只要操作了病株再操作健株,就可 100% 传播病毒,而且可连续传播几棵健株。

一般高温、干旱条件,有利于病毒病发生。茄科、瓜类等蔬菜连茬发病早而重。施用未腐熟粪肥,或土壤瘠薄、土质黏重板结,植株生长衰弱,或偏施氮肥,发病均重。田间初见病株后,会因病、健株没有分开管理或消毒不严造成交叉感染,使病害迅速扩展蔓延,加重病情。

防治方法

①选用抗病毒品种。对于烟草花叶病毒番茄抗病品种可选用 402、东农 704、沈粉 1 号、中蔬 4 号、中蔬 5 号、佳粉 10 号、双抗 2 号、强丰、西粉 3 号等;辣椒抗病品种可选用辽椒

4 号、沈椒 2 号、吉椒 3 号、农大 40 号、双丰、巴彦椒、向阳椒、8919、8812 等。

②使用无病种子。一般种子要用 10% 磷酸三钠浸种 20 min。

③无病土育苗,最好做新床育苗。沿用旧床时床土要用细号筛筛土去除床土中残留的根茬、碎屑。

④定植地块应与非寄主蔬菜进行 2 年以上轮作。收后立即深翻,促使土表病残体翻入土壤中腐烂分解。

⑤避免人为接触传播。农事操作时最好两人一组,病、健株分开由专人操作。吸烟人下地干活前用浓肥皂水洗手。在田间干活时不要吸烟。

⑥减少临界期感染。为避免重大损失,应严格防止临界期前接触传播。病毒感染的临界期,番茄为第一穗果坐果期;辣椒是门椒坐果期;黄瓜是根瓜结瓜期。因此,在适时适龄定植的基础上,在生产允许范围内打杈等农事操作稍晚些,拖过临界期后进行。

⑦对烟草花叶病毒引起的毒病,在苗期可用植泰乐 1 号(弱毒疫苗 N_{14})100 倍液,摩擦、针刺、剪叶接种幼苗,也可在分苗时浸根接种幼苗。

⑧定植后喷布 NS-83 增抗剂 100 倍液,或 20% 病毒 A 可湿性粉剂 500 倍液、抗毒剂 1 号 200 ~ 300 倍液、5% 菌毒清水剂 300 ~ 400 倍液、30% 又能丰乳油 600 倍液,控制病情发展。

⑨操作前喷布病毒钝化物防止病毒接触传播。国外应用脱脂牛乳(乳清)和藻朊酸钠加水喷布钝化病毒效果很好。国内一些地方用菠菜、或灰菜等藜科植物榨出汁 10 ~ 20 倍液喷布,趁湿操作,也有较好防止接触传播效果,可以试用。

蚜传病毒病

蔬菜病毒病中,黄瓜花叶病毒、芜菁花叶病毒、苜蓿花叶病毒、马铃薯 Y 病毒、马铃薯卷叶病毒等许多病毒都是借蚜虫传播的。黄瓜花叶病毒是蔬菜上分布最广,为害最重的一种病毒,它可引起黄瓜花叶病、番茄蕨叶病、辣椒病毒病、瓜类花叶病、菜豆花叶病。芜菁花叶病毒是引起白菜、萝卜、甘蓝等十字花科蔬菜花叶病的主要毒原。马铃薯 Y 病毒主要为害茄科蔬菜,为害马铃薯引起条斑花叶病。马铃薯 Y 病毒当与马铃薯 X 病毒复合侵染时,就会引起马铃薯皱缩花叶病,是造成马铃薯退化的主要原因。

症状识别

这几种病毒为害的共同特点是叶片花叶。黄瓜花叶病毒侵染黄瓜、西葫芦、冬瓜等引起花叶病。以西葫芦花叶病发病最重。病株矮化,叶片出现淡黄色不明显斑纹,后呈浓淡不匀的斑驳状花叶,叶变畸形呈鸡爪状,不结瓜或少结瓜。果实上接近果柄处出现花斑,严重时,瓜面生瘤突或呈畸形瓜。黄瓜花叶病毒为害番茄引起蕨叶病,植株矮化,顶部叶片细长,不易展开,严重时螺旋状下卷,或叶肉退化,仅剩中肋成纤细扭曲的线状叶。中、下部叶片向上卷,严重时卷成筒状。复叶节间短缩,丛生状。

芜菁花叶病毒为害大白菜,幼苗发病时心叶明脉,然后沿脉失绿,继之产生浓淡相间的斑驳状花叶,病叶继之皱缩,心叶扭曲。重病苗早期枯死。成株发病时,叶片皱缩,花叶,叶背主、侧脉上产生褐色条纹或黑褐色坏死斑点。重病株停止生长,不能包心,只有僵硬扭曲的叶片皱缩成团,俗称"孤丁"。

马铃薯 Y 病毒为害马铃薯,植株矮化,叶片呈斑驳花叶或有枯斑,后期发展成叶脉坏死。有时主茎上出现褐色条斑,叶片完全死亡。

病原

黄瓜花叶病毒(cucumber mosaic virus,CMV)、芜菁花叶病毒(turnip mosaic virus,简称 TuMV)、马铃薯 Y 病毒(potato virus Y. PVY)。

发病规律

CMV,TuMV,PVY 这 3 种病毒都可在田间或保护地内的寄主植物活体上寄生越冬。CMV,TuMV 还可随白菜、萝卜等十字花科种株在菜窖内越冬。另外还可随田间老根菠菜(越冬菠菜)和剌儿菜、繁缕、紫罗兰、荠菜、酸浆等田边地头的多年生杂草的宿根越冬。PVY 病毒主要在马铃薯种薯内越冬。这些带毒来源都可成为翌年田间初次侵染毒源。病毒在田间主要通过蚜虫传播。蚜虫在吸食汁液时,只要口针带毒就能使病毒随口针刺入而侵染。一旦苗床有了病苗或定植后田间出现病株,只要有蚜虫就可迅速传播,反复侵染,使病毒得以流行。蚜虫传毒效率很高,一般一棵菜株上只要有一两头蚜虫带毒就可 100% 传毒而引起发病。蚜虫传毒大多数是非持久性传毒,即只要蚜虫在病株上吸食即可获毒,并立即具有传毒能力。传毒蚜虫种类,菜田常见种类蚜虫都能传毒,为害这种蔬菜的蚜虫当然是这种蔬菜的主要传毒蚜虫,也是主要传毒蚜虫种类。次外,其他种类蚜虫的试探取食也可能传毒引起发病。

一般高温、干旱有利于发病。管理粗放,蚜虫多或防治不及时病重。植株生长衰弱,抗病力下降,病害也会加重。

防治方法

①选用抗(耐)病品种。对于 CMV,番茄抗病品种可选用 542、中蔬 5 号等。对于 TuMV,大白菜抗病品种可选用北京新 1 号、辽白 1 号、晋菜 3 号、新 5 号、凌云、天津绿、城阳青等。

②及早彻底铲除田边地头杂草。菜地应与毒源地有一定距离间隔,如春茬番茄地应与老根菠菜地、十字花科蔬菜采种地有一定距离间隔,秋大白菜地也应与夏甘蓝、早萝卜地有一定距离间隔为好。

③大白菜适时晚播,苗期灌水,降低土温。秋番茄育苗移栽的也要适时晚播,最好直播。育苗床要搭棚防雨淋,覆盖遮阳网或打花帘子防晒降温。加强田间通风,地面覆草降低土温,保持土湿。

④做好早期防蚜。出苗不久就要喷药防治蚜虫(使用药剂参考菜蚜防治),而且要连续防治 2~3 次,最好是播种或定植时施用防蚜颗粒剂。防蚜不仅防治菜地蚜虫,更应防治周围蚜源植物上蚜虫。

⑤覆、挂银灰膜避蚜。春茬保护地蔬菜,可张挂镀铝聚酯反光幕,有明显避蚜防病作用。露地或秋茬保护地蔬菜可地面覆银灰色反光膜或田间悬挂银灰色反光膜条,驱避蚜虫。

⑥露地蔬菜可在田间或地边四周种植一些高棵作物,诱使蚜虫试探取食而用去口针黏附的病毒,可明显减轻菜田发病。

⑦预防 CMV 为害,可在苗期用植泰乐 2 号(黄瓜花叶病毒卫星 RNA,S_{52})50 倍液人工接种,使菜株具有免疫力。

⑧发病初期及时喷布 20% 病毒 A 可湿性粉剂 500 倍液,或 1.5% 植病灵乳剂 1 000 倍

液、5%菌毒清水剂500倍液、30%又能丰乳油600倍液。也可用磺胺药物 SMP100～150 mg/kg,或 α-萘乙酸0.02 mL/L,提高耐病力。

根结线虫病

根结线虫可为害几十种蔬菜,尤其在黄瓜、番茄、茄子、胡萝卜等蔬菜上是一个毁灭性病害。根结线虫病目前在局部地区发生,并处于日益发展加重趋势,值得注意。

症状识别

发病轻微时,菜株仅有些叶片发黄,中午或天热时叶片略显萎蔫。发病较重时,菜株矮化,瘦弱,长势差,叶片黄萎。发病重时,菜株提早枯死。症状表现最明显的是菜株的根部。把菜株连根挖出,在水中涮去泥土后可见主根朽弱,侧根和须根增多,并在侧根和须根上形成许多根结,俗称"瘤子"。根结大小不一,形状不正,初时白色,后变淡灰褐色,表面有时龟裂。较大根结上,一般又长出许多纤弱的新根。其上再形成许多小根结,致使整个根系成为一个"须根团"。剖视较大根结,可见在病部组织里埋生许多鸭梨形的极小的乳白色虫体。

病原

为根结线虫属线虫,主要种类为南方根结线虫 *Meloidogyne incognita* Chitwood,还有爪哇根结线虫 *M. javanica* Treub。病原线虫幼虫线状,雄成虫线状,雌成虫鸭梨形。虫体无色透明或稍具乳白色。雌虫卵产在阴门分泌胶质所形成的卵囊(袋)内。每头雌虫可产卵300～800粒。成熟雌虫埋生在病部(根结)组织内部,不再移动。

发病规律

病原线虫常以卵或2龄幼虫随病残体在土壤中越冬。翌春环境条件适宜时,越冬卵孵化出幼虫或越冬幼虫继续发育。传播途径主要是病土和灌溉水,病苗使用和人、畜、农具等也可携带传播。线虫借自身蠕动在土粒间可移行30～50 cm短距离。2龄幼虫为侵染幼虫,接触寄主根后多由根尖部分侵入,定居在根生长锥内。线虫在病部组织内取食,生长发育,并能分泌吲哚乙酸等生长素刺激虫体附近细胞,使之形成巨型细胞,致使根系病部产生根结。幼虫在根结内发育为成虫,并且雌、雄虫开始交尾产卵。在一个生长季里根结线虫可繁殖1代,繁殖数量很大。一旦根结线虫传(带)入,很快就会大量繁殖,积累起来造成严重为害。

根结线虫多分布在20 cm深土层内,以土层3～10 cm范围内数量最多。土温20～30 ℃,土壤湿度40%～70%,适合线虫繁殖。土温超过40 ℃大量死亡。致死温度55 ℃,10 min。一般土质疏松,湿度适宜(不过干、不过湿),盐分低的地块适于线虫存活。重茬地病重。一旦进入保护地往往重于露地。

防治方法

①无病土育苗。苗床使用充分腐熟的粪肥,有良好预防苗期侵染的作用。

②实行轮作。重病地与抗线虫蔬菜石刁柏和耐线虫蔬菜韭菜、大葱、辣椒,以及非寄主禾本科作物轮作,尤以水旱轮作效果更好。

③灌水覆膜杀灭线虫。发病地夏季深翻并大水漫灌,可显著减少虫口。保护地可在春茬拉秧后挖沟起垄,沟内灌满水然后覆地膜,密闭温室或大棚15～20 d,杀灭土壤中线虫效果很好。露地6—7月份深翻灌水后覆膜压实,保持10～15 d,使5 cm地温白天达60～

70 ℃,10 cm 地温达 30~40 ℃,可有效杀灭各种虫态。

④深翻杀虫。收获后进行 20 cm 以上深度深翻,可把大量活动于土壤表层的线虫翻在底层。这样,不仅可消灭部分越冬的虫源,同时深翻后表层土疏松,日晒后易干燥不利于线虫活动。

⑤多施有机肥,不仅可增强植株抗性,而且能增加土壤中天敌微生物量。

⑥要彻底清除田间、地边的荠菜、苣荬菜、蒲公英、苍耳等根结线虫寄主杂草。

⑦药剂防治。可在播种或定植前 15 d,用 33% 威百亩水剂 45~60 kg/hm² 加水 1 125 kg(3~4 kg/亩,加水 75 kg),开沟浇施,然后覆土踏实。定植时可用 10% 力满库颗粒剂75 kg/hm²,或用 3% 米乐尔 30 kg/hm² 加细土 750 kg 沟施或穴施。田间线虫病发生后,可对发病部位用 50% 辛硫磷乳油 1 500 倍液,或 90% 晶体敌百虫 800 倍液 0.25~0.5 kg/株灌根,一般灌一次即可。

实训作业

①对田间采集的蔬菜根部及全株性病害标本,分别整理和鉴定,描述所采病害的为害特征,总结识别不同病害症状的经验。

②根据专题调查的数据,分析病害的发生情况,拟订主要蔬菜根部及全株性病害的防治方案。

③进行产量损失估算,分析某一病害发生重或轻的原因。

④针对蔬菜根部及全株性病害的发生、防治及综合治理等问题进行讨论、评析。

任务7.9 观赏植物病害症状的田间识别及防治方案的制订(一)

学习目标

通过对观赏植物叶部病害的田间调查、诊断、观察,识别常见的观赏植物叶部病害症状,掌握当地观赏植物发生的主要叶部病害的发生规律。应用所学的理论知识,根据病害的发生规律,学会制订有效的综合防治方案,并组织实施防治工作。

材料及用具

主要观赏植物叶部病害的蜡叶标本、浸渍标本、病原菌的玻片标本、生物显微镜、放大镜、镊子、病害图谱、影视教材、CAI 课件、检索表等用具。

内容及方法

①田间调查主要观赏植物叶部病害的为害特点,或通过教学挂图、音像教材、CAI 课件,认识其发病特点。

②田间布点调查病害的发病率、病情指数及损失估算。

③现场采集新鲜的病害标本,对照图片、资料等认识其典型症状,将标本带回实验室进行镜检观察。

④通过对病害发生的调查和相关资料的分析,了解主要植物病原的形态及其病害的发生规律。

⑤根据病害的发生规律,运用病害综合防治理论,制订观赏植物叶部病害的防治方案,并组织实施。

操作步骤

7.9.1 观赏植物叶部病害症状的观察识别

根据当地生产实际,选取一块或若干块花卉苗圃,组织学生田间观察植物群体的发病情况,如病害的分布、植株的发病部位、是否有发病中心等,同时采集典型症状的标本,在教师指导下认识叶部病害的症状特点。也可通过挂图、影视教材、CAI教学课件等教学手段,向学生讲解观赏植物叶部病害的为害和症状特点。

7.9.2 主要观赏植物叶部病害的识别和防治

黄栌白粉病

症状识别(见图7.53)

白粉病是黄栌上的严重病害,叶片受害时,开始出现圆形、白色粉霉,后不规则扩散,严重时整个叶片布满一层白粉。后期,病部产生黑色小点(闭囊壳)。秋后,叶片正常变红时,病叶仍为污绿色,严重影响观叶。

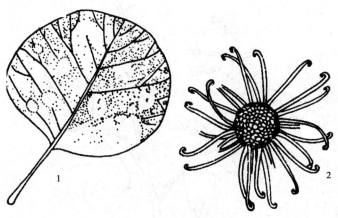

图7.53 黄栌白粉病
1—症状;2—闭囊壳

病原

为真菌 *Uncinula vernicferae* P. Henn。

发病规律

病菌主要以在枝条和落叶上形成的闭囊壳越冬,次年6月左右闭囊壳释放出子囊孢子进行初侵染。多雨季节,植物生长过密,通风透光差,树冠下部叶片发病早而严重。

防治方法

秋季彻底清扫落叶,剪除病枯枝及生长过密的枝条,以利通风透光;加强肥水管理,增强树势;清除近地面分蘖和小枝,减轻或推迟病害发生;可选用石硫合剂、苯来特、托布津、粉锈宁等药剂防治。

图 7.54 紫薇白粉病

紫薇白粉病

症状识别(见图 7.54)

叶片上产生扩散的白粉霉层,后期变为灰色,上生小黑点(闭囊壳);严重发生时,嫩叶皱缩黄化干枯。嫩梢受害,生长受到抑制,畸形萎缩。花序受到侵染,表面被覆白粉层,花姿畸形,失去观赏价值。

病原

为真菌 *Uncinuta australiana* Mc-Alpine。

发病规律

闭囊壳于 11 月就能成熟。主要发生在春秋两季,而以秋季发病重。

防治方法

收集病残叶烧毁;喷洒苯来特、退菌特等药剂。

月季白粉病

除在月季上普遍发生外,还可寄生蔷薇、玫瑰、白玉兰等。

症状识别(见图 7.55)

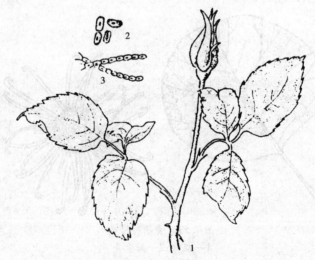

图 7.55 月季白粉病
1—症状;2—分生孢子;3—分生孢子串生

该病主要为害叶片、新梢、花蕾、花梗,使得被害部位表面长出一层白色粉状物(分生孢子)。同时枝梢弯曲,叶片皱缩畸形或卷曲。老叶较抗病,嫩梢和叶柄发病时病斑略肿大,节间缩短,病梢有回枯现象。严重时叶片萎缩干枯,花少而小。严重影响植株生长、开花和观赏。

病原

为真菌 *Sphaerotheca pannosa*(Wallr.)Lev.。

发病规律

病菌主要以菌丝在寄主植物的病枝、病芽及病落叶上越冬。翌春,病菌产生分生孢子。分生孢子开始传播、侵染。1 年中 5—6 月及 9—10 月发病严重。温室栽培时可周年发病。

防治方法

减少侵染源。结合修剪剪除病枝、病芽并销毁。休眠期喷洒石硫合剂;加强栽培管理,改善环境条件;常用 25% 粉锈宁可湿性粉剂 1 500~2 000 倍液,或 50% 苯来特可湿性粉剂 1 500~2 000 倍液或抗生素 120 等。

玫瑰锈病

症状识别(见图 7.56)

玫瑰锈病为害叶片、嫩枝和花。发病初期在叶背产生黄色小斑,外围往往有褪色环。在黄斑上产生隆起的锈孢子堆。锈孢子堆突破表皮露出橘红色的粉末,即锈孢子。在叶片正面生有小黄点,即性孢子器。以后叶片背面又产生略呈多角形的较大病斑,上生有夏孢子堆。秋后在病斑上产生棕黑色粉状物,即冬孢子堆。

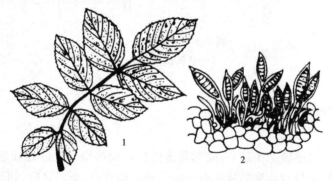

图 7.56 玫瑰锈病
1—症状;2—冬孢子

病原

为真菌 *Phrangmidium rosae-rugprugosae* Kasai。

发病规律

病菌以菌丝或冬孢子在病芽、枝条病斑内越冬,次年萌发产生担孢子,侵染寄主的幼嫩部位。发病后,产生性孢子器及锈孢子器。锈孢子侵染发病后,产生夏孢子堆。夏孢子借风雨传播。在阴凉潮湿条件下发病轻。在气候比较温暖、多雾的年份,病害发生较重。

防治方法

结合修剪,清除有病枝叶,并集中销毁;在休眠期喷洒石硫合剂;发病期喷 97% 敌锈钠 250~300 倍液,或 50% 二硝散可湿性粉剂 200 倍液,或 20% 萎锈灵乳油 800 倍液,每隔

30 d 喷 1 次。

菊花锈病

菊花锈病是菊花常见的一种病害。在我国的东北、上海、江苏、四川等地均有发生。

症状识别(见图 7.57)

此病通常发生在菊花的叶片上。初期感病的叶片下表面产生小的变色斑,然后隆起成疱状物。不久,疱状物开裂,散发出大量褐色粉状孢子。重病株生长衰弱,不能正常开花。病斑布满整个叶片,导致叶片卷曲。

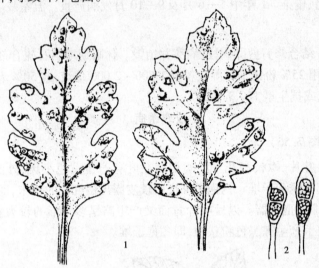

图 7.57　菊花白色锈病

1—症状;2—冬孢子

病原

为真菌 *Puccinia horiana* P. Henn. 。

发病规律

锈菌一般在植株的新芽中越冬,随菊花苗的传播而传染。在露地栽培中,7—9 月多雨时发病严重。不同品种对此病的抗性有一定差异。如京白、新兴京白、朝红白品种易感病,而桃金山等品种抗病性较强。

防治方法

种植不要过密,保持植株间的良好通风透光条件。扦插繁殖时,要选健康无病的插条;用 80% 代森锌 500 倍液,或 25% 粉锈宁可湿性粉剂 1 500 倍液,或石硫合剂喷洒。

兰花炭疽病

兰花炭疽病主要为害春兰、蕙兰、建兰及宽叶兰等兰科植物。

症状识别(见图 7.58)

叶片上的病斑以叶缘和叶尖较为普遍,少数发生在基部。病斑长圆形、梭形或不规则形,有深褐色不规则线纹数圈,病斑中央灰褐色至灰白色,边缘黑褐色。后期病斑上散生黑色小点,即分生孢子器。病斑多发生于上、中部叶片,果实上的病斑为不规则长条形,黑褐色。病斑的大小、形状因兰花品种不同而异。发生严重时,叶片斑痕累累,影响兰花正常生长及观赏。

病原

为真菌 *Colletotrichum gloeosporioides* Penz.。

发病规律

病菌以菌丝体及分生孢子盘在病株残体或土壤中越冬。翌年气温回升,兰花展开新叶时,分生孢子进行初侵染。病菌借风、雨、昆虫传播,进行多次再侵染。一般自伤口侵入,在嫩叶上可以直接侵入。潜育期2~3周。适宜病菌生长的温度为22~28 ℃,空气相对湿度95%以上,土壤 pH 5.5~6.0。雨水多、放置过密时发病重。每年3—11月均可发病。雨季发病重。老叶4—8月发病,新叶8—11月发病。品种不同,抗病性有所差异。墨兰及建兰中的铁梗素较抗病,春兰、寒兰不抗病,蕙兰适中。

图7.58　兰花炭疽病症状、
分生孢子及分生孢子盘

防治方法

及时剪除病叶,彻底清除根茎或假茎上的病叶残存;温室应注意通风降温,放置不能过密;可用50%退菌特800倍液,或50%多菌灵800倍液喷雾。

米兰炭疽病

症状识别(见图7.59)

叶片、叶柄、嫩枝及茎秆上均可发生。叶片发病初期,叶尖变褐,然后病斑向下发展,达叶的一半,病斑边缘明显;叶柄受害时,病部变褐,逐渐向叶片发展,主脉、支脉及整个叶片先后变褐,病斑向下蔓延,从小叶柄到总叶柄、小枝,甚至茎秆变褐坏死。植株在发病过程中,叶片和小叶柄等不断脱落,最后,叶片全部落光,全株干枯死亡。

图7.59　米兰炭疽病
1—症状;2—分生孢子盘

病原

为真菌 *Clomerella cingulata*。

发病规律

病原菌以菌丝体及分生孢子、子囊壳在病落叶、病枯梢上越冬。分生孢子由风雨传播，自伤口侵入。病害在 6—10 月发生。米兰炭疽病具有潜伏侵染特点，植株生长衰弱发病重。

防治方法

苗木带的土坨要大，尽量少伤根；发现病叶应及时摘除，地面落叶应及时清除，并集中销毁；在产地起苗前，用 50% 托布津可湿性粉剂 500 倍液，或 70% 甲基托布津 1 000 倍液喷洒。

月季黑斑病

月季黑斑病主要侵害月季的叶片，也侵害叶柄、叶脉、嫩梢等部位。

症状识别（见图 7.60）

发病初期，叶片正面出现褐色小斑点，逐渐扩展为圆形、近圆形或不规则形病斑，黑紫色，病斑边缘呈放射状。后期，病斑中央组织变为灰白色，其上着生许多黑色小点，即为病原菌的分生孢子盘。病斑之间相互连接使叶片变黄、脱落。嫩梢上的病斑为紫褐色的长椭圆形斑，后变为黑色，病斑稍隆起。叶柄、叶脉上的病斑与嫩梢上的相似。花蕾上多为紫褐色的椭圆形斑。

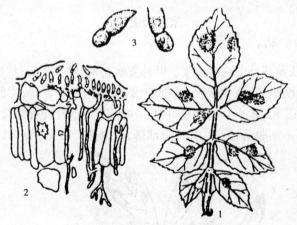

图 7.60　月季黑斑病
1—症状；2—分生孢子盘；3—分生孢子

病原

为真菌 *Actinonema rosae*（Lib.）Fr. 和 *Marssonina rosae*（Lib.）Lind.。

发病规律

露地栽培，病原菌以菌丝体在芽鳞、叶痕及枯枝落叶上越冬，翌年春天产生分生孢子进行初侵染；温室栽培则以分生孢子和菌丝体在病部越冬。分生孢子由雨水、灌溉水的喷溅传播。分生孢子由表皮直接侵入，在 22 ~ 30 ℃，潜伏期为 3 ~ 4 d，一般为 10 ~ 11 d。

防治方法

秋季彻底清除枯枝落叶,休眠期喷洒2 000倍五氯酚钠水溶液;灌水最好采用滴灌、沟灌,切忌喷灌。注意栽植密度,以便通风透光;发病期间喷洒80%代森锌可湿性粉剂500倍液,或50%多菌灵可湿性粉剂500~1 000倍液,或1%等量或波尔多液。7~10 d喷1次。

菊花褐斑病

褐斑病主要为害菊花叶片。

症状识别(见图7.61)

叶片被害初期,在叶面上出现褐色小点,后扩展成圆形、椭圆形或不规则病斑,后变成黑色到黑褐色。病部与健部界限明显。后期,病斑上出现不太明显的细小黑点。严重时,病斑互相连接成大斑块,叶片变黑枯死,悬挂于茎干上。病株叶片从下部开始,顺次向上枯死。

病原

为真菌 *Srpyotis vhtydsnyhrmrlls* Sacc. 。

发病规律

病菌以菌丝体和分生孢子器在病株残体上越冬。翌年,当气温适宜时,病菌借风雨传播为害。病菌发育最适温度为24~28 ℃,侵染植株后均可发生。特别是高温多雨季节或植株种植过密,病情发展迅速。不同的菊花品种对褐斑病的抗性也不同,感病的品种有紫蝴蝶、新大白、香白梨等。抗病力较强的品种有湖上月、秋色、玉桃、紫桂等。

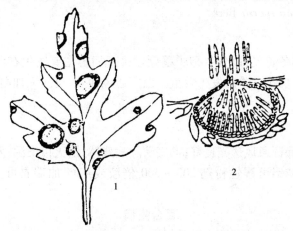

图7.61　菊花褐斑病
1—症状;2—分生孢子及分生孢子器

防治方法

选择排水良好、通风透光的地段种植菊花。避免连作。及时清除病株、病叶,消灭侵染源;发病初期喷洒1%波尔多液,发病期喷洒75%百菌清可湿性粉剂500~800倍液,或80%敌菌丹可湿性粉剂500倍液。每隔1周喷1次,药剂要交替使用,效果较好。

月季霜霉病

病害在月季的叶、新梢和花上均可发生。

症状识别（见图7.62）

初期叶上出现不规则的淡绿色斑块,后扩大并呈黄褐色和暗紫色,最后为灰褐色。边缘色较深,逐渐扩大蔓延到健康组织,无明显界限。在潮湿天气时,病叶背面可见稀疏灰白色霜霉层。有时病斑为紫红色,中心为灰白色,类似农药、化肥的药害状。新梢和花感染时,病斑相似,但梢上病斑略显凹陷。严重时叶萎缩脱落,新梢腐败枯死。

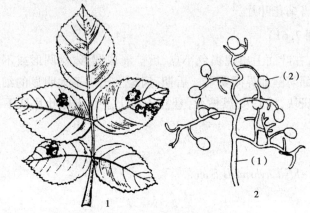

图7.62 月季霜霉病
1—症状;2—病原菌的孢子囊及孢囊孢子梗
(1)孢子囊梗;(2)孢子囊

病原

为真菌 *Peronospora sparsa* Berk. 。

发病规律

病菌以卵孢子越冬越夏,以分生孢子蔓延侵染。病害主要发生在温室。近几年,在北方利用日光温室生产切花月季时发生较重。温室通风性差、夜间无加温设备、湿度高、施肥不当都有利于发病。

防治方法

控制好温湿度,保证通风透光良好;彻底清除病残体,消灭侵染源;发病期可用1:2:200的波尔多液、40%乙膦铝可湿性粉剂200~300倍液或47%加瑞农可湿性粉剂600~800倍液。

百合疫病

此病多发生于嫩叶,但茎和花也可受侵害。

症状识别（见图7.63）

叶片上产生油渍状小斑,逐渐扩大成灰绿色,潮湿时病部产生白色绵状菌丝,严重时叶和花软腐,茎曲折下垂。鳞茎上出现褐色油浸状小斑,扩大后腐败,潮湿时腐败部位产生白色霉层。

病原

为真菌 *Phytophthora parasitica* Dastur。

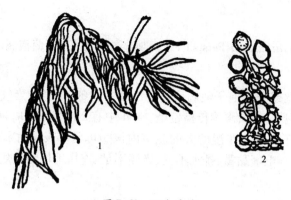

图 7.63　百合疫病
1—症状;2—病原菌孢子囊

发病规律

病菌以卵孢子在土壤中越冬。降雨多、排水不良时发病严重。栽培介质不同,发病率也有差异。培养土经消毒后,植株发病率最低。

防治方法

适当安排种植空间,保证良好的通风透光;清理病残体,轮作、换土,应用无病土育苗或盆栽等;种植抗病品种;可用 1% 波尔多液或乙膦铝或百菌清先进。结合喷雾也可浇泼表土。

仙客来灰霉病

为害仙客来等多种花卉,尤以温室栽培时发病重。

症状识别(见图 7.64)

叶片、茎、花均可受害。叶片发病时,先由叶缘出现水渍状暗绿色斑纹,后逐渐扩展全叶,使叶片变褐腐烂,最后全叶褐色干枯。叶柄、花梗、花受害时,发生水渍状腐烂、软化,并产生灰霉层。在湿度较大的情况下,发病部位密生霉层,即病菌的分生孢子梗和分生孢子。发病严重时,叶片枯死,花器腐烂,霉层密布。

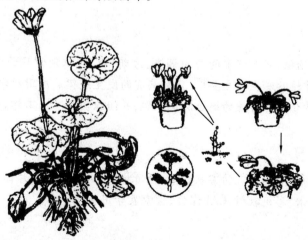

图 7.64　仙客来灰霉病症状及侵染循环

病原

灰葡萄孢菌(*Botrytis cinetea* Pers. et Fr.),属半知菌亚门、葡萄孢属。

发病规律

病菌以菌核、菌丝或分生孢子随病残体在土壤中越冬。翌年,当气温达 20 ℃,湿度较大时,产生大量分生孢子,借风雨等传播侵染。1 年中有 2 次发病高峰期,即 2—4 月和 7—8 月。高温多湿有利于发病。在湿度大的温室内该病可常年发生,因此,温室内栽培的仙客来易造成重复侵染。土壤黏重、排水不良、光照不足、连作地块易发病。

防治方法

改善通风透光条件,温室内要适当降低湿度。合理施肥,及时清除病株销毁,减少侵染来源。生长季节可喷施 50%扑海因可湿性粉剂 1 000 ~ 1 500 倍液、45%特克多悬浮液 300 ~ 800倍液。温室可用一熏灵Ⅱ号进行熏烟防治,具体用量为 0. 2 ~ 0. 3 g/m³,每隔 5 ~ 10 d熏烟 1 次。

实训作业

①对田间采集的观赏植物叶部病害标本,分别整理和鉴定,描述所采病害的为害特征,总结识别不同病害症状的经验。

②根据专题调查的数据,分析病害的发生情况,拟订主要观赏植物叶部病害的防治方案。

③进行产量损失估算,分析某一病害发生重或轻的原因。

④针对观赏植物叶部病害的发生、防治及综合治理等问题进行讨论、评析。

任务 7.10　观赏植物病害症状的田间识别及防治方案的制订(二)

学习目标

通过对观赏植物根、茎部病害的田间调查、诊断、观察,识别常见的观赏植物此类病害症状,掌握当地观赏植物发生的主要根、茎部病害的发生规律。应用所学的理论知识,根据病害的发生规律,学会制订有效的综合防治方案,并组织实施防治工作。

材料及用具

主要观赏植物根、茎部病害的害状标本、浸渍标本、病原菌的玻片标本、生物显微镜、放大镜、镊子、病害图谱、影视教材、CAI 课件、检索表等用具。

内容及方法

①田间调查主要观赏植物根、茎部病害的为害特点,或通过教学挂图、音像教材、CAI

课件,认识其发病特点。

②田间布点调查病害的发病率、病情指数及损失估算。

③现场采集新鲜的病害标本,对照图片、资料等认识其典型症状,将标本带回实验室进行镜检观察。

④通过对病害发生的调查和相关资料的分析,了解主要植物病原的形态及其病害的发生规律。

⑤根据病害的发生规律,运用病害综合防治理论,制订观赏植物根、茎部病害的防治方案,并组织实施。

操作步骤

7.10.1　观赏植物根、茎部病害症状的观察识别

根据当地实际情况,因地制宜,选择一块或几块花卉苗圃,组织学生现场观察识别观赏植物根、茎部病害的典型症状,也可通过录像、幻灯等视听教材,让学生间接直观地认识观赏植物根、茎部病害的为害和症状。

7.10.2　主要观赏植物根、茎部病害的识别和防治

合欢枯萎病

症状识别

感病植株叶片萎蔫下垂,变干,以致脱落,苗木枯死。一般先从枝条基部的叶片变黄。夏末秋初,病树干或枝的皮孔肿胀并破裂,其中产生分生孢子座及大量粉色粉末状分生孢子,由枝、干伤口侵入。病斑一般呈梭形。初期病皮含水多,后期变干,黑褐色,病斑下陷,病菌分生孢子座突破皮缝,出现成堆的粉色孢子堆。

病原

为真菌 *Fusarium oxysporum* f. sp. *Perniciosum*。

发病规律

病菌在病株上或随病残体在土壤里越冬。次年春、夏从根部伤口直接侵入,也能从树木枝、干的伤口侵入。从根部侵入的自根部导管向上蔓延至干部和枝条的导管,造成枝条枯萎。从枝、干伤口侵入的造成树皮先呈水渍状坏死,后干枯下陷。严重的造成黄叶、枯叶,根皮、树皮腐烂,以致整株死亡。

防治方法

要种在排水良好、地势较高、土质好的地块。发现病株及时清除,并消毒土壤;患病轻的植株,可往根部浇灌 400 倍的 50% 代森铵溶液,每平方米浇 2～4 kg;及时清除病枝、病株,并用210% 石灰水消毒土壤。

水仙基腐病

主要为害鳞茎及根部。

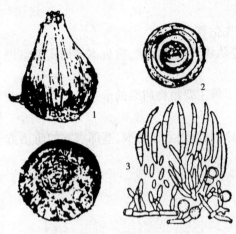

图 7.65　水仙基腐病
1—被害鳞茎;2—鳞茎横切面;3—病原菌

症状识别(见图 7.65)

叶片自上部失绿呈黄色,后变为黄白色,重者全株枯死。根部呈褐色软腐,鳞茎基部腐烂或开裂,并向鳞茎内部发展。鳞片之间有时具白色或红色霉层。

病原

为半知菌亚门、丝孢纲、瘤座孢目、瘤座孢科。真菌 *Fusarium oxysporum* f. sp. *narciss* Sny. et Hans.

发病规律

病菌以菌丝体和厚垣孢子在病鳞茎、病根及土壤中越冬。条件适宜时产生分生孢子。分生孢子自伤口侵入,也可直接侵入。植株伤口多易发病,储藏场所通风不好容易发病。多雨潮湿、氮肥过多,都有利于病害发生。

防治方法

对种球进行消毒,用福尔马林 120 倍液浸泡 3~4 h,效果良好;贮藏前用石灰水或福尔马林 50 倍液浸泡 20 min,捞出充分晾干,再入室贮藏;合理轮作。

仙人掌炭疽病

仙人掌炭疽病为国内外仙人掌花卉常发生的一种病害,尤以温室栽培更常见,有的为害相当严重,可造成全株枯死。

症状识别(见图 7.66)

感病茎节初现水渍状淡褐色小斑,后扩大为圆形或近圆形,并多发生于棱角边缘,淡褐色至灰白色,其上生小黑点,有时排列呈轮纹状,天气潮湿时,涌出朱红色、黏质状孢子团,病斑周围常有褪绿晕圈,随着病情的发展,整体呈浅褐色腐烂。

病原

为真菌 *Gioeosporium opuntiae* Ellg EV。

发病规律

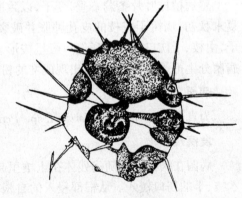

图 7.66　仙人掌炭疽病

病菌以菌丝体和孢子盘在病残体上存活越冬。分生孢子借雨水飞溅传播,小昆虫活动和人为接触也有助于孢子扩散。菌丝发育适温 25 ℃左右,高温湿条件下有利于发病。不同属种的仙人掌抗病性有差异。

防治方法

发现病株后切除病部,并集中烧毁;采用无病茎节繁殖,植前用 50% 多菌灵可湿性粉剂 600~800 倍液浸渍材料 5~10 min 后插植;用 70% 甲基托布津 1 000 倍液,或 50% 退菌特 800 倍液喷施。注意轮用和混用农药。

丁香细菌性疫病

症状识别(见图7.67)

枝、叶、花序等部位均可受害,嫩枝上有明显黑色条纹或整个枝条的一侧变黑色。叶片上病斑初呈水渍状褐色小斑,外围有黄色晕环,扩展后病斑汇合成片,幼叶很快变黑枯死,老叶上的病斑则扩展较慢。花序受害后变软呈深褐色。花芽也完全变黑枯死。

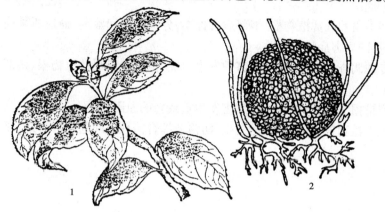

图7.67　丁香细菌性疫病
1—病叶;2—病原菌

病原

为细菌 *Pseudomnas syringae* Van Hall。

发病规律

细菌可通过叶进入幼茎,或直接从气孔、皮孔侵入。细菌在细胞间蔓延,病菌要求潮湿温暖的气候条件,所以在雨季和春季嫩梢生长时,症状最为明显。有色品种紫丁香比白色品种抗病。

防治方法

剪去病枯枝,疏剪分枝和蘖枝,调节树姿,有利于通风透光,减少发病;植株施肥不能过多,避免多施氮肥;植株少量发病时,可喷洒抗生素防治。

栀子花根结线虫病

症状识别

小叶栀子花受害最为严重,盆栽及苗圃均受害。植株地上部分叶色发黄,缺少生机,叶形变小。拔起后可见根上有大小不一的根结。病株根系部发达,生长受阻。剖开根结,可见白色圆形粒状物,即跟结线虫虫体。严重时可导致全株发黄变衰死亡。

病原及发病规律

由南方根结线虫和花生根结线虫侵染所致。雌虫外观梨形,雄虫线形。在土中越冬,雌虫可存活1年以上。夏季为活动盛期,侵入根部为害。根结线虫分泌消化液刺激根部细胞增多、体积增大而形成根结。根结大小及多少与侵入根部的线虫数量有关。土壤过分干燥可造成大部分线虫死亡。

防治方法

引进苗木时剔除病苗；盆栽用土要用3%呋喃丹颗粒剂拌入土中(每公顷用量45～60 kg)或铁灭克处理土壤；盆土上盆前让烈日暴晒至土壤完全干燥，也可灭除土中线虫。

实训作业

①对田间采集的观赏植物根、茎部病害标本，分别整理和鉴定，描述所采病害的为害特征，总结识别不同病害症状的经验。

②根据专题调查的数据，分析病害的发生情况，拟订主要观赏植物根、茎部病害的防治方案。

③进行产量损失估算，分析某一病害发生重或轻的原因。

④针对观赏植物根、茎部病害的发生、防治及综合治理等问题进行讨论、评析。

参考文献

[1] 陈利锋. 农业植物病理学[M]. 北京:中国农业出版社,2001.

[2] 徐树清. 植物病理学[M]. 北京:中国农业出版社,1993.

[3] 罗耀光. 果树病虫害防治学各论[M]. 北京:中国农业出版社,1994.

[4] 钱学聪,李清西. 植物保护[M]. 北京:中国农业出版社,2001.

[5] 朱伟生. 南方果树病虫害防治手册[M]. 北京:中国农业出版社,1994.

[6] 吕佩珂. 中国果树病虫原色图谱[M]. 北京:华夏出版社,1993.

[7] 王士元. 作物保护学各论[M]. 北京:中国农业出版社,1996.

[8] 赖传雅. 农业植物病理学:华南本[M]. 北京:科学出版社,2003.

[9] 中国农科院植物保护研究所. 中国农作物病虫害:上册[M]. 2版. 北京:中国农业出版社,1995.

[10] 丁锦华,苏建亚,等. 农业昆虫学:南方本[M]. 北京:中国农业出版社,2001.

[11] 陈利锋,徐敬友,等. 农业植物病理学:南方本[M]. 北京:中国农业出版社,2001.

[12] 王久兴,孙成印,等. 蔬菜病虫害诊治原色图谱:豆类分册[M]. 北京:科学技术文献出版社,2004.

[13] 王久兴,孙成印,等. 蔬菜病虫害诊治原色图谱:葱蒜类分册[M]. 北京:科学技术文献出版社,2004.

[14] 郑建秋. 现代蔬菜病虫鉴别与防治手册:全彩版[M]. 北京:中国农业出版社,2004.

[15] 孙广宇,宗兆锋. 植物病理学实验技术[M]. 北京:中国农业出版社,2002.

[16] 王晓梅. 安全果蔬保护[M]. 北京:中国环境科学出版社,2006.

[17] 汪景彦. 苹果无公害生产技术[M]. 北京:中国农业出版社,2003.

[18] 曹玉芬,聂继云. 梨无公害生产技术[M]. 北京:中国农业出版社,2003.

[19] 张友军,吴青君,芮昌辉,等. 农药无公害使用指南[M]. 北京:中国农业出版社,2003.

[20] 邱强. 原色苹果病虫害综合治理[M]. 北京:中国科学技术出版社,1996.

[21] 邱强,张默,马思友. 原色梨树病虫图谱[M]. 北京:中国科学技术出版社,2001.

[22] 邱强. 原色葡萄病虫图谱[M]. 北京:中国科学技术出版社,1994.

[23] 邱强. 原色桃、李、梅、杏、樱桃病虫图谱[M]. 北京:中国科学技术出版社,1994.

[24] 邱强. 原色枣、山楂、板栗、柿、核桃、石榴病虫图谱[M]. 北京:中国科学技术出版社,1996.

[25] 冯明祥,王国平. 苹果、梨、山楂病虫害诊断与防治原色图谱[M]. 北京:金盾出版社,2003.

[26] 曹子刚. 北方果树病虫害防治[M]. 北京:中国农业出版社,1995.

［27］康克功,李敏连.冬枣无公害栽培实用技术问答［M］.杨凌:西北农林科技大学出版社,2004.

［28］康克功.枣树周年管理新技术［M］.杨凌:西北农林科技大学出版社,2004.

［29］邓振义.经济林无公害生产新技术——核桃［M］.杨凌:西北农林科技大学出版社,2004.

［30］李清西,钱学聪.植物保护［M］.北京:中国农业出版社,1995.

［31］张随榜.有害生物防治［M］.西安:西安地图出版社,2004.

［32］费显伟.园艺植物病虫害防治［M］.北京:高等教育出版社,2005.

［33］王晓梅,康克功.植物检验与检疫［M］.北京:中国农业大学出版社,2012.

［34］黄宏英.植物保护技术［M］.北京:中国农业出版社,2001.

［35］许志刚.普遍植物病理学［M］.2版.北京:中国农业出版社,1997.